TO BE DOOMED, OR TO BE BRAVE!

85 Philosophica Maxims for Life from **Socrates** to **Sartre**

当一切命中注定，我们还要勇敢吗？

从苏格拉底到萨特的 85条人生哲学建议

徐英瑾　著

上海三联书店

目 录

导 论

开宗明义 iii
本书路线图 xi

第一单元　苏格拉底与柏拉图的理想主义：人生的意义在于追求洞穴外的真理

苏格拉底与柏拉图的跌宕人生 003
苏格拉底谈生死：死亡可以练习吗？ 015
苏格拉底谈虔敬：社会权威的肩膀可靠吗？ 022
柏拉图的洞穴之喻：
　感知到的世界，就是真实世界吗？ 030
理想主义眼中的爱：爱一个人的本质是什么？ 040
柏拉图谈艺术：为何艺术会戕害真理？ 047
柏拉图的灵魂学说：

如何处理欲望、激情与理性的关系？..................058

柏拉图谈政治：学问低的人就该被管理？..........067

柏拉图谈知识：什么知识才能更好地指导人生？....079

小结：在更长的时间线里思考人生..................090

第二单元 亚里士多德的现实主义：适当调整人生的发条

亚里士多德：来雅典学哲学的异乡人..................105

现实主义者就没有理想吗？...........................113

求中道：如何以最经济的手段求得最好的结果？....122

自控力的真相：为什么明知不对，还要做？..........129

快乐观：快乐是好事还是坏事？......................140

三种人生：你想选择怎样的人生？...................150

论友谊：怎样才能交到德性之友？...................157

家政学：如何做好科学的时间管理？................166

城邦建设：如何选择适合你的环境？................177

论悲剧：面对不公时，不妨看一场悲剧..............195

小结：从亚里士多德的哲学，看罗马人的生活........202

第三单元　古典虚无主义

虚无主义的六种版本 213
皮浪主义：在变化时代，如何做到云淡风轻？.......221
古典犬儒主义：什么才是真正的自由？ 231
新犬儒主义：
　精致的利己主义者是如何从历史中诞生的？.......240
伊壁鸠鲁主义：所谓的自由意志真的存在吗？.......246
斯多葛主义：
　当一切命中注定，我们还要勇敢吗？ 260
塞涅卡主义：到底什么是愤怒？ 272
仰望星空的普罗提诺主义 282
奥古斯丁的人生建议：忘掉钟表的时间吧 290
诺斯替主义的当头棒喝：这个世界是盗版的 301
小结：虚无主义的不同版本 310

第四单元　马基雅维利主义：
厚黑学与爱国主义的糅杂

马基雅维利真没你想得那么厚黑 325
马基雅维利论真理：离开效果，何谈真假？ 334
马基雅维利是反讽大师吗？ 343

共和主义：人治与法治之间的切换档.................352
心理学版本的马基雅维利主义.................361
对马基雅维利主义的反思.................368

第五单元 康德主义的人生哲学：假装有理想

康德人生哲学开篇.................379
在启蒙之光笼罩下的先验论证.................386
什么是先验论证？.................391
心灵之光照因果.................404
绝对命令学说初论.................419
目的论之桥，横跨自由与自然.................436
小结：前路虽漫漫，但心中有理想.................448

第六单元 黑格尔的人生哲学：世上万事皆合理

黑格尔哲学开篇.................459
如何解密黑格尔的"辩证法黑话"？.................474
黑格尔论实体、因果与相互作用.................483
黑格尔论主奴辩证法.................492
黑格尔论人格与财产.................508

黑格尔论婚姻..................524

黑格尔论市民社会..................534

黑格尔论国家..................547

黑格尔论历史..................567

对黑格尔的人生哲学的总结..................586

第七单元　非理性主义的生活提案

非理性主义人生哲学开篇..................605

为了神而逃婚的克尔凯郭尔..................621

叔本华：让我来给康德做手术！..................633

叔本华：从唯意志主义到悲观主义..................645

叔本华：艺术减痛大法..................656

汉武帝的"杀母保子"与佛家的"四圣谛"..........666

尼采其人与悲剧的诞生..................676

尼采：上帝已死，超人当立..................683

对非理性主义人生观的小结..................693

第八单元　实证主义的人生提案

"理科脑"的人生观..................703

孔德：找一个科学精英做你的人生规划师............710

功利主义：快乐无罪，但要识数............718

新实证主义：道德命题没意义！............726

休谟：不听老人言，吃亏在眼前............732

后期维特根斯坦：道德不在天上，而在泥里............739

小结：放弃社会批判就是罪？............748

第九单元　德式现象学—存在主义的生活提案

德式现象学—存在主义开篇：

　　现象里面有乾坤！............757

胡塞尔的意向性理论：教你辨鬼与防诈............764

海德格尔：我受够了这个该死的技术世界............778

向死而生：这是为了让你知晓为何而活！............790

海德格尔为何踏上了法西斯主义的贼船？............801

小结：胡塞尔与海德格尔差异谈............813

第十单元　法式现象学—存在主义的生活提案

法式现象学—存在主义开篇：

　　存在感首先就是自由感！............821

萨特的"酒精现象学"：
  喝断片了，自我就"润"了！..........................829
他人即地狱？但他人也是另一种自由意识！............845
波伏瓦的存在主义："女性"是被定义出来的！.......855
加缪：面对荒谬，大胆反抗..........................866
梅洛-庞蒂：爱你的肉，而不是灵....................878
小结：文学与哲学的互动所造就的别样洞天..........894

全书总结：人生提案大点兵..............................905
全书后记..919

导论

开宗明义

本书的写作宗旨，就是为试图解决各种人生困惑的广大读者提供一个思维工具箱。可到底什么叫人生困惑？为什么我们需要一个这样的思维工具箱？要回答这些问题，我们得先来看看什么是个体，因为人生首先是个体的人生，而人生的困惑也首先是个体的。

人生困惑源自对价值观冲突的追问

任何一个人类个体均是复杂的社会关系网络中的一个节点，而其中得到传播的价值观往往是各种各样的。因此，每个个体都是承载各种社会价值观的容器。在这个容器中，几种不同的价值观或许正在发生激烈的冲突。可能仅仅出于某些偶然的原因，某种价值观在某个时刻偶然地胜出，并由此偶然地导致个体作出这样或那样的选择。而所谓的人生困惑，在很大程度上便是当价值观产生冲突时，我们对其根据的追问。这类困惑之所以如此普遍，是因为我们时常找不到理性的根据来让我们在这些价值观的冲突中，心安理得地选边站。譬如，爱情与面包哪个更重要？理想与现实该何去何从？父母的建议与自己的选择，哪一个权重更高？这些都不是容易做的人生选择题。

正因为这些选择题不好做，我们才需要一个专门的思维工具箱。请注意，它不等同于一般意义上的工具箱。比如，一名侦探要破一起谋杀案，他使用的思维工具箱就是针对刑侦任务的。但即使这个工具箱帮他顺利破了案，他也无法轻松面对这种人生选择：当有某种黑暗力量想收买他，并让他掩盖真相，他该怎么选？显然，**一般的思维工具箱涉及的问题是"事实是什么"，而与人生选择相关的思维工具箱涉及的问题往往是"我们究竟该做些什么"**。仅仅知道真相为何，不足以帮助我们作出合理的人生选择。

用理性辩论反思价值观

有人可能会说，或许在价值层面上并不存在一个关于人生选择题的工具箱，因为任何工具的设计都预设了特定价值的存在，而无法对价值本身进行选择。因此，一个警察或许有特定的思维工具帮他破案，却未必有一套更高层次的价值选择方法来确定为何人们一定要尊重法律而不是知法犯法。

面对这个质疑,我的回应是,固然工具的设计往往服从于既定的价值,但人生的复杂性却在于,有时候我们并非清楚地知道自己的行动在遵循怎样的价值观(很多人都是根据本能或者社会权威去行动,对自身的价值观鲜有反思)。在这种情况下,我们依然需要一套用来反思价值观本身的技术,而对这种技术的总结,就是一种广义上的思维工具箱。

请想一想哈姆雷特的人生难题吧:生存还是毁灭?在《王子复仇记》的语境中,这便是指,我们究竟该默然忍受命运的暴虐,还是挺身反抗人世无涯的苦难,通过英勇的斗争把拦在面前的鬼魅一股脑地清除?很明显,在哈姆雷特进行这样的思考时,其实他并不知道以下两种彼此对抗的价值中,哪一个对人生更具有指导意义:第一,"好死不如赖活着";第二,"正义不彰,毋宁死"。要作出抉择,他必须先反思这两种价值观背后的思想前提。

他实际采取的反思方法是,让处在人生道路三岔口的彷徨者,直接面对死亡的象征(哈姆雷特手中一个宫廷小丑的骷髅头),经由这种强烈的感官刺激,逼问出自己的生死观,从而推出自己的价值观。一旦想明白了这一点,当事人就要勇敢行动,不畏生死,正如哈姆雷特最后所做的。

当然,莎士比亚毕竟是文学家,他所给出的用以反思自身价值观的方法,其文学意味要大于哲学意味。哲学方法与文学方法之间最大的差异是,后者主要通过感性刺激来诱发人们接受某种价值,而前者则主要通过理性辩论来引导人们接受某种价值。本书所要做的,就是尝试从理性辩论的角度,清扫蒙在人生价值大厦之上的层层蛛网。

人生哲学:一本人生罗盘的说明书

我们知道,哲学有很多分支,如逻辑哲学、形而上学、认识论、心灵哲学、科学哲学等。不过,这些分支未必都与人生困惑有着最直接的关联。比如,形而上学讨论的典型问题就是特殊与一般的关系,心灵哲学则主要讨论大脑与精神的关系。这本质上都是些理论问题,不能直接解决人们在实践生活中遇到的具体困惑。所以,即使一个人学通了当代心灵哲学或者形而上学,他仍会有尚未解决的人生困惑。

在哲学中,还有一种与人生选择及价值相关的哲学分支,一般被归类为"人生哲学",对人生困惑的哲学性反思,就是人生哲学的任务。这里所说的人生困惑,究竟指的是哪些问题?比如,我为何活着?我的人生幸福感是从哪里来的？在一个重要的人生选择路口，我究竟应该向左走还是向右走？

讲到这里，有人可能又会问：每个人的生活背景不同，活法不同，所处的历史语境不同，人生哲学能够针对所有人的所有情况，给出某种一般性的答案吗？

我的回答是，**人生哲学并不试图越俎代庖，为每个人具体的人生困惑提供现成的答案。它只提供某种思维工具，让人凭借它来自己寻找答案**。这就像是一本罗盘的使用说明书，它不会直接告诉你现在哪里是北面或南面，但会告诉你如何正确地使用罗盘。

人生哲学就是这样一本说明书。就这一点而言，它绝不同于宗教灌输，因为后者往往会直接告诉人们何种生活形式是好的。宗教对人生道路的指导主要是基于信仰，而信仰又是基于排他性的，因此往往缺乏开放性。相较之下，人生哲学的基本特征就是开放性与包容性，也就是说，人生哲学家允许人们提出不同的关于"何为最好生活形式"的见解，而要让这些不同的见解显出高下，主要靠的是讲道理。

作为哲学的一个分支，世界各大学的哲学系却鲜少专门开设人生哲学方面的课程。不过，我们也不要太悲观，因为与人生相关的哲学问题其实是被拆成了碎片，散见于不同的哲学板块之中——伦理学、政治哲学，以及欧陆哲学的存在主义等。譬如，康德与黑格尔等一流的哲学大师虽然有丰富的人生哲学思想，但他们往往是在伦理学或者政治哲学的名目下讨论这个话题的。叔本华虽然写过关于人生哲学的小册子，但是相关思想的根据都在其更为恢宏的形而上学体系之中。本书的目的，就是试图将散见在哲学史中的人生哲学思想素材加以整理，让我们关于人生选择的工具箱变得井井有条。

当然，本书是为当代人——而不是为康德、叔本华时代的人——而写。因此，我们就必须来看看当代人的人生困惑究竟是什么。

当代人究竟为何困惑？

在现在的年轻人中，"躺平文化"正在盛行，很多人都觉得在工作中找不到价值感，没精神、没动力，甚至有人一天到晚垂头丧气，自称"社畜"，只想做一条咸鱼。这种情绪也可能蔓延到工作以外的领域，比如有些人不相信爱情，一方面践行冷漠与独身主义，另一方面又特别容易满足于生活中所谓的小确幸。

中年人也有中年人的麻烦。人到中年，不少人感觉少年的锐气丧去大半，未来的路途却已经看得太清楚，或者说理想已经被现实折损，激情已经被各种苟且湮灭，原则也已经被各种妥协侵蚀。即使某些人在世俗的意义上略有成就，却依然感到人生意义的匮乏。

更何况，中年人比年轻人更接近死亡。无论你是贫穷还是富有，健康与否，都无法在大限逼近时逃避这样的问题：我为何活着？我这一生活得有意义吗？我曾为自己的人生设定过怎样有益的目标？这样的目标达成了吗？

除了这些整体的人生困惑外，还有一些具体的焦虑充斥着我们醒来或睡去的每一天：不断上涨的（或下跌的）房价、竞争失败、自己不被理解或被边缘化、阶层固化、不公平的竞争规则、职场霸凌等。这些焦虑，又往往牵扯到很多价值观方面的冲突。譬如，在复杂的职场竞争中，我们究竟该如何平衡良心与利益的关系？如果有一位律师明明知道自己的委托人有问题，他还要为其利益战斗到底吗？面对与自己的利害无甚关系的各种社会不公现象，我们到底是出手援助还是明哲保身？我们该如何面对代际沟通的种种困难、父母的催婚或絮叨、朋友圈的各种撕裂？三观不同，难道真的就只能在微信里拉黑彼此吗？

对于上面这些问题，我相信你们在日常生活中已经听到了各种各样的解答。有的人会说：面对这些不公，我们就要做一枚"杠精"，较真到底，不向任何黑暗妥协！有的人则会说：不要那么犟，因为世上本没有绝对的是非；何为是，何为非，必须在具体的语境中才能正确判断；做人也要灵活一点，到什么山头唱什么歌。有的人还会说：你若不被世人理解，错的便是你，而不是世界，因为你已经违背了世人定下的法则。但有的人也会反过来说：你不被世人理解，说明世人错了，因为众人皆醉，唯君独醒。有的人会说：人善被人欺，马善被人骑，道德与手段是分离的，只要动机高尚，你可以不择手段。

有的人则会说：任何一个真正高尚的人，永远都不会选择做那些龌龊的事情，无论当事人原始的动机有多么合理。有的人会说：面对各种霸凌现象，我们先得建立一套公平的制度。有的人则会说：建立这样一套制度实在太困难，与其坐等，还不如让自己先强大起来，让别人不敢欺负你，然后再去慢慢地改变世界。有的人会说：我们要对世界中的种种非理性和荒谬表示愤怒。有的人则会说：荒谬也好，偶然也罢，这都是命，认命则心安，我们是抵抗不过命的。有的人说：我们的生活充满枷锁，我们无法呼吸。有的人则说：即使在枷锁之下，你也可以找到自由。

所有这些观点，孰是孰非？让人生哲学家来帮忙吧！

本书路线图

由于这些理论工具均来自哲学史上的既有素材，因此本书将以大哲学家或者哲学流派的名头为线索，给这些理论工具进行归类。我们可以通过一些著名哲学家自己的人生来窥探他们的思想，并以此为纲要展开。

由此，本书给出了十组哲学家的人生提案：

第一单元：苏格拉底与柏拉图的理想主义

第二单元：亚里士多德的现实主义

第三单元：古典虚无主义

第四单元：马基雅维利主义

第五单元：康德主义

第六单元：黑格尔主义

第七单元：非理性主义

第八单元：实证主义

第九单元：德式现象学—存在主义

第十单元：法式现象学—存在主义

有人或许会问：这些哲学家中的大多数都算是古人了，了解他们的思想对 21 世纪的我们又有什么意义呢？我认为还是有意义的，因为哲学家给出的人生哲学提案一般都具有某种跨越时空的有效性。换言之，上述这十组人生提案，实际上已经大约穷尽了人类在思考人生基本路径问题时能够想到的所有答案。

理性至上 VS 在实践中实现理想

先来看苏格拉底与柏拉图给出的人生哲学提案。苏格拉底与柏拉图所面对的古代雅典社会，虽然在技术的发达程度方面不能与当下相比，但他们面临的基本问题对于今天的我们而言却并非完全陌生。

若用今日的流行语去描述古代雅典社会，其社会病症便是，很多人对公共事务的见解，几乎就被几个"大V"牵着鼻子走。所谓的民意，本质上就是靠刷流量，而不是靠刷智商。当时，"大V"也就是所谓的智者。智者不是指今天所说的"有智慧的人"，当时，他们更像一群拿了钱，专门帮人洗地的文人。

但苏格拉底与柏拉图与之不同。相反，他们觉得，当时被一群智者操控的雅典民众的道德生活是如此堕落，因此真正的哲学家就需要提出一套系统的理智拯救方案，帮大家走出愚昧，由此摆脱"大V"的影响。他们开出的药方,就是用真诚的辩论来揭示公共议题自身的理性根据。照此提议,**凡是我们在理性上无法接受的事项,便可一概不理。**

结果,这样的做法反而惹怒了雅典民众。苏格拉底比较倒霉,被愤怒的雅典民众判处了死刑,最后只能喝下毒芹汁,了却自己的一生。而柏拉图曾去过叙拉古(在今天的西西里岛)。他希望能用理性拯救当地人的生活,但也不是很成功。

有人或许觉得苏格拉底与柏拉图的理想主义实在太倔强,凡事都要评出一个理来,不碰个头破血流才怪。柏拉图的弟子亚里士多德就决定给他们的理想主义打个折扣,往后退一步。他认为人生的幸福并不仅仅在于能讲理,讲理固然不错,但更高明的境界是如何在实践中实现理想。即使实现一半,也比一点都没实现要好。所以,在具体的操作过程中,你就不得不对现实做一些妥协。亚里士多德认为妥协本身没什么丢人的,关键是要"合乎中道"。**在他看来,有德性的人就是做事做人能够合乎分寸之人,如果能够做到这一点,你的人生才会变得幸福。**

苏格拉底与柏拉图的人生哲学,可以概括为"理想至上",而亚里士多德的人生哲学就是"求中道",后者是前者的妥协版本。而有了第一步妥协,就会有第二步,最后一直撤退到古典虚无主义的立场上。

理想激情的全面消退 VS 世俗功利心的全面膨胀

古典虚无主义的典型就是所谓的犬儒主义。

犬儒学派所面临的晚期希腊社会与当下有点像，天下大事不断发生，个体对此有深深的无力感。犬儒学派的代表人物第欧根尼给出的解决方案是什么呢？若用今天的话来说就是，退出微信，甚至关掉手机，上山砍柴，不问世事，不为世俗名望与财富所累，自己开心就好。

如果把犬儒主义的立场与亚里士多德的立场进行一番比较，我们就可以看出虚无主义的特色。亚里士多德的想法就是要与现实斗争，只是可以对理想打一个小折扣。然而被打折的理想，毕竟还是理想。犬儒主义的立场则是，**与其与现实斗争，还不如蔑视现实**，"躲进小楼成一统，哪管春夏与秋冬"。

这种立场很容易导致道德冷漠，即对现实世界中的大是大非无动于衷。虽然古典的犬儒主义者还有一种面对权贵时的文人风骨，但也正是因为不愿卷入现实的复杂纠葛之中，他们就很容易蜕变为趋炎附势之徒。

不过，道德热情的退却，并不意味着功利心的冷却。如果有一些人确实有很强的功利心，同时又受到了犬儒主义思想的影响，那么这种奇妙的组合又会催生出什么新思想呢？这就引出了下一组人生哲学的立场——马基雅维利主义。

马基雅维利主义当然与意大利哲学家马基雅维利有关，他的核心思想是，**你有什么人生目标，只要做成就行，不用太关心那些关乎道德或争议的抽象问题**。只要事情真做成了，自然就会有人帮你辩护，因为历史据说就是由胜利者书写的。

就这一点而言，马基雅维利主义与犬儒主义也有一种内在关联。这两种立场，实际上都是对理想主义热情的一种冷处理。按照某些故作深沉的说法，能够进行这种冷处理，就说明你已经"成熟"了，因为"年轻人才问是非，成年人只问成败"。

但依据钟摆效应，道德感被边缘化久了，就迟早会被重新唤起。不过，因为已经经历了一轮道德冷漠，这种重新被唤起的道德感显然会以一种较为弱化的形式出现。这也就不是原本的理想主义了，而是"装作有理想"。

装作有理想 VS 一切皆可解释

"装作有理想"这套人生哲学方案的典型代表，乃是德国大哲学家康德。根据他的说法，**理想、正义这些东西到底是不是虚幻的，其实我们并不知道，我们既无法证其有，也无法证其无**。然而，至少我们要当他们是存在的，要"假装有理想"——否则，人的行为就会失去共通的标准，天下就会大乱，芸芸众生也会感到不幸福。

需要指出的是，在康德所生活的时代，牛顿的物理学已经在西方教育中得到普及，科学的思维已经渗入生活的各个方面，人类的生活水平也得到相当程度的提高。但是康德发现，道德的发展并不与科技的发展同步。已经看到黑火药战争所带来的巨大破坏的康德，非常希望人类在未来能够实现永久和平，以此来保障所有人的幸福。那么，究竟应建立一种怎样的人生哲学，才能既对得起自己的梦想，又能随顺今天这个复杂的现实世界？康德的具体做法是，先找到一种人人均同意的人生最佳理想状态（暂且不论这种状态是否能够真正达到），然后再反推出构成此状态的逻辑前提。这种哲学的构造，我们就称为先验哲学的方法。

先验哲学的思路虽然具有一定的逻辑说服力，但又具有一定的虚伪性，因为这种理论框架所提出的理想的可靠性，甚至都没有得到理论建构者自身的全面担保，它又如何说服别人一起去寻找实现这一理想的前提条件呢？所以，一些现实感更强的人生哲学家可能就不买康德的账。

如果说康德的哲学是某种柏拉图主义的退化版本，那么很可能就会有其他版本的亚里士多德主义向它发起挑战，这就牵涉到下一种人生哲学的立场——黑格尔主义。

比起"装作有理想"，黑格尔主义的核心更像是"对现实进行理想主义解释"。我们也可以将这种人生哲学进路视为亚里士多德的现实主义的进阶版。

与康德不同，**黑格尔认为理想就是实在的，不是虚假的，不需要假装理想存在**。至于那个最伟大的理想，便是所谓的绝对精神。在黑格尔看来，我们生活的每一个细节里都有绝对精神，每一次呼吸，每一次上班打卡，每一次扫码付款，其实都是绝对精神在某个侧面的体现。所以，**世俗生活自有其理想性和神圣性**。

有人或许会说：这种人生哲学好像也没什么了不起，它就是赋予了每一件小事以神圣意义罢了。但别小看这种人生哲学，它能够对各种人生问题提供一套体系化的解释。用黑格尔的话说就是，实在的就是合理的，合理的就是实在的。换言之，实在世界中的每一件事情，无论大小，我们都能对其进行合理化的解释。

但你或许会问：奥斯维辛的悲剧也是在实在世界中发生的，黑格尔主义者难道也要对其进行合理化解释吗？

黑格尔主义者会说：奥斯维辛虽然是一个巨大的伦理悲剧，但是这个灾难的发生是可以用理性解释的。用理性解释某事的发生，不等于为其提供伦理辩护。这就相当于医生搞清楚癌症的机制，不等于医生喜欢看到别人得癌症。在黑格尔看来，若我们总是抽象地陷入对某件事伦理性质的评价中，而不去理解该事件发生的历史背景，那么我们就无法摆脱理智上的幼稚状态。

从这个角度看，黑格尔的人生哲学其实就是个"超级大火锅"，啥东西都能煮，无论扔进去的食材是悲剧性的还是喜剧性的。但它也有一些坏处，这种哲学对解释的必然性的迷恋，使其无法很好地面对偶然性，而人生中的那些不可被解释的偶然遭遇是无法被忽视的。这是黑格尔哲学的一个麻烦。

人生搏斗的悲剧性 VS 为自身立法的超人

至于黑格尔人生哲学中理性的傲慢，非理性主义者对其进行了严厉的批判，代表人物有叔本华。

若用一句话来总结，黑格尔的人生哲学就是，你人生中的任何一个遭遇都是一个伟大计划的组成部分，所以即使遇到挫折，也不要惊慌失措；叔本华的人生哲学是，根本就没有黑格尔所说的伟大的精神计划，宇宙的真相是一个巨大的生存意志，而这个生存意志是不知道它自身有什么计划的。

这种新的世界图景会不会让人感到很心慌？在叔本华看来，大可不必。他会反问你，你为什么会惊慌呢？为什么会害怕呢？因为你觉得自己的人生目标会失败，尤其在一个极端缺乏可预测性的宏观环境中。但是，叔本华希望人们有反向思维：难道人生目标被满足了，你就会感到心安和幸福吗？叔本华恰恰想说：**追求人生目标的满足，其实会带来更大的空虚，因为你会得陇望蜀**

地提出新的目标,由此使已经获得的成就被虚无化。

所以,两个字概括叔本华的人生哲学,就是"悲剧"。他终于看到了人生搏斗最终是一场无意义的悲剧。而识破这一点,则能够将我们带出痛苦的轮回。

我们可以将叔本华的思想视为对犬儒主义思想的系统化和全面升华。不过,这种"佛系"色彩浓郁的思想,当然也会遭到一种奋发有为的思想与之对抗,**这也是我们在哲学史中常看到的一种套路:任何一种思想都会遭遇一种与之不同的思想,对其进行反驳和对抗。**

这种对叔本华思想的对抗,就是尼采的人生哲学——"超人立法"。这一思想的产生又可以被分解为很多小环节。

第一个环节是"上帝已死"。"上帝"指的是道德标准的绝对性规范。"上帝死了"也就等于说,黑格尔所说的历史运作的终极目的已经消亡了,而理想主义也已经失效了。这个观点其实叔本华也赞同。

第二个环节是"视角主义"。也就是说,我们在思考决定过怎样的人生时,必须站在特定的视角去看问题,根本就没有什么"上帝之眼"。

第三个环节是"主人道德"。这和我们通常所说的道德不一样,后者被尼采称为"奴隶道德"。"主人道德"的意思是,**我们人生规范的核心词就是"好"和"坏"**——什么东西对我是好的,什么东西对我是坏的,

这一点我自己说了算。这显然是一种强者的道德。而"奴隶道德"是从"善"与"恶"的角度来区分万事万物的,并利用这种话术来贬低强者、抬高弱者("弱者天然即正义"就是这种想法的体现)。如果一个人能够抛弃奴隶道德,并从强者的视角出发给万事万物立法,那么他就会成为尼采笔下的"超人"。

很显然,非理性主义的思想——无论是消极版本的叔本华主义,还是积极版本的尼采主义——都试图将科学理性在人生哲学中的地位加以边缘化。而这种思想崛起的时刻,也恰恰是实证科学在西方迅速发展的时刻。因此,基于实证主义思维的人生哲学也同时登上了历史舞台,并与非理性主义的思想竞争。

幸福也能被计算吗?

基于实证主义思维的人生哲学,本质上就是基于"理科脑"的人生哲学。很多人或许会误以为一个满脑子理科思维的人是没法过生活的——错了,他们照样在过他们的日子,就是在有些人看来没什么趣味罢了。比如,你和他一起吃大餐,你思考的是如何大快朵颐,而他考虑的则是吃什么会让嘌呤变高,吃什么会让血糖变高,结果这个也怕、那个也怕。一句话,他们更倾向于在生活中"精打细算"。

有人或许会问：既然有人说人生的本质是"高三毕业后就迟早奔向'三高'"，那么在吃饭的时候考虑一下健康有错吗？好吧，基于实证主义的人生哲学可是将这种态度拓展到了饭桌之外。其典型表现便是将计算的态度施加到幸福之上。换言之，我们知道一个人的"三高"指数是可以被计算的，但基于实证主义的人生哲学家却说：快乐也是可以被计算的！

英国哲学家边沁提出了一套针对快乐的复杂算法，以便社会监管者能够根据这套算法，提高全社会成员的幸福度。这种主张的哲学标签就叫"功利主义"。

根据功利主义，**一个行为是否在道德上值得被鼓励，取决于该行为是否能够在最大程度上给最多数量的社会成员带来快乐**。这听上去很有道理，却会在一个关键问题上引发争议：快乐真能被计算吗？一个完全不懂古典音乐的人，能够理解爱乐者的快乐吗？我们能够仅仅因为不懂古典音乐的人要比懂的人更多，而去限制高雅艺术的发展吗？从直觉上看就不对劲吧！

既然快乐似乎很难被客观地计算，就需要被主观地体验。由此引出了现象学–存在主义的人生提案。

找寻有存在感的人生

"现象学"的意思就是，我们要忠实地描述我们能够主观体验到的东西,而不要在悬置体验的前提下,空谈那些基于空洞概念的宏大叙事。"存在主义"的意思是,要在乎我们在这个世界中的存在感,在乎我们与世界的关联是否顺畅。比如,特别要在乎此类现象:单位同事视我为空气,甚至家人也不理解我的抱负与愿景。在这种情况下,尽管从实证科学的角度看,"我"的确是存在的,但是从直观体验的角度看,"我"却是缺乏存在感的。

之所以要将"现象学"与"存在主义"放到一起谈,是因为不少现象学家其实就是存在主义者,而这两种学说在"尊重个人体验"这一方面也有交集。现象学—存在主义运动有德意志阶段与法兰西阶段。前者的头号哲学英雄是海德格尔,后者的头号哲学英雄是萨特。海德格尔的标志性哲学口号是"向死而生",而萨特的则是"他人即地狱"。

"向死而生"并不是说不怕死,而是说我们要在不可避免的大限来临时,反思自己余下生命的意义,尽量拓展生命的可能性。在这个过程中,我们就要与那些限制我们人生选择的各种常人的俗见进行斗争,不要人云亦云。

这种主张貌似激励人心,却忽略了一个关键问题:我们进行人生选择时,必然会受到伦理规范的限制,而很多此类限制恰恰就来自常人的俗见。换言之,"向死而生"的态度若不被限制，则很容易导致当事人的行为陷入一些道德泥沼。海德格尔本人在20世纪30年代与纳粹主义的一度接近，就是这方面的反面案例。

至于萨特，虽然他在哲学上受到海德格尔的不少启发，但是在二战时却坚决站在反法西斯阵营。他的选择不仅与其国籍有关（毕竟他是法国人，而法国一度被德国侵占），也与其哲学思想相关。

萨特的哲学关键词乃是"自由"，而自由则是基于相互承认之上的。你要他人尊重你的自由，你就要首先尊重他人的自由，因此，你也无法将所谓常人的俗见都予以全面悬置。**而"他人即地狱"也不是让你视他人为仇寇，而是说他人对你的刻板印象，注定要抹杀你的生命意识的丰富性。**意识到这一点的你，不能反过来"以其人之道还治其人之身"，而是要尽量减少你自己也成为他人之地狱的可能。从这个角度看，萨特式的存在主义将会以某种曲折的方式，恢复康德式的人道主义中的某些要素。所以，在他看来，存在主义本身就是一种人道主义——尽管这未必是海德格尔的观点。

德式现象学—存在主义与法式现象学—存在主义的分歧，可不仅仅是海德格尔与萨特这两个人之间的事情，而是具有普遍意义的。**在"上帝已死"的大背景下，个体体验的重要性显然上升了，但作为一种社会性的动物，协调个体与他人关系的社会规范也不能被**

完全放弃。如何在尊重个人体验的情况下继续做到尊重他人呢?这才是海德格尔-萨特之争的关键所在。

好了,对本书十个单元的大致介绍就到这里为止。到底哪种人生哲学更符合你的口味呢?先别急着选,因为上面的介绍还非常简要,不妨读完全书再按下你的选择键。让我们先来详察理想主义的人生提案吧。

第一单元

苏格拉底与柏拉图的理想主义：人生的意义在于追求洞穴外的真理

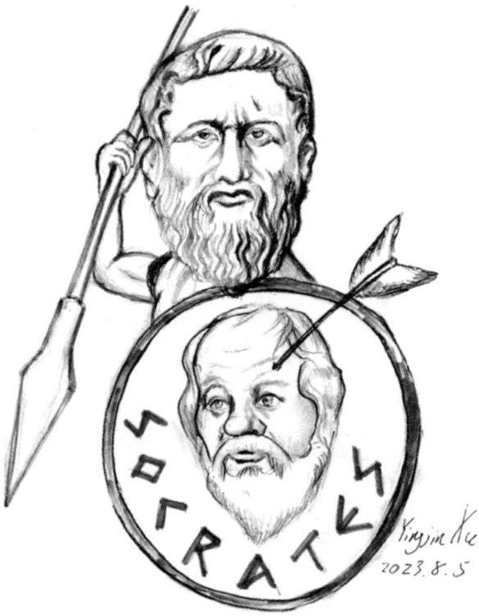
Yingjin Xu
2023.8.5

苏格拉底与柏拉图的跌宕人生

在本单元,我们从苏格拉底(Socrates,前470—前399)和柏拉图(Plátōn,前429—前347)这两位"杠精"开始讨论理想主义的人生观到底是怎么一回事。

为什么第一组哲学家是两个人呢?不仅仅因为苏格拉底是柏拉图的老师,更因为苏格拉底本人是"述而不作"的,所以他的哲学形象是通过他的弟子柏拉图的作品留下来的。因此,这对师徒就必须放在一起谈。

老实说,柏拉图的对话往往以自己的老师苏格拉底为主角,因此,有时候我们分不清对话中的观点哪些是老师的,哪些是学生的。一般认为,早期柏拉图的对话体现的是苏格拉底的思想,等到中晚期就是他自己的思想了。

前面已经指出,苏格拉底和柏拉图的人生哲学的核心思想,用一句话概括,就是"认死理、做杠精"。换言之,要过上有意义的人生,我们的行为就必须符合一些"大写"的道理。

苏格拉底就此说过一句很有名的话:"未经反思的生活是不值得过的。"意思是说,要判断一个人的人生是否有意义,就要把他一生中的相关举止罗列出来,放到理性的天平上称一称——符合道理的,就是好人生;不符合道理的,就是不值得过的人生。

说到这里,你或许会好奇:苏格拉底自己的人生究竟是怎样的?

很不幸,苏格拉底以做家乡雅典的"牛虻"为己任,大胆针砭时弊,最后得罪人太多,被雅典民众判处死刑。在被判处死刑后,他分明有逃跑的机会,但还是选择死在家乡。至于苏格拉底的弟子柏拉图,则像孔子一样曾经游历天下,在海外建立自己的政治哲学的实验基地,还在雅典附近建立了"柏拉图学园"。不过,他的努力也没有阻止雅典的衰亡。

要理解这到底是为什么,就要先看看他们当时所处的雅典民主制度是怎么一回事。苏格拉底师徒都不喜欢雅典的民主制度,因为这种制度无法给他们心目中那种正当的生活以恰当的安排。

对雅典民主的种种误解

古代雅典民主制度虽然是现代民主制度的起源,但实际上，很多人可能都对这一制度有所误解。

第一个误解：我们现在都习惯将民主和法治相提并论，所以会想当然地认为雅典民主制度是包含法治的。但事实是，在古代雅典，法律是大众民主的附属品，缺乏现代法治的精英色彩。西方今日的法治思想在古代的真正根苗乃是古罗马，而非古希腊。

为何说古代雅典的法律活动的精英色彩并不鲜明呢？这是因为，按照雅典政治家梭伦的改革，雅典20岁以上的男性自由民都可以参加公民大会，公民大会就具有立法权。那么，司法权又在谁手里呢？在审判法庭那里，而审判法庭也并不那么具有精英色彩，它也是由一个庞大的500人陪审团组成的，这500人是通过抽签产生的。相较之下，现代英美法系国家里的陪审团的人数相当少，比如在电影《十二怒汉》里出现的陪审团成员也就12个。12个人一起开会已经够麻烦了，不难设想，如果500个来自各行各业的"法律素人"要凑在一起开会断案的话，他们的看法很容易就会被一些不理性的意见左右，导致审判质量下降。

比如，阿吉纽西海战中，对指挥官的审判就颇能体现古代雅典的司法审判质量是何等令人堪忧。这场海战发生在公元前406年，最后雅典人赢了，斯巴达人输了。

雅典赢了不是很好吗？还需要审判谁？原来这是一场有瑕疵的胜利。由于遇到海上风暴，雅典的海军将领没能及时救援被击沉的己方战舰上的士兵，也没能及时打捞遇难者的遗体。结果这些海军将领被送回雅典后，竟然就因为这些"小事"而被集体判处了死刑。

按照今天的观点，没有及时救援己方士兵也好，没有收回阵亡士兵的遗体也罢，这固然是失误，但比起战争的输赢，都不算大事。所以，按照将功补过的原则，陪审团能做的，至多也就是把责任人应该获得的奖励取消，绝对不应将其判处死刑。

基于与今人类似的考虑，当时作为陪审团成员之一的苏格拉底就站起来仗义执言，为这些将领鸣不平。但群情激愤之下，不仅苏格拉底的反对意见未能奏效，他的"刺头"形象也为他日后的悲剧埋下了伏笔。因此，从这一案例不难看出，当时雅典的民主制度并不真正具有法治精神。

第二个误解：雅典的民主是张扬个性的。但实际上，雅典的民主具有较强的集体主义文化的特征。

集体主义文化的一个体现就是"陶片放逐法"。根据此法，任何一个雅典公民都可以在开会时找一块陶片，在上面写上另外一个雅典公民的名字，提议大家投票将此人放逐出雅典城邦。只要附议人数超过一定数量，"相关人士"就只好卷铺盖走人。换言之，在这种制度下，任何人都可以仅仅出于嫉妒或者别的原因提交动议，号召大家把自己的对头赶出去。这种气氛对于喜欢张扬个性的哲学家来说可不太友好，下面就来看看苏格拉底是如何被这样一套制度给整死的。

苏格拉底之死：理想高于生命

苏格拉底之死的来龙去脉很复杂，不妨先说一个故事。苏格拉底有一个朋友，叫凯乐丰，他到德尔斐神庙问了神这样一个问题："全雅典何人最聪明？"神就降下神谕："苏格拉底最聪明。"凯乐丰乐呵呵地将神谕说给苏格拉底听，不料苏格拉底却说："我这么聪明，我自己怎么不晓得？难道神谕错了吗？"想了半天，苏格拉底最终给出了答案："神谕总不会错的。我之所以比别人聪明那么一丁点，就是因为我自知无知。"

这句话马上就传开了，结果让苏格拉底四处树敌，因为它等于在含沙射影地抨击其他雅典人连"自知无知"这一点都没有做到。这也体现了苏格拉底与社会环境之间的张力，从而成为苏格拉底被判处死刑的远因。近因是什么呢？

前面我们提到了雅典与斯巴达之间的战争。这场战争的正式名称叫"伯罗奔尼撒战争"。虽然雅典也曾斩获过胜利，但总体而言斯巴达更占优势。斯巴达人曾在势力最大的时候，在雅典建立了一个亲斯巴达的伪政权，叫"30 人僭主政治"（"僭主"就是指那些僭越民主程序，自己说了算的人）。不过，这个伪政权后来又被雅典人民推翻了。

苏格拉底被处死的这个档口，大致就是处在30人僭主政治的傀儡政权刚刚被推翻、新的雅典民主政权刚刚建立的时候。这时，对前政权充满怨气的雅典新政权，自然很想斩了某人的脑袋来祭旗，而此刻苏格拉底的脑袋就被不少人盯上了。

可苏格拉底又没加入斯巴达人扶持的伪政权，雅典人为何不愿意放过他呢？原因如下：

第一，苏格拉底有个好朋友叫亚西比德，此人是典型的"三姓家奴"，他本是雅典的将领，后来又背叛了雅典参加了斯巴达军，之后又希望雅典人宽恕他。对于雅典人来说，叛徒的朋友可能也不是什么好东西，所以苏格拉底就受了牵连。

第二，苏格拉底在评价各城邦的制度优劣时，实事求是地说了一些表扬斯巴达的话，而这些话也被一些雅典人视为他不爱国的证据。

第三（也是最关键的一条），苏格拉底被指控犯了三种罪行：引入新神、亵渎神灵、腐蚀青年。

"引入新神"这名目因何而起？这里的新神根本就不是神，而是理性。换言之，苏格拉底其实是要把理性批判的精神带入公众生活之中。但是，对于沉湎于宗教思想中的人来说，这就叫引入新神了。苏格拉底在法庭上干脆否认了这项指控。

再来看"亵渎神灵"。关于这项指控，苏格拉底提出的抗辩是，假若我不信希腊诸神的话，我怎么会相信德尔斐的神谕——"苏格拉底是全雅典最聪明的人"？我怎么还会以敬神的态度说，"我之所以是全雅典最聪明的人，就是因为我自知无知"？好吧，明眼人一看便知，苏格拉底在此又借机调侃了其他雅典人的智商。

最后来看"腐蚀青年"。当然，苏格拉底本人肯定不承认自己在腐蚀青年，他更倾向于把自己比喻成驯马师——别人想做的事情是骑在马背上作威作福，而苏格拉底所做的事情就是把马当成朋友，让马跑得更快、更好。但在民众看来，苏格拉底要让青年成为有独立思想的千里马，就是在腐蚀青年。

苏格拉底的上述抗辩是否说服了陪审团？实际上，陪审团第一次投票时，情况似乎还可挽救，280票认为苏格拉底有罪，220票认为苏格拉底无罪。而且，有罪也不意味着死刑。当时法庭给了三种处罚方法：一是死刑，二是流放，三是罚款。

然而，苏格拉底却极不合作，一口咬定自己是彻底无罪的。他当然拒绝流放，并说自己跑到哪里都改不了爱议论的毛病。他也不愿意坐牢，因为自己既然无罪，那为什么要坐牢？只有罚款一条，他勉强愿意接受。

按照当时的雅典法律，罚款的数额需要先由处罚人自己提议。为了给陪审团留下一个好印象，这个数额最好说得大一点，而且他也完全可以通过自己的弟子来筹钱。但是，苏格拉底却只愿意付一明那（雅典货币单位）。这好比是说，别人认为苏格拉底应当出一套小别墅的钱来赎罪，但苏格拉底本人只愿意出一杯乌龙茶的钱。

这种态度彻底激怒了陪审团。于是，第二次投票的结果是，360票认为苏格拉底有罪，140票认为他无罪。因为罚钱与流放这两条路被苏格拉底自己堵死了，所以他最后只能接受死刑。但死刑并不是立即执行，他先被拉到了死囚牢，等到天明再行刑。

在死囚牢里，苏格拉底又遇到了试图把他救出监狱的弟子克里同，但他仍然拒绝了学生的好意，安然领死。此间产生的哲学辩论，下文还会提到。

现在我们可以看出，苏格拉底的死多少包含一些偶然因素，但也有一些哲学上的必然性。希腊人是根据宗教习俗来指导人生的，有什么事就问神谕，不能私下胡乱解释；但矛盾的是，哲学家要靠理性指导生活，凡事一定要问个子丑寅卯。很显然，如果大家都按照哲学家的方式生活，那么神谕怎么办？信仰怎么办？所以，哲学家提倡的活法，民众可不愿买单。当双方都不愿意后退一步时，一方就可能付出血的代价。

不过，像苏格拉底这样为了理想而不畏死的人还真不多，他的弟子柏拉图就比他会变通一些。

叫醒民众太难,不妨先叫醒一个人

关于如何改变社会,柏拉图的想法与老师苏格拉底不一样。柏拉图的想法是:叫醒民众太难,我不妨先叫醒一个人。当然,这个人必须有权有势。

柏拉图比苏格拉底小近40岁,他系出名门,家庭背景显赫。他跟从苏格拉底学习哲学的时间大约只有8年,不过很受老师的赏识。不仅如此,柏拉图为人谦虚,他的对话往往以老师为主角,自己的生活反而记录得较少。

有一份材料叫《柏拉图书简》,里面有很多书信,似乎是柏拉图对自己生活的记录,但也有一些人说这本书是伪书。另外,历史学家普罗塔克对柏拉图的事迹也有一些记录。我们暂定这些资料基本是有根据的,否则关于柏拉图的生平,我也无话可说了。

柏拉图从老师的悲剧那里得到了两点教训:第一,雅典好像是不可救了,我得出国寻找实现政治理想的新场所;第二,要改变民众太难了,不如先去改变一个掌握大权的人,再利用其权力来实现社会改造。

很显然,一个人说了算的社会,就是君主制(或僭主制)的社会,而当时雅典实行的并非君主制。于是,柏拉图就去了叙拉古,他的思想改造目标乃是在叙拉古大权在握的狄奥尼修斯一世。他之所以去那里,还因为在当地有一个他的追随者做引路人，名字叫迪翁。此人又恰好是狄奥尼修斯一世的妻舅，对柏拉图的思想改造目标颇有影响力。

柏拉图的计划是，对狄奥尼修斯一世进行哲学教育，把他改造成哲学王，由此实现自己的政治抱负。然而，他没料到，狄奥尼修斯一世本人仅仅因为想利用柏拉图才装出礼贤下士的样子，以便巧妙地维护其独裁统治。所以，柏拉图与狄奥尼修斯一世实际上是貌合神离，以后两人各走各路，也在情理之中。

果不其然，柏拉图真到了叙拉古，其哲学家的本性就流露出来了，不断批评狄奥尼修斯一世的执政措施。狄奥尼修斯一世自然不开心，几番接触下来，柏拉图也意识到自己把君主改造成哲学王的宏图失败了，只能悻悻离开。

不过，柏拉图之后又第二次去了叙拉古，这是为何？因为老僭主狄奥尼修斯一世死了，新僭主狄奥尼修斯二世上台了。迪翁写信对柏拉图说：儿子比爹可要强一点，老师您再来试一试吧。

其实，迪翁在写信的时候，并没有交代清楚发生在叙拉古所有的重要政情。原来，老僭主狄奥尼修斯一世去世前夕，许诺把他的权力分一点给迪翁的亲外甥，而不是让狄奥尼修斯二世一人独揽。这样一来，狄奥尼修斯二世自然就对迪翁有所忌惮，认为他的存在就是父亲的政治阴影。柏拉图到叙拉古四个月以后，迪翁就被新君王流放了，失去了政治靠山的柏拉图只好再次离开，回到雅典。不过，迪翁被流放后也曾来到雅典，正好在柏拉图学园安心跟着老师学了一段时间的哲学。顺便说一句，后世拉斐尔的名画《雅典学院》就是拉斐尔对当时的柏拉图学园内的哲学教学场景进行艺术想象的产物。

柏拉图第三次去叙拉古是受到了狄奥尼修斯二世的亲自邀请，他的承诺是，如果你柏拉图先生肯来，那么你的追随者迪翁也可以结束流亡回到家乡。柏拉图想了想，还是去了。但非常让人失望的是，新君主的表现比上次还要糟，他完全听不进柏拉图的教导。柏拉图决意要离开，离开的过程中，其人身安全甚至一度受到威胁。

回到雅典后，柏拉图再看到"叙拉古"三个字脑袋都大，决意安心在柏拉图学园教书。最后，他在雅典得到善终，就个人结局而言，要比老师苏格拉底好很多了。

尽管柏拉图的结局并没有像其老师那么惨，可他的人生目标毕竟失败了。他本希望通过改变一个君王来改变一个社会，这显然没有做成。而柏拉图的这一遭遇自然引发了后世哲学家进一步的思想转向，比如亚里士多德就意识到，对于追求理想这件事，我们或许不能太执着，追求中庸之道，或许就刚刚好。在这种思想的引导下，亚里士多德就投身了现实主义的人生路向。

对于一般的哲学受众来说，究竟又能够从苏格拉底与柏拉图的人生遭遇中学到些什么呢？不妨就让我们来做一项简单的测试吧！

假设你把你现在的公司或者单位看成一个小型的雅典，我相信每一个小单位可能都会有一些不公的现象，那么你会不会把这些事情公开说出来，以便求得良心的安顿，而不在乎究竟会因此得罪多少人呢？或者，你会和公司里某个有权势的领导说这件事，并希望通过他的权力来默默改变这些事情吗？

如果你想走前面一条路，说明你有做苏格拉底的潜质；如果你选择后者，说明你有做柏拉图的潜质。

苏格拉底谈生死：死亡可以练习吗？

苏格拉底被判处死刑后，明明有借弟子的力量离开死囚牢，从而逃生的机会，但他为何最终选择毅然赴死呢？这就牵涉生死观的问题。在苏格拉底看来，对正义的损害是不能通过延长肉体生命来弥补的。

苏格拉底为何不逃命？

涉及苏格拉底的生死观的文本主要有两份，即《克里同篇》与《斐多篇》。我们先来解读前者。

苏格拉底虽然被关进了死囚牢，但是克里同已经买通了狱卒，他其实是有本事把苏格拉底救出去的。但克里同知道老师的脾气，做什么事都得要一个论证来支持其合理性。换言之，克里同要说服老师流亡，也得先给出一些理由。他实际给出的理由包括：

第一，流亡不会太影响苏格拉底的生活水准，因为克里同已经为其准备好了完美的逃跑路线与充裕的逃亡资金。

第二，如果苏格拉底不逃跑，就肯定会被处死。如果苏格拉底被处死了，其儿子就得不到父亲的哲学教育了。

第三，克里同已经在江湖上放出了话，说一定能够把老师救出来。若苏格拉底不肯走，就等于打学生的脸，陷弟子于不义。

对此，苏格拉底立即提出了反驳。关于儿子的抚养问题，他首先指出，只要你们是我的弟子，也视我为朋友，那么无论我是死是活，我相信你们都会抚养我的儿子，所以我不担心这事。

接下来，他谈到了克里同的名声问题，说克里同，我的爱徒，你为何老是关心你自己的面子，而不关心老师我的面子？我如果跑到外邦避难，那么外邦的政府会怎么看待我呢？他们会把我看成一个为了逃避本国的法律惩罚的流亡者。他们会轻视我这个不尊重本国法律的人。最后，我将失去做人的脸面和尊严，再无法以哲学家的身份和别人讨论真理、公正与正义的问题，而这种不体面的生活对于我来说是没有意义的。

讲来讲去，很明显，苏格拉底已经把讨论的焦点拉回到对审判本身的看法上。但克里同也不笨，他马上就发现老师有一个矛盾：一方面，他明显认为自己是被错判的；另一方面，他又觉得自己应该接受这样的惩罚。

所以，克里同就问：现在我就是要带着您逃避不公的审判，这有什么问题吗？

苏格拉底说：爱徒，让老师我来帮你捋一捋思路！我既然是一名雅典公民，就理应遵循契约精神。如果私下逃走了，这是对国家的伤害，这是不合乎正义的。

不仅如此，苏格拉底给出了说服克里同不要劫狱的一条最重要的理由：我们这些公民与城邦的关系，就类似于儿女与父母的关系。我们与父母的关系本就是不平等的。而在雅典，法律的地位要比我们的父母来得更为崇高和神圣。所以，无论是出于对法律的尊重，还是出于对城邦的热爱，我都不应该逃走，否则就会犯下大逆之罪。

这个理由大概会让现代人感到有点惊讶，因为不少人或许会认为，在法律无法实现其正义的时候，像青蜂侠、钢铁侠、佐罗这样的江湖大侠就应当出来匡扶正义。但是，在苏格拉底看来，这个思路是不对的。即使法庭对我的判决不公，我也不能用错误的行为去对抗错误的行为，在这种情况下，我宁可去死。

死亡可以练习吗？

当然，不是所有人都能像苏格拉底一样有勇气来面对自己的死亡，毕竟大多数人还是怕死的。为何苏格拉底不怕死？这与他从事哲学实践的具体方式有关。这一实践方法的关键词便是四个字——"练习死亡"。

这个说法来自《斐多篇》。什么意思？难道是鼓励哲学学习者自杀吗？或者至少去做那些很容易死的事，比如带一瓶矿泉水就去横穿撒哈拉沙漠，还是像苏格拉底一样在法庭上故意激怒陪审团，将自己置于危险的境地？

这绝非苏格拉底的本意。他非但不鼓励自杀，相反，他还反对自杀，理由则是宗教性的：奥林匹斯山上的诸神还没有同意我去死，我若先自己了断，这不太敬神了。不过，这个理由听上去有点戏谑，因为苏格拉底被判死刑的一个重要罪状，就是他不敬神。

要理解这个说法，首先得定义什么叫"死亡"。老实说这不太容易，即使在今天，死亡到底是指脑死亡还是心脏死亡，在医学界和法学界都还有争议。而在苏格拉底的时代，科学更没有现在昌明，他的定义还没有涉及上述医学细节。**他说的死亡，便是灵魂与身体的分离**。在拙著《用得上的哲学》（上海三联书店，2021）里，有一个专门的板块叫"心灵哲学"，其中就谈到一种著名的哲学立场——身心二元论。该立场的代表人物虽然是近代的法国哲学家笛卡尔，但这一思想可以上溯到苏格拉底与柏拉图。

什么叫身心二元论？我们可以通过一个比方来说明。如果说我们的肉体是囚笼，那么我们的灵魂就是鸟；至于我们的生命状态，就是鸟儿关在囚笼里的状态；而所谓死亡，就是指鸟儿飞离了囚笼，去寻找新的笼子的状态。

很明显，在这个比方里，囚笼就代表着囚禁，鸟儿则代表着自由。但奇怪的是，我们为何要将肉体看成对自由的拘禁，而将灵魂视为自由飞翔的鸟儿呢？

道理是这样的：所谓的灵魂就是我们今天所说的思维的代名词。思维的特征是什么？就是你通过它想什么都行。你可能没有办法每天真的赚到一个亿，但是你要每天去想想这个事，没有人能拦住你。

肉体就不行了，即使你的思维飞到火星上，你的肉体恐怕也还在地球。就自由度而言，灵魂远远超过身体。所以说，身体似囚笼，灵魂似鸟儿。

在苏格拉底看来，之所以把身体比作囚笼，还有一个更重要的原因，就是肉体或身体的感官是容易骗人的，而思想更容易成为真理的提供者。

在这种情况下，既然哲学旨在追求真理，而真理与思想更为相关，而且思想的纯洁性又很容易被肉体的感官破坏，那么哲学家就要摆脱肉体的拘束，去追求纯粹的思想。此外，也正因为纯粹的思想只有靠灵魂与肉体的彼此分离才有可能实现，而这种分离又意味着死亡，所以哲学家就要面向死亡、渴望死亡。

"面向死亡"又是什么意思？不是说真要去死吧？

当然不是！毋宁说，这是指要减少肉体方面的享受，多思考哲学，由此净化自己的灵魂，使其暂时离开尘世。

苏格拉底的上述说法是基于身心二元论的有效性的。有人或许会说，我就是个唯物主义者，认为思维是附着在大脑上的，因此，大脑死了，也就没有灵魂了。故此，我不接受身心二元论，也不能接受建立在这种二元论之上的关于"练习死亡"的所有说辞。

但一种弱化的苏格拉底的思想表述，其实可以应对上述批评。根据这种弱化的表述，我们可以姑且不将"灵魂不朽"定义为"灵魂与身体的分离"，而将其重新定义为某人的事迹、作品对后世所产生的持续影响。所以，所谓的追求不朽，就是指追求个体在历史长河中的存在感。

为何学习哲学有助于提高这种存在感呢？这是因为，哲学的创作比较自由，受到金钱与外力的制约较少，讨论的问题又足够深奥，其作品的传承所遭遇的世俗阻力也相对较小。比如，柏拉图的作品过了 2000 年还是柏拉图的，而且还可以通过后世对其作品的诵读，长久留于人心。当然，文艺创作与科学研究也能够提高个体的历史存在感。不过，与科学问题相比，哲学问题的抽象程度一般更高，其研究所消耗的物质财富往往又更低，所以哲学解答的生命力还是要高于科学。这一点对于人生哲学的讨论来说，尤其是如此。

那么，哲学研究与文艺创作相比，谁更具有不朽性？有人或许会更看好文艺创作，他们会说：欧里庇得斯与莎士比亚的作品在不朽性上似乎并不输给柏拉图与亚里士多德的作品。但哲学的相对优势在于，艺术活动的展开依然受到感官活动的高度影响，需要高度的想象力才能进行，或者说需要某种在感性和理性之间建立联系的天才。但是，天才不是通过后天学习而成，而是有天赐的因素。相比之下，哲学研究虽然也需要天分，但从原则上讲是可以学习的。因为哲学研究在本质上是一种理性活动，其中的细节更能够按部就班地展开。从这个角度看，通过哲学来达到不朽，对于大多数普通人而言，或许更可行。

因此，对于苏格拉底所说的"哲学是为死亡做准备"，我们可以这样理解：人们通过哲学研究，使得自身个体可以摆脱有限生命的限制，从而在精神共同体的大历史中继续延续自己的生命。

苏格拉底谈虔敬：社会权威的肩膀可靠吗？

前面我们通过讲述苏格拉底和柏拉图的生平，讨论了哲学家为何而生、为何而死的问题。在这个过程中，我们也特别描述了苏格拉底之死的前因后果。

不过，还有一个遗留问题没有处理。我们知道，雅典人对苏格拉底的一项核心指控就是说他不敬神。而苏格拉底则反复说自己是被冤枉的，并说对于德尔斐神庙的神谕，他已经给出了非常严肃的解释。

那么，苏格拉底到底算不算一个敬神的人？

有人或许会反问：苏格拉底到底敬不敬神，和今天的我们又有什么关系？对这个问题的追问是具有跨越时空的普遍意义的。我们在生活中总会遇到一些较真的人，凡事都要打破砂锅问到底；而大部分人则不愿意在生活中多动脑筋，碰到难题就求助于"他力"，在古代雅典就去求神谕，在中国的儒家宗法社会就去问族长，在今天则去求助朋友圈。总之，就是不爱自己先动脑筋。

这两种生活态度之间的张力，显然就构成了一种矛盾，即理性与虔敬之间的矛盾（广义的虔敬未必是针对狭义的神灵的，而是针对任何一个被你信赖的信息源）。以下则是对这种矛盾的哲学表达。

虔敬与爱究竟是无条件的，还是为了某种交换？

在柏拉图写下的诸篇对话里，专门解决与虔敬相关的哲学问题的是《游叙弗伦篇》，其因雅典公民游叙弗伦而得名。

《游叙弗伦篇》的故事是这样的：一日，游叙弗伦家里的一个仆人杀死另外一个仆人，游叙弗伦的老爹擒住凶手，将其扔到沟里了。然后，他派人去雅典请示神谕，想问究竟应该怎么处理这件事。但这一来一去耽误了工夫，凶手竟然就在沟里冻饿而死了。

游叙弗伦认为这件事老爹办得不妥，先不论犯人到底该怎么判，你至少要保住人家的小命，万一你说的所谓的谋杀案是冤案呢？所以，他一怒之下，就把老爹告上了法庭。

这可是真正的大义灭亲。不过也正因如此，游叙弗伦的心里有些忐忑不安。为求心安，他想跑到神庙里面去问问神的意思。

在去神庙的路上，他碰到了苏格拉底。当时，苏格拉底刚刚被指控不敬神，两人可谓"同是天涯沦落人"。严格地说，游叙弗伦与苏格拉底遇到的问题有些不同。先看游叙弗伦。一方面，他基于朴素的正义感去控诉自己的老爹；另一方面，他又为亲情所困，觉得这样做毕竟不太好。面对这种两难，他就需要一个"肩膀"来靠一靠。这个肩膀就是神，他希望神能够直接告诉他：游叙弗伦啊，你大义灭亲的行为是本神所喜见的，你就大胆地去做吧！

再看苏格拉底。虽然俩人的行为都是基于自身的正义感，但他可不是和老爹斗，而是和大多数敬神的雅典人斗。就这一点而言，他遇到的麻烦可比游叙弗伦的大多了。

对于游叙弗伦来说，他基于正义感的行为兜了一个圈子还是绕到了神上。苏格拉底则始终以理性为思想的指针。在后者看来，即使神是存在的，神的运作也得符合理性。这也就意味着，哲学家的理性倾向是如此之强，以至于当他出现人生困扰的时候，连神都不能成为一个可供依靠的肩膀。所以，当这两个人相遇以后，苏格拉底还是本着较真的精神向游叙弗伦发问：

> 游叙弗伦兄啊，我已经知道了，你之所以要大义灭亲，是因为你敬神。而且，据你的说法，

大义灭亲这种行为是神所喜见的。但是，我有一事不明：我不知道你的虔敬是因为诸神喜欢看到你的虔敬，所以你才表现出虔敬，还是你先表现出了虔敬，然后才使得诸神喜欢上你了呢？

游叙弗伦听到这里有点糊涂，这到底在说什么？其实，苏格拉底的问题是，你对神的虔敬，到底是有条件的还是无条件的？

什么叫有条件的？有条件就是指基于交换的。比如说，我对你好是因为你对我好。反之，若你对我不好，我就对你不好。这就叫有条件的。

这个思路也可以被套用到虔敬上。我敬你这个神，是因为我供奉了你以后你能给我好处。譬如，高考前我供奉智慧女神雅典娜（古代希腊社会的"文曲星"），就是为了考上好大学。结果，我果然考上了好大学，我就觉得这神灵验。反之，如果我的目标没有达成，我就讨厌神。这就是有条件的虔敬。

那无条件的虔敬是什么？就是我什么也不求，我就是一心一意地敬奉神。这就像爱情，我爱一个人的时候就是默默地爱TA，甚至我不需要让TA关注到我对TA的爱，更不需要TA回报我。

游叙弗伦听完苏格拉底的问题，小脑瓜绕了半天，最终才蹦出这么一句话：我若是有条件的虔敬，当怎么说？我若是无条件的虔敬，事情又当如何？

苏格拉底于是说：如果你对神表现出的是有条件的虔敬，那么你就是为了交换神的保护。这样一来，你就不是真正地敬神，你甚至有贿赂神的嫌疑。譬如，如果有更灵验的神能够带来你想要的好处，你就有可能背叛神。假设你的虔敬是无条件的，那么你敬神的活动本身就不带有任何功利目的。在这种情况下，神若被你感动，也不是你有意促成的后果。是不是这样？

游叙弗伦回答说：我自然是无条件敬神的，若我是有条件的，就太像个势利小人了。

苏格拉底说：先别急，即使你说你的虔敬是无条件的，你也会遇到问题。

游叙弗伦这下懵了：苏格拉底，为何你这么看？

苏格拉底说：就算你对神的虔敬、你的所有祷告都是真心实意的，但这个真心实意背后的逻辑是什么？是不是因为你觉得你拜的是真神？

游叙弗伦说：这不废话吗？我拜个假神干吗？

苏格拉底再问：何为真神，何为假神？

游叙弗伦说：真神不就是能够让我的愿望得以实现的神吗？他灵，所以我拜，不灵的神，我是不拜的。

苏格拉底说：小伙子，你掉坑里了！如果对神的真心是出于对神的法力的肯定，这就意味着你非常在乎他的法力是不是能够给你带来特定的利益，因此你依然没有真正地对神表示虔敬。所以，无条件的虔敬，现在已经被归并为有条件的虔敬了！

游叙弗伦听到这里，很委屈地回道：是你苏格拉底告诉我，关于虔敬有两个选项，被你这么一说，原来第二个选项和第一个选项是一回事，这不是玩我吗？那你事先告诉我有两个选项干吗？我累了，不陪你玩了！

苏格拉底是不是故意要向别人证明他的辩才很高，才给别人设套？

其实不然，苏格拉底提出的"游叙弗伦之问"是有普遍意义的。如果将此问中的神替换为社会权威，它实际上就牵涉到个体的理性与社会权威的关系。譬如，在儒家的宗法社会中，这个问题就会变成：你对前辈尊敬是因为前辈喜欢看到你尊敬他们，还是因为本来你就对他们有一种不求回报的尊敬？若按照第一个选项，那么你对前辈的尊敬就是有条件的，因为你这么做可能就是为了从前辈那里得到一些利益。然而，你即使选第二个选项，难道不是因为你已经认定了你所尊敬的前辈对你有利可图吗？所以，你依然不是真正地尊敬前辈，而是希望能够从他那里获得利益，于是第二个选项也被归并为第一个了。

上述分析甚至可以被运用到恋爱关系中。爱情里总是有主动方与被动方，而被追的对象，无论男女，都有可能在爱情中暂时扮演神的角色。所以，所谓恋爱关系，从这个角度看，类似于一种世俗版本的宗教关系，而我们就可以仿照苏格拉底"游叙弗伦之问"的语气去问：你对你的男神或女神示好，是因为你的男神或女神喜欢看到你这么做，还是仅仅因为你本来就爱你的男神或女神？

很明显，这里的第二个选项也很容易被归并为第一个。为什么？因为后者的说法其实非常虚伪。就算你对对方的爱是真心的，这难道不恰恰是因为你已经认定，你对 TA 爱得越深，TA 向你投来关注的可能性也会随之越高吗？即使你的确是"精诚所至"，但你的目的不正是要看到"金石为开"这一结果吗？

神的肩膀不可靠

所有这些问题的一个共同结构是什么？虔敬也好，尊老也好，恋爱也好，它们都是一种二元关系。你与神、你与前辈、你与 TA 之间的关系，概莫如此。

既然这些本身都是互动性的二元关系，那么陷入这些关系的你，自然也会期望对方能给予你积极的回应。从这个角度看，在这种二元关系之中，追问到底是虔敬构成了对方回应的前提，还是对方的回应构成了虔敬的前提，没有意义。这二者可能彼此纠葛、互为前提。

既然《游叙弗伦篇》里的两个选项其实互为前提，苏格拉底还要让游叙弗伦二选一,是不是有点故意刁难人?

或许,苏格拉底想要启发游叙弗伦的哲学智慧,让他发现在这两个选项之间是不能简单地二选一的,最后让他自己得出上面的结论:游叙弗伦对神的虔敬,与神对游叙弗伦的特定行为的喜好,可能互为因果。

这个结论有什么用呢?再来回顾一下:游叙弗伦大义灭亲的行为带给了他很大的心理压力,所以他需要一个"肩膀"(神)靠一靠。然而,苏格拉底的论证实际上是想告诉游叙弗伦:只要你扯上神,你就说不清自己的虔敬到底是真心实意的还是另有所图。而且,正因为你说不清楚,你想依赖的肩膀恐怕也就没有那么牢靠了。一句话,宗教本身是不可靠的。

不难看出,苏格拉底绕来绕去就是为了绕回自己的基本盘——理性。**换言之,正义的来源不是对道德权威、宗教权威的尊敬,而是对理念的观照。**

那么,什么叫理念?这就牵涉到苏格拉底的弟子柏拉图提出的洞穴之喻。

柏拉图的洞穴之喻：感知到的世界，就是真实世界吗？

在《游叙弗伦篇》里，苏格拉底表面上是在谈宗教意义上的虔敬，但这只是虚晃一枪，他的意之所属还是理性自身。

但对于很多人来说，要完全摆脱社会权威所提供的精神支撑，并彻底运用自身的理性来思考问题，实在太劳心了。我们究竟该如何落实"摆脱社会权威、运用理性思维"这一要求呢？理性之路，究竟该如何通达呢？

柏拉图用洞穴之喻系统地阐述了这个问题。相关讨论见于《国家篇》（或译为《理想国》）。这篇对话的主角依然是苏格拉底还有他的弟子格劳孔（也是柏拉图的堂弟）。尽管如此，学界一般认为，这篇文献反映的更多的是柏拉图自己的而不是苏格拉底的思想，虽然二者紧密相关。

下面我们就来看看洞穴之喻。

洞穴之外是否有一个美丽世界？

在《国家篇》中，借由苏格拉底的形象，柏拉图向人们描述了这样一个场景：

有一个地下洞穴，洞穴背后还有一条道路能通向地面。洞穴里关着很多囚犯，他们的大腿和脖子都被束缚住了，以至于双眼只能看到洞穴的墙壁，而不能转身回头看，所以他们并看不到背后有洞穴的出口。

洞穴里还有一些狱卒，会在犯人周围唠嗑、吃烧烤，或者搬运一些杂物。但因为这些狱卒处在囚犯身后，所以囚犯也没有办法回头看到狱卒的脸。

不过，在囚犯的后面有火把能将事物的影子投射到囚犯眼前的墙上。因此，虽然囚犯没办法回头看到火把，但他们能看到投射到墙上的影子。如此一来，这些囚犯就看到很多影子在走来走去。这些影子好像在唱歌，还在吃什么东西——但因为他们看不到狱卒的脸，所以会误以为这些声音是由狱卒的影子发出的。这种情况下，他们就会把这些影子当成活人，把影子的行为当成活人的行为。甚而言之，他们会认为世界的真相就是他们看到的这些影子，以及这些影子之间的关系。

这时，请思考一个问题：如果其中某个囚犯被松绑，并被允许站起来转身回头，看到影子的原型，事情又会如何演变呢？恐怕这个囚犯非但不会因此而开心，反而还会因为原本迷梦的破灭而感到失望和沮丧。不过，如果这个囚犯继续被带往更高的层次，他被架着走向离开洞穴的通道，最终来到地面。在地面上，他所看到的终极光源——太阳——所发出的光，要比地下火把的光亮上一万倍。这光线实在太强了，以至于囚犯一开始根本睁不开眼。他得过一段时间才能慢慢适应地面上的光线，最终理解光源、事物与影子之间的真正关系。

但假设哪一天这名囚犯又被地下的狱卒抓了回去，事情会如何？

这名囚犯只好重新慢慢适应洞穴里的黑暗。他根据光影的变化来调试身体姿势的能力也已全部退化，他笨拙的举止甚至还会被其他狱友嘲笑。这时，他若对狱友说"你们看到的都是幻象，我才是见过太阳的人"，这非但不会得到狱友的尊敬，相反还会激发他们更大的嘲笑。

柏拉图的上述比喻，其实早已通过不同形式被很多电影重现，第一个例子是《楚门的世界》。主人公楚门从小到大一直生活在一座叫"桃源岛"的小城，但他不知道这实际上是一座巨大的摄影棚。此外，他也不知道他看到的所有的身边人（包括他的妻子）都是影视公司雇来的演员。因此，从柏拉图哲学的角度看，楚门其实长期生活在洞穴之中,而他处理的那些社会关系,实际上是在与影子打交道。不过,电影的最后,楚门在经历了非常痛苦的精神磨难后,终于勇敢地走出了这座洞穴。

第二个例子是《黑客帝国》。在这部电影中,除了大脑之外,人类的真实身体是不存在的,而人类的大脑则被放置于一个巨大的营养钵之中,大脑皮层被接上了很多电极。在这种情况下,人类对周遭的感知其实都是外部的操控机制通过电极刺激皮层之后所产生的幻象。从柏拉图哲学的角度看,这样的大脑所听到的所看到的,也都是洞穴里的影子。

柏拉图的洞穴之喻对后世西方文化的影响是全方位的,甚至已经渗入大众文化。而哲学的魅力也在于此:经历了那么多次复杂的科技迭代,人类处理实在与幻象的基本思维模式,竟然还是古希腊人奠定的。

感官以曲折的方式体现真实事物

现在我们要对洞穴之喻进行更精确的描述。

从哲学角度看,洞穴之喻里提到的洞穴,就是人体感官所能触及的世界。人类的通病就是太相信感官,总认为感官所体会到的世界就是世界本身了(所谓"眼见为实""无图无真相"),**殊不知感官只是以曲折的方式**

体现真实的事物是什么，正如事物的影子只是以曲折的方式体现事物本身是什么。

当然，如果运气好，我们有机会跳出囚徒的世界，沿着一条思想的通道走出洞穴，上升至阳光普照的地面。这在哲学意义上就代表着，我们的灵魂已经从"可感的世界"提升到"理念的世界"，也就是只有理性才能领会的理智世界。

那么，什么叫"理念"呢？

要讲清楚什么叫"理念"，我们首先要知道"共相"和"殊相"的区别。共相就是事物的一般性特征，马的共相就是马之为马的一般性特征。这里所说的理念，就是指马的共相。马的共相，也就是马的理念。与之对应，马的殊相则是指一匹匹特殊的马。

特殊的马和抽象的马（马的理念）之间的区别是什么？特殊的马处在时空中，有生有死；而抽象的马则超越时空，无生无死。也正因如此，理念才是不朽的，**而在柏拉图看来，不朽的东西才是真实的。**

并且，在柏拉图看来，所有的特殊事物（只要不是人工创制的物品，如马鞍），都有理念。所以，除了马的理念、狗的理念之外，还有方的理念、圆的理念等。

那么，在所有这些理念背后，有没有一个共通的大的理念呢？

有！这个更大的理念就叫"善"。

善在洞穴之喻里对应的，就是照耀地面一切事物的太阳，它统摄一切是非，是一切是非的最终根据。用隐喻的话来说，如果你能看到阳光，就等于你能看到大写的善，然后你才能由此分辨是非。换言之，按照柏拉图的观点，一个真正的君子，应当摆脱对个别的感性事物的感知，然后慢慢地上升到对理念的一般的认识，并由此练就一对火眼金睛。

顺便说一句，理念论的英文是"Idealism"，这个词还有一个译法是"理想主义"。所以，从哲学角度看，如果你要做一个理想主义者，你就必须成为一名理念论者。

认知影响道德

凭什么说作为一种形而上学理论的理念论，就会生成作为人生哲学立场的理想主义维度？抽象的马与抽象的善有什么关联？认识论的问题与伦理学的问题为何可以被放在一个平面上考量？有人或许会反驳：认识与伦理有时就是分离的。比如，在网剧《隐秘的角落》中，秦昊扮演的数学老师张东升虽然教学水平很高，但他道德卑劣，还是个冷酷的连环杀人犯。我们该怎么解释这种高智商犯罪行为？张东升难道不知道杀人是一种犯罪行为吗？他当然知道，否则他为何要急于销毁罪证？

但从柏拉图哲学的角度看，一个罪犯如果为了防止罪行暴露而去销毁罪证，就意味着他不知道善的理念的无条件性。因为销毁罪证的行为本身就预设了，只要罪证不被曝光，罪行就得不到惩罚。换言之，害怕罪行被曝光的人，他所畏惧的其实不是善的理念自身，而是世俗世界中的司法奖惩体制。他其实是不相信存在着那个照耀世上一切事物的善的理念的。由此，我们就可以说，他其实并不认识善。反之，他若认识了善，就不会在意他的罪行是否会被曝光，仅仅会因为犯下罪行而自责。从这个角度看，认识论的问题与伦理的问题，最终还是合流了。

听到这里，恐怕还有人感到困惑：真的存在那种超越一切具体语境的、抽象的善吗？这好像和我们的日常认知不相符：什么东西是善的、什么东西是恶的，要看具体的语境，不能抽象地谈。比如，撒谎到底是善的还是恶的，似乎就得看语境，有善意的谎言，或者对自己人撒谎不好，但对敌人撒谎则没问题等。

对于上述质疑，柏拉图主义者或许会这样说：即使我承认一个特工对敌国提供假情报的行为是对的，但相关的前提也应当是，这个特工所服务的国家在战争中扮演的角色是正义的。按照这个标准，二战中，盟军特工欺骗德军，使其相信盟军在法国的登陆地是法国加莱（而非诺曼底），便是正义的。甚至在祖国本身犯下战争罪行的情况下，背叛祖国的行为可能也是正义的（比如，作为日本人的共产国际特工尾崎秀实隐藏自己的真正政治身份、刺探日本高层情报的做法，其实也是正义的）。换言之，大写的正义是通过大写的善而得到支持的，而这个善之所以是大写的，则是因为其牵涉了一些超越时空的普遍伦理原则，如"必须恪守人道主义""不能恃强凌弱"等。从这个角度看，撒谎固然是某种恶，但有了更宏大的伦理图景作为背书，这种恶或许会被原谅。很显然，这种原谅本身并不构成对理念论的反驳，而恰恰是预设了理念论。

看来认识善、追求善，乃是正义的人生的题中应有之义。但如何做到这一点呢？

如何求善？先识数！

在谈"如何追寻善"这个问题之前，我们再梳理一下前面的讨论。

在《游叙弗伦篇》中，苏格拉底和柏拉图其实提出了这样一个问题：在人生缺乏指导——拿不准怎么做才符合正义原则时，我们是否需要一个更高级别的权威（如古希腊的诸神）来帮助我们呢？这对师徒的意见是，不管这个权威是谁，古希腊的诸神可能帮不上太大的忙。而在《国家篇》中，柏拉图则给出了更清楚的答案：如果真要说有这样一个权威，那就是永恒的善，或者说是善的理念。但请注意，善的理念在这里并不是一个神，而是理性所把握的对象。

既然知道了善是一个像太阳一样永恒的理念，我们这些凡夫俗子又该怎么追寻善呢？假若我们一直生活在洞穴中，又该到哪里去找人将我们救出洞穴呢？

关于这个问题，柏拉图的答案其实也并不晦涩：靠教育！

这里的教育是不是哲学教育？

——没那么简单！

照柏拉图的看法，学习哲学之前，还要先学一些预备性的学科，如通过体育、音乐来陶冶身心，然后必须花费不少精力学习算术、平面几何、空间几何、天文等知识。换言之，学习数学乃是学习柏拉图哲学的重要前提（柏拉图学园的门口有一句著名的标语：不习几何者不得入内）。

为何数学那么重要？因为学习数学能锻炼理性推理能力。比如，在做几何学的证明题的时候，我们得先搞清楚有哪些公理，这些公理能够引出哪些定理。掌握了这样一个公理化的体系之后，我们再把这些抽象知识与感性案例相结合，解决日常生产实践中遇到的具体问题。若是熟悉了这套从抽象到具体的思路，学生也会在别的日常生活领域意识到规则的重要性，不会随心所欲地做事。所以，学数学不仅仅是一种智识训练，也是一种道德训练。

2019年上映的日本反战电影《阿基米德大作战》或许能为柏拉图的上述教育思想作注解。电影的主角是一个二战期间的数学天才，名叫"櫂直"——这名字就暗示他是个宁折不弯的人，凡事都喜欢较真。在电影中，櫂直经过认真的数学计算，发现当时被日本海军寄予厚望的"大和号"战列舰的建造预算被严重低估了。他想通过指出这一点来阻止预算案在国会的通过，以延缓战争的爆发。但是，他的建议并没有阻止"大和号"的服役，日本也终于在多年后迎来了可耻的战败。

从中国观众的立场上看，仅仅从数学计算的角度认识到日本的侵略战争的荒谬性，显然还是有点薄弱。假若数学计算证明了"大和号"的预算案可行，难道建造这艘大军舰就成为正义的事情了吗？但必须承认的是，櫂直的计算毕竟是朝着正确的方向迈出了重要的一步，因此，櫂直的思想水平还是要高于他周围的那些狂热的军国主义分子，毕竟后者并非在数学角度不认可櫂直的计算结果，而是集体采取了一种"不以数字造假为耻"的态度。这也就印证了柏拉图主义的观点：纵然数学好的人未必都是好人，但是某人若连数字造假这样龌龊的事情都能干出来，那么他就绝对不可能是好人。

求善与求真，其实是一体的两面。不过，光有求真心与求善心，人生依然不完美，我们还需要爱。

理想主义眼中的爱：爱一个人的本质是什么？

作为一名理想主义者，柏拉图会怎么看待关于爱的问题呢？

在回答这个问题之前，我想先问：为何我们一定要提到爱？

这是因为，真和善之间的联结是需要某个中介的，这个中介就是爱。一个人努力学习数学的前提，乃是他爱数学；同时，他要成为一个大善人，也是因为他爱那些道德理念，认为那些道德理念与他的生命体验达成了共鸣。没有爱，真理与道德都会变得干枯；说不清楚爱，我们对真理与道德的说明也会缺少一些重要的元素。

但麻烦的是，爱恰恰是一个很难被定义的概念。"爱真理"是一种爱，"爱父母"也是一种爱，"爱自己的爱人"也是一种爱，"爱花花草草"也是一种爱。但爱本身到底是什么？

我们也可以换一种方式问：从柏拉图主义的角度看，爱究竟是理性的还是非理性的？

从表面上看，爱应当是非理性的。以对数学的爱为例，高斯爱数学、牛顿爱数学、莱布尼茨爱数学……尽管数学本身是理性的，但热爱数学的情绪却是一种废寝忘食的精神迷狂——这种迷狂乃是数学家的事，而不是数学的事。所以，爱本身不能够被混同于理性。

但一个柏拉图主义者也不能直接说爱是非理性的，因为柏拉图毕竟是一个理性主义者，若要在一个理性主义者的思想框架里生硬地植入一个非理性主义的要素，显然会导致某种排斥反应。

该怎样解决这个问题呢？得看柏拉图的《会饮篇》。

《会饮篇》是一篇戏剧色彩很浓的对话。对话的缘由是这样的：一位叫阿伽通的悲剧诗人发起了一个派对来庆祝他自己刚拿了一个戏剧节的大奖。他在派对上请了一群雅典知识分子圈中的头号人物（包括苏格拉底）一起吃吃喝喝，顺便聊聊什么是爱情。

正因为这场对话有很多人参加，所以柏拉图就可以借着不同人的嘴说出当时在雅典流行的种种爱情观，然后再慢慢引出他自己所认可的那种爱情观。不难想见，这最后出场的爱情观乃是由苏格拉底来总结的。

而在苏格拉底总结之前，第一种值得一提的爱情观则是由喜剧家阿里斯托芬提出的。

阿里斯托芬：爱情是对另一半的追求

"爱就是追求自己的另一半"恐怕是在当下的大众话语中很流行的一个对爱的定义。因为这个定义自带某种崇高气质，很多人都误认为是柏拉图说的。其实，这是柏拉图笔下的阿里斯托芬所说，他是古代雅典著名的"搞笑专家"，与柏拉图的老师苏格拉底的关系并不算和谐，还在自己的作品《云》里嘲笑过苏格拉底。在《会饮篇》中，阿里斯托芬通过一个神话故事来阐述"爱就是追求自己的另一半"这个观点。

很久以前，那时候的人类长得可和现在不一样，所有的器官都是成倍的。从正面看，每个人都有两只眼睛、一个鼻子与一张嘴，而从反面看，也是两只眼睛、一个鼻子与一张嘴。不仅如此，他们的性别构成也比较复杂，都是一半一半，每一半都有自己的性别。这就有三种排列组合的可能性：第一就是"阴阴"（两半都是女），第二就是"阳阳"（两半都是男），第三就是"阴阳"（一半是女，一半是男）。并且，当时每个个体的力量都是现在的人的两倍，因此弄得天上的诸神很不开心。于是，宙斯就命令太阳神阿波罗去给所有的人做一个整形手术，把他们统统一分为二。这样一来，"阴阳人"被劈成一个男的、一个女的，"阳阳人"被劈成两个男的，"阴阴人"则被劈成两个女的。

不过，手术刚完成的时候，天下人都非常不开心。为什么呢？因为每一半新人都在想念自己原来的那一半。不少人茶不思饭不想，竟然还有人因此而死。这件事又被宙斯听到了，他也觉得自己之前的做法太绝，于是决定通过改变人类生孩子的方式来使人类延续。在此之前，人类生孩子的方式是像知了一样将卵下到土里，下一代从卵里被孵化出来。而宙斯给出的新方式则是，两个人抱着相合，由此生下孩子。但要做到这一点，已经被分离开来的两半人就必须先找到自己的另一半。不过，要在茫茫人海中找到失散的另一半，何其难也！所以，那种使得另一半被找到的情感——爱情——才是珍贵且炽烈的。

概而言之，在阿里斯托芬看来，爱人之间的关系本来就是"一个整体的两个部分"。所以，爱情的本质就是对完整性的希望和追求。

阿伽通：爱得完整不如爱得美丽

从某种意义上说，阿里斯托芬的观点——爱是对完整性的希望和追求——是有问题的。这种定义允许我们不加区分地去赞美各种各样的爱，只要这种爱体现了所谓的对完整性的实现。举例来说，林黛玉与贾宝玉之间的爱是爱，而《悲惨世界》中的德纳第夫妻之间的爱也是爱（这对夫妻在贪财、自私、卑鄙等方面可谓天造地设）。这样一来，我们又该如何说明我们的下述直觉——爱毕竟是有价值阶梯的，因此，宝黛之间的爱情的价值，要高于德纳第夫妻的爱情的价值。

上述疑问促使我们去求助派对的主人阿伽通的爱情观——爱是一切美的集合。他的具体说法是，爱的根源乃是爱神，这尊神年轻娇嫩、坚韧平和、远离暴力、公正审慎、勇敢无惧、聪明智慧，是最美、最善的神。她不但自己美丽，而且也生出所有美丽和善良的事物。

阿伽通的讲法其实已经有些接近柏拉图主义，因为他几乎将爱视为一种理念了。但阿伽通的理论过于简单，既没有说明爱神本身是如何将爱撒播四方的，也没有说明为何在不少场合下，我们的确就是感受到了爱的缺失。要让爱的理论走向精致，显然还需要柏拉图笔下的苏格拉底出马。

苏格拉底—柏拉图：爱是贫乏与丰饶的结合

在苏格拉底看来，爱产生的本质乃是贫乏与丰饶的结合。这是什么意思？我们先来看看，我们在日常语言中是如何表达爱的。比如，"贾宝玉爱林黛玉""张生爱崔莺莺"这些表达中，爱都体现为两个对象之间的关系。我们把前一个对象说成是变元 x，后一个对象说成是变元 y。很明显，x 爱 y，肯定是因为 y 身上有一些为 x 所亏欠的东西，这样才使 x 对 y 产生了兴趣。结合阿伽通的观点，我们便可以说：这样既为 x 所亏欠又为 y 所具有的东西，往往就是美。只有这样，一心求美的 x 才会爱上 y。

按照这种爱情观，恋爱中，我们所爱的其实不是某个具体的人，而是某种体现在具体的人身上的特质——这种特质在本质上是一种理念。**所以，爱上一个人的本质，乃是爱上一种理念。**

由此，我们也便更能看清柏拉图与阿伽通的观点的差异：后者认为美的承载者是美神，但苏格拉底与柏拉图并不那么想。在他们看来，贾宝玉爱的是林黛玉，而非美神。美神是独一的、排他的，但是美的显现方式却可以非常丰富，可以体现在不同的对象中。所以，阿伽通的理论无法解释为什么我们在世上会爱上那么多的事物。而柏拉图的理论却能对这一点作出相对合理的解释：我们所爱的，其实是寓居在不同事物之中的美的理念，而并非爱那个单一的美神。我们之所以要爱美的理念，是因为这种理念并没有被我们的肉体或灵魂分享。因此，我们要通过爱来补足我们身上所缺乏的东西，我们要追求一切美的东西。

柏拉图这种对爱的定义显然具有很强的适用性，它既能说明为何贾宝玉爱上林黛玉，也能说明为何高斯热爱数学。高斯之所以热爱数学，乃是因为他看到了数学之美，而这种美是为他的肉体与灵魂所亏欠的。

既然柏拉图如此看重美，他又会怎么看待艺术呢？

柏拉图谈艺术：为何艺术会戕害真理？

很多人会认为，柏拉图既然那么看重美，当然也会看重艺术。很不幸，柏拉图恰恰是一位以贬低艺术地位而著称的哲学家。

艺术是对模仿的模仿

要讲清楚柏拉图的艺术观，就得先来复习一下他的理念论。理念论的核心思想是将可感世界区分于可知世界。可感世界就是我们的感官能碰触到的世界，而可知世界则是我们的感官虽无法碰触但我们的理智却可以通达的世界。在这两个世界之中，柏拉图的立场是抬高可知世界，贬低可感世界。

这种二分法立即会使得艺术作品的存在成为一种尴尬。很明显，艺术作品是属于可感世界的。听一段音乐、看一个话剧、观一部电影，哪件事情能够离开你的感官？既然艺术属于可感世界，其哲学地位又能高到哪里去呢？

在古希腊时代，技术与艺术是被等量齐观的。换言之，在当时的职业分类表里，工程师与艺术家被分为一个大类——匠人。柏拉图也受到了当时这种日常观点的影响。在他的洞穴之喻中，艺术作品被说成"对模仿的模仿"，地位相当低下。

这是什么意思呢？先来看什么叫"模仿"。在理念论的理路中，模仿的对象就是理念。比如说马，可感世界中的具体的马——关公的赤兔、项羽的乌骓、刘备的的卢——都因为分享了抽象的马的理念而成为马。然而，如果有一位画家要去画关公的赤兔，那么他所直接描述的对象可不是马的理念，而是那匹已经模仿了马的理念的赤兔。于是，宣纸上的赤兔岂不就成了对模仿的模仿了吗？由此看来，宣纸上的马与马的理念之间便隔了两座山，所以它要比赤兔本身来得更不真实。由此，以对理念进行二次模仿为己任的艺术活动，其地位也高不到哪里去。

但上面这个论证真的能够说服人吗？有人或许会提出下述反驳：在动漫中，很多人物都被画得很夸张，未必类似于真实的人物，但依旧有很多人认为自己能够在二次元的世界中找到理想。既然二次元艺术显然是艺术的一种，那么柏拉图的那种贬低艺术的哲学理论，显然没法说明二次元艺术的价值。

不得不指出，柏拉图这种充满消极色彩的艺术哲学观点的确有一些违反常识。他以后的哲学家，如黑格尔，则在坚持某种版本的理念论的情况下，对艺术与理念的关系作出了更为积极的评价，这一点后面还会讲到。

艺术戕害真理之理由一：破坏比例感

我认为，柏拉图贬低艺术的最强理由，并非前面所呈现的形而上学理由，而是他对文学作品的修辞力量的贬低性分析。柏拉图认为，艺术作品——特别是文学作品——的修辞表达，会对理性思维的健全性构成戕害。

这里所说的修辞，便是通过文辞之美来达到煽动观众情绪的目的的各种文字技巧。我们平时所说的隐喻、夸张、反讽、比兴等文学技巧，都是修辞手段。在这些手段中，夸张扮演了很重要的角色。作家不对人物与情节进行夸张，就无法构造出足够强大的戏剧冲击力来吸引读者的注意力。

以曹禺先生的《雷雨》为例，作家以区区一个雨夜的戏剧时间，集中暴露了一个资本家的大家庭在几十年中所积累的复杂矛盾。这其实就是一种夸张的写法，因为很少有家庭会在一个晚上爆发如此多的历史矛盾。但写戏剧，最好就这么写，否则观众看了会觉得不够味。

为何这么说？这牵涉到一条著名的心理学原理，叫韦伯定律。根据该定律，心理学主体所接受的心理学刺激的强度，取决于该刺激与前一个刺激之间的落差，落差越大，刺激越强。比如，你从很热的桑拿房里出来，突然进入雪地，就会感到很冷；而你从原本就比较冷的房间进入更冷的雪地，则不会感到那么冷。

在《雷雨》中，观众感受到的刺激强度，就类似从桑拿房突然进入冰天雪地的感觉。故事一开头，我们看到一个令人称羡的豪门，而在很短的时间内，仅仅随着几声雷响，原本好好的一个家却突然变得支离破碎。由此所呈现出来的巨大差异，无疑会使得观众感到极大的心灵震撼。

但在艺术领域运用韦伯定律，往往会破坏真实事件之间的比例关系——这不仅是指时空比例的关系，而且包括不同事件与人物各自的重要性的对比、不同人物之间的性格与能力的对比等。拿《三国演义》来说，罗贯中将周瑜描述为一个小肚鸡肠的人，这当然是为了衬托豁达睿智的诸葛亮，否则两个人物之间的对比度就不够，读者就不爱看。这显然是对韦伯定律的一种运用。然而，根据正史《三国志》的记载，支持周瑜曾与诸葛亮正面抬杠的证据是很稀少的，而且也有其他证据证明，周瑜本人的性格恰恰是比较随和的（如他曾经很好地处理了自己与老将程普之间的纠葛）。另外，还有一个人事方面的理由可以有力地反证周瑜与诸葛亮怄气的概率其实很小：诸葛亮的老哥诸葛瑾是周瑜的同事，当时也在东吴做官，故此，即使看在诸葛瑾的面子上，周瑜也不会处处针对诸葛亮。

很明显，这些基于正史资料的理由，在逻辑上直接威胁了罗贯中在小说里那些夸张描写的真实性。罗贯中本人是怎么处理这些矛盾的？很简单，他的处理方案就是对"房间里的大象"视而不见。换言之，他在对赤壁之战的描述中，全面地边缘化了诸葛瑾的存在。因为倘若认真写了诸葛瑾这个人物，他就很难解释为何周瑜竟会不顾诸葛瑾的面子，而去针对诸葛亮。只要不写诸葛瑾，他就可以豁免于这一麻烦。不过，由此一来，一个仅仅根据罗贯中的剧本来了解当时历史的读者，就很可能会严重低估历史的复杂性，由此失去健康的历史格局感。而柏拉图主义对戏剧的担忧，也恰恰就在于此。罗贯中式的夸张在戏剧中实在太过普遍，这就大大增加了观众由于误信戏剧的"戏说"而失去对真实情况的掌握的概率。

有人会说：三国的故事毕竟离苏格拉底与柏拉图生活的时空实在太远，能不能举一个为这对师徒所知的案例来说明上述论点呢？

能！我们不妨来复习一下苏格拉底曾参与的关于阿

吉纽西海战中涉事将领的审判。这场审判涉及的辩论，也可以被视为戏剧的修辞力量和哲学的理性力量之间的对抗。前面说过，在审判过程中，苏格拉底虽然为这些将领仗义执言，但还是没能扭转乾坤。为什么？就是因为理性的力量没有扛过修辞的力量。

修辞的力量为何这么大？因为修辞能通过夸张事件的各个成分之间的比例关系，唤起听众强烈的心理学情绪。比如，遇难家属在公民大会上的大呼小叫，或者公诉人对个别遇难士兵尸体惨状的生动描述，都会激发大众的情绪，使得场面失控。而在这种情绪化的大众心理状态中，很多需要冷静思考才能被注意到的要素往往就会被忽略。于是，大多数人都没有对惨案发生时的气象条件（突然出现的暴风雨）进行冷静分析，并由此反思：在当时的气象与技术条件下，有任何将领能够安全地实施遗体打捞与落水者救助这些海上作业吗？审判的动议者对这些重要因素避而不谈，正如罗贯中对诸葛瑾避而不谈，都是为了使听众能够按照某些人的意图，单方面地把握特定信息，由此让他们成为一些势力得以轻易操控的棋子。

那么，哲学家明明看到了更多真相，为何还是难以与修辞的力量相对抗？道理也非常简单。要培养理性的思考方式，殊为不易，正如阅读《三国志》永远比阅读《三国演义》难得多。再说，洞穴之外的真理之阳光，对于大多数洞穴内的囚徒而言，也实在是过于刺眼了。

说到这一步，关于艺术可能戕害真理的第二个理由，也呼之欲出了。

艺术戕害真理之理由二：太容易为特定立场背书

第二条理由便是，艺术作品太容易被某种特定立场左右，成为传声筒。

继续拿《三国演义》来说。我们都知道，罗贯中的小说《三国演义》是以蜀汉为正统的，但陈寿的正史《三国志》却是以曹魏为正统的，这显然取决于不同的立场。陈寿是西晋的"公务员"，而西晋作为曹魏的继承者，自然对曹魏更尊重。元末明初的罗贯中对三国故事的改写，则已经受到了此前南宋的三国民间叙事的严重影响。一直希望能够北伐的南宋民众早就对一直北伐抗魏的蜀汉产生了强烈的共情，并将这种共情传递给了罗贯中。所以，对历史叙事的第一视角的选择，本身就是叙事者的价值立场的体现。

同样的分析也适用于对苏格拉底本人的形象描述。在他的弟子柏拉图的笔下，苏格拉底热爱真理、睿智幽默，并与智者（即那些玩弄修辞、误导民众的伪知识分子）进行了全面的斗争。然而，在喜剧家阿里斯托芬的作品《云》里，苏格拉底却成了一个非常搞笑的家伙，连吃饭都在研究食物配比中的几何学问题,并以教授修辞术为生,俨然就是智者之一。

这是为何?很简单,柏拉图是苏格拉底的学生,老师的面子就是他的面子,他自然愿意将苏格拉底写得伟大一点;而阿里斯托芬是喜剧家,强调常识的可感性(从本质上说,喜剧创作的要点,就是通过对反常识现象的夸张化描写,反衬出常识的可贵)。因此,任何离开常识可感性范围的思辨——无论是智者的思辨还是苏格拉底的思辨——都很容易被归为一类。而柏拉图与阿里斯托芬的叙事方式的差异,背后则亦是立场的差异使然。柏拉图的叙事方式是为精英知识分子准备的,因为只有精英知识分子才能承受得起严肃思辨所带来的巨大心理负担;而阿里斯托芬的叙事方式则是为民众准备的,因为戏谑带来的心理解压感,恰恰能够满足大多数听众的心理需求。

敏锐的读者或许会问:既然连柏拉图的叙事方式都为特定的立场服务,我们为何要相信他关于苏格拉底的描述是真的?

这个问题难不倒柏拉图,他完全可以这样回答:即使我对老师的言行的描述有所美化,也推不出你不应当相信他与我的哲学理论。这就好比说,即使我们承认一个牛顿的崇拜者所写的牛顿传记已隐去了对传主不利的信息(比如,牛顿是如何打压物理学同行胡克的,他又是如何因为贪婪而在股市上遭遇重大损失的），也推不出牛顿的科学与数学工作是没有价值的。同样，即使柏拉图所描述的苏格拉底形象有大量后期加工的成分，也并不意味着苏格拉底与柏拉图的哲学思想是站不住脚的。

实际上，正如很多柏拉图研究专家所注意到的，在柏拉图的后期对话中，戏剧的色彩已经被压缩到了一个更小的比例。这就意味着，柏拉图本人也开始越来越不满自己早期作品中的修辞色彩了。这种写作风格的转变，显然与他厌恶艺术的整体观点是相互协调的。

这里我还想就艺术与特定立场的亲缘关系发表一些管见。我认为，这种亲缘关系之所以如此常见，乃是因为在艺术、金钱与特定的立场之间有一种隐蔽的共谋关系。

首先，艺术作品的传播当然需要金钱。即使上演一出戏剧，也要包租场地，养活演员与工作人员，遑论拍摄电视剧与电影。但问题是，为何有人愿意出钱来赞助你呢？理由无非三个：（甲）单纯为了赚钱；（乙）单纯为了迎合赞助人自己的价值观；（丙）以上两点都有。很显然，第二条与第三条理由都牵涉特定立场的影响。而第一条理由至少也间接牵涉特定立场的因素，某部作品之所以能够大卖，恰恰是因为它迎合了大多数观众的价值观。所以说，通过金钱这一黏合剂，艺术往往很难逃出特定立场的掌心。

相较之下,哲学相对容易保证与特定立场之间的距离,更多地做到"理、中、客"。其中的一个很重要的因素,还是钱。哲学研究所需的财富相对较少,而且往往也不以商业营利为目的,这就使得世俗力量失去了一条控制哲学思想的重要途径。同时,哲学自身在表述上的晦涩性与专业性,在影响哲学自身的传播度的同时,也阻碍了世俗权力对哲学研究的干扰。所以,从某种意义上说,哲学研究的确要比艺术创作更为自由。

艺术真这么糟吗?

经过上面的讨论,读者或许会问:难道艺术真那么糟糕吗?难道热爱艺术还有错了吗?上面试图解释的是柏拉图的观点,我尝试在当下对艺术的价值作出更具平衡性的评价。

一方面,我赞同柏拉图,也认为很多粗制滥造的艺术作品非常容易破坏人的格局感。另一方面,我还是要说,很多优秀的艺术作品的确能够提高人们的智识与道德水平,理由有三:

第一,真正伟大的艺术作品超越了具体的利益纠葛,体现出某种普遍性。比如,在《悲惨世界》这部作品里,你能通过冉·阿让这个艺术形象来体会柏拉图所说的善是什么。冉·阿让虽然是底层贫苦人出身,但依然按照严格的人道主义标准来要求自己的言行,从不对别的阶层的人进行报复,甚至还在关键时刻救了一直在追捕他的沙威警长的性命。

第二,不能因为金钱与艺术之间难以割舍的关系,就断然否定艺术的普遍性。因为促使一部艺术作品取得商业成功的因素有很多,迎合某种特定立场固然是一种可能,但作品跟人类普遍的美感与道德感的共鸣也是一种可能。如果是后一种因素占据主导地位,那么我们甚至可以用更积极的眼光来看待金钱在正确的价值观的传播过程中所起到的作用。

第三,夸张与修辞纵然是艺术作品不可或缺的要素,**但如果这些技术性措施服务于普遍人道主义理念传播的伟大目的,其消极作用也不能被过分放大。**

柏拉图的灵魂学说：如何处理欲望、激情与理性的关系？

我们在前面讨论修辞的作用时，其实已经涉及了文学作品与心理因素的关系，这显然是柏拉图的艺术哲学与心理哲学的交叉地带。下面我们就来正面讨论柏拉图的心理哲学。在柏拉图的时代，心理哲学也被称为"灵魂学说"。

灵魂学说的两个版本

为何我们要在了解人生哲学时了解灵魂学说？道理不难想见，人生决策是由人的灵魂或者心理架构作出的。因此，要了解人生，首先就要了解作出各种人生决策的心理架构是什么，否则你就会对人生决策背后的心理动因茫然无知，而这种无知也可能会大大影响人生决策的质量。

柏拉图的灵魂学说牵涉两个版本：一个版本在《斐

多篇》里,在该版本中,柏拉图重点讲述了灵魂与肉体的可分离性,由此引入了他的生死观。另一个版本在《国家篇》里,此版本的重点是对灵魂自身的构成方式的讨论。需要注意的是,这两个版本不仅重点不同,具体论点也未必完全一致。**《斐多篇》向我们展现的是灵魂的单纯性,也就是统一性**(比如,即使灵魂离开了某个肉体,并转到另一个肉体上,它还保持着自身的统一)。**相较之下,《国家篇》的灵魂学说的核心原则却是复多性,即强调灵魂构成要素的多样性。**

为什么柏拉图这时候又对"多"产生了兴趣呢?很可能是为了解决这样一个基本哲学问题:既然逻辑上的融贯性是任何一个信念体系应当具备的特征,那么我们又该如何尽量将看似矛盾的命题之间的冲突消解掉呢?

如果我们发现一个事物具有两种或者两种以上的矛盾性质的话(比如,一个苹果既是红的又是青的),那么为了化解矛盾,这些性质是不能被分配给同一个事物的同一个方面的同一个位置,以及同一个时刻的。正确的做法是,这些性质必须被分配给同一个事物的不同方面或不同位置或不同时刻(比如,这个苹果的这个面是红的,那个面是青的;这个苹果昨天是红色的,今天是青色的)。

现在,我们就将这个原则运用到对人类的心理或者道德特征的评价上。比如,我们平时经常听到这样的话:"张三既吝啬又慷慨。"既然"吝啬"与"慷慨"是两个矛盾的形容词,为了让这样包含矛盾的陈述变得合理,我们就要对这些描述所刻画的对象本身进行拆分。

照此思路,我们可以将张三拆分成不同方面。比如,张三对自己人吝啬,对外人慷慨,这样矛盾就消失了;或者把张三拆分成不同的时间段内的张三,张三在过去吝啬,而现在变得慷慨;我们还可以把这些不同的形容词拆分给不同的空间区域,张三在他老家很吝啬,只要离开老家就变得慷慨。一种更极端的分配方案,则是认为张三心中住着两个乃至多个灵魂——这其实就是医学上所说的"多重人格障碍症"的症状。

以上和柏拉图的灵魂学说又有什么关系呢?

灵魂三要素:欲望、激情、理性

现在,让我们设想一个场面:假设你就是张三,肚子饿了的你正好走到一家火锅店前。这时,你分明听到了两个声音在耳畔响起。

一个声音说:好久没有吃火锅了,真想跑进去大快朵颐;另一个声音说:不行,这家排队时间太长,你必须在 15 分钟内吃完后,立即赶回公司参加视频会议,因此你没时间吃这家店的菜。

由此引发的哲学问题是:这两个彼此相反的想法是

如何可能被指派给同一个人，而不至于产生逻辑上的矛盾的？一个很简单的思路就是，承认人的灵魂不是单纯的。相反，灵魂有不同的构成部分，这些部分各自承担了不同的想法。**而所谓灵魂，实际上就是自我的不同组件相互斗争的战场。**

关于这些组件具体是什么，柏拉图在《国家篇》里面提到了三种：第一，欲望；第二，激情；第三，努斯。"努斯"大致是"理性"的意思。

在柏拉图看来，这三者之间的关系非常像一辆双辕马车，它的运作需要用到两匹马与一个车夫。假设这两匹马里有一匹比较暴躁，不给它吃好的草料，它就会发火，这就代表了我们灵魂中的欲望；另外一匹马则比较骄傲、自尊心很强，它并不会因为吃得少而发火，倒很可能会因为你批评它而发火，这就是所谓的激情；至于车夫，则要驾驭这两匹马，让它们同时发挥作用，这就是努斯的工作。

在这三者中，接近动物性的欲望与远离动物性的理性是我们比较熟悉的。但为什么柏拉图还要提到激情呢？激情能够被还原为欲望吗？

激情高于欲望，但需努斯引导

激情与欲望的关系的确很复杂。尽管激情有点像欲望，但是它并不是欲望，因为激情有着明确的非动物性内容。

举个例子，我肚子饿了想吃火锅——这可不是激情，而是欲望，因为这是一种动物性要求。但是现在我的想法变了，我不想吃火锅，而是要开一家华东地区业绩第一名的连锁火锅店——这就是我的创业激情了。

很明显，创业的激情就已经摆脱了动物性，它有着明确的社会性内容，如自我价值的实现、小我与大我的融合、基于个体或者社团的荣誉感等。**换言之，价值观、社会的教化等要素渗入了激情，使得它本身已经高于单纯的动物性欲望了。**

有人或许会问：既然激情的地位高于欲望，那么我们的灵魂为什么还需要地位更高的努斯呢？这是因为，**激情本身缺乏反思与权衡的功能。**

请看下例：假设有一个军医，他看到很多伤兵在医院里疼得呼天抢地。于是，出于救死扶伤的激情，这位军医很可能想给每个伤员都打麻药，减轻疼痛。但是，他的理性会告诉他：不能浪费麻药，因为你剩下的吗啡没有几支了，现在这几个士兵的伤还不算重，后面可能还有更重的伤员被送进来，所以你得管住自己的激情，冷静、冷静、再冷静。

换言之，激情本身并不具备对整体利益与局部利益关系的权衡能力，而努斯却能做到这一点。

再举个例子，《水浒传》里的李逵也是一个充满激情的人，但问题是，他的激情是建立在狭隘的对江湖道义的认知之上的，而不是建立在普遍的人道主义价值观之上的。比如，他在劫法场救宋江的过程中，就误杀了不少无辜的"吃瓜群众"。李逵这种残酷的做法，蕴含着对他的小圈子之外的普通人的生命的极端漠视。这就说明，建立在一定价值观基础上的激情，是缺乏对该价值观自身的反思能力的，而要拥有这种反思能力，我们就得引入努斯。

努斯的运作以欲望的冲突为素材

前面说了激情与努斯的关系，现在来说说欲望与努斯的关系。欲望的地位虽然较低，但是柏拉图也没将其一笔抹杀，原因有二：

其一，满足动物性欲望，是人体得以生存的基本条件。人若饿死了，努斯也没法运作了。

其二，努斯要起到平衡与协调的作用，至少需要大量的冲突与矛盾作为素材。这类素材往往出现在欲望领域之内，而不仅仅是在欲望与激情之间。比如，现在有一堆海鲜出现在你面前，海螺、海参、海胆、帝王蟹等，你自然产生了强烈的吃海鲜的欲望，但是旁边的烤肉店飘出的肉香也引起了你吃烤肉的欲望。所以，想吃海鲜的欲望就与想吃烤肉的欲望冲突了（因为人的肚量是有限的），而这种矛盾就会触发努斯的介入。换言之，**若没有欲望的丰富性，努斯出场的理由就会大打折扣。**

需要注意的是，甚至柏拉图给出的关于车夫和马关系的隐喻，也在印证上面这种观点。倘若没有马，车夫的功夫又怎么施展呢？所以，**理性之力量，恰恰是通过欲望来实现的。**

柏拉图 VS 弗洛伊德

在柏拉图死后两千多年，奥地利心理学家弗洛伊德提出了本我、自我与超我的区分。那么，柏拉图对欲望、激情与理性的区分，是不是就已经预报了弗洛伊德对本我、自我与超我的区分呢？

我认为，这两种区分的确有点像，但毕竟不是一回事。

先来看弗洛伊德的观点。弗洛伊德的本我指的是人格中最为原始的部分，是生物性冲动和欲望的储存库。就这一点而言，它的确有点像柏拉图所说的欲望。

本我上面的第二个层次，则是自我。它是从本我中逐渐分化出的，其作用是调节本我与超我之间的矛盾。这种意义上的自我，实际上有点像柏拉图所说的努斯。

不过细心的读者可能会发现，在这里，我们好像找不到柏拉图所说的激情的位置。那么，在弗洛伊德思想的框架内，柏拉图说的激情是不是跑到超我的位置上去了？

非也，因为超我并不是激情，而是指一种内化于心的道德观。比如，一个富有正义的检察官在面对黑恶势力时，产生的与之一搏的激情，就基于这种道德观。不过，还需注意激情与超我的两点区别：第一，激情可能是基于超我的，但也可能是基于非道德的理由，如犯罪分子可能也有"犯罪激情"；第二，即使激情是基于超我的，心理主体依然可能在绕过激情的情况下实施符合社会价值的行为。比如，我们在决定按照道德规范做事的时候，未必时刻都会感到血脉偾张。

由此看来，在弗洛伊德的三分法里，我们找不到激情的独立位置；而在柏拉图的三分法里，我们也找不到超我的独立位置。

为什么这两种分法如此不同呢？因为弗洛伊德看重的，是本我在心理活动的构成中所起的作用，而**本我是某种前于道德规范的、基于直觉的存在**。相较之下，就柏拉图赋予"激情"这个词的原意而言，激情本身已经被渗入了大量社会规范性内容，这就使得弗洛伊德很难给予激情以更大的"戏份"。

再来看柏拉图。他虽然很强调社会教化对灵魂的熏陶作用，但是他很可能不会使用"超我"这样的字眼。这是因为，在弗洛伊德看来，超我所实施的社会教化效用是不需要理念论在背后担保的，而柏拉图却恰恰强调，社会价值不仅仅来自教化，更来自个体对终极理念——"善"——的直接观照。

有人或许会问：有没有理念论作担保，对超我的性质难道会产生重要的影响吗？

是的，而且影响很大！有了理念论作担保，人类的价值观就具有了神圣的意义，你不能随意怀疑它；若失去这种担保，其神圣性会被取消，一个理论家也就有可能用负面的眼光去看待这些价值规范。譬如，一个弗洛伊德主义者会这样说：超我压抑了本我，因此心理治疗师就要发掘出那种被压抑的本我，将其从各种社会枷锁中解放出来。而一个柏拉图主义者反而会说：欲望如果不受努斯的掌控，我们又如何能够排除洞穴中黑暗的干扰，看到洞穴之外的理性之光呢？所以，一个弗洛伊德主义者与一个柏拉图主义者所给出的人生教育方案，是南辕北辙的。

说到人生教育方案，就很难不谈到教育体制的设计，而教育体制的设计本身又明显是一种政治安排的产物。我们由此过渡，来看看柏拉图的政治哲学。

柏拉图谈政治：学问低的人就该被管理？

虽然政治哲学是一个独立的哲学分支，但在人生哲学的脉络里讨论政治哲学，其实也站得住脚。因为人归根结底是社会的动物与政治的动物，要实现人生价值，也要在特定的政治环境里实现。因此，人生哲学不能没有政治哲学的维度。

我想先推荐一部1970年上映的老电影《克伦威尔》，讲的是英国资产阶级革命时期的大政治家、军事家克伦威尔的故事。电影一开始展现的克伦威尔，还只是个普通人，他那时也没想到自己日后会成为国家领导人，只是对当时，查理一世统治下的英国的具体政治环境，感到很不满。当时，他想到的对策是，我惹不起，但我躲得起！于是，他准备全家"润"到北美，以便让孩子得到更好的教育。但他转念一想，又觉得不对，逃跑可耻，也有错！我的孩子可以移民到北美去，但别人家的孩子呢？我不能光顾自己家人的安稳，还要顾及所有英格兰公民的人生与未来。结果，他一不做二不休，真的组织起了"新模范军"，最后将国王查理一世送上断头台，改变了千万英国人的人生。由此看来，一个人的人生选择与整个民族的政治选择之间，可能有着某种微妙的互动关系，这一点甚至也适用于苏格拉底。苏格拉底的死，也是因为他在政治理念方面与普通雅典民众产生了冲突。这就是说，恰恰是苏格拉底本人的特定政治哲学观点，才最后导致了他人生大戏的落幕。

另外，至少就《国家篇》这个文本而言，政治哲学的问题与前面所讨论的灵魂学说也有着密切关系。灵魂学说显然也是人生哲学的重要组成部分，前面说到，在柏拉图看来，人的灵魂由三部分构成：欲望、激情与努斯。而**当柏拉图讨论到城邦的政治德性时，他则提到了四种道德，即"四枢德"——正义、智慧、节制、勇气**。灵魂三分法与四枢德之说之间其实有着某种呼应关系：节制对应欲望，勇气对应激情，智慧对应努斯。

既然有所呼应，为什么灵魂被说成有三个组成部分，而在这里我们却看到了四种基本道德呢？

很显然，在四枢德里出现了一个难以在灵魂三分法里直接被对应的因素，即正义。为何会这样？因为正义并非某种特定的德性，而是各种德性在彼此协调运作的情况下，整个城邦所具有的整体规范性特征。因此，它也很难被关联到一个具体的灵魂的构成部件上去。

抛开正义不谈，智慧、节制和勇气这三种德性，都是针对特定的社会阶层成员而言的。

芸芸众生需节制欲望

先来说节制。节制其实是柏拉图对社会中大多数劳动者（含农民、工商业者）的要求。节制也就是"各安其分"，有点像儒家所说的"君君、臣臣、父父、子子"。为何柏拉图会这么想？这得联系灵魂学说来理解。

我们都知道，灵魂中最下等的部分是欲望。不过，在柏拉图看来，缺乏战士之武德与知识分子之理性的大多数民众，胸中所涌动的，恐怕主要就是饮食男女之类的欲望了。但他也并不主张去消灭这些欲望，他的意思是，这些人得对欲望进行调节，而不能任其泛滥。当然，对于武士来说，他们可以通过杀敌来发泄自己的欲望。至于哲学家，则可以在书斋里进行头脑风暴式的哲学思考，发泄其过剩的生命能量。

不过请注意，节制本身是一种灌输式教育，未必是一种哲学教育。因此，在这个环节中，教育者不会向被教育者提供详细的理由来说明为何要节制欲望——大家去节制自己的欲望就是了。为何不说清楚这样做的理由呢？关于这个问题，柏拉图的潜台词是，能够有胆量跑到洞穴外面看到阳光的人，在人口比例中很少。对于大多数人来说，能够节制自己的欲望，本本分分地做人，就很不错了。

武士需要勇气

接着说说勇气。柏拉图虽说勇敢是军人应该具有的德性，但这并不是说普通人不应该勇气，而是说他对一般人所能具有的勇气程度不抱太大期望。举个例子，如果祖国遭到入侵，一个没有受过军事训练的普通人能够像真正的战士那般英勇吗？尽管这种可能性存在，但毕竟不是太大。

再来看看勇气对灵魂的诉求。前文指出，勇气对应的是灵魂中的激情（激情本身则是在正确的价值观引导下的强烈的正面情绪）。这种意义上的勇气并不是鲁莽、野蛮，而是指在做正确的事情时那股不顾危险往前冲的闯劲。譬如，盗贼抢银行那不是勇气，因为抢银行是犯罪，但保安与之进行英勇的斗争，就算是勇气了。

智慧成就哲学王

最后来看看智慧。智慧就是国家管理层所需要的那种德性。与此对应的灵魂中的部分就是努斯。具有这种智慧的国家领导者，就是哲学王。

哲学王是什么意思?字面意思就是,哲学家应该做国家的统治者与管理者。换言之,哲学训练应当被体现在对国家管理者和统治者的教育课程之中。

对这种观点可能会有一种比较浅的解读,就是认为所有搞哲学的人将来都要做官。但这种解读似乎很容易遭到反对,因为历史上哲学家真正当官的案例的确不多。不过,如果我们从一个更宽松的角度解读,就会发现这话竟多少有点道理。比如,在美国,国家元首虽然貌似是总统,但是遇到重大的宪法争议时,还是得让最高法院来决断。最高法院的诸位大法官所起的作用就有点类似哲学家——更严格地说是法哲学家——他们的任务就是对自己的裁断给出丰富的法哲学理由。同时,他们显然也有很高的政治权力,他们的决断,总统与国会都无法推翻。因此,说他们是一个复数意义上的哲学王,也勉强行得通。

学问低的人就该被管理?

那么,柏拉图的政治哲学理论对我们今天到底有什么启发?

首先,我们要谈谈柏拉图主张的"阶级之间并不平等"的思想。柏拉图明确地在《国家篇》里主张,学问较高的人就应该做国家的管理者,学问较低的人就应当接受被管理的命运。这听上去好像就是儒家所说的"劳心者治人，劳力者治于人"的意思。很多人或许觉得这过于违背现代人的看法，因此无法接受。不过，即使是在今天的企业分工体系中，人力资源部门也会根据不同员工的专长、学历与性格，进行人力资源分配。如果没有分工，企业不可能正常地运作，而分工本身就会带来管理者与被管理者的区别。这难道不正是柏拉图所要表达的意思吗？

既然如此，为何还是有人觉得柏拉图的哲学王理念与现代理念格格不入呢？这是因为很多人对柏拉图的理论有误解，认为柏拉图主张的阶级之差本身代表着经济上的不平等。换言之，柏拉图的理论貌似是在变相鼓吹统治阶层有权获得比一般人更多的物质财富，但这恰恰不是柏拉图本人的意思。毋宁说，根据柏拉图的看法，政治领导人的薪资是不能高于社会平均水平的。他甚至还有个更极端的观点，认为政治领导人不应该有私人家庭，否则他或者她就会为了儿女的利益积蓄财产，成为大贪官。换言之，尽管柏拉图在政治上反对平等主义，但在经济分配上他反倒主张平均主义。与之相比，儒家既不在政治上谈平均主义，也不在经济上谈平均主义，所以柏拉图的思想与儒家的思想其实是貌合神离的。

那么，若不是为了钱，公务员究竟为了什么而服务国民呢？在柏拉图看来，这就是为国民服务这件事本身带来的政治荣誉感。在他看来，调低薪资，恰恰有利于将那些势利之徒从公务员的备选名单上自动过滤掉，最后留下那些真正有德性的君子。

哲学王制度能否解决庸人政治带来的困扰？

不过，纵然柏拉图的政治哲学并不鼓励统治者对下层的经济剥削，柏拉图本人肯定是反对民主制的，因为民主制必然会带来对特定统治者的权威的全面削弱，因此是无法见容于哲学王这一设计的。而在柏拉图看来，民主制对特定统治者的权威的全面削弱，又会带来所谓的庸人政治。在这种政治安排中，聪明人被排挤，智力平庸者被推崇，因为智力平庸者要比聪明人更具民众代表性。这样一来，国家的决策就往往不能理性化，而容易为民众的浅薄见解所绑架。

那么，难道哲学王这种设计就能消除庸人政治吗？柏拉图肯定认为当然可以，但我本人对此有所怀疑。我们不难设想这样一种政治安排：纵然做官本身不会带来高薪，但至少也应当能拿到足够温饱的工资。这样一来，如果是否做官与哲学素养的高低产生关联，那么就会有很多人挤破头去"内卷"，通过某种类似科举的方式获得官位。试问：在这种形式上依然带有哲学王色彩的制度安排中，庸人政治的弊端是否就得到克服呢？恐怕也未必，因为建制化的哲学考试本身若成为目的，就会为很多缺乏德性、内心平庸的"考试机器"进入公务员队伍大开方便之门。与之相伴的一个问题则是，除了考试，我们是否还有别的用以判断一个人哲学素养或德性高低的公平方法呢？譬如，如果我们放弃考试制度，而采用中国汉代的察举制度的话，是否会造成更多的"任人唯亲"呢？这真是一道怎么琢磨都找不到理想解的难题。

对于上述难题，我能想到的唯一能够尽量维护哲学王这一设计的补救方案是，提高社会经济活动的丰富度，让大家的人生在做官之外有多样的选择，这样就使得做官这件事在经济上不再具有吸引力。而那些真正想做官的，很有可能就是在德性与哲学素养方面真正出众的人。

但这样的一个补救方案依然与柏拉图的政治哲学的某些面相产生抵触，理由如下：要实现经济活动的丰富度，就需要复杂的市场机制加以支持，而这一点又需要大量敢于冒险的企业家存在。这样一来，整个社会的"勇敢"德性的核心承担者就要从军人向企业家转移。与之相比较，"节制"反而会成为企业家的负面的德性，因为缺乏野心的企业家往往不会有创新机制。换言之，在现代市场经济的制度安排中，柏拉图的德性理论中的相当一部分将很难再具有指导意义。

不过,现在还是让我们暂且停止对哲学王这一设计的评论,转向柏拉图的正义观。

什么才算正义的战争?

依据柏拉图的想法,哲学王进行统治的目的,当然不是为自己而是为全社会捞好处,这就是正义的题中应有之义。注意,柏拉图强调的是全社会的好处,而非社会中大多数阶层的好处。

举个例子,你不能因为做冰激淋的人仅仅占全体公民数量的1%,就忽略他们的利益——1%的人的利益我们也要重视。换言之,只有各个阶层的利益都得到关照,真正的和谐与和平才能体现出来。

有人可能会反问:柏拉图不是特别强调军人的武德吗?现在怎么又开始主张和平与和谐了呢?这两种主张难道不矛盾吗?

在我看来,柏拉图想表达的意思毋宁说是,和平是理念,打仗是手段。就算是打仗,也是为了最终的和平。而具有这种目的的战争就是"义战",否则就是"不义之战"。

有人或许还会反问:打仗的时候,难道参战双方不都会说自己打的是"义战"吗?我们又该如何判定其各自说辞之真假呢？

柏拉图哲学当然不能为天下所有战争的是非作出统一评判，但至少从中我们可以得到这样一种不那么完全的评判标准：那种以穷人的利益为借口而发动的战争，大概率不算"义战"。道理也很简单，你站在穷人一边向富人发动战争，然后把富人的财富剥夺了分给穷人，这样一来，谁又来保护富人的利益呢？别忘了，柏拉图的政治理想是要保护所有人的利益，而富人的利益显然也在这一范围之内。

上面说的穷人与富人之间的战争，显然算内战。我们再来看外战。仅仅为了称霸而对别的城邦或国家发动战争，算不算"义战"呢？在柏拉图看来，不算。**因为有效统治国家的核心任务并不是让国家强大，而是要让国家的存在具有正义性。一个不正义的国家，强大又有何意义？** 以纳粹德国为例，其军队算不算强大？当然很强大。但问题是这个国家正义吗？看看在希特勒的统治下发生了一些什么吧，压迫犹太人（并把犹太富人的财产充公以讨好日耳曼裔的穷人）、打压德国共产党、打压一切反对希特勒的声音。在这种情况下，这样的国家越强大，对人类和平事业的威胁不就越大吗？从这个角度看，柏拉图是不会赞同这样一句名言的："真理在你的大炮的射程之内。"在他看来，用武力作为自身核心支柱的主张，统统都是歪理。与之相应，军人的武德也必须建立在对战争正义性的认识上,而不能建立在对自身武力的迷信上。

* * *

到这里,我们可以对本回进行一个小结。

本回讨论的是柏拉图的政治哲学,而他在政治哲学的名目下所讨论的社会的组织原则,是与人类个体的灵魂构成原则相呼应的。基于这种呼应,我们自然就需要根据每个人的品性与德性,决定其在社会网络中所应该扮演的角色。至于我们个人在自己的人生中所结交的朋友,也要根据其德性确定他或她在你的关系网中所要扮演的角色。有些人适合做你的人生导师,有些人只适合做你的旅途玩伴,而有些人则适合做你的商业伙伴,**什么人到底适合扮演什么角色,都需要我们根据《国家篇》中的组织原则认真地调配。同时,我们也要认识我们自己的德性,思考自己能够为别人提供什么服务。**

另外,我们也要看到,柏拉图对和平与和谐的强调建立在他的正义观和明确的是非观之上,而不是要我们做好好先生、随大流。这种以正义为先的观点,也是当下社会较为缺乏的。譬如,很多单位内部领导开会讲话说维护单位的团结非常重要,但是维护团结难道比维护正义更重要吗?假如发现单位里有一些丑恶现象,那么我到底应该揭发他,还是装作什么都不知道,以维护单位的一团和气?很显然,在这里,"维护团结"的要求是与"追求正义"的要求相抵触的。

不过,**要做一个有正义心的人,你还必须有知识。**譬如,你如果对纳粹德国的屠犹行为感到义愤填膺,那么必须要首先知道奥斯维辛的悲剧的确存在。若不分知识与谬言,我们就会糊里糊涂地被小人蛊惑而去冤枉好人,最终或许就会铸成奥赛罗那样的大错。换言之,光有对正义的向往之心是没有办法做好公共服务的,我们还要有知识。但知识本身又将如何获得呢?对这个问题的讨论,将会把我们引向柏拉图的另外一篇对话——《泰阿泰德篇》。

柏拉图谈知识：
什么知识才能更好地指导人生？

这一回要讨论的是人生哲学与知识关系。在《用得上的哲学》中，我专门讨论过知识论的问题。在本书中，我将从人生哲学的维度重新看待知识的重要性。

柏拉图讨论知识问题最密集的文本，就是他的《泰阿泰德篇》。泰阿泰德是一个自以为很聪明的雅典公民，在这篇对话里，苏格拉底就与他一起讨论，到底什么才算得上是靠谱的知识，进而言之，怎样的知识才算得上是对人生靠谱的指导。

泰阿泰德也算是一个有点哲学慧根的人，他在这篇对话里提出了好几种对知识的看法，一种比一种复杂。苏格拉底则一一指出了他的问题。通过这篇对话，我们也由此知道了定义知识之难。

凡事都查百科全书？

下面先来看第一种对知识的看法。泰阿泰德说，知识无非就是百科知识，比如，你想知道什么叫"海牛"或"海兔"，去查查"百度百科"的相关生物学词条就是了。

对于这种定义，苏格拉底很不满意。苏格拉底认为泰阿泰德没理解他真正的用意，他并不是想问：如果我想知道关于海牛的知识，我该怎么办？他的问题其实是，"知识"本身是什么？换言之，他关心的是对知识的一般定义，而不是关于某事项的具体知识。

你或许会问：我们为何一定要知道知识的一般定义呢？满足于获取一些具体知识，难道还不够吗？

的确还不够！苏格拉底的反驳是，你如果不知道一般意义上的知识是什么，你又如何知道你获取的具体知识算知识呢？所以，**对具体知识的追问，无法规避对抽象的知识定义的追问。**

知识就是感觉？

在苏格拉底的逼问下，泰阿泰德攀爬到了一个相对抽象的层面来定义知识。他提出了第二种对知识的看法：所谓知识，感觉罢了。说白了就是，网上传的、书本里说的都未必靠谱，道听途说的话也不能全信，但是我看到的、听到的、感受到的那些事情肯定靠谱。这就是所谓的眼见为实。

苏格拉底听罢笑道：仁兄，你说的不就是普罗泰戈拉的观点吗？普罗泰戈拉是古希腊另外一位有名的哲学家，亦是"智者派哲学"的代表人物。前面讲过，所谓智者，在当时并不是指有智慧的人，而是特指那些收钱教人辩论的家伙——他们可不关心何为真相，只要能辩赢，他们就满足了。普罗泰戈拉就有一句名言"人是万物的尺度"，意思是说，我感到什么是对的，那什么就是对的，哪有什么客观真理！

对于上述言论，苏格拉底可以用这样一个例子反驳：假设现在有一股风吹来，张三冷得瑟瑟发抖，可我苏格拉底就是不畏寒。请问：这风究竟是冷还是不冷呢？既然说"人是万物的尺度"，那么用来评测风之温度的尺度，究竟是我苏格拉底，还是张三呢？

普罗泰戈拉或许会抗辩道：你压根儿就不能问风本身的温度是怎样的。你只能说，相对于某某的感觉而言，风的温度是怎样的。所以，当你用你的视角去看问题时，风就不那么冷；当张三用他的视角去看问题时，风就是冷的。所以说，根本就没有一种独立于任何视角的客观温度。

我们熟悉的黑泽明导演的电影《罗生门》其实也多多少少反映了普罗泰戈拉的这种观点。故事大致是这样的：一个武士和他的妻子路过荒山时遭遇不测，妻子被侮辱，武士惨遭杀害。然而，这件事的真相到底是什么？盗贼、武士的妻子和武士的亡魂都各有各的说法。每个人提供的证词都是为了美化自己的道德形象，减轻自己的罪恶，掩饰自己的过失。在这些故事版本里，究竟哪个是真的？普罗泰戈拉恰恰要告诉大家：根本就没有独立于叙述者自身的叙述立场与观察角度，即所谓的客观真相。

面对这种观点，苏格拉底的回击是，假若知识在本质上只是个人感觉的产物，那么就会失去普遍意义。然而，我们在日常生活中所用到的知识，显然应当具有普遍意义，如"二氧化碳的分子式是CO_2"这一点之所以是知识，并不是因为它取决于任何个人的看法，而是因为二氧化碳的分子式的确就是CO_2。由此我们就可以反推出：知识在本质上并非个人感觉的产物。

上述论证不仅具有知识论面相，而且带有形而上学面相。下面我们就来细说。

世界有真相，知识定存在

与知识论不同，形而上学关心的问题不是知识如何构成，而是世界本身如何构成。但既然知识要反映世界的真相，那么知识论到头来还是要与形而上学发生关联。譬如，假若有人硬要从形而上学的层面否认存在任何稳定的真相的话，那这种消极的态度就会破坏任何积极的知识论建构。

有意思的是，希腊哲学史上还真有人严肃地认为世界中并无稳定的真相——毋宁说，万物皆流变。提出此观点的哲学家就是赫拉克利特，他并不属于智者，他与普罗泰戈拉的观点既有联系又有差别。联系在于，都反对有稳定的知识；差别在于，普罗泰戈拉着眼于人类个体认知之间的差异（如刘姥姥的认知和贾雨村的认知之间的差异），而赫拉克利特则着眼于世界本身的不稳定性和变异性，因为在他看来，一切都在变。也因为这一点，无论是刘姥姥还是贾雨村，他们都得不到稳定的知识，错不在他们自己，而在于世界本身就缺乏足以形成知识的稳定真相。

对于赫拉克利特的观点，苏格拉底的反驳是，你说世界上没有真相？那我就问你：你自己说这话的时候，到底是醒着，还是在梦里呢？很显然，对于梦境和现实的区别，大多数人是分得清的。梦里看到的世界是假的，而醒来看到的世界是真的，这就说明世界本身是有真相的。

当然，面对苏格拉底的反驳，有人或许会引用"庄周梦蝶"的桥段再来反驳他。按照这个大家都很熟悉的哲学典故，梦境与现实的界限可能并不那么清晰，因为就连庄子这样的大哲学家都搞不清楚，到底是自己做梦变成了一只蝴蝶呢，还是一只蝴蝶做梦变成了我庄周呢？不过，在实际生活中，这种梦境与现实"傻傻分不清"的状况，其实并不普遍。譬如，假若我真做梦发现自己变成了蝴蝶，我就会想：今天下午我要不要像往常那样去游泳呢？对了，既然我的身子已经变成了蝴蝶，我的游泳裤又该怎么穿呢？——这样的简单推理会立即提醒你发现梦境的荒谬之处，并由此向你展现出从梦境走向现实的通道。

由此看来，世界中自有真相。但到底该如何区分真与假呢？

知识就是真的想法吗？

对上述问题的追问，与第三种对知识的定义有关：知识就是真的想法。换言之，人可以有各种各样的想法，但要成为知识，这一想法就首先要成"真"（在一般的哲学教材里，这里所说的"想法"都被翻译为"信念"。但我认为，"信念"这词在汉语里显得过于严肃，不如"想法"接地气）。

这个说法可要比仅仅说"知识就是感受"来得高级。为什么？

第一，任何想法都由句子表达，因此有内部的语言结构，而感受则未必有。

第二，强调"真的想法"，就排除了"假的想法"

成为知识的可能。

据此,只要我有一个想法,而且这个想法也是真的,那么我就应当获得了一条知识。

但苏格拉底还是不满意,他反问:不知假,焉知真?换言之,如果无法对假的东西进行甄别,你又如何从中遴选出真的东西呢?

对此,泰阿泰德显得很自信,他说:我能区分真与假。为了说明,他给出了所谓的"鸟笼之喻"。假设有一个巨型鸟笼,里面有很多鸟,如八哥、斑鸠、麻雀、猫头鹰等。养鸟人把他所有的鸟都关在鸟笼里,要拿出某只鸟时就去抓。不过,他抓鸟的时候也可能会出错。比如,心里想的虽然是八哥,手上却不小心抓了只黄鹂。

这个比喻的实质究竟是什么?这里说的鸟笼其实就是储存了我们大量想法的记忆库,而鸟就是记忆库中的那些想法。在这里,**真的想法就意味着与真实的匹配关系对应,而错误的想法就意味着与错误的匹配关系对应**。让我来各举一个例子,如果我想回忆起的一个概念(想抓的鸟)是"波兰的首都",而我随之想起来的那个概念(抓起的鸟)是"华沙",那么产生的匹配关系就是正确的,因此,由此所产生的想法——"波兰的首都是华沙"——也就是真的想法;相反,如果我想回忆起的一个概念是"巴西的首都",而我随之想起来的那个概念是"里约热内卢",那么产生的匹配关系就是不正确的，因此，由此产生的想法——"巴西的首都是里约热内卢"——也就是假的想法。这样一来，对任何真的想法与假的想法的区分都可以如法炮制。

听了泰阿泰德的解释，苏格拉底点点头说：你的鸟笼之喻很有趣。不过，此喻还是有问题啊！仔细想想看，如果你硬要说是"错误的匹配导致了错误的想法"，你得首先确定错误的匹配本身的确是错误的。比如，你之所以知道将"巴西的首都"与"里约热内卢"匹配在一起是错的，是因为你已经知道了巴西的首都的确不是里约热内卢而是巴西利亚。但你又是如何知道这一点的？换言之，你已经犯下了循环论证的错误——你拥有了关于真假之分的知识，然后再利用这个知识去分辨真假。这个做法真的行得通吗？

对真想法恰当说明，就是知识吗？

泰阿泰德被逼急了，于是给出了第四种对知识的定义：知识就是得到恰当的说明的真想法。这个定义的意思是说，仅仅说一个想法是真知识，多少显得有点薄弱，我们还得给知识的架构提供更多的支撑件，而"恰当的说明"便是这样的支撑件。恰当的说明在希腊人那里也被说成"逻各斯"（logos），而逻各斯在汉语中更接近"道理"的意思。所以，得到恰当的说明的真想法，也就等于有足够道理支持的真想法。

但问题是，到底什么是恰当的说明或逻各斯呢？

泰阿泰德的回答是，所谓逻各斯，就是对相关事项的构成方式的了解。比如，你要说明波兰的首都在哪里，你就要知道该国首都的周遭地理形势与内部结构。

苏格拉底摇摇头：这话不对劲。一个人可能画不出波兰的地图，也不知道华沙有几个区，但这不妨碍他知道波兰的首都就是华沙。所以，你对逻各斯的说明很不充分，无法说明知识的本质（在苏格拉底的时代，世界上尚无波兰。此例只是为了方便今日读者理解）。

获取真知识也许靠运气？

泰阿泰德灰心丧气地说：讲了半天，你心目中的知识定义到底是什么？苏格拉底说：我不知道啊，但我至少能够做到自知无知！

由此看来，《泰阿泰德篇》并没有给出对知识的正面定义。不过，从这一对话当中，我们多少也能看出一些柏拉图本人对知识之本质的模糊看法。至少柏拉图肯定了：第一，知识的本质并非对具体知识的罗列；第二，它不仅仅是感觉；第三，它并非直接等同于真的想法；第四，它也并非仅仅被恰当的说明所支撑的真想法。

那么，知识的本质到底是什么？今天的知识论专家在讨论这个问题时，可能会附加一些新的要素，譬如"对差的认知运气的排除"。

这是什么意思？举例说，如果你生来就在楚门的世界，你所感受到的、听到的、学到的东西，都是整个社会对你进行系统性欺骗后的产物。在这种情况下，你获得的信息大概率都不是知识。反之，如果你生活在一个由诚实的人所构成的社会中，那么你获得知识的门槛就会大大降低。这就是认知运气的问题。如果能生活在后一世界中，你的认知运气就不错；而生活在前一世界中，你的认知运气就很差。一个人要获得大量的真知识，就要努力排除差的认知运气带来的影响。

但新的问题又冒出来了：一个人如何知道自己所处的世界究竟是不是楚门的世界？关于这一点的知识本身又是如何被获取的呢？由此看来，对知识的定义总是难免循环论证。

在人生道路中获取真正的知识，其实困难重重。太多的人被自己的感受欺骗，或被偶然为真的想法误导，或被貌似合理的说明折服，或被差的认知运气带到沟里。所以，我们必须小心再小心。

在今天的网络时代，我们的小心还得加倍！在网络上，大量的信息真假难辨，太多的人因此成为各种错误信息的思想俘虏，胡乱地规划自己的人生道路，结果无论是投资理财还是恋爱求学，处处碰壁。由此看来，**提**

高对虚假信息的警惕,并时时提高知识的评判标准,才是保证人生之路顺畅的重要精神条件。

不过,不少读者或许还会觉得上述说法略显消极。如果我们老是警惕,对四周的信息疑神疑鬼,我们会不会成为怀疑论者,并因此不敢放手大干呢?我们是不是还需要一些更可靠的信息抓手来更积极地规划我们的人生道路呢?

答案是肯定的。要回答这个问题,还得看看柏拉图的《智者篇》。

小结：在更长的时间线里思考人生

在本单元的最后一回中，我们将讨论这样一个问题：从柏拉图主义者的角度看，每个人的人生道路究竟该怎么选？柏拉图主义者的答案是，在择业问题上，我们一定要遵循一套符合理念论思维的职业分类原则，否则难免会选中一些不体面的职业。这就牵涉到了柏拉图另一部重要的对话——《智者篇》。

展开概念地图，找到人生定位

从表面上看，柏拉图写《智者篇》主要是为了挤兑智者。在柏拉图看来，智者不相信客观真理的存在，鼓弄口舌，将辩论术降格为金钱的奴隶，真是"是可忍，孰不可忍"。

不过，向智者叫板毕竟是相对次要的任务，更重要的是，你怎么知道智者选择的人生道路不甚体面呢？换言之，有没有某种一般性的方法，使我们能够辨清不同人生道路中各自的道德风险呢？

有！你可以展开你的概念地图，然后将你选择的职业"翻译"成该地图中的某个坐标，接着按图索骥，由此知悉你所选择的职业的本质究竟为何。譬如，若要探究的职业是"智者"，那么在上述概念地图中展现这一职业本质的具体做法可以被分为如下几步：

第一步：找到与目标概念处于同一层次且具有共性的概念，譬如"渔夫"（二者的类似之处在于，做这两份职业都需要很多经验）。但问题是，需要经验的工作多了去了，仅仅用"渔夫"作为定位，是不是有点薄弱？这就引出了第二步。

第二步：找到更多的与"渔夫"类似的同层级概念，如"农民""手艺人"等。

第三步：在上述概念中，找到一个中介性的区分原则，并说明这些概念之间的差异。而柏拉图找到的具体区分原则是，上面这些行当都可以被区分为以下二者：其一是"从无到有"的生产性技术，其二是"从有到有"的获取性技术。比如，农民的本领就是"从无到有"，即能从缺乏粮食的状态生产出粮食来；而商人的本领则是"从有到有"，即对已经存在的商品进行交易。所以说，农业就是生产性的技术，商业则是获取性的技术。

第四步：用"生产性技术—获取性技术"的二分法来给智者定位。很明显，智者的本领属于获取性技术，因为智者并不从事生产，而是像商人一样进行交易。

第五步：进一步来厘定智者与商人之间的微妙差异。这个差异就是，与商人不同，智者交易的不是商品，而是灵魂。

但是，说到这里，我们的概念图谱还没有画好，为什么？因为"交易灵魂"这话实在过于含混。有人恐怕会问：为何交易劳动力或商品可以是体面的，而交易灵魂则是不体面的？这就引出了第六步。

第六步：对"交易灵魂"这个概念进行更精细的刻画。根据刻画的结果，智者交易灵魂的具体方式是通过一种模仿的技艺。

但模仿活动本身有什么不体面的？虽然柏拉图对从事模仿活动的艺术家的评价不是很高，但至少艺术家的地位还是比智者高不少。为了说明这一点，就引出第七步。

第七步：对模仿本身进行进一步的区分，从而知道哪些模仿活动体面，哪些模仿活动不体面。关于这个问题，柏拉图给出的答案是，智者从事的模仿活动的关键性特征是，将某种不存在的东西变得像已然存在的东西一样。譬如，明明"武大郎是自己吃饭时不小心噎死的"不是真相（因此，这属于"非存在"的范畴），但只要智者拿了西门庆的银子，他们就会颠倒黑白，将这事说得跟真的一样。

到这里,为何说智者的工作不体面,道理也非常明显了,因为这项工作的要点就是要把不存在的东西说成是存在的,也就是把假的事情说成真的,真的事情说成假的。而这一点就与理想主义者的大目标南辕北辙。在理想主义者看来,真的就是真的,假的就是假的,将二者混同起来,就是对善与正义的侵犯。

通过上面的概念图谱勾勒工作(参看下页的图),我们其实已经让"智者"与"非存在"这两个概念发生了关联。由此我们知道,智者的工作就是在洞穴里制造影子,无法揭示事物之间的真实关系。

为何纳粹集中营的看守是邪恶的?

我认为,柏拉图在《智者篇》中提出的勾勒概念图谱的方法有助于我们解决所谓的平庸的恶的难题。当代哲学家汉娜·阿伦特曾在著作《艾希曼在耶路撒冷:一份关于平庸的恶的报告》中分析了对纳粹集中营的看守艾希曼的审判报告。艾希曼在法庭上为自己辩护,说自己仅仅就是希特勒所制造的一台巨大杀人机器中的一个普通零件,如果自己不杀犹太人,别人也会那么做。因此,既然不是他签署了处决所有犹太人的"最终解决方案",法庭为何还要为难他?

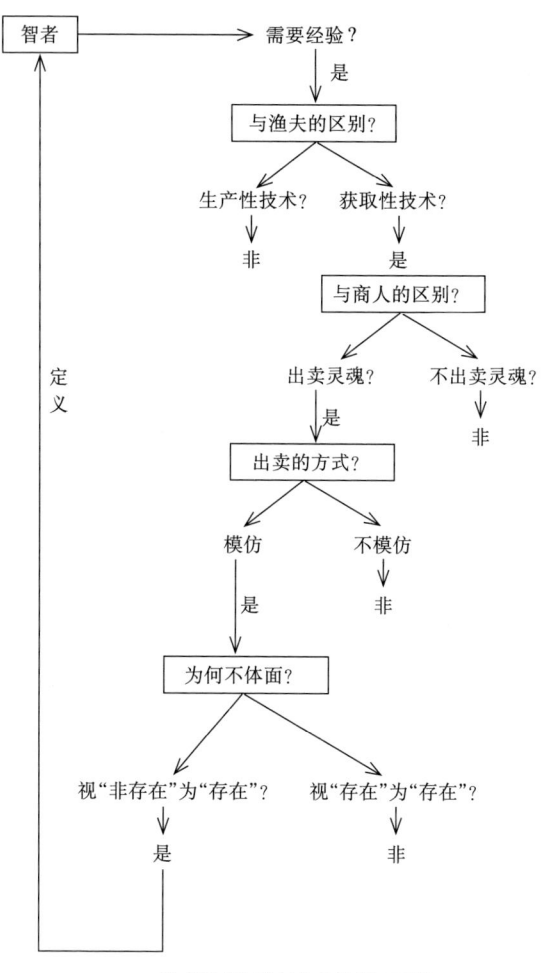

```
                    ┌──────────────┐
      ┌────────┐    │  需要经验？  │
      │  智者  │───▶└──────┬───────┘
      └────────┘           │是
          ▲                ▼
          │         ┌──────────────┐
          │         │ 与渔夫的区别？│
          │         └──────┬───────┘
          │        ┌───────┴────────┐
          │   生产性技术？      获取性技术？
          │        │                │
          │        ▼                ▼
          │        非               是
          │                         │
          │                         ▼
          │                 ┌──────────────┐
        定义                │ 与商人的区别？│
          │                 └──────┬───────┘
          │                ┌───────┴────────┐
          │            出卖灵魂？       不出卖灵魂？
          │                │                │
          │                ▼                ▼
          │                是               非
          │                │
          │                ▼
          │        ┌──────────────┐
          │        │  出卖的方式？│
          │        └──────┬───────┘
          │          ┌────┴────┐
          │        模仿       不模仿
          │          │          │
          │          ▼          ▼
          │          是         非
          │          │
          │          ▼
          │  ┌──────────────┐
          │  │  为何不体面？│
          │  └──────┬───────┘
          │    ┌────┴─────────────┐
          │ 视"非存在"为"存在"？  视"存在"为"存在"？
          │    │                   │
          │    ▼                   ▼
          └────是                  非
```

对"智者"进行定义的概念图谱

这种辩解或许能够获得一部分人的谅解，然而按照柏拉图的方法论，只要你在自己的脑门贴上"集中营的看守"这样一个概念标签，这个标签就立即将你带入一幅巨大的概念地图。这张地图中的各种推理路径，亦将迅速告诉你自己所做的"工作"的性质：在毫无法理与道德支持的前提下，将大量无辜的人残忍地杀死，或为上述暴行提供协助。因此，只要你能够意识到你的局部工作与这整张邪恶网络之间的关系，你就得尽量避免被贴上相关的标签，彻底远离这张邪恶网络。

现代分工导致的一个结果，就是让很多人不知道自己所做的事情是邪恶的，因为分工太复杂、太专业了。譬如，从表面上看，一个纳粹官员雇用的秘书貌似只是在做一份打字的工作，他未必意识到他在协助纳粹军事资源的分配计划。更有甚者，在苏德战争中，执行种族灭绝任务往往是由党卫军执行的，一般的国防军也未必意识到，被他们攻占的一座城市中的平民会被接手的党卫军集体处决。相反，他们恐怕还可能以自己是"具有绅士风度的职业普鲁士军人"而维持某种自尊。然而，足够强大的哲学反思力却能帮助人们意识到，这种表面上中立的工作背后的概念地图是什么。换言之，对于一位具有柏拉图式哲学反思力的人来说，他最终能冲破表象、走出洞穴，并由此看出约瑟夫·戈培尔（纳粹德国时期的国民教育与宣传部部长）设计的整套意识形态的邪恶把戏——将非存在说成存在，如将最终会危害德国人民利益的行径，说成保卫德国人民的举措。

甚至即使在二战中的德国，我们亦可以列举出一系列具有此类柏拉图式哲学反思力乃至行动力的仁人志士：卡尔·雅斯贝尔斯（拒绝纳粹提供的教职，隐居家乡的哲学家）、克劳斯·冯·施陶芬伯格（谋刺希特勒未成的德版"荆轲"）、理查德·佐尔格（汉堡大学政治学博士，1919年加入德共，后参加苏联特工组织潜入东京，最后被捕遇难）、索菲·朔尔（反战组织"白玫瑰"的青年女性领袖，后被纳粹残忍斩首）等。

《智者篇》中提出的这种针对概念谱系的绘制方法并不神秘，甚至在一定程度上可以经由人工智能而被算法化为一套搜索程序。一般读者掌握了这个方法，能避免陷入不必要的道德风险，让自己内心变敞亮、生活有尊严。

在更长的时间线里思考人生

接下来有必要对这一单元苏格拉底-柏拉图的理想主义思想进行一番总结。

柏拉图的理想主义经常给人一种印象，即往往过于迂腐，不够灵活。所以，理想主义者往往在世俗利益方面遭受不少损失。不过，面对这种指责，理想主义者完全可以这样反驳：凡人皆有一死，这些世俗层面上的利益得失真的那么重要吗？举例说，一个作家在临死之前更纠结的事，究竟是哪个出版社还欠他稿费没付呢，还是他的哪部得意作品没有得到文学界应有的评价呢？同样的道理，一个法官在临死之前更在乎的事情，应当是自己没有拿到满意的退休金呢，还是自己曾错判过某桩重大案件而冤枉了好人呢？

很明显，大限将至能够激发人们对大的道德原则的敬畏。但问题是，我们是否一定要等到临死那天才启动这种思考？未必。另外的一个选项就是启动哲学思维。站在苏格拉底—柏拉图哲学的立场上看，**启动哲学思维的本质就是"练习死亡"，也就是在一种虚拟思维中天天面临大限将至的拷问**。假设人的平均寿命有80岁，而你在30岁的时候就掌握了这种"练习死亡"的思维方式，这就等于你在30岁就具有了80岁的人生整体反思能力。从这个角度看，经过这种思维的锻炼后，你在特定的年龄段所能够观照的时间线也就被拉长了。

时间线的拉长，能够促进一个人道德感的增长。譬如，一位建筑监理师在督造房子时，如果思考的是几百年后住户的安危，那么就不会轻易偷工减料；学术专家在写论文时，如果思考的是几百年后读者的利益，那么就不会做出剽窃或数据造假之类的丑事。相较之下，有些小人之所以会做出种种令人不齿之事，很可能是因为他们的眼里的时间线非常短,他们选择的生活方式就是"今朝有酒今朝醉""我死后,哪管洪水滔天"。

理解了这一点,我们才能够进一步理解为何那么多的柏拉图的哲学对话,特别是《申辩篇》《斐多篇》《克里同篇》等柏拉图早期与中期的对话,是以"苏格拉底之死"这一事件为枢纽展开的。这恐怕是因为柏拉图急于让读者知道,死亡所带来的沉重感,对于人的哲学事业来说具有重大的意义。

最好不要求助于神

然而,有些人或许会反驳苏格拉底与柏拉图说,在精神世界中"练习死亡"并不是拉长时间线的唯一办法。另一个办法就是求助于永恒的神,并让神来回答在本质上具有有限性的人类所无法回答的那些人生困惑。

但在《游叙弗伦篇》里,柏拉图已经指出了这种看似讨巧的做法可能带来的巨大逻辑冲突:一方面,既然求神者希望福报降临,他就已经将神当成了获取福报的工具;另一方面,既然神是祈求的对象,那么求神者就已经预设了神有自己的意愿,故此,神并非他人实现意愿的工具。那么,在求神者与神之间,究竟谁为主、谁为客呢?这可是缺乏哲学思辨力的一般求神者无法回答的。

苏格拉底与柏拉图的这一哲学追问,意义非同小可。由于求神是世界上大多数宗教活动的本质性规定之一，这一追问可是会得罪天下大多数宗教信徒的，因为这似乎就是在说，任何宗教本身都是自我否定的。这一有力的哲学批判所蕴含的对希腊多神教体系的不友好态度，最终引发了雅典人的愤怒，并促使他们判处苏格拉底死刑。然而，也恰恰是基于对宗教的否定，柏拉图才有机会利用老师苏格拉底的形象，发展出了一种与求神、拜神不同的拉长时间线的办法，即哲学思辨。这一思辨的哲学基础，就是《国家篇》给出的洞穴之喻。

根据此喻，我们对洞穴外的真理的追求会充实我们人生的意义，由此我们对时间线的感受力也会发生变化。更诗意地说，**在有真理之光照耀的日子里，每一天都充满了一年的幸福量。反过来，为谎言与龌龊所充斥的生活中，一年只顶得上一天，甚至只顶得上一秒。**

我们以约翰·特拉沃尔塔主演的奇幻情感大片《不一样的本能》（外文原名为"Phenomenon"，直译为"现象"）为例来说明这一点。在此片中，特拉沃尔塔扮演一位平凡的修车工，名叫乔治。他突然得了脑瘤，却因祸得福，智力大增，一瞬间从一个资质平庸者成为科技达人和外语学习达人，甚至他的人生智慧也达到了一个更高的层次。不过，他暂时不知道这是脑瘤导致的，还误以为是上天给他的神力。直到脑科专家告诉他真相以后，他才知道自己虽然智慧大增，却已时日无多。他利用有限的生命，立即将自己的科研成果托付给可信赖的朋友，并与自己的爱人享受最后的温暖。

很明显，乔治虽然早早亡故，但是他的人生却非常幸福。因为在庸碌愚昧的长寿与充满智慧的短寿之间，他觉得后一种生活更值得过。为什么？因为知识本身具有永恒价值，所以知识也能够使看似短暂的生命获得全面的价值。换言之，即使肉体的生命因为肿瘤的出现短了几十年，这个差值也完全可以通过知识自身的永恒性而得到克服。

在柏拉图的文本中，上面提到的知识的永恒性与人生的有限性之间的张力，则通过可知世界与可感世界的二元对立得到了更清楚的说明。在可感世界中，我们看到的所有的特殊事物，在时空中都有自身的寿命，但在可知世界里，那些理念却长存不朽。理想主义者来回穿梭于这两个世界，从可感世界中获得永恒性，并由此将有限的肉体生命的意义最大化。

不过，我们这些肉眼凡胎又如何能完成这种穿梭任务呢？好在柏拉图的灵魂学说已经对这个问题进行了初步解答。据此，灵魂分为欲望、激情及努斯（理性）三部分。在这三个部分中，其中两个已经与理念相互接驳，也就是激情与努斯（理性）。

与之相应，在柏拉图的政治哲学中，他也预设那些理性占据灵魂统治地位的人，应当占据社会的统治地位，由此保证他们对社会的治理模式尽量符合理想主义的要求。

不过，说到这里，柏拉图似乎只是告诉我们理性很重要，还没有给出一条更清晰的路径来说明应当如何运用理性去获取真正的知识。而在电影《不一样的本能》中，主人公通过得了肿瘤才获得知识，这种方法实在过于怪异，缺乏推广的价值。

那又有什么更可靠的方式来帮助我们获取知识呢？这就是《泰阿泰德篇》所提到的内容。它告诉我们，不管知识是什么，它至少是得到了恰当的说明（即逻各斯）之加持的真实想法。除此之外，一个想法要成为知识，我们还得加上一些柏拉图本人也没有完全想明白的附加条件。

在此，对知识的定义虽然很长，但至少可以看出，知识不可能是单纯的感受，以及真实的想法。那么，我们是否有更积极的手段来获取一些真的信息，以助益我们的人生呢？说得具体一点，在设计人生道路的时候，我们是否有办法写出一本人生规划指南，让我们少走弯路呢？这就是本回讨论的《智者篇》所涉及的内容。

* * *

到此,对苏格拉底与柏拉图的人生哲学的介绍就告一段落。不过,天下的真理不可能被这对师徒说尽了。苏格拉底最好的弟子是柏拉图,而柏拉图也有一个高徒,即亚里士多德。与苏格拉底—柏拉图之间明显的思想传承关系不同,亚里士多德可是对老师的学说颇有微词。他的名言便是"吾爱吾师,但吾更爱真理",言下之意是,弟子有在老师的思想路线之外独立探索哲学真理的权利。与柏拉图对理想主义的执着不同,亚里士多德走的是现实主义路线。下一单元,我们将暂别柏拉图的理念世界,踏入现实主义者亚里士多德的哲学殿堂。

第二单元

亚里士多德的现实主义:适当调整人生的发条

盈　亏

Yingjia Xu
2023.8.5.

亚里士多德：来雅典学哲学的异乡人

与柏拉图的理想主义思想不同，亚里士多德（Aristotle，前384—前322）的人生哲学有着非常鲜明的现实主义风格，而且他对柏拉图的思想也多有批评，所以他才留下名言："吾爱吾师，但吾更爱真理。"

来雅典学习哲学的外乡人

亚里士多德并不像其老师柏拉图和师爷苏格拉底那样是雅典本地人，尽管他的哲学活动的主要地点的确在雅典。亚里士多德真正的籍贯是马其顿。他于公元前384年生在一个叫斯塔基拉的小地方，这个作为希腊殖民地的小城邦在地理上与马其顿紧紧相连。所以，在雅典人心目中，亚里士多德是一个异乡人。

亚里士多德的父亲尼科马库斯，是马其顿国王阿明塔斯二世的御医。所以，亚里士多德的家境还是不错的。17岁时，亚里士多德到了雅典拜柏拉图为师学习哲学，直到公元前347年柏拉图死为止。亚里士多德虽然被公认为柏拉图最好的学生，但是却没有成为柏拉图学园的"继任掌门人"——"继任掌门人"是柏拉图的侄子。这足以说明，柏拉图已经就弟子对自己思想的"离经叛道"产生了戒心。于是，亚里士多德就离开了雅典，去了小亚细亚，也就是今天的土耳其。在小亚细亚，他悉心研究海洋生物学，并在一个叫莱斯博斯（Lesbos）的小岛陷入了爱情，与一个名叫皮西厄斯的美丽姑娘结婚了——他们生下的女儿也被取名为皮西厄斯。

公元前343年，亚里士多德生命中的贵人到了。马其顿国王腓力二世写信请亚里士多德回马其顿老家，做当时的王子亚历山大的老师。至于亚里士多德与亚历山大交往的时间，有人认为至少有3年，有人认为是5年，但不管怎么说，这段时间肯定正好是亚历山大的青春期，也是学习的黄金期。日后，亚历山大建立了巨大的功业——横跨欧亚非的马其顿帝国。从这个角度看，亚里士多德是如假包换的"帝王师"。

那么，亚历山大大帝的功业与亚里士多德的思想又有什么关联呢？

亚里士多德的哲学影响：希腊主义与希腊化城邦的散播

亚历山大建立的马其顿帝国，不仅有武功，还有文治。马其顿军队所到之处，亦是希腊文化发扬光大之所，而这一点亦使得所谓"希腊主义"（Hellenism）有机会得以彰显。希腊主义，即希腊人的语言与思想，不仅仅适用于希腊人，也适用于天下所有人。作为希腊主义的笃信者，亚历山大的军事扩张活动便成了他传播希腊文化的一种手段。譬如，他的大军在所到之处建立了不少希腊化城市，名字都叫"亚历山大里亚"（Alexandria），城市规划都以希腊本土为模板，有剧院、大型纪念碑，甚至还有希腊本土因丘陵地形而不方便设置的棋盘式街道网络。

有人会问：马其顿帝国的创建人及其"继业者"为何如此痴迷于城市的建造呢？这显然与希腊自身的城邦政治传统有关。

城邦的英文叫"city-state"，这个词的构成就已经暗示了城市与国家的政治活动彼此有密切关联。但为何城里人才配有政治活动呢？这与当时的技术条件有关。政治活动需要大量的信息交流，在没有手机与高铁的时代，在城市或城邦中进行信息交流的成本就比较低。而在希腊式的城邦中，下列设施的出现对信息交流尤其有所助益：（甲）城市中的**广场**可以用来辩论与演说，在古代希腊与罗马世界，广场虽然也可以用来举行阅兵与凯旋式，但是其主要功能还是提供意见交锋的场所，从这个角度看，它相当于古代的广播电台或电视台；（乙）**圆形的或者半圆形的剧场**可以用来进行戏剧表演，通过调整情绪来锻造城邦共同的精神价值；（丙）**博物馆或者图书馆**能以展示藏品与藏书的方式，让公众相对便捷地获取各种知识。

需要注意的是，即使在互联网较为发达的今天，大城市的信息获取成本依然明显低于小城市与农村地区。所以，世界大多数国家的政治中心（首都）依然是大城市。从这个角度看，从城邦建设着手进行政治网络建设的古典式思路，并没有过时。

散步学派：在漫步中收获哲学灵感

公元前335年，亚里士多德建立了吕克昂学园（Lykeion），而且还在学园中建立了当时世界上最大的图书馆。在这期间，亚里士多德最终建立了一个自己的学派，叫"散步学派"，其希腊文的拉丁化拼法是"Peripatetikoi"（过去曾被翻译为"逍遥学派"）。为何叫这个名字呢？因为在吕克昂学园内，有很多可供散步的道路，以便亚里士多德师生在鸟语花香中一边散步，一边讨论哲学问题。这样一来，花园丰富的环境信息刺激给予这些散步者的心智以更多的暗示,使得一些在书斋里不容易被激发的"脑洞"蓬勃而出。后世的一些哲学家也运用这种方式提高哲学思维力,如尼采在意大利的索伦托休养时,就经常在柠檬树的树林中散步哲思。

亚里士多德在雅典悠闲地度过了13年的科研与教学生活。直到公元前323年,好日子终于到头了。他的政治靠山亚历山大大帝在遥远的巴比伦病死了,雅典的反马其顿势力蠢蠢欲动,准备对亚里士多德下手。亚里士多德见势不妙,只好开溜。临走时,他还说了句很有趣的话,说他之所以离开雅典,乃是为了保护雅典人的名声。因为雅典人已经由于害死了苏格拉底而蒙上了"哲学家杀手城邦"的恶名。若让雅典人再杀了他亚里士多德,这个恶名就永远洗不掉了。

现实主义哲学大师的爱情可不止一段

亚里士多德最后的流亡生活仅仅持续了一年。公元前322年,他死在安提卡半岛海岸的某地。这时,他的原配妻子皮西厄斯已经亡故,留在他身边的红颜知己则是另一人,名字叫赫皮利斯。

赫皮利斯可能是自由民,也可能是奴隶,具体情况已不可考。但不管怎么说,亚里士多德应该很爱她,可能的证据是,亚里士多德与她生了个儿子,名叫"尼各马可"，而亚里士多德后世最有名的伦理学著作就名为《尼各马可伦理学》。如果不喜欢赫皮利斯的话，他又怎么会让他们儿子的名字出现在他最重要的伦理学著作的书名中呢？

亚里士多德人生最后的日子，让我想起因为政治失意而颠沛流离的晚年苏东坡，而亚里士多德与赫皮利斯的关系，则又让我想起苏东坡与自己的奴婢王朝云之间的关系（王朝云，字子霞，吴郡钱塘人，也是苏东坡晚年大量爱情诗词的表白对象，因瘟疫病死在惠州）。从这个角度看，亚里士多德或许是一个像苏东坡那样浪漫的人，而未必符合我们惯常指派给哲学家的"老夫子"式的成见。另外，虽然在以后的哲学史中，西方很多哲学大咖的确都是单身汉（康德、休谟、维特根斯坦等），但是我们在这两个单元里介绍的这几位古希腊哲学家可都是有家庭生活的。苏格拉底有一个彪悍的妻子，柏拉图有一个面目模糊的妻子，而亚里士多德则应该不止一段爱情。亚里士多德本人丰富的爱情经历又说明了他对红尘的留恋。这样的哲学家的人生哲学具有现实主义的色彩，也便不出人意料了。

伦理之问、政治之问、艺术之问

今天我们看到的亚里士多德的作品，最早是写在莎草纸制成的卷轴上。他本人在生前将这些稿子分成"公开出版"与"私藏"两部分,而后者尚未被他的团队编好。罗马时代的大哲学家和演说家西塞罗曾称赞亚里士多德的文本"行云流水,宛若黄金流淌",估计他所指的,就是那些已经编好的文本。公元前30年,来自罗德岛的哲学家安德罗尼库斯(Andronicus Rhodius)编辑了亚里士多德的残存手稿,他的成果成为日后的亚里士多德专家编辑其文稿的基础。西罗马帝国灭亡后,西欧文化陷入黑暗期,亚里士多德文本的注解任务就暂时由伊斯兰世界承担了,并出现了像阿维森纳(Avicenna)这样的"亚学权威"。经伊斯兰世界转译后的亚里士多德文本又传回中世纪的欧洲,并被翻译为拉丁文,重新点亮了欧洲人的灵魂,且滋润了中世纪的经院哲学的发展。

亚里士多德的著作分为几个部分。第一个部分称为《工具论》(下含的具体篇目有《范畴篇》《解释篇》《前分析篇》《后分析篇》《论题篇》《辨谬篇》),讨论的话题乃是那些**在逻辑论证思考中用到的方法与原则**。这一部分的讨论非常重要,因为在亚里士多德看来,在我们讨论所有哲学问题之前,都先要学好逻辑、掌握好论证的本领,否则一切免谈。

如果读者已经掌握了《工具论》的内容,亚里士多德就要引导他们进入对具体哲学问题的讨论了。这一

亚里士多德:来雅典学哲学的异乡人

部分的内容叫**"理论科学"**，涉及的主要是对世界自身架构的哲学式猜测（"理论"在这里指的是人对世界的思辨活动）。与该内容相关的具体文本有《物理学》《论天》《论灵魂》等。

亚里士多德著作的第三部分就是**"实践科学"**。在古希腊哲学的语境中，实践哲学讨论的是人与人之间的关系，而非世界自身的架构。实践哲学的最核心组成部分乃是伦理学。亚里士多德讨论伦理学的著作主要有三本，一本是前面提到的《尼克马可伦理学》，还有两本分别叫《优台谟伦理学》与《大伦理学》。除此之外，还有一本讨论政治哲学的书《政治学》，也被包括在实践科学里。

第四部分是**"生产科学"**（古希腊人说的"生产"包括精神产品的生产），主要包括《修辞学》和《诗学》两部著作。

本单元对亚里士多德思想的讨论，涉及的主要是与人生哲学相关的实践科学和生产科学这两部分内容，聚焦的是这样一些问题：（甲）**伦理之问：我们该怎么做人？我们要尊重哪些伦理规范？**（乙）**政治之问：我们该怎么构建政治共同体的生活？**（丙）**艺术之问：如何通过修辞和诗歌让人生变得更加美好？**

现实主义者就没有理想吗？

亚里士多德的人生哲学是其形而上学思想的外溢，所以在讨论其人生哲学之前，我们需要先对这二者的关系进行一番概览。

形而上学关心的，是对世界的终极框架结构的思考。这为何与人生哲学相关呢？这是因为，人毕竟是身处在世界之中的，一个人对世界的终极框架结构的思考结果，多多少少会影响其哲学态度。

我给亚里士多德的人生哲学贴的标签是"现实主义"——这可是一个兼具人生哲学与形而上学意蕴的标签。

现实主义者就不谈理想吗？

在日常用语中，"现实主义"往往被简单地理解为"理想主义"的对立面。因此，很多人认为，现实主义者不谈理想。但这种理解其实是有问题的。

之前讲柏拉图的知识论时提到，理想主义者的直接对立面是普罗泰戈拉这样的相对主义者，其核心主张便是"人是万物的尺度"，真理的口径就是我自己的口径。在这种情况下，如果亚里士多德的现实主义也被说成理想主义的对立面，那么亚里士多德与普罗泰戈拉的关系又是什么呢？敌人的敌人就是朋友吗？

敌人的敌人未必就是朋友。亚里士多德虽然也对柏拉图主义的许多方面持反对意见，但他与柏拉图一样，也坚决反对相对主义者的下述做法：通过诡辩术，把假的说成真的，或者把不存在的东西说成存在的。也正因如此，亚里士多德系统整理了形式逻辑的推理体系，以方便世人揭露诡辩术的鬼把戏。

既然如此，亚里士多德为何又要说"吾爱吾师，但吾更爱真理"？他与柏拉图的真正分歧是什么？

依据柏拉图的思想，在我们的身体所能接触到的感性世界之外，还有一个可知的理念世界。一般人认为感性世界是真实的，柏拉图却认为理念世界更真实。因此，依据他的思路，我们一定要摆脱感性世界中的洞穴假象，追求理念世界中的大写的善。

而亚里士多德的想法则是，根本就没有柏拉图所说的两个世界之分。**理念如果真的存在，就当存在于感性世界中**，并不存在**脱离感性世界的抽象理念**。但这种想法绝对不意味着亚里士多德要像智者那样放弃对理念的追求。

下面就通过一些具体案例，看看理想主义、相对主义、现实主义这三种形而上学观点分别会导致怎样的人生哲学态度。这个案例就是画图训练——在老师的指导和圆规的协助下，在纸上画出一个圆。

面对这项任务，理想主义者的做法就是反复地画，直到画出一个完美的圆。但问题是，感性世界内可能有完美的圆吗？不可能，所以理想主义者的画图作业永远不会完成。因此，在职场中，理想主义者也很容易成为拖延症患者。

相对主义者会怎么做呢？他们会随便画一个圆，然后交作业完事儿。因为在他们看来，只要这个图形自身看上去是圆的，它就是圆的。不难想见，如果用这种态度去做房屋设计的话，大概率会把事情搞砸。所以，在职场上，极端的相对主义者往往会成为麻烦制造者。

现实主义者又会怎么做？他们会尽量在圆规的精度与自己的时间、能力允许的范围内，努力画得圆一点。这样一来，他们既不会无休无止地追求毫无瑕疵的圆，也不会对作业敷衍了事。在他们看来，圆的理念必须诉诸现实的物质材料才能实现，所以让理念向物质世界的约束适当妥协，并不算对理念的背叛。很显然，现实主义者往往会成为世俗世界中的成功者。

除了能够引出一种比较稳妥的人生态度，现实主义的形而上学理论自身又有何独立的理据呢？这就与亚里士多德对柏拉图的理念论的具体批评有关。

坐在家里空想，能成为富翁吗？

我们知道，按照柏拉图的理念论，理念都是非时空的，也就是不朽的。而具体的事物存在于具体的时空中，都是可朽的。那么，二者的联系是什么？柏拉图的回应是，不同的个别事物通过某种分享机制分享了理念。譬如，这个红苹果与那个红茶杯之所以都是红的，是因为二者都分享了"红性"这个理念。

亚里士多德反问："分享"本身到底是什么意思？在这个情境用"分享"这词合适吗？比如，我和你分享一个红苹果，你吃一半，我吃一半，这样一来，我们都吃不到一整个苹果。所以，在日常生活中，对某事物的分享只会导致该事物的自身性质被削弱。但在理念论的思路中，不同的红色事物对"红性"的分享，难道会导致每个红色事物都不那么红吗？显然不会。由此可以反推出，柏拉图所说的分享不是我们日常生活中说的意思。但对这一核心概念的澄清，毕竟是柏拉图本人的责任，所以亚里士多德主义者只满足于指出这个问题，并转而将对理念论的批评升级为如下质疑：分享本身难道不是一个共相，并因此是一个理念吗？

很显然，这会让柏拉图主义者陷入两难。如果说分享机制本身并不对应任何理念，那分享为何具有一种特权，在自身明明表示某种共相的情况下，却不指涉某种理念呢？如果说分享机制本身代表某种理念的话，那么它就和任何理念一样，首先要与具体的事物发生关系，并让具体的事物分享自己。但如果这一切发生的话，那么一个自己就叫"分享"的理念又如何让自己被具体的事物分享呢？这显然会倒逼我们去假设在这个"分享"理念与这个具体事物之间的关系，乃是某种更深入的"分享"关系——不妨说这是"分享关系二"。

但问题还是没有解决。和任何理念一样，"分享关系二"首先要与具体的事物发生关系，并让具体的事物分享自己。但如果这一切发生的话，那么一个自己就是"分享关系二"的理念，又如何让自己被具体的事物分享呢？难道我们还要去预设一个"分享关系三"存在吗？很显然，这是一条会将我们引向无穷后退的死路。所以，没有一种应答方式能够帮助我们摆脱理念论引发的麻烦，所以结论就是，理念论是错的。

这个论证可能有点烧脑，现在换一种说法：假设你目前的状态是缺钱，而你的理想是财富自由，那么你究竟该如何让糟糕的生活现状与丰满的理想产生某种积极的联系呢？一个答案是，我可以找一个中介性理想，其作用就很像所谓的分享机制。比如，我的终极目标是赚

现实主义者就没有理想吗？　117

100万,那我的中介性目标就是先赚90万。但问题是,我又如何达到这个中介性目标呢?那只好先去赚80万、70万、50万……最后,你会被逼到说"我得先去赚一分钱"的地步。但即使被逼到了这个份上,假设你连一分钱也没赚到的话,你与这个卑微的理想之间的距离还是没有被抹平,除非你能说清楚你是如何赚到半分钱的。

听到这里,你或许会困惑:我去公司上班,领了工资,不就赚到钱了吗?上面的问题有什么难的?

但问题是,去公司赚钱是一种行动——一种必须发生在现实世界中的行动,而在柏拉图的理念论中,分享机制并不能被兑现为一种能够发生在现实中的行动。这就好比说,一个人不去外面找工作,天天在家空想着如何赚钱,这样做怎么可能成为一名富翁呢?

亚里士多德的替代方案又是什么呢?

目标如何实现?融理念于质料!

要赚钱,就要行动。而对于亚里士多德来说,要说明世界中事物的生成,就要诉诸对运动的形而上学分析。"运动"在亚里士多德的文本中,不仅仅指物理学意义上的位移,也指一个目标如何被实现的过程。为了说明这一点,他引入了一些新的哲学概念。

首先,他提出了"形式"与"质料"的区别。举个例子，我们要造一座房子，就得有图纸、建材。图纸就是形式，建材就是质料。而在军队里，将领的智慧与部队的组织架构就是形式，士兵与武器就是质料。至于一个国家，其宪法结构就是形式，土地、人口、风土、疆域与相关的自然资源就是质料。如此看来，天下万事万物，均是形式与质料的结合。

在二者之间，亚里士多德更看重形式，忽略质料。在军队里，这种观点就会引出如此推论：将领与指挥体系要比士兵与武器更重要，"兵熊熊一个，将熊熊一窝""千军易得，一将难求"。不过，在亚里士多德看来，质料还是不可或缺的，正如"巧妇难为无米之炊"。

这里的形式，其实是柏拉图的理念被"亚里士多德化"后的版本，因为二者都包含了一定的"理想""目的"方面的意蕴。但与理念不同，形式必须与质料结合，不能独存。此外，质料也并不对应柏拉图所说的洞穴里的感性事物，而是构成了个别感性事物的材料。换言之，像一匹马、一个花瓶这样特殊的感性事物，在亚里士多德那里已然是形式与质料的结合体了。

顺便说一句，在亚里士多德那里，像一匹马、一个花瓶这样的具体事物也被称为"第一实体"。在西方哲学史中，"实体"一般是指其自身的存在不需要依赖他者的存在者，而在亚里士多德看来，个别事物的存在是不需要依赖他者而能自我保证的。由此，亚里士多德的形而上学是一种尊重个体的形而上学。当然，个体总是不完美的，正如没有完美的马与完美的人，因此，尊重个体的形而上学就能比柏拉图主义更容易对世间的种种不完美表示宽容。若将这种形而上学态度兑现为一种人生态度，这种态度就能更好地帮助我们克服那种基于理想主义情节的拖延症，并以一种更为务实的精神来面对眼前的任务。

读者或许还会问：亚里士多德主义者既然要对所有个体表示尊重，他们又如何比较不同个体的优劣呢？比如，有什么理论资源可以帮助他们区分优马与劣马？这个问题其实与前面提出的问题——亚里士多德该如何说明运动——紧密相连。

相关的理论资源，就牵涉到"潜能"与"现实"的区别。潜能与前面所说的质料有关，现实则与前面所说的形式有关。

打个比方，你要雕刻一尊观音木雕，就得先选木料。不同的木料有不同的纹理与质地，未必所有的木料都适合用来雕观音。那些适合用来雕观音的木料，就具有成为观音雕像的潜能。但要实现这种潜能，让其成为现实的观音木雕，则还需要工匠的辛苦劳作。这种劳作，其实就是哲学意义上的运动。说得更抽象一点，让潜能成为现实的过程，就是运动。需要注意的是，运动未必需要引入一个类似工匠的潜能实现者。一棵小树苗成为参天大树的过程也是潜能成为现实的过程，而在此过程中，我们并没有看到工匠的存在。

运动本身必然会带来各种结果。在有些结果中，潜能被转化为现实的程度显得相对彻底，而在有些结果中，潜能被实现为现实的程度则相对不高。前一类就会被说成"好的成果"，后一类则会被说成"不好的成果"。今天，有些人在写影评时批评一些电影"完成度不高"，套用的就是这种亚里士多德式的评价思路。同样的思路也可以被套用到对自然物的评价上。比如，我们会去赞扬那些茁壮生长的植物，而对那些病恹恹的树苗皱起眉头，因为前者更能体现植物的现实形态。

读到这里，我们显然已经看到了**亚里士多德对事物构成的两种分析方式：一种是静态的，即形式与质料的结合；另一种是动态的，即潜能到现实的运动**。但无论是何种分析模式，都已经破除了柏拉图在可感世界与可知世界之间的二分法。这一特征使得亚里士多德的哲学在重视个体之外，也能对变化与生灭给予更多的关注。

既然亚里士多德重视个体与变化，那么他也会重视权变。所谓权变，就是在特定的现实处境中，就如何完成从潜能到现实的运动而作出一些临机决断，以便在现有资源与理想目标之间达成合适的妥协。这也恰恰是亚里士多德人生哲学的核心思想。

求中道：
如何以最经济的手段求得最好的结果？

在形而上学层面上，亚里士多德反对将感性世界与理念世界截然区分，而是主张寓理念于感性世界。这种观点很容易引申出一种"向现实作出部分妥协"的人生哲学思想。这种妥协的结果就是，事事都要走中道。也就是说，事事都要做到恰如其分，不能走极端。

中道是"不足"与"过分"之间的平衡点

在亚里士多德看来，中道是"不足"与"过分"这两个极端之间的平衡点。举个例子，勇敢就是怯懦（不足）与蛮勇好斗（过分）的中道，因此，怯懦的战士与过于好斗的战士都不是好战士。对"正义"的分析也可以用这一模型：正义并不是绝对的善的体现，而是指在恰当的时间与恰当的地点以恰当的方式来惩恶扬善。

但这种求中道并非仅仅是在不足与过分之间寻找一

个数学意义上的平均点。假设有一支足球强队与一支足球弱队比赛，而强队是有实力打出一个10∶0的成绩，让弱队毫无颜面的。但强队是不是一定要这么做呢？未必。若进球太多，引发对方激烈的情绪反应，则可能导致对方恶意犯规，使本方重要球员受伤，不利后战。所以，强队若要赢，也不能赢太多。不过，要赢多少个球才合适？10个球太多，5个是不是正好呢？未必。可能这个中道是3个球，也可能是4个球，具体要在语境中判断，而不能用简单的数学计算来机械地规定。

那我们还能靠什么来判断呢？很多人或许会很自然地说，这得靠经验与直觉，需要体会和人生阅历。

这话虽然不能算错，但关于什么叫"经验"与"直觉"，还需要进一步澄清。比如，儒家关于如何求中道，也有一套专门的体验之法，但儒家之理与亚里士多德之理是否真的可以互相印证，还需细细分辨。

《中庸》里的确有这样的句子："喜怒哀乐之未发，谓之中；发而皆中节，谓之和。中也者，天下之大本也；和也者，天下之达道也。致中和，天地位焉，万物育焉。"也就是说，喜怒哀乐都没有表现出来的状态，就是"中"；若要表现出来，也要符合节度，不能够大喜大悲，这就叫"和"。若大家都能达到"中和"的境界，天地便各在其位，万物也能很好地生长发育。

从这段文字来看，**儒家的中庸观更多是指如何进行**

情绪调节，做到"乐而不淫，哀而不伤"。而亚里士多德的中道观，则主要是教大家如何把一件事情做成，并不着眼于情绪调节。你要做成一件事，情绪调节得很好，就一定有助益吗？例如，在第二次鸦片战争中，两广总督叶名琛面对英法联军的攻击时，情绪似乎很淡定，但是此人决策能力低下，玩弄了一套"不战、不和、不守，不死、不降、不走"的不知所谓的把戏，后来被英国人活捉，死在了印度。值得玩味的是，死前他依然很淡定，还经常写诗怡情。从此事例来看，不管你是否淡定，只要事情没做成，调节情绪的作用就不是那么大。

若要以做事情的态度来求中道，首先要考虑的就是手段与结果的关系，以通过最经济的手段来求得最好的结果。以平和的心态来思考此类问题，虽然也会产生一些帮助，但要做到心想事成，关键还是要在日常生活中多看多练、多学多思，以夯实本领、修好内功。

因此，从路径上看，儒家求中庸的路径是学习儒家的礼乐，而亚里士多德求中道的方法，则是进入各行各业从事专门的生产实践，然后再获取相关的经验，以便在不同的行当中逐一了解不足与过分之间的平衡点是什么。我们可以说，为儒家中庸观作注解的乃是"君子不器"（《论语·为政》）的观点，而为亚里士多德的中道观作注解的乃是细密的社会分工。二者貌似相同，却对应着两种截然不同的文明形态。

下面就以射箭的技艺为例,进一步说明儒家的中庸观与亚里士多德的中道观的差异。关于如何练好射箭,儒家关注的点乃是如何学习"射礼"。也就是说,如何通过射箭的活动维持应有的礼仪,以及与之相关的社会关系,以便调节自身的情绪。譬如,在"乡射之礼"这个环节,儒家就希望射手做到"主人戒宾。宾出迎,再拜。主人答再拜,乃请。宾礼辞,许。主人再拜,宾答再拜。主人退,宾送再拜"云云。但明眼人一看便知,这与射箭并没有本质的联系。

而在亚里士多德主义者看来,射箭的目的就是要射中——无论身边是否有人干扰你,或周遭是否有大风——一位优秀的射手总能维持较高的上靶率。要做到这一点,就要学习与射箭相关的理论知识,认真保养自己的弓,并一年四季勤学苦练,慢慢提高自己的武艺。至于是否要在射箭之前向长辈作揖敬礼,射中之后是否可以高声欢呼,则不在亚里士多德的考量范围之内。

所以,亚里士多德所说的"经验",更多的是指与技艺相关的经验,而儒家所说的"体会",更多涉及的是如何调节人际关系。这当然不是说亚里士多德对后者不关心,而是说对于以"射中靶子"为思维模型的亚里士多德主义者来说,其调节人际关系的目的乃是达到善的结果,而不仅仅是人际关系的融洽。所以,如果一个亚里士多德主义者也写一部《射礼》的话，其重点就会放在如何保证比赛的公平、公正上（因为公平、公正本身都是善的集中体现），并让射箭比赛成为培养公民正义感的一个绝佳机会。当然，与柏拉图主义者不同，亚里士多德不会不计成本地追求公平与正义，因为在后者看来，世界上本就没有彻底公平、公正的比赛。

根据亚里士多德的观点，一个具求中道本领的人，也会具备相应的心智状态，即"拥有德性"。下面就谈谈亚里士多德的德性观。

德性就是分寸感

"德性"（对应现代英语中的"virtue"，有时也译为"美德"）与中道一样，在语义上有点暧昧，因此需要细致地辨析。其实，在亚里士多德之前，苏格拉底也谈德性，但这二者并不是一回事。

苏格拉底的德性观是，美德即知识，一个有德性的人就是一个有知识的人。而在苏格拉底及其弟子柏拉图那里，对知识的追求便是对特定概念的定义的追求。针对这样的德性观，亚里士多德的反问是，这种被定义的知识真有那么重要吗？我要恋爱，难道就要先完成对"爱"的定义吗？而亚里士多德所说的德性，瞄准的则是做事的分寸感，如牛排煎几分熟才好吃、论文改几遍才能达到可发表的要求等。

但为何经由恰当的德性,我们就能达到这种分寸感呢?这就牵涉到亚里士多德对德性本身的看法。在他看来,德性就是事物或人所具有的秉性,其在英文中对应的词是"disposition",也可以翻译成"倾向"。请注意,"秉性"这一概念与潜能相关,是一种隐藏在万物之中的潜在特性。它可以是先天意义上的潜在性,如大雁本来就有会飞的秉性;也可以是后天意义上的潜在性,如一个射手在经过反复地练习之后,会慢慢具备"在不同复杂的环境下都能让箭上靶"的潜在能力。但为何说这种能力只是潜在的?因为大雁未必时刻在飞,射手也未必时刻在射箭。而在大雁或射手休息时,"会飞"或者"会射箭"的能力虽然未充分地显现,但依然以一种潜在的方式存在。

具有德性的好处就是能让一个人有应对各种可能的问题的能力。因此,在很多情况下,我们不必为所有可能的境遇设计预先的方案而浪费大量的时间。举个例子,如果你是单位的领导,需要指派员工去完成一项任务,那么你只要确定这位员工具有解决此类问题的德性,而不必费心去了解其解决问题的具体过程,让他放手去做就是了。这与柏拉图主义者是两种不同的做事思路。柏拉图主义的思路是,要让下属将问题的解决路径全部清晰地表述出来,并向领导论证相关路径在纸面推演上是无懈可击的。而亚里士多德主义者的行事风格是，只要用对人，就应当抓大放小。所谓"用人不疑，疑人不用"是也。

从这个角度看，**亚里士多德的人生哲学是一种留有一定自由度的人生哲学**。关于何为中道、何为分寸感、何为德性，亚里士多德只给出了一种高层次的描述，从而允许不同的人在不同的语境中追求不同的中道，塑成不同的德性。当然，这种宽容态度并不会导致一种支持肆意妄为的相对主义，因为亚里士多德本人所追求的，恰恰是绝对主义与相对主义之间的中道。而柏拉图主义者则需要一只明察秋毫的上帝之眼，否则人生计划中的任何逻辑瑕疵都会被他们视为"世界末日"。由此导致的问题是，任何对某种理想计划的权宜性偏离，都不会被柏拉图主义允许。

但人类毕竟是有感情的，有时候，理性甚至还会与欲望或者情感打架。比如，有些人常常苦恼，我的理性明明知道我的男（女）友是一个渣男（女），但是我在情感上还是无法摆脱对他（她）的依恋。对于这样的问题，亚里士多德有什么解决的良方吗？这种情况就牵涉到一个非常重要的哲学概念，其希腊文叫"Akrasia"，我将其译成"缺乏自控"。

自控力的真相：为什么明知不对，还要做？

在前面的讨论中，我们已经看到，亚里士多德比较喜欢的思考领域是那些极黑、极白之间的灰色地带，而不喜欢棱角分明的哲学解决方案。"缺乏自控"便是这样一个处在灰色地带中的话题。

为什么明知不对，还要做？

缺乏自控的案例在人生中可谓比比皆是。例如，无论在校园中还是在职场中，我们都会碰到这样的情况：一方面，我们的理性会告诉我们应当快点完成老师布置的作业或老板交代的工作，以便在截止时间到来之前顺利交差；另一方面，有时我们的确克制不住玩游戏的欲望或忍不住在网络上购物，将应当立即完成的工作放置一边。缺乏自控就是一种处在道德灰色地带的现象，它肯定不算善的体现，但也肯定不算什么大恶（谁没在上班的时候摸过鱼呢？）。而这种现象所引发的哲学问题是，为何一个人明明知道做某事是不对的，但他还会这么做？这显然是对苏格拉底所说的"美德即知识"的反讽。如果这句话是对的，那么我知道应当去做某事，这种知识就会触发我的相关行动，最终使我成为一个有德之人。但为何还会出现既有道德知识，却又缺乏相关行动的奇怪情况？

苏格拉底与柏拉图解决这个问题的办法，乃是抬高知识的标准，即认为真正的道德知识必须能够引出道德行为，否则就不是真知。但这样一种对知识的过高要求，的确显得有点不近人情。亚里士多德的解决方案是，不从静态的角度去定义知识，而要从动态的角度把握"知"与"欲"这两股力量之间的此消彼长，并从这个角度理解缺乏自控现象的本质。

缺乏自控的本质是什么？

前面说过，在苏格拉底和柏拉图看来，一个人有道德知识却不产生道德行为，是因为他的道德知识不深刻。所以，他所获得的仅仅是某种浅薄的知识，并不是最正宗的知识。这种解释方案真的行得通吗？为了检测这个解释的可行性，下面提出三个与缺乏自控相关的案例，然后来看看苏格拉底和柏拉图的方案能不能很好地将其覆盖。

案例1：德川家康吃鱼。据史书记载，统一日本的霸主德川家康于1616年去世，死因非常怪异。一般的记录说，他在这一年的一月吃了鲷鱼天妇罗，因为食物美味，吃得太多，立即食物中毒，拖到四月去世。但也有一种猜测是，他当时已经罹患胃癌，食物中毒只是导致其死亡的诱因。不管怎么说，那天他吃的鲷鱼天妇罗是高蛋白食物，与他平日的清淡饮食的确有别。此外，当时日本的医学知识有限，在得病后，他只是吃了一种叫"万病丹"的自配中药，结果不治而亡。

案例2：老张吸烟。现在大多数人都知道吸烟会提高罹患肺癌的概率，但依然有不少人不愿戒烟。老张就是一杆"老烟枪"，但他同时也是医生，当然知道吸烟的危害。别人问他为何还不戒烟，他悠然地吐了一口烟，笑着指着医院的太平间说："戒不戒烟，最终都要去那里。"

案例3：核电站里的"菜鸟"员工小张。假设小张是一个新工人，被招到了一个核电站里工作。一个老师傅对他说："小伙子，千万别碰那个按钮，若碰了，麻烦就大了。"小张并不知道这按钮背后的运作机理，但是至少他知道老师傅的话要听。所以，他一直规规矩矩，不敢在核电站里乱摸乱动，也一直没惹出啥麻烦。

现在，让我们对这三个案例进行哲学分析。我的假设是，倘若"完美知识引发完美行动"的分析方案行得通，那么它就能同时解释这三个案例。

先来看第一个。很明显，德川家康对人类身体机理的知识并不完整，因此他本人的行为（如吃高蛋白食物时不加节制，事后又乱吃中药）绝对称不上明智。这个案例的确可以用这一分析方案来解释。

再来看第二个。老张的确具备关于吸烟之危害的完整知识，因为他本人就是职业医生，但是他依然保持着吸烟的习惯。显然，这个案例对这一分析方案构成了很大的挑战。面对上述指责，苏格拉底或者柏拉图的信徒当然可以咬着牙说：这位医生关于吸烟危害的知识是不完美的。但是，这样的解释不能说明这一类现象：为何很多医学知识不如老张丰富的人，依然会因为看了禁烟广告而决定不吸烟呢？

若我们用这一分析方案来解释第三个案例，引发的悖谬之处就更明显了。刚进核电站工作的小张，显然只具备关于核电站运作的非常粗浅的知识，但这已经足以保证其在核电站内做到谨言慎行。这一点又如何解释？我能想到的是，小张至少具有关于自己的核电知识的"二阶知识"，即自知无知，而这种知识在很多场合下都能阻止鲁莽行为的发生。但这种否定性的高阶知识并非是生产性的，因此无法帮助知识主体在发现核电站出问题时给出积极的行为，阻断灾难的发生。而一个始终只能给出消极行为（如将解决问题的责任推给别人）的人，也很难被说成美德的载体。

好吧，现在我们看看，对这三个案例，亚里士多德主义者该怎么解释。亚里士多德主义者对缺乏自控的解释，是将任何缺乏自控的现象的发生，归结为以下两个条件的联合作用：

条件一：具有恰当的知识，以指导主体恰当行事。

条件二：主体具有足够强的相反欲望以阻止其给出恰当的行为。

下面我们就用这一方案再次看看这三个案例：

案例1：德川家康为何忍不住鲷鱼的诱惑而死？亚里士多德的解释是，其实德川家康还是具有人体调养的基本知识的（否则我们就无法解释在此之前他为何都饮食清淡），但这知识的力量还不够大，不足以抵消鲷鱼的诱惑。两种力量"阴阳斗法"，结果"邪终压正"，德川家康还是一通胡吃。当然，关于德川的具体死因，因为时过已久，亚里士多德与苏格拉底—柏拉图的解释哪个更符合事实，颇难考辨。但亚里士多德主义的解释之好处显而易见，即能够方便我们将主体对某事的知识处理为某种"可被等级化"（gradable）的变量，这使得我们在解释不同案例时更加灵活。

案例2：为何老张有丰富的医学知识，还是选择继续做烟民？答案很简单，他对香烟的热爱实在过于浓烈,以至于那么丰富的医学知识也无法抵消这种热爱。甚至他本人对大量吸烟会缩短寿命的预判也无法动摇他的行为,因为在他看来,没有香烟的人生是不值得过的,正如苏格拉底认为,未经反思的人生是不值得过的。

案例3:为何小张的核电知识很肤浅,但依然不会导致他在核电站里闯祸?在亚里士多德主义者看来,这是因为他的知识虽然浅薄,但同时他内心并不存在任何一种"没事找死"的欲望。所以,两种力量现在变成了一股力量,而无论这股力量有多弱,其导出的行为都会是积极的。

看来,亚里士多德的方案能够解释所有案例,而苏格拉底-柏拉图的方案仅仅能够解释案例1(而且是在过分强调德川家康的医学知识匮乏的前提下)。二者相比,亚里士多德至少在理论层面上赢了!

而在实践层面上,也正是基于这种分析,面对缺乏自控的治疗方案,亚里士多德所开出的药方或许会与苏格拉底-柏拉图主义者非常不同。比如,针对网络游戏成瘾的问题,苏格拉底-柏拉图主义者会说:要加强对网络游戏成瘾的危害的认识!认识深刻了,就不会成瘾了。而亚里士多德主义者会说:设法减缓治疗对象对网络游戏的迷恋程度,其方法包括(但不限于)向其推荐更健康的娱乐方式等。至于这两种治疗方式哪种更靠谱,读者可以根据自己的人生经验自行判断。

不过，在上面的分析中，我们还是预设了与知识力量对抗的欲望是一种与理性无关的力量。但正所谓"一个巴掌拍不响"，两种力量要发生对抗，总得有基本的类似之处使二者发生关联。知与欲的关联又是什么？

欲非纯欲，而是含理之欲；知非纯知，而是含欲之知

在亚里士多德的分析模式中，之所以会发生缺乏自控的现象，乃是因为知斗不过欲。不过，这个说法还是相对粗糙，更好的说法是，基于知的心智力量，斗不过基于欲的心智力量。在所谓的基于欲的心智力量中，还是有一些要素并非纯粹属于欲望，而是具有一些理性思维的特征。

还是以德川家康贪吃鲷鱼的故事为例，他对鲷鱼的欲望，难道就是纯粹的生物本能吗？不是。欲望本身必须被编织到下面的一个三段论推理中，才能发挥作用：

大前提：凡是新鲜的鲷鱼，都能够满足我对鲷鱼的食欲。

小前提：眼前的鲷鱼天妇罗是用新鲜的鲷鱼做的。

结论：我要吃掉眼前的鲷鱼天妇罗。

自控力的真相：为什么明知不对，还要做？　　135

显然，这是一个涉及欲望的三段论推理。由此可见，**欲望也需要理性推理的外壳加以支撑，否则难以引发行动**。与之相对应，知识也不是纯粹之知。举个例子，假设德川家康学了更多的医学知识并克服了鲷鱼的诱惑，最终他没有吃下过量的鲷鱼天妇罗。即使如此，他所获取的知识力量还是需要与某种更隐蔽的欲望达成联盟，才能发挥作用。譬如，所有医学知识的隐蔽前提都是对生命的延续，而延续生命本身就是一种更隐蔽的欲望。从这个角度看，亚里士多德眼中所谓的知与欲的斗争，并不是纯知与纯欲的斗争，而是基于知的心智力量与基于欲的心智力量的斗争。

此外，亚里士多德的上述观点也印证了他的一个基本形而上学论点：纯粹的形式或者质料是无法独立存在的，它们需要彼此掺杂才能存在（至于掺杂比例，则因人因事而异）。在这里，知识的成分就对应形式，欲望的成分就对应质料。

正因为亚里士多德不承认有可以脱离形式的质料，他对形式的强调就使他至少能够在这个问题上与柏拉图达成共识：**人生规划的时间格局最好要大一点，因为更大的时间格局才能使得我们更接近无时间的纯形式。**

拉长时间线，让良好的情绪成为知识的朋友

在前面对爱吸烟的张医生的案例分析中，我们其实已经涉及时间线的长短问题。在老张看来，没有烟抽的日子是不值得过的，也正因如此，老张才愿意放弃更长的人生，在有生之年更多地享受抽烟的快乐。而苏格拉底虽然也选择接受雅典人的死刑判决，并因此大大缩短了自己的自然生命，但他的选择恰恰是为了在最大程度上，放大他的一生在人类历史中的意义，由此使自己成为一个历史传奇。从这个角度看，苏格拉底虽然貌似与老张一样，都实施了缩短寿命的行为，但是他眼中的时间线要比老张长很多。

在这个问题上，亚里士多德还是愿意与苏格拉底—柏拉图站同一队，即鼓励大家将目光放远，多想想身后事，而不要只关心眼前的一亩三分地。但因为他始终主张形式与质料要互相配合，所以他眼中的时间线的拉长并不仅仅意味着相关的知识力量的增加，同时也意味着与之相关的情绪力量的增加。这种情绪，指的就是一种具有更大时空格局感的胸怀。

有人会说：怎么才能具有这种大胸怀呢？其实，有很多心理学技巧能够帮助我们做到这一点。再以爱抽烟的老张为例，他在抽烟的时候吞云吐雾、潇洒快乐，不愿思考太多，但是只要他还是一个合格的医生，他肯定

多少还有一点基本的职业使命感。你不妨就引导他思考一下自己的长期职业规划，想一想有多少病人还需要他帮助，并让他回想一下过去救活病人时得到的快乐。这样的心理暗示或许会改变他的心理预期，并让他产生一些更积极的欲望，以压制吸烟带来的短期快乐。

由此看来，关于如何提高自控力，亚里士多德的药方里还有"培养在更长时间线内才能完成事业的企图心"这一味药。综合来看，他对缺乏自控的总体解决方案包含下面这三个要素：

第一，对于相关事项，你必须要有字面上的知识，如知道吸烟有害健康。

第二，你还得在大的时间格局里，了解对这一知识的遵从或者违背会带来怎样的结果，并通过这种了解，培养出格局感。

第三，你得利用从上述要素获得的洞见来压制肆意妄为的欲望。

很显然，在这几个要素中，最难满足的是第二个。很多人浑浑噩噩一辈子，只求口腹之欲，毫无远大理想，也不太在乎浪费生命。说到底，这便是因为缺乏对超越生命之有限性的伟大事业的认识与感动。与老师柏拉图一样，亚里士多德认为，这种高贵的认识与感动并不是人皆有之，只是为少数精神贵族所具备。因此，他与老师一样，也不太喜欢那种预设了人人德性水准平等的民主制安排。

不过,与将理念与感性两极化的柏拉图不同,亚里士多德认为,这种认识与感动是能够带来切切实实的幸福与快乐的,并非仅仅是一些枯燥的道德说教。接下来,就看看亚里士多德的快乐观。

快乐观：快乐是好事还是坏事？

快乐和缺乏自控一样，也处在大善和大恶的道德灰色地带之中，我们很难说快乐本身是善是恶。一方面，快乐似乎是好事，朋友彼此祝福时经常说："一定要快乐啊！"另一方面，我们有时也说"快乐无罪"——这话似乎预设快乐被很多人当成一种罪。那快乐到底是好事还是坏事呢？我们该如何从哲学的角度看待快乐呢？

快乐是构成幸福的基本要素

讲到快乐，我们脑子里可能还会想到一个词，就是"幸福"。幸福的英文是"happiness"或"well-being"，快乐的英文是"pleasure"。无论在英语中还是在汉语中，幸福与快乐都是近义词，而它们的关系是什么呢？

简而言之，**幸福就是对快乐出现的频率的概括**。举个例子,假设有位女性婚后回娘家,妈妈问她:你的婚后生活幸福吗?女儿一皱眉,说:其实没有我想象中那么幸福。

我们可以对这位女性的话进行语义重构:她反思了近一年的婚后生活,并发现在这段时间内,快乐的出现频率要比她预期的低,由此这一年的幸福总分并不高。这样看来,一个人要追求幸福的人生,就要积攒点滴的快乐,建造我们的"快乐大本营",由此构建幸福的基础。

我们知道,亚里士多德比较重视具体的、个别的东西,所以如果快乐是一种具体的、个别的体验,而幸福只是对快乐频率的概括的话,那么追求幸福显然就要从追求快乐做起。此外,重视快乐也体现了亚里士多德的人生哲学的特点。前面说过,柏拉图就是见不得人生中有任何的不公正,但不太关心我们这些平凡人在生活中的小确幸。相较之下,亚里士多德的人生哲学则对我们普通人更具有亲和力。

快乐不止于欲望,也不一定是激情

说清楚了快乐和幸福之间的关系,我们接下来还要对快乐进行进一步概念上的分析。

首先,在亚里士多德看来,快乐与欲望的确有关,但它并不直接等同于欲望。因为欲望一般来说接近生物层面——"食色性也",而快乐(如听莫扎特的音乐得到的快乐)则可以超越生物层面。其次,快乐也并不一定是激情,因为激情必定是很热烈的东西,但快乐并不一定很"燃"(如听《小夜曲》所得到的快乐)。那么,快乐有没有可能是理性呢?那就更谈不上了,因为快乐是一种感受,而非推理。

说到这里,我们自然会发现柏拉图的学说有些漏洞。他的灵魂三分法提到了理性,提到了欲望,也提到了激情,但他提到快乐了吗?没有。而且,快乐也不能被还原为欲望、激情与理性三项中的任何一项。这样的一个盲点,只有通过亚里士多德哲学的"手电"才能得到显现。

快乐是形式与质料在身体中达成中道的状态

与更接近恶的缺乏自控不同,快乐离善更近一点。因此,从总体上说,亚里士多德对快乐的态度比较宽容,他相信"快乐无罪"。理由是什么?

理由之一:快乐是健康的指标
在这个层面上的快乐更接近口腹之欲的满足,如吃得香、睡得饱。此类快乐的特点是,这是一种自然涌现的状态，并非以一种循序渐进的方式出现。举例来说，若你觉得这块披萨好吃，由此得到的快乐就是自然涌现的，你不必与此同时劝自己说：这披萨真好吃——注意，这是一种感受，而不是念头。一个念头（如想吃披萨）是可以被别的念头（如想吃日料）抵消的，但就因吃披萨得到的满足感而言，你获得了就是获得了，没获得就是没获得。

那么，凭什么说这种自动涌现的快乐能够成为健康的指标？

道理其实也很简单，能做到吃得香、睡得饱，说明你身体的机能运作很正常，而"茶不思饭不想"往往是身体机能失调的征兆。亚里士多德的哲学是重视肉体健康的，在这个方面，他与贬低肉体地位的柏拉图意见颇为不同。而且，对肉体的重视，恰恰与亚里士多德的整个形而上学立场相吻合。根据其形而上学，形式或理念不能脱离质料而独立存在，万事万物都已经是形式与质料的合体。因此，我们每一个人显然也已是形式（即灵魂）与质料（即肉体）的合体。而形式与质料的结合方式可以是和谐的，也可以是不和谐的。就人类个体而言，形式与质料和谐的结合方式，就应该对应下面的状态：人类的灵魂能够舒舒服服地附着在其肉体提供的"温床"上，没有任何不适。

而肉体要起到这个作用，自身就要达到健康的状态，以便为灵魂的顺畅运作提供物质保障。譬如，如果大脑缺氧，思维就会感到不敏捷；反之，大脑的正常机能运作将使思维变得更有效率。从这个角度看，**快乐不仅对应身体的健康状态，也由此对应形式与质料在身体内部的和谐状态**。这种和谐关系也就是某种意义上的中道，或者说是人的灵魂力量与肉体力量的黄金平衡点。请注意，中道状态在亚里士多德的哲学体系中始终具有正面的伦理意义，既然快乐是健康的指标，身体健康又具有伦理上的正面意义，那么快乐本身自然也就带有伦理上的正面意义。

可难道只有健康的人才能得到快乐，不健康的人就不配得到快乐了吗？

亚里士多德对此的回应是，依据上述理论，即使是残疾人也可以拥有快乐，因为身体部分的残缺固然会影响人生的整体快乐指数，但毕竟还可以通过尚存的身体机能的运作而得到补偿。譬如，盲人虽然不能欣赏绘画，但他们在听觉方面得到的代偿性功能会使他们获得更多的信息，并由此得到相应的快乐。不过，除非受到不可抗力的阻挠，亚里士多德还是建议大家要尽量保重身体。

理由之二：快乐是行动接近成功时的奖赏

这个层次上的快乐已然摆脱口腹之欲的享受，而处在一个更高层次。譬如，一位学生在做作业时碰到一道几何难题，他在反复思索后终于找到解题的诀窍，这时他很可能会感到巨大的快乐。这种快乐显然已经超越了肉体的层次。

从心理学角度看，这种快乐本身会增加心理主体的信心指数，激励其进行更多此类的活动，由此作出更多的社会贡献。譬如，数学家能够在这种信心的激励下推演出更多的优秀论证，画家能够在这种信心的激励下画出更多优秀的画作，等等。因此，引导这种"信心的快乐"自然就具备了正面的伦理价值。

有人可能会反问：一个精通行窃的小偷，也会在打开保险箱的时候获得此类快乐，难道这也具有正面的伦理价值吗？

对于这种问题，亚里士多德主义者的观点是，人不能为非作歹，要解释这一点，就必须要引入对快乐与神的永恒性的关系。

对永恒性的追求使人问善

一看到"神的永恒性"这种表达，很多人都会觉得不太应当出现在亚里士多德哲学的语境中。根据前面勾勒出的哲学形象，他似乎是一个非常"留恋红尘"的哲学家，喜欢在感性世界中寻找人生的中道。这样的哲学家，又怎会奢谈什么"神的永恒性"？不过，请别忘记，亚里士多德毕竟是柏拉图的学生，他的现实主义哲学立场也不可能离老师的理想主义立场太远。依据柏拉图的主张，可感世界与可知世界之间有一条非常清楚的界线，亚里士多德的立场并不是要否定可知世界中的理念，而仅仅是主张理念必须在感性世界中存在罢了，他甚至愿意去讨论神的存在。

亚里士多德主义者所说的神到底是什么呢？这并不是指古希腊多神教体系里诸如宙斯、赫拉这样的角色，而是指哲学意义上的神，或者说它是一种抽象的哲学产物。它还有一个很专业的名词，叫"不动的推动者"，也就是说它能推动天下万物的运动，自身则不动。而假定这个神存在的论证也是纯然理性的：如果世上万物的运动都是被别的事物的运动推动的话，那么我们又该如何理解整个世界的初始运动呢？它又是由什么推动的？在亚里士多德看来，只能假设有一个不动的推动者，这种理解才是可能的。

现在，我们已经在亚里士多德的理路中确定了神的存在。神的一个重要特征就是，其存在具有永恒性。而且，恰恰是基于神的永恒性，我们这些凡人就得行善，不能为非作歹、偷窃杀人。

但如何从"神的永恒性"过渡到"人不能为非作歹"这个结论？

关键就是"模仿"二字。虽然柏拉图也谈感性事物对理念的模仿,但亚里士多德所说的模仿在哲学实质上有别于此。柏拉图式模仿的要点在于对相关性质的"分有"。譬如,一匹现实的马对马的理念的模仿程度,取决于它在多大程度上分有了马的理念。同理,一个向善的人对至善的理念的模仿程度,取决于他在多大程度上能够分有善的理念。相比之下,不愿在可感世界与可知世界之间划界线的亚里士多德却另辟蹊径,他的绝招是诉诸时间。

时间具有两面性。一方面,在可感世界中,万事万物的存在都具有特殊的时间规定。譬如,这朵玫瑰花今天开后天谢,秦始皇只活了五十年,等等。另一方面,永恒的神则在时间长河中占据了所有的时间坐标。因此,通过缩短或延长时间线,就能在可感世界与可知世界之间建立联系(而不是在二者之间划界)。譬如,一个感性事物要模仿永恒的神,只要让自身的存在所占据的时间段足够长就好了。

正是基于这种观察,亚里士多德认为,甚至连植物也是分享神性的。比如,蒲公英会满天飞,借着风儿将种子播向四方,为什么?因为就连植物也都希望通过繁衍后代而接近永恒性。人类也是这样,让自己身体保持健康,在客观上也利于子孙的繁衍,由此让整体意义上的人类具有某种准永恒性。

但到这一步，对神性的模仿，似乎仅能推出"我们要尽量长寿"的结论，这又如何能够得出"人不能为非作歹"这个伦理学结论呢？

论证如下：已知长寿的目的是种群的整体利益，因为只有人类整体才能接近永恒性，而非人类个体。

由此可以得出，任何一种有害于人类整体利益的行为，即使表面上与养生无关，也不会被鼓励。与之对应，任何一种有利于人类整体利益的行为，即使表面上与长寿无关，也应当被鼓励。

各种正向的伦理行为，如助人为乐、遵守法律等，都有助于增加人类的整体利益；而各种反伦理行为，如盗窃与杀人等，都会损害人类的整体利益。

所以，对永恒性的追求，也将促使我们尽量做一个在伦理上向善的人。

从上面的论证出发，我们也能立即推导出：那种稍纵即逝，且对人类个体或者人类整体的长期利益有害的快乐，乃是一种不值得追求的快乐。以酗酒得到的短暂快乐为例：

第一，酗酒得到的快乐虽然是即时的，但我们必须将此类快乐与酗酒后造成的宿醉的痛苦相比较，看看前者是否能够抵消后者带来的负面影响。如果后者带来的负面影响太大，酗酒反而会导致快乐总量的减少。

第二，宿醉带来的痛苦本身又会进一步导致更多快乐的丧失。比如，明天你本打算去听一场音乐会，由此获得高雅的快乐，但假若你因酗酒而宿醉，你的精神状态就会受到损害，使你无法获得音乐带来的享受。

第三，宿醉会导致思维能力的衰弱，让你远离神性，无法思考永恒。

第四，酗酒会导致生殖力的衰弱，影响在繁衍后代的意义上对永恒性的模仿。

从上面的讨论中我们不难看出，亚里士多德明显看到了快乐的三个等级：**追求美味的食客的快乐、追求美学的画家的快乐，以及追求神之永恒性的哲学家的快乐**。而任何一个具体的人生都只能倚重其中的一两项快乐，没办法样样都占。这就牵涉到如何选择的问题，从而最终也将落实为对人生道路的选择。那么，亚里士多德到底给出了哪几种人生道路呢？

三种人生：你想选择怎样的人生？

亚里士多德所给出的人生道路有这么几种：欢愉人生、理论人生与政治人生。下面就来一项项地说。

欢愉人生：吃喝玩乐、岁月静好

正如"欢愉人生"的字面含义所显示的，沉浸在这种人生中的人只是满足于口腹之欲，满足于在朋友圈里晒晒自己吃的澳洲龙虾与法国波尔多红酒。这些人几乎不思考尖锐的大问题，不愿面对人生道路上不断出现的各种悖谬，并一厢情愿地迷信未来的岁月将始终如此静好。听上去这似乎不是一种能够被哲学家欣赏的人生。然而，在亚里士多德看来，这种人生未必是纯然负面的。亚里士多德在讨论快乐时，曾将其与身体的健康相联系，因此他也充分肯定了感官快乐的积极意义。

不过，此类人生的消极影响更不容忽视。沉浸在感官愉悦中会使你丧失经由创造新事物而产生的更高级的愉悦。比如，我们可以比较一下食客的快乐与大厨的快乐：优秀的大厨能不断地创造出新的菜品，丰富一个餐厅的菜谱，并且在食客的好评中获得自尊，以及基于这种自尊的快乐。与之相比，食客又能得到什么？他当然能得到唇齿之间的高端享受，不过他并不是创造者或生产者，而仅仅是消费者，因此，关于美食的历史一般不会记录食客的名字（除非他是名人），而只会记录大厨的名字。这就是大厨的快乐相对于食客的快乐所具有的优势，他会意识到自己在历史中的名声，并因为这种意识而得到更高级的愉悦。

说到这里，一个更深入的问题就浮出了水面：到底什么叫"创造"？

创造的三种类型

从亚里士多德主义者的角度看，我们今天所说的创造有三重含义：第一种是创造能在物理世界中直接存在的事物，如创造美食、建筑或者一台机器。第二种是创造理论，而理论的本质是一种思想框架。譬如，爱因斯坦创造的相对论就是帮助我们诠释物理世界的一种方式。严格地说，该框架仅存在于我们的脑海中，并不是一种物理存在。第三种是创造社会关系，刘、关、张桃园三结义就是一种社会关系的创造。当然，创造更高级的社会关系往往以巨量的心力付出为前提，如孙中山创建同盟会。需要注意的是，社会关系的存在并不是悬空于物理世界的，因为人首先得在物理世界中存活，才能构建和发展出相应的社会关系。不过，从另一方面看，社会关系的存在又不仅仅局限于物理存在，因为任何社会关系的存在都需要预设关系者在精神层面上的彼此承认。

在物理创造、理论创造与社会关系创造这三种类型中，亚里士多德相对关心的是第二项与第三项。他为何忽略第一项？这是因为，在他看来，人们对物理事物的创造往往是基于生存压力，而不是精神需要。譬如，你做饭，可能主要还是为了解饿或者解馋，而不是为了名垂青史（有精神追求的大厨，在世界上所有做饭的人当中所占的比例恐怕也很小）。因此，他相对关心的是理论创造与社会关系创造。对于这两种创造的执着，则分别对应于两种人生：理论人生与政治人生。

理论人生：在思考中与神性沟通

从亚里士多德主义者的角度看，对抽象的哲学话题的思考本身就能带来快乐，因为它能帮助你的灵魂与永恒的神性沟通，并通过这种沟通让你产生愉悦。追求这种快乐的人生就是理论人生。需要指出的是，由于在亚里士多德时代，哲学与科学还没有分家，因此他所说的理论人生也包括今日广义上的科研人生。

但如今很多做科研的朋友都在抱怨日子难捱，没日没夜地做实验，亚里士多德竟然还说理论人生美妙，真是有点不知人间疾苦。对于这种抱怨，亚里士多德主义者会怎样解释呢？他若活到今天，可能会这样回应：

第一，或许这些抱怨者并不真正热爱科研，而只是想混个学术饭碗，所以他们做研究时才会心猿意马，并因此觉得科研本身味同嚼蜡。

第二，或许现在科研人员的工资的确太低了，使得研究者很难不琢磨如何在这些微薄的工资之外再赚点外快养家糊口。在这种情况下，科研本身带来的快乐自然就被生活的压力冲淡了。

但在今天，即使你做上了博士生导师，在一线城市买了套房子，也可能会每月因为房贷而感到手头紧。总之，几乎极少的人能够实现财富自由。因此，按照亚里士多德的标准，似乎就没人可以过上真正的理论人生了。

可是，在亚里士多德看来，只要你衣食无忧，就具备了过理论人生的基本条件，而"衣食无忧"的标准可高可低。实际上，一般古希腊哲学家的生活都比较简朴，家里虽然有几个奴隶，但自己也就身上裹一块白布作为衣服，吃一点大麦面包蘸纯葡萄酒填饱肚子而已。

按照这个标准，今天一般的科研工作者都已经衣食无忧了。从这个角度看，是否能过上理论人生，经济条件扮演的权重并没有想象中那么大，关键还是看一个人是否真对科研有兴趣。不过，对于不满足这些条件的人来说，他们还有别样的人生可以过。

政治人生：在妥协与重复中创造人际关系

政治人生就是"从事政治为民众服务"的意思，不仅仅是说要做个公务员、混口饭吃。在亚里士多德的排序中，地位最高的是理论人生，最低的是欢愉人生，政治人生只能算介于二者之间。那么，为什么政治人生的地位要比欢愉人生高一些？

道理非常简单。一般而言，政治活动的本质就是对人和人的关系作恰当的处理。而在亚里士多德主义者看来，这种处理的要点就是将德性贯彻到公共生活中去。这也就是伦理学与政治学的差别所在：**伦理学更关心的是如何提高个人或个人所在的局域社会关系的德性，而政治学更关心的是如何将个人的德性散播到整个城邦中**。一个人若去从事这样的政治活动，当然就能提高其生命的内在品质，因为他能够通过改善城邦的政治品格来创造出一种更美好的人际关系。很明显，这种创造的意义要胜过创造简单的物理事物的意义。瓦特可以创造出蒸汽机助力工业革命,但是创造出良好的法权关系却能激励更多的"瓦特"从事更多的工业发明。

不过,在另一方面,亚里士多德也指出政治生活不如理论生活来得高尚,理由有二:

其一,政治是妥协的艺术。比如,在某种政治活动中,为了对抗最邪恶的敌人,你或许会不得不捏着鼻子和一些德性不那么好(但至少比你的首要敌人好那么一点)的人一起握手、一起吃饭、一起K歌。这种做法虽是不得已,却会不得不部分遮蔽政治活动中的道德之光。与之相比,在理论生活中,丁是丁,卯是卯,你根本不用看别人的脸色,就可以凭着自己的良心说出自己认可的真理。从这个角度看,政治生活相对来说是一种让真正的君子略感憋屈的生活方式。

其二,政治生活里包含了大量的重复。比如,写各种政治公文、完成各种行政程序、在会议上重复一些老掉牙的废话。这难免会让喜欢创新的人感到无聊,折损人的锐气。与之相比,在理论生活中,创新一般来说一直是受到鼓励的。因此,真正热爱创新的人会觉得政治生活相对乏味。

由此看来,政治生活的神圣性指数是"比上不足,比下有余"。然而,亚里士多德还是很愿意就政治生活多谈几句的,因为他的哲学风格就是喜欢在这些非黑即白的中间地带耕耘。

三种人生:你想选择怎样的人生?

最典型的政治生活,当然还是指以城邦为单位的政治生活。不过,城邦的确是一个过于复杂的人际关系复合体,在讨论城邦的政治生活之前,我们不妨先讨论一下两个预备性环节,这两个环节都涉及人际关系的经营,即友谊与家政。

论友谊：怎样才能交到德性之友？

无论是欢愉人生、政治人生还是理论人生，任何一种人生都需要朋友（如玩友、政友与学友），所以我们很自然地切入"友谊"这个话题。

友谊的意义，在于填补个人与城邦间的德性空隙

然而，友谊本身难道真能构成一个哲学问题吗？当然能。在哲学家看来，万事万物里都有哲学问题。柏拉图在《会饮篇》里谈到爱情——既然爱情可以成为哲学问题，为何友谊不能呢？

那么，到底什么是友谊？亚里士多德用的词是"philia"。在古希腊文里，这个词本是指家族成员之间的爱，但是亚里士多德显然将它的用法扩大到非血亲成员的关系上。因此，广泛意义上的"philia"就是指非血亲社会成员的彼此喜爱之情。但两个人彼此喜爱，难道不是一种常见的社会现象吗？其背后的哲学深意又是什么？从亚里士多德主义的角度看，**友谊的意义就在于它能填补个人德性与城邦德性之间的空隙。**

假设有一个人的德性很高，但是这未必意味着他所处城邦的德性也很高。假设他所处城邦的德性比较低，这样一来，在个体德性和城邦德性之间就出现了巨大的落差。怎么填补该落差呢？靠这个德性高的个体显然不行，因为个人能力是有限的。因此，他就需要三观与之相符的帮手，去填补这个空隙。举例来说，刘备一个人要匡扶汉室可不成，因为他能力有限。他必须联合关羽、张飞、赵云、诸葛亮、糜竺等人的力量才有希望做出一番事业。而这个政治团体的精神纽带要足够牢固，就需要友谊的滋润。

有人会问：为什么爱情不能取代友谊呢？这是因为，爱情有针对"建立家庭、结婚生子"这一目的的指向性。甚至有时对家庭的指向会与对正义的追求产生抵触。譬如，在某检察官为了匡扶正义与犯罪分子作斗争时，其家属的安全或许就会受到犯罪分子的威胁。这时候，检察官的妻子或许会劝他知难而退，为了家庭的利益而搁置对正义的追求。

相较之下，友谊不太受到家庭关系的羁绊，而与共同秉承的理念有更大关联。换言之，真正的朋友或许比家人更能鼓励秉持正义者去与邪恶斗争。对于城邦的建设来说，这样的友谊显然是一种宝贵的精神资产。

友谊的三个档次：享乐、实用与志同道合

这样看来，亚里士多德所说的友谊，更多与德性熏陶、匡扶正义有关。但是，我们在日常生活中说的那种友谊，如一起 K 歌的朋友或商业伙伴之间的情感，算不算呢？

其实，这些情感也算友谊。与亚里士多德对欢愉人生、政治人生与理论人生的三分法类似，他也提出了朋友的三个档次：欢愉之友、功利之友与德性之友。不难猜到，就像亚里士多德认为理论人生高于政治人生与欢愉人生一样，他也肯定认为德性之友在价值上要高于功利之友与欢愉之友。为何德性之友的价值更高？亚里士多德的论证是这样的：因为对德性的追求能够带来功利与欢愉方面的好处，而对纯粹的功利与欢愉的追求若没有德性的辅佐，就会变得稍纵即逝，所以德性之友的价值更高。

那么，为什么德性能够带来功利与欢愉，反过来却不行？就拿一般的娱乐活动来说，即使朋友在一起喝酒与下棋，其实也是要讲酒品或棋品的。譬如，反复悔棋的人肯定不太招人待见；K 歌的时候有的人老是做"麦霸"，不让别人唱，这样的人也不会交到太多的朋友。

换言之，即使从吃饭、唱歌这样的小事之中，我们也能对一个人的德性水平进行观察。**而有德性的人就像太阳吸引行星一样，亦可以吸引众多朋友围绕自己，增加他的人生满意度。**

与欢愉之友需要德性一样，功利之友也需要德性之光的照耀。为了说明这一点，我就从作为《星球大战》系列电影之别传的科幻剧《曼达洛人》的剧情出发，给出一些例示。

这部科幻剧的主人公是一名孤独的曼达洛人。他从不摘下自己的头盔，驾驶着破旧的飞船，在浩瀚的宇宙中苦苦探寻遗失的族人。为了自己的生存、为了照顾身边处于婴儿期的尤达大师、为了获取族人的线索，同时也为了赚点小钱以维护飞船的运作，他必须与宇宙中各方势力进行各种各样的交易。在此期间，他要与这些交易对象建立起最起码的信任，并成为某种意义上的功利之友。但成为真正的功利之友也需要德性的滋润，因为"言必行，行必果"便是功利之友的第一道德准则。做不到的事情绝不乱答应，一旦接了单就要做到"使命必达"。正因为主人公做人做事都讲规矩，路也越走越宽，在宇宙中交到的朋友也越来越多。这就说明，他对规则的态度不仅仅是基于金钱的考量，而是有一种严肃的道德态度贯穿其中。否则，临时改变的一些利益关系就会使得已经成形的契约关系立即被摧毁。

成为德性之友的两个条件:三观契合、机缘合适

那么,两个人要成为真正的德性之友,需要满足哪些条件呢?

第一,三观彼此接近。当然,这里的前提是两个人的三观都趋近正义,而不是都很邪恶,否则这就不是德性之友,而是损德之友了。

第二,需要额外的机缘认识彼此,有一定的时间相处,并因为这种熟悉而了解彼此的微环境。因为即使两个人的三观接近,但如果不了解对方的微环境——各自的生活与工作细节——也无法对对方的人生提出太有用的建议。

第一个是形式条件,第二个是质料条件。由此可见,在亚里士多德的哲学中,形式-质料二分法可谓渗透到了方方面面。

德性高的人为何依然彼此需要?

不过,亚里士多德似乎还没说清楚一个问题:德性高的人为何一定交朋友呢?独处不行吗?不管怎么说,朋友就意味着陪伴,意味着需要投入大量的时间。这种时间投入的意义是什么呢?

在亚里士多德看来,一个德性高的人如果与另一个

德性高的人成了好朋友，那么德性也就成了双倍，毕竟德性是不嫌多的。我个人对这个回答有些惊讶，因为且不提双倍的德性有没有好处，我甚至怀疑德性本身能不能够像金钱一样被计算成原来的多少倍。因此，我的回答采取了一条与亚里士多德不同的路线。在我看来，两个德性高的人之所以需要成为好朋友，主要是因为他们需要交换不同的社会技能，以便最终做成大事。

例如，在电视剧《沉默的真相》中，一名检察官想要为被冤枉且已经被谋杀的老同学翻案，于是他计划做一件能够引发社会轰动的事，然后由此牵动公检法各方力量来揭露旧案的真相。这个计划非常复杂，而执行起来无疑需要具有不同能力的人互相配合。但同样毫无疑问的是，执行这个计划的每一个人都必须具有非常强的正义感，愿意为了翻案而牺牲个人前途。所以，要成大事，既需要志同道合的朋友，又需要各怀绝技的朋友。

说到这里，我们又发现亚里士多德友谊学说的另一个问题：他似乎没有想到两个同样德性高的人，即使各自有可以交换的社会技能且彼此熟识，也可能很难成为真正的朋友——甚至在某些情况下还会成为敌人。

譬如，在小说《亮剑》中，李云龙和楚云飞都是正义感满满的军人。他们都有浓厚的家国情怀，彼此也打过很多交道，但因为政见不同，各为其主，最后只能成为战场上的敌人。

他们算是朋友吗？或许在某种意义上算。在小说中，李云龙在遭遇极不公正的待遇后，一时没想通，最后用楚云飞在抗战时期送他的手枪自杀。这算是给楚云飞一个大的面子了。但从另一个角度看，李云龙和楚云飞毕竟是属于两个不同的政治阵营的将领，因此很难算是通常意义上的朋友。对于这种非常特殊的人际关系，亚里士多德的友谊学说并没有给予一种清楚的分析。

友谊并不排斥利己

亚里士多德的友谊学说还有一个不容错过的亮点：倡导友谊，并不排斥利己。

乍一听，友谊怎么能不排斥利己呢？友谊难道不正意味着关心朋友的利益吗？而这难道不就意味着对自身利益的忽视吗？

要理顺亚里士多德的这一思想，我们就得重新看待"利己"的含义。我们通常所说的利己就是指这样一种念头：我们尽量要使自己的财产增值，或使好处增多。但这并不是亚里士多德的意思。他想说的是，**真正的利己是让别人也成为与你有类似想法的人，这样你才能感到惬意**。换言之，如果一个人想为自己的价值观而战，他自然就会希望有更多的人分享其价值观，或者说希望自己的思想能在社会中得到增值。

现在，我们已经看到了两种关于自我的增值方式：财产的增值与价值观的增值。二者在某种意义上都是利己的，因为这都牵涉到了对自我的某个特性的扩增，但前一种增值显然不会带来友谊，因为物质利益的总量是有限的，某人占有了过多的物质利益就会相应带来别人的贫穷；而后一种增值却会带来真正的友谊，因为普遍分享某种道德上正向的价值观，无疑能够带来人际关系与社会财富的双重丰富。

就拿我自己的体会来举例吧！我小时候就特别喜欢卡伦·卡朋特的音乐，如《昨日重现》。但当我第一次听说卡伦·卡朋特很早就因为空难事故而去世时，真是难过得不得了。为何我要为她的死感到难过？答案很简单：我很自私。我希望像约翰·列侬、卡伦·卡朋特这样的音乐人能够长寿，因为这样他们就能创作出更多优秀的音乐作品供我享受。但这是一种亚里士多德意义上的利己，我之所以喜欢上他们的音乐，显然是因为我能够分享他们在音乐中表达出的价值观与审美乐趣。同时，我的这种利己本身也能带来更广泛的友谊，我会因此而与其他同样喜欢他们音乐的人结成朋友。从这个角度看，利己与朝向利他的友谊在某种意义上乃是相辅相成的。

不过，这种与利他主义打通的利己，却也可能在某些情况下成为社会动荡的根源。

比如，有两群人，他们有着各自不同的价值观，但都觉得自己的社会改造方案能够带来更大的福祉。出于人性的固执，他们很可能会动用所有的力量来复制自己的想法，然后建起自己的粉丝群，最后就有了分裂社会的危险。在极端的情况下，这种分裂甚至会引发内战。在这个问题上，仅仅从德性的角度去评判斗争双方是不够的。比如，美国内战时期的罗伯特·李将军被认为站到了历史的错误的一边（即南方的邦联政府），与他本人的德性并无关系，而是基于一些别的考量——特别是政治的考量。

很显然，要分析上述现象，我们就要突破伦理学说的局限而深入到政治哲学的领域中。这也就是后文所要涉及的内容。然而，在踏入"政治哲学"的大堂之前，我们还需要先穿过"家政哲学"的小院。

家政学：如何做好科学的时间管理？

儒家经典《大学》有云："古之欲明明德于天下者，先治其国；欲治其国者，先齐其家；欲齐其家者，先修其身；欲修其身者，先正其心；欲正其心者，先诚其意；欲诚其意者，先致其知，致知在格物。"

我们可以将亚里士多德的哲学资源和这句名言结合：一个人若试图学习如何治理城邦，那就先得读读亚里士多德的《政治学》，但若要读通这本书，不妨先读读这本书里讨论家政的部分。而在读亚里士多德的家政观之前，不妨先去读一些关于伦理修养的书，如亚里士多德的《尼各马可伦理学》。此外，在读此类伦理学著作之前，不妨先做到"格物致知"，了解一下亚里士多德的《工具论》《物理学》《形而上学》等理论哲学著作。

就本单元的讨论来看，其实我们已经在一开始大致阐述了亚里士多德的理论哲学架构，并在此基础上讨论了他的伦理学。所以，按照上文建议的读书次序，现在我们正好处在亚里士多德的政治哲学的入口，即其《家政学》（不过，有人认为，《家政学》这部著作是亚里士多德的弟子泰奥弗拉斯托斯写的，在此先不探究这一考证问题）。

那么，到底何为"家政学"？

家政学，即时间打理学

大多数人总免不了要结婚生子，然后就会陷入一大堆家务琐事。因此，怎么处理好工作与家庭的关系、管理好自己的时间，是大多数人都关心的人生问题。

有很多鸡汤类的"人生哲学指南"都喜欢空谈爱、空谈奉献、空谈各种各样的道德口号，却不太着眼于这些既琐碎又烦人的生活难题。然而，善于观察人类生活细节的亚里士多德，又怎么可能在他的人生哲学中错过这个话题呢？

家政学的希腊文叫 Oeconomica（此为拉丁式拼法），这也就是今天英文中的经济学（Economics）的词源。不过，这并不是说亚里士多德的家政学就是今天的经济学，因为二者的研究旨趣不同。简单说，今天的经济学就是告诉大家如何利用资源生产有价值的商品，并进行分配，其管理对象是抽象的财富。而亚里士多德对抽象的财富增值并没有太大的兴趣,他更关心如何过上有德性的生活。不过,亚里士多德毕竟是一位求中道的哲学家,因此他特别主张一个人首先要解决基本的物质需求问题再来进行哲学思考。

我个人将亚里士多德式家政学的本质解读为对时间的打理。我们知道,一天二十四个小时,对所有人都是公平的,你得睡觉、谋生,还要思考人生,有时难免顾此失彼。怎样的时间安排才合理呢?说得更具体一点,怎样的时间安排能够让你既能得到足够的物质供给,又能有时间去发展高尚的友谊、思考深邃的哲学问题呢?这就是亚里士多德的家政学所关心的。

家庭内部也分形式与质料

要将有限的家庭时间打理好,关键是要在家庭内部分清主次、纲举目张,这样才能避免在琐事上浪费过多时间。而要分清主次,亚里士多德的形式—质料二分法就又起作用了。在这里,事物的主要方面就是其形式,因为形式代表了事物的主动性与组织结构;而事物的次要方面就是其质料,因为质料代表了事物的被动性与组成因子。

在亚里士多德时代的家庭中,形式—质料二分法有两种体现方式:

第一种方式就是作为形式的主人与作为质料的奴隶的区分。说得更通俗一点，主人的作用就是给家庭建设提供大的方向，拿大主意。而奴隶要做的就是听主人的命令，主人叫他干吗他就得干吗。

另一种区分与上述区分相平行，即作为形式的男人与作为质料的女人的区分。在亚里士多德看来，男人就是家里的主心骨，他要拿大主意；女人在大的方向上则得听男人的话。当然，毫无疑问的是，女主人在家里的地位肯定要比奴隶高。

关于这种二分法，亚里士多德还发表过一些在今天听来很容易招骂的言论，譬如，奴隶为什么一定要听主人的呢？因为奴隶的心灵缺乏那些使其能够深思熟虑的灵魂要素。在这方面，女人要比奴隶强一点，但是女人本身依然缺乏权威性。至于男孩子，其权威性虽然胜过女人，但比起成年男子来说，还是不够……

读到这里，相信本书的所有女性读者都已感到"是可忍，孰不可忍"了——这难道不是在赤裸裸地鼓吹奴隶制与父权制吗？

在历史的语境中重新看待奴隶制与男女平等问题

我们在学习哲学史的时候，看到一些和自己观点不合的立场时，其实无须立即破口大骂，不妨先以同情的态度来面对这些观点。

第一种解读的方式是诉诸历史语境。在亚里士多德的时代,奴隶制的存在是一种普遍现实,亚里士多德本人很难超越他的时代去否定奴隶制。另外需要注意的是,亚里士多德在此说的奴隶主要是家奴,而不是罗马的角斗奴或者美国内战之前种植园里的奴隶。因此,我们切不可因为后两种奴隶的凄惨命运而误认为亚里士多德也是一个对奴隶全无同情心的冷酷人士。

至于男女平等问题,也需要从历史语境加以解读。老实说,女性权利的全面提高是非常晚的事情。即使是在美国,女性投票权也是在1920年才得到宪法第十九修正案的肯定,遑论亚里士多德时代的雅典。当时,女性别说无法参加雅典公民大会的投票,甚至连奥林匹亚运动会也参加不了。在这样的历史语境中,亚里士多德宣扬"男主女从"的观点,恐怕也不难理解了。

有的读者或许还会说:亚里士多德有他的历史语境,但我们也有我们自己的历史语境啊!既然今天我们已经克服了奴隶制,并在男女平等问题上有很大改善,为何我们还要认真听这个希腊老头的絮叨呢?

对这个问题的解答,就引出了我对亚里士多德的奴隶观与女性观的第二种解读。

亚里士多德提出的问题依然带有现实意义

在我看来，亚里士多德对奴隶制与父权制的支持，其实反映了一些永恒的社会问题，这些问题至今也没完全过时。譬如，家政事务千头万绪，总得有人决策、有人执行，所以没有家规是不成的。但谁来定家规呢？这里总得分出一个主次。

关于这个问题，亚里士多德的答案是这样的：主人做大事、定规矩，奴隶做小事、守规矩；夫妻之间的关系是，男主人做主角，女主人做陪衬，要做到夫唱妇随。

虽然今天我们反对奴隶制并倡导男女平等，难道关于亚里士多德所面临的问题，我们就一定能够给出与他完全不同的答案吗？我看未必。我个人认为，**家庭奴隶制现在依然以一种隐蔽的方式存在——雇佣的方式。**

在此，我想提一部有名的香港电影《桃姐》。桃姐毕生服侍李家五代人，直至中风住进了老人院才不得不结束与李家之间的宾主关系。这一生中，她放弃了自己的婚姻和生活。

桃姐算奴隶吗？从法律关系上看，她是被雇用的女佣，当然不是奴隶。然而，就她的实际生活情况而言，她难道不正是李家的家庭奴隶吗？李家少爷在职场上的成功，难道不需要建立在桃姐提供的家庭服务之上吗？从这个角度看，我们又凭什么断言任何一种形式的家庭奴隶制都已经消亡了呢？

再来看男女不平等关系在现代的遗存。在现代发达国家之中，日本的男女不平等现象最为明显。譬如，战后日本的经济奇迹主要靠男人打拼，而女性在结婚后一般会做全职太太，全力处理家政内务。

有人或许会说：上面展现的是昭和时代的日本女性地位，到了平成，以及令和时代，日本女性地位其实已经提高了（今天，日本双职工家庭的比例的确要比过去高多了）。关于这个问题，我推荐一部日剧《逃避可耻但有用》，里面说的就是新形势下的当代日本女性的家庭地位问题。故事是这样的：聪明乖巧的森山实栗小姐研究生毕业以后找不到工作，所以就不得不跑到别人家里去做女佣。不过，她并不是桃姐那样的住家女佣，而是按时长收费的钟点工。她的主人是不善言辞的公司职员津崎平匡。在森山小姐的操持下，平匡的家里被打理得井井有条，两个人也产生了一些微妙的情愫……在此片的续集中，他们结婚了。

我认为，这部剧提出了一个严肃的问题：**妻子为家庭的付出是免费的吗？或者是否可以用货币来度量？**其实，这部剧本身想传递给观众的想法是，丈夫也应当为妻子的家政服务提供合理的经济支出，不能光说"这难道不是妻子的义务吗"这样的漂亮话而推卸责任。很明显，这是主创团队在传统的男尊女卑观点与现代男女平等思想之间所作出的某种平衡。就鼓励妻子继续做好家庭主妇这一点而言，该片主创团队还在试图延续亚里士多德式的古典观点；而就妻子应当在夫妻共有财产之外额外获得家务报酬而言，该团队其实是在主张对女性的付出给出适当的经济补偿。不过，总体来说，这一平衡点依然比较倾向于亚里士多德的解决方案。

读到这里，本书的女性读者可能还是怒火难消：凭什么女性因为一点点经济补偿就能满足于次等的家庭地位？女性为何不能追求自己的事业理想？好吧，反方会说：家务总得有人做，总得有人做牺牲……

但如果这里所说的"人"不是真人而是机器人呢？

让机器部分取代家庭劳役

要提高家庭主妇或丈夫在家庭中的地位，有一个办法就是让各种人工设备减轻 TA 的劳动强度。实际上，随着洗衣机、洗碗机等设备大量地进入现代家庭，现代人的劳动强度已经远远小于过去。随着时间的推移，人工智能的普及还能够进一步减少家庭事务带来的负担。

讲到人工智能，我们就会想到"机器人"这个词。机器人的英文是"robot"，这词在词源上就有"奴隶"的含义。从这个角度看，我们可以通过向机器转嫁劳动的方式，在未来发展出一种人道主义的机器奴隶制，由此将人力彻底解放出来。

不过，要落实这样的想法，也有很多难点：

第一，人工智能的普及并不像有些人认为的那样容易达成。特别是涉及家政的劳动非常复杂，机器人要去扫地、吸尘、洗衣服、做饭、带孩子、照顾老人甚至待人接物等。现有的人工智能能不能完成如此复杂的任务呢？答案恐怕是否定的。*

第二，即使上述问题在技术上被解决了，这样的机器人会不会很贵？如果穷人买不起这样的机器人的话，那么从全社会的角度看，或许丈夫的被动地位还是无法得到全面的改善。

第三，即使上面两个问题都解决了，我们还要思考：假设未来的机器人真那么厉害，能够全部取代像桃姐这样的家庭雇工的工作，那么像桃姐这样的缺乏教育的劳动力岂不同时也都失业了？尤其在人口基数庞大的国家，要为这么多人找到新工作可不是容易的事情。

从上面这些分析来看，在可以想见的未来，机器只能减轻家务劳动的负担，而不能彻底将人力从这些劳动中解放出来。我们还需要针对女性的其他补偿机制。

---

* 对这个问题更全面的讨论，请看拙著《人工智能哲学十五讲》（北京大学出版社，2021）。

建立惠泽女性的生育补偿制度

毋庸讳言，职场女性与职场男性相比有一个天然的"劣势"，就是女性要承担孕育孩子的重任。十月怀胎、坐月子、哺育孩子，都需要消耗女性大量的精力与时间，影响其在职场上的产出。就拿我本人比较熟悉的学术工作来说，我发现很多女性教师在生孩子之后学术产出就会减少，因此在评职称时就会处于相对不利的地位。所以，我在这里可以半开玩笑地说，如果我做教育部长的话，我就规定：中国的高校女教师每生一个孩子，可以在评职称时抵扣两部专著，或者是在《自然》《科学》这个等级的国际刊物上发表的两篇论文。当然，这只是笑谈。但我想表达的意思也很清楚，要改善女性的社会地位，就要给女性朋友一些实际的利益，不要玩虚的文字游戏——比如，像一些所谓西方平权主义者所做的，在写文章时遇到性别不定的情况统一写"她"（she）而不是"他"（he）。

以上主要是针对如何提高女性地位的建议，而下面的建议是针对所有家庭成员的。

如何减少通勤之苦？

对于今天的都市人来说，时间管理的一个痛点就是通勤。很多人或许会说，多一点线上办公，就能少一点通勤之苦。但并不是所有的工作都能在线上完成。比如，公司要完成一些重要的交易，还是要用到财务章这类敏感物品，而这类物品一般要在公司才能取到。所以，要解决这些麻烦，我们就要考虑一些非常琐碎的问题：我如何选择自己的工作单位？哪些工作单位愿意采取比较灵活的工作时间安排？为了减少通勤之苦，我在哪里租房或者买房？

请注意，对于住所和工作单位的选择，也是人生哲学的重要话题。具体而言，这与亚里士多德对城邦营建的质料因素的讨论有关。

城邦建设：如何选择适合你的环境？

在人生哲学的语境中讨论城邦建设，是不是有点"串场"的感觉？平民百姓为何要讨论这么宏观的问题？

所谓政治哲学，本质上无非就是对社会组织架构的哲学反思。社会组织架构可以大到国家，也可以小到企业与社区，所以**理解治国之道也能帮助我们理解如何改善身边的微观社会关系，提高人生的品质。**

一个好的政体，必须给予质料合适的形式

秉承着处处区分形式与质料的思路，亚里士多德认为，城邦的构成也需要引入这种二分法。形式就是政体与宪法制度的安排，质料就是城邦的土地、人口、地形、气象、水文等物质方面的要素。

在亚里士多德看来，一个好的政体应当能够给予特定的质料一个合适的形式。因此，**我们不能脱离城邦**

的具体物质条件空谈政体的好坏。从这个思路出发，亚里士多德非常乐意在讨论政治哲学时关心地理学、地质学、人口学、动植物学、气象学等经验学科的内容。换言之，不对这些经验科学的内容有所了解，你就不知道一个国家适合种植哪种庄稼、水源是否丰富、地下是否有富矿、海运条件如何，你自然也就无法知道这样一个国家适合什么政体。

需要注意的是，人均自然资源的多寡会在很大程度上影响国家的政体选择空间。人均资源丰富的国家，其政体选择空间就大，因为资源的丰富性会提高行政方面的容错率。说白了，只要家里有矿，执政者稍微任性一下也不会闯大祸。与之相比，人均资源稀少的国家，一旦其执政的方向发生错误就很容易导致社会动荡，因为的确没东西可分了。所以，在人均资源越稀少的国家，执政就一定要越谨慎，相关宪法结构的安排也越需要精挑细选。

对城邦的形式／质料因素的考察，可以引导我们同时对作为城邦之部分的社区进行考察。对于一个社区来说，形式就是其宏观组织架构，如居民委员会的架构、小区与街道的关系，或者小区内部的业主委员会的构成原则，以及业主委员会与物业公司的关系等。而质料就是住房的品质如何、地段如何、附近有没有好的教育资源与交通轨道、是不是在主要超市的食品配送范围之内等。好的社区形式必须与相关的质料相互配合。譬如，如果你观察到一个住着上万名居民的大型社区竟然只有一个规模非常小的居民委员会或物业公司与之匹配，你就能估算出：这个社区的公共服务产品处在匮乏状态。

说到如何判断一个社区质料的优劣，也可以从亚里士多德对城邦的质料的品鉴原则中得到启发。

安适原则：活动空间充分，且物尽其用

对于亚里士多德来说，好的城邦质料首先要满足"安适"的要求。换言之，就是城邦要足够大，让所有的居民都能有充分的活动空间而自得其乐。反之，居住面积若过于逼仄，就难免人人小肚鸡肠。

但很多人都会觉得这是废话。谁不想让自己的房子变大一点？全世界的中心城市寸土寸金，没有大把的银子，房子怎么大起来？我们又如何在资金逼仄的情况下，尽量落实安适的原则呢？

我个人诚恳的意见是，与韩国首尔和日本东京相比，在中国北京和上海，同样面积的房子利用率是相对较低的。同样是100平方米的房子，我们这里一般都被切割为两室两厅或者两室一厅；而在首尔，这样的面积就会被切割为四室一厅。按照日韩的思路，中国的住户完全可以通过重新装修来提高房屋的实际利用率。此外，为了能让有限的房间留出足够的空间，我们也要勇于对那些不经常被用到的物件采取"断舍离"的态度，避免让家居成为旧物的仓库，而要让其真正地以人的活动为中心。

安全原则：保障人身安全和生活的安稳

对于亚里士多德时代的城邦营建来说，安全原则当然是题中应有之义。当时的希腊半岛，群雄逐鹿、战争频发，城邦本身就具有要塞功能。既然是要塞，就必须被造得易守难攻，这样才能为城邦内的公民提供足够的安全。

对于社区的选择来说，安全原则同样重要。租房者或买房者要研究一下附近的治安情况，同时也要关注小区是否预留出了足够的消防通道以供消防车进出。高层的住户一定要思考一旦遇到火灾该如何逃生。此外，在遇到战争等极端情况时，如何撤退到最近的空袭避难所也是一个需要被考量的问题。老实说，在今天这样一个充满不确定性的时代，思考这些问题已经不能说是在杞人忧天了。

交通原则：繁荣城邦，便利生活

第三个原则就是交通原则。在亚里士多德的时代，很多希腊的城邦都是港口城市，而港口大大便利了人与物的交流，由此促进城邦的繁荣。不过，亚里士多德也指出，港口最好也要与城邦的闹市有一定的距离，以隔离一些可能的祸害，如海盗，以及从海上传来的疾病等。

在社区的尺度上，我们很容易将这一原则进行变通。譬如，我们都希望自己的住宅接近地铁站等重要交通设施，但也不能太近，否则会因为过于吵闹而影响休息。需要注意的是，交通便利原则与安适原则是有冲突的，因为交通便利的地方空间资源也会紧张，房价自然就偏高，所以住宅面积也偏小。在这种情况下，我们依然需要依循中道的思想，在这两个极端之间寻找一个平衡点。

文化交流原则：本地文化权威的视野很重要

第四个原则涉及文化交流与地理因素的关系。在亚里士多德看来，一个优秀城邦的地理条件必须有利于文化交流。

说到这里，作为希腊人的亚里士多德忍不住将希腊半岛的地理便利性吹嘘了一通。我们知道，从地图上看，希腊就像一只伸到地中海里的靴子。这样的地理位置就决定了希腊很容易成为欧亚非三大洲的文化产品的集散地。若非如此,希腊文化的繁荣是很难解释的。

今天,我们又该如何看待亚里士多德对地理要素与文化交流之间关系的说明呢?从表面上看,由于互联网的出现,文化传播与地理要素的关系貌似已经不那么紧密了——假设你喜欢甲壳虫乐队的歌,只要有网络,你既可以在成都听,也可以在伦敦听。但只要我们仔细观察一下四周就能发现:**发达地区和落后地区、沿海地区和内地陆区的区别,并没有因为网络的普及而被真正地消除。**这是因为,文化的传播不仅仅需要网络这样的技术工具,也需要本地的一些文化权威来告诉你网络上哪些信息是重要的。

举例来说,如果你身边的初、高中老师,一天到晚都和你们说你们现在听的流行音乐还没有我以前听的甲壳虫乐队的音乐好,那么孩子们就会由此知道甲壳虫乐队的存在,而且知道在本地的文化权威看来,甲壳虫乐队的音乐品位不错。

那么,哪些地区的老师更大概率会向学生推荐甲壳虫乐队呢?自然更可能是在沿海或发达地区。换言之,这个地区的本土文化权威所带有的国际化视野,可以以更高的效率来提升本地的文化交流水平。从这个角度看,互联网并不能真正消除地理因素对文化交流效率的影响。

温度适宜原则：外部环境对思维力的影响

再来说第五个原则——温度适宜原则。按照亚里士多德的看法，北欧气候苦寒，不太适合研究哲学；而他所生活的南欧气候舒适，适合研究哲学。但天气也不能太热——太热的话脑子容易发昏，也思考不了哲学。

他的这一判断放到今天看是否还成立呢？很明显，随着科技的进步——特别是随着空调和暖气的普及——在苦寒与酷热之地思考哲学已经变得不那么困难了。实际上，今天的北欧斯堪的纳维亚半岛国家的大学里就有不少出色的哲学系。处在热带的新加坡也有不错的哲学研究力量。尽管如此，若对亚里士多德的这些评论稍加变通，依然也能得出一些真理。

譬如，如果我们在此讨论的不是温度，而是四周物质生活的丰富程度，此类环境因素对哲学思维的品质的影响又该如何估量呢？或者说，一个人是适合在灯红酒绿的都市中心读大学呢，还是在郊区某个相对荒凉的大学城读大学呢？

很明显，过于荒凉与过于热闹的地方都不适合学习。如果荒凉到连基本的物质需求都没法保障，师生自然无心向学。但如果四周环境过于热闹，恐怕也会分了师生的心。

举个例子，日本顶尖的大学之一就是东京大学，但东京大学处在闹市区（具体又分驹场、本乡等诸校区），学生一般不在校园里住，而是在外边租房住，或干脆住家里（如果他是东京本地人的话）。这样一来，学生每次去校园通勤都会路过花花绿绿的都市，一些意志不坚定的学生就会心猿意马。日本一些大学的学生入学后，学习劲头不高，恐怕这也是一个原因。

但有些朋友或许会说：我就是在都市求学的（如上海的复旦大学本部就位于五角场商圈附近），难道仅仅因为周围太热闹就转学？

好吧，要在喧嚣的都市环境安下心来学习，一个很重要的因素就是周围人的德性。如果你周围的朋友都是那种不为外界诱惑所动、一心向学的人，那么这些小环境产生的积极影响就能抵消外部大环境的消极影响。而这一点也就牵涉了亚里士多德所谈的城邦营建之质料条件的下一条——公民素质。

一个城邦要出类拔萃，首先就要培养优秀的公民

实际上，公民的素质也是一个城邦的质料资源。用今天的话来说，充足的人力资源，可以弥补自然资源的不足。这里的人力资源不仅指量的方面，也指质的方面。而就质的方面而言，这不仅与城邦公民的受教育水平与健康水平有关，也与其德性的高低有关。

很多人会将德性的高低简化为公民的爱国精神的强弱，但亚里士多德恰恰不赞成对公民进行抽象的、片面的爱国主义灌输。他特别不喜欢斯巴达式的军国主义训练——弄得整个国家像座大兵营，全国上下除了琢磨怎么杀敌，对别的事情都不那么上心。他虽然也赞成为了国防需要而对公民进行适当的军事训练，但更强调在教育中向公民灌输和平主义理念，让公民认识到战争乃不得已而为之，和平才是城邦要真正追求的状态（在这个问题上，他继承了柏拉图的意见）。

既然军事训练并不是亚里士多德的公民精神培训课程的核心，那么亚里士多德又试图用什么内容来填满他的课程表呢？

在这个问题上，亚里士多德的意见与他的老师柏拉图不同。柏拉图的教育理念是看重数学学习的，换言之，他比较重视理论思维能力的培养。与之相比，亚里士多德更重视实践知识的学习。

实践知识其实就是指在正确的场合做正确之事的能力。 譬如，在今天日本的幼儿园与小学教育中，实践知识的重要性就超过了理论知识。这些实践知识包括怎么在过马路的时候看红绿灯、怎么进行垃圾分类、地震的时候如何求生、遇到同学处于生命危险状态时如何急救、对不同人说话时分别用什么音量等。相比而言，老师反倒不在意同学们认识多少字，或者算术已经到了什么水平。这是因为，在日本的教育者看来，**一个孩子首先得学会与社会和谐相处，才能成为合格的公民。**而在悬置培养这些社会实践能力的前提下空谈理论思维能力，对于社会来说未必是好事。从这个角度看，现代日本的教育理念是亚里士多德的教育理念的一个当代注脚。

我们再来谈一谈城邦营建的形式因素，即如何找到一个合适的组织构架来管理城邦。很显然，我们在这方面的讨论结果，也能沿用到对企业管理的组织架构的讨论上。

有的读者或许会问：我既不是城市管理者，也不是企业管理者，为什么要关心这些问题呢？我的答案是，你至少可以评价别人的管理水平，由此选择更适合你的大环境，从而改善你的人生境遇，所谓"良禽择木而栖"。

谈到城邦的组织制度，好像人们最喜欢听到的一个词就是"民主"。我们经常把"作风民主"作为对管理者的正面评价，而相应的负面评价就是"作风霸道、飞扬跋扈"。

但在亚里士多德看来，民主未必就是好的，民主的对立面也未必就是独裁。实际上，可能的政体数量要比一般人的设想多很多。亚里士多德就把城邦的组织原则分为六种：

终极管理者的人数	健康形式	退化形式
一人	王制	僭主制
少数人	贵族制	寡头制
多数人	混合城邦制	民主制

亚里士多德的城邦组织原则分类表

上表中的"健康形式"与"退化形式"分别指的是一种政体富有德性的状态与德性退化的状态。亚里士多德是德性决定论者,而非制度决定论者。在他看来,不管什么政体,只要德性不衰退,其整体表现也差不到哪里去。相较而言,他不是那么在意统治阶层的人数多寡。比如,即使是王政,只要国王的王位来得正当,他本人的德性也够,天下照样可以大治。与之相比,王政的退化形式就是僭主制,即统治者的权力来得不那么正当,其人的德性也很差。这样,整个城邦就难免被带上歪路。按照同样的路数,我们也能理解贵族制与寡头制的差别、混合城邦与民主制的差别。

不过,关于混合城邦制,我们还需特别说明,因为这恰恰也是亚里士多德比较心仪的一种制度安排。

混合城邦制:精英管理、民众监督、法制约束

混合城邦制显然有两个面相:从量的角度看,这是

一种多数人参与的政治制度；从质的角度看，又是一种保有德性的政治制度。换言之，这就是民主制的德性加强版本。这个观点显然与我们今日的民主观不同，因为我们不会认为民主制度是天然缺乏德性的。所以，若要减少对亚里士多德原意的误解，我们也可以将他所说的民主制理解为"暴民政治"。

关于暴民政治，现在的读者可能马上会联想到那些"键盘侠"——这些人在网络上随意发言，没有搞清真相就胡说，恶化了互联网时代的文化生态。当然，亚里士多德的时代还没有互联网，他脑子里暴民政治的典型案例显然是当时已经存在的现象，如那种将苏格拉底随意判处死刑的败坏的雅典民主制。在当时的雅典，梭伦时代的德性光芒早已褪去，民众出于纯粹的嫉妒心或自尊心去决定军国大事，由此引发政治的败坏。这种败坏的具体迹象是，行政没有规则，决事出于情绪，因此理性的决策方案往往无法在竞争中胜出，整个城邦的未来也最终处于风雨飘摇之中。

就厌恶暴民政治这一点而言，亚里士多德与他的老师柏拉图可谓如出一辙。但与柏拉图不同，亚里士多德可没有为他的哲学王方案买单，他更倾向于认为理想的政治模式依然是多人统治模式，而非单人统治模式。一言以蔽之，混合城邦制的核心思想就是一个各种政治制度的大拼盘：精英管理加上民众监督，再加上法制约束。下面就来说说这个拼盘方案的细节。

有德者掌舵，船员们监督

为什么亚里士多德不那么喜欢哲学王这一方案？在肯定城邦的德性没有消退的前提下，他为何主张多人统治要比单人统治来得好？这与他的"德性加总论"有关。按照这种理论，多数有德性的人凑在一起办事，社会的德性总分是会上升的。

乍一听这个想法似乎有点问题，因为这好像意味着德性可以像人的力气一样被随意加减。十个人一起拔河的力量的确比五个人一起来得大，但难道十个有德性的人一起办事，德性的总分就一定胜过五个有德性的人吗？

亚里士多德认为，这样的担忧不太必要。因为越多有德性的人参与政治，就等于给执政的成效增添了越多的评价者。即使有某些不合格的人在其中鱼目混珠，大量合格的评价者的评价也能将这些人的意见边缘化。而参与评价的人越多，相关的评价结果也就更具合理性，也更能体现整个城邦的德性。此外，有德性的人彼此的专长可能并不重叠。具有不同专长的人合力办事，就能做到专业互补、意见互补，克服盲人摸象的井蛙之见，最终帮助公众看清问题的真相。

关于亚里士多德的上述观点,我有两个补充性论证加以支持:其一,从概率论的角度看,一个人德性败坏的概率要远远高于五百个人的德性同时败坏的概率。所以,把建设城邦的希望放在少数有德之人的身上,即使从概率学的角度看,也是不太合适的。

其二,众人对政治的参与,会促成公众舆论场的健康运作,而舆论场的公开性本身就能提供某种道德压力,促使大家在公开场合装也要装成正人君子。对于小人来说,这多少也算是一种约束。相反,如果所有的政治权力都被放到少数人手里,与此同时,舆论的监督作用也没有跟上,德性就会很容易被腐败。

那么,亚里士多德所说的"众人",范围到底有多大?从他所处的历史背景来看,这个范围应当不包括奴隶,甚至可能不包括女性,但难道所有的男性自由民都是众人这个标签的覆盖范围吗?非也。

实行统治的众人,实为中产阶级

在亚里士多德看来,实行统治的众人其实是中产阶级的成员,也就是那些不那么富也不那么穷的人。而且,在他看来,在一个理想的社会财富分配架构中,中产阶级应当占据大多数,换言之,特别穷的人与特别富的人应当都只是少数。这样的社会财富分配架构便是所谓的橄榄型结构。

为何这样的财富分配架构能够促进社会的和谐呢？这是因为，作为社会"定海神针"的中产阶级的意见，本身就能促进社会和谐。这又是因为，在财富金字塔中，中产阶级处在一个"上不着天、下不着地"的位置，所以他们既能同情穷人的处境，也能理解富人的想法。他们既能避免抽象的仇富情绪，也不会像有些富人那样沉湎享乐，不知民间疾苦。让这样的人决定行政的方向，才能做到合理施政。

但问题是，在很多国家的财富分配架构中，中产阶级的力量都不算强大（哑铃型的结构反倒比比皆是）。这也就是说，亚里士多德所给出的维持德性的经济学前提本身也很难达成。我个人认为，这是亚里士多德学说的一个弱点——他只告诉我们在登上泰山后能够看到怎样的风景，却没有告诉我们怎样登上泰山。

不过，为了顺应亚里士多德的理路，现在我们暂且预设中产阶级的确已经足够强大了。在这种情况下，难不成让所有的中产阶级成员都去做执政者吗？

当然不是。中产阶级中的大多数人只能起到选举与监督执政者的作用，因为他们还有自己的职业生涯需要打理，没时间专门处理政务。这也就是说，在亚里士多德的混合政治架构中，职业的政治家还是有很大的存在必要性。

那么，哪些人能够成为职业政治家呢？

职业政治家的遴选标准：财产和德性积分

亚里士多德认为，**遴选职业政治家的标准，其一看财产的多寡，其二看此人在历史上的德性积分**。读者可能会问：为何要在财产问题上设立门槛？难道这是为富人执政提供方便吗？

不是这样的。亚里士多德的意思是说，建立一定的财富门槛，是为了保证职业政治家本身具有一定的家底，但也不是越多越好。换言之，他能跨过这一门槛，就说明他对财富的需求不是很大。因此，这样的人获得权力后，利用权力去谋取私利的概率也会减小。同时，也正因为他有一定的家底，他受过良好教育的概率也会比较大，让这样的人执政，其决策质量也会相对较高。

当然，即使这样的人，一旦获得权力后，也总有可能腐败，由此使得城邦的宪法结构堕落为寡头制。为了防止这种情况出现，城邦的公民就要将对官员的选举权与监督权牢牢把控在自己手里。但选举权与监督权并不直接等于行政权——亚里士多德并不主张全面压缩官员自身的行政裁定权。他这样做也是为了防止太多人的意见过分稀释专家意见的权重，避免让晚期雅典民主制的种种乱象死灰复燃。

那么，我们如何从亚里士多德关于城邦组织架构的讨论中得到启发，使得我们能够在一个更小的尺度上，如公司，判定自己面对的组织架构的德性指数呢？

如何判断公司架构的好坏？

第一件需要考虑的事情是，**公司管理阶层的德性程度如何？**譬如，管理者对公司的公共利益有没有公心？还是只把公司当作为自己谋利的工具？上层的管理者会不会经常抢走下属的功劳，或者将自己的责任拼命往下面推卸？对下级提出的意见，愿不愿意虚心倾听？

第二件需要考虑的事情是，**作为被管理者的广大员工的德性究竟如何？**他们愿不愿意就公司的未来公开发表自己的意见？员工之间是否有互相坑害、恶意竞争的现象？

第三件需要考虑的事情针对的是**整个公司的形式管理方式**。到底谁管事？是一个人还是几个人？公司遇到大事，会不会开职工代表大会？董事会的运作是否正常？上市公司的财务报告是否透明？

第四件需要考虑的事情则针对**公司的利益分配原则**。核心员工的待遇如何？临时工的待遇如何？公司是否有办法留住真正的人才？公司员工的财富分配模式究竟是亚里士多德所中意的橄榄型，还是他所厌恶的哑铃型?

根据以上四项标准,我们就不难对一个公司的德性总分作出评估了。如果你对这家公司的德性总分感到不满意,你就得考虑"换一处风景"了。当然,是否真要动身跳槽,也取决于很多个人机缘的因素(如能否找到一个更合适的下家)。这时候,亚里士多德式求中道的本领又该发挥作用了。

上文提到不同的城邦架构、相关的宪法组织原则,以及如何利用这样的知识来评鉴一个较小的社会组织架构(如公司)的德性指数。当然,我们都希望自己能够进入那些德性积分较高的社会组织,与善良的人为伍。然而,人生多有不如意之事,邪恶暂时压制善良的现象并不鲜见。这就是人生难以摆脱的悲剧性。

那么,面对悲剧性的人生,我们何以自处?亚里士多德给出的减压良方是"以毒攻毒"。具体来说,我们不妨就去剧院看场悲剧,从中汲取力量,以此来对抗生命中的种种不公与悲凉。下一回就来讲讲,面对不公时,为何看场悲剧能获得力量。

论悲剧：面对不公时，不妨看一场悲剧

亚里士多德对悲剧的看法集中在《诗学》一书之中。那时，"诗"的概念很宽泛，也包括戏剧。在这部作品中，亚里士多德充分肯定了戏剧对民众的教育作用——在这个问题上，他与贬低诗与戏剧的柏拉图的意见相左。

那么，从哲学角度上来看，多看戏有什么好处？

亚里士多德喜欢走中道，而戏剧也正好处在哲学与生活的中道上。戏剧中的人物是一般性与具体性的统一，是哲学的抽象性与生活的具体性的中介。因此，**通过了解这些戏剧人物的行为，观众能以最简约的方式看到不同性格、不同世界观彼此碰撞后的结果**。与戏剧相比，纯粹的生活过于具体而缺乏典型性，纯粹的哲学则过于抽象而缺乏具体性。从这个角度看，若过分沉湎于生活细节，我们就会失去对大的格局的认知；若过分沉湎于哲学概念，我们就无法学以致用。能规避二者之

短、兼收二者之长的，唯有戏剧。

以莎士比亚的名剧《李尔王》中的主人公李尔王为例，他当然首先是一个具体的人，有自己的名字，也因此具有在戏剧舞台上的行动力（抽象概念是不能行动的，只有活生生的人才能行动）。但同时，李尔王又承载了一些一般性的标签：他是个心地善良但头脑又不太清楚的糊涂蛋，尤其缺乏识别人心的能力。由此看来，莎士比亚刻画李尔王这个人物就是为了表达这样一种观念：单纯的善良，如果不能与适当的警觉心相结合，反而会造成不堪的后果。这种观点若仅仅以哲学命题的方式呈现，就会枯燥无味。当然，对于受过哲学训练的人来说，他们大概能够忍受这种枯燥，但一般民众则显然无法忍受。因此，哲学就无法像戏剧那样起到教育大众的作用。

戏剧创作：对自由意志的选择行为的模仿

戏剧家要如何完成对抽象的人性原则的具象化诠释？亚里士多德的答案是靠模仿。

请注意，柏拉图的戏剧理论已经提到了模仿。在他看来，现实事物是对理念的模仿，戏剧则是对现实的模仿，因此，戏剧比起现实事物来说，又与代表真理的理念多隔了一层。从这个角度看，柏拉图的确在一个比较消极的意义上评估了模仿的价值。

相反，亚里士多德则是在积极的意义上提到模仿。不过，在他的语境中，戏剧模仿的对象并不是理念，而是行动。什么是行动？不是任何发生的事情都算行动，行动必须有人类的意志与选择的参与，而且这些事情的效果也得有重大的意义。

譬如，2011年3月11日发生的日本东海大地震就不是行动，它是纯粹的自然现象，因为地壳的运动没有任何自由意志在背后起作用。

有人或许会问：假设我在得知日本东海大地震的消息时，正在肯德基的店里点餐，并且还在纠结到底应该吃A套餐还是B套餐，这算不算行动呢？也不算。虽然选套餐的行为牵涉我的自由意志，但是此类事情毫无重大意义。

但在日本电影《福岛50死士》中，东电公司下属福岛核电站的前线人员的确面临这样一个艰难的选择：面对渐渐失控的核电站，是选择留下来与核电站共存亡，还是选择做逃兵，远离是非之地？经过激烈的思想斗争后，有超过50名员工决定留守核电站，用自己的专业知识努力遏制灾难的蔓延。

这样的选择显然牵涉一个真正的行动，因为这里既有决策者自由意志的加入，又牵涉千家万户的利益，甚至是整个东北亚地区生态圈的安全。

而真正的行动所涉及的重大选择，是戏剧中人物的价值观、性格与历史背景的综合性体现。所以，这些重大行动才屡屡在优秀的戏剧与小说里成为戏剧家聚焦的对象。于是，才有了《王子复仇记》中的名言：生存还是毁灭，这是一个问题！换言之，哈姆雷特面临的问题便是，是选择与邪恶共存以苟活，还是选择与邪恶斗争并不惜牺牲自我？优秀的戏剧往往能够在有限的时间内迅速引导观众关注到这样深刻的大问题，因此，**戏剧本身就具有某种准哲学性**。而在亚里士多德看来，戏剧的这种准哲学性甚至不为历史学研究所分享。这是因为，历史研究毕竟会受到客观的历史事件所在的具体时空的限制，没有办法自由地虚构人物与事件。而戏剧家则有权通过这种虚构，将人生哲学的核心命题以最醒目的方式展现出来。很多人不爱读正史却爱读历史小说，可能也正是这个原因。

悲剧的特点：唤起悲悯与畏惧

以上所说的是一般戏剧的创作原则，但为何这里要特别突出悲剧？仅仅指出古希腊的"正剧"是悲剧这一理由似乎还有些薄弱，更重要的是，在亚里士多德看来，悲剧能够唤起悲悯与畏惧这两种情绪。请注意，这可是两种具有哲学特征的情绪，因为二者都具有净化灵魂的功能。

先来看悲悯。悲悯显然是悲剧的重要因素，否则悲剧为何叫"悲剧"呢？不过，悲悯本身并不是某种廉价的催泪效应，如某些剧本反复表现主人公的人生有多么悲催，让观众一哭了事。催泪之所以是肤浅的，是因为观众在擦干眼泪后就会立即意识到，刚才看的只不过是一出戏。观众随即又会意识到自己的生活其实比主人公要好太多，可能又心生怡然自得的"小确幸"来。这种低级的催泪剧很可能会成为某种伪善的道具，起不到教化城邦公民道德的作用。

相比之下，悲悯的正确表露方式必须做到哀而不伤，否则过犹不及。这也是亚里士多德求中道思想的体现。**优秀的悲剧不会让你没完没了地自怨自艾，而会让你忍住泪水，仔细思考造成主人公悲剧性生活的深层根源。** 换言之，对社会深层架构的认知总是让人冷静，并能使得过分的悲悯得以被克制。

另一种与悲悯相互制衡的力量，则是畏惧。具体而言，这是指畏天、畏地、畏良心。譬如，假设你在把玩一件精美的象牙制品时正好看了一部纪录片，而这部纪录片所表现的恰恰是非洲大象被人类残杀的痛苦景象。这时，你感受到的情绪可能就不仅仅是悲悯了，而是畏惧。你意识到自己也是这样一条罪恶的象牙销售链中的一环，并为自己犯下的错而感到畏惧。而低级的催泪剧本，往往是缺乏畏惧这种情感要素的。

悲剧引发哲思，追问人性自身的界限

我们该怎样在悲剧中引入上述这些能真正触动灵魂的、使人畏惧的精神力量呢？关键就是要设法**让读者从作品中看到对人性自身界限的追问，也就是对自己提出类似这样的问题：我是谁？**

关于这一点，我们不妨以古希腊悲剧作家索福克勒斯的名作《俄狄浦斯王》为例来说明。主人公俄狄浦斯看似有个完美的人设：智慧超群、热爱邦国、大公无私、斩妖除魔、无所畏惧……但这仅仅是表象。故事的真正要点是，俄狄浦斯早早就从神谕里得到一个预告，即他注定要犯下杀父娶母的人伦大罪。俄狄浦斯天性善良，觉得自己绝不能做出如此不伦之事。为了逃避神谕的诅咒，他便逃离了他长大成人的科林斯，因为他认为科林斯的国王和王后就是自己的亲生父母（实则是收养他的养父母）。

但俄狄浦斯万万没有想到，正是这种刻意的躲避加速了他人生悲剧的步伐。他在路上误杀了年迈的忒拜国国王，然后又在忒拜国娶了国王的遗孀。但他却不知，他杀的其实就是自己的生父，娶的其实就是自己的生母。知道真相之后，愧疚的主人公刺瞎双眼、自我流放。

这个故事有种直击人心的令人恐惧的力量。它涉及的哲学问题是，人是否有能力摆脱命中注定之事？人本身究竟是什么？是命运的玩具，还是能通过自己的自由意志而与命运放手一搏？

我们在剧中看到，俄狄浦斯试图运用自由意志向命运宣战，并因此主动选择流浪。但可怕的是，这部戏剧中的命运之神是如此狡诈，竟能进一步预测到主人公会看到神谕，并因为逃避神谕而主动走向为其设定的第二个人生陷阱。这时，观众难免会产生这样的遐想：我们自己又比俄狄浦斯强多少呢？他连人面狮身的女妖都不怕，却最终依然摆脱不了命运，难道我们这些凡夫俗子就能打败命运吗？

我们还会进一步问：宿命论是不是一种可以被接受的哲学立场？抑或人类的理性是否依然可以解释与把握命运，由此重新为自由意志的运作开辟出应有的空间？很显然，只有伟大的悲剧作品，才能激发人们心中的悲悯与恐惧，由此将我们的思考提升到更高的水平上。

小结：从亚里士多德的哲学，看罗马人的生活

鉴于亚里士多德对后世的影响是如此之深刻，我们将结合在亚里士多德身后的罗马时代的社会思想发展状况，反过来评估亚里士多德哲学的巨大魅力。

罗马人的生活里，有亚里士多德哲学的影子

首先，有四条理由促使我们结合罗马的社会思想状况来反观亚里士多德的思想影响。

第一，亚里士多德死后大约200年的时间内，罗马就慢慢崛起为地中海地区的头号强国，然后又花了几百年的时间成长为一个横跨欧亚非的大帝国。罗马人的功业无疑是基于对亚里士多德的弟子亚历山大大帝的历史伟业的全面发扬。唯一不同的是，亚历山大大帝基于希腊语之中心地位的世界主义豪情，现在被替换为罗马人基于拉丁语之中心地位的世界主义豪情。从这个角度

看，正是亚里士多德的希腊主义思想激发了亚历山大大帝，而亚历山大大帝的功业又进一步激发了罗马人"萧规曹随"。这样看来，亚里士多德才是罗马的精神祖父啊！

第二，亚里士多德的时代与罗马的时代相隔的确不远，与亚里士多德伦理学问题相关的希腊文著作在罗马贵族之间也有很高的传播率（大多数罗马贵族都具备拉丁语与希腊语的双语阅读能力）。

第三，罗马的官方哲学斯多葛主义有明显的亚里士多德哲学的影子（下一个单元还会详细讨论斯多葛主义）。例如，亚里士多德的求中道原则在斯多葛主义那里变身为对谦虚沉着之美德的颂扬，以对抗当时在罗马上层出现的奢靡浮夸之风。

第四，亚里士多德关于人生哲学与政治架构安排的不少思想，在罗马时代真正成为现实。关于这一点，下文会重点阐述。

罗马共和国的政治体制与亚里士多德的混合城邦制

说到罗马的政治特点，很多人都会提到罗马的法治传统。西方法治传统的根基确实是罗马，而不是希腊。具体而言，罗马法便是今天大陆法系的根源，其核心思想就是所谓的成文法传统。换言之，法条必须以命题的方式被肯定并颁布天下，而天下均按照同一个尺度来执法。很显然，这种做法就预设了某种统一的逻辑思维的作用，也就等于积极回应了亚里士多德在《工具论》中锻造逻辑武器的各种努力。

趋向稳定性的法治在本质上是对充满变动性的民主（特别是暴民政治）的某种制衡，而一种具有法治精神的政治制度安排，自然就更容易实现亚里士多德心心念念的混合城邦制（即兼容精英统治与广泛民主）。我认为，在整个古代世界历史中，最接近亚里士多德这种理想的其实就是罗马共和国时期的政治体制。

罗马共和国的政治体制自然有代表广大民众的一个面相，如罗马有专设的民意机构"民众大会"，其中又包括"区会议""百人会议""部族会议"，以及"平民会议"等亚组织。这些机构的功能是用来选举高级行政官员，特别是执政官（执政官有些类似于今天各国的首相或总统，但一般来说同时有两人在任，不分正副，任期只有一年）。而在罗马共和国的政治体制中，带有精英色彩面相的则是元老院，成员由最初的 100 人后来扩张到 300 人。能够进这个小圈子的，基本上都是具有贵族身份的"政治老手"。至于前面提到的执政官则是大众与精英之间的纽带，他们既由民众大会选举产生，退休后又能通过"政治旋转门"而进入元老院。

总而言之，罗马共和国时期的政治体制既不是民粹主义的，也不是寡头至上的，而是在某种复杂的宪政安排中，让民众与贵族坐在一起共论天下事，大家按照中道办事情。这种不走极端的政治路线，实在太符合亚里士多德哲学的趣味了。

我们都知道，罗马共和国后来演化为罗马帝国。不过，即使是帝制时代的罗马政治体制，也带有浓郁的亚里士多德主义的趣味。前文谈到，除了混合城邦制，亚里士多德也能勉强接受贤君的统治。而在罗马进入帝国时代后，亦是贤君频出，甚至有"五贤帝"之说，其中还出了一个哲学家皇帝马可·奥勒留。另外，古罗马的皇帝与中国古代的皇帝不同，不少罗马皇帝不会立亲生儿子为继承人，而会将一个与自己没有血缘关系的人收为养子，培养其做继承人。这一继承制度就避免了中国帝位传承体系经常遭遇到的三个尴尬之处：

第一，如果某个皇帝不孕不育的话，帝国继承人就会"难产"，引发政局不稳；第二，皇帝子嗣太多，会引发互相残杀以夺帝位的现象；第三，皇子都是一群窝囊废，没一个适合做皇帝，最终只能在"矮子里拔将军"。

与之相比，选择古罗马皇帝继承人的原则是"选贤不选亲"，这的确也很符合重视德性的亚里士多德主义者的胃口。

但话说回来，古罗马并不是所有的皇帝都是好皇帝，也出现过像尼禄这样的大暴君。不过，即使在帝制时代，元老院的权力依然没有被削平，所以在极端情况下，元老院也可以通过组织政治谋杀来强行换掉帝王，以完成某种不得已的政治救济程序。但在中国的帝制安排中，我们却很难找到类似罗马元老院的相应建制。

罗马人之所以采用走中道的政治体制，显然也与他们的民族品格有关。他们的民族品格，其实也带有亚里士多德主义者所欣赏的一些重要特征。

古罗马人的民族品格：用理性统摄情感

根据柏拉图和亚里士多德的灵魂学说，理性应当控制情感，而不能反过来被情感控制。但在古代雅典的政治制度中，这一点却很难实现。从某种意义上说，苏格拉底之所以被判处死刑，就是因为雅典人无法控制自己过剩的嫉妒情绪，特别是无法容忍一个哲学家胆敢说自己比一般雅典人更聪明之处，就在于"自知无知"。古罗马人的民族品格却恰恰在于，他们善于用理性去统摄情感。

举个例子，公元前255年，罗马舰队在第一次布匿战争中遭遇了一次悲惨的海难，230艘战舰只剩下80艘，还有6万名士兵葬身鱼腹。但罗马民众却没有处罚涉事将领，因为他们已经理性地作出推断：这些将领之所以没有应对好海难，仅仅是因为作为农业民族的罗马缺乏海军人才，所以这次海难是罗马人向大海不得不付出的"学费"。结果，这些将领竟然被允许继续掌握兵权，因为在大多数罗马人看来，作为海难的幸存者，他们至少要比别的罗马人更懂大海。如此理性与宽容的态度，在雅典人那种"出了事就必须找出背锅侠"的城邦文化中是不可想象的。由此看来，不见容于雅典社会氛围的亚里士多德的理性与中道的原则，反而在其身后的罗马文化中找到了共鸣。

对罗马帝国灭亡的亚里士多德式解释

说到这里，有人或许会问：罗马千好万好，为何最后也灭亡了呢？我的观点是，首先，没有任何国家共同体可以永存，而且罗马至少延续了足够长的时间（如果将东罗马帝国算进去，罗马帝国可以说延续了约1400年；若仅仅以西罗马帝国灭亡为界限，罗马帝国也存在了约500年——这里还没算上罗马王政时期的约250年，以及罗马共和国时期的约500年）；其次，关于罗马之衰亡，亚里士多德哲学也能够提供很好的解释（当然，这也只是诸种解释之一）。

按照亚里士多德的观点，任何一个国家的构成都有形式与质料两方面。罗马的质料条件既是其繁荣的基础，也为其衰落预埋了祸根。具体来说，在地理形态上，罗马帝国的疆域就好比围绕在地中海周围的一串项链。因此，地中海也就成为罗马帝国的内湖。这当然是一件好事，因为这样的地理分布会使得罗马帝国内部的物流成本相对较低（即使在科技发达的今天，水运的成本也要低于陆运的成本）。这一便利也提高了罗马帝国的收税效率。

但收税方便，难道不是罗马帝国的优点吗？怎么就为其衰落预埋了祸根呢？

道理是，帝国的核心地带（如首都罗马城）从其被征服的周围地区（如埃及等非意大利行省）汲取财富的渠道若是太顺畅，核心地带的财富积累就会变得过于容易。同时，财富的积累又使得帝国有余钱雇用外籍兵团去为自己打仗，免去了自己公民的兵役。这样一来，罗马人传统的勤劳、尚武的美德就会退化，甚至人们由此慢慢地走向堕落。西罗马帝国最后被原本作为其雇佣兵的日耳曼人推翻，便是明证。关于这种主奴颠倒过程的一般运作机理，后世的哲学家黑格尔在讨论"主奴辩证法"时有精彩分析，后文论及黑格尔哲学时还会提及。所以，**从亚里士多德主义的角度看，要维持一个民族的德性与理性能力，财富并非越多越好，而是要适度。**这一观点甚至对于今天的世界来说也是适用的。

关于古罗马的讨论先告一段落。在下一个单元中，我们将系统讨论晚期希腊世界与罗马世界的虚无主义思想。

第三单元

古典虚无主义

犬宅

Yiajin Yu
2023.8.5

虚无主义的六种版本

本单元覆盖的人生哲学流派较为繁多，有怀疑主义、犬儒主义、伊壁鸠鲁主义、斯多葛主义等。而从中可以提取出一个统一的关键词，即"虚无主义"。

虚无主义：否定性的哲学立场

什么是虚无主义？其中的"虚无"二字可以作动词理解，也就是"使某某被虚无化"。换言之，虚无主义代表的是一种否定性的哲学立场。

什么又是否定性的哲学？柏拉图与亚里士多德哲学的特点就是先肯定一些东西，然后再否定一些东西，因此这两个人的哲学都是肯定性的哲学。柏拉图首先肯定的是理念论，亚里士多德肯定的是形式—质料二分法与中道说，然后二人再站在自己的哲学立场上去反驳别的学派。而虚无主义的思路，则是偏重于如何对别人的思想进行否定。打个有趣的比方，肯定性的哲学家更像是筑城者与装修师，而虚无主义哲学家更像是拆房者，或是"打一枪换一个地方"的游击队员。

在今日的语境中讨论虚无主义，正当其时。环顾四周，我们会发现不少人都对传统价值满腹狐疑，非常喜欢给各种事物贴负面标签，但自己又提不出任何建设性方案。还有一些人在生活中没有人生方向、缺乏干劲，面对任何工作都想"躺平"。他们中的大多数人可能没有系统学过哲学，或至少不知如何为这种立场辩护。虚无主义，大致上就是为此类人生态度进行辩护的哲学。

皮浪式怀疑主义：悬置标准与判断

首先要提到的是皮浪式的怀疑主义。在这之前，我们看看此派思想的一些先行者。对于那些"名门正派"的哲学家——如苏格拉底、柏拉图与亚里士多德——来说，智者学派是他们的头号思想论敌。譬如，作为智者之首的普罗泰戈拉就明目张胆地宣扬相对主义立场，不理睬任何绝对的价值与评判。从这个角度看，智者学派的思想算是虚无主义的前身。但相比之下，智者学派自己的生活可一点都不虚无。他们喜欢赚钱，喜欢给人打官司，而且就相信金钱的绝对力量而言，他们并不是相对主义者。

西方哲学史上出现过好几个版本的怀疑主义，我们这里所说的叫皮浪式怀疑主义,这显然与一个叫皮浪(Pyrrōn,前365或360—前275或270)的哲学家有关。他还有一个高徒,叫蒂孟(Timon,前320—前230)。这一派哲学的核心操作并不是提出一个哲学命题,而是给出一种生活态度,即悬置一切判断。这是什么意思?为了更鲜活地说明其立场,下面就来设计一场一位女生与一位遵循皮浪主义思想的男生之间的对话:

> 女生:你爱我吗?
> 皮浪主义者:让我想想,现在不好说。
> 女生:什么时候能见你父母?
> 皮浪主义者:让我想想,现在不好说。
> 女生生气了:我看我们还是分手吧。
> 皮浪主义者:让我想想——嗯,现在还不好分。

由此看来,皮浪主义就是一种无法落实为任何积极的人生行动的人生态度。因为任何积极的行动都是建立在明晰的判断之上的,而皮浪主义者则要悬置一切判断,换言之,他们不作任何判断。

犬儒主义:消解世俗生活的意义

犬儒主义的立场与皮浪主义接近,但比其更进一步，他们试图消解整个世俗生活——特别是物质生活——的意义，追求一种遵循自然的俭朴生活。一句话：不买房，不贷款，以天地为家，只求一个内心洒脱。

到了近代，犬儒主义这一立场的含义发生了变化，成了"圆滑世故、不问是非、有奶便是娘"的意思。近代犬儒主义的含义虽然看似与古典犬儒主义非常不同，但都以对世俗习惯的某个方面的悬置为前提。古典犬儒主义悬置的是世俗的财富，所以他们不爱财；而近代犬儒主义悬置的是世俗的道德评判标准，所以他们不在意外界的评价。

犬儒主义又与同样作为虚无主义立场之一的伊壁鸠鲁主义遥相呼应。

伊壁鸠鲁主义：死亡不值得担心

伊壁鸠鲁主义与哲学家伊壁鸠鲁（Epicurus，公元前341—前270）的思想有关。作为虚无主义者，伊壁鸠鲁所要虚无掉的东西就是对死亡的恐惧。世界上绝大多数人都很怕死，有些有权力的人更怕死。而伊壁鸠鲁却恰恰要大家不怕死。他是如何做到的？

关于生死问题，伊壁鸠鲁主义者有一种非常复杂的关于物理世界运作的学说——原子论——加以支撑。基于原子论，我们可以认为万物皆是原子聚合分离而成，生死本质不过如此。因此，死有何惧哉？这种潇洒的态度，是不是有点像面对妻子的死亡时鼓盆而歌的庄子？

但伊壁鸠鲁主义者对死亡的逍遥态度，与苏格拉底对死亡的无惧态度是有区别的。苏格拉底自然也不怕死，他甘愿喝下毒芹汁而为真理献身。不过，苏格拉底不怕死是因为他更在乎理想；而伊壁鸠鲁不怕死则是由于他认为生死之分本就是心造的，宇宙无非就是原子的聚散罢了。换言之，他可不想在这个关于一堆原子的故事之外，再去编写一个关于理想的新故事。

伊壁鸠鲁这种打通人生哲学与自然哲学的态度，在斯多葛主义那里得到了更系统的发展。

斯多葛主义：遵循宇宙之道

与前面几种虚无主义立场相比，斯多葛主义的虚无化色彩相对比较淡。成为罗马时期官方哲学的斯多葛主义与亚里士多德主义一样，强调传统德性的重要性，因此，这种学说看上去也更具积极色彩。而与伊壁鸠鲁主义类似，斯多葛主义本身也建立在一套复杂的自然哲学之上。在斯多葛主义者看来，宇宙由一个积极的部分与一个消极的部分构成：积极的部分即形式部分，亦即作为神的逻各斯；消极的部分即质料部分，就是水、火、土、气这四大要素。而整个宇宙就是一个活体，至于每一个人类个体，只有被理解为是整个宇宙活体的一部分，其生命才变得有意义。

那么，为何说这是一种虚无主义的思想呢？概而言之，因为它虚无化了宏观宇宙图景之下，各个层次本身的独立性意义。譬如，按照常识，在个体的层面上，我们要追求个体的幸福；在家庭的层面上，我们要追求家庭的和谐；在公司的层面上，我们要追求公司的发展；在国家的层面上，我们要追求国家的利益……但斯多葛主义者并不看重这些层面之间的分别。在他们看来，以遵循宇宙之道的方式生活才是最重要的人生哲学原则。这就意味着，斯多葛主义者完全可能在一些场合下对现有的生活秩序进行虚无化。比如，若一个领导叫一个斯多葛主义者晚上来公司来加班（有双倍加班费），该员工却可能基于自己对宇宙秩序的理解而决定晚上休息（而不是工作）。一句话，爹亲娘亲，不如宇宙秩序来得亲！

这种压缩宇宙与个体间的层面的人生哲学态度，也在普罗提诺主义中得到了体现。

普罗提诺主义：与"太一"直接融合

普罗提诺主义可以被视为一种对斯多葛主义的"柏

拉图主义气息"的改造。斯多葛主义主张个体要与自然融合，而普罗提诺主义则主张个体与自然融合还不够，还要与"太一"融合。什么叫太一呢？太一就是一种超越于各种经验事物的超级理念，有点像柏拉图所说的至善。换言之，与柏拉图主义类似，普罗提诺主义者也认为个体的幸福在于对理念的永恒性的认识，并通过这种认识，抛弃肉体的有朽性。

但既然柏拉图主义不属于虚无主义的光谱，我们又为何要说脱胎于柏拉图主义的普罗提诺主义带有虚无主义的色彩？这是因为，在太一与个体的幸福之间，普罗提诺主义缺乏柏拉图主义看重的那些中间层面，如家庭、法律、国家等。所以，普罗提诺主义者对此类事项就会采取一种冷漠的态度，由此导致虚无主义。

诺斯替主义：透过个人体验获得神秘知识

本单元要提及的最后一种古典虚无主义立场是诺斯替主义。老实说，把它说成是一种哲学立场有些牵强，因为它更像是一种秘密宗教。这种思想还特别强调"灵知"，即通过个人经验来获得一种神秘知识。诺斯替主义者相信，通过这种超凡的经验，他们这些小宗派的成员就可以脱离无知，以及肮脏的现世了。

为何这种学说也带有虚无主义色彩？因为作为神秘

主义者的诺斯替主义者,放弃了通过世间可以理解的语言去构建复杂的社会网络。换言之,对于小宗派之外的社会整体利益,他们采取的是淡漠的态度。这不是虚无主义的态度,又能是什么呢?

以上就是对本单元内容的概观,现在让我们进入正题。

皮浪主义：在变化时代，如何做到云淡风轻？

前面谈到，皮浪主义这一标签显然与皮浪这个哲学家有关。此人跟过追随原子论者德谟克利特的继承者阿那克萨库学过哲学，也跟亚历山大大帝的大军去过东方，算是见多识广。不过，他是一位述而不作的哲学家，今天我们之所以能够了解他的思想，主要是通过他的弟子所整理的作品。在这些弟子中，蒂孟的名气最大。

为何悬置判断？因为事物之本质不可知

皮浪式怀疑主义的核心观点是，事物的本质是无法被人类精确地认识的。因此，**我们必须满足于自己看到的表象，而不要去追问这些表象本身是否代表了真理。** 譬如，某国举行了一场总统选举，结果却众说纷纭，有人说大选出现了舞弊，有人说大选是公正的。皮浪主义的观点是，真相我们是不知道的，因此我们要将该国选举是否发生舞弊现象的判断加以悬置,既不说是,亦不说否。

那么,皮浪主义的这种哲学观点究竟会转变为一种怎样的人生态度呢?

有人或许会说:一个人真要悬置了一切判断,就会变得真假不分、善恶不分,也会因此变得没心没肺。这样的人若在上班路上看到有人不小心掉进水里,他或许头也不会扭一下,自己该干吗干吗。根据这种描述,我们和皮浪主义者做朋友是毫无益处的,因为他们似乎永远不会助人。此外,皮浪主义者自己甚至都无法在物理世界中保护自己的生命的安全,换言之,他们甚至连利己主义者都做不了。为何这么说呢?

这是因为,"悬置一切判断"这个做法也会殃及我们对物理世界的感知判断。一个皮浪主义者若在路上看到一辆马车朝他冲了过来,他到底该不该躲避?若不躲避,他就会被撞死;但如果他躲避的话,那是不是意味着他已经作出了如下知觉判断呢——我所看到的这辆马车是真实存在的?但既然皮浪主义者要悬置一切判断,他又如何知道这的确是真实的马车,而不是幻觉中的马车呢?而假若这是幻觉中的马车,他为何要躲避呢?由此看来,皮浪主义者是一群看到马车袭来也未必会躲避的人,他们迟早会因为自己的哲学观点而丧命。

但皮浪主义者真有这么蠢吗?未必!

皮浪主义的真义究竟为何？

首先应当肯定的是，皮浪主义者不会蠢到看到马车不懂避让。皮浪本人就活到了九十多岁——这在当时是不可思议的。换言之，他应当很懂养生才是。其次，我也不信皮浪主义者是一个看到有人落水而袖手旁观的人。真若如此，此派人士的名声也不会太好，其学说又何以可能远播呢？另外，即使从哲学理路上硬推，你也得不出"皮浪主义者只会利己"的判断，因为这一判断就等于说皮浪主义者已经对利己主义立场的真理性下了判断，而这一点是与"悬置一切判断"这个总前提矛盾的。

看到这里，大家会糊涂了，当皮浪主义者看到有人落水时，他到底是救还是不救？我猜想皮浪主义者会这样回答：我或许会救，但我能从自己的哲学立场说明，为何这样的做法不会导致对皮浪主义原则的否定。我们不妨来设想这样一场展开在询问者与皮浪本人之间的对话：

> **询问者**：皮浪，你刚才为何救了那小孩呢？这难道不意味着你是一个利他主义者吗？但你不是已经悬置了一切伦理学立场了吗？
>
> **皮浪**：谁说我一定要预设利他主义的立场才

能救人?或许是这样的:我还是一个利己主义者呢,因为我想沽名钓誉,所以我才去救人。这有毛病吗?

询问者:那你就是一个利己主义者喽?这还是下判断了啊?

皮浪:你没搞明白我的意思。我是说,或许我是一个利己主义者。但保不齐我还是一个利他主义者呢!

询问者:那你到底是站哪边的?

皮浪:我没下判断啊!

皮浪主义者不否认我们有时候会去救人,但这一点是现象,而不是对现象的终极解释。他们所要悬置的是人们对这一现象的解释——此行为究竟是基于利他主义还是利己主义——而不是现象本身的存在。

从这个角度看,皮浪主义者在日常生活中的表现很可能不会与大多数人有明显的区别。他们看到红灯也知道停车,看到摩托车也知道避让,看到有人落水了也会关切地去看一看——即使不下去救人,也至少会招呼别人去救。

那么,从人生哲学的角度看,皮浪主义者与一般人的区别究竟体现在何处?

不作是非判断，也不争风吃醋的生活态度

下面就通过一个来自影视剧的案例，说明皮浪主义者的人生态度究竟如何。我们要谈的是1998年上映的由侯孝贤导演的沪语电影《海上花》，这部电影的文学基础则是清末的小说家韩邦庆写的吴语小说《海上花列传》（这里所说的吴语指的是苏州方言，该小说还有一个张爱玲改写的国语版本）。

《海上花》的主要剧情很简单，说的其实就是清末上海的一些风月女子（在当时被称为"倌人"）的生活。在这些女子之中，我认为最有皮浪主义气质的是周双珠。她是老鸨的亲生女，非常聪慧，能够一一平息姐妹间的争风吃醋，甚至能够处理一些很麻烦的人命官司，客人们也都很喜欢她。然而，周双珠只是擅长将事情摆平罢了，她从不对事情的本质作出是非判断。她甚至也不与别的姐妹争风吃醋，人生态度可谓云淡风轻。这恰恰就是皮浪主义者的态度。

与之相反，我们来看看另外一位女子沈小红的人生态度。沈小红对爱情有着一种柏拉图主义式的执念，她还对客人王莲生产生了真正意义上的眷恋。这一点让只是想"在花丛中采蜜"的王莲生感到非常头大——在他看来，沈小红已经成了一个麻烦。

另外一个可以与作为皮浪主义者的周双珠构成对照

的女子是黄翠凤。黄翠凤很精明、现实。她对爱情从来没有奢望，所以就不会像沈小红那样在情海中挣扎。但她也不是周双珠那样的皮浪主义者，因为她至少在一个问题上下了一个本质性的判断：金钱的确是万能的。也正是基于这种信仰，她热情接待候补县令罗子富，希望利用罗公子的政治前途和家庭财力，帮自己实现人生的腾飞。从哲学角度看，她的人生哲学是普罗泰戈拉主义与马基雅维利主义（详后）的糅杂。

回到哲学讨论本身。皮浪主义在哲学上之所以还能算得上是一个流派，是因为其追随者提出了很多论辩的套路以支持其学说。其中，最有名的是克里特岛人爱那西德穆（Ainesidemos，约前100—前40)所提出的十个辩论套路，即"十式"。

爱那西德穆的十种论证

爱那西德穆的十个辩论的套路是这样的：不管你提出怎样的哲学观点，皮浪主义者都能言之凿凿地说：对这样的一个哲学观点，无论说是或否，都无法构成一个决定性的论证。换言之，赞成有赞成的道理，不赞成也有不赞成的道理。

辩式之一：以人兽的感觉差异为切入点。这一辩论涉及的问题是，是人类的感官所感受到的世界更真实，还是动物的感官感受到的世界更真实?

皮浪主义者的意见是,对此问题,我们无法获得决定性的评判意见。没有任何充分的理由支持所谓的人类感觉优越论,也没有任何一种理由支持蝙蝠感觉优越论、海豚感觉优越论等。因为人与动物的感官所能够感受到的,其实都只是现象。既然都是现象,为何此类现象就比彼类现象更接近实在呢?

辩式之二:以人与人之间的感受差异问题为切入点。这一辩论涉及的问题是,是这个人的感官所感受到的世界更真实,还是那个人的感官所感受到的世界更真实?

皮浪主义者的意见是,对此问题,我们无法获得决定性的评判意见。没有任何充分的理由让我们认为任何一个特定的个人的感觉更优越,因为任何人的感官所能感受到的其实都只是现象。既然都是现象,凭什么厚此薄彼呢?

辩式之三:以人的不同感觉之间的感受差异为切入点。这个问题是这样的:假若你的双眼看到伦勃朗油画中的金色头盔明明是半球形的,但当你的手摸到这幅画,却发现这只是一个平面。那么,到底哪个感官在说真话,哪个在骗你呢?皮浪主义者的答案,恐怕大家也想到了:触觉并不比视觉更接近真相,反之亦然。所以,这个问题是没有确切答案的。

辩式之四:以光照等环境因素对感觉的影响为切入

点。我们可能都有这样的生活体验：筷子伸到水里后就好像就被折弯了；快飞的鸽子脖子上的毛色会因为其快速移动而产生变化。但是，筷子本身到底是直的还是弯的？鸽子脖子上的毛色究竟是什么？

在皮浪主义者看来，这个问题的确切答案依旧是不可求的。在此类问题上，一般人会认为，在水中弯曲的筷子也好，飞鸽变化的羽色也罢，都是所谓的错觉，而错觉自然就是不真的。但在皮浪主义者看来，错觉也是现象，知觉也是现象，二者之间，我们没有哲学理由去厚此薄彼。

辩式之五：以人的不同的情绪状态对感受所造成的影响差异为切入点。 比如，在你心情好的时候，一阵冷风吹来，你会觉得很清爽；心情不好的时候，若吹来同样的风，你就会感到心灰意冷了。那风本身的真相到底是怎么样的？在皮浪主义者看来，风本身的真相已经"随风飘走"了，因此只能被悬置。

辩式之六：以其他种类的经验对当下经验的渗透为切入点。 比如，你想感知红色，那么就不要忘记任何色彩都无法脱离形状而存在；如果你想感知圆形，那么也不要忘记任何形状都无法脱离颜色而存在。在皮浪主义者看来，脱离了颜色的形状的本相，以及脱离了形状的颜色的本相，皆是不可知的。不如说，混杂着颜色的形状或混杂着形状的颜色才是我们唯一可把握的现象。

辩式之七：以不同的数量对事物的性质的影响为切入点。比如，酒算不算好东西？这其实与你喝下的酒的数量有关。小酌怡情，酗酒伤身。抛开数量不谈，酒本身算不算好东西？在皮浪主义者看来，这个问题的答案是不可求的。因为就现象而言，世界上任何事物其质的一面与量的一面都是一起呈现出来的，若抛开数量不谈而去仅仅讨论事物之质的本相，是无意义的。

辩式之八：以事物不同的出现频率对该事物价值的影响为切入点。比如，金子是不是高价值物品？这个问题其实很难回答。在现实世界中，金子之所以被判定为高价值物品，主要是因为其稀有，毕竟"物以稀为贵"。但如果我们身处一个金子比水还多的可能世界，我们还会说金子具有高价值吗？这可就未必了。也就是说，金子出现的频率的减少提高了其价值。但抛开金子出现的频率不谈，仅仅论其本质，它到底是不是高价值的呢？在皮浪主义者看来，这个问题是不可答的。因为就现象界的实情而言，任何事物的出现都与一定的频率相互关联。换言之，抛开事物出现的频率而问其价值本质是无意义的。

辩式之九：以主观伦理评判对行为的价值的影响为切入点。比如，随意杀人的行为在价值上是否真的具有负面性？很多人或许认为"当然如此"。但在皮浪主义者看来却未必。在某些原始部落的文化中，到别的部落去"捕头"的行为恰恰是勇猛的表现，并由此具有伦理上的正面价值。而我们之所以认为随便杀人是不对的，是因为我们有一套特定的价值观。因此，若要抛弃一切社会的特定价值观，去追问某种特定行为的实际价值底色，是找不到任何确定答案的。

辩式之十（总结）：假设有一个事物的现象会随着特定的观察者与观察环境的改变而改变，那么该事物的本质就是不可问的。

以上就是皮浪主义者辩论的核心内容。皮浪主义者虽然悬置了对事物本质的判断，并由此体现出了某种"反智"倾向，但是在现象领域，他们的表现并不算愚笨。实际上，他们往往还以一种聪明的姿态做到"随大流"。而在今天这个充满剧烈变化的时代，对大潮之本质流向的判断往往是非常困难的——在这种情况下，向皮浪主义取一点经，以一种尽量舒服的姿态去做一叶浮萍，也未尝不算是一种人生选择。

古典犬儒主义：什么才是真正的自由？

皮浪主义者与古典犬儒主义者相比，其虚无色彩还并不算那么浓郁。至少皮浪主义者并不以"彻底虚无化物质追求"为形象标签（如《海上花》中的周双珠其实很懂物质世界中的算计），相较之下，古典犬儒主义者连这点物质追求都不要了。可以这么说，古典犬儒主义者是西方哲学史上穿着最邋遢、吃住最不讲究的学派。而且，他们这么做并不是因为自己真没钱，而是基于哲学信仰。有一个叫克拉特斯（Crates，前365—前285）的犬儒主义者本来很富有，纯粹因为有了犬儒学派的信仰才把所有的财产都抛弃了，最后过上蓬头垢面的日子。

那么，古典犬儒主义究竟是怎样的一个学派，其学说的魅力会如此之大，以至于能劝说财富自由的"成功人士"放弃安逸的生活呢？

犬儒主义的历史渊源

"犬儒主义"这四个字在汉语里会造成某种误解,好像信奉这种学说的人想过如同狗一样低贱的生活。其实并非如此,下面是关于其学派名称来源的一种说法:犬儒学派的创始人安提斯泰尼(Antisthenes,前445—前365)经常在一个叫"居诺萨格"(Kunosarges)的体育场中讲学,而这个"居诺"(Kuno)在希腊语里面就是"狗"的意思。所以,传来传去,他开创的这个学派就被说成"犬儒学派"了。

犬儒主义的开山祖师爷是前面提到的安提斯泰尼(他的老师可是大名鼎鼎的苏格拉底),而他还有个名气远远超过自己的大弟子——第欧根尼(Diogenes,前412—前324)。第欧根尼又有一个学生,就是那个放弃家产的克拉特斯。克拉特斯又教出了两个很著名的学生,其中一个女学生叫希帕嘉(Hipparchia of Maroneia,前350—前280)——她同时是克拉特斯的妻子,自愿与丈夫一起在雅典街头过着乞丐一样的生活。克拉特斯的另一个学生叫芝诺(Zeno of Citium,前334—前262),他后来又建立了"斯多葛学派"这一新的哲学流派。需要注意的是,在古希腊叫"芝诺"的哲学家不止一个,所以这个芝诺又被称为"季蒂昂的芝诺",以强调其籍贯(季蒂昂在塞浦路斯)。

下面就来集中谈谈犬儒主义的思想。在讨论过程中，我们不妨以皮浪主义的思想为参照系。

尊重自然，摒弃习俗的生活态度

我们知道，关于世界的本质，皮浪主义者采取的是不可知主义的态度。而且，也正因为世界本质是不可知的，所以他们满足于在现象界随波逐流。与之相比，犬儒主义者则对世界的本质有着相对清楚的看法。他们将世界上的万事万物都区分为两类，一类是"自然"，另一类就是"习俗"。前者指我们自然而然感受到的那个世界，也泛指各种自然欲望；后者则是我们通过家庭与社会教育而获得的各种规范。犬儒主义者真正看重的是自然，他们试图摒弃的，乃是习俗。也正是基于这种思想，第欧根尼才胆敢在雅典的大街上本着自己的自然欲望做了很多不雅之事，而根本不顾世俗的感受。

有人或许会问：为何犬儒主义者要尊重自然，摒弃习俗？为何反过来就不行？这背后有什么哲学道理呢？

道理大致是，自然界的一切都是自然的、有道理的、自足的，没有任何矫揉造作的。而人为的世界里充满着各种各样的虚伪，所以需要被摒弃。当然，这个道理依然非常含混，我们还需要一个更精细的论证来为犬儒主义的立场作辩护。

自然规律与习俗-法律之间的矛盾

假设犬儒主义者能够多学一些现代科学的知识,他们或许会这样重构他们的论证:

第一步:从进化论的角度重新界定自然。譬如,人类身体的这些机能,是由漫长的进化过程决定的,而这些机能之所以能够积淀下来,恰恰说明它们的存在经过了岁月的考验。因此,人类首先是作为生物学意义上的人而存在的,有些基本的生理机能是必须要被满足的,如你不能不喝水、不睡觉。挑战这些基本的自然规律不会带给你任何好处。

第二步:在自然所提供的时间参照系中重新看待习俗。很显然,习俗来自人类社会,而人类社会的演进过程所占据的时间长度,要远远少于人类的自然身体的进化所占据的时间长度(前者仅仅以千年计,后者则以十万年计)。因此,来自习俗的制约在时间长河中所得到的考验,是不如来自自然的制约在时间中所得到的考验多的。从这个角度看,习俗实际上只是在自然之河的河面上飘动的浮萍。

第三步:由此我们不难得出这样的结论:当习俗与自然彼此冲突时,我们要听从自然的召唤,而不理睬习俗。

结合现实生活来看,根据很多社会的习俗,要获得成功,就意味着要获取尽量多的财富,并且很多文化都鼓励人们为了获取此类世俗的成功而甘愿吃苦。但从自然的角度看，过多的财富获取并不对提高个体的生物学舒适感有直接的帮助——就算有一百套房产的人，晚上也只能睡在一张床上。相反，追求过多财富会增加烦恼，带来沉重的精神成本，影响睡眠。既然拥有太多的房产反而会影响我们的自然生理机能，我们为何还要执着于财富呢？

除此之外，在犬儒主义者看来，为何我们一定要按照"君君、臣臣、父父、子子"之类的规矩去扮演我们的社会角色？为何我们一定要遵守复杂的社会契约？所有这些来自习俗的强制力都在限制我们自然本心的活动。由此看来，犬儒主义者是鼓吹"自由"的。但他们所说的自由究竟是什么意思呢？

犬儒主义者的自由

自由是一个很容易被误解的字眼。很多人理解的自由是想干吗就干吗——想吃澳洲龙虾就去吃，想去马尔代夫度假就立即订机票。但是，这种自由并不是犬儒主义者的自由，毋宁说，犬儒主义者的自由观恰恰是上面这种自由观的反面。在他们看来，这只能算是一种炫耀财富的行为，而此类行为在本质上是反自由的。

犬儒主义者的自由观有三重含义：

第一，按照本心说话，不要为了照顾别人的面子而掩饰自己的感情。有个传说中的案例可以说明这一点。有一次，第欧根尼躺在雅典的马路上，恰好有一个大人物从其身边经过，此人就是亚历山大大帝。但没想到，第欧根尼却根本不在乎，竟然对他说："年轻人，麻烦你挪一下身子，你现在挡住了照在我身上的阳光。"大家想想看吧，一位无权无势、不名一文的哲学家，竟敢对当时整个地中海世界权力最大的年轻人这样说话。但在犬儒主义者看来，这就是他们真情实感的表达：他们宁可多晒一分钟雅典的太阳，也不想多花一分钟去巴结那些社会名流。

第二，按照自然的要求来锻炼身体，由此锤炼出一颗犬儒主义的心。这里说的锻炼身体并不是去健身房健身，练出八块腹肌——犬儒主义者玩的是另一个套路，就是通过自虐来故意测试自己的身体受苦的下限。譬如，在四十几度高温的户外跑酷，或大冬天光着脚丫子在冰面上跳芭蕾。至于第欧根尼本人则住在一个大木桶里面，以天穹为天花板，以星星为吊灯，一边吟诗，一边嘲笑大城市的那些房奴。犬儒主义者这么做的主要目的就是测试一个人如何在最简单的物质条件下过上最简单的生活。这样一来，**一个人才能在最低程度上为物质负担所累，由此达到真正的自由。**

有人或许会问：如果你（第欧根尼）真不留下任何

积蓄的话，要是惹上官司，谁来付律师费呢？对此，犬儒主义者的答案是，如果你穷得出名了，就不会有律师找你了，他也就不会来讹你了，你的人生不正好少了一个被割韭菜的环节吗？这难道不正是自由之真谛吗？

第三，在做各种各样的手艺活（包括艺术活动）时，一定要符合自然之道。 举例来说，有一次，第欧根尼在街上看到一个艺人在弹竖琴，但因技艺不精，这艺人将乐器弹得离弦走板。第欧根尼当即就怒了，批评他说：你的琴用的木料这么好，怎么就给你弹出了拆房子的声音？你怎么就不能让你的灵魂与你的双手彼此协调？从这个例子来看，犬儒主义并不讨厌艺术，他们特别关心的，是如何让艺术传递出自然之音，由此协调灵魂与世界的关系。如果能够做到这一点，你也就自由了。

犬儒主义哲学的积极意蕴

说到这一步，恐怕大家也明白了为何说犬儒主义是一种虚无主义，因为他们对社会的各种建制与习俗的叛逆实在太深了。如果全世界都按照犬儒主义的教导去运行的话，大概会出现一种百业萧条的局面：房子卖不出，律师没官司打，餐厅没人吃。甚至货币系统也会变得不再必要，因为没有任何证据证明对最低限度的生物学需求的满足是需要货币的。

然而,我们能不能从犬儒主义的这种消极的态度中读出一些积极的意蕴呢?

第一重积极意蕴当然是环保主义了,也就是主张绿色出行,减少对自然的过度索取。不得不承认,第欧根尼在木桶里的生活方式真是非常低碳环保。

第二重积极意蕴就是它的世界主义思想。顺便说一句,世界主义的英文是"Cosmopolitanism",该词前一半指"宇宙",后一半指"城邦公民"。换言之,按照世界主义的理想,天下一家,所有人都可以在一个超级城邦里生活。为何犬儒主义者会有这种想法呢?因为在他们看来,现有的城邦与国家之间的区分并不是自然的产物,而是人为的产物。只要我们追求本心,遵循自然,最后肯定能实现天下大同。需要注意的是,这并不是中国古代的秦始皇试图统一六国时的想法,因为秦始皇的统一所预设的秦国法律的有效性,恰恰是犬儒主义者高度怀疑的。毋宁说,**在犬儒主义者的理想世界中,人们过的是一种没有法律约束的自由生活**——而这样的社会之所以不会发生暴力与动乱,是因为犬儒主义者所定义的自由本就是建立在物质极简主义之上的——既然大家都不看重物质利益,为何还需要通过暴力来争夺利益呢?因此,既然没有了暴力,我们还需要法律去约束暴力吗?

犬儒主义的这种世界主义思想虽然听上去有点虚无缥缈，但这种思想如果能够在今天这个世界被多少（甚至打折扣地）执行一点，真不知会少多少无妄的兵灾与悲剧。因此，我个人认为，这种思想并不是纯然消极的。

很显然，从以上讨论的内容来看，古典犬儒主义者是很有风骨的，绝非权贵的哈巴狗。但到了现代，犬儒主义的含义却发生了戏剧性的变化。

新犬儒主义：精致的利己主义者是如何从历史中诞生的？

现代犬儒主义其实并不是什么学术流派，而是一种生活现象，但几乎没有人会在今天主动说"我是个犬儒主义者"。我个人认为，这种意义上的犬儒主义其实类似一个近年来在汉语舆论界颇有流传度的词，即"精致的利己主义者"。那么，现代的犬儒主义者——或精致的利己主义者——的思想特征与行为特征是什么呢？

爱装的伪君子

在我看来，"伪君子"一词就足以概括现代犬儒主义者的思想特征与行为特征了。在思想上，现代犬儒主义者并不相信这个世界上有好人，不相信这个世界上有善意，并认为所有的人都有坏心眼。所以，他们也不愿真正地按照世俗的道德教导去做一个好人。但从行为的角度看，他们却愿意为了某种功利目的把自己伪装成一个符合社会道德要求的人。比如，装作积极从事绿色环保事业、装作关心弱势群体、装作关心落后地区的教育事业等，但本质上都是为了沽名钓誉。

现代犬儒主义既然与古典犬儒主义有这么大的差别，凭什么它还能继承犬儒主义这一名号？

新犬儒主义的名称从何而来？

要回答这个问题，我们就要提到新犬儒主义的著名研究者彼得·斯劳特戴克（Peter Sloterdijk，1947— ）。斯劳特戴克生于德国西南部的卡尔斯鲁厄，后在慕尼黑大学与汉堡大学主修哲学和德语语言文学，并在汉堡大学获得了博士学位。他研究新犬儒主义的心得，最后便凝聚为《犬儒理性批判》一书。按照此书的观点，现代犬儒主义的产生，与启蒙时代所催生的技术条件相关。这也就是说，现代犬儒主义并非是古典犬儒主义经过自然传承后产生的后裔——毋宁说，先是现代社会结构的某些变化催生了某种思想，随后这种思想才因为某种偶然的原因，被辨识为古典犬儒主义的现代对应者。

不过，即使新犬儒主义并非古典犬儒主义的正统传人，这二者之间总得有点联系吧？答案是肯定的，二者其实都放弃了逻辑思考对生活的指导作用。具体而言，古典犬儒主义者（特别是第欧根尼）彰显哲学立场的主要方式就是搞"行为艺术"，而这种做法非但与依赖哲学辩论的柏拉图、亚里士多德气场不同，甚至与同样依赖辩论士式的怀疑主义哲学亦有所分殊。不过，按照更为正统的希腊哲学家（如苏格拉底、柏拉图、亚里士多德）的观点，人之为人，就是因为人能够通过理性思考来对自己的人生道路进行反思——而从不用逻辑进行思考的人，与动物又有什么区别呢？

下面就来看看使得新犬儒主义产生的几个因素。

因素之一：宗教的退场

中世纪时，基督教曾赋予天下万事万物以存在的意义，民众则在神父等宗教人员的领导下安顿自己的精神生活。但二战后，至少在西欧，基督教的社会影响的确越来越小，定期去教堂的民众也越来越少（北美基督教势力的衰退比西欧要慢一点）。这样一来，本来在宗教所编织的社会网络中相亲相爱的兄弟姐妹都被一一释放出来成为孤立的原子，他们不再彼此信任，而是对彼此冷漠。这就是新犬儒主义产生的第一个社会动因。

因素之二：技术的复杂性对人性的边缘化

现代人所使用的技术与古代技术产品，如弩机、帆船、水车等，并不是一回事，其复杂性已使得人性被高度边缘化。比如，在古希腊时代，帆船需要很多划桨手来共同运作，在这种情况下，船长就必须时刻掌握水手的心理，不断给他们打气，否则无法打赢海战。而在现代的技术流水线作业中，**人沦落为机器运作的旁观者，对人的信任已经被对机器的信任压制**。而且，机器冷冰冰的外观所构成的心理学暗示也会加强现代人对他人的冷漠指数。这种将人性边缘化的技术化倾向若与大规模杀人技术相结合，就会造成类似奥斯维辛与广岛的悲剧。而根据最近的军事技术进展，杀人甚至可以在杀人者完全离场的情况下，通过无人机来进行。那么，在这样的技术条件下，我们为何还需要洞悉他人的内心呢？或反过来说，人类个体在面对如此强大的"技术利维坦"时，又怎么会不产生强烈的无力感呢？而这种无力感，恰恰就是新犬儒主义思想产生的另一个温床。

因素之三：资本主义的影响

资本主义其实是现代技术的孪生兄弟，因为现代技术的大规模运用往往是资本推动的结果。**资本主义的**

基本思维方式便是将所有的问题都抽象化、货币化。 譬如，美国在大萧条时期，卖不出的牛奶即使被倒了也不会被免费发放，因为这会导致牛奶价格下降，影响奶牛养殖者的长期利润。在这种思维模式下，人被替换为"消费者"或"市场主体"，而没有能力消费的人则不会被视为真正意义上的消费者。所以，从资本主义的角度看，这些穷人是不值得资本尊重的。无独有偶，资本主义逻辑控制下的大数据分析技术，关心的是如何预判消费者的消费行为逻辑。其实，这种技术并不真正关心你这个人——特别是在你失去被榨取的价值的前提下。在这样一种社会架构下，我们如何期望社会成员会尊重彼此的所爱与所想呢？人们会因此彼此疏离、彼此不信任，成为现代犬儒主义者。而彼此不信任的状态就是一种准病态，因为这种状态让人忧郁，而不是快乐。

德国哲学家彼得·斯劳特戴克指出，**新犬儒主义会催生一种准病态的忧郁症，因为这种缺乏对他人的信任的生活是痛苦的，你必须处处提防他人，弄不好会夜夜失眠。** 而且，也有一些心理学研究指出，新犬儒主义倾向明显的人，智商是会下降的，因为对他人的防备会影响对知识大厦的积极构建。因此，欲成大事者，不能做新犬儒主义者。

最后需要指出的是，犬儒主义很容易与另外一种哲学立场——唯物主义——混淆，因为作为一种人生哲学的唯物主义在西方有"物质至上主义"的意思,而物质至上主义这个名目似乎也就包含了将人类的共通精神价值虚无化的含义。不过,与犬儒主义相比,唯物主义还是能够提出一种更积极的人生哲学的。

伊壁鸠鲁主义：所谓的自由意志真的存在吗？

前文提到了虚无主义人生观的三种形式：皮浪式怀疑主义、古典犬儒主义、现代犬儒主义。这三种观点的共通之处就在于，对自然科学不太感兴趣。皮浪主义认为，自然本身是无法被认知的，因此我们需要悬置对世界本身的本质性判断。古典犬儒主义虽然重视自然、贬低习俗，但他们说的自然就是自然而然的体验感受，不是对自然界的理性研究。现代犬儒主义的产生虽然与现代技术对人的全面边缘化有关，但也不包含进行严肃科学研究的意蕴。而伊壁鸠鲁式的人生哲学则是基于自然科学研究的，尽管古希腊和古罗马时代的科学研究非常粗糙。

为何自然科学知识会影响人生观呢？下面举几个例子来说明。

例一：我上小学时第一次知道宇宙中有"超新星爆发""黑洞"这些稀奇的事情，突然觉得地球好渺小，人类好渺小。这种仰望星空的行为，有时也会引发某种更深的恐惧，即对人类未来的担忧，地球会被宇宙中的天体击中吗？太阳系附近有中子星爆发怎么办？

例二：在日剧《非自然死亡》里，某法医说过一句很有名的台词：不管什么人，死了以后，在解剖台上被切开来就是一堆肉罢了。这对于学解剖的人来说其实是非常自然的一种"人类观"。这种人类观同时也自然会包含看淡生死的人生哲学意蕴。

这样看来，一种唯物主义的自然观最后竟然引发了一种享乐主义的人生态度。为何说这是虚无主义的一种表现？前面说过，**虚无主义并非说物质世界不存在，而是说那些传统的道德规范其实都可以被消解**。而唯物主义的含义，往往是"世界上除了物质，什么也没了"，或者"所谓精神，无非就是物质的重组方式罢了"。"无非"二字在逻辑上排除了物质世界的其他属性存在的可能，如"神性""价值性""目的性"。用亚里士多德哲学的术语来说，唯物主义是一种排斥了"目的因"并让"动力因"解释一切的哲学。然而，几乎所有的人生意义都与目的相关。所以，唯物主义的人生观天然就是虚无主义的。

下面我们就将聚光灯打到一位具体的唯物主义者伊壁鸠鲁身上。

伊壁鸠鲁（Epicurus）生于公元前341年的希腊萨

摩斯岛，但父母亲都是雅典人。他18岁时搬到雅典，之后去过小亚细亚，并在那里受到德谟克利特哲学的影响。公元前307年，他在雅典建立了一个学派叫"花园学派"，据说在他花园的庭院入口处有一块告示牌："陌生人，你将在此过着舒适的生活，在这里享乐乃是至善之事。"比起柏拉图学园门口号召大家学好几何学的训诫来说，伊壁鸠鲁的花园学派的"招生广告"真是亲民。

伊壁鸠鲁在古罗马时代收获一枚"铁粉"，即提图斯·卢克莱修·卡鲁斯（Titus Lucretius Carus，约前99—约前55），他所著的哲理长诗《物性论》（*De Rerum Natura*）系统保留了伊壁鸠鲁的思想。要脱离卢克莱修来讨论伊壁鸠鲁是困难的，就像脱离柏拉图来讨论苏格拉底一样。所以，下面我们偶尔也会提到他。

首先来看伊壁鸠鲁的自然观。伊壁鸠鲁主张的关于自然的学说叫"原子论"（其实原子论的真正提出者是德谟克利特）。在古典原子论者看来，万物的本原是原子和虚空。但这个原子并不是今天物理学家所说的原子，而是不可再分的物质微粒。今日物理学所说的原子还是可以被再分的，里面还有原子核与电子。古典原子论者说的虚空则是原子运动的场所。这里不讨论原子论的技术性细节，而主要想讨论一下其引申出的人生哲学意义。先来看看原子论是如何看待人的灵魂的。

灵魂由原子构成，并且也会腐朽

柏拉图哲学将人分成肉体和灵魂两部分。就肉体而言，古典原子论者认为，这就是一堆原子的组合，没什么特别的。关于灵魂，伊壁鸠鲁的观点是，**灵魂也是由原子构成的，否则非物质的灵魂又是如何与物质的身体发生关系的呢？** 换言之，唯有物质性的灵魂才能与物质性的身体产生反应。正因如此，灵魂也是会腐朽的，其表现是原子聚合的分解。所以，我们没有理由赋予灵魂以非常特殊的哲学地位。很显然，如果这个结论是对的话，那么柏拉图主义的核心论点之一——不会腐朽的灵魂的确是存在的——现在已被动摇了。这是伊壁鸠鲁朝向虚无主义人生观的一个重要论证步骤。

但如果不存在不会腐朽的灵魂，伊壁鸠鲁又该如何说明知觉的真实性呢？这个问题对伊壁鸠鲁的享乐主义世界观具有一定挑战，因为享乐主义成立的前提就是感官享受的真实性，而感官享受的真实性的前提就是知觉的真实性。

关于知觉的真实性问题，伊壁鸠鲁的看法可以说是天才地预见了后世神经科学的观点。他认为物质意义上的灵魂，大约对应今天所说的神经系统——有两部分，其一是位于胸部的"心智"，其任务是处理各种感觉，这或许可对应今天所说的中枢神经系统。当然，伊壁鸠鲁并没认识到大脑才是中枢神经系统之所在，所以才说"心智"在胸部。其二是位于周围身体的"精神"，这有点类似于今天所说的周围神经系统。但无论是心智还是精神，构成灵魂的原子都非常轻盈而细微。相较之下，构成身体的原子则是比较重而且大的，其运动也不积极。两种原子之间的关系是，轻盈的灵魂原子游走于各种粗糙的身体原子之间，从而产生鲶鱼效应，这才赋予整个身体以活力。

那么，上述理论框架又是如何解释知觉之产生的呢？试想，我为何会看到花瓶？按照原子论，与世间其他事物一样，花瓶本身也是由原子构成的，因此花瓶就会向空中发出原子的散流，其中一些散流就会进入我们的灵魂原子系统，并扰动这些原子。然后，灵魂原子通过与这些入侵的花瓶原子之间相互作用，就产生了对花瓶的知觉。总之，**知觉的产生就是一个纯粹的物理事件**。

上面这一套伊壁鸠鲁式的身心关系论会衍生出一些人生哲学的观念。从原子论的立场来看，幻觉与知觉之间的根本界限是不存在的。譬如，为何我会梦到花瓶？因为花瓶的一些零散原子还留在我的体内，产生了类似知觉的感觉。从这个角度看，我们似乎不必太在乎真实与虚幻的差别。这个结论有点像以悬置判断为能事的皮浪主义者的论调——但仔细一分析，还是有所差异。毕竟关于为何我们有知觉或幻觉，伊壁鸠鲁主义还是有一套基于原子论的解释的，而作出此类严肃的解释，恰恰不是皮浪主义的兴趣之所在。

由此联想到的一个话题便是哲学家对吸食致幻剂的行为的态度。值得玩味的是，从伊壁鸠鲁的哲学出发，我们似乎既能找到纵容这种行为的哲学理由，也能找到反对这种行为的哲学理由。先从前者说起。

宽纵致幻剂的理由——伊壁鸠鲁哲学的一面

主流社会反对滥用致幻剂的理由是，吸食致幻剂会让吸食者产生很多幻觉，从而破坏其对真实世界的正常知觉。在此，我们已经预设对世界的正常知觉具有伦理上的正面价值，而幻觉则只有负面价值。因此，一种以促发幻觉为主要功能的药物，也就仅仅具有伦理上的负面价值。另外，也正是基于同样的理由，主流社会则对咖啡比较宽容，因为咖啡能提神，增加我们的知觉敏锐度，所以没人会在伦理上谴责咖啡的普遍性（当然，大量喝咖啡导致失眠甚至心律失调就是另一个问题了）。

但上述意见是否能够说服一位伊壁鸠鲁主义者呢？恐怕很难。如果一位伊壁鸠鲁主义者将自己的生理学知识，从原子论层面升级为现代神经科学层面的话，他就可以这么说：实际上，任何感觉的产生无非都是特定神经元被激发的结果罢了，而由药物导致的激发与由实际物理刺激所导致的激发，在微观层面上是一回事。因此，我们为何对药物所引发的幻觉耿耿于怀呢？知觉与幻觉，难道不都是所谓的物理事件吗？

面对伊壁鸠鲁主义者的上述回应，我们还能想到这样一种反驳理由：吸食致幻剂会影响健康、减少寿命，因此具有伦理上的负面价值。而伊壁鸠鲁主义者的回应则是，上面的论辩预设了怕死是正当的，但是原子论者却认为怕死是没有哲学根据的。因为从原子论来看，死亡的本质是身体的粗糙原子的聚合崩溃了——这就是一个自然事件，有啥可怕的？

反驳者或许会追问：就算这是一个自然事件，那也是我的身体的崩解啊！我的身体是唯一的，我为何不怕？

伊壁鸠鲁主义者的再反驳如下：你既然还活着，那就说明你的身体还没解体，所以对于你而言，死亡这事并不存在；而对于已经死了的人来说，他们也无法怕死了。所以，怕死这事对活人与死人都不重要。

伊壁鸠鲁的这个反驳到底站得住脚吗？我倾向于站不住脚。因为它抽离了时间因素对生死感受的影响。举例来说，**我们之所以怕死，不是因为死亡发生了，而是因为死亡即将发生**。即将发生的可怕之事是最可怕的，正如楼上邻居还没扔下的那个鞋子要比已经扔下的鞋子更可怕。从这个角度看，伊壁鸠鲁似乎遗漏了对即将发生之事的心理学体验的分析。不过，其继承人卢克莱修意识到了这个问题。

卢克莱修：时间是对称的

在卢克莱修看来，时间是对称的，换言之，过去与将来彼此对称，过去一年与未来一年彼此对称，以此类推。因此，若有人怕死，实质上就是怕其在未来某个时刻的不存在状态。但是，按时间对称性原理，他也应该害怕过去，特别是他诞生之前的那个未曾存在的状态。但几乎没人担心过去自己曾不存在这个事实——那么，按照时间对称性原理，他也就没必要害怕未来某个时刻之后自己的不存在状态。所以，人没必要怕死。

有人或许会反驳说：我们为何要预设时间的对称性结构呢？为何个体的生命时间体验不能是射线形状的呢，如以出生或当下为起点，射向未来？伊壁鸠鲁的回答是，这种意识中的时间结构并非是原子运动的时空框架，否则难道一个原子自身也有对未来的恐惧与对过去的记忆吗？既然我们是原子论者，就要尊重原子运动所在的时空框架。换言之，除非人类的信念与习惯可以被还原为原子的组合形式，否则都可以被虚无化——因此，就连人类通常的时间体验，也在可被虚无化之列。

这样看来，如果伊壁鸠鲁主义者连死都不怕的话，那还有什么理由去阻止有些人滥服致幻剂呢？

不怕死不等于要追求死亡

反过来，伊壁鸠鲁哲学的确也有理由支持反对滥服致幻剂。假设伊壁鸠鲁在现代复活，了解到致幻剂除了能够制造幻觉之外，还会造成严重的药物依赖，并导致个人财富的快速流失，那么他很可能会反对滥服致幻剂。道理是，服用致幻剂带来的药物依赖与财富流失问题会导致个人生活变得异常复杂，由此带来的损失很可能不足以抵消致幻剂本身带来的感官快乐。伊壁鸠鲁主义虽然经常被贴上享乐主义者的标签，但这与我们平时所认为的享乐主义不是一回事：**伊壁鸠鲁并不主张感官享受的无限拓展，因为这种做法与自然界赋予人类的机能不相符。**

我们不妨将滥服致幻剂与暴饮暴食作比较。虽然暴饮暴食的生活习惯并不被主流价值观严厉禁止，但依然会在一种微弱的意义上被反对。因为站在伊壁鸠鲁主义者的立场上看，由原子构成的身体机器的运作是有规定的，因此每次进食应当摄入多少食品，也有规定。如果为贪图口腹之欲而破坏自然之道，那就是得不偿失。

但这个说法是不是就与伊壁鸠鲁主义者"不怕死"

的哲学观点相互冲突了？因为害怕贪嘴带来的短命，不正意味着怕死吗？

伊壁鸠鲁主义者可能的回应是，不怕死并不意味着要追求死亡。妄想长生不老是与自然之道相对抗的，而故意缩短寿命的行为同样也是。所以，**享乐主义的真义是在遵守自然之道的前提下享受生活，该啥时候死就啥时候死。**

谈人生哲学总离不开这些问题：人有自由意志吗？什么叫正义？什么叫友谊？虽然其他哲学家（如柏拉图、亚里士多德）也会谈到这些问题，但伊壁鸠鲁主义者会特别在原子论的框架内去谈，因此得出的结论也不相同。

自由意志的本质就是原子的自由偏斜

再来看看和人生更为接近的问题，如伊壁鸠鲁主义是如何看待自由意志的？

传统的哲学理论处理自由意志问题的做法就是**预设心物二元论的存在**，灵魂是一种与身体完全不同的精神实体。所以，如果物质世界存在着铁一般的必然性的话，这种必然性只能够管住我们的身体，管不住我们的灵魂。因此，灵魂就为自由意志的存在提供了担保。

不过，放弃二元论的伊壁鸠鲁主义的解释方案是这样的：我们首先就不能预设，宇宙中诸原子的运动是服从铁一般的严格规律的。原子的运动并不总是直线运动，而是会"莫名其妙地"发生自主的偏斜（并不是那种被其他原子撞开后产生的被动的偏斜）——而这就是自由意志的萌芽。

换言之，人之所以有自由意志，就是因为构成我们的原子有时会不由自主地乱转。 在这里，"自由"二字就意味着我们找不到任何其他原因来解释这样的运作是如何产生的，因为有了解释就等于找到了规律，这也就不是自由意志了。

限于当时的科学知识水平，伊壁鸠鲁所说的偏斜的真正含义的确让人感到莫名其妙。但我们也可以认为，伊壁鸠鲁再次天才般地预见了现代物理学的主张。根据现代物理学的观点，原子由原子核与电子构成，电子是按照一定的几率围绕原子核运动的，而不是像行星围绕太阳那样进行有规律的运动。从这个角度看，随机性的确是物理世界的根基。

但一个新问题是，为何物理世界的随机性会与人的自由意志相关呢？伊壁鸠鲁主义者的回应可能是，**既然人本身也是一个物理系统，那么物理世界的随机性就会进入人的决策系统，构成自由意志的基础。** 但这样的论证有一个预设，即随机性与自由意志是差不多的概念。

但真是这样吗？说电子是自由的，多少有点让人感觉不对劲。真正的自由，似乎还需要别的要素参与，特别是对选择的合理性的意识（也就是知道自己是基于怎样的理由而作出当下的判断的）。难道我们能够在电子内部找到这些意识吗？

对此，伊壁鸠鲁主义者的回应或许是，**难道你们所看重的那种"高大上"的自由意志，真的就不是随机性改头换面后的结果吗？**譬如，两个男生追一个女生，女生也很犹豫，不知道选谁，而最后选择的结果，难道不只是女生心中的一念之想吗？至于选择的理由云云，都是事后诸葛亮罢了。

享乐主义者有资格谈社会正义吗？

我们已经知道，伊壁鸠鲁主义的人生哲学带有浓郁的享乐主义色彩，那享乐主义者有资格谈论社会正义吗？从柏拉图式的理想主义立场上看，这似乎很难；但从伊壁鸠鲁主义者的立场上看，享乐主义完全可以与社会正义携手并进。他们的具体想法是，享乐主义不反对张三去享乐，也不反对李四去享乐，但如果张三与李四发生冲突怎么办？答案很简单：定下社会契约，从此井水不犯河水，大家各做各的。若一个社会能做到这一点，社会正义就实现了。

以上观点就是大名鼎鼎的《社会契约论》的最早版

本。这种观点也体现了西方各国目前流行的一种被称为"消极自由"的自由观,即只要我不妨碍别人,干啥都行。

这种自由观貌似符合很多人的道德直觉,但却回答不了这样一个问题:我们如何基于这种观点对滥服致幻剂的行为提出批评?很多秉持这种自由观的人完全可以说:我服用致幻剂碍着你了吗?你为何管我?

关于伊壁鸠鲁主义者应当如何应对上述问题,前文已经从正反两个角度进行了讨论。下面则试图运用社会契约论的框架来进一步给出伊壁鸠鲁主义者反对滥服致幻剂的理由。

不难想见,伊壁鸠鲁式的社会契约论对自由的定义——"在不妨碍别人的前提下可以做任何事情"——本身是有歧义的,因为关于什么叫"不妨碍别人",不同的人有不同的看法。譬如,滥服致幻剂真的不妨碍别人吗?我们马上就能想到两个反驳:

其一,滥服致幻剂会大大增加服用者造成交通事故的风险,这就威胁了他人的生命安全。

其二,致幻剂在全社会的泛滥会导致社会的经济运转出问题,这就威胁了他人长期的经济安全。

不过,敏锐的读者或许会指出,对他人的长远利益的关心,似乎预设了我们对未来的关心超过了对过去的关心,而这一点又与卢克莱修主张的时间对称论有矛盾。但我认为,伊壁鸠鲁主义者依然有理由消除这个矛盾，他们会说，我之所以要关照别人的利益，不是因为我关心他们的未来，而是因为对他们的关心有助于增加我当下的快乐。而这一点最后又涉及伊壁鸠鲁主义对友谊的看法。

友谊的价值：独乐不如众乐

其实，伊壁鸠鲁式的社会契约论就已经包含了对友谊的指涉。试想：为何我一定要在关照自己时也照顾别人的感受呢？一个可能的答案是，你若不考虑别人享受的权利，别人就会对你进行报复。但假设你的力量足够强大，不怕别人报复呢？这时还要不要考虑别人享受的权利？

在伊壁鸠鲁主义者的立场上看，此刻我们依然需要考虑到别人享受的权利！因为与朋友分享快乐这件事本身就能使自己的快乐倍增，而独自一人感到快乐则是非常无聊的。这种观点就引出了友谊的重要性——**所谓友谊，无非就是一种能使快乐得以被分享的社会关系**。此外，像亚里士多德那样将友谊与城邦德性相联系的友谊观，也是伊壁鸠鲁主义者所排斥的。因为在他们看来，这种正统友谊观的政治负载太重，会让交友成为负担。换言之，若要与伊壁鸠鲁主义者交朋友，你最好别谈工作与政治，而要多谈美酒与螃蟹。

斯多葛主义：
当一切命中注定，我们还要勇敢吗？

实际上，在古希腊和古罗马时代，伊壁鸠鲁主义一直在遭受另一个唯物主义思想流派——斯多葛主义（the Stoics，或被译为"斯多亚学派"）——的批判。前面提到，斯多葛主义的创始人是芝诺，整个学派则因在雅典集会广场的"门廊"（Stoa Poikile）聚众讲学而得名。斯多葛主义的主要代表人物有演说家西塞罗、尼禄皇帝的老师塞涅卡、出身于奴隶的爱比克泰德、罗马帝国皇帝马可·奥勒留、克里斯普等。由此看来，这个流派竟然同时囊括了奴隶哲学家与皇帝哲学家！为何一种同时"俘虏"了最没权的奴隶与最有权的皇帝的哲学思想，竟然是虚无主义呢？

概而言之，虚无主义在此表现为"对改造世界的欲望的克制"。道德激情与嫉恶如仇在斯多葛主义这里是找不到的。斯多葛主义者典型的心理学特征是"宁静致远"，绝不会在任何一种场合下怒发冲冠。

可奴隶出身的哲学家会失去改造世界的欲望还说得通，而像奥勒留这样的皇帝哲学家，为何也会有对人生的无力感？道理很简单，奥勒留是一位人生经历颇为坎坷的皇帝，他在公元 161 年坐上皇帝宝座时，心里也不是特别乐意，甚至还曾一度试图与别人分享帝王权力。他本人的梦想是研究哲学，但是皇帝的职责却逼着他征讨四方，最后他不得不过上那种自己讨厌的生活。由此看来，皇帝的虚无感或许还超过新被解放的奴隶。奴隶毕竟会说：我在不久之前还是奴隶，自然没有改变世界的欲望，这很奇怪吗？皇帝则不然。如果你大权独揽，却依然变成了那类自己最痛恨的人，你难道不会更加觉得世界荒谬吗？

那为何在这种情况下，一个皇帝就必须拥抱斯多葛主义而不是伊壁鸠鲁主义呢？试想，奥勒留毕竟是罗马帝国"五贤帝"之一、天下之道德表率。作为皇帝，倘若他带头宣扬伊壁鸠鲁式的享乐主义，会不会太古怪？而斯多葛主义恰好是一种处在亚里士多德式的典型保守主义与伊壁鸠鲁式的典型虚无主义中间的立场。尽管在亚里士多德看来，斯多葛主义依然是虚无主义，但在伊壁鸠鲁看来，这个学派已经有点反虚无主义了。而我个人将斯多葛主义归为**温和版本**的虚无主义。

另外，甚至与皮浪式怀疑主义相比，斯多葛主义的虚无主义色彩也算比较淡，这主要体现在：第一，皮浪主义拒绝给出一种对自然的本质的断言,而斯多葛主义却与伊壁鸠鲁主义一样,有一种针对自然之本质的系统化学说;第二,皮浪主义的典型心理画像是"冷漠",而斯多葛主义的则是"宁静",即只是不轻易表露是非罢了,不是悬置是非。

宁静的人往往能够笑对痛苦。增加对痛苦的忍受力,这也是斯多葛主义的第一人生哲学要义。

面对必然会发生的痛苦,应当坦然接受

在西方人生哲学的脉络中,斯多葛主义与宿命论这个标签有着密切的关联。在斯多葛主义者看来,我们应当坦然接受各种必然到来的痛苦,因为世界上所有事情都是命定的(这也是斯多葛主义的教义)。如果痛苦发生在你身上,这也是世界上所有必然发生的事情中的一件。所以你得接受痛苦,因为与必然发生的事情较劲是不理智的。

很显然,按照这种人生哲学,我们必须时刻做到遇事不怒、心如止水。若你看到有人贪你的钱,你也不要愤怒,因为贪污也好,你被伤害也罢,这都是世界上必然会发生的事情,你必须接受。其实,这种哲学思想对中国人并不陌生,俗话说"吃亏是福"就是如此。说到这里,我们应当理解了为何斯多葛主义会成为罗马帝国的官方哲学了吧！因为这一学说能降低帝国的管治成本——大家都去接受痛苦了，谁还会冒险去做陈胜和吴广呢？

为何我们要接受宿命论？

斯多葛主义这种"将痛苦当成巧克力来吃"的理论毕竟是建立在宿命论之上的，但我们为何要接受宿命论呢？

为了理解这一点，可以将不接受宿命论的伊壁鸠鲁主义的理路作为参考。在伊壁鸠鲁主义者看来，偶然性在物理世界中是以原子偏斜的方式存在的，而既然人类自身也是由原子构成的，那么人类的行为与人类个体之间的互动也存在着大量的偶然性。那既然作为唯物主义者的伊壁鸠鲁主义者并不认为世界中发生的一切都是命中注定的，那么为何同样作为唯物主义者的斯多葛主义者会接受宿命论呢？

二者产生分歧的根本原因，是他们各自不同的宇宙模型。在伊壁鸠鲁的宇宙模型里，除了不同种类的原子与虚空之外，没有任何别的东西，这种宇宙论模型基本是机械主义的。但斯多葛主义的宇宙模型则是有机的，换言之，整个宇宙都是一股混沌的元气。不过，这里所说的"气"的内部依然有积极的形式原则与消极的质料原则的对立。积极的形式原则往往被视为神的作用；消极的质料原则则被视为水、土、气、火四种要素相生相克的作用，并定期会在一场大毁灭中彻底被摧毁，然后周而复始地创生出来。

宿命论与自由如何共存？

但斯多葛主义的这一理论似乎冒出了一个大破绽：一方面，根据宿命论，世界上发生的一切都是注定的，因此人类个体应当没有自由；另一方面，根据斯多葛主义的观点，我们应该接受斯多葛主义的教导，学会忍受并且享受痛苦，但这就预设了我们可以选择接受斯多葛主义，或选择不接受，也就意味着人类个体是有自由的。

斯多葛主义者的化解办法，是重新定义自由并使其与宿命论并行不悖。方案如下：

> 传统的"自由"：自由的本质就是完全脱离因果链条的控制的特殊存在样态——处在这种存在样态中的事件没有所谓的"前因"决定其发生。

很显然，这样的自由观念无法与宿命论相容，因为根据宿命论，任何事件都受到了前因事件的限制与影响。

> 斯多葛主义的"自由"观：自由是指任何不受到外力的胁迫而发生的事件所具有的存在样态。

以车轮的滚动为例，我们为何说车轮的滚动是自由的？这当然不是说车轮的运动不受物理规律的制约，相反，恰恰是在惯性与静摩擦力的作用下，车轮才能继续滚动。这也就是说，按照传统对自由的定义，车轮的滚动依然是不自由的。或者说，按照传统的自由观，区分车轮的自由滚动状态与不自由滚动状态是没有意义的。尽管如此，我们似乎在日常生活中依然会区分车轮的自由滚动状态与不自由滚动状态——这就说明我们作出这种区分的理由并非基于传统对自由的定义。那在什么情况下，我们可以说车轮的滚动是不自由的呢？譬如，当车轮撞上路障、陷入泥地时，我们就说车轮的滚动不自由了——反之，其滚动就是自由的。这也就是斯多葛主义的自由观：**只要一个对象的运动趋势没有遭遇突然侵入的新外力的干扰，其运动就是自由的。**

但心灵的自由也是这样一回事吗？其实也是。若按照传统的自由观，你的心灵是永远无法获得自由的，因为尽管从表面上看，你既可以选择接受斯多葛主义，也可以选择不接受，但无论你接不接受，都有一套对应的因果机制来说明你为何作出这种选择，从而使你的行为无法真正地自由。但斯多葛主义者一下子降低了自由的门槛：你若接受斯多葛主义，你的心灵就不受外力的控制了，由此你就获得了自由。而只要进入了这种自由状态，生活中的任何外部打击都不能干扰你内心的平静了。

以淡然的态度，接纳必然的痛苦

斯多葛主义的哲学修炼的另一个关键环节，就是学会忍受痛苦。请注意，忍受痛苦，既不是逃避痛苦，也不是主动追求痛苦，因为这二者都预设了带来痛苦的事件是可以逃避或追求的。但在斯多葛学派看来，痛苦若到来了，就是必然到来的，无法被回避或追求。而我们唯一能做的就是接受痛苦，并以淡然的态度处之，由此减少其带来的心灵冲击。

怎么做到接受痛苦呢？一个很重要的办法，就是**预见痛苦必然到来的命运**。以奴隶出身的斯多葛主义者爱比克泰德为例，他在做奴隶时曾被主人虐待，腿部遭到重击，他挨打的时候就对主人说："主人，再打我的腿就要断了啊！"主人还是打个不停，结果他的腿真断了。然后他就说："主人啊，我的腿真断了！——正如刚才我已告诉你的！"很显然，爱比克泰德已经预见了他断腿的命运，这种预见能让他做好心理准备并面对冲击。这就好比意识到会被敌军鱼雷袭击的船员会预先作出防冲撞的保护性动作，以减少身体受伤的概率。

我们从这个故事中可以引申出一个斯多葛主义的"心灵宁静大法"：**能够干扰心灵的，不是对外部事件的感觉或印象，而是对外部事件的印象的判断**。也就是说，如果你能够预见这些事件并将这些事件视为必然发生的，那么它带来的感觉或印象所产生的不适感就会被减到最低限度。而这就意味着你的自由会被提升到最高程度。

但上述说法显然已经从认识论的角度区分了"印象"与"判断"。印象就是纯感觉，如当你看到有一条类似狗的动物在你面前狂吠，你看到的这个毛茸茸的东西，以及所听到的汪汪汪的叫声，就是你获得的印象。那什么叫判断呢？你得进一步了解，这一印象代表的到底是真狗，还是被精心伪装成真狗的机器狗。很显然，此类判断能改变你的行为。如果你判断这是机器狗，你就会作出这样的行为：不能喂水给它喝，因为这会导致其短路。同样的道理，对于已经被接受的痛苦的印象，你的判断也会导致对印象本身的意义的彻底改观。譬如，爱比克泰德若预见他命中注定就有"腿被打断"这一劫难，那么他就能以更积极的情绪面对这种肉体疼痛。

斯多葛主义者这种"笑对痛苦"的态度使其并不会对造成自身痛苦的外部力量发起挑战，正如爱比克泰德就不会像斯巴达克斯那样去挑战奴隶制。那么，这会不会使得斯多葛主义者的行为模式与主张随波逐流的皮浪主义者一样呢？

斯多葛主义与皮浪主义的异同

在行为模式上,斯多葛主义者的态度与皮浪主义者既有相同,也有不同。下面就通过一个生活中的案例来详细说明。假设"小葛"代表信奉斯多葛主义的白领,"小浪"代表信奉皮浪主义的白领,两个人各自捧着一堆重要文件从公司二楼的走廊里迎面走来。这时,一个冒失鬼乱跑,将两个人接连撞倒,结果两个人手里的文件被弄得满天飞,不少飘到了一楼。面对这种糟糕的现场,小葛与小浪各自会怎么做?

小浪应当不会太惊慌。他的理由是,虽然我已经看到这些文件"漫天飞舞",但是对这些麻烦导致的后果是什么(如会不会因此惹怒老板,使我丢了工作),我能下本质判断吗?不能。未来是怎样,我们要将其悬置起来。所以,我为何要感到紧张呢?

小葛也不紧张,但理由不一样。他的思路是,很显然,那个人是突然从我后面撞击我的,试问:我的脑后长眼睛了吗?没有,所以我必然躲不开这一劫。而文件被撞击后被弄得满天飞也是必然的事情。我若对这种乱局感到紧张,也不会对事情的改善产生哪怕一点点的帮助。与其如此,不如一边捡起二楼走廊地板上的文件,一边叫一楼的同事帮着整理散落的部分。那我需不需要担心老板会开除我呢?——不用,理由是,如果我预见他不会开除我，显然我就不用紧张（这不用解释）；但如果我预见他会开除我，我依然不用紧张，因为如果老板因为这么小的事就开除我的话，那我就应当能够预见他还会因为别的小事开除我。这样小肚鸡肠的老板为何还值得我留恋呢？

由此看来，小葛的态度要比小浪积极一点，因为在出事之后，他至少能更积极地面对问题，尽量减少损失。不过，对于整个社会的宏观运作机制，他依然表现出了一种无力感。毋宁说，**斯多葛主义者的心理机制是防御性的，他们试图将心灵筑成一个城堡，将理性对必然性的把握当成城墙，以此来减少外部突发事件对城堡内部的影响。**这与儒家面对痛苦的态度非常不同。孟子说："故天将降大任于是人也，必先苦其心志，劳其筋骨，饿其体肤，空乏其身，行拂乱其所为，所以动心忍性，曾益其所不能。"虽然孟子在此也主张拥抱痛苦、笑对苦难，但他认为这样做最终是为了成就更大的功业以改变世界。

当一切命中注定时，我们还要勇敢吗？

由此我们便不难理解，为何"勇敢"并不是斯多葛主义者所强调的一种德性——尽管柏拉图与亚里士多德都很看重勇敢这一品性。其背后的道理是，勇敢的本质就是敢于为了正义的彰显而面临遭受损失的风险。这也就是说,勇敢的前提是我不知道我的投入是否有回报,但我依然义无反顾地投入力量。但在斯多葛主义者看来,既然宇宙中发生的一切都是有宿命的,那我为何还要为了命中注定的事情而积极地投入呢?这会不会导致"希望越大,失望越大"的局面呢?若真如此,心灵的平衡又如何维持呢?

另外,我们也可以从历史社会氛围的角度来理解斯多葛主义对"勇敢"的边缘化。斯多葛主义被接受为罗马的官方哲学时,罗马的武力拓展期已经基本结束。原本以自耕农为主体的罗马兵团已经大量被"包工头化",大量蛮族战士为了钱而成了新的帝国军人。在这种情况下,公民自身的武德已毫无用武之地,不少罗马公民都靠诸如埃及这样的海外行省的供养过活,却把战争的风险转嫁给外籍兵团。在这种情况下,再去强调勇敢的意义就会显得不合时宜。同时,罗马社会的阶层固化现象也日益明显,奋斗的意义也越来越不被彰显,这也使得斯多葛主义的思想有了社会土壤。

类似的分析也适用于当代社会。比如,20世纪80年代,我周遭的知识界的气氛是以柏拉图主义或理想主义为主要基调的,很多人都对高尚的社会理想在未来的实现充满希望——这一点今天的年轻人恐怕已经很难理解了。但随着阶层固化的问题日趋明显,"拼搏不如拼爹"的声音开始占据上风。对于力量微薄的个体而言，社会日益成为一台无法干预的庞大机器，于是很多人选择"躺平"。这种情况非常容易催生一种不同版本的斯多葛主义：我无法干预不公，但是我的理智似乎又足以使得我预见不公，所以我减少自身痛苦的方法就是将这些不公视为常态，并由此抑制按照理想主义的模板去改变世界的欲望。

斯多葛主义并非是阶层固化时代的唯一的思想得益者，皮浪主义、现代犬儒主义与伊壁鸠鲁主义也会趁机占据各自的生态位。换言之，不同个体会因为自身的经济社会地位与知识储备的不同，采取不同的虚无主义立场来保护自己的心灵。有希望获得更多社会资源且德性堕落的人或许会采取现代犬儒主义的立场：不问是非，拿钱办事，做一个精致利己主义者；已经获得一定社会资源且德性尚可的人或许会采取伊壁鸠鲁主义的立场：一方面享受人生，另一方面也通过社会契约论来规范人与人之间的行为，做到"乐而不淫"；而没希望获得足够社会资源的人则会采取皮浪主义的态度：反正社会真相对他们也没意义，所以他们干脆完全悬置，做"浮萍人"。

而哪些人会选择成为斯多葛主义者呢？往往是那些具有较高的知识储备与社会经验，能够理解社会运作但又无力干涉其运作的人。各位是不是能被归类为斯多葛主义者，则请自行判断。

塞涅卡主义：到底什么是愤怒？

今天，不少朋友会因各种原因感到愤怒。不过，很多时候，失控的情绪会将事情变得更糟。要了解到底什么是愤怒、如何克制愤怒，斯多葛主义可以给我们作一番解答。

斯多葛主义宇宙图景中的理性存在者

前文已介绍了斯多葛主义的宇宙论模型与心灵模型，并大致讨论了斯多葛主义是如何从上述理论模型中推出宁静致远的人生哲学态度的。概而言之，斯多葛主义认为整个世界就是一个神，它燃烧、熄灭、再燃烧，不断循环。在这样的一个宇宙图景中，理性的存在者就分成了三个等级。

第一个等级就是朱庇特（对应希腊神话中的宙斯），他有完整的理性，即对必然性的全部认识。

第二个等级是比朱庇特法力稍差的神,如天后朱诺(对应希腊神话中的赫拉)、海神尼普顿(对应希腊神话中的波塞冬)、智慧神密涅瓦(对应希腊神话中的雅典娜)、战神玛尔斯(对应希腊神话中的阿瑞斯)、美神维纳斯(对应希腊神话中的阿佛洛狄忒)等。这些神只能对世界的特定面相(如海洋、智慧、战争、美等)有必然性的认识。

而第三个等级的理性存在者就是人类。人类是一种有两面性的存在,对此有两种表达。

第一种:一方面,人是世界秩序的一部分,受到宇宙法则的支配,因此人的作为,朱庇特是知道的;另一方面,人有自由意志,可以决定自己的行为。

第二种:人一方面是理性的,另一方面则是非理性的。譬如,我们被伤害之后产生的愤怒会蒙蔽理性,让我们通过报复再去伤害别人。所以,我们要提高自己理性认识的水平。

这里需要注意的是,斯多葛主义的理性,自有其含义。在柏拉图的思想光谱中,"提高理性的认识水平"多指逻辑与数学思维水平的提高,以及在此基础上的哲学对话技术水平的提高;而斯多葛主义所说的提高认识,**其重点是要深刻意识到每个人都是宇宙秩序的一部分,因此,如果你被别人欺负了,那就是被宇宙秩序的另一部分欺负了。因为宇宙秩序的那个部分与你之间的**

界限是不清楚的,所以也可以说,你被你自己的某种衍生形式欺负了。既然如此,你为何还要因为被自己欺负了而怄气呢?

有人或许会说:上面这种制怒之法实在是太形而上了,对一般人不管用。好吧,下面我们就请出或许更管用的"塞涅卡制怒百宝箱",这也牵涉到了斯多葛主义者塞涅卡的作品《论愤怒》。

愤怒是判断出来的,而不是自然涌现的

卢修斯·阿奈乌斯·塞涅卡(Lucius Annaeus Seneca,约前4—65)是古罗马时代著名的哲学家、政治家、剧作家,生于罗马帝国西班牙行省科尔多瓦。他曾任尼禄皇帝的导师兼顾问,62年因躲避政治斗争而隐退,但仍于65年被尼禄逼迫以切开血管的方式自杀。

他在书中提出的第一个问题是,到底什么是愤怒?

先来看一个例子:你在光天化日之下看到非常严重的犯罪行为正在发生,你大概会感到义愤填膺。塞涅卡认为,这是无法控制的自主反应,类似膝跳反应。他不想就这种自主反应作出评判,因为这是宇宙秩序的一部分,类似人吃饱饭会打嗝一样。但按照塞涅卡的标准,此刻你心中燃起的怒火还不是愤怒!

真正的愤怒指的是上述感觉所催生的这样一种想

法：我得好好教训一下这个作恶的人！换言之，**愤怒必须有对报复对象的清楚的指向和意向。**

很显然，塞涅卡对愤怒的定义是对斯多葛主义的一般认识论观点的拓展。按照斯多葛主义的一般认识论观点，印象与判断不是一回事，我们的灵魂会对感官提供的印象进行再识别与再判断，而愤怒就是这种判断活动的产物。不过，也恰恰是因为愤怒是理性活动的产物，我们才能通过理性活动来克制它。

但我们为何一定要克制愤怒？因为在塞涅卡看来，愤怒是理性的错误运作所产生的错误判断方式。

愤怒到底有用吗？

在塞涅卡看来，理性能让我们发现愤怒是无用的。为了说明这一点，我们不妨先看看那些主张愤怒有用的论点。第一个支持愤怒有用论的观点是，愤怒能够引导报复，而报复则能够提供某种天道的平衡，所以很多民间大侠才会主张惩恶扬善、替天行道。

对此，塞涅卡的反驳是，惩恶扬善没什么问题，但为何一定要在愤怒的情绪下做呢？为什么不在理性的指导下做？比如，我发现有人犯罪，与其在一边发脾气，还不如立即打 110 叫警察来处理。假若本地的司法已经腐败了，那我就更应当冷静思考一下如何解决问题（因为此刻面临的局面无疑更复杂了)。如果我们无法克制住自己的坏脾气,反而很可能会将事情搞砸。

主张愤怒有用论的人或许还会说:至少对于军人来说,愤怒肯定是有用的,因为愤怒能够在战场上凝聚人心。

对此,塞涅卡的回应是,经常与罗马人打仗的日耳曼人就非常容易愤怒,但照样打不过罗马军团。因为罗马军团之所以经常打赢,靠的主要是纪律、战术与兵器方面的优势。而要发挥这些优势,难道首先不是靠理性、冷静和服从吗?愤怒有用吗?很显然,塞涅卡的上述论证更适用于现代战争,因为其对科技与军事人员的专业素质的依赖性更大,沉着冷静也是现代军人应当具备的心理素质,没事大喊大叫反而是不成熟的表现。

主张愤怒有用的第三个观点是,愤怒能够引发对不义行为的暴力惩罚,让乱臣贼子感到畏惧。这当然不是说理性不能引导报复,而是说若仅仅以理性的方式报复,对坏人的震慑力度还不够。

塞涅卡却恰恰反对这个说法。在他看来,愤怒所诱发的暴力会蒙蔽理性,让愤怒者过分地估计现状的严重程度。这样一来,愤怒者就没有头脑思考下面的问题:为了解决当下的难题,还能依赖哪些潜在的同盟者?或者说,在所谓的敌人阵营之中,有哪些人是可以被争取的?比如,在《三国演义》中,面对董卓之暴虐,伍孚就在愤怒的支配下采取了"直接刺杀董卓"的简单对策，结果刺杀不成，自己却丢了命；王允则在理性的支配下，用反间计破坏了董卓与其义子吕布的关系，并在将吕布争取到自己一方后，从内部攻破了董卓的堡垒。很显然，王允的作为才是符合斯多葛主义的。

现在，我们已经知道了制怒的好处，但如何培养制怒的心理力量呢？答案就是要从娃娃抓起。

培养孩子的制怒能力：生活消除攀比、评价实事求是

为何制怒训练要从娃娃抓起？因为人的脾气是从小形成的，小时候就养成了轻易动怒的习惯，大起来就难改了。

培养孩子的制怒习惯显然首先是家长的责任。但家长又该如何着手训练孩子的性情呢？在塞涅卡看来，愤怒往往缘起于心灵的不平衡状态，而为了消灭愤怒的种子，家长就要注意不要让孩子的心灵出现种种不平衡。为了做到这一点，最重要的举措就是不能让孩子有攀比心理——比如，让孩子意识到别的孩子的吃穿要比自己的好，而这种意识本身就是催生愤怒的温床。因此，家长就要彼此达成默契，让各自的孩子在吃穿待遇上类似，由此培养真正的友爱精神。

但问题是，有些家长就是比较富有，按照塞涅卡的上述观点，难道这些家长就必须要装穷，不让孩子知道

父母是富人吗？

这并不是塞涅卡的真实主张。在他看来，父母要让自己的孩子成为诚实的人，不要撒谎——而故意隐瞒自己的富人身份就是撒谎。毋宁说，富人家长培养孩子的正确路径并不是藏匿财富，而是不让孩子有对过多财富的处置权，并用这个方式让孩子的实际生活水平与一般孩子类似。由此，其子女也能被培养出这样一种平和的性格：即使我知道家里有矿，也能安心啃着便宜的汉堡，与周围人打成一片。

除了在生活待遇的问题上要培养孩子的平衡心态之外，家长在评价孩子的行为时还要注意措辞，做到恰如其分，不过分赞美，也不过分贬损。在塞涅卡看来，唯有如此，才能让孩子客观地认识到自己的优缺点，并由此理解宇宙秩序的客观性——而有这种理解力的人才不太容易愤怒。

上面的制怒训练主要是针对孩子的。至于成年人，塞涅卡还有什么亡羊补牢之策吗？

不要那么容易相信坏消息

恐怕很多人都听说过"墨菲定律"：若某件事有变坏的可能，那么不管这种可能性有多小，也总是可能会发生的。这显然是一种很容易让人对未来产生悲观情绪的论调。

塞涅卡的想法却没有那么悲观。在他看来，若一个人听到任何坏消息就被弄得六神无主，好像明天就是世界末日似的，这就证明了他理智上的不成熟。实际上，即使是坏事情的发生与发展，也都要经过一定时间的酝酿，其间会不会发生什么别的事情与之对冲，也是说不准的，更不消说有些坏消息本身可能就是信息迷雾的一部分，未必是对客观事实的反映。总之，一个成熟的成年人会"让子弹再飞一会儿"，再作出最后的决策。

不要让小事左右你的心情

再来看下一条针对成人的制怒训练法则：勿让小事左右你的心情。不得不承认，我们现在生活在一个充满戾气的时代，很多人都会因为一点点小事（如在地铁上被人踩了一脚）而怒发冲冠。网络上，此类戾气积累得就更多了，很多人都因为一些与自己无关的事情而互骂不止。

但在塞涅卡看来，如果你总是被小事左右心情的话，就说明你是个软弱的人，成不了大事。反之，如果你是个心智坚强、心怀大志的人，你就会想：现在我的脚被别人踩一下这事，会对我立即要做的一件更重要的大事（如参加一次很重要的求职面试）产生本质性的影响吗？如果答案是否定的，为何我要因为这件小事破坏心情，反而误了后面的大事呢？

有人会说，即使我不理睬这些小事，但在一些更重要的竞争中因为遭遇不公而失败了，我还能愤怒吗？

要全面分析你眼中的"不公"

塞涅卡认为，在我们遭遇到所谓的不公时，不妨冷静思考一下：**这到底是真正的不公平，还是仅仅因为某件事情的发展与自己的期望不一致而产生的某种主观的"不公感"呢？** 我们切不能低估后一种可能性的概率。因为人类都有自爱的倾向，因此在我们遇到挫折时，往往会把责任推给外界，认为世界很黑暗，自己则非常无辜。在这种情况下，塞涅卡则劝导我们进行反向思维：为何不能想一想自己过去所获得的那些成功与荣誉呢？难道这里面就没有一点点运气的成分吗？若的确有运气的成分的话，这对当时与我竞争的其他人就公平了吗？想到这里，我们或许就不会斤斤计较于当下的失败了。反正运气这东西，总不能被我一个人给占了吧？

有人还会说，上面说的仅仅是我们该如何面对自己的失败，但面对别人在工作中犯下的愚蠢错误，我们又该如何制怒呢？

在塞涅卡看来，如果你看到别人犯下了一个看似很愚蠢的错误，也别发火。譬如，一个公司主管看到下面一个新手犯了低级错误，他不妨这样想：我自己也是从公司基层一步一步做上来的，难道自己作为新手时就没犯过此类错误吗？我骂他，不就等于在骂当年的自己吗？这样一想，当事人的心态就会趋向平和。

上一次的愤怒，带来了什么？

这是关于如何制怒的最后一条法则：想想上次愤怒带给了你什么。你或许会想起，你在上次夫妻吵架时摔坏了一个限量版的马克杯，事后你对这事还一直非常懊悔呢！若想到了这一点，为何你现在还是不能忍住自己的怒火呢？

以上就是塞涅卡的制怒百宝箱。听上去是不是很像心灵鸡汤？但请注意，塞涅卡是反对做老好人的，他也主张对坏人进行惩罚——只是他特别强调惩罚要在理性的支配下进行。另外，塞涅卡本人就是"帝王师"，因此，他的制怒宝典首先是献给帝王或者是各级领导者的。对于领导人来说，暴怒后作出的决策，其往往质量很糟糕，这就会给国家或各级共同体带来危害。因此，制怒就应当成为帝王修养的重要内容。很可惜，塞涅卡自己的弟子尼禄恰恰成了一个喜怒无常的君主，最后竟然还逼死了塞涅卡本人。世事无常，莫过于此。塞涅卡用自己悲剧性的结局，向我们充分诠释了何为"虚无主义"。

仰望星空的普罗提诺主义

斯多葛主义是所有虚无主义流派里最不典型的一种,但它依然不能脱离虚无主义的范畴,因为它往往淡化对阶级、贫富差距、文化冲突、民族冲突的讨论,而喜欢空谈修身养性,这就会使得社会的真正病症逃过我们的审视。但关于如何在个体层面上进行修身养性,他们的确开发出了一套系统的说辞,所以,对于促进社会氛围的和谐来说,斯多葛主义还是能起到积极作用的。不过,斯多葛主义已经跨在了虚无主义的门槛上,再往前一点,就会滑向更彻底的虚无主义——比如,作为新柏拉图主义代表的普罗提诺哲学。

先看看普罗提诺本人的生平。普罗提诺(Plotinus,204—270)出生于埃及,青年时在亚历山大港求学,并一直在那里居住到39岁。他的老师是柏拉图学派成员安莫尼乌斯·萨卡斯。大部分关于普罗提诺的记载都来自他的学生波菲利所编纂的普罗提诺的合集——《九章集》——的序言中。实际上,没有波菲利的工作,普罗提诺的思想很难流传下来。

普罗提诺主义、柏拉图主义与犬儒主义之间的关系

我们或许会感到奇怪:普罗提诺哲学既然是新柏拉图主义的代表,它又怎么可能属于虚无主义阵营的呢?原始版本的柏拉图主义难道不正好是虚无主义的对立面——理想主义——的代表吗?

我们不妨先看看原始的柏拉图主义为何是反虚无主义的。柏拉图主义的核心思想是理念论,其核心哲学比喻是洞穴之喻。按照此喻,我们所感知到的一切都是我们在洞穴里看到的理念的投影,所以我们要走出洞穴,根据理念世界提供的完美规范去要求我们生活的方方面面。请注意,依据这套哲学说辞,柏拉图并不仇恨俗世,因为俗世中的万事万物本来就是通过"分有"理念而形成的,所以柏拉图主义者就应当去热爱作为理念之模仿物的万事万物。也正因如此,柏拉图笔下的苏格拉底幽默风趣、善于交际、十分入世。若朝着这个方向再往前走几步,柏拉图主义就非常容易变成强调理想必须与生活融为一体的亚里士多德主义。

不过,新柏拉图主义——特别是普罗提诺主义——是向着与亚里士多德主义相反的方向来发展柏拉图主

义的。具体而言，普罗提诺主义者并不试图强调俗常世界与理念世界的对应关系，而是强调理念世界是如何超越俗常世界的，甚至把理念进入俗常世界的过程看成是一种堕落。由此不难想见，普罗提诺主义者这种对俗常世界的边缘化，最后会导致其丧失对现实生活基本的兴趣。

但一种对现实生活不感兴趣的哲学，难道还能叫人生哲学吗？答案是肯定的。实际上，一个人不管信仰哪种哲学体系，甚至是一种对现象生活不感兴趣的哲学体系，这些哲学观念多少都会改变他的生活。以犬儒主义为例，犬儒主义者对物质利益的不关心，最后也导致了"苦行"这种具体的人生哲学实践方式。

那么，普罗提诺主义是不是就是犬儒主义的某个变种呢？从外部表现看的确如此。普罗提诺本人就因为忽略自己的健康而有了皮肤病，人整天臭烘烘的。这生活作风的确有点像不爱洗澡的第欧根尼。但普罗提诺主义与犬儒主义背后的理路不一样：犬儒主义的基调是抓住自然感受、放弃社会规范；而普罗提诺主义的思想则是抓住"太一"，由此忽略社会规范。换言之，二者的理论抓手不一样。

那何为太一呢？

太一：柏拉图理念的升级版

我们知道，柏拉图的理念有不同等级，有狗的理念、马的理念，也有与美、善、正义相关的理念。但有一个问题我们还没来得及讨论：这些理念之间的关系是什么？它们究竟是同一个理念的不同面相，还是彼此相对独立却依然有着等级关系呢？这个问题在柏拉图的《巴门尼德篇》中得到了回答。而作为新柏拉图主义者的普罗提诺将这所有的理念全部打包，说成是一个超级大理念——太一，也就是柏拉图的洞穴之喻中的那个大太阳。由此看来，普罗提诺非常重视"一"这个数字，在他看来，万物归于一的哲学，才是一种真正大一统的哲学。

为何普罗提诺如此看重"一"？从心理学的角度看，人类具有对"不期而遇的变动"的天然恐惧，并具有对某种"心灵平衡状态"的天然憧憬。那么，人类又该如何在乱世中获得心灵的宁静呢？

面对这个难题，斯多葛主义的应对方法是，我们可以通过一种非常复杂的心灵平衡术来进行治疗。但问题是，要掌握这套心灵平衡术其实非常不容易。这套技术要求每个个体像优秀的乒乓球手那样，接住命运之神抛给自己的每一个代表噩运的球，如塞涅卡的制怒百宝箱就包含大量如何稳稳接球以保证内心安宁的秘籍。不过，万一球没被接住呢？

相较之下，普罗提诺就提供了一种一劳永逸的方法：从此之后，我们不再需要努力去接住命运之神抛出的任何一个球了——我们干脆不玩这个游戏了。普罗提诺主义者会对每一个球大喊："球啊，你是堕落的俗世的一部分，而我在思考永恒的太一，请不要干扰我！"从这个角度看，普罗提诺主义的人生哲学的要点，是将人生幸福的希望放置到一个与现实无关的超验对象——太一——上去。这就非常接近基督教的想法了：现世的苦难不必挂怀，因为在上帝最后的审判中，所有的苦难都能得到报偿（在基督教的教义与希腊哲学合流的过程中，新柏拉图主义发挥了很大的作用。其实，只要将太一加以人格化，就能将其改造为基督教的上帝）。

但问题是，若普罗提诺仅仅提太一，却只字不提太一与俗世之间的关系，这个理论也未免太缺乏说服力了。好在普罗提诺对此也有话要说。

流溢说：从太一转向现实世界的过程

太一向万事万物的转变，靠的是一个叫"流溢"的过程，这也类似太阳溢出太阳光的过程。

太一溢出自己的第一个环节是理智，但不是人类个体的理智，而是太一自身的理智。也就是诸如柏拉图所说的善、美之类的理念。但即使到这一步，理智也是单纯的，它们又是如何变幻出具有复多性的世界的？

其实，理智所代表的"一"本身也意味着同一性关系，而世界上很多同一性关系都牵涉了"多"。比如，当我们说"3+4=7"的时候，这里既出现了表示同一性关系的等号，也出现了等号两边不同的数学表达。很显然，同一性关系要变得有意义，就需要差异性的协助。譬如你说"E=E"是没意义的，但说"E=mc^2"却是有意义的。从这个角度看，**同一性本身就意味着向差异性妥协的先天可能。**

太一溢出自己的第二个环节就是灵魂。这里的灵魂指的是个体对它自己所不具备的东西的渴望。最高级的渴望就是对理念的次序的渴望；而相对低级的渴望则以美食、豪宅等物质为对象。注意，与亚里士多德对物质的宽容态度不同，普罗提诺对物质的态度非常严苛，理由是，物质的存在阻止我们思考纯粹的太一。更深层的理由是什么呢？在普罗提诺看来，从太一流溢出来的理念——如马的理念——是完美的，是充满各种可能性的。但只要将这理念物质化了，其完美性就会被破坏，因为你遮蔽了从别的角度实现这个理念的可能。例如，很多本来停留在观念世界的经典小说被改编为具有更多感性外观的影视作品之后，其魅力反而不如以前，这也就是因为改编作品对观念的具象化破坏了观念自身对多重可能的包容性。由此也产生了这样一种人生态度：**尽量贬低灵魂对物质的欲望，而要将对太一的凝视作为人生的核心**。

现在，我们就来根据上面的哲学教义，开发出一套普罗提诺式的心灵开导法。

关于太一的心灵提升对话

老师：孩子，你为何苦恼？

学生：我的欲望没有被满足。老师，我摇号买上海的房子，但是又没有摇中。

老师：你欲望很强。

学生：老师，有欲望是坏事情吗？

老师：不是，我没有说有欲望一定是坏事情。有欲望至少说明你已经意识到了自己的不足，说明你要追求外部的更美好、更强大的东西。

学生：老师，这就是我的意思。房子就是我内部没有的，我从头到脚都没有摸出房产证。所以房子是存在于我之外的，比我更强大、更美好的东西。

老师：不过，你的志向要更高远一点，房子总有一天会坏，会贬值嘛。

学生：不会的，上海内环的房子不会跌的。

老师：但钱变成房子了，就会阻碍别的可能性。比如，现在你拿这 1000 万去创业，可以赚更多的钱，或者买比特币，最近比特币涨疯了你知道吗？你要考虑到有更多可能性的存在。

学生：我懂了，您要我别买学区房，而去买比特币。

老师：不，比特币最近跌了。

学生：好，我这就去创业。

老师：你还是没理解我的意思。你如果创业成功了，的确会赚更多的钱，但你又会失去别的东西——你的自由，你的闲暇，你的健康……

学生：那该怎么办呢？

老师：房子是你体内所不具备的东西，但如果你把原本用来买房子的钱留下，钱就具备了成为房产证这一种可能性所不具备的更多的可能性。进一步看，如果你放弃了赚钱的欲望，你就能追求更大、更强、更美的东西了。这些东西不受到任何物质的限制，凝视它的时候，你的欲望中最高级的部分也就得到了最大的满足……

学生：那我凝视的到底是啥呢？

老师：这就是"太一"。

奥古斯丁的人生建议：忘掉钟表的时间吧

普罗提诺的思想之所以被归为虚无主义，其根本原因就在于，它除了有对太一的膜拜之外，缺乏对世俗世界中的其他事项的强烈兴趣。与之相比，作为其理论源头的柏拉图主义的入世色彩要浓郁得多。而像普罗提诺那样从柏拉图主义中引申出虚无主义结论的哲学家，还有接下来要讨论的奥古斯丁（Augustine，354—430）。因为奥古斯丁后来在北非希波做了大主教，所以在哲学史上，他被称为希波的奥古斯丁（Augustine of Hippo），又因为他后来被教会封圣，所以他也被称为圣奥古斯丁（St. Augustine）。

中年开悟的奥古斯丁

奥古斯丁于354年生于北非的塔加斯特城（在今日阿尔及利亚境内）的一个柏柏尔人的家庭。因为此地当时属于罗马帝国，所以奥古斯丁算是罗马公民，他父亲甚至在罗马的官僚系统中混到了一个税吏的位置。奥古斯丁本是摩尼教的信徒，接受善恶二元论。在摩尼教看来，善与恶这两个要素都是彼此不可还原的基本世界成分；而在基督教看来，恶必须被定义为善的匮乏，因此恶无法脱离善而存在。反过来说，如果恶与善能平起平坐，这就意味着撒旦与上帝也能平起平坐了——这显然是基督教不能容忍的。

作为摩尼教徒的青年奥古斯丁放荡不羁，17岁就纳了妾。不过，他30岁时去了一次米兰，遇到了米兰的基督教主教安波罗修，突然就开悟了，思想开始转向基督教（当时，基督教在罗马帝国境内已经得到了广泛传播）。开悟后，他与同居十多年的情人分手了，因为他觉得这种没有得到上帝恩典的男女关系是非常不光彩的。33岁时，奥古斯丁正式受洗成为基督徒，并在34岁回到了北非。42岁开始，他在希波任主教，75岁离世。他最重要的哲学著作是《上帝之城》与《忏悔录》。

美国前总统拜登在就职典礼上就引用了《上帝之城》第19卷第24章中的一句名言："所谓人民就是众多理性动物的集合——这些理性动物因为热爱的事情而相和谐并组成团契（A people was a multitude defined by the common objects of their love）。"这句话的意思说白了就是，人们都因热爱上帝而彼此团结。不过，从某种意义上说，奥古斯丁哲学的虚无主义倾向，也正体现于此。

不论对城邦的爱，只论对上帝的爱

奥古斯丁的这句话是针对斯多葛主义的重要代表之一西塞罗说的（不过，关于他是否是一个典型的斯多葛主义者，多少有点争议）。后者在《国家篇》中借罗马著名军事家西庇阿之口，给出了对"国家"和"人民"的定义："**国家就是'人民之事'；人民指的并不是所有人和大众的集合，而是按照对'正义'的认同和对共同的利益的认识而集合起来的团契。**"

那么，奥古斯丁的说法与西塞罗的差异是什么？第一，西塞罗提到了正义，但奥古斯丁却不提；第二，西塞罗提到了共同利益，但奥古斯丁也没提。这就等于说，奥古斯丁并不关心西塞罗所关心的两件事情：保证公平正义的国家的司法系统，以及保证民众利益的社会经济系统，而只关心对上帝的爱。所以，对于世俗的社会规范来说，奥古斯丁采取的是一种虚无化的态度。

奥古斯丁为何这么想？难道他反对正义吗？

并非如此。毋宁说，他的正义观有点另类。他并不认为背负原罪的人类可以找到真正的正义，人只有在上帝那里才能找到真正的正义。按照此论，凡夫俗子所能做的，也只有通过领会上帝的意思来部分领会何为正义。而在领会这一点之前,首先要解决的问题是如何提升对上帝的爱——若没有这一步,后面的步骤都会变得毫无意义。

在此,奥古斯丁显然提到了上帝世界与世俗世界的差别。这就是所谓的"上帝之城"与"世俗之城"的二元区分。这一区分似乎是柏拉图的理念世界与现实世界的二元论的翻版。不过,奥古斯丁对世俗世界的贬低非常严重,以至于这两个世界之间的界限被绝对化,最终导致他对世俗世界的兴趣更为稀薄。

读到这里,读者会问:奥古斯丁的上述理路不正好与普罗提诺大同小异吗?奥古斯丁又说出了什么属于自己的新东西呢?他的确说出了一些有趣的新东西,就是他用来区分上帝与世俗世界的时间理论。

上帝到底在不在时间里?

我们平常所说的时间大致可以分成三个层次:第一个层次是**心理时间**,即一种被主观体验扭曲过的时间感受。举个例子,有时我们觉得两个小时过得像两分钟一样快(如在看精彩的电影时),有时却觉得两分钟就像两个小时一样漫长(如在看无聊的电影时)。第二个层次,很显然,就是与心理时间相对应的**物理时间**,一般用钟表度量。第三个层次是一个**无时间的永恒的领域**,

如数学规律存在的领域。比如,"1+1=2"的有效性是不受时间的流变的影响的。

在某种意义上,伦理规范与物理时间更有关。为何这么说呢?道理是,伦理规范是用以调节公共领域内的人际关系的,而公共领域显然处于物理时间之中。因此,伦理规范的具体内容往往牵涉对物理时间的指涉,如我们在合同条款中经常看到"乙方必须在六个月之内向甲方提供某产品"之类的话。很显然,按照大多数人理解的方式来度量时间是基本的伦理要求,因为假如每个人都按照自己所理解的时间度量方式来做事,人与人之间的协作就会出现大问题,甚至正常的社会秩序都难以维护。反过来说,任何一个虚无化物理时间的意义的哲学家,都有将整个社会规范的意义也加以虚无化的风险。

而奥古斯丁恰恰就是这样一个哲学家。

奥古斯丁的思路是,这当然不是说物理时间不存在,而是说它在哲学上不具有基础地位——换言之,物理时间属于世俗之城,而非上帝之城。

有人说,凭什么我们要跟着奥古斯丁接受这套古怪的学说呢?他有论证吗?还真有,这得看他的《忏悔录》。他虚无化物理时间的第一步,乃是预设上帝的存在——他毕竟是基督教哲学家。那么,上帝是什么?上帝是一切的造物主。这就冒出了一个问题:上帝创造了物理时间吗?这是个非常麻烦的两难推理,如果你说上帝没有创造物理时间,那么上帝就不是万能的造物主;但如果上帝创造了物理时间,这是不是就意味着存在着某个状态——在这个状态当中,上帝还没有来得及创造出物理时间呢?如果这个状态的确存在,这是不是等于说有一个上帝在创造物理时间之前的状态呢?——请注意"之前"两个字,这本身也是一个表达时间的词。

那上帝到底在不在时间里?无论说在还是不在,似乎都很麻烦。那该怎么办?

第一个方案就是,根本就没有上帝,当然也没有造物主,所以我们也就不用担心上帝如何创造物理时间的问题了。但很显然,作为基督徒的奥古斯丁是不会采纳该方案的。这就引出了第二个方案:保留上帝,牺牲物理时间!

如何牺牲?这就需要一个论证去否定物理时间的存在。换言之,这需要哲学家去追问物理时间的本质。不过,这可不是一个容易对付的问题,用奥古斯丁的话来说:"时间究竟是什么呢?没人问我的时候我倒很清楚,如果有人问我,我反而茫然不解了。"

时间存于心,乃思之展

奥古斯丁的底牌是,**时间本身不是独立存在的,其本质就是心中的思想的延展**。说得更清楚一点,时间就是我们的心灵想出来的东西,因此唯一存在的时间就是心理时间。凭什么这么说?请思考这个问题:过去存在吗?你与初恋的竹马之情,以及你在家乡度过的那些童年时光究竟存在吗?在某种意义上,**它们是否存在取决于你是否能够想起它们。**

与之类似,我们也可以问下面的问题:未来存在吗?你想在明年升职或换套房子,这些在未来才会出现的事情存在吗?很显然,这些事情是通过对未来的筹划而存在的,而"筹划"这一心理活动毕竟是发生在当下的。也就是说,没有当下的筹划就没有未来,未来本身是不存在的。

由此看来,过去与未来发生的所有事情都取决于当下的心理活动。它就像章鱼一样向不同的方向展开触手,由此构成了过去与未来。但不管怎么延展,其根基依然在当下。

对此,有人会说:但我们毕竟是生活在物理时间中的人(否则谁还会去看表呢),奥古斯丁又如何解释这一点?他的解释是,我们其实是通过空间中发生的事件——如斗转星移、钟表运作——来界定物理时间。但这种物理时间毕竟还是基于心理活动,因为能够对这些事件进行观察的,毕竟还是人的心灵的当下活动。所以,"当下"两个字是可以概括一切的。

以上这套说辞,与上帝又有什么关系?

现在我们已经肯定了，在奥古斯丁的理论框架中，心理时间的确是存在的。那么，上帝与心理时间的关系又是什么呢？奥古斯丁的想法是，上帝在心理时间之外，但同时又能够随时进入心理时间。推论如下：

心理时间存在的前提就是当下的存在。**当下的存在预设了灵魂的存在，因为只有人的灵魂才能把握当下。**灵魂的存在又预设了上帝的存在，因为上帝是人类灵魂的创造者。所以，心理时间的存在预设了上帝的存在。正因为上帝创造了心理时间，所以上帝在心理时间之外。正因为上帝存在，所以上帝的重要属性——全知、全能、全善——的确都展现于上帝之中。所以，上帝全知。所以，上帝知道当下每一个人的灵魂的心理活动。所以，上帝能够随时进入心理时间。所以，上帝既在心理时间之外，又能随时进入心理时间。

奥古斯丁时间理论的两个麻烦

上述推理看似很强大，但在我看来，还是有两个问题。

第一个问题涉及意义与心理时间的关系。也就是说，很多在记忆中浮现的事件的长短往往与我们赋予它的意义有关。譬如，一个老兵会记住他在战场上丢失一条腿的那几秒内所发生的所有细节，这些细节会像噩梦一样在他的记忆中反复出现。与之类似，一个父亲会记住等待孩子被分娩时的那种紧张的心情，好像那几个小时过起来像一年那么长。为何会出现这种情况？因为这些事情对于一个人来说具有重大的人生意义。换言之，意义本身就是心理时间的延长器或缩短器。

但意义的来源是什么？是心理活动自身赋予的吗？

这个问题又会将奥古斯丁推入一个两难推理。从逻辑上看，意义的来源无非只有"私人"与"公共生活"这两个选项，但这两个选项似乎都对奥古斯丁不利。一方面，如果每个人都能自己裁定事件的意义的轻重，那么每个人都能对所感知到的事件的意义作出解释。这对于教会的权威来说，可是一大威胁，因为天主教教会的基本运作方式就是预设神职人员对诸事件的解释力是高于一般人的。另一方面，如果意义的来源是公共生活，那么心理时间也会经由意义的"格式化改造"而重新变成物理时间。但这样一来，奥古斯丁虚无化物理时间的努力就会付诸东流。

此外，奥古斯丁的时间理论还面临一个问题：只要他承认上帝创造了一切，他便还需要设定一个上帝创世之前的状态。

这里的"之前"，显然不可能是心理意义上的，因为既然当时人还没有被创造出来，谈得上有心理时间吗？说它是物理意义上的"之前"就更麻烦了，因为这就等于将物理时间又视为不可被还原的基本事项。

那么，这个"之前"能否是上帝自己（而非人类）的心理时间呢？这也不行。因为上帝是不能有心理时间的，如果有，他就要进行回忆与筹划了，但回忆与筹划就意味着不确定。而上帝应当是全知的，所以怎么会需要回忆与筹划呢？

奥古斯丁的时间理论虽然有不少说不通的地方，但至少也揭示了心理时间与物理时间之间巨大的不对称性，而这一点对人生哲学还是颇有启发的。

活在当下的我们，在思想中交易的乃是过去与未来

我们所处的现代世界实在太重视物理时间了，各种各样的时间切割都是按物理时间的尺度进行的，演员演戏按分钟算钱，我们吃饭时也得不时地看看手机上的时间，生怕误了一会儿公司的例会。

但是，谁来负责追问心灵自身的感受呢？优先满足心理时间的或物理时间的日程安排，哪一个才能让我们真正地感受到幸福？虽然作为社会动物的现代人不得不尊重物理时间（这是对社会规范的尊重），但我们能不能在奥古斯丁哲学思想的启发下，给心理时间多一点尊重呢？

有人会说，这无非是在暗示我们要在忙碌的工作之外再找到一点私人时间打坐、发呆、听音乐罢了，似乎也无法帮我们获得一种针对时间的颠覆性思考。

而我认为，假如奥古斯丁能够活到今天，他会这样发展他的时间理论：**现代的经济生活看似是基于物理时间的，但本质上是一种基于当下的对未来与过去的交易。所以，现代经济生活的根基依然在心理时间。**

以股票为例，股票的本质是在买卖未来，但既然未来本身不存在，那么你买卖的本质上便是不同的人对未来的不同观点和筹划。比如，你买入了一个高价股，这在本质上便等于买入了一个某上市公司有关未来的美丽故事。但这依然只是一个故事，因为它可能最终不会发生。

另一方面，我们也通过买卖记忆过日子。比如，国内一些县市都想把某个历史名人的故里挂到自己名下，因为这方便利益相关者构造出一个更精彩的故事，由此吸引更多的人来当地旅游。从哲学角度看，当事人说的历史故事本身可能不存在，但从商业角度看，这并不重要，真正重要的是要在当下将故事讲好，因为故事的讲述者和聆听者都活在当下。

现在你知道了，你手中的股票的价值，以及旅游景点的门票的价值，本质上都属于你的心灵在当下赋能的结果。接受了这一点，你或许会更洒脱地看待林林总总关于未来的财富故事，因为没有一个理性的人会为心造之物如此癫狂。从这个角度看，奥古斯丁哲学的确能够帮助我们更理性地看待世俗财富的意义，以一种更平静的心态来面对滚滚红尘。

诺斯替主义的当头棒喝：这个世界是盗版的

奥古斯丁虽然名义上是一位新柏拉图主义者，但其思想与柏拉图的观点还是有些差别。柏拉图虽然区分了理念世界和现实世界，并对理念世界孜孜以求，但并非不食人间烟火。相反，他对如何营建正义的城邦还是很上心的，甚至为此不惜出远门去叙拉古实践自己的政治理想。与之相比，奥古斯丁对现实世界并不是那么感兴趣，他主要关心的是悬在头顶上的上帝之城。这种观点会在很多情况下导致一种道德虚无主义，即对现实世界中的利益分配问题无感。

而在道德虚无主义方面，诺斯替主义比奥古斯丁走得更远。

不立文字的秘传之学

诺斯替主义（Gnosticism）中的"诺斯替"一词在

希腊语中的意思是"知识"。但此知识是秘传知识，而非公共知识。所以，诺斯替主义也被称为灵知派或灵智派。诺斯替主义在地理上的分布比较复杂，大致可分为波斯学派，以及叙利亚／埃及学派。在20世纪发现的《死海古卷》中，可找到诺斯替主义的痕迹。

但诺斯替主义为何一定要强调知识只能被密传呢？这与它的教义颇有关联。诺斯替主义的观点与基督教有很多相似之处，但也有一些重要的区别。

基督教的观点我们更为熟悉：上帝就是造物主，即物质世界的创造者。因此，物质世界本身也分享了一部分神性。也正因为这一点，主流基督徒不主张鄙视物质世界。相反，他们在享用食物之前，一般还要感谢主赐给其食物，使其能够维持生命。而一些与之有关的伦理规范也由此衍生出来，如爱惜粮食、珍惜资源等。

诺斯替主义的想法不同。其看似与基督教一样，也承认有一个类似上帝这样独一无二的人格神，不过这个神可不是耶和华，而是叫"普累若麻"（Pleroma，意为"丰盛"），也叫"拜多斯"（Bythos，意为"深"）。这也就是普罗提诺的太一的神学版本。

凡是太一，就总要流溢。于是，普累若麻便流溢出了更次级的神，索菲亚（Sophia）——智慧之神——就是这样被衍生出来的。既然是被衍生出的，就足以说明普累若麻要高于智慧。有意思的是，智慧的另一个名称就是逻各斯，也就是"语言"的意思。因此，在诺斯替主义者看来，最高级的存在是言语无法处理的。这样一来，诺斯替主义者在根本上就降低了智慧的等级，并由此降低了公共知识的等级。

这个世界是盗版的？

智慧之神的地位虽然不及普累若麻，但其好奇心却很强。因为其本质就是逻各斯，所以她就免不了动用语言与逻辑的力量将普累若麻的奥秘说清楚。

而要说清楚普累若麻的结构性奥秘，就免不了要构建一个关于世界的模型。但这个任务有点复杂，智慧之神自己做不了，所以她就将这个工作分配给另一个更次等的神去做。这个神就是"得缪哥"（Demiurge），他在柏拉图的《蒂迈欧篇》里也出现过。打个简单的比喻，他就是个大号的鲁班，啥活都能干。

不过，不管得缪哥的本领有多大，他领受的这个任务貌似是个"不可能的任务"（mission impossible）。这是因为普累若麻的奥秘本来就不能通过明晰的结构加以阐明，若强行为之，只会造成尴尬的结果。但既然智慧之神的等级比得缪哥高，后者也只好领命。于是，他真的就做出了一个关于普累若麻的结构性模型。

但这个模型在哪里呢？你我就生活在这个模型之

中！换言之，该模型不是别的东西，就是物质世界。这也就是说，如果没有得缪哥的工作，我们喝的水与吃的米，全部都不会存在！

说到这里，我们也便知道为何在诺斯替主义看来，物质世界本身就是邪恶的。因为这个世界本身就不应该被造出来。相较之下，基督教对物质世界并没有这么鄙视，因为根据基督教教义，物质世界是上帝创造出来的，而上帝创造世界肯定不会基于一个错误的念头，因此物质世界的存在本身就不能算是一个错误。

那么，我们如何区分一种基于正确信念的创世与一种基于错误信念的创世呢？这里我想借用正版与盗版的区别来说明。从某种意义上说，一种基于正确信念的创世活动就是对正版产品的印制；一种基于错误信念的创世活动则是对盗版产品的印制。下面是展开的论证：

> 一个被创造出的存在是否值得谴责，乃在于它是否得到了复制该著作的授权。如果没得到，其存在就是值得谴责的。

> 根据基督教的教义，让物质世界存在是上帝的决定，自然就不存在版权问题，因为上帝的创世想法的版权持有者就是上帝自己。

> 而根据诺斯替主义，智慧之神索菲亚要制作

普累若麻之模型这事并未得到普累若麻的授权，而得缪哥制作模型这一工作更没有得到普累若麻的授权。

所以，根据诺斯替主义的理路，物质世界的存在本身就是一个巨大的"侵权行为"的产物。在这种情况下，人类都该为肉体的存在感到耻辱，因为我们的生物学身体都是盗版的产物！

当物质世界的存在缺乏合理性时，我们该如何生活？

上述这种观点显然会导致人生态度方面的重大变化。举例来说，假设你一直喜欢去KTV唱歌，突然有人告诉你，你喜欢的所有歌都不能唱了，因为它们都有版权问题，你只好离开。不唱歌去吃火锅行不行？也不行，因为有人告诉你这家店用的菜谱有版权问题，没办法，你只好回家睡觉。但有人却说睡觉也不能睡床上，因为你的床的设计也有版权问题。那么，就站在那里呼吸空气行不行？不行，因为就连空气的存在也有版权问题。

由此看来，如果有人要否定天下万物存在的合理性，这首先就会摧毁人类生活的合理性，因为人类要生存，首先就要与物质世界打交道。面对这种窘境，人该怎么办？在不去彻底否定人类自身的存在的前提下，似乎只有两种办法：

第一，既然整个世界都是盗版的，那就尽量减少与物质世界打交道的机会。很显然，这种思路会导致禁欲主义（因为任何欲望的发泄都要与物质世界产生关联）。

第二，不管整个世界是不是盗版的，我们还是如常地与世界打交道，不去讨论做法是否合理。很显然，这种思路会导致纵欲主义（因为纵欲主义本身就包含对合理性问题的悬置）。

诺斯替主义的人生哲学也由此体现了这两个极端：主流走禁欲主义路线，支流走纵欲主义路线。但无论走哪一条路线，都与亚里士多德主义主张的那种充满中道色彩的生活相去甚远。

另外，一般人所说的知识是诉诸语言的，而这一点竟然在诺斯替主义中也变得不成立，相反，诺斯替主义者喜欢用神秘的灵修来取代传统的知识传授方式。为何他们不能用明晰的语言来表达？论证如下：

> 任何公共知识的介入都需要用到语言。语言在本质上就是思想的物质化（如空气的震动、书写符号等）。诺斯替主义者已经先验地得出整个物质世界都是盗版的。所以，语言的存在是盗版的。我们不能通过公共语言来理解完美的存在的真义。所以，我们只能靠灵修达到这一目的。

那什么是灵修？灵修就是通过个体的神秘体验来得到神的启示。不过，因为缺乏语言的监督与修正，这种体验会不会被引上歪路，这点说不准。所以，在正统的基督徒看来，诺斯替主义就是旁门左道。

无法全知全能的神值得崇拜吗？

纯粹从逻辑上看，诺斯替主义的主张也有一些问题：普累若麻是否知道索菲亚要做出他自己的模型，并将这个任务分配给了得缪哥？要么普累若麻知道，要么他不知道。但无论是哪个选项，都会造成麻烦。

如果普累若麻知道这一点，他为什么不阻止作为其下属的两个神？这就说明他不是全能的。如果普累若麻不知道这一点，那么他就不是全知的。由此看来，普累若麻不可能同时是全知全能的，所以他似乎不值得我们崇拜。

诺斯替主义者该如何应对这个两难推理呢？一个机智的诺斯替主义者或许会说：这个问题也可以被抛给基督教，换言之，基督徒也需要回答这样的问题：上帝知不知道奥斯维辛集中营的罪恶？如果他知道，他为何不阻止？这是不是说明他不是全能的？如果上帝不知道，这是不是说明其并非全知的？

但我个人认为,面对同样的问题,诺斯替主义者回应起来要比基督徒更麻烦。基督徒大致可以说,上帝之所以允许像希特勒、希姆莱这样的坏人做坏事,是他为人类的自由选择留下的余地(上帝想看看人类会选择做坏事还是做好事),因此在基督徒看来,罪恶的发生不具有必然性。但是,在诺斯替主义的理论模型中,索菲亚和得缪哥的僭越行为却是必然发生的。请注意,这种必然性很可能会使得得缪哥被解释为一种仅次于普累若麻的撒旦式力量——而这就对普累若麻的权威构成了莫大的威胁。

秩序的稀缺,使心灵不得不探求神秘的启示

在 20 世纪的西方哲学中,还有一些思想家主张重新发掘诺斯替主义的思想价值,如政治哲学家沃格林(Eric Voegelin,1901—1985)与存在主义哲学家汉斯·约纳斯(Hans Jonas,1903—1993)。

虽然现在几乎不会有人像诺斯替主义那样,认为物质世界是盗版的,但至少很多人都体会到秩序在物质世界中的稀缺。在世界的此处或彼处,疫情、经济波动、战争等灾难可以说是说来就来,将千千万万人的生活计划打乱。在这种情况下,我们很难通过对肉体的安顿来得到心灵的安宁,而是需要某种神秘的启示来抵消物质

世界的波动带来的困扰。为什么今天有这么多说话神叨叨的"心灵治愈大师"能够行走江湖,赚得盆满钵满呢?也是因为这个道理。在经济繁荣、社会秩序良好的大背景下,这种学说很难获得巨大的社会影响力。

在某种意义上,诺斯替主义正是满足了变动社会中渴望安定的弱势群体的心理诉求:**因为现实世界已经带给我太多痛苦了,为了让心灵得到治愈,我只好在主观的精神世界里贬低现实世界——认为这个世界是盗版的,或者说,认为其存在本身是一种错误。**而揭露这种错误的我因此也获得了一种精神上的胜利。同时,灵修对传统意义上的知识与论辩的否定,也意味着我在我的世界中的精神胜利永远不会受到逻辑与理性的挑战。很明显,类似这样贬低现实世界以求心灵安宁的策略,犬儒主义、皮浪主义、斯多葛主义等虚无主义流派也会使用,但就贬低的彻底程度而言,诺斯替主义可谓登峰造极。虚无主义思想的倾向也因此在诺斯替主义中达到了高峰。

小结：虚无主义的不同版本

由于这一单元的内容比较庞杂，我们还是要回到一开始提出的问题：到底什么叫虚无主义？

大多数虚无主义学说，都是"半吊子虚无主义"

虚无主义的英文表达是"nihilism"，词干"nihil"在拉丁文里的意思就是"什么也没有"。换言之，字面意义上的虚无主义就是"什么也没有"。

不过，一种哲学主张的核心论点如果是"什么也没有"的话，其观点将在原则上无法得到论证。对这一点本身的论证如下：

> 任何哲学主张都要诉诸文字并预设听众的存在（在极端的情况下，该学说的听众可能只限于提出者一人）。但如果有人认为世界上什么东西也

没有,这就意味着文字也不存在了,听众亦不存在,甚至这种观点的提出者自身也不存在——那么这样一种学说肯定就不会被记录与传播了。但只有被记录与传播的学说才能够为我们大家所听说。因此,如果真有这样"真正的"虚无主义学说,我们绝不可能听说其存在。因此,不可能存在着对真正的虚无主义立场的任何论证,因为任何论证都需要被人听到。

由此看来,这些虚无主义思想——犬儒主义、皮浪主义等——既然是被写进哲学史的,就肯定不是彻底的虚无主义,而只能算"半吊子虚无主义"。

"半吊子虚无主义"就是在某种无法被虚无化的理论基础上,再去对其余事项采用虚无主义立场的学说。至于哪些理论基础无法被虚无化,不同的哲学家就见仁见智了——这也就自然产生了不同版本的"半吊子虚无主义"思想之间的竞争。

不过,这些彼此竞争的"半吊子虚无主义"至少有一个共通点:它们都有强烈的欲望去虚无化现实世界中的许多事项。这是因为,这些思想家都对希腊哲学的正统地位产生了叛逆心理,希望通过颠覆正统来增加存在感。

我们知道,在古代希腊晚期与古代罗马时期的虚无主义哲学产生之前，希腊哲学的正统是柏拉图哲学与亚里士多德哲学，这二者的共通点是都**试图对所有的与人生有关的事项作出某种大而全的说明，由此使听众获得对人生背后的义理框架的稳定性的信仰**。比如，如果有人问：生命是怎么来的？亚里士多德主义者就会搬出《动物志》《天象论》《宇宙论》，柏拉图主义者就会搬出《蒂迈欧篇》。若再有人问：人类的灵魂是怎么得到安顿的？亚里士多德主义者就会搬出《灵魂篇》，柏拉图主义者就会搬出《斐多篇》。若还有人问：我们当如何合理地处理人际关系？亚里士多德主义者会搬出《尼各马可伦理学》，柏拉图主义者则会搬出《会饮篇》。若还有人再问：城邦的正义如何实现？亚里士多德主义者会搬出《政治学》，柏拉图主义者则会搬出《国家篇》。若还有人再问：终极关怀当如何实现？亚里士多德主义者会搬出《形而上学》，柏拉图主义者则会让大家重读《国家篇》中的理念论。若还有人再问：如何用理性的头脑对规划职业所遇到的一些技术性问题进行工具层面上的分析和确定？亚里士多德主义者会搬出他的三段论，柏拉图主义者则会提出苏格拉底的"精神助产术"与其在《智者篇》中构建的二分法。一句话，这两位的哲学可谓真正的思想百宝箱，里面要什么有什么。

  然而，在柏拉图哲学与亚里士多德哲学这样的体系性哲学崩溃以后，很多要素也都分崩离析了，人们像盲人摸象一样，只抓住其中的一个要素，并以此为抓手去攻击其余要素。换言之，大家都失去了对体系性哲学的信仰。

为何会发生这种思想的嬗变呢？

一种可能的解释是，在剧烈的社会变动中，太多人被抛出了生活的正轨，而体系性哲学对这一部分缺乏足够的解释力。请设想某个刚被辞退的白领的心态吧，他或许仅仅因为某些个体无法抵抗的因素（如企业所在的国际市场的突然波动）而失去了饭碗，但在此之前，他还一直按照体系性哲学的教导做人做事，追求正义、寻求中道、凡事都讲理。但他还是被辞退了，他的感受将是如何？恐怕只能是一种深深的虚无感吧，他还会因此反思：勤奋有意义吗？追求正义有意义吗？对城邦的价值的追求有意义吗？

而虚无主义哲学恰好在这个时候特别容易占据人们空虚的心灵。因为人是一种需要自尊感才能生存下去的动物，当一个人维系在工作与家庭之上的自尊感被残酷的现实狠狠粉碎之后，他就需要重新建立自尊。建立这种自尊的新方式其实也非常简单，**就是将他曾信仰的社会价值观再颠倒过来，通过嘲笑主流价值观来克服因自己无法满足这些价值观的要求而带来的焦虑**。于是，严肃的社会追求就这样一项项被虚无主义的硫酸腐蚀，以使虚无主义的信仰者至少能够获得主观世界内的胜利。

小结：虚无主义的不同版本

从这个角度看，若说古代希腊晚期与古代罗马时期的虚无主义思潮是鲁迅笔下的阿Q精神的哲学版本（或者说，阿Q式的精神胜利法是虚无主义哲学的庸俗化版本），大约也成立。

不过，正如前面所指出的，彻底的虚无主义是不可能的，因为任何一种对现实世界的抨击都需要站在一个特定的立场上——而这个立场是必须被划定在虚无主义的硫酸的腐蚀范围之外的。对于此类立场究竟该如何被划定的争执，就使得不同版本的虚无主义思想得以产生。

下面先来总结皮浪式怀疑主义的思想。

皮浪式怀疑主义：对苏格拉底辩证法的彻底化

哲学史上经常出现一个很有趣的现象：任何一个思想工具，只要对其稍加改造，就可以被用来打击其原来的主人。这一现象也出现在从正统希腊哲学（特别是柏拉图与亚里士多德哲学）到皮浪式怀疑主义的嬗变过程中。从某种意义上说，怀疑主义的本质就是利用柏拉图之师苏格拉底的辩证法，去颠覆柏拉图与亚里士多德的本质主义哲学，由此完成对正统希腊哲学思想体系的解构。

为什么这么说？因为苏格拉底式辩证法的本质，就是通过理性对话者之间的彼此辩难来推进对问题的认识，其最终目标是获得对关键性概念（如"正义""虔敬"等）的普遍性定义。不过，柏拉图笔下的苏格拉底对话经常没有确定的答案，甚至苏格拉底本人也经常说自己是"自知无知"。他的这种做派可能会让一部分没有耐心的听众觉得，这反而让一些我们本来清楚的事情变得不清楚了，由此产生更大的困惑。这种困惑的系统化发展很可能就会变成皮浪式的怀疑主义。

前面说过，爱那西德穆提出的十个辩论套路中的第一个就是，人类看到的世界是通过感官获取的，但别的物种也能够通过它们的感官获得不同的感觉材料（如蝙蝠能够听到超声波、鲸鱼可以听到次声波等），由此获得与我们不同的感官世界。因此，我们凭什么觉得自己的感官世界就是对真相的客观反映呢？

不得不承认，这是一个非常精致的论证，并引申出诸如他心问题（子非鱼，焉知鱼之乐？）的经典哲学难题。这个论证的妙处在于，它要求论证者跳出人类中心主义的窠臼，思考别的物种的感官世界的可能状况，并由此就人类对自身感官之可靠性的骄傲情绪进行"虚无主义式的打击"。而这与苏格拉底式对话之间的联系则体现在，苏格拉底也好，柏拉图也罢，**他们重构的仅仅是持有不同立场的雅典人之间的对话，而爱那西德穆试图重构的则是不同物种之间的对话。**很显然，这是对苏格拉底方法的彻底化。

这样一来,甚至普罗泰戈拉的名言"人是万物的尺度"也需要被顺势改为"任何物种的个体都是其感官范围之内所呈现的万物的尺度"。由此,只要苏格拉底的方法被彻底化了,其结论竟要比作为苏格拉底之论敌的普罗泰戈拉的相对主义立场还要极端。而之所以会出现这种富有反讽意味的后果,恐怕也是因为在怀疑主义那里,古典哲学的辩论策略与其辩论目的(特别是对核心事项之定义的本质主义追求)之间已经出现了严重的分离,所以他们才能顺利地使用思想论敌的方法去攻击思想论敌自己的论点。

犬儒主义:分离自然感受与道德规范

正如怀疑主义完成了古典哲学的辩论策略与其辩论目的之分离,犬儒主义也完成了自然感受与道德规范之分离。

在柏拉图和亚里士多德的正统希腊哲学那里,道德情感在很大程度上是与道德目标相辅相成的,正如柏拉图所说,激情就是正义的朋友。然而,在犬儒主义这里,**社会道德规范则成为压抑个体的桎梏**,因此你得摆脱它,让自己变成一个蔑视一切社会规范的"游走的木桶",从而完成人性的解放。需要注意的是,躺在大街上晒太阳的犬儒主义者是在日常生活的点点滴滴中（而不是在思辨的书斋里），切身体会到自然感受与社会规范之间的尖锐冲突的。譬如，当下的我只想喝一杯伯爵奶茶（自然感受），但是我的伯爵却吩咐我立即去给他买奶茶（社会规范）。而这种冲突却是满口仁义道德的正统希腊哲学家不愿正视的。不难想见，犬儒主义者对自然感受的一边倒的支持，自然会让他们拒绝考虑任何包含社会规范内容的重大人生事项，如考学、入职、结婚、买房等。中国的陶渊明式的逍遥生活形态或许最能与西方的犬儒主义对标。

伊壁鸠鲁主义：小确幸式的享乐主义

犬儒主义这种分离自然感受与社会规范的做法，在伊壁鸠鲁主义那里得到了全面的学术升级。具体而言，同样重视自然感受的伊壁鸠鲁主义引入了一种基于原子论的宇宙模型，并通过"原子可以偏斜"的学说来为人的自由享乐提供宇宙论层面上的注解。不过，也正因为伊壁鸠鲁主义与犬儒主义一样都是"道法自然"的，**所以其主张的享乐方式也带有浓郁的"小确幸"意味**，而绝非基于虚荣心的穷奢极欲的生活方式。因此，我们绝不能望文生义，看到伊壁鸠鲁主张享乐，就想起商纣王的酒池肉林。毋宁说，伊壁鸠鲁式享乐的标准菜单，无非就是孔乙己爱吃的茴香豆与绍兴老酒罢了(古希腊人会将菜单换成豌豆与葡萄酒)。因此,享乐的要点不在于你喝的茅台有多贵,而在于茴香豆带给你的回味有多隽永。

斯多葛主义:心灵城堡的构建术

斯多葛主义是各种虚无主义思想中虚无色彩最淡的,否则它不太可能成为罗马的官方哲学。不过,它还是与其他虚无主义思想分享了一个重要的共通点:当生活狠狠地抽打我时,我不会直接在现实生活中向我的敌人反击。相反,我会在自己的主观精神世界中追求某种更容易获取的胜利。而斯多葛主义者的具体做法,便是发展出一种非常复杂的心理控制术,以便在世俗生活的惊涛骇浪中始终维持心理的平衡。

这种心理控制术以**遮蔽对外部事件发生的真实的因果解释为前提,因此也就具有自我催眠的意味。**

从表面上看,这种心理控制术所主张的,恰恰是对事物发展必然性的认识。举例而言,只要你认识到这次投资肯定会赔钱,那么既然现在已经赔了,你还有什么好担忧的呢?

但受过批判性思维训练的人却会发现,斯多葛主义者在玩弄"事后诸葛亮"的把戏,将一些偶然发生的事情在事后说成是必然发生的,并以此安慰人们接受现实。不得不承认,作为一种心理治疗技术,这一套是很有用的,因为当人们意识到自己与之对抗的必然性是无比强大的时候,一般就会产生"认命"的想法。然而,作为一种对客观真相的解释工具,这套做法却很成问题,因为偶然性毕竟是宇宙中无法消除的一个基本形而上学要素。仅仅为了安慰别人或自己就否认偶然性的存在,其实是一种标准的自欺欺人。另外,退一万步说,即使世界中所有偶然性的因素都可以用必然性的法则解释,斯多葛主义者也不能保证他们的解释就是符合事实的那种必然性解释。由此看来,斯多葛主义者的做法其实遮断了真实世界与个体的心灵堡垒之间的通道,让人们始终在自己所设想的历史和现实里怡然自得。

不过,这一套心灵控制术也牵涉大量的技术细节,要掌握好它,你就得有本事在被现实毒打的时候,随时随地编出一套说辞来证明"我早就料到这一点啦"!对于普通人而言,掌握好这样一套技术恐怕也不容易,他们需要的是更为容易的自尊维持法。

新虚无主义:肯定精神实体,贬低物质世界

虚无主义发展的新方式,往往与在罗马帝国时期出现的基督教或其变种产生紧密的结合。与面向贵族的斯多葛主义不同，基督教面向的是普罗大众，其信仰的成分大大高于思辨的成分。一句话，如果基督徒被残酷的现实毒打了，他们可不需要像斯多葛主义者那样绞尽脑汁去安慰自己"这一切都是必然发生的"，他们只要认定当下所遭受的所有苦难，都会在千禧年到来时得到公平的报偿，而作出这种担保的耶和华，则是他们最强大后盾。换言之，只要信仰上帝，什么烦恼都不算烦恼。这是不是一种比斯多葛主义更容易掌握的心灵平衡法呢？

虚无主义大家庭中的三个新支流——普罗提诺主义、奥古斯丁思想，以及诺斯替主义——其实都在这个方面与基督教（或其变种）有所关联。**它们都肯定了上帝作为至上的人格神的地位，并以此为基点对物质世界进行不同程度的贬低。**注意，"贬低物质世界"在以前的虚无主义发展史中还没有系统地发生过。而在伊壁鸠鲁主义那里，我们甚至还能看到一套精密的物质世界模型（即原子论），用以了解世界的运作。但是，在普罗提诺主义、奥古斯丁思想，以及诺斯替主义中，物质的负面意蕴才第一次被如此鲜明地提出，而这就足以说明，此阶段的虚无主义已经产生了高度的理论自觉。

具体而言，普罗提诺主义贬低物质世界的方法，就是指出物质世界不能提供比太一所提供的更多的精神满足。这个思想看似并没有很极端，因为就连亚里士多德都说过,对神的反思才能带给我们更大的幸福。而奥古斯丁则极端化了普罗提诺主义的这一思想趋势,其办法是贬低使得物质得以存在的基本条件——物理时间。而他对物质世界的间接性的敌意,在诺斯替主义那里被进一步激进化,并由此转变为对物质世界自身的"版权合规性"的严厉拷问。由于这种拷问并不蕴含通过某种正版授权来创造物质世界的可能性,因此这种激进的观点甚至还剥夺了上帝在正统基督教那里的造物主的地位。很显然,诺斯替主义对作为公共生活之基础的物质世界的敌视,最终使得哲学活动的形态发生了颠覆性的改变,即从苏格拉底式的公开辩论,变成了小圈子里的心法秘传。

耐人寻味的是,这些极端的虚无主义思想在西方流行的同时,东方版的虚无主义哲学——佛教哲学——也经由鸠摩罗什等大师的翻译工作而开始在中国流行。这种呼应似乎也基于一种共通的社会历史背景:西罗马帝国与汉帝国在欧亚大陆两侧的崩塌,摧毁了太多人的心理支柱,而由此留下的信念真空,正好为虚无主义思想的传播提供了良机。

既然有人会像虚无主义那样远离世俗的喧嚣,也必然会有人反其道而行之,对世俗生活中的权力斗争念念不忘。在下一单元中,我们将转换心情,研究世俗生活中权力博弈的游戏规则。

第四单元 马基雅维利主义:厚黑学与爱国主义的糅杂

Yingjia Xu
2023.8.5

马基雅维利真没你想得那么厚黑

这一单元的主角是意大利哲学家马基雅维利（Niccolò di Bernardo dei Machiavelli，1469—1527）。提到他，很多人都会先想到"马基雅维利主义"，而在不少人看来，这一主义的核心就是，为了世俗意义上的成功，人有权不择手段。听上去是不是很厚黑？其实，真实的马基雅维利主义未必有一般人想得那么不堪。让我们先从其生平说起。

在政治的惊涛骇浪中见风使舵

马基雅维利生于文艺复兴时期的佛罗伦萨，那时的意大利处于诸侯混战的状态，并非一个统一的国家，而佛罗伦萨当时是一个独立的邦国。在马基雅维利生活的年代，佛罗伦萨的政治制度主要在共和制和僭主制之间摇摆。所谓共和制，即由市民行会控制的政府形式，其施政往往体现广大市民的利益；而僭主制，就是指国家大事均由一个人或一个大家族说了算（此类统治者的上位过程也往往缺乏合法性），显然其施政往往体现的是贵族的利益。当时，佛罗伦萨最有权势的贵族势力就是大名鼎鼎的美第奇家族。

在马基雅维利年轻时，美第奇家族一度被推翻，佛罗伦萨也便一度成为共和国。1498 年，29 岁的马基雅维利出任佛罗伦萨共和国第二国务厅的长官，兼任共和国自由和平十人委员会秘书，负责外交和国防事务，并经常出使各国和拜见众多政治领袖，还因此颇有政绩。譬如，在神圣罗马帝国皇帝和教皇陷入矛盾期间，他就曾到处出使游说，以求自己的祖国佛罗伦萨不被拖入一场无端的战争。马基雅维利甚至还略懂军事，在佛罗伦萨与比萨的战争中，他曾亲临前线指挥作战，最终在 1509 年迫使比萨投降。

但好景不长，被推翻的美第奇家族后来又凭借外部的军事援助攻陷了佛罗伦萨，共和国亦随之瓦解。身为共和国长官的马基雅维利丧失了一切公职，并在 1513 年被投入大牢。后来，他幸运地得到释放，但此时他已一贫如洗，于是便在距佛罗伦萨城不远处的圣安德里亚隐居，并开始著书立说。在此期间，他完成了两部名著——《君主论》和《论李维》。马基雅维利是一个见风使舵的人，他眼见美第奇家族的势力已经无法阻挡了，便接受了这种政治现实，将他的《君主论》献给美第奇家族的洛伦佐二世——而这本书也成了马基雅维利的标志性著作。

造化弄人，美第奇家族的统治并没有马基雅维利设想得那么稳固。1527年，佛罗伦萨又恢复了共和政体，而马基雅维利也因曾向美第奇家族献书而不再被新政权信任。报国无门的马基雅维利只好郁郁而终。

既然我们已经将"见风使舵"这个标签贴在马基雅维利额头上了，这是不是意味着他就是一个对道德理想毫无追求的虚无主义者？

马基雅维利是一个虚无主义者吗？

我最早知道《君主论》是因为听说意大利法西斯头子墨索里尼年轻时就爱读此书。因为墨索里尼显然不是什么好人，所以对于幼年的我来说，写下《君主论》并由此影响墨索里尼的马基雅维利也想当然地是坏人。至于《君主论》中的下述观点，则更容易固化上述刻板印象了。

马基雅维利首先认为，人类是一种充满弱点且因此可以被操控的动物："因为关于人类，一般地可以这样说：他们是忘恩负义的、容易变心的，是伪装者、仿冒品，是逃避危难、追逐利益的。"但当他这样描述人类的时候，他大约是指占人口大多数的贩夫走卒，而非特定的英雄人物，因此他又说：**"群氓总是为外表和事物的结果所吸引，而这个世界中尽是群氓。"**

接下来，他开始鼓吹他的英雄史观，并认定能成大事者未必要受到俗常道德的约束："在我们的时代里，我们看见只有那些曾经被称为吝啬的人们才做出了伟大的事业，至于别的人全都失败了。"

这样的能够成就伟大历史功绩的人，在《君主论》的文本中显然是指君主。需要指出的是，马基雅维利关于君主的观点很复杂。一方面，他认为君主不要畏惧做残忍之事；另一方面，他也希望君主要掌握好使用残暴手段的限度和范围，即损害行为要一下子都做完（换言之，不要多次割韭菜，要割就来一次痛快的）。打比方说，君主应当效仿狐狸与狮子，集狡诈与凶残于一身："由于狮子不能够防止自己落入陷阱，而狐狸则不能够抵御豺狼。因此，君主必须是一头狐狸，以便认识陷阱，同时又必须是一头狮子，以便使豺狼惊骇。"

基于以上论证，我们能否得出马基雅维利就是一个试图颠覆所有传统伦理规范的虚无主义者呢？

我认为答案是否定的。不容否认，马基雅维利的确主张君主为了做大事可以悬置某些道德规范，但我们也必须看到，他这么说的根本目的是协助君主做成大事。那么，什么是"大事"？秦始皇造长城是大事，汉高祖推翻秦朝也是大事，并且他们都坚信这些大事的意义不是虚无的，否则他们就不可能在追求目标的过程中如此不屈不挠。而试图为这些君主服务的马基雅维利，又怎么可能用虚无主义的态度去面对这些君主的宏图大志呢？因此，从思想实质上看，马基雅维利恰恰站在虚无主义的反面。

真正的虚无主义者又会如何评价《君主论》？皮浪主义者恐怕会说：我怎么能确定马基雅维利对人性的判断就是对的呢？我得悬置这一判断。犬儒主义者恐怕会说：我为何要在关心自己的感受之外关心君主的大志呢？斯多葛主义者恐怕会说：没事就用各种各样的政治欲望将自己撩拨得神经兮兮的，一个人又怎么构建心灵的城堡，以维持内心的平衡呢？奥古斯丁恐怕会说：君主的事情属于世俗之城内部的事务，为何我们不多关心一下上帝之城呢？诺斯替主义者恐怕会说：我才不管谁去做佛罗伦萨的大首领，因为整个物质世界都是盗版的，包括你所看到的整个亚平宁半岛！

由此看来，马基雅维利的确不是虚无主义中的一员。那他是不是古代智者的同路人呢？

马基雅维利是古代智者的同路人吗？

在柏拉图的《国家篇》里面出现了一个叫"色拉叙

马霍斯"的智者，他曾明目张胆地主张"正义就是统治者所定义的正义"——这听上去就像是对马基雅维利主义的预报。

不过，我也并不认为马基雅维利是古代智者的同路人。"人是万物的尺度"也好，"正义就是统治者所定义的正义"也罢，二者都是非常笼统的概括，缺乏政治层面上的操作价值。那么，懂不懂政治层面上的操作价值，区别大不大呢？可大着呢！

假设汉末的袁术迷上了色拉叙马霍斯的思想，觉得自己做了统治者就可以随意定义正义，于是他糊里糊涂地自封为皇帝，并以为这样就能号召天下了。结果呢？在汉献帝还健在的时代，他这个做法无异于谋反，最后弄得自己众叛亲离、吐血而亡。袁术的结局为何如此凄惨？因为他只懂色拉叙马霍斯，却不懂马基雅维利。也就是说，他只懂弄权的好处，却未真正掌握弄权的技术。与之相比，曹操的做法更加贴近马基雅维利的主张——他同时学会了狮子的残忍与狐狸的狡猾，挟天子以令诸侯，由此获得了巨大的政治成功。

为何曹操成功了，袁术则失败了？对于这类问题，马基雅维利是有一套全面的解释资源的，而古希腊的智者却没有。因为智者缺乏一种关于"欺骗"的系统学说，也就是关于如何欺骗敌人。而这恰恰应证了马基雅维利对君主的"狐狸"面相的强调。

可欺骗这一技能会使一个人真正的哲学立场发生偏移吗?听上去,这只是将一个没有城府的坏人改造成一个有城府的坏人罢了。但有城府的坏人,难道不比没有城府的坏人更坏吗?

事情并没有这么简单。

有城府、会骗人的人,也可能对真理认真

我们先来思考一下什么叫"欺骗"。欺骗就是引诱别人去相信某个错误的信念。比如,二战中,盟军明明要去攻占西西里岛,却引诱德军相信盟军将在撒丁岛登陆,以引开法西斯军队的主力。但有一点是肯定的,一个合格的欺骗者必须预先知道自己哪个信念是真的,哪个是假的。比如,盟军不能将自己也整糊涂了,以为自己真要在撒丁岛登陆。这也就是说,**欺骗活动的逻辑起点恰恰是对真信念的尊重**。而真信念既然往往反映的是客观真理,那么欺骗活动的逻辑起点就是要尊重客观真理!

这样看来,一个要严肃骗人的人首先就不能是皮浪主义者,因为后者恰恰主张要将对任何信念的真假判断悬置起来。同理,他显然也不可能成为像普罗泰戈拉那样的相对主义者,反而要设定自己认定的真理是对一切人有效的。比如,盟军在欺骗德军之前,必

须设定"从西西里岛登陆更容易打败意大利法西斯"这一点的确是对敌人也有效的客观真理。由此我们可以进一步推出,主张君主应当学会撒谎术的马基雅维利,恰恰也预设了君主本人必须知道真相是什么。因此,马基雅维利与智者的区别并不是在"术"的层面,而是在"道"的层面。因此,二者既然"道不同",肯定也"不相为谋"。智者教人玩世不恭,而马基雅维利却会教人重视细节、力求完美——从心理学上看,这几乎是两种截然相反的性格类型。

由此看来,一个真正的马基雅维利主义者就必须是一个认真的人。这种认真体现在三个方面:

第一,马基雅维利主义者对特定的政治目标的态度是认真的,否则他们不会为了达成这一目标而如此费力地欺骗敌人。

第二,马基雅维利主义者对客观的物理学、经济学、军事学、心理学规律的态度是认真的,因为不掌握这些规律就无法将敌人骗得不知东南西北。

第三,马基雅维利主义者的欺骗术还可能与某种严肃的政治和伦理追求相容,因为欺骗邪恶力量本身就是正义事业的一部分(正如盟军在二战中对德军的欺骗)。因此,我们无法先验地认定马基雅维利主义肯定是一种为虎作伥的哲学。

充满功利色彩的伦理学

由此看来,马基雅维利的思想既非虚无主义,亦非智者式的相对主义。但问题是,与同样反对虚无主义或相对主义的柏拉图－亚里士多德哲学相比,马基雅维利的思想的特点又体现在何处呢?区别有二:

第一,柏拉图－亚里士多德的政治学与其道德哲学之间是彼此连续的,也就是说,一个好的城邦肯定是一个实现道德理想的城邦。但马基雅维利更关心如何实现城邦的集体利益的最大化,而不是抽象的道德仁义观念。后者的城邦治理方略往往会体现出与俗常伦理道德规范的疏离,而前者则会体现出对这些规范的全面尊重。

第二,马基雅维利明确肯定了撒谎的好处。虽然柏拉图在《国家篇》里也边缘性地讨论过撒谎的合理性问题(如为了更重要的目标而撒一个小谎的必要性),但在马基雅维利之前,还没有人如此系统地、坦率地鼓励帝王去做"狐狸",而不是柏拉图式的德才兼备的哲学王。换言之,在揭露政治世界之运作细节这一方面,马基雅维利可是有着史无前例的勇气。

很显然,至少从逻辑角度看,一个严肃撒谎的人未必就对真理毫无兴趣——恰恰相反,撒谎者对真相的掩盖就预设了撒谎者本人知道什么是真相。下面就来专门讨论马基雅维利眼中的"真理"是怎么回事。

马基雅维利论真理：离开效果，何谈真假？

"撒谎本身就预设了真理的存在"这一说法，其实是后人对马基雅维利主义的学说反思后的产物，而马基雅维利本人的真理观则更加简单粗暴。他专门发明了一个意大利语短语——*verità effettuale*——意思是"效果意义上的真理"。他想借此表达的是，**真理不是在静态的沉思中浮现的，而是在带来效果的动态的行动中浮现的**。一句话，离开效果，何谈真假？

在西方哲学传统中，主流的真理观是"符合论"。根据符合论，"雪是白的"这句话当且仅当这句话符合如下事实时——雪的确是白色的——它才是真理。很显然，这种真理观压根儿就没有提到马基雅维利所谓"效果"的作用。

但上述这种真理观实在太简单了。当代英国哲学家奥斯汀（J. L. Austin，1911—1960）则将言语行为分为"以言表意"（locutionary act）、"以言行事"（illocutionary act)与"以言取效"(perlocutionary act)三类,充分体现了人类言语活动的多样性与丰富性。下面分别来举例说明。

以言表意:这也就是符合论的真理观所表达的,一个人通过说话来描述一个外部事实,而这句话本身的真假则取决于它是否符合这个事实。譬如,在语境甲中,张三对李四说:"雪是白的!"在此,他仅仅想表达这句话的字面意思,即描述"雪是白的"这一事实。不过,以言表意的言语行为在日常生活中的运用范围其实没那么广,你要是没头没脑地说一句"雪是白的",别人会感到困惑。

以言行事:在语境乙中,张三对李四说:"雪是白的!"这个具体语境则是,李四在做一个雪地的模型场景,但是他做的假雪有一点脏。张三想提醒李四修改其模型场景里的雪的颜色。换言之,张三实际上是向听话人提出了一个含蓄的命令或建议。

以言取效:在语境丙中,张三对李四说:"雪是白的!"这个具体语境则是,李四要参加一个模型展,于是拿了一个雪地场景的作品给张三看,张三却发现李四错把雪涂成了灰色。但张三这样说的目的不是要向李四提供修改建议(因为比赛马上就开始了,李四已经没有修改作品的时间了),他真正的用意是,你还是退赛吧,省得上台丢人。这就是希望通过贬低别人来达到让其退赛的效果。假设李四的确被张三的贬低吓到了,真退赛了,那么张三本来所想要达到的效果也就达到了。

不难看出,在以言取效的言语行为中,真理并不是通过与外部事实相符来展现力量的,相反,是通过行动所达到的效果来展现的。这实际上很接近马基雅维利所要表达的意思了——**真理的效力在于其对行动的影响力。**

效果!效果!效果!

有人可能会说,一种强调效果的真理观也未必就一定是一种鼓励撒谎的观点啊!比如,在上面的例子中,当张三试图通过指出李四作品中的缺陷来劝他退赛时,他也没撒谎啊!

请注意,世界上有两种撒谎:一种叫"硬撒谎",就是瞪着眼睛指鹿为马;另一种是"软撒谎",也就是貌似没说谎,却凸显或夸大了某部分事实,或者进行了对当事人有利的叙述,以便将听话人的思路引向说话人所希望的方向。譬如,一个销售员会引导潜在顾客注意被推销的商品的优点,并同时引导其不要注意这一商品的缺点,由此,商品被推销出去的概率也会大大提升。以言取效虽未必是硬撒谎,却肯定是某种软撒谎,而马基雅维利本人则根本不在乎说话人是在其中何种意义上撒谎——只要能达到目的就行。

这里需要指出的是,马基雅维利首先是在政治活动的语境里将效果与真理相联系的,至于这种真理观能否在非政治语境(如科学研究的语境)中起主导作用,他则未多谈。不过,这种基于效果的真理概念在政治领域内也的确显得更有道理。不妨设想,对于政治活动的主体来说,怎样的信念是真的?往往就是那些能够为相关主体带来效果的信念。比如,对于基督徒来说,上帝的真理是通过教会获得的,还是通过个体的觉悟获得的?从马基雅维利的角度看,这取决于你是谁。如果你是罗马教廷的红衣大主教,你当然要说上帝的真理要通过教廷的帮助才能被教民了解,否则教廷为何存在?很显然,承认教廷的作用,便是对教廷有用的真理。但是,如果你是马丁·路德那样的日耳曼地方贵族的利益代表,你就必须说个体也能直接获得上帝的真理。为何?因为你与你的委托人都不想被罗马教廷"割韭菜",所以你就试图建立与罗马教廷无关的新教会,自己开设道场以维护自己的利益。所以,在这个意义上,新教的真理对于这些人来说就是有用的。换言之,在悬置当事人的利益的前提下去空谈所谓的宗教真理,完全是在浪费时间。

这种观点听上去是不是很相对主义?貌似是的。但正如前面所指出的,马基雅维利主义与以普罗泰戈拉为代表的古典相对主义还是有所分别的，因为马基雅维利本人对"何为优良政体"这个问题，有一个并非基于相对主义立场的答案。这个话题，我们后面会继续谈论。

下面还是先回到这个问题：在马基雅维利的政治哲学理路中，他对基于效果的真理观的强调，是以何者为对比参照物的？显然，这个参照物未必就是一般意义上的符合论的真理观。因为正如前面所提到的，符合论的真理观在政治领域之外是否还行得通，马基雅维利似乎并不那么关心。实际上，在政治领域之内，马基雅维利更关心基于效果的真理观与基于空想的真理观的区别。他在《君主论》中写道：

> 既然我的意图是对探究者说出一切具有实际用途的话，那么我认为我就应当将事情的真相原原本本地说出来，而不是说出事情被想象出来的样子。许多人曾幻想一些君主国或共和国——但这些国家从来没人见过，也没人知道它们的确存在过。"人们实际上怎样生活"这一点，与"人们应当怎样生活"这一点其实是有极大的差距的——这差距大到这样的地步：一个人若是为了执着于"应当怎样生活"而忘记"事实上人们是怎样生活的"，那么此人就非但不能保存自己，而且还会走向自取灭亡之道。

在这段话中，马基雅维利给出了一个二分法，他赞成的显然是，**真理要在真实的生活中见真章**，换言之，你得通过你自己的眼睛与行动，知道做什么事情是有用的或无效的；而另一种观点则是马基雅维利不赞成的，也就是通过阅读柏拉图的《国家篇》之类的经典去空想理想的城邦应当如何运作，对真实的政治操作却一窍不通。很显然，马基雅维利在此并没有直接点"符合论真理观"的名，因为他更想聚焦一类特定形态的符合论真理观——柏拉图主义。根据这种观点，理想的政治形态必须与一个空想出来的理念（如"正义"）相符，才能成为一个被承认的政治形态。但马基雅维利对此反问：空谈正义，能够带来真实的效果吗？

让我们先来更仔细地分析马基雅维利赞成的做法：打通看与行，贯穿效与真。

打通看与行，贯穿效与真

怎么真正做到打通看与行，贯穿效与真呢？我们需要一个符合马基雅维利标准的榜样——古罗马军事家、政治家盖乌斯·尤利乌斯·凯撒（Gaius Iulius Caesar，前100—前44）。我们知道，凯撒有一句拉丁文名言"Veni, Vidi, Vici"，意思是"吾至此，吾见之，吾胜之"。

公元前50年,他在泽拉战役中打败了本都国王法尔纳克二世,并立即写信给罗马元老院报捷,内容就是这三个拉丁文单词。

我们可以对这三个词进行一番基于马基雅维利主义的解释:

1. Veni(吾至此):表示决心——行动的主体的位移。

2. Vidi(吾见之):表示我的视野的确定感——从我的视角看,世界就是这样。注意,这不是我想象出来的,而是我亲眼见到的。

3. Vici(吾胜之):表示效果——我是大赢家!

显然,三个词在拉丁文里押韵,制造了一种一气呵成的感觉,实际上强调了优秀政治家的行动、视野与效果的高度统一。这里我特别想强调"见"或"看"这个动词,很明显,马基雅维利主义并不是在孤独的主体的意义上或纯粹的认识论的意义上看待"所见"的。因为政治活动本质上是一种多主体的活动,所以在你看世界的时候,你做的事情也会被别人看到。因此,你就必须预测到你做的事情是如何被别人评价的,而这些评价又会如何反过来影响你日后行动的效果。那么,我们也就能理解,为何凯撒要用如此简洁的文风来撰写捷报,因为捷报写得越短,凯撒就能由此向元老院递送越简洁有力的信息,而这一点就越有利于塑造凯撒本人果敢的公共政治形象。

这里不难引申出两条马基雅维利主义的行事原则：

第一，君主要注意营造自己的形象，特别要重视别人的看法。请注意，从这个角度看，马基雅维利是不会赞成暴君式的独裁的，因为这会让人民仇恨君主，最终对君主自身不利。

第二，手段与效果之间要匹配与合适。关于这种合适，马基雅维利很喜欢用意大利文"conveniente"一词来表达，也就是"兵无常势，水无常形"，你要如何说出某个真理，得根据听话人与你的关系随时调整。譬如，前面提到的凯撒给元老院的捷报就很简洁，因为他本人已经为元老院所熟知，话说太多反而会使得自己像一个话痨。但别的政治家未必就要在这个问题上学凯撒。

那么，与之对应的反面案例又是什么呢？这就是前面提到的空想中的真理。这一案例的榜样则是古代罗马的哲学家、政治家、演说家西塞罗。

西塞罗为何失败？能执笔，却不能执剑！

凯撒被元老院刺杀后，西塞罗就成了元老院的发言人，凯撒的部将安东尼则成为了罗马的执政官和行政官。但西塞罗不满于安东尼的专权，经常公开批评他，并在一段时间内成了元老院的意见领袖。安东尼非常不开心，决心逮捕西塞罗，西塞罗得到风声后就离开了罗马，跑到了乡下隐居。没想到安东尼还是不依不饶，派人刺杀了西塞罗。据历史学家阿庇安记载，西塞罗死后，其头盖骨被安东尼取下，每天摆在餐桌上欣赏。

从马基雅维利主义的角度看，西塞罗的下场为何如此凄惨？他的问题出在哪里？

一句话，他用想象中的罗马的善治理想代替了真实的政治操作，只会说，不会做。但善良的愿望与动人的言辞是无法打倒残暴的军阀安东尼的。而以后罗马的真实历史运作也体现了这一点，真正杀死安东尼的并不是西塞罗的笔，而是安东尼的新政敌屋大维的剑。屋大维本人所获得的军事胜利，也彰显了马基雅维利的真理观中最血腥的一面：军事胜利所彰显的真理是一切真理中最具有真理性的，因为军事胜利所展现出的效果（即消灭政治敌人）是对真理之功效性的最清楚的展现。而马基雅维利本人之所以对兵法孜孜以求，恐怕也是基于这样的考量。

读到这里，是不是隐隐觉得马基雅维利的很多观点似乎"话里有话"？比如，当他建议君主千万不要让民众恨自己的时候，他究竟是出于帮助君主实现其统治的目的，还是想由此试图间接帮助民众，让民众的生活不至于过于悲惨？马基雅维利本人究竟又要通过《君主论》的话语体系实现怎样的效果呢？下一回就来谈这个问题。

马基雅维利是反讽大师吗?

马基雅维利的很多言论似乎都有被多重解读的可能性,因此,他教给君主的很多帝王术或许就是在变着法子"为民请命"。这种阅读体验使得一部分研究者提出了一种很有趣的观点,即认为马基雅维利的《君主论》是一部充满反讽之语的著作。换言之,马基雅维利在口头上宣扬的那些颠覆性的帝王术,他自己并不真正相信,他只是让君主相信他本人的确相信此书所贩卖的观点罢了。有一位叫埃里卡·本纳(Erica Benner)的学者就顺着这个思路写了一本著作叫《对马基雅维利的〈君主论〉的新解读》*。按照这种解释,马基雅维利其实是一位反讽大师。

但反讽的本质到底是什么?马基雅维利到底是怎么

---

* Erica Benner: *Machiavelli's Prince: A New Reading*, Oxford University Press, Reprint edition, 2016.

使用反讽的？他为何要使用反讽？我们又能从这种解读中得到什么人生启发？

以幽默形式出现的反讽：将强大的对象玩物化

反讽是一种修辞学现象，也就是"说反话"。一般来说，若一个句子的字面含义与其背后的含义有比较大的差异（或者干脆是彼此相反的），那么这大概率就是反讽出现的标志了。比如，一个说话不礼貌的人看到了别人寒酸的住宅，蹦出一句"瞧你这豪宅"！——这显然就是反讽，因为在这里，语言表达的含义与看到的情况是完全相反的。

人运用反讽的目的非常复杂。虽然不少反讽是为了挖苦别人，但也并不尽然如此。请读读这段反讽：

> 一个叫辛格立的青年将子弹射向了美国总统里根，但是却打中了他的防弹轿车。这辆防弹轿车的钢板则将子弹反弹到里根身上，射入他的胸膛。这样一来，本该保护总统免受子弹攻击的钢板，竟然成了引导子弹飞向总统的钢板。*

---

* 这件事发生在 1981 年 3 月 30 日。

这里反讽的要点是，防弹钢板本来的设计用途（保护生命）与它实际产生的偶然作用（将子弹引向被保护对象）是彻底相反的。但很难说这段话是在挖苦谁，是在挖苦钢板的生产商还是在挖苦加害人呢？引文的作者所做的，或许仅仅是对命运的戏谑发出无可奈何的惨笑。

一般而言，不管一种反讽是不是真的包含挖苦的含义，至少它都会带来幽默感。譬如，在电影《绣春刀II·修罗战场》中，被投入大狱的锦衣卫沈炼本该被崇祯皇帝批准处决。但在电影末尾，他非但没死，还莫名其妙地升了官。这种反讽让人对命运的造化产生了悲凉的笑意，而这种带有悲意的幽默，也往往被称为"黑色幽默"。

以幽默形式出现的反讽往往是人在面对不可抗拒之力时产生的一种自我心理防卫机制，其具体运作机理是，在心理上弱化某种无法在现实生活中克服的强大力量，甚至将其"玩物化"，以减缓主观世界内的焦虑情绪。举个例子，在很多相声桥段中，演员都喜欢将自己表现得很蠢——这种情况下，被玩物化的其实就是演员自己的智商。这虽是演员有意为之，但此类自我矮化行为，在客观上也的确缓解了普通观众对自己实际知识水平与社会地位可能抱有的焦虑情绪。而在防弹轿车无法保护里根的案例中，被玩物化的则是优质轿车的防弹钢板所代表的巨大科技与资本力量。至于听众的阅读体验

马基雅维利是反讽大师吗？　　345

恐怕是，就连如此强大的力量也无法让被保护人（里根）摆脱命运的嘲弄，更何况我们这些缺乏此类力量保护的凡夫俗子呢？于是，我们在命运的戏谑中感受到了人与人之间的某种粗略意义上的平等。而在电影《绣春刀 II · 修罗战场》的案例中，被玩物化的则是官场的逻辑，这种逻辑貌似很强大，却可以在崇祯的御笔下被随意拿捏。因此，我们这些平民百姓也会再一次感到自己与那些熟稔这套逻辑的达官贵人之间的"平起平坐"。

此外，反讽对有着强大力量的玩物化也产生了一种很有趣的效应，即如果听众本身就拥有很大的世俗权力，反讽所产生的暗示也足以提醒他注意到自身力量的渺小。这一点也正是马基雅维利对波吉亚的以下反讽所包含的深意。

《君主论》对切萨雷 · 波吉亚的反讽

切萨雷 · 波吉亚是谁？且看《君主论》中的这段话：

> ……所以，如果一个人认为，为了确保他的新的王国领土安全免遭敌人侵害，有必要争取朋友，依靠武力或者讹诈制胜，使人民对自己既爱戴又畏惧，使军队既服从又尊敬自己，把那些能够或者势必加害自己的人们消灭掉，采用新的办

法把旧制度加以革新，既有严峻的一面又能使人感恩，既要宽宏大量又能慷慨好施，既要摧毁不忠的军队并创建新军，又要同各国国王和君主们保持友好，使他们不得不殷勤地帮助自己，或者诚惶诚恐不敢得罪自己，那么他再找不到比公爵这个人的行动更生动活泼的范例了。

这里所说的公爵就是切萨雷·波吉亚（Cesare Borgia，1475—1507），一位文艺复兴时期备受争议的政治人物。他是教皇亚历山大六世与情妇所生的私生子，非常懂得钻营，手段毒辣，外号"毒药公爵"。他看起来似乎没什么优点，但有趣的是，在上面这一段文字中，波吉亚却被说成是一个宽宏大量、乐善好施的人（尽管这段文字也没有否认此人的狠毒）。很显然，这是一种与当时人们所了解到的情况彼此冲突的描述，而这种冲突就是反讽出现的重要标志。

不过，上述文字并没有集中展现反讽将某种强大力量予以玩物化的特征。更能集中体现这一特征的，是下面这段马基雅维利在《君主论》中的评论：

> 当我回顾公爵的一切行动之后，我认为他非但没有任何可以非难之处，更让我觉得应当如我在上文中所提出的，以公爵为榜样，让那些因幸

运或依靠他人武力而取得统治权的一切人去效法他。这是因为，他具有至大至刚的勇气与崇高的目标，为满足这些目标，他只能采取这种行动，舍此别无他途。只是由于亚历山大六世的短命与他本人的患病，才使得他的宏图终成话柄。

凭什么说这段话也是反讽呢？如果你没看出来，那么就再请读下面这段我对前文里根遇刺案例的另一种描述：

当我检查了我们公司生产的防弹轿车的一切细节以后，我认为我们公司的防弹轿车质量极佳、防弹性能优越，并曾经保护了18国的高级领导人的安全。只是由于钢板质量太好，才在某些机缘巧合下导致了一次不幸的跳弹，子弹被弹入了里根总统的胸膛。

除去对命运无常的讽刺，在这里，轿车生产商原本的倨傲心理也成了被命运嘲笑的对象。意识到这一点的人，亦通过对轿车生产商的巨大物质力量的玩物化而获得了一些自尊。同样的道理，我们也可以将马基雅维利的上述引文改写为：

波吉亚啊，我承认你是一个枭雄，你善于

利用你的人脉与你所能影响的政治形势做成了不少功业，足以成为很多人的榜样。但是你背后的政治老板——教皇亚历山大六世——不还是死了吗？你本人难道也不是短命鬼吗？所以，在无常的命运面前，难道你的力量不正如芦苇一样脆弱吗？

在这段话中，通过引入命运的巨大力量，像波吉亚这样的枭雄也被玩物化了。读到这里，你到底会觉得马基雅维利是在拍当权者的马屁，还是在以一种含蓄的方式警告所有的类似波吉亚的野心家不要太自以为是呢？答案恐怕更像是后者吧。换言之，通过凸显命运的不可测之伟力，马基雅维利其实贬低了帝王术的实际效果。也就是说，他通过《君主论》一书真心想表露的恐怕是，即使君主学会了狐狸的狡诈与狮子的残忍，他们也只不过是命运的玩物罢了。显然，**与其说他是在教给君主帝王术，还不如说是在教给他们"帝王无用术"**！

不过，为何在马基雅维利评论波吉亚的第一段文字里，他还是部分地透露了关于波吉亚的不堪行为，而不是纯然说他的好话？如果是纯然说好话，这些虚假信息与真实情况之间的落差，难道不更能增加反讽的力度吗？

我认为马基雅维利这样做的理由，是要设法让读者至少能知道他说的是波吉亚这个人，如果只写他的好话，有的读者就会疑惑：这说的还是那个大奸雄波吉亚吗？请注意，在反讽中，如果你无法让读者了解你到底在说谁，你的反讽也就算全部失败了。

《君主论》真是一部反讽的书吗？

上文对马基雅维利的反讽式解读或许只是一家之言，但有一种观点特别能支持这种反讽式解读，即马基雅维利之所以要写一本关于帝王术的书，就是想让更多的人了解帝王术，由此反而使得帝王术日后更容易被民众识破。这里我们暂且假定《君主论》就是一部反讽的书，但马基雅维利为什么要这么写呢？我认为理由有二：

第一，在美第奇家族暂时于佛罗伦萨一手遮天的政治背景下，作为前共和国长官的马基雅维利必须谨言慎行，不能将自己的政治意图说清楚。但他既然还是有话要说，就只能诉诸反讽了。而反讽有利于降低批评的音调，让君主听懂弦外之音，能给君主留一些面子的同时，也给说话人留一些回旋的余地。

第二，充满反讽的文字其实是很难一眼读懂的，而马基雅维利故意将书写成这样，也是为了能够借此遴选自己心仪的读者，甚至借此锻炼读者的心智。

如果这两条理由能够站得住脚的话，这就说明马基雅维利撰写《君主论》的深层目的可能在道德上是高尚的。但无论如何，我们还是能够从以上讨论中获得三条人生哲学的体悟：

第一，为了达成目的，采用一些复杂的修辞手段以掩盖真实意图是无可厚非的。而反讽恰恰是一种非常典型的，能够用以掩盖真实目的的修辞手段。

第二，反讽并非仅仅为了挖苦，也可以用于自我疗伤与含蓄劝诫。所以，要做到善于理解与使用反讽，就要对人类生活的丰富性与微妙性有深入的了解。

第三，命运的无常是一切强大的世俗力量的参照物，而在反讽中引入命运这一因素，便能对大多数世俗力量加以玩物化——这几乎是维护凡夫俗子精神自尊的万能之法了。

共和主义：人治与法治之间的切换档

基于对马基雅维利的反讽式解读，《君主论》这本书恐怕说的都是反话。那马基雅维利的正面意思又表现在何处呢？这就要参考他写的另一本书——《论李维》。

李维（Titus Livius，前59—17）是古罗马的历史学家，写有名著《罗马史》。马基雅维利其实是通过评论李维的历史学著作，体现他自己的政治哲学观点。

李维的政治哲学观点，一言以蔽之，就是共和主义。而所谓共和主义，本质上就是一种结合人治与法治之长处的混合式政治制度，并通过这种混合做到灵活性与稳定性的统一。

一般人了解共和主义，对于其人生来说又有何帮助？其实，共和主义的混合性所包含的两个因素分别对应了人生的这样两个阶段：决断的时刻与协商的时刻。比如，在人生的某个阶段，你必须要拿出决心来对某种旧的思维方式、工作习惯或者是生活状态"说再见"，这就是决断的时刻。在你作出这些决断的时候,实际上你就已经是一个微型的独裁者了。而在人生的另一个阶段,你得循规蹈矩、按部就班,避免仓促地决策。在这个阶段,你其实就是某种更庞大的社会组织的组成零件,换言之,你必须听从别人的意见,避免个人的专断。**如果你能将人生的这两个阶段的关系处理好,你就完成了某种微观的共和。**

由此看来,个体的人生与国家的政体之间有着微妙的呼应关系。对政治层面上的共和主义的了解,也能帮助我们理解人生不同阶段之间的切换方式。

下面我们就来了解共和主义更确切的含义。

什么是共和主义?

首先要指出的是,共和制并不等同于今天很多人所说的民主。"共和"的拉丁文是"res publica",指的是"公众的事情"。换言之,所有的共和制都要以一种无私和中立的方式来关照公众利益。不过,由于柏拉图与亚里士多德时代的"贤人政治"思想的影响,在马基雅维利时代的西方共和国所施行的,都是小范围内的民主政治,而非今日西方的全民民主政治。

拿古罗马共和国来说,古罗马共和国实际上把居民分成三类:第一类就是所谓的公民,拥有选举权和被选举权（可以从中选出执政官、保民官等），这些人也是古罗马共和国的政治基本盘，以及罗马兵团的主要兵源；第二类则是平民，虽拥有完整的人身自由，但没有选举权与被选举权，其地位有点类似今天在西方国家持有绿卡的外国公民；第三类显然就是奴隶了，不要说政治权利，他们连人身自由也没有。

不过，在当时，一个人就算是罗马共和国的公民，若没有豪族的背景，其实也几乎不可能在政治生活中纵横捭阖。所以，古罗马共和国真正说了算的还是那些豪门的政治代表，而他们的议事之所便是元老院。也就是说，古罗马共和国并未实行今日所说的大众民主制。

需要注意的是，古罗马共和国的控制面积相对较大，而到了中世纪与文艺复兴时期，在亚平宁半岛上出现的典型的共和国，便是以非常袖珍的"城市共和国"的形式出现的。不过，这些城市共和国依然没采用今天盛行于西方国家的全民代议制民主。

马基雅维利的老家佛罗伦萨的情况与之类似。佛罗伦萨即使在共和国时代（而不是僭主时代）所实行的政治制度，也不是与所有佛罗伦萨人分享权力的。在佛罗伦萨掌权的最高权力机关叫"长老会议"，代表的是各大工商业行会的利益，而广大雇佣工人的利益则被排斥在外。因此，愤怒的梳毛工人便在1378年爆发了大起义（这也是欧洲历史上的第一次被载入史册的无产阶级工人起义），而在这次起义后，下层民众的利益才得到了部分的照顾。不过，从总体上看，在佛罗伦萨，说了算的还是那些"肥人"——这是当时对羊毛商、丝绸商、毛皮商、银钱商、呢绒商、律师、医生等有钱人的称呼。

尽管古典共和主义的精英色彩非常浓郁，马基雅维利本人却倾向于采用这种政治制度，因为在他看来，共和制是君主制与大众民主制之间的一种更为稳妥的中间道路。

在《论李维》中，马基雅维利首先表示了对绝对君主制的担忧。在这种制度下，因为君主的权力不受制约，他很容易将整个国家视为私人利益的提款机。而且，由于天下大权都集中于君主，若君主的身心健康发生了偶然状况，弄不好整个国家都会动摇。比如，俄国历史上著名的伊凡雷帝就因情绪失控，糊里糊涂地处死了自己的王储。中国五代十国时期的后周君主柴荣，明明是一个有为的皇帝，却因为早逝而将统一中国的功劳白白留给了赵宋王朝。

有人或许会问：那大众民主制是不是比君主制好一点？未必。如果国家大事全部付诸公众意见的话，一些敏感的国家大事（特别是与国防有关的事务）就不能做到保密。有较为丰富的军事经验的马基雅维利对此自然有深刻的体会。

看来，我们就必须要取大众民主制和君主制之所长，回避双方之所短。由此就得到了中间性的制度安排——共和制，它能在个人决断与相对稳定的法治之间自由切换。

古罗马的"狄克推多"制度

"狄克推多"制度产生于古罗马共和国前期，其本质便是由元老院在国家危机时刻将权力暂时集中于特定的个体，由其实行短暂的独裁。顺便说一句，当时"独裁"并不算一个贬义词。为了防止个人专权危害国家的共和性质，狄克推多（dictātor）的任期一般不能超过 6 个月，到期后，其兵权就得交还给元老院。不过，在这半年内，狄克推多的确掌握了生杀大权，以便获得足够的决策灵活性来应对政治与军事危机。而在危机解除之后，国家就需要重新走上法治的正轨，这时候就不需要狄克推多了。

马基雅维利推崇的英雄罗慕路斯（Romulus）便是罗马历史中第一个实质意义上的狄克推多。他的政治举措有残酷决断的一面——为了争夺权力，他曾杀死了自己的亲兄弟雷穆斯（Remus）。不过，从另一方面看，罗慕路斯并非后世伊凡雷帝式的暴君。比如，他并没有把权力全部控制在自己手里，而是挑选了 100 个德性崇高的公民组成了元老院，并让这些人反过来限制自己的权力。他还创造了库里亚大会，其任务是批准各项法律。换言之，罗慕路斯虽然也集权，但他集权最后还是为了放权，而绝不恋权。

那么，马基雅维利所认可的这种适当的集权，与我们在各国历史中看到的全面集权之间的界限在何处？换言之，有何标准来裁定一个狄克推多做事的分寸是否刚刚好呢？

标准一：**当事人必须要有足够的政治勇气去扛起历史责任，不要优柔寡断**。在这方面，马基雅维利提到的一个反面案例正来自他本人的好友、政治家索代里尼（Piero Soderini，1450—1522）。此人做过佛罗伦萨的"正义旗手"，即共和国政府的实际上的领导人。在马基雅维利看来，此人的问题就是太心慈手软，对共和国的敌人下手不够狠，最后害得整个共和国都被推翻了。换言之，假若索代里尼有罗慕路斯那样的决断力，共和国反而能够活得更长。

标准二：当事人虽然有时不得不做一些残忍之事，**但基本的行事出发点必须是公众福祉，而非私心**。当然，第一个条件与第二个条件很难兼得，因为做事残忍的人往往非常自私。但也并非没有兼得二者之例，譬如，在二战的"不列颠之战"中，英国首相丘吉尔明明知道考文垂会被德国空军空袭，却故意不向民众发警报，任凭考文垂市民被屠杀——因为他不想由此过早暴露英国已破译德军密码的军事机密，并危害战争全局。很明显，丘吉尔作出的这一决策，就是一种出于公心的残忍决断。

标准三：**当事人必须要仔细选择其继承者**，如果继承者不能胜任，就说明这个当事人的政治判断力不合格。在这方面，古罗马的哲学家皇帝奥勒留便是一个反面典型。他本人虽然位于"五贤帝"之列，但在选择继承人的问题上犯了大错，将皇位传给了下一个皇帝康茂德。不过，这一标准也不是高不可攀，中国后周的皇帝郭威就是一个不错的榜样。由于他全家（包括其所有的继承人）都在一场残酷的变乱中被政敌处死，于是他只好将皇位传给外姓之人。他最后选中的乃是其养子柴荣——一位公认的贤明君主。

由此看来，一个人要满足成为一个合格的狄克推多的所有标准，的确有点难。除了需要优秀的政治人物出场，还需要一个能够维持狄克推多制度运作的政治环境。而在马基雅维利看来，该环境必须是充满斗争的！

只有斗争才能带来平衡

在上面三条标准中，最关键的是"始终要秉持公心"这一点。因为要做到这一点诚然不易。所谓"权力即春药"，即使品行不错的人，若长期大权在握，也难免产生种种权力腐败现象。面对这一问题，很多人恐怕会说：促成不同政治权力之间的平衡便是防止这一现象发生的不二法门。不过，关于如何获得这种平衡，马基雅维利的思路有点与众不同。在他看来，只有斗争才能带来真正的平衡。然而，凡是斗争都必须有对象——马基雅维利眼中的斗争对象又是谁呢？

他大约提到了两个面相的斗争，并由此分辨出了两组斗争对象。第一重斗争，即国家内部人民与外部敌人之间的斗争。也就是说，要通过树立外敌，在本国内部自愿地发展出一种愿意为国奉献的武德，而不能让民众沉湎于过于安宁的生活，由此丧失爱国心。一个颇能为该思想提供注脚的事例，便是现代以色列的历史。以色列建国后，大批来自不同国家的犹太人汇聚一处，彼此其实并不那么团结。但接连发生的四次中东战争逼迫以色列全民团结以求自保，最终使得以色列人民成为一个充满爱国心的团体。换言之，是外部威胁的存在，极大地促进了现代以色列国的精神团结。

第二重斗争，即国家内部的穷人和富人之间的斗争——不过，要维持斗而不破的局面。以古罗马共和国为例，其共和主义传统为什么能够维持那么长时间？背后的道理是，相对穷的公民和贵族分别控制了不同的立法机构（分别是公民大会与元老院），谁都吃不掉谁。

意识到这一点的双方最后又会彼此妥协,这就使得古罗马共和国能够避免如下两种极端情况,即穷人力量赢家通吃造成的"暴民政治",以及贵族力量赢家通吃造成的"寡头政治",并由此长期维持蓬勃向上的局面。

以上就是马基雅维利的共和主义思想的大旨。前面说过,国家运作和个体人生之间其实有一种微妙的呼应关系,我们的人生其实也需要一种微型的共和制来调节不同要素之间的关系。

正如马基雅维利在政治层面指出的,良好的狄克推多制度在微观层面上的运行也需要各种力量的制衡。正如一个人要作出一个重大的人生决策,就需要与亲友协商并多听几方意见后再下最后决心。然而,在很多情况下,要在"博采众长"与"勇于决断"之间把握好分寸颇为困难,毕竟很多耳根子软的人在听完身边人的不同意见后,反而会失去人生的方向。面对这一问题,马基雅维利或许会为其提供下述人生建议:你的协商对象最好也是一个马基雅维利主义者,这样他给出的建议才不会充满世俗的迂腐之见,你也不会因为思考这些迂腐之见而白费脑力。

心理学版本的马基雅维利主义

虽然马基雅维利主义在日常语言中基本上是一个贬义的标签,但在讨论其共和主义思想时,我们已经看到相对光明的一面,即在维护集体利益的前提下,探索国家富强之路。此外,如果上文对《君主论》的反讽式解读是正确的话,那么我们还要对马基雅维利主义作出更为积极的整体评价。

不过,对于大多数人来说,马基雅维利主义这个标签带来的负面印象依然挥之不去,而在别的学科——特别是心理学——那里,这种负面含义甚至还被固定下来成为孕育相关新术语的温床,其中一个是"马基雅维利式智力",另一个则是"马基雅维利式人格"。这也是接下来要讨论的内容。

有人会问:我们明明知道心理学可能是在误解马基雅维利主义的前提下使用这个标签的,为何还要在乎心理学的相关讨论呢?理由有三:

第一,关于如何解释马基雅维利主义,学术界的意见还未真正统一,所以,我们还不能肯定说,大众对马基雅维利主义的刻板印象就是纯然错误的。

第二,即使心理学家对哲学意义上的马基雅维利主义的理解有偏颇,他们在相关名目下进行的讨论依然有独立的价值。这就好比,虽然今日我们所说的"马达加斯加"纯然是一个误解的产物(马达加斯加当地人说的"马达加斯加"指的是一个港口,而不是一个大岛),但这也不妨碍我们在这种误解的基础上继续使用这个词。换言之,从语言哲学的角度看,心理学家有权在他们的专业领域内赋予"马基雅维利主义"一词以他们认可的含义——尤其在马基雅维利的文本充满暧昧的前提下。

第三,我们在日常生活中会遇到具有不同智力水平或者性格类型的人,其中有些人或许就具有马基雅维利式智力或马基雅维利式人格。因此,了解这一智力水平或者性格类型,就能帮助我们在精神上准备好与这些人打交道。

先来讨论马基雅维利式智力这个心理学概念。

马基雅维利式智力

这个概念主要在动物心理学里被经常讨论。到底怎样的动物才具有马基雅维利式智力?相关标志是,这种动物得有"许诺""背叛"与"欺骗"的能力。譬如，一些猕猴就有这样的能力，它们通过发出虚假的警报将别的猕猴骗走，然后迅速获取它们留下的食物自己享用。显然，这就是一种有意为之的欺骗，这样的猕猴显然也就具有这里所说的马基雅维利式智力。那么，在高级哺乳动物的群体行为的语境中讨论马基雅维利式智力，有什么哲学意义？意义有二：

第一，这足以证明人类的欺骗行为是具有进化论的根源的，这也反过来使我们能以平常心去看待马基雅维利式智力在人群中的存在，而不急于给其贴一个负面的道德标签。

第二，马基雅维利式智力虽然往往引导相关的主体去背叛同伴，但这种行为本身就意味着某种积极的建设能力的隐形存在。譬如，具有背叛的能力在逻辑上也就意味着具有理解诺言的能力（你总不能违背一个你所不了解的契约吧）；或者说，欺骗活动的逻辑前提便是欺骗主体知道何为真相。这本身便是自由意志（即选择欺骗还是不欺骗的能力）在动物界产生的重要标志。

那么，高级哺乳动物的马基雅维利式智力与人类的马基雅维利式智力有何区别呢？

我觉得二者的最大的区别便是，人类的背叛与欺骗有语言的襄助，因此具有更为复杂的套路。当然，在缺乏复杂语言工具的前提下，高级哺乳动物也能施展出简单的马基雅维利式智力行为。不过，根据学界的一般意见，动物只有简单的符号表述能力，而没有真正的语言能力，因为它们无法通过使用句法来自由地构造出新句子。显然，这个能力能够在根本上使人类通过对表征的自由组合而不断获得新计策，并由此使人类变得比猿猴狡猾得多。

不过，既然人类的马基雅维利式智力有其深厚的进化论根源，为何很少有人愿意自称马基雅维利主义者呢（当然，马基雅维利本人除外）？

对于这个问题，我的解释有二：第一，一种真正高级的马基雅维利式智力的体现是"只做不说"，即表面上满口仁义，背地里却搞一些背叛与欺骗盟友的事情。这样做的好处当然是使当事人能够通过自我道德标榜来取得更多资源，并通过暗地里的背叛行为使自身的资源付出量被缩减到最小。若一个人公开标榜自己是马基雅维利主义者，反而会使他一开始就失去潜在盟友的支持——因为没人会蠢到去与一个自我标榜为"背盟者"的人结盟。

第二，马基雅维利式智力只是人类所具有的诸多潜在特质之一罢了，而在人类复杂的心智构架中，这一特质又会受到其他特质——如同情心、责任心——的制约，所以，具有马基雅维利式智力的人未必就一定会处处将背叛行为展现出来，更未必会自称马基雅维利主义者。

从心理学角度看,真正成问题的其实并不是具有马基雅维利式智力,而是具有马基雅维利式人格。

马基雅维利式人格与"黑暗三角人格"

到底什么叫马基雅维利式人格呢?这并不是指一个人具有马基雅维利式智力,而是指其具有下面的心理行为特征:是否只关注自己的兴趣与野心,并不在乎别人的想法;是否认为钱与权力比友谊更重要;是否很享受别人的恭维;是否很享受通过利用别人来达到自己的目的(或者说,对别人的剥削和利用已经成了其生命中的习惯);是否对善恶之分表示麻木;是否经常违背承诺;是否有较低的同情感;做事是否有耐心;是否非常热衷于解读社会关系与政治形势;对性关系的态度是否过于随便(在上列选项中选"是"的都是马基雅维利式人格出现的标志)。

看了上面的描述之后,有些读者或许会有点担心,因为自己似乎也具有上述马基雅维利式人格特征中的一些,这是不是意味着自己就是一个人格特征非常负面的人呢?也不是。严格地说,马基雅维利式人格是一个心理学参数,该参数的指标可高可低,若你的数值不高,则不必过于担心自己的心理健康问题。

但马基雅维利式人格是所谓"黑暗三角人格"中的一种。另外一种叫"自恋型的人格错乱",即一个人的自爱倾向得到了畸形的发展,以至于在很多场合显得过于自我主义。自恋型的人格错乱显然会导致当事人轻视他人或者将他人全面地工具化。不过,典型的马基雅维利式人格依然与自恋型的人格错乱有所区别:有前者特质的人对关注自身利益的包装往往更精致,因此在表面上会显得不那么自恋,甚至显得貌似很关爱他人——但是,在内心中,他早就将别人视为棋子了。

"黑暗三角人格"的第三种就是"反社会的人格错乱"。这主要体现在如下方面:没有良知;对别人的痛苦毫不在乎;出了事,从不想自己的错,急着让别人做背锅侠;不尊重任何社会权威等。与自恋型的人格错乱相比,反社会的人格错乱的攻击性更强,前者仅仅是更关心自己的感受,却未必不能完全体会别人的痛苦,后者则完全视他者为玩物。

反社会的人格错乱与马基雅维利式人格的差别就更明显了。二者虽然都有强烈的操控他人的欲望,但在前者那里,这类欲望是以一种赤裸裸的方式表达出来的,而在后者那里,实现这类欲望的手段则要精妙得多。具有马基雅维利式人格的人甚至可以经常做出符合社会期待的事情,并在这种意义上成为社会秩序的重建者而非破坏者。当然,在根本意义上,具有马基雅维利式人格的行为主体依然是自我中心主义的。

由此看来,在"黑暗三角人格"中,马基雅维利式人格的伪善性与精致性是最高的。所以,如果在生活中遇到某个马基雅维利式人格的人,你未必能很快意识到,因为后者在表面上至少还是尊重社会规范的,而不会一开始就采取"掀翻桌子"的激进姿态。不过,也正因如此,不少人更容易被具有这种人格特征的人欺骗。

但问题是,伪善是最糟糕的吗?伪君子与真小人,到底谁更可恶?

如果没有第三个选项的话,我是站在"伪君子"一边的。道理很简单,表面上遵从社会规则也比完全不遵从要好,因为这至少给当事人的行为提供了某种限制,让其不能任意妄为。因此,马基雅维利式的伪君子其实是站在"真正尊重规则"与"完全不尊重规则"的分界线上的,而他们只要将脚步挪一下,就有希望转向一个新的方向——该方向将最终通向"规则先行"的康德主义,这也便是下一单元要讨论的问题。

在这之前,我们先对本单元的内容进行小结与反思。

对马基雅维利主义的反思

总体来说，对马基雅维利主义的解读存在两种方式：一种是努力发掘其中的积极因素，另一种则是努力发掘其中的消极面相。在心理学领域，对马基雅维利式人格的讨论其实已经放大了马基雅维利主义中的消极面，这也颇为符合世人对马基雅维利主义的刻板印象。然而，在《论李维》这个文本里，马基雅维利主义则被置换为共和主义这一带有正面伦理意蕴的标签。至于对《君主论》的反讽式解读中，对命运无常的感叹，则进一步削弱了马基雅维利式的帝王术带给读者的心理冲击。

在此，我不想讨论上述哪种解读才正确地把握到了马基雅维利主义的精髓——这得交给专门的马基雅维利思想专家去探讨，而想讨论下面这个问题：就算我们用最大的同情心去发掘马基雅维利主义的积极面相，难道这个积极版本就没有问题了吗？恐怕也未必如此。

《君主论》与圣巴托洛缪大屠杀

前面提到，共和主义强调做人做事首先要维护城邦或者共同体的利益、秉持一颗公心。不过，做到这些是不是自然就会排斥欺骗行为呢？也未必。因为"共同体"是一个复数概念，我的共同体利益未必是你的共同体利益，因此，即使我是一个共和主义者，我也完全可以将其他集团中的成员骗得团团转，甚至在某种极端的情况下，向这些人举起屠刀。在这个角度上，即使是共和主义版本的马基雅维利主义，也是排斥普世道德的，即不承认有一些适用于全人类（无论是敌人还是盟友）的道德规范，如"不能骗人""不能杀人"等。

而共和主义版本的马基雅维利主义的问题，恐怕也正与对普世道德的排斥有关。为了说明这一点，不妨来看一个相关的历史案例——发生在1572年的圣巴托洛缪大屠杀。这场发生在法国的内乱牵涉两个宗教派别，即罗马天主教与胡格诺派（后者为新教的一支，与加尔文派颇有关联）。

当时，法国国王查理九世的母后凯瑟琳·德·美第奇是天主教徒，她一直对胡格诺派势力在法国的日益壮大耿耿于怀。于是，她设计了一个圈套。她撺掇了一场政治婚姻，让笃信天主教的国王之妹玛格丽特·德·瓦卢瓦与胡格诺派的亨利·德·波旁（未来的亨利四世）

结成夫妻，由此向天下人传达这样的信息：从此，两派宗教将息事宁人、携手并进。而实际上，她早就在婚礼现场埋伏了大批杀手，等到毫无戒备的胡格诺派人士进入会场后，就立即对其发起屠杀。于是，在 1572 年 8 月 24 日凌晨，也就是在圣巴托洛缪节前夕，以婚礼现场为中心的大屠杀终于开始了。屠杀的范围进而又扩张到巴黎之外，持续数周之久。此次事变乃是当时已经持续多年的法国国内的宗教战争（即胡格诺战争）的一个插曲，而这整场战争造成的民众的直接与间接死亡人数据估计有 300 万人！

这场大屠杀与马基雅维利又有什么关系？这时马基雅维利难道不是已经离世快半个世纪了吗？

这是因为，马基雅维利的《君主论》造成的社会影响在当时还广泛存在。请别忘记，这本书就是献给美第奇家族的，而这场大屠杀的主脑凯瑟琳·德·美第奇就来自美第奇家族。因此，很多人都相信她的狠毒计策是受到《君主论》蛊惑的结果。本着这种想法，在大屠杀中捡回一条小命的胡格诺派律师英诺森·让蒂耶就写了一本书，标题为《反对马基雅维利：关于良政之统治手段的训诫》*，借此对马基雅维利主义荼毒人心的负面社

---

* 此书的英文译本信息是：Innocent Gentillet: *Anti-Machiavel: A Discourse Upon the Means of Well Governing*, translated by Simon Patericke, edited by Ryan Murtha, Resource Publications (CA), 2018.

会影响大加鞭挞。

且不论让蒂耶的评论是否合理,即使在共和主义版本的马基雅维利主义的框架中,我们也很难找到足够的理论资源来谴责凯瑟琳·德·美第奇的暴行。恰恰相反,她完全可以利用共和主义为自己辩护:这么做不是为了她的私人利益,而是为了天主教集团的集体利益。那么,如果马基雅维利为了佛罗伦萨的利益去欺骗敌人的行为是可以被谅解的,她为何就不能为了天主教集团的利益去欺骗胡格诺派呢?

由此看来,无论哪个版本的马基雅维利主义,似乎都缺乏一些能够跨越不同共同体的基本伦理底线,以便让我们知道哪些事情是绝对不能做的。因此,马基雅维利主义就需要向更具有伦理关怀的政治哲学升级,以更好地规范世人的政治行为,避免造成血腥的后果。

霍布斯对马基雅维利主义的升级

这一升级方案来自英国哲学家霍布斯(Thomas Hobbes,1588—1679),其相关的政治哲学名著便是《利维坦》("利维坦"指圣经里提到的巨兽,在此语境中指国家机器)。正如马基雅维利的《君主论》是献给美第奇家族的,他的《利维坦》则是献给英国的护国公克伦威尔的。克伦威尔本人也至少算半个马基雅维利主义者，他熟读马基雅维利的《兵法》的英译本，按照共和主义的理想训练出了资产阶级自己的武装——"新模范军"，并凭借这一武装完成了对国王军队的围剿，由此在英国实现了改朝换代。做上护国公后，他还一度解散了议会，大权独揽。不过，历史学家普遍认为，他的专权是为了巩固脆弱的资产阶级政权，因此，其行为完全具备马基雅维利心心念念的狄克推多制度的特征。而霍布斯的《利维坦》便可以视为对克伦威尔之政治作为的哲学追认。

《利维坦》因此也有一些马基雅维利主义因素。譬如，马基雅维利认为，人本质上是一种趋利避害的动物，需要被恐吓、被管教。与之类似，霍布斯在描述人类心理的一般状态时，也认为人与人之间本来就是相互敌视的，并因此天然地会陷入"狼与狼的状态"，也就是"一切人对一切人的战争"（拉丁文为"Bellum omnium contra omnes"）的状态。在这种情况下，人与人之间的相互欺骗与背叛也便成为自然发生的事情。

不过，在此之后，霍布斯便开始发展与马基雅维利主义不同的剧本。他指出，人与人之间无休止的争斗必然会导致同归于尽，而人的本性又是趋利避害的，于是，大家就需要建立一个社会契约来阻止上述情况的发生。这个契约是，每个人都放弃私斗，将自己的武力交付给由国家机器所代表的权威，让其保护社会成员的安全。

需要注意的是，向民众提供安全是国家机器的本质性规定，而这就意味着两点：第一，公权力在向民众承诺提供公共服务这个问题上不能背约；第二，公权力不能撕裂国家内部的族群，引发新的动乱状态。很显然，若公权力的运作不满足这两个条件，它也就失去了继续执政的合理性根源（而克伦威尔之所以能组织新军反对查理一世，也便是因为后者的种种举措的确分裂了英格兰王国的社会）。而这也正是霍布斯的主张与马基雅维利主义分道扬镳之处，因为后者并不认为有任何一种契约是神圣不可侵犯的。正因为霍布斯的主张具有了马基雅维利主义所不具备的新要素（即对社会契约的尊重），所以一个持有霍布斯的主张的人才能基于如下两个理由去谴责圣巴托洛缪大屠杀：

理由之一：凯瑟琳·德·美第奇身为法国王后，竟然公然挑拨国内宗教分裂，实不配享有公权力。

理由之二：国家权力存在的基本目的是维护民众安全，此次屠杀却造成数百万人死难，其本质上是一个颠覆国家权力的行为。

很显然，在霍布斯的政治哲学理路中，国家机器的神圣色彩开始被淡化，而这一点也就压缩了特定的权力持有者发挥其个性的空间（因为国家机器的神圣要求至少会使其无法肆意撒谎），相反地，试图扩大这一空间却恰恰是《君主论》的目的。

霍布斯的主张对契约的强调其实开启了一条新的哲学道路，这条道路将引向一种基于规则的人生哲学思路，也就是康德哲学。

不过，在我们切入对康德哲学的介绍之前，我还是想提一下带有这种霍布斯色彩的马基雅维利主义升级方案是如何帮助法国——对，也就是那个经过圣巴托洛缪大屠杀这一大磨难的法国——走向团结与强大的。大致而言，在这场大屠杀发生之后，新教徒与天主教徒之间的暴力冲突将整个法国变得支离破碎，导致的死亡人数有300万之众，而这很难不让有识之士痛定思痛。

1598年，亨利四世通过《南特敕令》，主张宗教宽容，由此才大致使得国家的局面稳定下来，利维坦式的王权亦开始在法国出现。不过，在那时欧洲的德语区，新教与天主教之间的宗教战争还是以"德意志三十年战争"的方式继续收割生命，而已经结束宗教战争的法国究竟该如何在这场战争中选边站，便成为了一个很棘手的问题。按理说，由于法国的国教毕竟还是天主教，法国本该站队天主教世界的"一哥"哈布斯堡家族。不过，法兰西国王路易十三的枢密院首席大臣及枢机主教黎塞留公爵，却是一位如假包换的马基雅维利主义者。换言之，在他眼中，宗教感情没有实打实的国家利益来得要紧。一番盘算后，他发现，设法削弱哈布斯堡家族在天主教世界的"一哥"地位对法国更为重要,为此,法国可以不惜帮助新教徒。于是,法国最终参加了新教阵营,打败了天主教阵营的西班牙,由此促成了1648年的《威斯特伐利亚条约》的签订。* 尔后,法国在欧洲的地位大大提升,直至路易十四时代,终于成长为欧洲第一强国。

1648年的威斯特伐利亚体系的建立,意味着欧洲诸国不论大小,其主权一概平等,领土也应受到尊重,由此,大国借用宗教与皇室血缘的理由干预别国内政的空间,在一定程度上被压缩了。这显然是后世《联合国宪章》之精神的17世纪雏形。同时,这一规定对后世的康德哲学与黑格尔哲学都有重大的历史提点的意义。其与康德哲学的关联是,该体系对国家主权的国际性认可,其实就预报了在社会中彼此认可个体尊严的康德式交往模型。而该体系对主权自身的尊严的肯定,又预报了黑格尔关于"国家是行走在地上的神"的准国家主义观点。

德国古典哲学的第一缕曙光,已经出现在1648年的威斯特伐利亚的地平线上。

---

* 此事标志着"三十年战争"的结束。"威斯特伐利亚"又名"西伐利亚",位于德意志西北部。

第五单元

康德主义的人生哲学：假装有理想

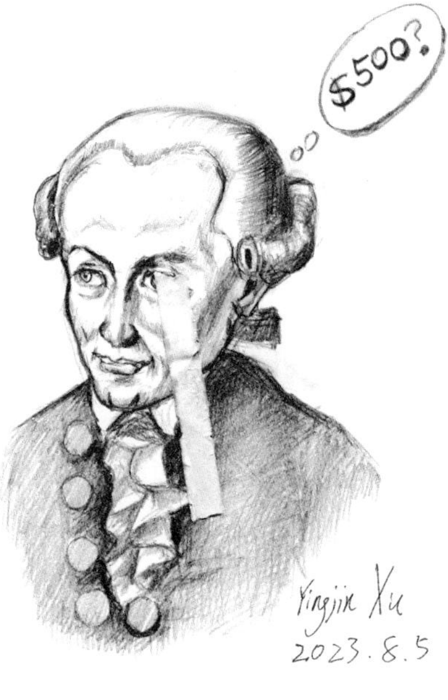
$500?
Yingjin Xu
2023.8.5

康德人生哲学开篇

本单元，我们来讨论德国大哲学家伊曼努尔·康德（Immanuel Kant，1724—1804）的人生哲学。总的来说，康德哲学属于"启蒙主义哲学"这一大类，启蒙主义的核心思想就是，**每个人都要用自己的理性照亮前行的道路，与此同时，也要将别人视为与你一样的具有理性的人，而不要将其视为比你劣等的人。**马基雅维利虽然也强调利用理性，但是他的说话对象主要是统治者，而非所有人。相反，当他主张君主可以为特定目标而欺骗民众时，其实是在将一个国家中的大多数人都视为可被愚弄的对象。在这个问题上，以康德为代表的启蒙主义者完全不能赞同马基雅维利，因为前者的目标恰恰是点亮每个人心中理性的光，无论此人是王侯将相还是贩夫走卒。

来自马鞍匠人之家的羸弱少年

康德终身恪守书斋,从未参与任何重大的现实斗争。其日常生活似乎平庸到无聊。尽管如此,纵观康德的一生,我们依然能获得一些关于"如何成才"的启示。

1724年4月22日凌晨5点,康德降生于克奈普霍夫岛,他出生后,这座小岛被纳入了柯尼斯堡(即今日的加里宁格勒)的行政管辖区。柯尼斯堡是普鲁士王国在东部的桥头堡,商路繁盛、产业兴旺,城中的柯尼斯堡大学是波罗的海沿岸的教育中心。康德所在的外部环境其实非常有利于年轻人成才。

不过,康德本人家世平平。他虽然成了德国一流哲学家,但他来自波罗的海沿岸的曾祖父甚至德语都不会说。康德的父亲乔治靠制马鞍为生,与哲学研究也没什么关联。康德的父母一共生育了九个孩子,伊曼努尔·康德排行老四。因为兄弟姐妹众多,其家境也较为贫寒。不过,康德的母亲很珍视这个身体羸弱的儿子,引导他皈依虔敬派(这是17世纪至18世纪德国新教路德宗内部的一支派别,反对死板地奉行信条,追求内心虔诚和圣洁的生活,注重行善)。康德的人生哲学中重视道德良知的意蕴,也与其母在幼年对他的教导有关。

康德的第一个学术启蒙老师是当地的牧师弗朗茨·阿尔伯特·舒尔茨（Franz Albert Schultz, 1692—1763）。1732 年，康德进入舒尔茨任校长的腓特烈学院，着重接受拉丁文的教育。他在 1740 年进入柯尼斯堡大学学习。虽然其主业是神学，但他很快对自然科学产生了兴趣，同时也研习哲学与数学。这时，他已经接触到了莱布尼茨与牛顿的思想。

不过，因为康德的父母先后亡故，他失去了继续念大学的财力支持，所以只好中断学业，去给别人做家教——这也是康德一生中唯一一段离开家乡的日子。他首次做家教的地方叫约德辰（Judtschen），因为雇主是立陶宛人，所以康德也趁机了解了立陶宛的文化。后来，康德又到一些乡绅、地主与贵族家中任教，不仅获得了丰富的教学经验，还有了丰富的生活阅历，为以后的学术活动打下了基础。他在这段时间所赚的钱，不但可以让他在柯尼斯堡负担两个房间的租金，甚至还可以雇一名仆从打理他的日常生活。

不喜欢地理的哲学家不是一个好院士

一个人要成为像康德这样的大师，应当具备怎样的素质？其中一个关键点是，他必须要成为一个学问上的多面手，这样一来，知道得越多，"脑洞"就越大。

康德出版的第一部重要著作竟然不是哲学著作,而是天文学著作,题目叫《自然通史和天体理论》(德文标题:*Allgemeine Naturgeschichte und Theorie des Himmels*)。在这本著作里,他提出了"康德—拉普拉斯假设",也就是关于太阳系起源的星云假说,在天文学史上具有很高的地位。1755年,康德重返柯尼斯堡大学,提交了用拉丁文撰写的论文《论火》,由此取得了学位答辩资格,获得硕士学位(略等于今天的博士学位)。

为了获得在大学的教职,康德又提交了一篇拉丁语论文《对形而上学认识论基本原理的新解释》,并通过了答辩。此后的康德成为了编制之外的无薪讲师,也就是说,他的薪水不由校方支付,而是由愿意选课的学生负担。

康德显然希望拿到一个真正的教授职位。1756年4月,康德致函普鲁士国王,希望能够替补柯尼斯堡大学的教授空缺,但事情暂时没成。这时,作为青年教师的康德的教学工作可谓非常繁重,除了教哲学以外,他还教自然地理学、数学、力学、工程学、伦理学、自然科学、物理学、修辞学。可见,当时柯尼斯堡大学对康德的人力压榨已经到了多么严重的地步。有趣的是,康德竟然还对自然地理学感兴趣,尽管他本人并不喜欢远足。之后,俄国彼得堡科学院遴选康德为院士,竟然也主要不是基于其哲学成就,而是其地理学成就。

康德一生中遭遇的唯一一次战争——七年战争——就涉及俄国。1758 年 1 月,康德所在的东普鲁士地区被俄罗斯军队占领。这让康德有点尴尬,因为他本是普鲁士的公民,现在为了活命,就必须要向女沙皇伊丽莎白·彼得罗芙娜效忠。这时,康德想到了自己曾向普鲁士国王要求晋升教授却被驳回的经历,于是他就想再次向新主子申请教授席位,但是依然没有成功。从这个细节可以看出,康德并不是一个对国与国之间的政治分歧非常敏感的人,谁支持学术发展,在他看来,谁就是好君主——甚至外国君主也无妨。1762 年,七年战争结束,柯尼斯堡又回到了普鲁士的怀抱。不过,当时的政治气氛还真是宽容,康德写信要求女沙皇给他教授位置的这件事虽然人人尽知,但也没有人因此给康德穿小鞋。

在此以后,康德进入了学术上的高峰期,完成了被称为"三大批判"的最重要的哲学著作。这"三大批判"分别是《纯粹理性批判》《实践理性批判》与《判断力批判》,它们又各自分别对应哲学研究当中的知识论、道德哲学,以及美学。

1770 年,康德总算被普鲁士政府任命为逻辑和形而上学教授。1786 年,他成为柯尼斯堡大学的校长。也就是说,他花费了 46 年的时间,从柯尼斯堡大学的新生奋斗成为学校的校长。

1804年2月12日，康德因身体衰竭而病逝。他活了大约80岁，在当时也算长寿了。康德的养生之道就是五个字——生活规律化。他每天下午三点半都会出门散步，因为他一直很准时，当地的居民一看到他出门就会对表。唯一的一次例外是因为他读了卢梭的《爱弥儿》而入了迷，以至于错过了散步的时间。

哲学家往往有用脑过度的问题。为了防止自己吃饭的时候继续想哲学问题而影响消化，康德在吃午饭时会请一些社会名流，并通过闲聊来营造轻松的用餐氛围。同时，因为一直独身一人，康德也就能花费更多的精力去从事学术研究。

康德的人生哲学的五个问题

关于康德的人生哲学，我们要讨论下述五个主题：

1. 在启蒙之光笼罩下的先验论证：哲学意义上的"批判"到底是怎么一回事？康德式的先验论证又是如何帮助人们在日常生活中提高独立思考能力的？

2. 物自体是否可知：与人心活动完全无关的外部世界的真相（即关于物自体的真相）是不是真正可知的？如果物自体不可知的话，这种立场又会引发怎样的人生态度？

3. 或许不存在的上帝如何成为人生指南：康德是如

何做到既否定对上帝之存在的传统论证，又同时认为上帝的观念能够为人生提供指引的？

4. 绝对命令照我心：为何我们要按照绝对命令给出的普遍与抽象的道德法则来约束丰富多彩的人生？

5. 自然与自由如何沟通：虽然康德在科学与道德这两个领域间画了楚河汉界，但在现实生活中，这二者却依然需要桥梁。比如，医生给病人治疗既需要自然科学知识，也需要人道关怀，而不能将自己一分为二，一半管治病，一半管安慰病人。那么，自然与自由之间的鸿沟又该如何被填平？

下面就让我们进入康德的批判哲学的世界吧！

在启蒙之光笼罩下的先验论证

本回要讨论的关键词是"启蒙"与"先验论证"。前一个概念并不专属于康德,后一个概念则与康德直接挂钩。先从启蒙主义说起。

何为启蒙主义?

启蒙主义是一个盛行于 17 世纪至 18 世纪的欧洲的思想运动。这也是一个被无数思想家与评论家反复讨论的话题,而一些具有后现代主义色彩的评论家(如福柯与利奥塔)则干脆认为"启蒙"本身就是历史虚构的产物。基于篇幅限制,我在此暂根据学界主流的意见[*],

---

[*] 关于启蒙主义的纵览式文献实在太多,汉语学术界在这个话题上的较新成果是历史学家徐贲的《与时俱进的启蒙》(上海三联书店,2021);英语学术界在这个话题上较新的成果是认知科学家斯蒂芬·平克的《当下的启蒙》(侯新智等译,浙江人民出版社,2018)。

将西方启蒙主义运动的基本论题概括为以下五点。

第一，个体的理智独立性论题。根据康德在其论文《何为启蒙？》中的说法，**启蒙就是将人类从自我导致的某种不成熟状态中解救出来——而这种不成熟的状态，又特别指对权威意见的屈从状态。**[*]换言之，每一个体都具有潜在的理智力量，以独立自主的姿态作出有效的判断。而不同国家的启蒙主义者在进一步界说上述"理智力量"的本质的过程中，又产生了欧陆唯理论与英国经验论的分野。

不过，个体的生命与智力上的限制毕竟会在相当多的情况下阻止个体作出真正有效的判断。而在传统的历史权威无法为个体提供指导的情况下，我们又该如何尽量弱化这一自然障碍的负面影响呢？对此，启蒙主义者的对策是引入以下第二个论题。

第二，公共知识库营建必要性论题。优秀的启蒙主

（接上页注）从哲学角度纵览启蒙运动的相对可靠、简洁的资料，请参看 William Bristow: "Enlightenment", *The Stanford Encyclopedia of Philosophy* (Fall 2017 Edition), Edward N. Zalta (ed.), URL = 〈https://plato.stanford.edu/archives/fall2017/entries/enlightenment/〉。笔者在正文中对启蒙主义论题的概括，在上述文献给出的各种意见中作出了取舍与综合。

[*] Immanuel Kant: "An answer to the question: What is enlightenment?". In Mary J. Gregor (ed.). *Practical Philosophy*. The Cambridge Edition of the Works of Immanuel Kant. Cambridge University Press, 1999, 11–12.

义者（如法国哲学家狄德罗、孟德斯鸠、伏尔泰等）必须要利用自己的理性能力编写百科全书，即以大量的短小精悍的词条，普及启蒙主义所认可的百科知识。而在启蒙主义者看来，这种做法之所以不会导致新权威的产生，是因为**百科全书的词条内容本身就是在对世界祛魅**。印刷术的普及也使得公共知识库中的信息更容易为大众所获取。以狄德罗等人编辑的《百科全书》为例，此书的初版虽然昂贵，但日后的普及版就相对便宜了许多。据学者估计，在法国大革命前，约有25000本《百科全书》在法国及欧洲流通，这极大地提高了欧洲人的智识水平。民众智识水平的提高，自然也会使得宗教生活的重要性大大降低。这也就引出了启蒙主义的第三个论题。

第三，世俗生活的独立性论题。在启蒙主义者看来，宗教生活在中世纪干预世俗生活的大量通道必须被堵死，**世俗生活由此也将具备一种不需要神恩担保的独立价值**。这种思想在西方普遍造成了"政教分离"的制度安排（上帝的归上帝，尘世的归尘世，现实政府的运作不受宗教力量的影响），还体现了文艺复兴思想与启蒙主义思想之间一个重要的分野：前者对人的力量的讴歌，依然有一个不可或缺的基督教作为背景墙，而这一背景墙在启蒙时代已经慢慢褪色了。

然而，宗教力量的全面退场也会让教会无法再在政治争端中扮演终极仲裁者的角色，由此也会增加政治生活陷入无序的风险。为了避免这种无序，启蒙主义者只能寻找别的规范性资源来作为人类社会行为的底线。这也就演化出了第四个论题。

第四，普遍人道主义论题，**即肯定每个人的自由价值的实现，肯定每个人都存在着无限的可能**，因此，在价值层面上，任何人与任何一个其他人都是彼此平等的。而这一点也就自然会衍生出大量旨在人为强化平权机制的制度安排。如果这些安排能够奏效，那么这就会引导我们接受下一个议题。

第五，进步主义论题，**即人类历史能够向着不断实现普遍人道主义的方向前进。**

上述五个论题在康德的思想中都有体现。

首先，个体的理智独立性论题其实就是由康德本人提出的。他在论文《何为启蒙？》中就提出了一个与之相关的口号，即"要敢于去认识"，也就是说，要敢于用你的大脑认识清楚这个世界，而不要老是道听途说、迷信权威。

营建公共知识库的必要性这一点，在康德那里也有体现。康德一生都在各个学科之间广泛涉猎，因此，他本人也可以说是一个百科全书式的哲学家。

再是世俗生活相对于宗教的独立性，其实康德的宗教哲学所系统阐发的恰恰就是这几个道理。他在自然和自由之间划界线的理论努力，本身也是为了防止宗教干涉现象界内的事务。

至于普遍人道主义论题与历史进步主义论题，则分别在康德的道德哲学与历史哲学中得到充分体现。本回的主要任务便是解释清楚康德心目中的理智独立性论题究竟是怎么一回事。而要解释清楚这个问题，就要给出一个新的关键词——先验论证。

什么是先验论证?

先验论证的基本操作思路是，**我们先肯定某事物是存在的，然后再追问其为何能够存在**。换言之，通过对其之所以能存在的逻辑前提的追问，我们就完成了对事物形成的先验条件的呈现。"先验"在此指不依赖经验调查，在书斋里就能进行的一种思考模式。也就是说，先验论证能够帮助你在不进行经验调查的情况下，就能对一件事有初步的分析。

那么，为何先验论证与个体的理智独立性有关？因为前者能够使个体在相对省力的情况下，也就是在不大需要借助社会资源的情况下，独立作出判断。举个例子，如果你要研究某一朝代的宫廷秘闻，但却没有得到相应的授权去查阅宫廷档案，看似就无法进行下去。而依据康德的观点，这时你至少可以根据已经收集的少量资料，通过先验论证来大致梳理事件的前因。这虽然不能帮助你获得最后的真相，但至少能让你想得比一般人更远。

先验论证的首要运用领域是自然科学。在康德生活的时代,近代科学的威力已经成为不争之事实。作为先验论证思路的首倡者,康德对待自然科学的态度是,既然人人都承认科学的有效性,哲学家就没必要在这个问题上钻牛角尖。哲学家要做的,就是运用先验论证的方法揭示下述问题的答案:科学之普遍有效性是如何成为可能的?比如,物理学究竟是满足了哪些条件,才使其不仅对欧洲人有效,对亚洲人也有效?

要回答这个问题,我们还需要进一步追问:近代自然科学的特点是什么?显然,其特点便是通过建立抽象的法则(如万有引力定律等),建立起理论体系。**而从哲学角度看,所有的法则都是因果法则**。譬如,力学家通过特定法则,在加速度与力之间建立的函数关系,在本质上还是一种因果关系。因为某事物(如一辆马车)的加速度变化了,所以其受力也跟着变化了。而在康德看来,法则中的因果关系的来源有两个可能性:因果关系来自客观的物质世界;或者因果关系来自人心。

康德思索的答案是,**因果关系来自人心**。为何这么说?因为从康德的立场上看,说因果关系来自人心,要比说其来自物质世界,更符合先验论证的基本要求,即用最少的证据去证明最具普遍性的结论。

具体而言,我们不妨先假设法则里的因果关系是来自物质世界的。但问题是，你如何知道这一假设是真的？不管怎么说，我们根本无法脱离自身经验的局限去查看世界的真相。所以，"人类的科学法则里的因果关系就是对世界真相的反映"完全是独断的说法。相反，若假设法则里的因果关系来自人心，则会让我们免于陷入上述这种独断。因为既然科学法则是为人心所创造与理解的，那么说人心里有因果观念，显然是自明之理。

而在人心中既有的因果观念则被康德称为"因果范畴"。在康德哲学的语境中，"范畴"指思维框架中的那些基本的卯榫结构——没有这些结构，人类思维的大厦无法被搭建出来。因为有了因果范畴，这些句子才能浮现在我们的脑海中：因为雷劈了张三，所以张三被劈死了；因为张三的尸体腐烂了，所以他的尸体才发出了臭味等。

面对流言，先验论证方法有什么用？

当你碰到了一件蹊跷的事，先验论证或许能指导你该怎么办。首先，你不要怀疑这件事已经发生了的事实，因为"蹊跷"的仅仅是其成因，而不要由此怀疑这事本身的存在。

其次，你要用先验论证的方式去追问此事得以产生的所有条件,也就是要聚焦那些仅仅通过纸面推理就能确定的前提。然后,利用你的常识,对这些前提产生的背景环境进行推理。

举个例子,近年,在三星堆的挖掘中发现了一件国宝级文物——青铜神树。此物做工十分精细,且的确不像由后人伪造而成。但问题是,如此复杂的器物,当时的人是怎么做出来的?即使你没学过考古学也能立即反推出:当时的工匠要获得超过1200度的高温才能够熔化铜铸成此器,而要做到这一点,就需要非常复杂的知识传承与分工协作。这样的传录协作,显然需要文字的帮助。但有趣的是,我们目前还没发现三星堆文明遗址中有文字出土(虽然有些专家在玉琮等器物上发现了类似文字的符号,但也有专家并不认为那是文字)。不过,根据先验论证的思路,三星堆文明应当是有文字来帮助传承相关知识的,否则这一器物的制作就会因为缺乏特定知识框架的支持而成为不可能之事。

按照同样的思路,我们也可以去追问秦始皇的正妻是谁。从现有的史料中,我们找不到关于秦始皇的正妻(即始皇后)的正式记载。但毫无疑问的是,这个女人必然是存在的,否则公子扶苏的母亲又是谁呢?至于为何在历史中找不到这样一个皇后,肯定有其他的解释(我们可以假设因为某些复杂的政治原因,她在秦朝的官方历史记载中"被消失"了)。不过,至少可以肯定的是，你不能因为史书中没记载某事而认为此事不存在，先验论证的思路能够帮助你发现那些淹没在黑暗中的隐变量。

有人或许会说：我既不是考古学家，也不是历史学家，琢磨上面这些问题有用吗？有用。至少你能凭借先验论证的方法，从一些看似不靠谱的信息中找到真相的草蛇灰线。这可是一项非常有实用价值的生活技能。

假设你在单位听到对某人不利的风言风语，这是否意味着这些风言风语所描述的就是真的？当然未必如此，因为这些话很可能是流言。但这是否又意味着你无法对真相进行任何推测了呢？按照先验论证的思路，答案是否定的，因为你依然可以从"流言的确在到处疯传"这一基本事实出发，得到如下结论：第一，当事人是一个名人（一般没人会去传播无名氏的流言）；第二，当事人的人缘恐怕不是很好，或是受到普遍的妒忌，否则很难解释为什么大家都会乐于传播这样的流言；第三，流言虽未必是真的，但与当事人平常的举动或许有一定的相似之处，否则过于荒诞的流言是无法被广泛传播的；第四，当事人恐怕没有足够强的世俗权力——假若他有，他本可以轻松找到谁在传播这些风言风语，并对其进行控制。

先验论证这一方法虽然简便有效，但也不是包治百病。下面就是一些运用时的相关注意事项：

第一，你必须要确定你所聚焦的事件是真实存在的，尤其不要说"有图有真相"那样的傻话（不要忘了修图软件的存在）。只有确定事件是存在的，去追问"它如何存在"才有意义。

第二，我们既需要逻辑，也需要起码的经验常识。譬如，在考察秦始皇的正妻（或扶苏的母亲）究竟是谁的时候，你就得有"凡有儿子必有母亲"这一常识。对于缺乏最起码的常识的人来说，先验论证这个工具对他们是没用的。

在康德那里，先验论证主要是用来对付怀疑论的。在他看来，怀疑论对人类常识的健康颇有危害，因为它会引发一种对所有真相都无所谓的"佛系态度"（参看前文对皮浪主义的讨论）。那么，康德对怀疑论的正面态度又是什么呢？先来看看康德哲学的直接对手之一——近代哲学中的怀疑论——究竟是怎么回事。

作为"思想强酸"的怀疑论：从皮浪到笛卡尔

如果把怀疑论比作一种"思想强酸"，其功用就是腐蚀一切积极的概念构建物或价值体系。以古典的怀疑论者皮浪为例，他的核心思想就是要悬置对外部世界的真实状态的判断，使得我们能满足于在现象界过着那种心静如水的生活。

而近代怀疑主义毕竟是在启蒙思想的氛围中产生的，其理路与古典怀疑主义并不完全相同。近代怀疑论者只是以怀疑论为"药引子"来引出某种更为积极的理论构建，而不是像古典怀疑论者那样以怀疑为始，以怀疑为终。

首先要提到的一个近代怀疑论大家，就是大名鼎鼎的笛卡尔（René Descartes，1596—1650）。笛卡尔的知识论构建的第一步，就是认为**我们对外部世界的所有认知都是可以被怀疑的**（就这一步而言，他非常像皮浪主义）。比如，你现在就可以怀疑手里读的这本书是否真的存在，或许你仅仅只是在梦里读书呢？但这样一种怀疑论会不会导致你什么也不信？也不会。笛卡尔绕了一大圈，最后还是证明了我们对外部世界的认知是有担保的。

笛卡尔的思路是这样的：只要你能够在晚上梦到上帝，甚至在白天想到"上帝"这个观念，上帝就一定存在，否则你无法解释，如此渺小的你的心灵里怎么会有"上帝"这个观念存在——除非是上帝自己将"上帝"这个观念种到了你的心中。而能够将"上帝"这个观念种到你心里的上帝自身，难道可能不存在吗？这样一来，既然上帝是存在的，那么仁慈的上帝自然会保证我所看到的大多数事物都是真实的。所以，我们对外部世界的客观知识是可能被构建出来的。

尽管笛卡尔的这一论证日后遭到了康德的猛烈抨击，但至少我们由此看出，笛卡尔并不像皮浪主义者那样对追求知识与真理漠不关心，否则他就难以在重视理智独立性的启蒙时代乘风破浪了。

从哲学史的角度看，笛卡尔属于"唯理派"哲学，即强调个体的理智力量中与逻辑推理相关的部分。而同属于启蒙运动的英国哲学家休谟（David Hume, 1711—1776）则属于"经验派"哲学，即强调个体的理智力量中与经验积累相关的部分。下面我们就来谈谈休谟版的怀疑论思想。

休谟版怀疑论：除了逻辑和感官经验，什么也不信

休谟版怀疑论的核心思想，一言以蔽之，即天下之事均可怀疑，除了以下两项之外：第一，逻辑的有效性。比如，A 就是 A，A 不是 B，这一点是不容怀疑的。第二，感觉经验的确定无疑性。比如，你的视网膜里若出现了一片红色，这一感觉本身的存在便是无可置疑的，至于这片红色对应的是对一个真实存在的红色气球的知觉还是某种幻觉，则暂时不在考量范围之内。

正是基于这样一种"除逻辑与感觉之外均可怀疑"的思路，休谟也便开始怀疑因果关系的客观存在了。我们在前文中已经看到，因果关系在日常语言中可以说是无处不在。假设有一个苹果被放进微波炉加热一分钟,然后苹果就变得热乎乎了,我们就会说:因为苹果被加热了一分钟,所以苹果变得热乎乎了。但面对同样的情况,休谟却会说:我们无法证明因果关系是客观存在的。他会反问读者两点:第一,因果关系是逻辑法则的一部分吗?显然不是。譬如,在"因为苹果被加热了一分钟,所以苹果变得热乎乎了"这个句子中,"因为"与"所以"各自引导的子句在含义上是不同的,"所以"引导的子句表达出了与"因为"引导的子句不同的新含义。这是一个很重要的论据,因为它能证明:主要基于因果关系而被构造出的语句,并非同时就是主要基于逻辑法则而被构造出的语句,因为典型的基于逻辑法则而被构造出的语句,往往不允许用逻辑连接词去连接两个含义有重大差别的子句。譬如,在"张三是李四的朋友,故此,李四是张三的朋友"中,"故此"代表的便是一种逻辑关系,而不是一种因果关系,因为"李四是张三的朋友"无非就是"张三是李四的朋友"的另一种说法而已。

既然因果关系并不是逻辑关系,那么因果关系的存在就是可以被怀疑的——这就是休谟要告诉读者的重要信息。但为何一种关系只有被归为逻辑关系,才能被视为确实的呢?道理很简单,你对逻辑规则的运用不太可能犯错,而你对外部世界中特定事件的溯因却可能犯错。譬如，苹果为何热了？你说是因为微波炉，但保不齐这也有别的原因呢（如这个微波炉其实已经坏了，而真正加热这个苹果的是某种你不了解的物理机制）？与之相比，逻辑是不会骗人的。如果苹果在微波炉里且微波炉在厨房里的话，那么这个苹果肯定也在厨房里。

休谟的第二个反问是，我们可以在直接的经验中感受到因果关系吗？恐怕也不能。我们至多只能感知到两个事件（如"苹果被放进了微波炉"与"苹果热了"）的前后顺序，而不是二者之间的因果关系。换言之，因果关系既无逻辑的担保，也无感觉经验的担保，纯然是不可靠的。

休谟的上述推论看似非常学院化，但对日常生活的杀伤力却非常大。不管怎么说，因果观念是我们日常观念体系中一个非常基础的构件，假若这些构件被证明全部是"伪劣产品"的话，我们的常识体系恐怕也会崩溃。将休谟列为一个怀疑论者，其道理便在于此。

但前面说过，休谟毕竟是启蒙时代的怀疑论者，因此其思想并不会导致其采取皮浪式的"躺平姿态"。那么，休谟是如何防止自己落入皮浪式的思维窠臼的？

学会"入乡随俗"

需要注意的是，**休谟并不反对我们在日常语言中使**

用因果这个概念，他只是反对因此将因果设定为世界中已有的事项。那么，我们在日常语言中使用因果观念的根据是什么？

答案是两个字——习惯。"太阳晒石头"之所以被视为"石头热了"的原因，是因为我们习惯于在观察到"太阳晒石头"之后，再观察到"石头热了"。而我们的语言又自作多情地根据这个习惯，将前一事件看成后一事件的原因，尽管我们没有任何哲学上的根据来证明这个因果关系是客观存在的。但是，利用因果关系这个说辞来梳理我们杂乱的经验，对于休谟主义者来说，也没有任何问题。这样一来，即使你是一个休谟主义者，也根本不必为无法解释日常语言对因果关系的运用感到烦恼，"入乡随俗"就是了。

"入乡随俗"这四个字就足以将休谟主义者与主张随波逐流的皮浪主义者的人生态度区分开来。前者代表的是一种更积极有为的生活方式，即**我们要认真地关注周遭的一举一动，领会习俗的深意，以便扮演好习俗指派给我们的角色。**由此看来，休谟哲学相当重视社会共同体的习惯对个体习惯的塑造作用。

有人可能会问：重视社会共同体对习惯的塑造作用，在多大程度上能够使休谟哲学继续在启蒙主义的阵营内占据应有之地呢？毕竟天主教的意识形态也非常重视教会对习惯的塑造作用啊！

具体而言，休谟与传统基督教的思维模式的区别有两种：第一，休谟是一个连因果关系的客观存在都不承认的人，遑论上帝的客观存在！不管怎么说，上帝的存在既不能通过逻辑推理来担保，也不能通过感觉来验证。相较之下，预设上帝的存在，却是基督教意识形态的前提。不过，也正是出于这个原因，休谟生前与教会的关系一直比较紧张。

第二，休谟是一个特别重视感觉与感情的哲学家，所以他特别强调"同情感"在塑造共同体的过程中起到的作用。也就是说，他并不会因为尊重习俗而走向纯然的保守主义，相反，一个休谟主义者忍受不了一些使观者的良心受到拷问的陋规（如寡妇不能再嫁、虐杀动物等）。而强调个体的良知感受，恰恰也是启蒙主义的思维特征之一。

康德对休谟的两点质疑

不过，在更彻底的启蒙主义者康德看来，休谟做得还不够——尽管康德对休谟的《人类理解研究》的阅读的确让他吸收了休谟哲学中的某些要素。康德对休谟哲学提出的第一个挑战是，说因果关系仅仅是语言习惯的一部分，这一点无法解释为何包含因果关系的牛顿力学知识能够成为人类的普遍知识。"习惯"毕竟是一个带有偶然性规定的字眼（如此民族的习惯与彼民族的不同），而科学知识的普遍性却是跨民族有效的。对于这一点，休谟该如何解释呢？天下人的习惯恰好在因果问题上全部被调到了一个频道？那究竟是谁在进行这种调整呢？总之，休谟的解释依然留下大量未解之谜。

其次，在康德看来，休谟对"同情感"的强调也有类似的问题。如果道德的基础仅仅取决于"同情感"的话，那么特别铁石心肠的民族（如古代斯巴达人）就会与特别多愁善感的民族（如现代意大利人）具有不同的道德感。这样的话，道德的基础也被相对主义化了。在这样的情况下，普遍人道主义又如何能够作为普遍规范而成为全人类历史前进的指引呢？下回就来看看康德是如何回应他对休谟提出的这些挑战的。

心灵之光照因果

康德对休谟哲学提出的第一个挑战是,如果外部世界中并不一定存在着因果关系的话,我们对因果的思考与言说又是如何具有普遍有效性的?我们先来看康德是如何对休谟的因果观进行更深入的批判的。

梦中悟苯环:经验对未来一定有效吗?

前面指出,休谟的因果观基于对习惯的遵从。因为习惯本身是基于"过去"的,所以这种因果观便天然缺乏一个针对未来的维度。但对于知识的构造来说,对未来的想象力的匮乏可以说是一个硬伤——因为过去反复出现的套路在未来未必发生;换言之,遵从习惯会让我们在很多情况下无法准确地预测未来。

举个例子,电影技术的进步就一定会使得旧有的播放形式被迅速淘汰吗?这可说不准。过去的经验的确告诉我们，有声电影一出现就颠覆性地取代了无声电影，彩色电影一出现就颠覆性地取代了黑白电影。然后，3D电影的出现难道也立即颠覆性地取代了2D电影吗？恐怕没有，目前上映的电影大多数还是2D的。也就是说，从"过去的技术进步往往导致播放方式彻底改变"这一点出发，我们是得不出"未来类似事件也会发生"的结论的。这也就是说，为何有的技术进步会带来行业标准的升级，有的则不能，这一点是无法从对习惯的观察中获得答案的，你还需要一个更深入的因果解释。

从科学史的角度看，很多重要的因果解释的提出，其先导并不是对大量经验的概括，而是基于少量案例所得到的某种理论顿悟。以苯的分子结构的发现为例，1834年，德国科学家米希尔里希通过蒸馏苯甲酸和石灰的混合物，得到了苯液。日后，法国化学家日拉尔等人又确定了苯的相对分子质量为78，分子式为C_6H_6。苯分子中碳的相对含量如此之高，使化学家们感到惊讶。对于如何确定苯的结构式，化学家们遇到了难题：苯的碳、氢比值如此之大，这一点就表明苯是高度不饱和的化合物；但有意思的是，苯又不具有典型的不饱和化合物应具有的"易发生加成反应"的性质。因此，化学家的任务是双重的，既要解释苯中碳的相对含量为何如此高，又要解释为何其不容易发生加成反应。

最终解开这个谜团的是德国化学家凯库勒，但他得出此项科学发现的要诀不是进行大量的经验归纳，而是靠做梦！在梦境中，他看到了如下景象：长长的碳链像一条条长蛇翩翩起舞；突然，有一条蛇咬住了自己的尾巴，构成了一个环形——由此他得到启发，悟出了苯分子中的碳链是一个闭合的环！

凯库勒梦中悟苯环的故事所蕴含的哲学教训就是，**既然科学发现针对的往往是我们尚且不知的事，我们又怎么可能通过对过往经验的梳理而得到新发现呢？**显然，这时我们就需要灵感的伟大力量来襄助了。像休谟那样将所有的鸡蛋都放在习惯这个篮子里是不行的。

读到这里，赞同休谟思想的人或许会说：凯库勒过去毕竟见过环（无论是甜甜圈的那种环还是土星的光环），所以，他之所以能够梦中悟苯环，也是因为用上了过去的经验（因为从来没见过环的人是无法领悟到苯分子的结构是环状的）。所以，即使在凯库勒的案例中，休谟主义对经验与习惯的倚重还是说得通的。

对于休谟主义者的这种辩护，康德主义者会这样反驳：为何很多人都见过环，而就凯库勒能产生这样的联想，别人却不行呢？或者说，凯库勒也见过很多别的东西，为何他在此刻就偏偏联想到了"环"这个形状呢？

康德主义者对上述疑问唯一的解释是，人类的理智具有某种主动的能力去统摄杂乱的感官印象，并从中找到因果关系。换言之，如果某种具体的因果关系（如苯环的分子结构特征与苯的化学特征之间的联系）在过往的经验中付之阙如的话，那么其出现的根据便只有来自心灵活动的主动性特征。由此看来，因果关系也只可能是心灵活动的产物，也就是说，它并不是来自心灵对反复出现的经验模式的归纳，而是心灵中本来就具有的用来整理外部经验的内部模板。从这个角度看，康德式的因果观是一种高扬人心之主动性的学说，有着丰富的人生哲学意蕴。

如何在变动的世界中处变不惊？

康德式的因果观显然会促使我们更积极主动地跳出既有经验的藩篱，更富创造性地寻找事物之间的因果关系。从人生哲学的角度看，一个具有康德式因果观的人会具有更强的好奇心，以及对世界中的变化之根据有更强的求知欲。而一个人一旦对世界如何变化的根据有了更多的知识，世界在其面前也能呈现出更多的确定性。确定性乃是生活得以延续的基本观念前提——一种朝不保夕的日子其实是一种炼狱式的日子。康德式的因果观可以帮助我们在充满变动的世界中处变不惊。

举个例子，假设我们进入了韩国电视剧《鱿鱼游戏》所设定的情境：我们被迫参与一些奇怪的游戏，一旦在游戏中被淘汰便会被四周的警卫射杀。为了活下去，你该怎么做？你得研究游戏规则，并找到游戏的规律。在这里，休谟式的经验概括可能用处不大（每个环节的游戏规则都会发生变化），而真正能帮你参透游戏奥秘的是某种更具主动性的理智努力。

看过《鱿鱼游戏》的人或许会说，在电视剧的末尾，绝大多数玩家都死了，主人公最后虽然生存了下来，但他也几乎失去了所有的朋友。这意思是说，一个人如果真正深陷个体无法抵抗的邪恶棋局，无论他的康德式溯因能力有多强大，最后也很难成为真正的人生赢家。但在我看来，**没有一种哲学能够帮助人们解决所有的具体人生问题，也没有一种哲学仅仅凭借其观念力量就能消灭世界上所有的黑暗力量**。无论如何，我们至少可以肯定的是，哲学的观念力量能够提供特定的概念工具，以增加与邪恶力量斗争时的胜算。

再以基于真实历史改编的电影《逃离索比堡》为例，这部电影描述的是 1943 年 10 月 14 日发生在波兰索比堡灭绝营的犹太人起义。那么多犹太人是如何从戒备森严的灭绝营逃出去的？这就需要非常严密的计划。起义领袖列昂·费尔亨德勒仔细盘点了党卫军警卫的数量，发现可以用"分而治之"的办法先解决掉里面的军官与士官。他的具体方案是，让手下用不同的借口将党卫军军官和士官一个个地引诱到营房与工作小屋，并尽可能安静地干掉他们。然后，失去首领的其余德军就会陷入短期的混乱，囚犯们也就可以趁机逃脱了。

这个大胆的计划的成功，显然有赖于起义领袖对因果关系的强大把握能力。他必须熟悉营地内的德军的组织形态与其控制力之间的因果关系，并通过坚决的"斩首行动"来削弱其控制力。而对未来的想象力，则是这一计划得以被制定出来的另外一项心智条件，因为过往的经验并不支持"囚犯可以从戒备森严的灭绝营中大规模逃脱"这一想法。而且，即使从统计学角度看，索比堡起义也是残酷的集中营历史上的一个非常醒目的特例（在此之后，没有任何一座集中营或灭绝营中的犹太人复制过这一成功），因此，统计学数据并未对起义领袖头脑中康德式因果观的建立作出贡献。

然而，在大数据技术的"加持"下，今日大多数现代人的因果观已被休谟哲学绑架。我们今日面对的世界也已被统计学的面纱笼罩——至于这层面纱背后是什么，大多数人则毫无兴趣。于是，**基于统计学计算的大数据机制告诉人们什么东西是流行的，人们就得跟着流行的风而行走——就好似跟着头雁飞行的候鸟，没有自己真正想去的地方。**这可不是康德通过其启蒙主义口号——"要敢于认识"——所要表达的那种生活态度。

心灵之光照因果

心灵中的因果范畴并非是现成的解释

在此,我们还需要对康德式的因果观作出一些补充性说明。康德的观点其实是这样的:**心灵所抛出的乃是某种抽象的因果范畴,而不是对既有现象的现成解释**。这种抽象的因果范畴仅仅告诉我们,**任何事件的发生都有其原因,亦会引发一些特定的结果**。换言之,因果范畴起到的仅仅是手电筒的作用,它至多只能指导我们去寻觅特定问题的答案,但它并不是答案本身。可以这么说,因果范畴就类似你对爱情的某种抽象憧憬,你必须按照这样的憧憬去找你心目中的恋人——但你最后究竟与谁牵手,这还得看机缘。

当然,"机缘"二字是充满偶然性的。司马相如与卓文君偶然牵手成功了,而梁山伯与祝英台则最终变成了一对蝴蝶;凯库勒偶然发现了苯分子的结构奥秘,而在他之前的化学家则都失败了;索比堡灭绝营的起义偶然成功了,但此类成功却不能被奥斯维辛集中营复制。申请了数次教授职位最后才如愿的康德,其实并非不知偶然性在人生际遇中发挥的作用,但他总觉得这不是哲学家所应当聚焦的话题(直到 20 世纪 30 年代,日本哲学家九鬼周造才以"偶然性"为关键词构造出了一个新的形而上学体系,但这已是后话了)。康德更关心的问题是,**无论一个人是愚是智,为何都普遍具有探索外**

部世界中因果机制的心智潜能呢？ 他的答案是，人心中本来就有以因果范畴为代表的诸多知性范畴，至于为何有些人心中有了因果范畴而不敢使用，也仅仅是因为其缺乏启蒙主义精神的熏陶，而不是因为脑子里真少了这根弦。换言之，相信每个人都具有凯库勒那样的心智潜能，是像康德那样的启蒙主义者的基本思想设定。

但新的问题是，究竟是谁将因果范畴放进我们的头脑中的？康德没有正面回答这个问题。不过，他至少已经明确拒绝了当时欧洲人对这个问题的标准答案：是上帝将我们理解世界的正确模式放进了我们的头脑。因为在康德看来，就连上帝自身的存在也是存疑的。

相反，康德对上帝的态度非常暧昧，一方面，他没有给上帝留下一个非常明确的位置；另一方面，他又不像后世的尼采，通过大喊"上帝死了"，对基督教的价值观进行全面清算。在康德的人生哲学里面，上帝既死了，又没死，就像薛定谔养的那只猫。

下面我们先来看看硬币的一面：为何康德认为上帝是不存在的？

安瑟伦关于上帝的证明哪里出了错？

作为启蒙主义者的康德对哲学史上的那些关于上帝存在的论证很不以为然。他首先拿安瑟伦（Anselm of

Canterbury，1033—1109）关于上帝的"本体论证明"开刀（这个证明在笛卡尔的哲学中也得到了重复）。

这个论证其实很简单，假设有某个蠢人跑到教堂里祈祷，希望他买入的股票能够翻几倍——很显然，这一祈祷活动的发生，就预设了他心中有上帝这个观念。但这就产生了一个问题：一个蠢人的心中怎么会有全知、全能、全善的上帝的观念呢？这显然需要解释。

很多人或许看不出这个问题为何值得安瑟伦伤脑筋，不妨思考一个与之平行的例子：假设你在旅游时发现某村子民风粗俗，几乎人人都是大口喝酒、大口吃肉的文盲。这时候，你突然发现有一个眉清目秀的青年一边翻看德语词典，一边在攻读康德的名著《纯粹理性批判》。显然，这位青年的存在与周围粗俗的环境很不协调。我们该怎么解释这种反常现象？一种粗俗的民风怎么可能培养出一位哲学爱好者呢？一种解释是，这个哲学爱好者或许是一个村外人，因此其哲学素养是在某个遥远的大城市内得到培养的，而他只是在此暂住几日罢了。

由上述这个案例，我们能得出这样一个更为一般的哲学见解：当一个环境里某个事物的正面价值（如真、善、美）远远超过其周遭之平均值时，其存在就不能通过相关的环境要素来说明。这时，我们必须认为，在这个环境之外存在着一个更大的环境，并以此来说明这个事物的正面价值的真正来源。

现在，我们再回到安瑟伦的原始案例中去。从某种意义上说，那个愚蠢的祈祷者的心理状态就类似前例中那个粗野的乡村，而祈祷人心中的上帝观念就类似那个在读康德的年轻人。因此，正如穷乡僻壤中的这一哲学爱好者的存在会构成理智困惑一样，一个愚蠢的信徒心中上帝观念的存在也会构成理智困惑。而对于这一困惑的解法，也完全可以参照上述案例的解释，即上帝这个观念是从祈祷者的心理环境之外的某个大环境中被移植进来的。

但究竟是谁将上帝观念移植进了信徒的心灵呢？是牧师、大主教，还是教皇？对于此问，安瑟伦的回答是，都不是。因为即使是教皇，其实也是有限的凡人，其心理状态亦充满了种种凡人皆有的阴暗面。因此，即使是教皇的心灵内部状态，若与完美的上帝观念相比，也是某种"穷乡僻壤"。所以，上帝这个观念必然有一个超越世俗世界的来源，而这个来源就是上帝的存在自身。所以，上帝当然是存在的。

安瑟伦的这个论证貌似很强大，否则也不会为后世的笛卡尔所借鉴。不过，康德却大喊一声："我不服！"

康德的反驳：你头脑有五个塔拉不等于你钱包里真有五个塔拉！

在康德看来，安瑟伦的论证的疏漏之处便是他小看了人类的想象力的作用。思维能够帮我们想象出很多不存在的事物，如飞马、金山与孙悟空。但如果任何被想象出来的事物都是客观存在的话，那么世界上事物存在起来也太容易了。所以，在被想象出来的观念与这些观念所代表的客观事物之间，或许根本就没有安瑟伦所设想的"直通车"。

现在，我们就立即用这个思路去化解"穷乡僻壤的哲学爱好者"所引发的困惑。一种康德式的回应是，难道一个人不可以通过其自由的观念组合力量，自发地产生对哲学问题的兴趣吗？难道哲学思考的诞生，一定需要外部环境中已经存在的哲学资源为前提吗？若真是如此，我们又该如何解释西方哲学史上最早的哲学家泰勒斯的哲学思维的起源呢？难道在他之前还有别的哲学家存在过吗？

同样的道理，为何一个人不能通过对日常生活中种种真、善、美现象的观察，并利用想象力将这些现象加以无限化，然后自己构造出一个包含了至真、至善、至美之特定的上帝观念呢？人类的心智既然能够构造出数学上的"无穷大"这个概念，为何就不能构造出上帝观念呢？

由此看来，**上帝观念的诞生，完全可以在人类理智的范围内被解释清楚，而不必诉诸任何理智观念范围之外的超越性力量**。所以，从上帝观念在人类心灵状态中的存在，是推不出上帝自身的客观存在性的。康德还有一句俏皮的名言形象地概括了这个观点："你头脑有五个塔拉不等于你钱包里真有五个塔拉。"（塔拉是当时普鲁士的一种货币。）这一观点还有一个更具技术性的阐述方式：一个主语的存在并不直接蕴含"存在"这个谓语（说白了，就是你能想到的东西，并不等于真正存在的东西）。因此，上帝这个主语在任何语句中的存在，并不意味着上帝本身真的存在。

说到这里，康德似乎离喊出"上帝死了"这句尼采式的口号就只有一步之遥了。但康德却偏偏不愿意跨出这关键一步——因为他的正面观点恰恰是，**虽然我们无法论证上帝存在，但是我们必须假装上帝存在——否则人类的道德大厦就会崩塌。**

假装上帝存在，以维持道德

一个人怎么可能既认为上帝之存在不可证，又认为我们必须假装上帝存在呢？这种态度是不是有点自相矛盾？

并非如此。说上帝之存在不可证，并不等于说上帝不存在，而是说没有办法证明上帝是否存在。很显然，在这种闪烁其词的表达中，上帝存在的可能性并没有被彻底排除。在这种情况下，假装上帝存在并不会引发真正意义上的矛盾。不过，新的问题又产生了。既然上帝之存在与不存在都无法得到有效证明，为何我们要假装

心灵之光照因果

相信上帝存在，而不是相信其不存在呢？

道理非常简单，相信上帝存在，是因为上帝是道德的担保，假若没这个担保，人类的道德就散荡了。康德不希望人类的道德散荡，因此他自然也不希望上帝不存在。所以，他就要假装相信上帝存在。

对于上述解答，或许有两个疑问：第一，为何康德认为道德体系的运作需要上帝担保？中国儒家伦理体系的运作也没有上帝担保啊？第二，因为相信某件事能够带来好处就去相信它，这难道不会让我们犯下"一厢情愿"（wishful thinking）的推理谬误吗？

对于第一个问题，康德的回应是，假设上帝存在的确要比假设上帝不存在对维护伦理道德更有帮助，而中国儒家伦理体系缺乏上帝这个观念，其实是儒家文化的缺陷。下面是康德思路的具体展开。

假设你是一个大学老师，正在批改学生的期末论文，并试图按照教务处的要求给至多不超过30%的同学以A等的成绩。而这项任务的难点在于，你必须将评分做得尽量公正合理，没有任何偏私。对此，康德的建议是，你设想世界上存在着一个绝对公正合理的评分人，然后将自己的作为与这个评分人的作为作比较，反思自己哪里还做得不够好。这样一来，你的实际评分行为就会无限趋近于这个理想评分人的行为。很显然，这个理想评分人就是超越于尘世的上帝的某个侧影。也就是说，假装相信有这个理想评分人的存在，将有助于为改善我的评分行为提供某种绝对的、理想的标尺。因此，我的道德行为也就一直会有改善的空间。

与之相比，儒家伦理学却无法提供这样的绝对标尺。儒家思维方式的特点是尊重圣贤，但即使是像孔子那样的圣贤，只要生活在尘世中，其行为在道德上也未必是毫无瑕疵的。譬如，据《史记·孔子世家》记载，孔子曾以大司寇的身份代理宰相之职，诛杀了以鲁国大夫身份乱政的少正卯。但少正卯罪当死刑吗？这件事一直众说纷纭。而康德主义者的反击也恰好在此发出：既然圣贤的行为的合理性也会遭受质疑，以圣贤之行为作为后人道德行为之标尺，会不会使我们遭遇"标尺自身就有错"的尴尬呢？面对这一尴尬，若转而去设定上帝这一超越尘世的绝对标尺，难道不是更有利于维护道德的尊严吗？

再来解答第二个疑问，的确，在逻辑论证中，我们不能假定某种我们希望发生的情况是真实存在的。譬如，一个还没看到高考成绩的考生就不能假定他已经考上了北京大学。但人毕竟是一种依赖希望才能生存的动物，因此，一个考生完全可以希望自己考上了北京大学，一个商人也完全可以希望他日后的生意兴隆。从这个角度看，假装相信上帝存在的行为无非是要表述这样一个希望：**人类历史能够向真、善、美的方向不断**

进步。

　　尽管康德关于"假装上帝存在"的理论还是包含了不少基督教文化的要素,但在当时的政治氛围下,他对上帝之本体论论证的轻蔑态度就足以给他惹上一些麻烦了。康德的相关"激进"言论已经使他遭受了官方的训诫,他也被逼向当时的普鲁士国王威廉二世表达了自己的政治态度:只要陛下健在,臣下就不会就宗教问题再发一言,请陛下安心。好在不久后,威廉二世就驾崩了,施加在康德身上的政治压力也被减轻了。

绝对命令学说初论

在上回讨论康德的宗教观念时，我们已经指出，康德的上帝观念是为其道德哲学服务的。换言之，上帝为凡人的道德行为提供了某种绝对的标尺，若没有这一标尺，凡人的道德行为就会失去不断改进的空间。下面我们就由此来正面考察康德的道德哲学，这也是他人生哲学的核心部分。

人类生活的基本前提是什么？

在康德看来，**道德理论必须建立在无条件的善之上，否则就会缺乏扎实的根基**。请注意，无条件的善是相对于有条件的善而言的，前者的典型展现方式是"我对你好而不求回报，无论你是谁"，后者则是"你曾对我好过，因此我也对你好"。

为何无条件的善要比有条件的善更值得成为道德

理论的基础呢？道理其实也很简单，如果世界上所有的善都依据特定的条件而成立，那么每个人就都需要为自己的善行规定特定的行为条件。与之相对应，文化与宗教之间的种种差异亦会使得不同的文化与宗教团体给出不同的基本行为条件。然而，若此国领袖口中的善意在别国首脑眼里却成为恶意，该如何是好？由此看来，任何一种普遍性的道德理论，都不能以有条件的善为基础。

因此，如果我们认为人与人的交流需要一些基本道德规范来托底的话，这些规范就应当是无条件起效的。"无条件"这三个字在此可以被理解为中立于一切宗教的、文化的、政治的区别而起效的事项，类似某种共通的人际交流货币。很显然，这样的规范的存在将在最大程度上减少沟通成本。

比如，你到一座陌生的城市问路，即使你对当地的文化一知半解，你也会预设：除非有特别的理由，否则当地人不会向你故意指错路。因为说真话——或至少在一般情况下说真话——是一种托底的人类伦理规范。当然，有时我们会基于特殊的理由撒谎，但这毕竟是特殊情况，否则各国情报机构对特工的"撒谎训练"就不会显得那么困难了。

有人或许会追问：为何无条件起效的规范就一定是行善的规范？不能是作恶的规范吗？马基雅维利不是已

经告诉我们,人类在本质上就是一种自私自利并忘恩负义的动物吗?

康德式的回应是,当然,世上的确有很多人是自私自利并且忘恩负义的,但这毕竟不是人类生活的基本前提,**人类生活的基本前提其实是互助**。用康德本人尚未知的进化论的语言来说,人类基因的传播需要稳定的家庭与宗族关系,而这就需要稳定的人际协作关系(人类的婴儿期很长,若无家长的养育与保护,婴儿很难成年)。语言则是这种协作关系最明显的一种体现。从进化的角度看,语言机能之所以被进化出来,是为了协助对劳动的组织的(如采集、狩猎、生火、养育孩子等)。然而,**语言这个工具只有在为"说真话"这一目的服务时才有意义,因为只有确实的信息的传播才能在人际协作中发挥积极作用**。从这个角度看,一种旨在大量提供假信息的语言机能是不可能被进化出来的,因为这种机能无法为人际协作提供积极帮助,由此对种群基因的传播毫无益处。当然,语言也可以用来撒谎,但撒谎这一行为本身依然预设了撒谎者本人知道自己在撒谎,而这一点又预设了撒谎者知道真相与假象的区别。由此看来,"说真话"这一语言运作的基本机能并没有因为撒谎现象的存在而被动摇。如果我们进一步将"说真话、不撒谎"视为无条件起效的伦理规范的代表的话,那么上述推理就足以说明，为何马基雅维利式的狡诈无法成为托底的伦理规范。

现在看来，无条件的善便是规范人类伦理生活的概念基底。但这几个字实在太抽象，这到底指的是什么？

何为无条件的善？

既然无条件的善是人与人交流的基本思维货币，那么货币本身是不是无条件的善的载体呢？

不是。货币固然能帮我们做好事，但是这不等于无条件的善。货币只有在恰当的条件下（在正确的阶段用于恰当的目的），才能发挥积极的作用。现在一些有权有势的人总有这样一种错觉：某项工作做得有缺陷，肯定就是因为缺钱了——这种思路显然就是将货币视为某种无条件的善了。然而，如果相关项目的宏观设计思路本身就有问题，在该项目中所投入的经济资源就会放大而非抑制其中的恶。以影视工业为例，过分的资本集中其实会造成资本力量对艺术家个性的发挥空间的侵蚀，由此反而会使得作品质量下降。

提到艺术家的个性，那么强烈的个性与百折不挠的精神是不是一种无条件的善？

也未必，这取决于当事人的个性被用作何目的。若用来做坏事，百折不挠的精神可能会给人类带来更大的坏处。希特勒与东条英机也是个性很强的人，但是他们的个性越强，对世界的破坏就越大。相反，二战时的名将巴顿的个性也很强（他很喜欢抽士兵耳光），但我们却一般认为他是一个正面人物。这也就是说，个性本身不是评判一个人是否善良的决定性因素，更重要的因素是站队的问题：他究竟是站在正义的一面，还是邪恶的一面？

但一个人如何知道他站队的阵营是正义的呢？不妨看看美国电视剧《兄弟连》里的一个桥段。这部电视剧描述了美国 101 空降师中一个连的官兵在欧洲奋战法西斯的故事。经过反复的苦战，全连官兵都产生了厌战的情绪。但等到他们进入了德国一处被德军放弃的集中营后，其中的惨景立即震撼了他们，他们随即意识到自己所从事的事业的正义性。

由此看来，对正义与善的觉知其实包含了一种按照人类基本道德规范去行事的意愿。譬如，不能随意杀人，也不能看到别人随意杀人而无动于衷。**这些人类的基本道德规范在康德那里被称为"绝对命令"。**

什么是绝对命令？

绝对命令中的"绝对"就是无条件的意思。而"命令"一词是从德语中的命令式语句衍生出来的。下面是

德语命令式语句的一个例子:

Kommen Sie herein, bitte!(请您进来!)

命令本身有两种:有条件的与无条件的。有条件的命令必须与特定语境构成匹配。比如,领导命令你进来,其实是因为领导要你去办事,而这一点也就预设了你与他的上下级关系。如果他退休了,这样的预设自然也就失效了。相较之下,康德所说的绝对命令则完全不受这些偶然的外部条件的影响。

绝对命令大致的内容有四条(有些哲学史教材认为有三条)。

1. 行事所依据的原则必须被预设为对所有人均有效的原则,而不能仅仅对一部分人有效。

这一原则听上去很抽象,而且对中国读者可能尤其陌生。有陌生感就对了,因为这不是中国儒家文化里本有的观念。儒家的伦理学说的是"亲亲",即你自然会对自己的亲人更亲一点,而不会对所有人一视同仁。但在康德看来,如果你不真诚地假定有一些抽象的规范是对所有人都有效的话,你会让自己也陷入麻烦。譬如,假设你是一个公司的总经理,那么只要你并不真诚地相信公司的规章制度是对所有员工有效的,整个公司内部就会变得山头林立、离心离德,总经理自己的利益最后也会受到损害。所以,规则本身必须被普遍化。

在国际交往领域也是一样。如果你认为任何国家的主权与领土完整都是不能被牺牲的，你就不能在 R 国入侵 U 国时不去谴责 R 国，而在 J 国入侵 C 国时去谴责 J 国。如果 J 国的行为是错的，那么 R 国也是错的，至于你本人更喜欢 R 国还是 J 国的文化，与这件事本身则毫无关联。如果在这个问题上不尊重国际法的普遍性，那么国际社会的基本安全前提也会被颠覆。

2. 行事必须讲人性，不能将人仅仅视为手段，还要视为目的。

康德在此表达的意思是，你必须在骨子里相信这一点：所有的人，无论其性别、种族、教育程度、相貌水平是什么，都是人，因此，人人都有某种不可被剥夺的人性尊严。

康德的这句话非常容易被误解。难道西方社会就没法使唤人了？资本主义社会难道不是一个金钱万能的社会吗？康德这样的道德标榜是不是很虚伪？

但是请注意，康德并未说"你不能让别人暂时成为你的工具"，而是说即使你在让他人做事时，依然要尊重他人。就像在餐厅吃饭时，即使你是消费者而侍者是服务者，你也要尊重侍者，如要对别人的服务说一句"谢谢"。一个充满谢声的社会才是一个有足够人情味的社会（但在外事活动中强迫外宾不断说"谢谢"则就完全是另外一回事了)。

3. 对于道德规范的觉知,必须建立在每个人的绝对的自由意志之上,而不能用强迫的方式使其接受道德规范。

这里所说的自由,其实是进行道德选择的意思。亚当与夏娃可以选择去吃或不吃智慧之果,哈姆雷特也能选择去或不去为父王报仇。换言之,在理想状态下,人类应能通过自觉的道德选择来践行道德规范,而不是在外部强力的作用下去选择做善人。

康德之所以强调道德选择如此重要,**其实是想将每个人的道德责任都厘定出来,以便让每个人的行为都能被恰如其分地视为他自己道德选择的产物**。总之,找"背锅侠"这一套在这里是行不通的。在这个理路中,像艾希曼那样的前德国党卫军看守,恐怕是无法通过如下的辩解为自己脱罪的:"我只是庞大的犹太人灭绝机器中的一个零件罢了,若我不去做那事,'上边'还会派别人去的。"对此,康德主义者的反驳是,为何同是德国军人,施陶芬贝格伯爵却选择去谋刺希特勒以求扭转乾坤呢?为何你艾希曼选择服从"上边",而施陶芬贝格却选择刺杀"上边"?答案非常简单,你艾希曼缺乏行善的自由意志。

4. 人与人组成的社会，应当成为一个将彼此视为目的的"目的性王国"。

这一条是对前三条的升华。也就是说，康德不仅仅要求康德主义者要重视人性，而且他还希望所有人都这么做。这当然是一个很高的要求，但是，康德认为人类社会可以向这个目标不断前进。

以上对这四条道德原则的解释依旧非常抽象，接下来我们看看这些原则的特定日常应用场景分别是什么。

绝对命令之衍生规则

首先要指出，康德的绝对命令学说的一个根本思想是将道德规则普遍化，而不是将其视为特定地方风俗的附属品。而但凡可以被普遍化的事项，至少不能包含任何内部矛盾，如"一个司机看到红灯后必须立即停车并加速"便是一项包含了基本矛盾的命令，因此不能被普遍化。

由此，我们可以重新理解康德式绝对命令的内容为何必须如此。康德为何说"人不仅仅是手段，而且是目的"？因为假若不这么说的话，你就不得不将一部分人视为纯粹的工具（即高级的牲口），将一部分人视为目的（这类人有权按照自己的意愿追求幸福与人生目标），然而，这样做迟早会碰到矛盾。

推理如下：将人分为两类（即工具人与目的人）的做法不可能是基于任何自然的理由的，因为即使是奴隶，其在自然的意义上也是人。所以，这种做法实际上就是将一些与工具人具有类似理智潜力的人视为了非人。而目的人也知道这一点，因为他们其实都希望那些工具人能足够聪明，以便尽量发挥其作为工具的价值。但"足够聪明"这件事同时也意味着，这些工具人具有构造自己未来生活图景的思维能力，这样一来，工具人也就等于具有了成为完整意义上的目的人的潜能。换言之，工具人的目的人本色就与"工具人—目的人"之二分法产生了逻辑矛盾。而摆脱这一矛盾的唯一办法，就是像康德所说的，转而去承认所有的人都是目的人——尽管在特定条件下，他们也可以暂时被视为工具人。

我们也可以利用上述思路去看待谎言的问题。前文中，我们已经初步得出过这样的结论：马基雅维利式的狡诈不能成为可被普遍化的规范性原则。现在就结合现代国家的意识形态运作来深入讨论这一点。

系统性的欺骗究竟能走多远？

即使是主张君主要像狐狸一样狡猾的马基雅维利，也不是在任何一个时刻都怂恿君主去撒谎。实际上，他所看重的撒谎技巧实施起来亦是受限于特定时空环境的。也就是说，如果需要撒谎的外部条件停止存在了，撒谎的必要性也就停止存在了。相较之下，现代国家的运作方式所具有的"去人格化"特征，在现代传播技术的加持下，很可能将谎言制造机制的功能加以普遍化（如下文要提到的纳粹宣传机器）。这也就给康德哲学提出了一个新课题：**书斋里的哲学家基于善良意志所提出的普遍性道德规范，是否足以对抗秉持反人道思想的现代国家所掌握的对民众的强大信息控制力？**

为了回答这个问题，我们不妨先来分析美国电影《乔乔的异想世界》。这部电影从一个叫"乔乔"的德国小男孩的视野出发，描述了纳粹德国意识形态的种种荒谬现象。我们知道，纳粹意识形态的核心命题之一——犹太人是劣等民族，甚至不是人——是赤裸裸的谎言。但为了让这个谎言能够像真理一样广为流传，纳粹的宣传机器又制造出了大量用以支撑这一谎言的衍生性谎言，如犹太人生孩子的方式类似蝙蝠，而不是类似灵长类动物；犹太人小时候脑袋上有角，而长大了又不见了等。这些谎言进入了纳粹所控制的教材，以"批处理"的方式毒害了广大德国儿童的心灵，使这些德国孩子的三观已经扭曲到无法与外部世界正常交流的地步。

但纳粹的宣传机器获得的胜利仅仅是表面上的，因为其普遍化的边界就是其暴力机器的控制力边界——而暴力机器的控制力需要大量的血肉与钢铁来维持。如果一个国王要人们相信"鹿就是鹿"的话,他付出的宣传成本几乎是零(他只是在重复常识);但他若要人们"指鹿为马"的话,却需要付出巨大的统治成本(如去贿赂那些不愿意"指鹿为马"的人,或干脆用暴力消灭之)。然而,由于种族主义的意识形态本身已经天然地贬低了世界上的大多数民族,这种做法必然会在全世界范围内引发激烈的反抗——不消说支撑这种反抗的暴力资源或许远远超过纳粹政权的现实力量。

而在上述这部电影中,甚至在盟军用自己的暴力资源粉碎纳粹的统治之前,主人公乔乔就已经通过非常简单的逻辑推理,发现了纳粹宣传的破绽。谎言本身是缺乏证据支持的,因此,若要使民众相信,谎言制造者就只能伪造大量的假证据来支持它。既然这些证据是假的,又硬要让人接受,就需要无孔不入的信息控制力来阻止与之矛盾的信息出现。这种信息控制力在现实中实现起来其实困难重重。譬如,为了维持"犹太人生孩子的方式类似蝙蝠"的谎言,纳粹就不可能真的对所有犹太人进行基因改造。因此,只要有一个德国人开始认真观察他身边的犹太人(就像电影中的乔乔对藏在他家里的犹太女孩所做的),他就会发现自己接受的整套意识形态与现实完全脱节。而这些醒悟过来的德国人在以后的日子里所做的,也就是假装相信"上面"要我相信的东西罢了。

从上述分析来看，系统化的欺骗机制尽管或许会得到某些庞大世俗力量的支持，却招致了一个惹不起的敌人——真理。"真理"两个字看似轻如鸿毛，却蕴藏巨大力量，因为与真理结盟的人从一开始就会免去编造谎言的心力，从而在与撒谎者的搏斗中处处占据优势。需要指出的是，在道德哲学的领域内谈论对真理的维护，并不等于否认康德在认识论领域内得到的如下结论：世界自身的绝对真理是任何凡人都无法把握的。而是提出了这样一项伦理学要求：**你至少要将你自己信以为真之事告诉他人，因为这本身就意味着你对他人人性的基本尊重。**相反，当你系统性地向他人散播你自己都不信的谎言，这就等于说你从骨子里认定这些人是不配获取某些核心信息的——而这种预设本身就与康德式绝对命令对"人是目的"的大声宣告彼此冲突。

为何死刑是对杀人犯的最后尊重？

在绝对命令学说这一视域中，我们又该如何看待杀人与自杀的问题呢？

这似乎不难解答，杀人与自杀当然是康德式绝对命令所不允许的，因为这二者直接与"人是目的"这一要求产生了冲突。由此，我们甚至不难产生这样一种联想：一种将杀人与自杀当成普遍原则来崇拜的文化显然会走向灭亡，因为社会健康运作的前提便是作为社会节点的人类个体的存在，人若都大批死亡了，这个社会又怎么能健康地存在呢？

不过，康德本人并不主张在刑法体系里废除死刑（特别是针对杀人行为的死刑）。这看似与"不许杀人"的要求相矛盾，实际上却在更深刻的意义上体现了其伦理学观点。道理是，任何人都要为自己基于自由选择的行为负责。杀人的行为如果是出于当事人的自由意志，当事人就要为其负责。怎么负责？很显然，杀人者必须对被杀者的生命表示起码的尊重。接受死刑——表示自己的生命权重与被害人的生命权重是相等的——就是这样的尊重方式。而法庭之所以判处当事人死刑，也是为了尊重他作为一个完整的人的地位。日后继承康德这一思路的黑格尔也指出，如果一个人杀人之后，法院不判处他死刑，这反而是对他的侮辱，因为这意味着他是一个精神有缺陷的人，不配接受死刑。可以说，接受死刑是杀人犯作为人的最后尊严。

康德会如何看待赤穗四十七浪人的复仇？

在这里，我有一个大胆的设想：康德会赞成日本武士的剖腹自杀行为吗？日本武士的剖腹自杀行为其实是"荣誉自杀"的一种，有些类似中国古代大臣被皇帝赐死的情况。因此，武士等级之下的一般日本老百姓是没资格剖腹自杀的，正如中国古代的老百姓没资格被皇帝赐死。不过，在古代日本文化中，武士剖腹自杀的行为能够部分挽回其生前因办砸事情所损失的名誉，而中国古代的大臣就算被赐死，也不会因此挽回多少政治名誉——至多只是免去了在公开场合被砍脑袋的羞辱。此外，中国权臣被赐死是一种相对被动的行为，需要帝王提出；而武士剖腹既可以由武士自己决定，也可以经由上峰判决，并且，办砸事的武士主动剖腹的案例在历史上还并不罕见。因此，从康德哲学的角度看，日本武士的剖腹自杀行为的确带有更加浓郁的自由意志色彩。

为了更清楚地说明日本武士剖腹自杀的行为逻辑，我们不妨看看赤穗四十七浪人的故事。

1701年，来自江户城（即今日之东京）的大贵族吉良上野介来到了播州赤穗藩（位于今天日本的兵库县）巡视，并侮辱了藩主浅野长矩，长矩怒而与之发生械斗，使其受了轻伤。因为长矩的行为属于以下犯上，被江户幕府（当时日本的最高统治机构）判处荣誉死刑，即剖腹自杀。他的四十七名家臣由此失去主公并成为浪人。他们普遍认为主公死得冤枉，斗殴致人轻伤，怎么罪当死刑呢？于是，他们决心为主公复仇。经过周密的准备，他们潜入江户城杀死了吉良上野介，然后去官府自首，无人潜逃。江户幕府则命令他们中的大多数人剖腹自杀。事后，江户百姓无不视这些浪人为天下英雄。

试问：赤穗浪人为何一定要搭上性命去为主公报仇？道理很简单，复仇对象吉良上野介不把赤穗藩藩主浅野长矩当人看，故意教给他错误的礼仪，让他在统治者面前丢脸，然后趁机羞辱之，这也就等于破坏了人与人之间互信的基础。而江户幕府明明知道浅野长矩仅仅在斗殴中导致了吉良上野介受了轻伤，却判处其死刑，这一点又足以说明，在这些有权有势的高级贵族眼里，乡下武士的命本来就很低贱。从这个角度看，浅野长矩的四十七个家臣决定为主公复仇的行为，本身就是一种为平等而进行的斗争。至于他们在复仇成功后全部自首的行为，则进一步意味着其对基于自由选择而实施的行为的承认与负责（而剖腹自杀就是一种负责的方式）。至于江户幕府允许他们自杀，亦是对他们的行动的正义性的含蓄的表达，因为这样的蓄意杀人行为，本要用斩刑来惩罚。

需要注意的是，赤穗四十七浪人的复仇带有一点"行为艺术"的色彩（他们杀死吉良上野介后，高挑其首级在江户市内巡游，生怕百姓们不知道）。这实际上是以一种壮烈的方式警告江户的高官们，若继续轻视地方的武士，以后自会有别的豪杰揭竿而起，与你们同归于尽。

这虽然是日本历史上的事件，我们却可以从中隐隐看出康德哲学的预报是对的,即人天然有为建立"目的论的王国"而奋斗的倾向。在这个理想的王国中,江户的高官与赤穗的乡下武士彼此平等,谁都要将对方视为目的,而不是低贱的工具。

康德主义者会如何看待动物权利?

一个康德主义者该如何对待自然界中的动物?康德主义者赞成虐待动物吗?

从表面上看,虐待动物的行为并不与"以人为本"的绝对命令产生直接矛盾,因为动物在定义上就不是人。不过,在某种间接的意义上,康德主义者依然不太赞成虐待动物。因为很多动物与人具有非常高的相似性,所以虐待动物的行为会造就残忍的心理并最终使施虐者将这种变态的心理迁移至同类身上,由此对人类社会的安全构成威胁。

这一思想也引发了今天西方牲畜屠宰业行业标准的一些改变,如鼓励从业者用安乐死的方法处理牲畜。不过,与那些高度热情的动物保护主义者不同,康德本人对动物权利问题的关注不是太多——他更关心的还是人的尊严。在这个问题上,孔子或许是他的同道。想想《论语·乡党》中的这句话吧:"厩焚,子退朝,曰'伤人乎?'不问马。"

目的论之桥,横跨自由与自然

我们都已知道,绝对命令背后的担保乃是对上帝的信仰,而上帝便是绝对的善与绝对的公正的承载者。但康德也指出,我们无法用理性论证上帝是真实存在的,换言之,绝对命令的有效性的担保仅仅是我们信仰的对象,而不是我们的认识的对象。

不得不承认,这的确是一种让人感到非常别扭的状态:我们看到的现实世界是不完美的,尽管它是现实的;而我们所希望看到的理想世界虽然是完美的,但却是不实在的。这显然构成了两个世界之间的一个巨大的空隙。那么,我们又该如何填补这条缝隙?

讲到康德哲学,我们可能经常听到这样一句名言:"在我头顶灿烂星空,在我心中道德法则。"但通过这句话来理解康德哲学其实多少有点问题。我认为更能体现康德哲学思想精髓的,是下面这个说法:"心中自有小宇宙,头顶律法管是非。"为何这一说法更能体现康德的本意呢？因为按照康德哲学的理路，自然科学所展现的宇宙，其实是我们的心智活动加工的产物。我们的心智抛出以因果范畴为代表的知性范畴，再与感性材料相结合，最终构成了现象世界。因此，宇宙不在心外，而在心中。相较之下，道德律法之最终担保——上帝——却并不在任何知性活动的论证能力的掌控范围之内，所以，我们也只能将其设定为"彼岸的存在"，并因而认为上帝是"超越"的。

但康德也因此又面临一个很麻烦的理论问题："此岸"与"彼岸"的界限又该如何被弥合呢？

这一问题，其实在日常生活中往往会被转换为如下形式：专门用来处理科学问题的"理科脑"，与更多基于对良知思考的"文科脑"的关系究竟该如何处理呢？譬如，当天才航空工程师堀越二郎运用其"理科脑"为日本军部设计零式战斗机时，他的良知是否能使其意识到，他的工作在本质上是在助纣为虐？（战后日本曾流行过一个冷笑话：假若堀越二郎不将零式战斗机的航程与机动性设计得那么出色，反而会抑制军部发动太平洋战争的野心——这最终反而又会拯救日本免于陷入战争泥潭）。

需要注意的是，上述拷问不仅仅针对堀越二郎，还针对现代社会的分工体制。现代社会分工体制的恐怖之处在于，**高度细致的分工会使得每个用"理科脑"处理**

流水线上细节问题的现代人无法看到自己所从事的事业的整体性伦理意义。正如嘲笑堀越二郎缺乏对自己的工作的伦理反思力的人恐怕也会忘记,那些在"曼哈顿工程"中为原子弹制造部件的美国工人,其实也缺乏对自己的工作的整体伦理意义的反思(实际上,由于保密原因,参与该工程的大多数工人当时都不知道原子弹的整体设计目的)。从这个角度看,或许仅仅是因为命运的安排,一个为零式战斗机切削零件的日本车床工人与一个为原子弹切削零件的美国车床工人,才被偶然地分别抛掷到了"法西斯阵营"与"反法西斯阵营"这两边。然而,假若命运之神又非常偶然地将二人的位置互换,又该如何呢?难道在那种情况下,那个美国工人就能有足够强大的理智能力去弥合"心中的自然"与"天上的律法"之间的巨大裂痕吗?

由此看来,**如果我们不能将科学的问题与伦理的问题合二为一,我们就无法解决现代社会的人格分裂现象:下班后空谈仁义道德,上班时却每分每秒都在从事各种不厚道之事**,如给别人打骚扰电话推销对方大概率不需要的商品、设计代码以便获取别人的网络隐私等。那么,我们究竟又该如何治疗此"病"?康德式解药的关键词是"目的论"。

自然界的运作也有目的吗?

一般而言,如果我们要在彼此隔阂的两个方面之间搭建桥梁,基本操作便是找到二者的共通项,并将这一共通项蕴含的积极因素开发出来,使本来彼此对立的两个方面的差距被缩小。而康德之所以要通过目的论来弥合自然与自由之间的裂缝,便是因为在他看来,**目的就是自然领域与道德领域都具备的一个共通项**。

说道德领域有目的,这并不难理解。譬如,一个慈善家之所以去做慈善,便是因为他有为大家谋福利的目的。但问题是,自然界的运作也有目的吗?

答案是肯定的。比如,心脏的运作就是有目的的,它就像一个泵一样,将新鲜的血液送到身体的各个部分,而这就是其之所以在人体内存在的目的。此类目的论式的说明方式在生物学中比比皆是。那么,为何生物学的描述方式很难摆脱目的论因素呢?这就牵涉到了两重关系:部分与整体的关系,以及事实与规范的关系。

首先,生物学的描述肯定要讨论部分与整体的关系。试问:手指的作用是什么?要回答这个问题,肯定就要结合对手的整体考察。若再问:静脉的作用是什么?那就得结合对人体整个循环系统的考察。在此类考察中,整体肯定具有相对于部分的优先性(譬如,静脉的存在必须服务于人体整个循环系统的存在)。换言之,

"为整体的存在而存在"便成为生物学描述中无法被还原掉的目的论因素。

再来看事实与规范的关系。需要注意的是,生物学是一门具有规范性的科学。何以见得?让我们来看看生物学的姊妹学科——医学。医学中最基本的规范性用词便是"正常"与"不正常"。否则,医生就没法提出这样的问题:你的血压正常吗?你的血小板含量正常吗?很显然,离开"正常—不正常""疾病—健康"这些语义对子,医学的描述体系也会崩塌。无独有偶,进化生物学的核心概念之一——变异——也是一个规范性用词,因为所谓变异者,即在基因信息的转录过程中产生不正常状况者。

不正常的反面自然是正常。正常的深层语义又是,一个有机体是正常的,当且仅当其各个组成部分都按照其预先规定的运作目的而运作时。因此,"正常"这一概念的深层语义也就预设了目的论的思想。

为了能更深入地理解上述分析的含义,现在让我们设想有这么一位古怪的医生,出于某种原因,他将医学中的所有目的论因素都清除出去了,只愿意将人体看成一个纯粹的机械系统。麻烦的是,这个医生根本无法行医。请再设想一下,一个倒霉的病人该如何与这样的一位医生交流:

病患：医生，我被撞了一下，胳膊脱臼了，请您帮我复位吧，尽快！

医生：很好，被重物撞击，胳膊自然会脱臼，这一点是符合自然法则的。

病患：我自然知道，但我来不是听你说这个的！请快点帮我复位！

医生：为何我要帮你复位呢？

病患：我现在很疼啊，而且，我的胳膊目前不能正常运作。

医生：你疼，是你的神经系统中的 C 纤维被激发而导致的，这一点很容易解释啊！至于你的胳膊之所以不能运作，也是因为它脱臼了啊！关于这一点，你有任何理智上的困惑吗？

病患：……

在我看来，自然界中有不可还原的目的论因素——这是康德的一个重大发现。有人或许会说，亚里士多德早就说过自然界中有目的了，因为他早就区分了导致事物形成的四种原因：目的因、形式因、质料因与动力因。凭什么说是康德发现了这一点呢？

这是因为，康德所说的目的论因素有其独特的含义。在他看来，目的论的设想乃是调整我们对自然界之构想的某种整体性的前提理念，因此，目的因便不可与其他三种原因相提并论，就像我们无法将整个太阳系与火星相提并论一样。若没有此类前提理念，生物学家就无法区分正常与不正常，而这种无能会进一步使得生物学或者医学无法成为对人有用的科学。

请注意"对人有用"这个说法，它预设了人是科学知识运用的终极目标，换言之，人是目的。这就揭示了生物学中目的论因素的最终导向——伦理学。

而在生物学向伦理学过渡的过程中，人自身则扮演了一种至关重要的双重角色：一方面是生物学意义上的人，即是由各种器官按照一定方式构成的有机体。从这个角度看，各种器官的正常运作的根本目的便是维护人的整体健康。

另一方面是社会学意义上的人，即各种科技产品（飞机、高铁、轮船、电脑）之运作的最终服务对象。换言之，没有对人自身的心理舒适度的提升，任何科技的进步都会变得毫无意义。比如，原则上，我们的确可以发明出一种使用极不方便的手机，以至于每次按键的时候都要用上大铁锤——但谁会为这种反人性的设计买单呢？

很显然，我们对伦理问题的考量并不独立于对上面提到的这些生物学、心理学与社会学的考量。换言之，要满足"人是目的"这一伦理学要求，就蕴含了我们要满足人之为人的生物学、心理学与社会学方面的需要。

从这个角度看，不让人吃饭和睡觉不仅是反医学的，而且也是反伦理的。目的论因素由此就完成了对自然领域与伦理领域的黏合。

目的论牵引下的自由主义政治哲学

基于上述讨论，我们不妨猜猜康德的政治哲学思想究竟是国家主义的（即认为国家的利益优先于个体的利益）还是自由主义的（既认为个体的利益优先于国家的利益）？

恐怕很多人会说：康德既然那么强调整体相对于个体的优先性，他肯定走的是国家主义路线吧！

错！康德恰恰是自由主义阵营的标杆式哲学家。为何康德会这么想？因为基于人类个体的目的性显得更加"自然"。请注意，康德虽然主张部分必须得预设整体的存在而存在，但是此整体必须是某种自然存在的整体。从这个角度看，人体就是某种自然存在的整体（比如，虽然我戴上了手套，但是我的手套显然依旧不是我人体的一部分）。与之相比，国家疆域的存在却始终处于变动之中。就拿康德的故乡柯尼斯堡来说，在康德时代，它是普鲁士的一部分，但在纳粹德国倒台后，它却成为了苏联的领土，并因此被改名为加里宁格勒。那么，柯尼斯堡究竟是不是德国的一部分？这显然是一个无法脱离特定政治语境而被轻易回答的问题。也正是基于这个理由，国家的整体存在就很难成为一个稳定的政治哲学目标而被追求（如果有人还不明白这一点的话，请不妨想想那些在人类的历史长河中消失的国家吧，如马其顿帝国、贵霜帝国、花剌子模、西夏、金帐汗国等）。而在康德看来，与特定的国家的整体利益相比，更值得追求的显然是某种更宏远的目标，如人性在未来人类历史进程中的实现。

康德的这个观点为后世的黑格尔所批评，却为马克思所继承。黑格尔坚持认为国家具有相对于个体的优先性，而马克思所希望实现的共产主义则被认为注定会扬弃一切国家政权与阶级分化，最终实现人的彻底自由解放与真正的世界大同。而我认为，在这个问题上，康德的观点之所以更接近后世的马克思而不是黑格尔，也多少与理论构建者的人生体验有关。康德的人生虽然不像马克思那样颠沛流离，但他的故乡在七年战争中被俄军占领的事实，也使他多少看破了政权更迭的随意性，并由此对超越国家利益的人类整体历史发展方向产生了更大的兴趣；同时，柯尼斯堡与波罗的海文化的天然亲近，也使得康德更容易从不同文化角度去反思"德意志中心主义"的缺陷，正如身在伦敦的马克思也同样有机会去体会共产主义运动的国际性。与之相比，作为普鲁士的官方哲学家且最后担任柏林大学校长的黑格尔，则更习惯于接受一种"君临天下"的中央视角,并在这种视角中将国家视为行进在尘世中的神。

关于黑格尔的哲学,后文会专门讨论。下面再来谈谈我们普通人将如何在生活中运用康德的目的论思想。

伦理上反人类的制度设计,总会产生腐臭之气

在康德主义者看来,既然自然界的目的性与道德领域内的目的性是接续的,那么对"人权"这一概念的理解就不能忽略其自然面相。因此,**脱离了对人的生物学意义上的关照而空谈"人权"二字就毫无意义**。这种关照还必须被落实到具体的物质性的措施上,如雇工的住宿条件、伙食质量、薪资水平等。

另外,对自由的考量也要注意其自然的一面。自由不仅仅是指在超越自然性本能的意义上发挥良知的力量,而且也指我们在不违背道德法则的前提下,调配自身的生物学资源与时间资源的权利。因为这样的权利本就是现代人的祖先在采集-狩猎时代已具备的,如在大森林中自由穿行、在大平原上自由奔跑、面对群山自由呐喊等。而现代人却被关进了水泥森林所划分出的一个个小隔间中麻木地刷着手机,或被拘束在流水线上反复做着机器所做的事情,甚至在某些情况下想去做工而不得。因此,一种具有目的论色彩的康德式的自由观,自然也要在最大程度上尊重人类热爱自由活动的本性。

那么，回到开头提出的问题：如何治疗现代人所遭遇的下述"人格分裂现象"——无法将我们基于机械论的思考与我们的良知感受合二为一？对此，康德式的解答是，你得从观察自然的细节入手，由此意识到并判断你所做的事的目的是否违背了自然，而不能预先假设你所面对的现象界本身就是纯然机械的。基于这种视角，我们甚至可以进一步批判党卫军看守艾希曼的辩解："我对犹太人所做的，便是上级要求我做的，因为我仅仅是纳粹行政机器中的一个零件。"事情当然不是这样，任何一个正常人都会意识到用毒气消灭千万个同类的肉体的做法是反自然之目的性的，因此，纳粹行政机器的反人类性，其实渗透在其运作的多数细节之中。

然而，假若一个为法西斯阵营服务——仅仅像堀越二郎那样闷头设计战斗机——而没有亲手参与杀人的人呢？难道堀越二郎的工作，就其表面的呈现形式而言，与舒默德（二战时期美军优秀战斗机"野马"的设计者）有何不同吗？

的确，从工程学的角度看，战斗机的设计工作大同小异，无论战斗机拥有国自身的政治性质是什么。而且，邪恶的国家机器也会向国民隐藏自己的军队所犯下的罪恶（譬如，在纳粹统治时期，大多数德国民众并不知晓奥斯维辛的罪恶）。但是，就像权臣赵高很难在秦始皇死后用咸鱼完全掩盖住其身体发出的恶臭一样,戈培尔与东条英机的信息管制也很难彻底掩盖其政治行为的反人类性。因此,一个具有细致观察力的德国人依然会问"身边的那些犹太人去哪里了",正如一个具有细致观察力的日本人亦会问"为何一个日本公民无法在酒吧里公开欣赏美国爵士乐"(美国被当时的德、日视为敌国,在德、日公开播放美国爵士乐是违背当局的政治禁令的)。而这样的观察又立即会导致一个具有良知的国民怀疑手头的工作:为何我要帮助一个连爵士乐都不允许听的国家政权去制造优秀的战斗机呢?倘若这样的国家打赢了世界大战,那么是不是世界上所有人都会被剥夺欣赏爵士乐的权利?

由此看来,**要领悟世间的恶,不仅要靠脑去思、靠心去感,还要靠鼻子去嗅**。如果一个宏大的体制本身是具有反人类的设计目的的,其腐臭味总会从某个地方飘出来,你仔细闻就是了。

小结：前路虽漫漫，但心中有理想

康德的人生哲学的核心当然是他的普遍人道主义思想：要把人当成人来看，因为人不是工具，而是目的。而这一点是对任何一个历史时期和任何一个文化共同体中的人都有效的。这种道德理想固然很崇高，但也不太容易实现，因为我们的经验已经显示：在太多的历史境遇中，有太多的人活得毫无尊严，甚至其地位还不如某些权贵豢养的犬马。面对这种指责，康德的回应是，我说的那些道德理想，就类似我们前行道路上的地平线，虽然你永远都不可能抵达地平线，但至少你可以通过不断向着这个目标前进，日复一日地累积你的进步。前路虽漫漫，但心中有理想，难道有错吗？

但"道德理想"是一个可能会引发误解的说法，因为我们在讨论柏拉图的人生哲学时，已将"理想主义者"的标签分配给了柏拉图主义者。那么，康德式的理想主义与柏拉图式的理想主义的差别是什么？

康德式理念 VS 柏拉图式理念

柏拉图式的理想主义是实在论版本的。也就是说，柏拉图真诚地认为在外部世界中，理念（"理想"的哲学说法）是真实存在的，而人类的行为必须成为这些作为母本的理念的摹本。在基督教时代，这个想法则被强化为，上帝是真实存在的，而上帝自身的全知、全能、全善则成为人类的相关行为必须模仿却永远无法达到的天花板。

但康德式的理想主义则是**反**实在论版本的。在康德看来，上帝也好，理念也罢，其真实存在是不能确证的。然而，康德认为，我们最好假定其存在，因为若非如此，我们的内心就会缺乏绝对的标尺，人生也会因此而变得盲目而散荡。基于这种思想，康德虽然也使用"理念"这个词，其含义却与柏拉图的有所不同。康德式的理念更像是小朋友在练习毛笔字时用的田字格，它的确有助于新手将字写端正，但这并不意味着每一个汉字自带田字格。换言之，它们只是一种虚拟的存在。

康德的这种态度会招致很多质疑。譬如，上帝可不是像田字格那样的虚拟物，而是某种超越体（也就是超越于尘世的超级存在者）。在这种情况下，康德主义者若一方面说"没有上帝，人类就没有道德的终极规范来源"，另一方面却说"人类在理智上无法证明上帝的存在"，这是不是有点自欺欺人？

对于这个质疑，康德主义者有以下三重回应：

第一，我们的确无法在理智上证明上帝存在，否认这一点才是在自欺欺人。

第二，无法用理智证明上帝存在，并不等于说上帝不存在，因为有时候直觉也能帮助我们确定某种事态的存在。譬如，在恋爱中，恋人往往不是通过理智来确证对方的确是爱自己的。需要指出的是，康德所在的路德宗基督教非常看重信徒的直觉与上帝之间的连接通道。

第三，我们可以用先验论证的方法反推出上帝的应该存在。请注意，先验论证既可以用于对某对象的本体论证明，亦可以被用于对某对象的目的论证明。前者关心的是某对象是否的确存在，后者关心的是某对象是否应当存在。而康德肯定上帝之应然存在的方法，就是一种目的论版本的先验论证。

何为本体论证明版本的先验论证？我们不妨先举个例子，假设你现在要解释以牛顿力学为代表的近代科学进步何以发生，很显然，近代科学的进步是一个被给定的历史事实，我们在此并不想讨论这一历史事实是否应当发生。按照先验论证的思路，我们所要做的，便是追问使其得以发生的前提条件。由此，我们就得将使科学研究得以发生的心智条件（如以因果范畴为代表的诸知性范畴)——剥离出来。需要注意的是，由此被剥离出来的心智条件本身就应被视为客观存在的，无论你是否看到了表明其存在的物理证据。这就好比一个侦探若看到被害人身上的弹孔，那么即使他没有看到枪支，他也必须认定作为凶器的枪支的存在。

下面再来看看目的论版本的先验论证。此类论证的前提并不是一个客观存在的事态，而是一个我们希望发生的状态。如"路不拾遗、天下无贼"就是我们希望发生的状态。而先验论证在此所做的，便是追问实现这种希望（或所试图达到的目的）所需要满足的条件。康德式的理念便是在这样的一种追问中浮现的：**你若要有此类希望，你就不能没有衡量你是否达到这一希望的绝对标尺，因此，这样的标尺也是应当存在的。**

请注意这里的"应当"二字：一方面，完全失去希望的人恐怕不需要这种标尺；另一方面，即使有此类希望的人也不能证明这种标尺是客观存在的。因此，"应当"就如同将万事万物放在自己的极坐标之中的目镜，虽赋予万物以意义，万事万物却不依赖其存在而存在。然而，恰恰是这种对"应当"的意识，才为我们的人生指明了努力的方向，并由此使得人类摆脱了纯粹动物性的存在方式。

黑格尔的批评：一个人能在岸上学会游泳吗？

康德的先验论证思路看似很有道理，却遭到了后世的黑格尔的嘲笑。在后者看来，先验论证的荒谬性就好比一个人试图在游泳之前学会游泳。

这是什么意思呢？让我们不妨先按照游泳这一比喻重新阐述一下康德的故事。按照先验论证的思路，假设某人会游泳是一种既定事实，那么我们的任务便是反思"某人学会游泳这事究竟是如何可能的"。从表面上看，这样的反思不难，因为使得游泳得以可能的前提条件完全可以被罗列出来，如"人体的密度本就与水差别不大""正常人的呼吸系统都使人有在水中换气的可能"等。

但黑格尔却对上述思路颇为不满。他的问题是，即使我知道了这些使游泳得以可能的前提条件，我是不是就一定会游泳了呢？对于很多人来说，答案恐怕是否定的，因为游泳这件事要亲身实践才能学会。

难道康德不知道要亲自下水才能学会游泳吗？别忘记了，康德是哲学家，不是游泳教练——作为哲学家，他除了在书本里阐述使得某些经验事态得以发生的前提之外，还能做别的事情吗？反过来说，同样作为哲学家的黑格尔难道会在写哲学著作时去游泳吗？难道不怕泳池里的水打湿稿纸吗？自己都做不到的事情，却要求别的哲学家做到，这是不是有点不太厚道呢？

对此，黑格尔或许会这样反驳：恰恰是基于一种更为严谨的理论态度，我才觉得康德的思路有所偏颇。试想，使得游泳得以可能的条件何其多也！难道仅仅是"人体的密度本就与水差别不大""正常人的呼吸系统都使人有在水中换气的可能"之类的吗？若这样的话，为何大多数人还是不会游泳呢？难道这些人的人体密度或者呼吸系统有任何医学上的异常吗？

很显然，康德的列表里漏了很多其他因素，如某人要学习游泳的理由（是要当水手还是当救生员）、某人学习游泳的外部客观环境（在撒哈拉沙漠里学游泳可不容易），以及某人的意志力问题（怕吃苦的人可学不会游泳）。很显然，漏了这些因素中的任何一个，游泳是学不会的！——但现在的问题是，其中哪个因素才是最关键的呢？

面对这个问题，黑格尔主义者的解答非常简单，你得下水练习，否则你永远不会知道哪项因素才是你学会游泳过程中的最大拦路虎。不然的话，即使你洋洋洒洒写出一本《游泳理性批判》，也只能罗列出一堆没用的废话，无法在实践中将你的注意力集中到提高游泳技能的关键事项上。

面对上述批评，康德主义者还有话说吗？自然还是有的。他们会反驳说：既然黑格尔主义者如此热爱游泳，又凭什么说自己是理论家而不是实践家呢？

对于黑格尔主义者来说，这个问题可不是那么好回答，他们并不能通过引用马克思的这一名言来回应："哲学家只是用不同的方式解释世界，而问题在于改变世界。"换言之，与康德一样，黑格尔本人依然是思辨哲学家，因此他的任务依然是解释世界，而不是改变世界——也因为这一点，他对康德的批评的确有可能也会伤及他自己。

不过，作为近代欧洲哲学的集大成者，黑格尔对这个问题也并非毫无准备。他的答案可能是这样的：哲学家得先学会游泳，然后再上岸写游泳心得。因为有了亲身实践作为参考，在游泳心得中，作者的笔墨分布才能做到符合实情，而不会在不相关的事项上浪费精力。而且，黑格尔还非常强调哲学家必须要善于反思人类历史的经验（或者说是我们的先辈与同龄人游泳的经验），这一点也正是他在名言中所表达的意思："密涅瓦的猫头鹰只在黄昏起飞。"通过这个"后发制人"的策略，哲学家便既能保证自己与人类实践经验之间的联系，又能保证自己的产出依然是理论性质的。

不过，对于上述做法，康德主义者或许还是不服。他们会说：黑格尔事后总结游泳经验与教训的做法，实际混淆了人类知识中的形式成分与质料成分。换言之，对于个人而言，有太多的偶然性因素决定其最终是否学会游泳，而哲学家是无法对这些偶然性因素加以全面考察的（这些偶然性因素往往也被康德视为知识的质料成分）。相较之下，一些使游泳得以可能的一般性形式条件，却是以抽象思辨见长的哲学思考所能把捉的。既然这些条件本身就可以在书斋里罗列出来，为何我们就不能在游泳之前先反思游泳呢？

面对这一反击，黑格尔主义者还是有话要说。当然，作为哲学家，黑格尔无法真正摆脱哲学思考的抽象性与思辨性，但他或许会说：抽象也得有个限度，康德给出的方案实在是过于抽象了。因为康德的聚焦点是知识与道德，我们现在就抛开游泳这个比喻，直接讨论科学知识与伦理道德。

先来说科学知识。康德的先验论证的确帮助我们发现了使得近代科学知识得以发生的先验条件，即以因果范畴为代表的知性范畴在人类心智中的存在。但因为这一理论的高度抽象性，康德却无法告诉我们为何近代科学革命是发生在欧洲，而不是在亚洲或者美洲（因为任何一个地球人的心智中都是有知性范畴的），而近代科学的欧洲起源也确实影响了人类历史的走向。

再来看伦理道德。康德对绝对命令的揭示的确向我们展现了某种跨文化有效的基本伦理框架，但这样的抽象框架依然无法解释，为何有人主张"躺平"的人生态度，有人却主张"天行健，君子以自强不息"的人生态度（这两类人都没有违背康德式的绝对命令，也都抽象地赞同普遍人道主义的价值观）。而常识却告诉我们，"躺平主义"与"奋进主义"在社会上的流行会各自造成非常不同的社会面貌，并会在相当大的程度上影响人类历史的走向。

通过上面的分析，我们不难看出，黑格尔对康德的知识论与伦理学的批评，在下面这个交叉点达成了共振：**康德的学说因为过于迷恋形式性与普遍性，从而缺乏对人类历史发展趋势的讨论资源，这恰恰是黑格尔的哲学所要补足的内容。**

那么，黑格尔哲学又是如何具体做到既能包含对人类历史发展方向的密切观察，又能秉承理性主义哲学的大传统的呢？这就是下一单元所要讨论的内容。

第六单元

黑格尔的人生哲学：世上万事皆合理

Virginia Xu
2023.8.5

黑格尔哲学开篇

黑格尔的全名是格奥尔格·威廉·弗里德里希·黑格尔（Georg Wilhelm Friedrich Hegel，常缩写为 G. W. F. Hegel, 1770—1831），现实生活中的黑格尔有点强势，他晚年是普鲁士的官方哲学家，柏林大学的校长，德国哲学界的"绝对一哥"（严格来说，当时的"德国"依然只是一个文化概念，政治意义上的德国统一还未完成）。也正因为做"绝对一哥"的滋味实在太受用，黑格尔与当时德国文学界的"绝对一哥"歌德之间也难免产生一些"瑜亮情结"。黑格尔与当时科学界的关系也有点紧张。黑格尔死后，德国科学界曾长期流传着这样一个说法：正是因为黑格尔的思辨版本的自然哲学高度压制了德国实证科学的发展，德国的科学研究才一度落后于英、法（黑格尔死后，德国实证科学的确立即经历了一个爆发式增长期）。

不过，黑格尔虽然有点霸道，对康德哲学也颇有微词，但是他毕竟与康德生活在相似的文化氛围内。1788年，18岁的黑格尔进入了图宾根神学院学习，因此从广义上看，他的哲学与康德的哲学一样，都有明显的基督教文化背景。另外，与康德一样，黑格尔也深受启蒙思想的影响。年轻时代的黑格尔与一些日后在德国文化界叱咤风云的人物——如诗人荷尔德林、哲学家谢林等——一起阅读斯宾诺莎、康德、卢梭的著作，并一度为发生在法国的大革命而心潮澎湃。不过，法国大革命中出现的一些过度暴力现象，也让黑格尔对这场基于启蒙理念的革命活动的合理性进行反思。这就使得黑格尔本人与启蒙运动的关系变得暧昧起来，他既可以被视为启蒙文化之子，又可以被视为启蒙文化最早的批判者之一。

黑格尔还在他的《法哲学原理》里以不小的篇幅谈论了婚姻，而且他也身体力行地结了婚，让世人知道自己未像康德那样"在下水之前先试图学会游泳"。要知道，结婚对于那时的大哲学家来说可是新鲜事，我们熟悉的一些哲学家——如笛卡尔、莱布尼茨、休谟、康德、叔本华、尼采等——都是孤独终老的（在这个问题上，与燕妮结婚的马克思可能会想与黑格尔击掌；结了四次婚的罗素则或许会在一边笑而不语）。此外，在黑格尔与妻子正式结婚前，他也曾闹过绯闻。那还是在黑格尔的"耶拿时期"，当时作为耶拿大学的青年教师的黑格尔,一边在宿舍里写着他的第一部哲学大书《精神现象学》,一边观察着郊外的法国军队的动向,一边努力抵制着美艳的房东太太的诱惑(但没抵制成)。

结果呢?《精神现象学》打破了当时西方哲学研究的天花板,拿破仑在耶拿突破了普鲁士军队的军事防线,黑格尔的房东太太则突破了青年哲学家的伦理底线。多年后,黑格尔当年在耶拿留下的私生子终于抱着"小蝌蚪找爸爸"的精神来到了黑格尔的正式家庭,还一度将他的家里弄得鸡飞狗跳。

这段哲学家的绯闻也依然带有深刻的哲学意蕴:作为理性主义者的黑格尔其实也是一个有血有肉的人,因此,无论是其生活还是哲学,都无法回避两个大字——欲望。黑格尔本人一直在哲学里压制着这种欲望,直到这座欲望的火山在他以后的哲学家——如尼采——那里喷薄而出,烧毁了基督教伦理框架所支撑的家庭概念。从这个角度看,黑格尔本人也正处在西方哲学从理性主义转向非理性主义的转折点上。

不过,既然黑格尔本人仅仅是站在了这个转折点上,没有真正转过这个弯来,那么在本单元中,我们还是重点来看黑格尔式人生哲学中理性的一面。

如何正确理解"存在即合理"?

坊间对黑格尔哲学的印象往往与他下面这句名言联系在一起:"存在即合理。"但这究竟是什么意思呢?

从字面上看,这似乎说的是,凡是你看到的所有现象,无论好坏,只要它的确是存在的,其存在都是可以被辩护的。但这是不是说,今天上午老板在职场上对我的霸凌,无论是否伤害了我的感情,只要这事的确发生了,就是可以被辩护的?或者说,一位学生因无力完成老师布置的作业,就在网上造谣说老师霸凌他,这种做法依然是可以被辩护的?或者犹太受难者的后裔也可以追问:奥斯维辛的惨剧既然是历史的一部分,其存在也是可以被辩护的吗?

如果黑格尔哲学被这样理解,他恐怕就成一个毫无伦理底线的黑心哲学家了。但刚才说过,黑格尔既受到基督教价值观的影响,又受过启蒙主义思想的熏陶,他又怎么可能赞成种族屠杀与职场霸凌(或关于"霸凌"的信息捏造)呢?所以,"存在即合理"一语显然别有深意。

而之所以产生以上误解,是因为误解者都没搞懂"合理"的意思。在黑格尔的理路中,**合理不是指伦理上的赞同或者辩护,而是指理性上可以理解**。比如,奥斯维辛的惨案当然在伦理上要被谴责,但黑格尔要反问的是，光谴责有用吗？那些油盐不进的纳粹难道会被你谴责死吗？你还要深刻理解这样的悲剧产生的原因，才能避免悲剧再次重演。对职场霸凌（或关于"霸凌"的信息捏造），我们也要抱着这样的态度。

由此看来，"存在即合理"一语的真正用意，**非但不是要让大家去与邪恶和解，而是要鼓励大家去运用理性的头脑分析邪恶现象的成因，以便更好地与邪恶斗争。**

可新的问题是，理性真有这么大威力吗？难道万事万物的生灭都能通过理性来解释吗？难道历史的发展不正充满了各种偶然性吗？假若希特勒在第一次世界大战的时候偶然踩上一枚地雷被炸死了，奥斯维辛的惨剧是不是就不会发生了？那么，理性又如何解释希特勒当时为何没被地雷炸死，或被机枪打死，或被毒气熏死呢？

在这个问题上，作为理性主义者的黑格尔的答案非常明确：历史发展的偶然性要素虽然存在，但是某种大的趋势却是理性可以把握的。这也就是他说的"历史与逻辑之统一"的题中应有之义。

何为历史与逻辑的统一？

如何从"存在即合理"过渡到"历史与逻辑的统一"这一新的说法呢？关键便是理性。需要注意的是，依据黑格尔的理解，理性既可以指人类个体的主观理性能力，也可以指世界自身的一个具有必然性的秩序安排。而作后一种解释时，理性的含义就接近黑格尔所说的逻辑了。

由此看来，"历史与逻辑的统一"的真正含义便是，**人类历史的发展是按照某种内在的秩序安排而展开自身的**。以植物的生长为例，植物从种子到抽芽再到长成完整植株的过程，其实就是某种先定的内在秩序在外部的逐次展开过程。而国家与文明的命运亦是如此。深受黑格尔影响的德国历史哲学家斯宾格勒，日后就在其名著《西方的没落》中指出，每一个文明体都会在某种内在逻辑的支配下经历如下发展阶段，即婴儿期、青年期与衰老期，而按照斯宾格勒的观点，他所在的西方文明此刻也正慢慢进入衰老期。

读到这里，有人或许会疑惑：难道黑格尔所说的逻辑就是事物发展的内在秩序吗？这怎么与我们平时所说的逻辑的含义有些不同？

的确不一样。关于逻辑，不少人仅仅是在形式逻辑的意义上理解它的，而典型的形式逻辑规律便是三段论推理的规律（比如，柏林在德国，德国在欧洲，所以，柏林在欧洲）。但黑格尔显然对这种意义上的逻辑不那么感兴趣，因为这种逻辑推理既不能帮助我们扩大知识的范围，也不能增加人生的智慧，只能制造一些正确的废话罢了。当然，在黑格尔之前，康德也试图通过先验逻辑来为逻辑家族增加新成员，而康德式的先验逻辑的核心任务，便是揭示使人类的经验知识得以可能的知性条件（特别是以因果范畴为代表的知性范畴的存在）。但在黑格尔看来，即使做到康德这一步，我们也无法从理智上把握人类历史自身展开的趋势。所以，黑格尔就需要继续为逻辑家族添加新丁。而他的具体做法就是发明一种新的逻辑——辩证逻辑，其任务是对历史发展中必然出现的辩证过程加以把握（不过，这种逻辑并不是与形式逻辑并列的，而是一种从更高角度去看待万事万物的思维框架）。

关于这个辩证过程究竟是什么，下文还会详谈。这里先提供一个初步的说明。举个例子，汉末三国的故事够乱了吧？但是，站在黑格尔主义者的角度看，其中还是有一些门道可循。这些门道就可以被称作"权力游戏的内在辩证逻辑"。一方面，只要你稍微翻阅一下中国历史，就会发现许多相似的历史套路在不同朝代都会上演；另一方面，这样的过程又是辩证的（"辩证"一词是指其发生与发展包含了表面上的矛盾）。譬如，当占据洛阳的董卓击退关东诸侯的进攻而大权独揽时，恰恰其败亡的进程已经开启，因为董卓集团会由于丧失了外部压力而必然地开始内讧。所以，从某种意义上说，强盛就意味着衰败，权倾一时就意味着权力不稳。

经过上述说明，是不是觉得黑格尔哲学带有老庄的意味？庄子也的确说过类似的话："方生方死，方死方生。"（《庄子·齐物论》）但这里我们需要分清楚的是，黑格尔是一个理性主义者，而庄子是一个浪漫主义者。二者虽然都重视事物正反两面的转换与联系，但作为理性主义者的黑格尔认定，我们能够从这些转换中发现某些固定的理性套路，而庄子只是试图通过发现这些转换，揭示"世事无常之本相"的道理。因此，庄子的人生哲学路向乃是西方的伊壁鸠鲁主义、皮浪主义的同道，而不是依然对人类的未来抱有积极理想的黑格尔的同道。更关键的是，黑格尔哲学有基督教背景，庄子则无。作为基督徒的黑格尔相信有绝对真理，即他所说的"绝对精神"自身所展现出来的真理性。与之相比，梦中变成蝴蝶的庄子，甚至搞不清是不是蝴蝶做梦变成了自己。

何为绝对精神与绝对知识？

黑格尔的"绝对精神"概念是相对于"主观精神"与"客观精神"而言的。所以，要说清楚绝对精神，就要先从这两个概念说起。

"主观精神"就是指个体的心理活动的类型，对这部分的讨论略等于今日的心理学哲学。在这一部分，黑格尔不仅关心人类知性是如何处理科学知识的,而且还考虑了一些未曾被康德聚焦的问题:人类个体的欲望与愿景、癫狂与愚蠢、手相与颅相(颅相学是当时在欧洲很流行的一门学问,其任务是通过头盖骨的外部结构来推断心理功能和特性)。因为每个人的不同人格,本质上都是对他们各自的主观精神类型的体现。

"客观精神"则是指社会上流行的一般想法、风俗与习惯所代表的观念力量。对这部分的讨论会落实为对国家、文化与历史的研究。当然,黑格尔非常清楚个体的思想与客观精神的密切互动,因为作为社会动物的人类,只要开始学习母语,就会自动地承接来自客观精神的一整套意识形态。所以,黑格尔才富有洞见地指出:"我就是我们,我们就是我。"但黑格尔同时也没有忽略主观精神的相对独立面相,否则他就无法解释如下事实了:为何接受同一套意识形态的两个人会因为个体性格的不同而有不同的作为呢?

"绝对精神"看似相对难理解,实际上,这就是一般基督徒所说的上帝,而黑格尔则试图将上帝这一宗教概念加以哲学化。在黑格尔看来,个体的主观精神也好,社会的客观精神也罢,都是绝对精神外化的体现,或者说,都沐浴在上帝洒下的金光之中。举例来说,个体的智慧是上帝的全知状态的某种片面的显露;历史的进程则体现了上帝本身的某种隐蔽的意志与企图……

这样看来，黑格尔的上述观点已经预设了上帝是存在的，但康德不是说我们无法用理性论证上帝是否存在吗？

是的！但问题是，黑格尔根本没被康德的相关论证说服。黑格尔对康德的反问如下：你一边在理性论证的层面拒绝对上帝的本体论证明，一边却又以维护道德的名义重新引入了上帝，那么问题就来了，你如何避免一种自欺的心理状态？也就是说，你为何明明知道上帝是心造之概念，却同时要装作坚信上帝是超越尘世而存在的？为了避免这种拧巴的状态，为何不认定上帝自身就是存在的呢？

但有人也会反问黑格尔：为了避免康德那种拧巴的状态，为何不反过来持有一种更彻底的无神论立场？这不也是一种解决方法吗？

不过，在这个问题上，黑格尔反而要与康德缩短距离了。与康德一样，黑格尔也认定人类的历史将向新教所规定的价值观不断靠近，因此，黑格尔也并不认为这些人道主义价值能够在无神论的框架中得到说明。他对康德的不满仅仅在于，上帝要与真实的历史产生真实的互动，就不能是一个被主观设定出来的理念，而应当是真实存在的。

但康德不是说过，安瑟伦对上帝之存在的本体论证明不起效吗？难道黑格尔对康德的这一观点熟视无睹？

当然不是。毋宁说，在这个问题上，黑格尔还是没被康德说服。的确，诚如康德所言，头脑里有五个塔拉不意味着口袋里真有五个塔拉——但从这一点中，我们未必也能类推出"头脑里有上帝观念未必意味着头脑之外真有一个上帝"。道理非常简单，因为"上帝"与"五个塔拉"其实不可作类比。"上帝"是一个无限性概念（代表了无限制的全知、全能与全善），而"五个塔拉"是一个有限性概念。有限性概念可以通过对经验概念的自由组合而形成，比如，你能想起"五个塔拉"，也能想起"六个龙虾披萨""八座金山"。而无限性概念则不容这种自由概念组合的侵扰，比如，全知就是什么都知道，这一点已经在事先被规定好了，无论你怎么玩花样，只要在无限的维度上，全知就是全知。

为何到了无限的维度上，游戏规则就变了？我想到披萨，未必世上就有披萨，而我去想上帝的全知，那么世界上就有全知的上帝了？为何我们要接受黑格尔玩的这个新游戏规则呢？按照这个新规则，难道我在设想完全的无知状态的时候（这种设想显然也涉及了一种无限性概念），世界上就有完全的无知者了吗？

黑格尔对这样的反驳早有准备。他或许会这样回答：是的，你可以设想完全的无知者，但完全的无知者与完全的有知者的地位是不一样的，完全的有知者这个想法就预设了完全的有知者的存在。因为你即使想出了

"绝对无"这个概念（还真有"绝对无"这个哲学概念，它来自后世的日本哲学家西田几多郎的思想构造），这个概念既然在你的头脑中，它便是一种"有"或是"存在"。同样的道理，完全的无知者本身的存在也预设了你对"完全的有知者"一词的语义知识。因此，从某种意义上说，正如彻底的有知者是在你头脑外部存在的，那种无知的状态也是在你的外部存在的——只是即使在你的头脑外，无知的存在也是以有知的存在为前提。

如果你想不明白上一段最后一句话的含义，不妨设想一下这个案例，当一个学生知道向教师提出问题，并由此积极地暴露出其知识体系中的无知点时，这恰恰意味着他的学习进步了。因为老师最担心的便是学生根本不知道其无知状态——那种彻底的未开窍状态。由此看来，任何人对任何技能的学习过程，都天然包含着一种用有知嵌套无知再嵌套有知的"俄罗斯套娃"结构。而世界历史的展开过程也正是这样，这样的展开过程以绝对知识为最终的归宿，却在不同的阶段包含着不同层次的无知，也就是对前一个阶段所获取的知识的否定。譬如，伽利略对亚里士多德物理学的否定、量子力学对经典物理学的否定、量子力学与相对论的相互否定等。

但上述包含自我否定的历史进程，与上帝有什么关系？上帝难道不是一个超级的人格，只负责创造世界吗？难道世界自身的演化，也是上帝的一部分吗？这不是将造物主与被造物混为一谈了吗？

对！这就是黑格尔所要的效果，这也是黑格尔与标准基督教的观点产生巨大分歧的地方。一句话，黑格尔虽然上帝不离口，但是在他看来，上帝就是世界（上一次在上帝与世界之间划等号的哲学家斯宾诺莎，差一点就被烙上"无神论者"的标签）。那么，为何这个做法在当时会引发争议？因为这就等于将奥古斯丁"上帝之城"与"世俗之城"化为一体了，这样一来，人间的一切恶毒与无知也都是上帝的一部分了！对于传统基督徒来说，这个观点已经有点危险了。

但黑格尔对此的反驳是，如果上帝不能包摄恶与无知的话，上帝还是万能的上帝吗？这里所说的包摄不是指宽容，而是说在向着真、善、美前进的过程中，自身将不可避免地伴随着愚蠢、磕碰、流血，甚至是一些恼人的倒退。而这个说法也与前面提到的"存在即合理"一语相互印证：**既然各种现象的存在都是在向着真、善、美前进的过程中其自身不可避免的，那么即使是邪恶现象的存在，也是理性的计划的一部分。**

看到这里，读者恐怕也能理解为何上帝能被黑格尔说成是绝对精神了。"绝对"本身是指对一切对立（主体与客体的对立、善与恶的对立、有知与无知的对立等）的全面包摄，而主观精神与客观精神则缺乏这种能力。

不过，对于"绝对知识"的含义，我们还要多作一点说明。从字面上看，绝对知识是与绝对精神对应的知识形态。这不是指对科学知识的无所不包（黑格尔自然也知道，科学的进步是无止境的），而是对人类知识如何成为知识的"元知识"的全面把握。比如，关于小说创作的绝对知识并不能帮我们预知到未来的某个作家将如何写作，而只是能将小说创作的所有套路全部打包成一个"超级套路库"。借用中国哲学的话语来说，绝对知识并非具体的知识大全，而是"知识之道"。只是中国哲学家更相信"道可道，非常道"，而作为另类基督徒的黑格尔则更相信"太初有道，道与上帝同在，道就是上帝"。只是圣经语境中的"道"指的是逻各斯，即"言说""概念""逻辑"；而老庄哲学中的"道"恰恰是无法被言说的。

黑格尔哲学板块路线图

在下文中，我先介绍黑格尔式辩证法的"把戏"究竟是怎么玩的，以便为后续的讨论提供基础，并且将特别聚焦于对"是""否""变"这三个范畴的关系的讨论。此外，我还会讨论黑格尔是如何处理因果范畴的，由此进一步凸显黑格尔哲学与康德哲学的差异。

有了上述这些看似抽象的讨论作为底子，我们就能处理一些更接近人生哲学的话题了,此即黑格尔的"主奴辩证法",特别是"反客为主"之奥妙。觉得自己在人际关系中一直被打压的读者,这一段就是为你们准备的。上述讨论之后,我们将进入一些实打实的人生面相:财产问题、婚姻问题、职场问题。也就是说,我们将分别讨论黑格尔眼中的财产观、家庭观与职场观。这些讨论将最终引向一些更宏大的主题:黑格尔眼中的国家是什么?世界历史又是什么?黑格尔哲学可能是全书体系性最强的一个板块,其思维的艰深程度恐怕也是最高的。不过,只要你细心读完,相信必有收获。

如何解密黑格尔的"辩证法黑话"?

从前文对黑格尔的分析我们能看出,黑格尔的哲学风格就是不停地玩反转:先告诉你事情是这样的,再告诉你事情不是这样的,最后告诉你事情还是这样的。你是不是会由此对黑格尔哲学产生一种"颠三倒四"的印象?这一思想风格其实与他进行哲学思维的基本工具——辩证逻辑——密切相关。不得不承认,黑格尔的辩证逻辑并不是很好懂,甚至被视为黑格尔的"黑话"的来源。不过,这又的确是我们理解黑格尔之关键,因此我们必须对其进行祛魅化处理。

从学术角度看,黑格尔的辩证逻辑之所以给读者以迂回的观感,是因为他反复嵌套使用"正—反—合"的套路,换言之,他鼓励大家从一个事物的不同方面(甚至是完全独立的正、反两个面相)去看问题。这也便是其整体主义思维的题中应有之义。

有人或许会问:要具有整体全局感并不是一个多

么稀奇的思想要求，黑格尔强调整体主义的要点又是什么呢？

答案是，他所说的整体主义涉及对各思维范畴之间关系的整体性考量，因此，其抽象性要高于一般人所说的全局感。可以说，这就是要为诸思维范畴梳理出一张"演化谱系图"。

诸思维范畴，也就是语言中那些起到榫卯结构作用的最基本词项。康德认为，这样的词项有十二个，共分四类：第一类是量的范畴，包括单一性、复多性和全体性；第二类是质的范畴，包括肯定性、否定性和限制性；第三类是关系的范畴，包括实体与偶性、原因和结果、主动和被动；第四类是模态的范畴，包括可能性、现实性和必然性。黑格尔则认为，范畴的数量远远不止十二个，而且他也非常不满于康德仅仅将这些范畴罗列出来，却不说清楚它们之间关系的做法。在黑格尔看来，我们必须按照一种带有历史谱系意味的方式重新排列这些范畴，以便让人能从中读出这样的信息："谁是爹、谁是儿子""谁是老大、谁是老二"。这也就是黑格尔的"历史与逻辑的统一"这一思想的体现。

黑格尔专门用来讨论这些话题的著作即《逻辑学》（显然，这本书讨论的是辩证逻辑，而不是形式逻辑）。由于《逻辑学》所展现的关于诸思维范畴的演化问题极为复杂，本回只先讨论这部演化史之开端的三个范畴："是""否""变"。

"是"与"否"：范畴谱系中的最基础者

"是"在黑格尔看来是所有范畴中的最基础者。"是"的德文是"Sein"，英文是"being"或"to be"。英文里要成一个句子就一定要有这个"是"，或干脆用某个实义动词取代。比如，在汉语中你可以说"天蓝蓝的"，在英文中却一定要说"The sky is blue"，少了"is"（"to be"的第三人称单数）就不成话。"是"就像红娘一样将主语与述语用红线牵到了一起，由此完成一个判断。所以，"是"的上述作用也使其成为系词。从这个角度看，"是"就是使语言碎片得以被拼接起来的那类最基础的榫卯结构。

不过，关于"是"的这种基础性，有两种质疑的声音。

第一，既然在汉语中我们可以说"天蓝蓝的"而非"天是蓝蓝的"，那么这是不是意味着"是"的基础性在汉语中不存在？

若黑格尔学过汉语，他或许会这样回答：汉语中自有表达"是"的其他语言装置。如"将军李广者，陇西成纪人也"（《史记·李将军列传》）一语中，"X 者，Y

也"的句式就扮演了英文中"是"的作用。换言之，无论是什么语言，都需要将描述的核心词与述语结合在一起，而这种结合又会倒逼"是"或其代用品的产生。

第二，如果我们要表述的是一个否定的意思，而不是一个肯定的意思呢？这种情况下，我们还要预设"是"的基础地位吗？为何不预设"否"的基础地位呢？

黑格尔的回答是，否定的前提乃是肯定，因为对任何事项都毫无肯定的人，也无法否定任何事项。试问，如果有人叫你不要去设想一头粉色的大象，你会怎么做？恐怕你还得先去设想一头粉色的大象吧！说得更抽象一点，被否定项的表征首先是以肯定的方式出现的，这才使得否定活动本身有了一个着力点。没有否定对象的否定活动是不能成立的。

不过，纵然否定活动预设了肯定活动，"否"这个范畴的基础性依然不可小觑。想一想哈姆雷特的名言吧："To be or not to be, this is a question."（从哲学角度看，它也可以被翻译为"是或否，人生之大疑"。）显然，当哈姆雷特想到"是"之后，立即就想到了"否"。

类似地，将"是"与"否"相互捆绑的思维方式在日常语言中比比皆是：你究竟爱不爱我？张三究竟是不是杀人凶手？这道选择题的答案究竟是不是Ａ？不一而足。换言之，对于一般人的思维而言，如果"是"这个榫卯结构不足以将一个主语与一个述语结合在一起，那么其就会在这两个表征之间给出一个否定性的表达，以表示二者之间肯定性的联系不存在。这种处理虽然有一点简单粗暴，但却颇为符合人类思维的下述基本特点：有时，我们的确需要某种"非此即彼"的二分法来简化我们的决策（"如果你不爱我，就从我的生活中离开！""如果你不是我的朋友，就是我的敌人！"）

不过，如果范畴百宝箱里只有"是"与"否"，我们的思维也实在有些粗糙，我们还需要一个更精密的范畴——"变"。

"变"："是"与"否"之间的中间状态

"变"的德语表达是"Werden"，这是德语中基础地位很高的一个词，在很多场合都会出现。请先思考下述德语例句所表达的含义：

例句 1. Seine Tochter wird Krankenschwester.
（他女儿变成了一名护士。）

这里的"werden"（句子里出现的是其变形"wird"）是一个实义动词，直接表示"变成了"。

例句 2. Der Verletzte wurde sofort ins Krankenhaus gebraucht.

（这位伤员被立即送往医院。）

这里，"werden"（句子里出现的是其变形"wurde"）表达的是"过程被动态"，也就是说，在德语中表达被动态，也离不开"werden"。

例句 3. Was wirst du an diesem Wochenende machen?

（本周末你将做点什么？）

这里，"werden"（句子里出现的是其变形"wirst"）表示的是"第一将来时"，也就是表示未来发生的事情。

这也就是说，"Werden"同时涵盖了汉语中"变""将""被"三个词的含义，具有强烈的时间流变意味与主—客颠倒意味。此外，虽然对于说汉语的人来说，"Werden"这一范畴的上述活用的确有点难以理解，但这也并不意味着黑格尔在玩弄某种隐性的"德语霸权主义"。譬如，就与德语在亲缘关系上极为疏远的日语而言，"なる"（罗马音为"naru"，一般也只能被勉强汉译为"变"）这个动词的活用范围虽然没有"Werden"那么广，但也承担了远比汉语中的"变"或者英语中的"become"更为广泛的语法角色，因此更具有黑格尔所说的"Werden"的意味。*这也就是说，黑格尔对"Werden"的强调，未必只能为懂德语者所领会。

说完外语，我们再从一个更抽象的意义上理解"变"这个范畴的用处。很显然，"变"为"是"与"否"这两种极端状态的中间状态。请思考下面的对话：

> **女**：你还爱不爱我？
> **男**：十年过去了，很多事情都变了。
> （试问：这男的究竟还爱不爱她？没明说，你猜。）

> **刘备**：我军是否还占据猇亭？
> **马良**：主公，方才战局大变！
> （试问：蜀军是否还占据猇亭？没明说，你猜。）

可以看出，事物是不断变化和发展的，仅仅说"是"与"否"，我们就无法对这些变化本身进行刻画。不过，

---

* 日语虽然没有严格意义上的未来时态，而且日语表达被动态的典型方式（即把动词本身改成"れる"结尾的形式）也不需要"なる"来参与，但在某种情况下，"なる"既可以表示被动，也可以表示未来状态。比如，在"……ことになる"这个句型中，表达者要说的意思是"某某事件以一种当事人不可抗的方式将要发生了"。因此，当事人在此所扮演的角色乃是消极与被动的。故此，从某种意义上说，与德语中的"Werden"类似，"なる"在日语中也承担了"变""将""被"这三个概念的含义。

"变化"本身又非常微妙,面对天下无数不同种类、不同程度的变化,人类的语言还无法发明出无数个概念来对应它们。因此,一种退而求其次的方法,就是用一个统一的"变"字来应对。"变"也就成为紧随"是"与"否"之后的第三范畴。

"是—否—变"之辩证游戏的启示

"是""否""变"这三个范畴的相续,正好为黑格尔辩证法中的"正题—反题—合题"的结构提供了一个清楚的注解。依据黑格尔的辩证法,我们应当先肯定一件事,再否定一件事,再从某种综合的角度去包摄前两个方面的讨论。这样的讨论路数很容易被粗心的读者认为是在"放任知识体系自身融贯性的丧失",殊不知黑格尔在此关注的,根本不是要构建静态的知识体系,而是要将知识体系得以演化的谱系展现出来。因此,从这个角度看,任何否定活动就都已预设了肯定活动的存在,而任何对"变化"的强调,也都预设了该强调者已经看到了用来限制"变"之范围的两极——"是"与"否"。

那么,从上面的讨论中,我们能够得到哪些对日常生活有用的启示呢?

第一,不要听到别人否定你的观点就火冒三丈,而要将辩证法的洞见牢记在心：否定活动是以肯定活动为前提的。比如，当你坚持说西红柿是一种水果而对方认为那不是水果（而是蔬菜）的时候，很可能他的否定活动与你的肯定活动分享了一个更深的前提，即你们都对西红柿的归类问题有兴趣。假若他对这个问题毫无兴趣，他根本不会兴致勃勃地与你辩论。夫妻相处之道也是这样，不怕吵架，就怕双方连吵架的心情也没有。

第二，"变化"的确是一件非常难以琢磨的事情，但至少可以肯定的是，"变化"毕竟以"是"为底色，因此，通过对"变"的运用，至少你还能将注意力聚焦到变化的主体上。所以，在面对不断变化的滚滚红尘时，我们一定要看清变中所不变者，做到处变不惊。

好了，对于博大精深的黑格尔辩证游戏规则而言，"是—否—变"的转换过程仅仅是一道"开胃菜"，下面才是"硬菜"。

黑格尔论实体、因果与相互作用

"是—否—变"的辩证法仅仅是黑格尔的辩证游戏中的最初级。下面要考察一个更复杂的"正—反—合"辩证套路,即"实体""因果"与"相互作用"。

实体:排除一切偶然性

"实体"一词的英文表达是"substance",其在西方哲学中的基本含义是"某种承载各种偶然的变化而自身不变的东西"。该范畴与"是"颇有关联,但二者亦有分别。概而言之,"是"更多涉及事物的表面,而"实体"更多涉及事物的本质。因此,"实体"在亚里士多德的文本中也有"使得'是'得以'是'之根据"的意思(比如,曹操的实体就是使得曹操是曹操的根据)。为了更清楚地说明实体的作用,请看下面的例句:

1. 张飞曾是一个邋遢的人。

2. 被封上"五虎上将"后的张飞算是一个注重仪表的人。

3. 不管张飞的外表怎么样,张飞始终是张飞。

很明显,与前两个例句相比,例句3似乎触及了更深层次的信息,即张飞之为张飞的本质。这些本质包括:张飞是哺乳类动物,是男性,拥有一个大脑及一颗心脏等。张飞的外表与政治立场都可以变,而且,这些变化也都不妨碍我们继续将张飞识别为张飞。但如果张飞某日停止成为哺乳类动物而成为两栖类动物,或者停止拥有大脑或心脏,我们就会认为原来实体的张飞不存在了,或至少是不可被识别了。

由此,我们就发现例句3中的"始终是"成了前两个例句"是"的根据。说得更清楚一点,当你认为当下的张飞衣着邋遢或仪表整洁的时候,你已经预设了你说的这个张飞肯定具有那些不变的属性(即作为哺乳类动物等)。而这些不变的属性的居所,便是哲学家所说的实体。套用罗素的比喻,实体类似于墙壁上的挂钩,而每一个挂钩都可以被挂上不同的小包(每一个小包都代表一个偶然的属性)。即使这些小包都被移走,或被别的小包替换,挂钩本身依旧存在。

从上述比喻来看,"是"与"实体"的区别实际上便是偶然性与必然性的分野。若我们将"是"这个范畴中的偶然性成分（约等于小包）全部约分掉，且只留下必然性成分，我们就得到了"实体"（约等于挂钩）。正如张三可以偶尔蓬头垢面，但是他必然始终作为哺乳类动物存在。

意识到"是"与"实体"的分野，将大大有利于我们在日常生活中处理信息。譬如，如果你发现一个平时表现"温良恭俭让"的朋友，有次竟然在公开场合毫无理由地发火，你该怎么解释这一点？这究竟是一个偶然现象，还是体现了你的朋友性格中本质或实体的一面？不管你如何解释，你都得预设你的概念工具箱里有实体这个范畴。显然，根据这个范畴的提示，世界上总有一些事情是不会改变的（比如，即使你的朋友的脾气改变了，他也不会因此改变性别或者别的关键生物学属性）。当然，究竟哪些事项属于不可被改变的实体，则需要更为细致的经验研究来厘定。

黑格尔非常重视实体这个范畴，在他看来，**偶然性的现象背后必有必然性的根据，因为世界上总有一些事情是不会改变的**。换言之，黑格尔并不喜欢在脱离必然性这一地基的前提下，去讨论一些抽象的偶然性或可能性状况的发生。下述人生态度就并非黑格尔主义者所乐见的：没事就把致富的希望放在买彩票、发偏财这些空洞的可能性之上，却不愿意踏踏实实地做好自己所能做好的事情。当然,这并不是说黑格尔完全排斥对可能性的设想,毋宁说,一个人对未来的可能生活形态的设想,必须基于他现在的稳定的生活形态,而不能过于想入非非。譬如,一个已完成优秀中篇小说的作家去构想长篇小说的创作,便是一种基于现实的可能性设想;而一个连五线谱都不认识的人梦想自己在三年内获得世界钢琴弹奏比赛金奖,则是一种完全脱离现实的空想。

有人或许会抱怨说:黑格尔的这种人生态度实在太保守了,因为我们明明看到有些人的人生已经跌宕起伏到连小说都不敢那么编的程度。就这样的人生来说,难道对实体的执着还有意义吗?(当然,只要当事人是人,其基本的生物学属性就不会发生真正的改变,但老是强调"降清前后的钱谦益都是雄性哺乳动物",是不是有点过于无聊呢?)

为了让上述对黑格尔的批评显得更有落脚点,我们来讨论一个特定历史人物的跌宕人生,此人便是日本近代实业家涩泽荣一(1840—1931),新版1万日元纸币上的人像亦是他。涩泽荣一生于日本武藏国榛泽郡血洗岛村(今琦玉县深谷市)的一个富农之家,他家主要从事蓝玉的制造和贩卖,兼营养蚕和其他一般性的农业活动。当时已经开埠的日本遭受西方优质工业品的市场冲击,农民的日子并不好过,这使得年轻的涩泽荣一产生了"尊王攘夷"的想法，即试图向住在横滨的西方商人进行暴力攻击，以此吓阻洋商的商业入侵行为。不料，因为复杂的因缘际会，他被当时朝廷重臣一桥庆喜收为幕僚，就此收敛其盲目排外的思想。一桥庆喜则也因为缘分的安排而成为德川将军（日本当时的实际统治者），改名为"德川庆喜"，涩泽荣一亦由此成为德川幕府的重臣。因为他在此前展现出的商业才华，庆喜派他作为德川昭武（庆喜之弟）的随从出席在巴黎举办的万国博览会。结果，西方的科技与商业文明让曾经盲目排外的荣一转而成了日本最坚定的洋务派，在巴黎如饥似渴地学习对日本有用的工商业知识。

不料，此刻荣一的人生又发生了反转：他在巴黎期间，日本境内发生了戊辰战争，他的主公德川庆喜竟然就这样下台了！作为幕府前官员的荣一回国后陷入了巨大的政治彷徨，最后在庆喜本人的劝说下转身为推翻幕府的明治政府工作。但因为对明治政府在财政上的无能感到不满，他又转而退出政府，试图以实业家的身份从事银行业、纺织业与航运业。此后的他曾经支持过明治时期的日本对外扩张活动，晚年却致力于缓和已经日趋紧张的中日关系与日美关系，以此对冲日本国内狂热的民族主义气氛。

试问：涩泽荣一的实体究竟是什么？是排外分子还是洋务派？是德川幕府的旧臣还是明治政府的弄潮

儿？是日本明治时期扩张的吹鼓手还是阻止日本在昭和时代全面滑向军国主义泥潭的刹车器？貌似怎么说都不对。那么，"实体"这个概念还能不能适用于涩泽荣一的人生？

对于上述质疑，黑格尔主义者的回应或许是，涩泽荣一的一生显然有其实体性根据，就是他始终要为日本工商业的利益而奋斗的初心。他早年之所以曾产生过盲目排外的心理，便是基于这种初心，而日后成为洋务派，也是基于这种初心，甚至他晚年从事的和平主义活动亦是基于这样的初心。因为根据他的计算，日本在此之前的历次军事扩张（特别是日俄战争）所花费的军费要明显超过这些军事活动带来的收益，所以即使站在日本自身的利益上看，停止进一步的侵略活动也是明智之举。

按照"正—反—合"的黑格尔式讨论，作为正题的实体原则必会有作为反题的某个原则与之对峙，这便是"因果"。我们在讨论康德哲学时就谈过因果，现在来看看黑格尔是如何阐发因果原则的。

因果：实体变化之根据，不在实体自身

与痴迷于静态的先验论证的康德不同，黑格尔引入任何一个范畴时，都非常关注该范畴与其他范畴的语义

关联，而不会将其视为某种静态、孤立的存在。因此，黑格尔引入"因果"这一范畴时，他所关注的问题便是该范畴与实体的关系是什么。

不妨先反向设想这样一个问题：如果没有因果光有实体的话，我们的世界会变成什么样？

答案很简单，若没有因果提供的连接服务，每一个实体都不会发生联系，从而构成完整的事件。于是，人类的历史（其本质是大量事件的累积）也无法存在。为了说明这一点，我们再拿涩泽荣一的人生为例。为何涩泽荣一会离开日本去巴黎？这是因为他得到了德川庆喜的命令出国考察。显然，没有"因为，所以"这一话语框架所提供的连接服务，涩泽荣一是不会莫名其妙地出现在巴黎的，这也正是因果范畴发挥的作用。

读者或许会问：凭什么说因果原则是实体原则的反题呢？道理也很简单，实体原则的根据在于实体自身，而因果原则却将我们的注意力转向实体之外。譬如，就实体原则而言，涩泽荣一之为涩泽荣一的根据就在于他自己。他是一个为了日本工商业的利益而殚精竭虑的人，因此无论世界怎么变化，他都不会改变自己的初心；然而，作为一个普通日本官吏的涩泽荣一要拿到去巴黎的船票，则需要他自身之外的力量，即德川幕府发出的行政命令。而几乎所有的因果法则都试图将某实体变化的根据放置于该实体之外，并因此使得诸实体处于互为因果的关系网络之中。这种关系网络，便是所谓的相互作用范畴。

相互作用：实体与因果之合题

为了理解相互作用这一范畴，我们不妨设想这两个例句的差别：

1. 布鲁图斯杀了凯撒。
2. 布鲁图斯吻了凯撒。

在例句 1 里，起主要作用的是因果范畴：凯撒之所以死，其根据不在于他自己，而在于外部因素，即布鲁图斯的刺杀。我们在此看到的是一个一次性发生的事件：历史上，凯撒只被刺杀了一次。而在例句 2 中，我们却看到了一类事件的反复发生：作为凯撒曾经的朋友，布鲁图斯曾不止一次地吻了凯撒。显然，亲吻本身是某种因果关系：我感到我被人亲吻了，是因为的确有人亲吻了我。然而，反复的亲吻却使得事情变得复杂，因为我们分明看到了两件事情在反复发生：第一，反复的因果关系（即亲吻与被亲吻）的发生；第二，双方依然保持自己的实体性——无论布鲁图斯亲吻了凯撒多少次，布鲁图斯依然是布鲁图斯，凯撒依然是凯撒。

这就是相互作用范畴所起的作用,这一范畴帮助我们刻画那些实体之间反复发生的关系。换言之,两个彼此曾反复发生过同类因果关系的实体,就是两个处在相互作用关系中的实体。

学会使用这个范畴有何用处?其用处之大可是怎么说都不过分。我们知道,人类社会是由大量社会成员及其社会关系构成的,而几乎所有的社会关系(夫妻、母子、朋友、上下级等)都是相互作用关系。从某种意义上说,如果我们将因果范畴视为将实体与实体黏合在一起的最初级的黏合剂的话,那么相互作用范畴则构成了对上述黏合剂的关键性补强。反过来说,**倘若没有相互作用范畴,人与人就永远只会有萍水相逢的关系,而不会构成各个层次的社会组织,如家庭、公司、行会、国家等。**

不过,相互作用依然是一个非常抽象的范畴。夫妻之间反复亲吻算是一种相互作用关系,近代历史上俄国与土耳其之间的反复战争(一共有十二次俄土战争!)也算是一种相互作用关系,但直觉告诉我们,这应当是两类非常不同的相互作用关系。由此看来,相互作用范畴的分辨率的确还很低,我们还需要更为精细的范畴工具。下面就来讨论一类特殊的人际相互关系——主奴关系。

黑格尔论主奴辩证法

我们已经知道,相互作用在本质上是因果范畴的升级版。在人类社会中,人与人之间的因果作用不是单向、单次进行的,而是反复、双向,甚至多向发生的,由此才可能构成相对稳定的社会关系网络(所谓"一回生,二回熟")。不过,带有相作用特征的不同社会关系,其各自的具体内容又彼此不同。一对模范夫妻可以长期相敬如宾,而一个施虐狂也可以习惯性地虐待其子女。我们理想中的人际关系又该是什么样的呢?

对于这个问题,不同的哲学家显然有不同的说法。譬如,孔子就主张"君君、臣臣、父父、子子",即上下位关系的存在应当是某种常态。康德则主张一种普遍人道主义的人际关系,即每个人都要将对方当成目的,而不仅是手段来看待。

黑格尔的立场大致处于孔子与康德之间。首先,与康德一样,黑格尔也认为普遍人道主义的实现是历史发展的某种深层目的，但作为一位现实感很强的哲学家，他并不赞成对人类历史中出现的所有不平等的人际关系进行一种抽象的伦理学批判。请注意黑格尔的名言——"存在即合理"——所揭示的思想，它并不是要引导我们去讴歌历史上的确存在的那些压迫与奴役，而是要将这些奴役现象视为人类走向自由的必经之路，正如产妇分娩的疼痛是婴儿日后的健康生存的必经环节。

黑格尔对奴役问题的思考，在其哲学名著《精神现象学》中凝结为他对主奴辩证法的讨论。这也便是本回的主题。

作为"卧薪尝胆学"的主奴辩证法

主奴辩证法看似说的是奴隶主与奴隶的关系，但也可以被勉强拓展到中世纪的地主与农奴的关系上。而这与今天的我们有直接关系吗？

有！恩格斯就曾深刻地指出，现代资本主义的雇佣劳动制仍然是一种隐蔽的奴隶制。只不过，过去的奴隶是将整个人生卖了出去，而现代的雇佣工人是将人生切成小小的时间碎片卖了出去。因此，**奴役与被奴役的关系依然在现代雇佣劳动制度中以一种隐蔽的方式出现，只是这种不平等的关系往往为现代社会表面上的**

人格平等说教所掩盖。所以,黑格尔在《精神现象学》中说的这个关于奴役的哲学故事,不仅仅关乎古人,也关乎我们。

不过,关于该如何以一种哲学的态度来应对奴役现象,历史上早有爱比克泰德的斯多葛主义的解决方案。不管怎么说,爱比克泰德在成为一位哲学家之前,本就是一名奴隶,故此,关于这个话题,他应当很有话语权。这个解决方案其实也非常简单,如果你恰好是一名奴隶,而且暂时也没有被解放的机会(在古罗马,的确有极少数的奴隶幸运地拿到了主人颁发的"解放文书"),那你就好好享受被奴役状态吧!如果你不幸被主人鞭打,那就学学爱比克泰德的招数,在疼痛中如此大喊:"主人啊,请尽情地殴打我吧!我昨夜已经预感到了今日你会殴打我,请你马上就证实我昨日的预言,由此验证我的智慧吧!"

斯多葛主义者这种面对奴役的态度,可以说体现了一种"躺平学",或者用黑格尔对斯多葛主义的评价来说,即在不改变外部世界的情况下,追求主观精神世界里的胜利。与之相比,近代启蒙主义者对奴役的态度则是"怒发冲冠学",面对奴隶的精神麻木状态,启蒙主义者"哀其不幸,怒其不争"。而黑格尔的态度则可以被概括为"卧薪尝胆学",也就是说,他引导我们在奴役现象中看到摆脱奴役的希望,就像睿智的观察者在吴王夫差奴役越王勾践的历史现象中，就能隐隐看出吴越战争反转的拐点一样。

但卧薪尝胆可不是一件容易的事情，而要将奴役本身说成是通往自由的必经之路，也很难不陷入牵强。黑格尔具体是怎么把这个故事捋顺的呢？

自我意识是一种潜在的历史意识

黑格尔是在自我意识的语境中讨论主奴问题的。自我意识问题貌似玄奥，实际上一点都不神秘。每一个人都要知道自己是谁，或者都要对自己存有反思的能力。譬如，当陈胜、吴广说"王侯将相宁有种乎"时，他们已经对自我的定位进行了初步反思，意识到自己是具有自由意志并由此具有选择能力的智慧生物，而并非命中注定要成为暴秦之棋子；相反，作为庶民的他们也有资格与坐拥强大军事机器的秦帝国平等对弈。他们的斗争虽然最终失败了，但是他们曾经斗争过这件事就足以说明：他们知道自己是谁，而且真正地活过。

不过，这并不是说只有陈胜、吴广才有自我意识，那些在秦军的鞭子下忍辱偷生的囚犯则没有。实际上，放弃抵抗的认命态度也是在自我意识支配下的一种主观选择。黑格尔清楚地意识到，选择认命这一点本身就是复杂的历史博弈后产生的选择,正如俄罗斯帝国之所以在1856年的《巴黎和约》中选择向土耳其输诚,是因为俄国的确无法在克里米亚战争中击败得到英、法等国支持的土军。同样的道理,秦国对六国人民的暂时奴役,也是以长期以来秦对诸国的军事胜利为基础的。一句话,某人作为奴隶而生活的现状,以及其对这一地位的自我意识,本身便是此人之祖父或曾祖父的欺辱历史在其身上的浓缩式展现。因此,自我意识本身就是一种潜在的历史意识。

不过,鉴于人类历史极为复杂,作为哲学家的黑格尔只能对自我意识中主奴意识的产生进行一种非常抽象的描述。概而言之,与本回讨论相关的自我意识发展历程,至少将分为两个阶段。

第一阶段:通过外物来肯定自己

在第一阶段中,我们通过吃、喝、购物来占有外物,由此确定自我意识的存在。在这个问题上,黑格尔的思路与笛卡尔非常不同。笛卡尔的名言是"我思故我在",而黑格尔宁可说"我吃故我在"——在他看来,如果不通过我能消化牛排与寿司这些现象,我是无法确定我自己还活着的。有意思的是,虽然我们过去一直喜欢将"唯心主义"的标签贴在黑格尔身上,但在这个问题上，他却与历史唯物主义达成了默契，即人首先要吃饭穿衣，然后才能进行文化创造与哲学思考。

不过，这毕竟是自我意识的确立历程中最接近动物的一个阶段，因为连动物也会通过在领地上撒尿来宣示自己的主权。虽然有不少人的自我意识阶段始终停留在这个层次（想想那些购物狂的例子），但自我意识自身必然还会向更高的层次进化，这就达到了第二阶段。

第二阶段：以别的自我意识为对象，并试图征服之

在这个阶段，自我意识已经达到了这样一种认知水平——奴役他人要比奴役物更有价值。譬如，虽然你可以奴役一匹马，但马根本无法理解人类复杂的意识结构，不可能按照主人的要求去建一座长城或挖一条运河。但如果你能够奴役很多人，情况就不同了，人的智慧足以使其完成很多在难度上匪夷所思的任务。通过控制这些人，一个主人就能获得令人惊叹的社会控制力与物质调配力。如此一来，掌控这些力量的个体就能获得巨大的心理满足，由此进一步确证自己的存在。

但新的问题来了，既然他人也是有智慧的（否则他们就是没有奴役价值的），他们为何要被一个同样作为人（而非神）的奴役者奴役？答案便是一个字：斗！

主人何以成为主人？靠生死搏斗！

在经历过耶拿战争中法军的疯狂劫掠的黑格尔看来，两个自我意识相遇之时，谁做主人、谁做奴隶这件事，并不是靠哲学论辩实现的，而是靠暴力斗争决定的。需要注意的是，暴力活动的实现方式极其多样化，未必回回见血。有时候，一方直接认怂也是一种隐形的暴力斗争方式。具体而言，其中一方很可能会评估双方当下掌握的暴力资源，若估算出自己没有赢面，就直接向对方输诚，以免白受皮肉之苦。但这种对双方暴力资源的精神评估本身，依然是以评估者历史上的既有暴力经验为依据（譬如，从来没打过架的人，的确很难准确评估出一场肉搏的胜算）。从这个角度看，最初的"第一滴血"依然不可避免。不过，黑格尔在此并不是要宣扬暴力，而是在表达这样一条真理：暴力斗争是人类历史中的必然性逻辑环节，不管你喜不喜欢，这个环节就在那里。既然事情本身就是如此，哲学家就要以实事求是的态度，向读者展示历史老人一路走来时所留下的带血的足印。

既然有搏斗，就会有输赢。那么，谁会赢呢？

若论现代战争中的输赢，相关条件非常复杂，有时一两项诸如海马斯火箭炮这样的新兵器的出现，就能大大改变战争局势。但作为哲学家，黑格尔在此讨论的是生死搏斗的某种最简化版本（这也是学术讨论的一般路数，先从简单的案例开始分析），即两个原始人在丛林中相遇，彼此都有奴役对方的欲望，而他们手头也没有除了长矛之外更好的兵器，因此他们只能通过最原始的身体力量来征服对方。

在黑格尔看来，如果我们讨论的是这种原始的遭遇战，那么在其他条件保持不变的情况下，决定胜负的关键性因素便是谁更不怕死。也就是说，谁更能豁出去、谁更不把自己的生命当回事，谁的赢面就更大。

有意思的是，黑格尔在此似乎在以略为赞赏的态度看待我们平时所说的"亡命之徒"。按照一般人的观点，这些人连自己的命都不珍惜，显然就是一些不可救药的反社会分子。但黑格尔反其道而行之，认为在生死搏斗中，更敢于斗争的个体更能体现自由的精神。

为何他会这么想？请注意，虽然不同的德国古典哲学大师对自由的定义各不相同，但他们几乎都认为，**自由意味着对人的自然性的超越**。而贪生怕死显然是人的自然性或生物性的体现，因此，在作为德国古典哲学之总结者的黑格尔看来，不怕死这件事本身就意味着对自然性的超越。这也便是自由的光辉第一次在人性中展现的时刻。

如果你还是不太理解黑格尔这一判断的意义，就请回想一下匈牙利爱国诗人裴多菲的名句吧：

> 生命诚可贵，爱情价更高；
> 若为自由故，二者皆可抛。

按照裴多菲的排序，生命的价值别说比不上自由，就连爱情都比不上。因此，为了自由牺牲生命显然是一个合乎逻辑的推论。

当然，与裴多菲心中所念的自由相比，黑格尔在此所说的自由依然带有非常野蛮的外观。具体而言，裴多菲式的自由已经进化到了康德哲学阶段，即欧洲各民族都能在彼此尊重的情况下平等地相处；而黑格尔式的自由则仅仅旨在征服他者。不过，黑格尔的辩证法的要义也就在此。在他看来，貌似"高大上"的近代自由观念恰恰具有一个野蛮的起源——该起源的野蛮性本身会使一些粗心的观察家认为这恰恰是自由的反面。也正因如此，当缺乏历史感的康德主义者指着双手沾满裴多菲之鲜血的俄国沙皇骑兵，痛骂"这是在屠杀自由"的时候，黑格尔则会在一边品一口咖啡，然后淡淡地说道："这只是'自由1.0版本'对'自由8.0版本'的屠杀罢了。"

黑格尔的上述理论恐怕会引申出一个令人不寒而栗的结论：战争的胜负本身就意味着自由所带来的公正——尽管这里的自由或许只是最初版本的。换言之，战败者如果因为贪生怕死而战败，那就是活该，而且黑格尔主义者还要对其尸体进行精神上的补刀："谁叫尔等生前不爱自由而更爱生命？"不如再联想一下欧洲中世纪的骑士文化所提出的社会规范：根据骑士文化，为了维护骑士的荣誉而去参加决斗是非常正当的事，社会的精英之士也莫不以参加决斗为荣。显然，愿意参加决斗本身就意味着参与者已经将自己的肉身安危放置于个人荣誉之下。

读到这里，有些读者或许会问：这种通过不怕死的精神获得自由与胜利的案例，在暴力语境之外还有别的运用场景吗？

也有。以商战为例，为何有些人能够发财？这多少也是因为他不怕死！譬如，在旧上海叱咤风云的商人哈同（Silas Aaron Hardoon，1851—1931），就在一次生死赌博中成了财富的主人。1884年，清军在中法战争中获得优势，很多在上海租界的洋人觉得战后清朝政府或许会对他们实施某些铁腕手段，于是都抛弃了上海的房产外逃。而面对上海狂跌的房价，哈同则逆势入市，用所有的财产吃进了大量的土地。结果，清朝政府战后并没有推出市场预期的铁腕政策，上海房市立即恢复繁荣，哈同也顺势发了一笔大财，成为上海滩首富。

很明显，哈同的胜利也是符合黑格尔的分析模型的，他是有了"大不了就跳黄浦江"的觉悟才冒这个险的，其勇气不亚于在决斗场上端起长矛的中世纪骑士。

因此，在黑格尔看来，如果你为这样的老板打工，也就多少具有一些历史的必然性了，谁叫你当时没胆子赌一下呢？

上面的讨论主要关于在生死搏斗中的胜利方，下面再来谈谈失败的一方。需要注意的是，在搏斗中失败并不意味着失去生命，而恰恰是基于保存生命的欲望（想一下《水浒传》里经常出现的一句台词吧："请好汉饶命！"）。而且，对于胜利方来说，保存输家的生命也往往是他与之斗争的目的，即通过征服对方的意志而获得输家的劳动力。而双方一旦形成这个默契，主奴关系最终就被建立了。在这种社会关系中，奴隶也能豁免于在暴力活动中被杀死的恐惧，因为在正常情况下，只要他好好干活，保住小命至少是没问题的。

但奴隶有时会不那么渴望自由——尤其是在主人提供的保护对他们特别珍贵的前提下。譬如，大文豪托尔斯泰在晚年就曾试图解放他的农奴，却遭到了这些农奴的集体抵制，因为在他们看来，假若他们自己变成了自耕农，其单独面对经济风险的生活状态反而远远比不上做农奴时的生活状态。这一点也就印证了黑格尔的洞见：**自由不是一个空洞的观念，而需要扎实的历史发展条件为其提供支撑。**

相较之下，一个在清末的广东生活的年轻农民，则很可能会积极利用他的自由赴美从事铁路修建业，这是因为，他通过有限的信息，的确看到了用此类艰苦劳动改变自身经济地位的机会。而托尔斯泰手下的农奴则没有这样的机会——或许，即使他们有这样的机会，也可能缺乏当时中国劳工这样的不怕死的勇气，身负极易自爆的液体炸药在俄勒冈州的花岗岩之间炸出一英尺、一英尺的铁路隧道（修建联合太平洋铁路时，华裔劳工的死亡率在世界铁路修建史上是空前的）。

反客为主，建立新秩序

在美国白人老板的指挥下曾舍身炸石的华裔铁路劳工中，有不少人通过自己积攒的血汗钱，翻身做了老板。这一历史事实本身就极具黑格尔辩证法自带的反转色彩。是的，主奴关系本身就带有反转的契机。但这一反转究竟是怎么发生的呢？

黑格尔的分析其实并不复杂。当主人将劳动任务指派给奴隶的时候，前者也就脱离了与自然界的直接接触。作为寄生虫的主人不知道蚕宝宝何时吐丝，不知道铸造青铜器时所要控制的铜水的温度，也不知道用来炸开花岗岩的某种具体炸药的使用诀窍。相反，奴隶却因为长期的劳动而直接成了自然的主人，并通过将自己的意志投射到自然物质上，完成了对自我意识的部分确证。于是，今天的我们才会在观赏秦始皇兵马俑时，大力赞叹那些不知名的秦代工匠的巧思,因为我们非常清楚,这份荣誉并不归属于作为他们的奴役者的秦始皇本人。由此看来,一个奴隶越认真对待主人分配给他的工作,就越能灵活地应对自然发出的挑战,最终也就越有可能成为自然的主人。

可说到这一步,奴隶仅仅成了自然的主人,但就人际关系而言,奴隶还是奴隶。然而,成为自然的主人乃是成为自己的主人的第一步。一个人要成为主人,其要点是什么?对暴力权的垄断只是其一,对信息权的垄断则是其二。但主人与劳动牵涉的自然界的全面脱节,又必然会使得主人对劳动全过程的信息控制力被大打折扣。而这就会为奴隶的命运反转提供宝贵的契机。

如果读者认为上面这段描述还过于抽象的话,不妨看看以下三个故事。第一个故事来自历史学家范晔的《后汉书》。据记载,168年,东汉王朝发生了一次政变,以王甫为代表的宦官集团通过把持汉灵帝的玉玺,调来了西凉地区的帝国野战军镇压"清君侧"行动。这里不讨论政变的具体细节,而想问一个更抽象的问题:为何在东汉,宦官控制皇帝的事迹如此多见?宦官难道不是皇帝的奴才吗?奴才怎么就成了主人呢?

这个问题若用黑格尔的解释模型来回答,则可谓水到渠成。皇帝要处理如此广袤的一个帝国的政务,显然会面临体力透支的问题,所以他必须让别人分担自己的管理工作。理论上，分担这些工作的应是那些有"孝廉""茂才"名头的儒家名门，但这些儒家大臣在理念上并不觉得自己应完全为皇帝一人负责，而是还要为天下苍生负责，所以，保不齐哪天，这些儒生就因为哪项政策的分歧而与皇帝杠上了。因此，皇帝一般更信任宦官，他们貌似才是自己更忠诚的奴才。但当皇帝将大量的政务负担交给了这些宦官，他也就等于将自己对帝国的信息控制权交付给了这些奴才。在极端情况下，这些奴才中就会出现一些挟持皇帝的野心家，反过来骑在皇帝头上作威作福，从汉末的"十常侍"到明代的魏忠贤，莫不如此。

不过，在中国历史的主流叙事中，宦官专权真不是什么好事。所以，关于奴隶如何翻身做主人，我们再看一个更具正能量的故事，这便来自电影《肖申克的救赎》。在这部电影中，本分做人的银行家安迪被愚蠢的美国司法系统误认为是一起谋杀案的凶手，然后糊里糊涂地就被判了终身监禁。在反复尝试司法救济无果后，安迪貌似开始认命，开始利用他的财务技能为狱警服务以换得一些更人道的监狱住宿条件。服务的项目开始还是诸如帮狱警合理避税这样的小事，后来安迪"越玩越大"，开始帮助典狱长做假账、搞贪污。但也正因为这"业务"他做得太熟了，腐败的狱警系统的所有奥秘，他也都悉数掌握。最终，在一个夜晚，他从早就准备好的地道里越狱成功，然后化名到某外国，取走了他帮典狱长转移的那些赃款（这些赃款就藏在这个化名名下）。与此同时，他还设法将监狱警察的所有犯罪证据交给了美国司法系统中相对不那么腐败的部分，使自己的那些曾经的"主人"也进了班房（至于典狱长本人，则干脆开枪自尽了）。在电影的结尾，曾经的"囚犯"便开始在海风习习的太平洋海岸开始了新的自由人生。

安迪的故事就是前文所说的"卧薪尝胆学"的典型：奴隶为了保命，不妨先在主人面前受一下胯下之辱，然后再求反戈一击的机会。而且，与汉代宦官的行为相比，安迪反客为主的作为有更强的伦理正当性，他要逃出监狱并不是因为他蔑视法律，而是美国愚蠢的司法制度冤枉良民在先。同时，他最后将监狱里的司法蛀虫一网打尽的做法，客观上也推动了美国社会的进步（哪怕是一小步）。当然，有些观众或许会抱怨说，安迪不应吞下赃款而应将其交公，但问题是，既然公权力已然犯下了如此大的错误，并将安迪这样的优秀人才关在监狱里浪费其这么多岁月，那么安迪难道无权用他自己的方式向公权力索要赔偿吗？

第三个反客为主的故事来自马克思。受到黑格尔启发的马克思敏锐地意识到，资本主义时代的主奴关系——资本占有者与雇佣劳动者之间的关系——本身就具有一个使主客颠倒的隐蔽技巧。这个技巧便是，资本主义的生产方式天然地就会产生其自身的掘墓人——无产阶级。为何这么说？道理非常简单，在前资本主义时代，农民或农奴处在彼此分散的状态，缺乏组织性、纪律性与相应的文化知识，因此他们很难真正团结起来对抗地主阶级的压迫。相较之下，在资本主义的生产模式的锻炼下，农民被训练成了产业工人，其劳动技能与分工协同能力的上升，自然就使其具备了潜在的战斗力。当然，要使这种潜在的战斗力爆发出来，还需要无产阶级政党的穿针引线工作，使其意识到自己的力量究竟有多大。不过，在诸葛孔明走上七星台之前，那终将染红赤壁的东风毕竟已经吹了起来。

读了上述三则故事，你有何体会？如果作为打工人的你一直因老板对你的压榨耿耿于怀，就请想想黑格尔的"卧薪尝胆学"吧！好好面对老板交付的每一项业务，或许是你反客为主的第一步。

黑格尔论人格与财产

反客为主的确是一种潜在的可能,但这种可能要在历史上真正被完整地实现,则需要再走上一段漫长的道路。在这段精神奥德赛之旅中,我想特别提到三个中转站。

通向自由之旅的三个中转站

其一是斯多葛主义。奴隶虽然通过劳动意识到了自己才是自然界的主人,但他们却暂时无法改变被奴役的现实。怎么办?那不妨先在自己的主观精神领域品尝局部胜利,而佯装外部的奴役现实不存在。换言之,本书在虚无主义相关单元里提到的那些摆脱苦恼的人生哲学,在黑格尔的叙述模式中,也都成了精神在获得自由的过程中必须修炼的功课。

其二是主观的道德良知觉醒阶段。这一阶段大致对应主人（而不是奴隶）的精神状态：主人通过对自己的道德反思，终于达到了康德哲学的境界，即意识到对他人的奴役在伦理上是不对的。这种意识最终从主观角度推动了对主奴关系的废弃。

不过，从黑格尔的角度看，仅仅从主观上意识到主奴关系的不人道，还无法真正建立人与人之间的平等关系。为了说明这一点，不妨举一个黑格尔身后的例子。前文提到托尔斯泰试图解放农奴而不成的故事，其实在19世纪，想要通过伦理批判来结束农奴制的俄国精英绝不止托尔斯泰一人。1825年，所谓"十二月党人"（一群在巴黎接触过启蒙主义思想的俄国青年）通过自己控制的一部分武装组织兵谏，试图进行自上而下的革命，终结农奴制。此次行动虽然失败，但也使终结农奴制这一理念在俄国上层深入人心（感兴趣的读者可以去看看《救国同盟》这部电影）。终于，1861年，沙皇亚历山大二世签署文件，在形式上给俄国的农奴制画上了终止符。

但问题是，那些可怜的农奴因此获得实质意义上的解放了吗？俄国从此振兴了吗？否！此后的俄国非但没有出现沙皇预期的繁荣，反而全国立即陷入混乱，沙皇本人也在1881年被刺杀了。

这到底是怎么回事？对此，基于黑格尔主义的诊断报告说得非常清楚，俄国精英阶层（包括沙皇亚历山大二世)都误解了自由的含义。赋予农奴自由这件事其实非常复杂，良心发现的沙皇在宫殿里即使不眠不休地写上一千万遍"自由"，也不能因此真正解放任何一个农奴。毋宁说，农奴的解放是需要客观条件保障的。别的不说，就说财产吧，脱离了原本主人的庇护的农奴，将如何获取生活资料来维持生计？通过新的土地分配？不行，因为当时俄国并没有一个高效而公正的官僚系统来保证旧农奴获得的土地是足够肥沃的（实际上，被解放的农奴往往只分到了瘦田，因此日子反而过得比先前还苦）。放弃务农进城打工？也不行，因为当时俄国的工业水平远不如英、法、德三国，根本吸纳不了大量的新劳力（与之相比，美国林肯总统的解放黑奴的法律行为，恰恰是以美国北方已然高度发达的工业体系为客观保障的）。结果，大量无根的被解放者在俄国境内游荡，反而威胁了国家的稳定。

至此，我们就能知道孟子所说的"有恒产者有恒心"一语的深意了。是的，如果你是一个普通人，**要想有一颗充满安全感的心，首先你的银行卡上就要有一个让人感到安全的数字**。很不幸，当时的沙皇没有办法给予人民这种经济上的安全感，而只能给予他们一种非常抽象的伦理支持。

顺着这个思路，我们也就能推出，在俄国近代历史的进程中，俄罗斯民族似乎跳过了某个重要的历史阶段，便忙不迭地跃入了道德反思阶段，由此"落下的功课"也让日后的沙皇俄国的社会充满纷扰。这个被跳过的阶段，便是物权与契约关系被普遍承认的阶段。

有意思的是，康德虽然非常向往那种每个人都尊重他人的社会状态（也就是所谓的自由被实现的状态），但他却很少认真讨论物权与契约（无独有偶，处在康德伦理学阶段的俄国19世纪现实主义小说也很少涉及工商业题材）。这是为何？一种可能的揣测是，在康德看来，自由是伦理学的话题，而物权与契约则是经济学与法学的话题。但黑格尔却不这么看。在他看来，法权的问题与道德的问题是合为一体的。实际上，黑格尔本人也几乎没写过独立的伦理学著作，他对伦理学问题的评论都是穿插在《精神现象学》与《法哲学原理》中的。

那么，为何我们要接受黑格尔这种结合法权与伦理的问题处理路径？先不妨设想，假若你生活在一个毫无法治与法权意识的社会（如在希特勒上台前的德国），你又该怎么去培养下一代的伦理精神？如果你在家里对孩子说"不能侵犯别人的财产"，孩子弄不好会这样和你抬杠："我放学路上看到冲锋队在砸犹太人的店，警察却一直袖手旁观。既然冲锋队的行为没有得到任何惩罚，我为何要关心犹太人的财产与物权呢？"

由此看来，人作为一种社会动物，其道德意识将不得不受到社会中普遍存在的某些行为方式的影响,而法治本该是制约这些行为方式的"防波堤"。一旦这道大堤自身崩溃了,要让一个人在这些污秽的洪水中独善其身,恐怕不太现实。这也就是黑格尔要将法哲学的问题与伦理学的问题合为一体的根本理由。

下面再来详细地谈谈物权与契约的概念对人格自由的意义。

先来看物权。在传统的等级社会中,一个人即使赚了很多钱,依然可能会被歧视,因为对物的大量占有并不能为当事人带来真正的尊严(如汉代官方所定义的"良家子"就不包含商贾子弟)。而在物权被全面肯定的时代,对物的普遍占有就能直接带来人格地位的上升——这一点本身就给阶层的流动与平等化带来了契机。

在大文豪狄更斯的名著《远大前程》中,孤儿皮普本来没人看得起,但他因为命运的眷顾而获得了不少财产后,立即受到世人尊重。纵然在这样的社会里,没有获得大量财富的穷人依然不会得到足够的尊重,但"穷人"这个标签毕竟与"下等人"不同,前者是一个人偶然获得的属性,后者则涉及其实体性根据。(这时,我很难不想起《水浒传》中的太尉高俅对被招安的梁山好汉的恶毒评价:"一日为贼,终身为贼。")换言之,在皮普的世界中,穷人因为具备了成为富人的可能性而具有了被无差别地尊重的可能性。

再来看契约关系。在这一关系中，即使老板获得了相对于雇工的某些优势，雇工依然有反向"炒掉"老板的自由——而真正的奴隶是根本不可能摆脱奴隶主的。也就是说，至少从形式上看，雇工与老板之间具有某种人格平等性。当然，诚如马克思所指出的，在资本主义的雇佣关系中，资产阶级对无产阶级的强大控制力依然存在，但契约自身的形式平等性毕竟构成了真正通向自由的一个重要过渡环节。

物权的本质：自由意志的外化

下面我想更深入地讨论黑格尔的物权观，因为这一内容特别能够帮助我们反思当下这个物欲横流的时代。

人格的尊严必须体现在自由意志上，而自由意志就是选择去做此事而不做彼事的自由。因此，奴隶是缺乏人格尊严的，因为他们在大多数时间里都不能自由支配自己的时间与身体。而在黑格尔看来，自由意志既然是选择做某事的自由，而人所做的事（滑雪、游泳、钓鱼、做寿司等）又都牵涉了自然界中的物，因此，自由意志就无法不与物发生关系。

自由意志与物发生的最典型的关系即占有，也就是通过占有物来完成自由意志所试图做成的事情。譬如，原始人通过占有一套弓箭来完成狩猎，而一个现代的大亨则通过占有一架私人飞机来完成舒适的跨国旅行。因此，自由意志的典型外化方式就是物权。

从这个角度看，物权占有活动在很大程度上能够帮助当事人确证其自我意识的存在，尽管这依然是一种相对低级的自我确证方式。举例来说，我们看到很多土豪或名媛会通过不断买豪华跑车与精致的小包来获得自信，这就说明他们的自由意志的自我满足阶段还停留在物权占有的层面；而某些国家获得自信的方式就是不断扩张领土（而不是向内发力，认真发展工商业），这恐怕也是因为当事国的民族意识依然停留在这种通过占有外物以维持自尊的阶段。

尽管土豪的行为使人发笑，某些侵略成性的国家的行为令人齿冷，但黑格尔依然高度肯定了恰当的物权占有欲的积极意义。假若黑格尔的寿命足够长，他或许会用下面一个例子来支持他的观点：生活在20世纪上半叶的英国女作家伍尔夫曾讨论过女性的地位与财产的关系。在她看来，当时的英国女性的人格之所以不被尊重，便是因为很多女性既无独立的经济来源，甚至也没有独立的房间。而在今日的很多国家里，女性经济地位的上升使得男女平等的实现有了充分的经济基础。由此拓展，我们甚至可以作出这样一种断言：**一个社会中相当成员的物权地位的上升，便是这个社会的普遍自尊得以提高的重要经济前提。**

物权占有关系产生的三种方式

那么，物权占有关系是如何产生的？**第一种方式就是物理意义上的占有**。一个原始人看到地上有块石头挺适合用来切割肉类的，就将其拿走了——这块石头就成了他的被占有物。在这个环节中，请注意"手"的重要意义，人类的物权占有行为的执行器官便是手。所以，我们才能解释为何在那么多描述占有欲的成语中都与手相关，"一手遮天""权柄在握""手握重兵"等。这便是占有的最初阶段的身体习惯在日后人类历史中留下的思想胎记。

但这种对物的占有方式很粗糙，因为一个原始人不可能一直手握他所取得的那块石头。当他用双手去做别的事情时，那块石头还是他的吗？

因此，就需要引入**第二种对物的占有方式，即赋予物以特定的型**，如对这块石头进行特定的加工，使别人也能认可这是你的石头。由此看来，定语"我的"就不仅仅是一种纯粹的主观意识的产物，而是主观意识向客观物质材料强行进行投射的产物。这种强行的投射活动便是劳动。只有通过劳动，在前一个阶段获得的物质材料才能被进一步被确定为"有主的"。

有人或许会问：空气、水之类的不用劳动就能被享受的自然物，是如何有主的？

答案是，的确很难说它们是有主的。这些物质既不能被大量携带，也不需要被加工，因此天然是人人共有的。换言之，说这些物质是属于某个特定占有者的，基本就是在强词夺理。也便是基于这样的理由，青年马克思才撰写了《关于林木盗窃法的辩论》，强烈抗议当时的莱茵省议会禁止农民收取林木间落枝的行为。在青年马克思看来，既然林木间落枝是不需要任何人的劳动而自然产生，因此很难说这些自然物属于任何占有者，从而对它们的获取也就根本算不上盗窃。

但由对外物的加工所造成的占有状态是否稳固？举个例子，一个原始人对一块石头进行了特定的加工后，就走开去做别的事情了，而事后又有一个原始人声称自己拥有这块石头，并说对其进行加工的人是他自己。这时候，第一个原始人又该如何为自己辩护呢？

这就引出了**占有外物的第三种方式，即给外部对象加上各种各样的标记**，如刻上一个三角形，或者做得更考究一点，用上徽章和旗帜（对于广袤的土地的占有来说，通过徽章与旗帜宣示占有关系便是一种简便的做法）。我们会看到，地方性贵族封建传统在时间上持续较久的文化，一般也都有比较丰富的纹章文化，因此，我们才会从中世纪的欧洲骑士的盾牌与旗帜上看到那么多不同家族的印记。而今日的商标，在很大程度上也是中世纪的纹章文化在商业时代的变种。从哲学角度看，徽章也好，商标也罢，其哲学本质便是对肉身直接占有关系的一种图符化的代理。因此，一个纹章或商标文化发达的社会，便是一个法权关系丰富的社会。

不过，徽章所宣示的占有关系要有强制力作为保障。在中世纪，这就是指各封建诸侯自身的武力；在现代，这便是指现代国家机器旨在保护法权的强制执行力。如果没有这样的条件，空洞的徽章宣示是毫无意义的。

一个颇能说明这一要点的例子，便是拓荒者苏特尔（Johann August Sutter，1803—1880）的悲剧。苏特尔是瑞士人，曾到加利福尼亚（当时属于墨西哥）租地进行土地开发，并在今日旧金山所在位置发现了金子。这些金子按所有权应当属于苏特尔，但是闻讯而来的淘金者却完全不顾这一点，在苏特尔的地盘上大肆抢金。苏特尔本人缺乏私家武装来驱赶这些掠夺者，而当时的墨西哥政府对此事也不闻不问，结果呢，苏特尔竟然因为在自己的地盘上发现了金子而变得一贫如洗，晚境非常凄凉。他的悲剧足以说明抽象的法权关系与武力之间的隐蔽关系。而黑格尔的辩证法的魅力也在此，任何人如果想在辩证法的游戏中弯道超车，跳过一些必要的步骤而直接进阶的话，他就立即会遭到辩证法自身的报复。由此看来，苏特尔之所以倒霉，就是因为他在法权占有关系的获得上过于轻易，没有经历过武力比拼这一环节的考验。正如沙皇亚历山大二世之所以如此倒霉，便是因为他解放农奴的步骤漏掉了普遍法权关系的建立这一环节一样。

顺势而为与先到先得

关于物的占有，黑格尔还特别提到了一个原则——先到先得。也就是说，同样是一块无主之地，为何最后成为我的而不是你的？就是因为我先到此处了，我先插旗了，没有任何别的解释。举个例子，在二战中，美军进入德国后，军方上层一度默许美军到德国人家里劫掠（劫掠范围仅限于作为战争发起方的德国，而绝不包括被德国侵占的别的欧洲国家，劫掠对象也不包括各种国宝级文物）。现在，假设一个上尉与一个少校都看上了一个纳粹官员家里的银质餐具，那这套餐具究竟归谁？在这里，评判依据可不再是当事人的军衔大小，而是要看哪个军官第一个进入了餐具所在的建筑，并控制了这些餐具。这就叫先到先得。

有人说，这算什么原则？假设这个少校本该第一个进入这幢建筑的，半路上却因偶然遇到一股残敌，与之进行了五分钟的枪战，耽误了时间，那这些餐具难道就没他的份吗？那个吊儿郎当的上尉并没有经历那场战斗，为何他能拥有这些战利品？

对于上述疑问，黑格尔主义者的反驳是，除了先到先得原则,你有更合理的原则可供替代吗?在上面这个例子中,上校的确因为有事耽搁而没拿到心仪的战利品,但这是上尉的错吗?如果上校以他在路上参加战斗这一借口来主张参与瓜分战利品的话,那么任何一个晚到者都会想出借口来索取他的那一份。这样一来,纠纷就会层出不穷。因此,作为一个历史主义者与理性主义者,黑格尔是非常乐意对历史中偶然形成的法权占有关系进行事后追认的。

有意思的是,虽然黑格尔一向被认为是普鲁士的御用哲学家,他的这一思想却完全可以被用来批判之后普鲁士的威廉二世皇帝的扩张行为。威廉二世的扩张逻辑是,为何大英帝国将那么多殖民地都收入囊中,而不给德意志民族留下足够的空间?针对这种旨在挑起世界大战的言论,基于先到先得原则的反驳就是一句话:谁叫你来晚了呢?

对此,读者或许有个疑问:难道世界霸权就不能发生转移吗?英国的霸权不是日后也转给美国了吗?难道作为辩证法大师的黑格尔不允许事物发生变化吗?

黑格尔当然允许变化,并强调变化。但他更强调的是变化发生的内在理性根据,这个根据绝不能是基于个别掌权者的主观臆断。美国取代英国的霸权,乃是英国经由两次世界大战霸权被削弱后自然发生的过程;而威廉二世试图挑战英国的想法,则是一种超越当时德国国力的主观臆断。在两个强权彼此不服的历史语境中，对先到者的适当尊敬则是调节国际关系的一种必要的精神规范，以使某些疯狂的主观臆断行为能够得到制衡。

当然，黑格尔之后的人类历史并没有在这条理性的轨道上行进太久，相反，其疯狂程度恐怕是作为理性主义者的黑格尔在生前难以设想的。对人类灵魂中非理性成分的低估或许是黑格尔哲学的一个致命伤。不过，这也是后话了。

在苏特尔的悲剧中，我们已经看到了对物权关系的一大威胁——各种坑蒙拐骗与强取豪夺。对于这些侵犯行为，黑格尔也有一些基于理性思考的哲学评论。

坑蒙拐骗与强取豪夺

在黑格尔看来，对物权关系的各种威胁——所谓的不法行为——也是理性发展的必然环节。为何这么说？试想，在今天的美国，如果有一个像苏特尔一样的农场主在他自己的地盘上发现了金子，还会不会有大量的淘金者来掠夺？恐怕其成事的难度会大很多。这是因为，第一，今日美国的农场主一般都持枪，所以他就能用美国宪法修正案所允许持有的私人武器来保卫自己的财产；第二，今日美国政府掌握的警力远超苏特尔时代的墨西哥官方，所以这个受侵犯的农场主马上可以通过报警来寻求国家机器的支援。从辩证法的角度看，此类用以保障物权的强制性措施的产生，恰恰是相关方面吸取历史教训的结果。换言之，苏特尔时代的加利福尼亚的准无政府主义状态，恰恰构成了某种动力，促进了当事国之后的法治建设。因此，从这个角度看，不法行为的发生本身就构成了物权关系得以被强化的必要历史环节。

关于如何在理性主义的框架中解释不法行为的本质，黑格尔有一些很有趣的评论。其实，他非常清楚不法行为的产生是基于偶然的欲望。一个贼偶然地看到橱窗里的名表，于是偶然地产生了非法占有之心，最后偶然地实施了偷窃行为。很显然，关于谁会偶然地产生偷窃的欲望，这一点不是理性能预报的。但这并不等于说理性主义者不能预见到这种偶然状态总归会发生，因为偶然性本就是人类理智架构中早已存在的一个范畴。换言之，依据黑格尔的这种观点，苏特尔在缺乏特定武力保障的情况下就去管理这么大一片土地，本就是其思维力不足的体现，因为他没有预见到偶然非法行为之发生的必然性。

不过，在日常生活中，对物权的侵夺未必都以明显的方式进行。与赤裸裸的强取豪夺相比，一种更隐形的掠夺方式是坑蒙拐骗，也就是通过欺骗来获取他人的财产。有意思的是，黑格尔认为诈骗的伦理负面色彩要少于抢掠，因为诈骗者至少在表面上还装作尊重物权，而掠夺者连这最后的遮羞布也不要了。

既然不法行为本身是作为促进法治建设的动力而存在的，那么一个法治系统就需要准备好特定措施来应对这些不法行为。典型措施就是对不法行为的行为人进行惩罚。惩罚与复仇不同，后者往往是一种私人施加的处分，其分寸往往难以把控；而惩罚则基于公众意志，体现了理性的客观性。不过，黑格尔也不否认，在公众的惩罚机制失灵的情况下，私人复仇亦不失为一种正义的救济手段。所以，若是生活在一个政治腐败的黑暗时代里，黑格尔主义者是不反对一些热血之士去做替天行道的侠客的，尽管这也绝非长久之计。

向道德领域的过渡

下面再来看看法权关系与道德良知的关系。前面说过，沙皇亚历山大二世的改革之所以失败，是因为他试图跳过对普遍法权关系的建设，直接诉诸对农奴制的道德反思。而这一诊断反过来也就意味着精神演化的正常次序应当是这样的：**先有法权关系的普遍确立，再有道德意识的全面勃兴**。那么，法权意识是如何激发道德意识的产生的？

假设一个犯人因为偷窃而进了监狱，这意味着他因为自己的犯罪行为而得到公权力的惩罚。但惩罚本身还不足以构成故事的全部。几乎所有国家的监狱系统都主张对罪犯进行思想改造，也就是促使其在主观上意识到自己的行为的错误性。请注意，这种错误不仅仅是对成文法条的违背，还是对更抽象的道德原则的违背。只要一个人意识到了道德原则的神圣性，那么即使他在形式上并未犯罪，他也会因为某些不恰当的行为而备受良心的煎熬，正如托尔斯泰对其自身农奴主身份的强烈不安。他笔下的皮埃尔（《战争与和平》中的男主角）则提供了另外一个案例，在皮埃尔发现整个上流社会都在传自己的妻子海伦与军官多洛霍夫的绯闻后，便鲁莽地提出与多洛霍夫决斗，试图由此恢复自己的名誉。然而，他却因为在决斗中打伤了多洛霍夫而陷入了强烈的良心自责，因为他事后冷静下来发现，因为一点名誉上的事将另一个人打得半死，是非常违背人道主义原则的。

不过，不管一个人的道德意识被提高到了何种状态，这都是一种主观的状态，不能直接地改变客观现实。道德意识要被兑现为合理的外部行为，还需要特定的社会建制（如家庭、社会、国家）提供恰当的外部环境。于是，我们就过渡到了对最为基础的社会建制——家庭——的讨论中去。

黑格尔论婚姻

虽然在大多数日常用语中,"道德"与"伦理"是两个可以被混用的词,但在黑格尔那里,二者并不是一回事,**道德更多是一种主观的良知觉醒状态,而伦理则是这种道德意识在社会中的建制化展现**。举例来说,若在一次战争中,某个有良知的军官觉得虐待俘虏是不对的,那这就是在他的主观道德境界范围内的事情,未必牵涉向伦理的升华。若要完成这种升华,就要将他头脑中的道德意识变成能够切实执行的军规,最终使这种思想成为这支部队的实际作风。在黑格尔看来,康德伦理学只谈道德却不谈伦理(即不谈道德意识是如何与社会建制相互结合的),乃是错失了伦理之为伦理的根本,而这一弱点也是黑格尔要试图加以克服的。

黑格尔所说的伦理化的社会建制有三个环节:家庭、市民社会(大约指市场经济所涵盖的整个社会面),以及国家。下面先来谈家庭。

家庭氛围对道德培养的重要性

培养道德意识的第一个外部社会微环境，就是家庭。前面在讨论康德时说过，他的哲学之所以如此强调主观的道德意识，是因为其母亲的虔敬派宗教思想对他的感染。若康德生活在另外一种家庭氛围中，其成年后的思想会如何，也未可知。日后的弗洛伊德主义者所强调的童年创伤问题，也往往与创伤罹患者童年时代的家庭环境的缺憾有关。

但要注意的是，在黑格尔以前，不少西方哲学大师似乎都未意识到家庭问题的重要性。柏拉图就不那么重视家庭，他甚至主张大家都去学习斯巴达人——城邦里的所有男性公民都在军营里过集体生活，只在部队放假时才回归家庭。亚里士多德虽然没有柏拉图那么极端，但是他在讨论最基本的人际关系时，关注的也是男人之间的友谊问题，而不是家庭中的夫妻关系和父子、母子关系等。当然，儒家文化对家庭问题的讨论的确占据了其思想的核心地位，但在黑格尔看来，儒家对家庭问题的讨论并不是在法哲学的语境中进行的，因此，儒家的家庭观缺乏市民社会所需要的独立人格培养机制，由此不能成为市场经济活动的有机构成因素（详后）。

下面来详细介绍黑格尔家庭观的几个核心构成要素。

夫妻关系：一切家庭关系中最基本者

将夫妻关系视为一切家庭关系中最基本者，貌似是一个很平庸的观点，其背后却有深意。试想，如果不将横向的夫妻关系视为家庭关系中最基本者，我们又会以何种关系替代之？唯一的备选方案就是纵向的父子关系（这里预设了父权制在历史上的统治地位）。但从黑格尔哲学的角度看，他根本不能选父子关系作为家庭之基干。为何？

道理非常简单，前文说过，黑格尔非常关注自由意志在法哲学体系中的作用，而自由意志却几乎不能在父子关系的构成中起到任何作用——你总不能自由地选择你的父母是谁吧？相较之下，夫妻关系的构成是基于自由意志的。

不过，这种使得夫妻关系得以构成的自由意志，是因人而异的。也就是说，每个人结婚的理由可能各有不同。有意思的是，黑格尔本人并不是很在乎这些具体的区别，因为在他看来，这都属于自由意志所本有的偶然性要素——人们都是因为偶然的原因才与某个特定的人结婚的，不是吗？

在黑格尔看来，只要结婚本身是基于双方的自由选择，这就足够了。因为从法哲学的角度看，只要婚姻是基于双方自愿的，就应当受到法律保护。他将这些偶然因素视为婚姻的质料因素，并认为这些质料因素应当服从婚姻里的形式要素，即法律确定的婚姻关系本身。举个例子，在电影《廊桥遗梦》中，家庭主妇弗朗西斯卡在丈夫外出的几天里遇到了摄影师罗伯特，在经历了短暂的浪漫缠绵后，弗朗西斯卡因不愿舍弃家庭而与罗伯特痛苦地分手。在黑格尔主义者看来，弗朗西斯卡的婚外恋、她和丈夫谈恋爱时所产生的激情，都属于构成可能的婚姻关系的偶然因素。然而，既然她与丈夫所产生的激情已经获得了婚姻的法律形式，这种形式就会排斥可能威胁该形式本身的其他激情关系。所以，弗朗西斯卡最后的选择——拒绝罗伯特提出的私奔建议——是颇为符合黑格尔主义的婚姻观的。

这样看来，黑格尔在讨论婚姻时，貌似不那么在乎其爱情基础——如果我们将爱情仅仅解释为激情的话。有爱的婚姻自然好，没有也无所谓。此论或许会让爱情至上主义者感到不可理喻，但试图维持家庭关系（以及附着在上面的法权关系）之稳定性的黑格尔却别无选择。道理很简单，激情总是倏来忽往的，但是家庭关系却不能成为水上浮萍到处乱飘，否则附着在家庭之上的其他社会关系也会随之处在风雨飘摇之中。不过，如果我们将爱情解释为某种用以维持家庭运转的持续性感情投入的话（比如，老夫老妻之间那种深沉却并不热烈的呵护之情），黑格尔则是这种家庭情感的高度支持者。

在这种情感中，个体放弃了其原本的独立性，使对方成为自己真正关心的对象，由此赋予了一种统一的家庭生活以伦理生命。在这个层面上，黑格尔还特别强调子女的诞生对维持夫妻感情的重要意义，因为在他看来，夫妻对彼此的感情只有通过向子女的投射才能具有真正的客观性。从这个角度看，当黑格尔认定家庭的构成原则是爱的时候，他心中想的，大约是老夫老妻那种相濡以沫之情。

对此，有人或许认为，要让两个人的感情能够久远、稳固，最好的方式就是要让这两个人说同样的方言、来自同样的城镇、从事同样的职业，由此保证双方生活习惯的相似性。可在这个问题上，黑格尔恰恰更支持"异地恋"。请别忘记，在黑格尔看来，婚姻既然是基于双方的自由意志的，那么**待婚者就要通过在更广阔天地内的多种探索来体现这种自由性。而两个人仅仅因为彼此相熟就仓促结婚，显然是对这种自由性的潜在破坏**。当然，黑格尔也并不主张故意找一个与自己差异很大的人结婚，而是主张在与家乡不同的新环境中，找到一个在精神层面上（而不仅仅是浅层的生活习惯上）与自己真正契合的人。这也便是所谓的"异中见同"。

谈完了感情，再来谈经济与权利。使得家庭关系得以稳固的经济基础乃是家庭财产。家庭财产的存在不仅使对子女的抚养与教育有了基本保障，也使家庭本身具备了进入市民社会的重要通道（譬如，如果双方通过家庭会议，决定动用一部分家庭资产去买某家公司的股票，那么家庭行为就成了市场行为的一个构成要素）。家庭财产的构成自然需要男女双方的财产的合并，并由此牵涉男女各自权利的配比问题。在这个问题上，黑格尔至少坚持了形式上的男女平等原则——尽管出于时代的局限，他依然认为在进行具体的家庭决策时，男人应当要拿大主意。用黑格尔自己的话来说，对女性的态度要防止走向两个极端：一个极端是不将女性视为人，而将其视为性工具或繁殖工具；另一个极端则是将女性视为神，如在中世纪欧洲的浪漫主义传统中，两个骑士仅仅为了某个贵妇的莞尔一笑就进行生死决斗。

尽管黑格尔的家庭观依然带有一点大男子主义的痕迹，但其表述中的如下四个积极方面依然是不可否认的：第一，他强调了女性也应对家庭公共财产具有支配权；第二，他认为女性在子女教育中具有更大的主导权；第三，他捍卫了女性对财产的继承权；第四，他明确反对一夫多妻制。在此，我想特别引申讨论一下第四个方面，这牵涉黑格尔的家庭观与儒家家庭观的本质性不同。

儒家的家庭观是保护一夫多妻制的。举个例子，三国蜀汉时期的皇帝刘禅曾想在民间大肆选妃，以充实后宫，尚书令董允却认为贤君的后妃不能超过十二个，表示反对。董允的意见显然是符合儒家的伦理的，但假若刘禅的实际后妃数量一直不超过十二个，董允的批评也就会变成无的放矢。换言之，儒家依然认可具有一定社会地位的男性可以独自占有大量女性。有人或许会反驳说"小妾不算妻"，儒家实际上执行的还是一夫一妻制。这完全是遁词，因为这反而说明在儒家伦理的构架中，妾连形式上的平等地位也无法获得。

不过，一夫多妻制除了会造成对女性不公平的社会格局之外，还会造成什么其他问题？站在黑格尔的立场上，一夫多妻制会对家庭自身的稳定构成威胁。具体而言，与一夫一妻制相比，**一夫多妻制本身带有不可消除的不稳定因素，因为对男性宠爱的争夺必然会导致妻子间的复杂斗争，并将这些斗争延伸到这些妻子的子女身上，最终导致家庭内部秩序的全面混乱**。汉末汉灵帝的皇后何氏（汉少帝刘辩之母）与王美人（汉献帝刘协之母）之间的内斗，《金瓶梅》中西门庆的八个妻妾之间的内斗，莫不如此。另外，在专制帝王制度的架构下，帝王家庭内部的妻妾与子女纷争还很可能会外溢为整个国家的严重政治问题，这一点在西晋的"八王之乱"中也得到了充分的展现。

另外，一夫多妻制造成的复杂家庭关系也对独立人格的培养构成了威胁。也就是说，当男女关系变成了"一对多"的关系时，每个女性的话语权都会受到巨大的挑战，而随之父权制的权威则又会得到全面加强。这种难以被撼动的父权制权威，自然也会威胁到任何一个妻妾所生的子女的人格独立性。很显然，这样的家庭结构难以承担为现代国家培养现代公民的重任。

而符合黑格尔哲学预期的子女教育方式应当是怎样的?

子女的教育与家庭的解体

在黑格尔看来，子女教育的目的就是让子女有朝一日具有完整的人格。也就是说，让其以后成为一个能在社会中按照自由意志决定自己的行为，并承担相应社会责任的现代公民。要做到这一点，父母就得绕开这么两个"坑"：

第一，片面矮化孩子的地位，甚至将其视为某种财产——就像古罗马人所做的，儿子要被父亲卖掉三次以后才能得到真正的人格权。换言之，虽然孩子目前还不具备完整的人格，但其毕竟是完整的人格的潜在承载者，因此，对孩子适当的尊重是黑格尔式教育法的题中应有之义。而黑格尔本人的教学活动也体现了这一思想，他曾在纽伦堡文科中学做过几年中学教员，当时他就在班上对同学以"某某先生"称呼，由此表示师生间的人格平等。

第二，片面接受法国思想家卢梭在《爱弥儿》中提出的观点,即认为孩子的天真状态需要成年人加以细心呵护,甚至认为孩童长大成人的过程,便是其自然的天真状态被世俗玷污的过程。而在黑格尔看来,孩子天真无邪的微笑固然会让整日心事重重的成人感到治愈,但这种无忧无虑的状态毕竟是温室花朵才能展现出的美态。父母必须意识到,总有一天,孩子将走出由父母精心构造的家庭温室,独自接受社会铁拳的捶打。与其让他在第一次接受捶打时毫无防备,为何不在这温室里就先制造一点人工的风雨呢?

黑格尔认为,理想的子女教育的效果是这样的:一方面,让孩子知道自己毕竟还是孩子,还有不成熟的地方,因此愿意接受家长的教导;另一方面,要让孩子渴望长大,渴望自己终有一天能够独当一面。等到孩子真正独立的时候,家庭就完成了所谓伦理的解体。

伦理的解体是相对于家庭的另外两种解体方式而言的,即法律意义上的解体(就是离婚),以及自然意义上的解体(父母的自然亡故)。黑格尔虽然高度重视家庭的价值,但还是以平静的口吻讨论了家庭的解体,因为作为辩证法专家的他一开始就意识到了,家庭的建构要素本身也就蕴含着使其解体的因素。比如,夫妻双方在生物学上的相互吸引,也就暗示了未来某天,其中一方的生物学机能有完全衰老的可能性。不过,也正是因为黑格尔意识到了家庭建构的生物学基础的脆弱，他才认为一个社会的建构原则，必须包含比家庭的建构原则更多的内容，否则，整个社会的建构原则也会变得非常脆弱。

  黑格尔的这一洞见显然已经揭示了中国古代王朝兴衰的一个奥秘：由于传统中国的政治建构原则就是家庭建构原则的放大版，于是皇帝的个体生物学状态就会对王朝的命运造成巨大影响。很多历史学爱好者都会设想：假若曹操的后人都相对长寿的话，司马家族是不是就没机会夺了曹魏的天下了？假若后周的皇帝柴荣能活得更长一点的话，那么结束五代乱局的统一者会不会就是后周王朝，而不是赵宋王朝了？假若……好吧，在黑格尔看来，一种成熟的政体需要在家庭的建构原则与国家的建构原则之间建起一道防火墙，这样在家庭（甚至是大权在握者的家庭）的层面上发生的"假若"，就不会导致那些影响到整个国家与民族之命运的"假若"。市民社会便是这样一道防火墙，也是下一回要讨论的内容。

黑格尔论市民社会

前文提到,在儒家设想的社会架构中,家与国的建构原则乃是高度趋同化的,因此,帝王的家事就很容易变成国事。而在黑格尔主义者看来,这是因为中国传统社会的架构演化实在太仓促,绕过了很多重要的阶段,所以国家政治的顶层设计图纸才会仓促挪用家族构建的图纸,从而留下种种隐患。这就好比一个急于扩充海军的外行设计师,拿一条小炮艇的图纸放大一百倍,以为这就可以被当成战列舰的图纸。而在所有这些被绕过的社会发展阶段中,一个非常重要的阶段便是市民社会。

市民社会:打工仔与大老板共舞的溜冰场

市民社会就是我们今日所说的市场经济所展开的舞台。而从个体的角度看,市民社会所展现的世界就是俗称的职场。与政治生活相比，普通的社会个体在市民社会中的境遇更能决定其生死。譬如，若我很喜欢的某位政治家没有成功获得某项公职，我只会感到难过；但若是我的老板想把我炒掉，我恐怕会感到世界末日的到来。对于在企业谋职的打工人来说，他所在的职场便是他所要直接面对的"微型国家"。

市民社会显然是一种与家庭不同的社会建构。家庭中有成员之间相互的爱，而在市民社会中，人与人是通过利益关系相互凝结的。我为企业打工是因为企业给我发工资，而企业愿意雇用我则是因为我的劳动技能能为企业带来利润。如果没有这种利益上的关联，市民社会就会解体。

然而，市民社会一旦出现却又很难解体，因为人与人之间总是会产生利益上的相互依赖关系。譬如，即使是在美国推行禁酒令的时代（1920—1933），黑市里的酒类交易还一直存在（因为总有人想要喝酒，同时也总有人想通过卖酒来获得利润）。在黑格尔看来，**恰恰在市民社会中，一个人才能真正意识到人的社会属性，因为他只有在市民社会中才能通过将自身资源进行成功的市场交换，从而意识到他的劳动是具有社会价值的。**

黑格尔对市民社会的讨论大致可以被地划分为如下几个问题：

第一，市民社会是怎么来的？（发生学之问）

第二,市民社会中的职业是如何分布的?(结构性之问)

第三,如何应对市民社会中的坑蒙拐骗?(安全性之问)

市民社会是怎么来的?

在黑格尔看来,市民社会之所以产生,就是为了满足人类个体各种各样的需求。注意,仅凭家庭是不能满足人类多元化的需求的。一个主妇的厨艺再高,她也不可能在不去市场上购买鳗鱼的前提下凭空做出鳗鱼饭。但市场上的鳗鱼是怎么来的?那是因为有人去捕鱼了,另外还有人把鱼运到这里来。一个住在内陆的人不太可能仅仅为了吃一顿鳗鱼饭而去大海捕鱼,因为消耗的时间与精力实在太不值得了。

于是,人和人因为各自需求与特长的不同,就有了分工与交换的需要。在此,黑格尔提醒我们注意三点:

第一,永远不要低估人类需求的多样性。因为人类与那些局限于有限的生物学需求的动物不同,前者会因为文化驱动而不断产生新的需求——特别是对精致的奢侈品的需求。当然,这也就使得大量的商机得以涌现。

第二,对市场有意义的需求肯定是一种大众的需求。譬如,假若全世界只有一个人觉得鳗鱼好吃,那么我们很难设想会由此催生出一个成熟的鳗鱼捕捞业。

第三，**需求是可以被那些想通过需求谋利的人刻意制造出来的**。譬如，跑车的生产商通过投放大量的跑车广告，会让不少人觉得自家车库里若没一辆酷酷的跑车还真不行。

黑格尔对市场需求的以上讨论，其实已经预设了具有这些需求的人能够为他们的需求买单——如果他们暂时不能，也能够通过出卖自己的劳动力，在不久的未来获得这样的买单能力。也就是说，相当一部分社会成员暂时无法满足自身特定需求的现状，为他们自愿出卖劳动力之行为的广泛出现，提供了某种重要的刺激条件。而社会成员普遍出卖劳动力的状况本身，又大大促进了市民社会中广泛的经济联系的产生。当然，黑格尔并不否认，**因为个体素质与机缘的不同，有的人通过出卖劳动力在市场上获得的买单能力就是要比别人强一点，而这就是贫富差距的来源**。但黑格尔并不急于消除这种贫富差距，因为在他看来，市场竞争造成的失败者的出现是不可避免的现象（详后）。

黑格尔对市场需求的讨论还蕴含了他对计划经济的排斥。在他看来，人类需求的多样性本身就是对计划性的抵制，你永远也不能通过预先的计划猜出消费者会更喜欢兰州拉面还是日本寿司。相反，你得亲自在市场里试错才能得到有效的反馈。反过来说，若计划者硬要将他的主观偏好当成全社会的市场偏好的话，那么由于个体想象力的匮乏，他必然会低估市场需求的丰富性，由此将社会成员能享受到的种类的丰富性，削足适履地压缩到适应其个人的贫乏想象力的地步（譬如，对于一个不讲究吃的人来说，土豆加牛肉和西蓝花，就已穷尽了其一切关于吃的想象）。这样的计划式思维显然会给文娱创作带来更大的拘束，并很可能造成这种情况：某位音乐家不被允许发售他弹奏爵士乐的CD，仅仅因为所谓的"音乐创作计划委员会"（这是虚构出的一个名字，请不要对号入座）没有事先想到世上竟会有爵士乐这种音乐。

黑格尔对市场之自发秩序的保护，貌似与其"理性主义者"的标签不符，因为计划经济思维中的事无巨细的指导，看似就是在理性的框架中进行的。但请注意，黑格尔所说的理性是世界历史的进程所展现出来的客观理性，而不是个别自以为是者头脑中的主观理性。因此，在黑格尔看来，世界历史自身的理性只能在事后得到反思，"密涅瓦的猫头鹰"亦绝不能在日升时就急着起飞。而且，撇开对世界精神之客观性的尊重不谈，即使是最粗疏的数学估量，也能帮我们估测出市场经济相较于计划经济的优势，前者是以千万人的想象力为基本动力的，而后者运作的特点，则恰恰是用少数人的想象力束缚了千万人的想象力。在此情况下，你又怎么能认为后者会比前者能够催生更大的社会生产力呢？

市民社会中的职业是如何分布的？

俗话说"三百六十行，行行出状元"，但作为哲学家的黑格尔可不能就市民社会所牵涉的所有行业逐一进行讨论。本着纲举目张的想法，他只提到了三类职业，以及与之对应的社会阶层。

第一个就是农业阶层，其劳动方式是直接从土地获得产品。这种生产方式本身就决定了从业者的思维方式是具有明显的直接性的。也就是说，他们更喜欢谈论那些看得见、摸得着的事，如今年玉米的收成。你和他们说什么股票、期货、元宇宙、ChatGPT，他们大概率听不太懂。不过，农业阶层的生产物为全社会成员的物理生存提供了基础性条件，因此，其地位绝不容小觑。

第二个是工商业阶层，其特点是通过各种交换，完成全社会的经济流动。该从业者的思维方式是反思性的，他们可以看到那些具体的商品背后的一般价值，理解各种商品之间的兑换规律，并以此为契机来制造商业交换的机会，且最终从中谋利。但是，因为他们的工作主要是以获取特定行业的利益为主要目的，所以对于如何增加全社会的福祉，他们缺乏反思性的意识。

第三个则是公务员体系，其任务是向全社会提供特定的公共产品，以润滑整个市民社会的运作。不过，他们并不产生直接的产品，相反，他们自身的生存还需要消耗其他阶层向其提供的税金。这类从业者的思维方式是普遍性的，也就是说，既然他们提供的是某种无形的公共服务，他们就要在工作中思考全社会的利益，而不能局限于特定阶层的利益。很显然，要从事这样的工作，相关从业者也需要较高的文化素质（看来，黑格尔似乎并不反对提高公务员考试的难度）。

在黑格尔划分的这三个职业中，显然含有这样一条鄙视链：公务员可以适当歧视工商业者，因为前者具有后者所不具备的普遍性思维；工商业者也可以适当歧视农业者，因为前者具有后者所不具备的反思性思维。这与儒家给出的职业鄙视链——士、农、工、商——既有类似，也有不同。类似的是，二者都将公务员（士）的地位放到最高位置；不同的是，黑格尔将工商业者的地位抬得相对较高，而儒家则将农业者的地位抬得相对较高。很显然，这种不同意味着二者的思想所面对的各自的经济现实之间有着重大差异，而这种相似又意味着二者都赞同不能将政治的逻辑彻底还原为经济逻辑。

不过，我个人认为，黑格尔对公务员的期望——具有普遍性的思维——或许是一种主观幻觉。在他之后的马克思就尖锐而深刻地指出，**根本就不存在某种超越一切阶层利益的普遍的执政团队，因为执政团队自身的阶**

级属性始终存在。举个例子，在黑格尔死后，由铁血宰相俾斯麦所掌控的普鲁士政权，更多代表的是德国容克地主阶层的利益，也正因为容克地主阶层的保守性格，俾斯麦并不主张已打败法兰西第二帝国的德意志帝国，再去挑战大英帝国的海权；而在俾斯麦退休之后，掌控大权的威廉二世皇帝则更多代表的是新兴德国工商业阶层的利益，因此，他更愿意赌上国运，去与英国争夺对海上贸易路线的控制权。讽刺的是，恰恰是这种更能代表工商业利益的新战略，让德国在第一次世界大战中输光了本钱！

当然，黑格尔若能看到他身后发生的这些事的话，或许会这样为自己辩护：威廉二世时代的德国的政治安排并未对不同阶层的政治性格作出一种恰当的混合，由此才最终导致了冒进的执政风格不合时宜地占据了上风。不过，对这一辩护的分析已然牵涉了黑格尔对理想的国家架构的讨论（详后）。下面先将话头收回，关注与市民社会相关的第三个问题。

如何面对市民社会中的坑蒙拐骗？

市民社会中的市场交易天然会遭到种种负面事件的影响，有人会以次充好，有人会克扣薪水，有人会携款潜逃。显然，如果这些负面现象不被有力遏制的话，整个市民社会的经济秩序迟早会荡然无存。因此，市民社会的健康运作天然呼唤司法正义的降临。

说到司法公正，很多人自然会想到国家政权的作用，但黑格尔是在市民社会的环节中提到司法公正的，这就意味着，在黑格尔看来，司法是社会的机能而不是国家的机能。

黑格尔的这种论述可能会让中国读者感到惊讶。在中国古代编户齐民的历史传统中，由朝廷指派的地方行政长官（如县令）一般会负责处理地方产生的诸多经济纠纷，因此，在中国历史的语境中，对经济纠纷的仲裁就天然具有官方色彩。而在西方社会中，商人之间的利益往往通过商人自治体的内部协调来完成，国家政权一般不参与相对琐碎的经济纠纷仲裁。另外，在西欧封建制的制度安排下，地方诸侯和领主对其土地有天然的依赖，却一般不控制海上贸易路线，这就使得掌握这些路线的商人集团，具备了与前述世俗性地方政权进行平等协商的巨大话语权。

一个著名的例子便是作为商人集团的代表——威尼斯共和国——在中世纪的崛起，威尼斯人通过对地中海运输业的垄断，竟然能通过强势的海运契约来左右十字军的进攻方向，最终以区区十万市民之众，将罗马教皇、西欧地方诸侯，以及东罗马帝国分别玩弄于股掌之中。当然，威尼斯共和国本身也是一个国家政权，但这却是一个用商人思维建立起来的袖珍城市共和国，因此，其政治运作更多体现的是其基于契约思维的市民社会的运作习惯，而非基于帝王之武断判断的帝国统治习惯。

在这种情况下，公权力的存在仅仅是契约精神在政治上所投射出的镜像。公权力的暂时掌握者必须承诺向市民提供他们所希望获得的公共产品，而一旦他们无法兑现诺言，市民就有权通过选举来替换掉这些高级公务员。因此，至少对于威尼斯共和国而言，作为公权力之一部分的司法权力是附着在市民社会之上的，而不是悬浮在市民社会之上的。

需要注意的是，虽然威尼斯共和国自身早已衰落，但其所代表的基于契约思维的市民社会自治传统，却已在各个西方国家开枝散叶。以在地理上远离威尼斯的美国为例，美国的地方警务服务便是高度附属于地方纳税人团体的，甚至警务服务的质量也受到地方纳税能力的影响（因此，在经济破败的地方，警方的工作也会显得更加懈怠）。而国家层面上活动的警察——联邦调查局探员——则一般不参与市民社会内部的琐碎事务。至于警察的执法运作所依据的法律，基本上是地方民意代表在地方议会平等协商之后产生的文件，地方色彩非常浓郁。

现在，再将视线转回黑格尔。在黑格尔的论述中，

附属于市民社会的司法机构的运作要满足下面两个条件,才能维持市民社会自身的健康运作:

条件一:维护市民社会之公正的法律本身必须清晰明了,不能含糊其词,不能过于繁琐,也绝不允许存在秘密法律条款;司法审判必须公开,不能拒绝公众的旁听要求;定罪时,证据必须充分,推理必须严密,而且定的罪名也必须符合被告实际犯下的罪行。很显然,黑格尔对司法体系运作的公开性的要求,是为了给市民社会的成员带来足够的安全感。反之,假若司法运作始终处于"黑箱状态",那么就没有人能够担保自己不会在某天被某人刻意利用司法工具陷害,并因此失去财产甚至人身自由。而这种破坏稳定预期的社会环境会倒逼人才与资本外流,并最终导致当地市民社会的衰落。

条件二:市民社会的运作必须有能干的警察队伍的支持。这里需要注意的是,黑格尔所说的"警察"还包括今天我们所说的消防队、急救队、环卫部门等支援力量,其地位类似市民社会的"全方位保姆"。很明显,正因为黑格尔意义上的警察属于市民社会而不直接属于国家,所以依据他的理路,警察系统的运作绝不能违背市民社会的利益。例如,旧上海工部局下属的准军事部队"万国商团"(此部队于1853年创立,在1942年夏被占领上海的日伪势力强行解散)其实也能被归属为广义上的"黑格尔式警察",因为"万国商团"的直接指挥权就属于代表商人利益的上海工部局，而不属于更高层级的政府。

当然，一个市民社会要能运作良好，除了科学的司法与安全环境之外，还需要有合适的工商业精英对相关的工商业活动进行恰当的组织。而相关的组织形态，便是公司与行会。

略谈公司、行会与慈善

在黑格尔的语脉中，公司与行会就是对商业自治团体的统称，亦包含"医师协会"之类的行业联盟。其存在的目的有两点：一是提供职业教育，即使新入行的学徒能学到专门的劳动技能，以便最终获得正式上岗的资质（而在对学徒进行教育时，依然保障其生存）；二是对整个行业的成员进行保护，如在经济危机时，通过行业内部的协商与救济来"抱团取暖"。

黑格尔对公司与行会之功能的设想，显然受到西欧传统中的行会组织的影响，同时也暗合战后日本企业所广泛实行的"年功制"企业制度。在这种制度中，员工进入企业后就等于进入了第二个家庭，企业引导其成长，随着其年资的增加，慢慢增加其薪水，并一般不会将其随便开除。这也就使得企业自身具备了"袖珍社会"的功能，并在这个意义上分担了国家救济体制的负担。

然而，这样一来，国家层面上的救济设施（在当时的欧洲，便是指"施粥站"这样的设施）是否还有必要存在呢？

答案是肯定的。在黑格尔看来，在任何一个特定行业只会招募自己所需要的劳动力这一前提下，肯定会有不被任何行业接受的落单者出现，而对他们的救济显然就不能依赖任何特定的公司与行业。在这个问题上，社会层面上的慈善组织与国家层面上的救济机构都要担负相应的纾困责任。不过，前面提到，黑格尔认为此类贫困者的产生是必然现象，因为市场竞争本身就会分出个输赢。因此，黑格尔从不把彻底消除贫困视为他的市民社会理论的题中应有之义，正如任何一场体育比赛都不能将"消灭未晋级者"视为自身的组织目的。因此，在黑格尔看来，对贫困者的纾困工作应当以维持相关的人道主义底线（并由此防止贫困者从事犯罪）为目的，而不应当以均富为目的。

在上面的讨论中，我们已经多少涉及了国家政权的存在。虽然黑格尔的市民社会理论明显要比某些思想流派（特别是中国的法家思想）更强调工商业运作的自主性，但黑格尔的整个政治哲学却依然要比某些思想流派（如今日英美的自由至上主义）更强调国家之权威。下面就来正面讨论黑格尔的国家观。

黑格尔论国家

黑格尔心目中伦理化的三个环节——家庭、市民社会与国家——各自对应了不同的伦理原则。在家庭环节中,我们看到了爱;在市民社会中,我们看到了利;而在国家这个环节中,我们则看到了一种对爱的原则与利的原则的综合。

有人或许会问:既然有了家庭与市民社会,为何一定还要有国家?仅仅是为了满足黑格尔主义者对"正—反—合"公式的偏好吗?当然不是。下面我就根据黑格尔主义的思路来回答这个问题。

离开了国家的民众,就如同被剥了壳的螃蟹

试问,假若一个民族只有家庭与市民社会而没有国家,其结果会是怎样的?20世纪犹太人的遭遇就足以说明一切,他们在被剥夺、被拘禁并最终被屠杀的时

候，并没有任何一位执剑的骑士能够救其于水火之中。他们就像被剥了壳的螃蟹，在餐盘上摊开自己红白相间的肥嫩蟹肉，毫无尊严地引诱着那些横暴的饕餮客。此外，市民社会自身所拥有的"准军事部队"也无法在不进化到国家级暴力机器的前提下，保证其绝对安全。这一点早在1942年夏的上海租界就得到了展现（彼时具有绝对武力优势的日本侵略军将本地的"万国商团"轻松缴械了）。很显然，足够强大的武装组织因为其巨大的耗费，必然需要某种超越市民社会的组织加以保障——这就是国家。

而国家的存在，又不仅仅是因其能支撑正规军而成立。毋宁说，正规军的存在反过来预设了国家的精神性存在的客观性。举例来说，1920年，刚刚诞生两年的波兰第二共和国之所以能够在某邻国强大武力的攻击中幸存下来，恰恰是因为新生的波兰国家军队的成员相信，波兰作为国家的精神性存在是具有客观性的，而不是某种主观臆造。这种对国家精神的客观性的信仰，既会以感性的形式体现在国歌等外在象征符号体系中（如在其国歌《波兰不会亡》中所展现的），又会以"月映万川"的形式进入民众的心灵，由此形成了一种在千万人心中激荡的高尚情感——爱国主义。

爱国主义情感的广泛存在，使得具有国家意识的人群能够具备某种组织力，而这是仅仅具有家庭架构与市民社会结构的人群所缺乏的。很显然，仅仅具有家庭架构的人群无法组织起跨血缘的互助团体，你姓李，我姓徐，我为何要为你的利益去奋斗呢？而仅仅具有市民社会结构的人群，则无法在经济利益关涉的范围之外组成互助团体，假若你要做的这件事里没有我的赚头，我为何还要参与呢？相较之下，爱国主义情感则会使得分享这种情感的人在某些特定条件下组成一个整体，并由此为超越血缘与经济利益的目标而奋斗。譬如，在1920年的华沙保卫战中，大量远在美国的波兰裔移民不惜自费购买飞机，使年轻的波兰国家军队竟然在一夜之间具有了空中优势。当然，这不是说爱国主义情感与利益就彻底无关，毋宁说，此时个人利益已经被客观化为了一种抽象利益——如文化利益和族群利益——并由此脱离了个体的当下得失。举例来说，当裴多菲面对俄国哥萨克的长矛英勇赴死时，他为之奋斗的便是匈牙利民族长远的文化和经济利益，并不惜为了达成这种长期利益而牺牲自己年轻的生命。

上面谈了战乱中国家政权对国民的保护机制。其实，即使在和平时代，国家的存在也构成了公民荣誉感的重要基石。看看美国电影《幸福终点站》所展现的场景吧，东欧某国公民维克多因为不可抗力的因素而成为没有合法护照的人，他只能在国际机场留宿多年，始终无法进入美国国境。尽管好心的机场工作人员也给予了他恰当的生活照顾,但他心中依然空落落的。很明显,在这种语境中,国家颁发的护照便是使得一个人能够在国际舞台上得到承认的最基本的物理证据,而可怜的维克多恰恰缺乏这样的证据。虽然此刻的他暂时没有生命之虞,但心理上,他依然觉得自己像是一只被剥了壳的螃蟹。从这个角度看,使得公民之"脆弱的蟹肉"能够被保护起来的,不仅仅是国家军队的存在,还有与之相关的一切国家象征,如国徽、国歌、护照、宪法,以及与之配套的全面国际承认等。

不难想见,国徽、国歌、护照、宪法与国家军队并不以静态的方式存在,而是作为一个活的机体的外溢物而存在。这个活的机体就是国家政权。黑格尔对国家政权之各个环节的讨论中,第一个需要被注意到的环节,便是君主。

君主:对国家之爱的附着点

黑格尔似乎默认现代国家必须有个君主,这一点恐怕会让今天的我们感到一丝诧异。不过,在黑格尔生活的时代,世界上最强大的国家便是作为君主立宪国的英国,黑格尔本人所在的普鲁士亦是君主国,因此,黑格尔这样的预设也并不奇怪。

不过,除了黑格尔本人的时代背景所施加的偶然影响外,"现代宪政国家需要一个君主"这一点亦是从黑格尔的政治哲学理路中推出来的。为何这么说?

为了回答这个问题,我们首先要弄清楚君主立宪究竟是什么意思。一言以蔽之,这就是指国家虽然有君主,但是君主本身不承担主要行政责任,而是将此类责任托付给内阁。君主与内阁各自的责、权、利,则由国家宪法来加以规定。换言之,君主立宪包含了一个肯定性表述与一个否定性表述,前者是"必须有君主",后者则是"君主(基本)不担责"。

这两个表述其实都已经预埋于黑格尔的理论脉络之中了。先来看君主立宪的肯定性表述。我们知道,在黑格尔的体系中,国家的运行逻辑是家庭逻辑与市民社会逻辑的合体,所以国家必须要具有部分的家庭的特征。在家庭这个层面上,人与人之间黏合的基本原则是爱,因此,国家的运行原则也必须包含爱。爱作为一种情感,必须有感性的附着点,如爱一个人、爱一项体育项目等。而国家也必须提供这样的感情附着点,以供国民热爱。在一般的国家里,国歌、国徽等国家象征物便提供了这样的感情附着点,但这些象征物毕竟是静态的、缺乏生命的。与之相比,君主就是一个活生生的对象,其所能承担的任务是无生命的符号体系所不能承担的,如发表新年贺词、礼仪性地接见外国元首、慰问受灾国民、向优秀国民颁发荣誉勋章等。因此,根据黑格尔的理论，有君主的国家将比无君主的国家更容易具有基于爱的国家凝聚力。

再来看君主立宪的否定性表述。也正因为国家的运行逻辑是基于爱的家庭逻辑与基于利的市民社会逻辑的合体，所以国家的运行就要在最低限度上满足市民社会的期望——政策的可预见性。政策的不可预见性是市场经济的大敌，而那种集大权于一身的君主专制制度，往往会带来政策的不可预见性。因此，市民社会才希望有一个能够考虑到其利益的内阁来负责国家的行政原则，并在这个意义上限制君权。

需要指出的是，君主立宪的肯定面与否定面是相辅相成的，恰恰是因为君主本身不需要承担太多的行政责任，所以君主才没有机会犯大错，也因此才更值得国民热爱。

不过，新的问题产生了，谁来做君主呢？

这可是一个至关重要的大问题。1804年底，拿破仑一世在早已发生资产阶级革命的法国称帝成功，而44年后，其侄子拿破仑三世则再次在法国称帝成功。这对叔侄虽然最后又都退位了，但至少都平稳掌权了相当长的时间。相较之下，在有长久帝王制传统的中国，袁世凯在1915年底的称帝活动却被证明是一个笑话，他在披上龙袍83天后，就在全国人民的声讨中退位了。这到底是怎么一回事？为何有人就能做成皇帝，有人却做不成？

我不能保证黑格尔的君主观能充分地回答这个问题，但我相信他的观点至少能回答一半。在黑格尔看来，君主是需要血统担保的，而且这个血统最好一直不要断——断了就会威胁到其历史正统性。依据这个标准，袁世凯恐怕就是当时中国最不能做皇帝的人之一了，因为恰恰是他在不久前逼迫爱新觉罗氏退位，并由此终结了大清帝国的统治，所以人民已经将"君主制终结者"的标签与他本人的名字联系在了一起。在这种情况下，他又有何资格自己来做皇帝？

至于拿破仑叔侄的案例，则略显复杂。他们的皇帝地位（特别是拿破仑一世）更类似古代罗马的狄克推多制度的复活，即在共和制度受到内外敌人之威胁的前提下，将军政大权暂时集中于个体。但也恰恰是因为拿破仑家族本身属于意大利语区的边缘性贵族（拿破仑的故乡科西嘉岛是在拿破仑诞生那年才被并入法国的），缺乏悠长的历史传统之加持，所以从法国近代史的整体上看，该家族也仅仅是历史上的过客罢了。

由此看来，黑格尔所看重的君主制自身，其实也就包含着对其自身的否定性因素。譬如，假若某些偶然性的原因导致传承已久的君主血统中断，君主制的运作就会出现问题，从而使得国家不得不采用共和国的体制。我个人认为，作为辩证法大师的黑格尔不会想不到这个问题——而他之所以没有明说，恐怕也恰恰是因为在当时的普鲁士，作为官方哲学家的他必须在进行公开发表时，小心思量普鲁士国王可能的反应。另外，还有一个哲学上的理由使他认为君主制带来的好处的确能够弥补其所带来的风险，即君主能够成为立法权与行政权之争的调节者，而只有君主制才能为国家提供君主。

用爱来弥合立法权与行政权之间的斗争

现在，暂时先将君主的问题放到一边，谈谈立法权与行政权之争。

立法机构（一般由上议院与下议院构成）的任务当然就是要为国家制定法律。从哲学角度看，这便是为国家的运作提供一般性的规则。相较之下，行政机构（内阁和政府的各个部委）的任务则是在法律所规定的范围内依据法律去做具体的事情。从哲学角度看，这便是将一般的规则与特殊的情景相结合。

按理说，二者应当彼此配合才对。但俗话说得好，"就连牙齿也有与舌头打架的时候"，保不齐在某个时刻，双方就会因为对某些普遍性法则的含义与适用范围的理解不同而产生争执。关于争执的发生原因，黑格尔主义者也可以预估到，即法律的一般性原则总是很难覆盖日常生活的所有方面，因此总会有一些偶然性的例外成为争执的焦点。有些人认为该例外更适合用"法律甲"来处理，另一些人则认为它更适合用"法律乙"来处理。

举个例子，假设有个战斗英雄在前线立了大功，得到了全民的敬仰，但是却在回家探亲时遇到了一个泼皮在调戏妇女，结果他一言不合就把那个泼皮三拳打死了。按理说，那个泼皮并未作出伤害他人生命的行为，只是在用言语调戏他人，因此，剥夺他的生命的行为是无法用"正当防卫"的法条加以辩护的。但这位战斗英雄的社会声望实在太高，假若真将他依法处理，就会产生动摇军心的负面效果（在此，再假设该国与某国的战争依然在进行中）。因此，对于如何处理这个案件，该国内部已经产生了巨大的分歧。

恰恰在处理此类问题时，君主制国家就能搬出君主来解决，因为君主有豁免当事人罪行的特赦权。这样一来，争执双方也会在尊重君主的面子的前提下停止争执。请注意特赦权的三层含义：第一，需要被特赦的人显然犯了事，否则谈不上被特赦。因此，对当事人行使特赦权，本身就意味着君主承认当事人已经违法了。第二，特赦本身意味着本来应当被施加到当事人身上的法律处罚被移除了，这等同于法外施恩。第三，法外施恩之所以成为可能，乃是基于君主的人格魅力，以及政治威望。换言之，传统君主制的武断性即使是在宪政的约束下也能发挥其效力,而此类武断性经常在反映宫廷政治的影视剧中,以这样的面目出现:"朕今日就赦了此人的罪了,诸位臣工不要再议了,跪安吧。"

但假若没有君主制的话,此类争议又当如何解决呢?在典型西方资产阶级三权分立的框架下,那就当由与立法机构及行政机构不同的司法机构独立审理。如果还是有人对审理结果不服,就向上一级法院提出上诉,一直将官司打到最高法院为止。因此,从某种程度上说,在非君主制国家里,最高法院部分扮演了君主的角色。但在黑格尔主义者看来,最高法院的运作却缺乏君主制的如下四个优点:

第一,最高法院的法官肯定不是国家元首(而君主肯定是国家元首),因此他们不能做君主所能做的那些事,如发表新年贺词、参加国庆典礼、慰问受灾国民等。换言之,他们无法通过自身在媒体上的恰当曝光来获取民心。因此,他们给出的最后司法裁决也缺乏君主的决断所具有的民意基础(用今天互联网的话来说,他们的流量积累实在太薄弱了)。

第二,西方国家的(特别是美国的)最高法院往往由不同派系的诸多法官构成,因此,最高法院的裁决本身也是党争的结果。这就使得群众依然会对裁决的公正性产生疑问。而君主本身是超越任何派系的,其决定更容易被理解为是真正出于公心。

第三，最高法院的裁决若牵涉宪法解释问题，就会由此牵涉冗杂的司法推演，让普通民众感到困惑。而君主的决断既然是武断的，就可以豁免于这种繁文缛节，因此反而更容易使民众感到信服。

第四（同时是对前三点的概括），最高法院的运作是基于理的，而不是基于爱的，但社会分歧的弥合有时候没有爱的滋润还真不行。相较之下，君主制才能更稳定地提供这种爱。

说到这里，读者也应当看出，黑格尔虽然谈到了立法权与行政权的互相制衡，但是他是不赞同"立法—行政—司法"三权分立的模式的。毋宁说，作为辩证法大师的他还是希望"正—反—合"的结构能够在国家政体的层面上出现。在此，**正题就代表普遍性的立法权，而反题则代表特殊性的行政权，合题则是旨在综合前二者的王权。**

黑格尔既反对现代西方国家标准的民主政治制度，也对与之相辅相成的总统制嗤之以鼻（在黑格尔生活的时代，年轻的美国是世界上最重要的总统制国家）。以美国总统为例，其运作便是两个面相的结合：第一，既然总统是国家元首，他就要做君主所要做的那些事，如接见国外元首、慰问受灾群众，以及在每年的感恩节赦免两只幸运的火鸡等。因此，总统应当是有足够的政治威严的。但与此同时，既然总统是民选产生的，就必然是人民公仆，也必然要受到民众（特别是媒体）的监督。于是，总统的各种丑闻也迟早会在媒体上满天飞，导致总统的政治威严受损。显然，总统既需要威严，又必然会遭遇威严受损的威胁，这种矛盾是在概念层面上就无法消除的。相较之下，这种矛盾在君主制中却不存在，既然君主就是君主（而不是人民公仆），那么君主本身应当豁免于各种绯闻与流言之侵蚀。

读到这里，读者或许会惊讶：在今天的资讯时代，那些有君主的国家的皇室难道不照样受到媒体的广泛关注吗？英国的戴安娜王妃与当时的查尔斯王子（即今日的查尔斯三世国王）的婚变新闻，难道不也曾是各路狗仔队争相报道的题材吗？

其实，这是因为，今天英国的君主立宪制并不是完全按照黑格尔的理想来运作的。黑格尔并不主张给予媒体这么大的发言权，因为在他看来，过分的言论自由会让很多无聊的信息占据公共咨询平台，浪费人们讨论大事的精力。

黑格尔国家哲学中的争议之处

下面再来讨论黑格尔的国家哲学里最受今日主流的自由主义者诟病的几个面相。

第一个面相：黑格尔并不支持全面的言论自由，换言之，**他主张对言论自由适当地进行限制**。显然，此言论是对启蒙时代以来的主流思想的反动，因为启蒙之本义就是启迪民智，并由此让人人能参政议政。但黑格尔是一个现实主义者，他知道人人参政议政并不可行，因为人与人之间的知识、见识、道德水准方面的自然差异，不能用"启蒙"二字就轻松抹杀。换言之，若强行让所有人都能进入舆论场，那么那些自私的偏见就会大行其道，反而对国家的长远规划不利。

我想从美国历史上选择一个案例，为黑格尔的这一立场作注解。这个案例便是美国第 24 任国务卿威廉·西沃德主持的阿拉斯加并购案。他本来的计划是这样的，本属于俄国的阿拉斯加，因俄国在克里米亚战争中可耻的失败而成为沙皇的负资产，因此，美国应当在俄国决心抛弃这一资产的情况下，就立即一口气吃下这块地皮。再说，当时穷疯了的沙皇开出的卖地价码（约 700 万美元，折合到今天是 1 亿多美元）貌似也很划算，更不提这片土地的面积可以大到放下整整 4 个日本了！

然而，鼠目寸光的新闻界也好，掌握拨款审批权的众议院也罢，却对西沃德的并购案大加阻挠，因为当时主流民意认为，刚经历过南北战争煎熬的美国不应再浪费一分钱去购买这些荒地，更何况这块荒地是连以贪婪土地著称的俄国沙皇都嫌弃的。当然，美国最终还是买下了阿拉斯加，但在此之前，西沃德对媒体与众议院的说服工作已经快耗光了他上辈子积累的所有口水（与汇聚职业政治家的参议院相比，与民众关系更密切的众议院有时更难理解某些政治精英的长远政治规划）。

有趣的是，今日的美国人几乎无人敢质疑西沃德的决策了，因为事实毕竟摆在那里，19世纪末，阿拉斯加地下沉眠多年的黄金终于被人发现了，当地经济也就随之繁荣起来。当然，西沃德在实施并购案时并不知道阿拉斯加有金子，但他却有一种超人的直觉，总觉得这是块风水宝地。当时，他就是这样劝说民众的："我们还是凑点钱先买下这片地吧，别看它现在没用，保不齐以后就有用了呢？"

不过，平心而论，西沃德当时提出的这项理由并不具有压倒性的说服力，因为他当时的确无法从逻辑上排除阿拉斯加毫无开发价值的可能性（毕竟，在此之前，俄国对此地的经营一直无利可图）。因此，当时只要有某些不利于西沃德的偶然因素出现（假设有一个无良媒体到处造谣说西沃德有一个俄国情妇，或者假设他不巧真有一个俄国情妇），这项并购案或许就会流产。由此看来，若按照黑格尔的理想去部分改造美国的政体——让职业政治家做他们想做的事情，并且让那些不懂国家大事的民间政论家闭嘴——这项并购案或许能更顺利地进行。

不过，黑格尔也反对全面压制民间意见。换言之，

民间舆论虽然包含很多偏见与谬误，但至少也曲折地反映了民间疾苦，执政者必须对其进行精准的情报分析，由此给予恰当的应对。再以阿拉斯加并购案为例，那些拒绝此项并购方案的民意也至少有片面的真理性，即刚经历过内战的民众的确很疲倦了。基于这些观察，联邦政府就必须拿出足够的精力来应对南北战争的后遗症，而不能一门心思开疆拓土。当然，如何协调好这两方面工作的关系则需要政治精英的仔细谋划，一般民众恐怕是不懂其中的玄机的。

黑格尔的国家哲学为自由主义者所诟病的第二个面相是，他基本拒绝了多党制的制度安排。当然，这不是说他不承认各个行业本就有自身的利益，但基于整体主义的思维方式，他更主张在国家宪政运作的层面上淡化各行业间的分歧，而不是通过党争来强化之。传统多党制安排下的党争场所——上议院与下议院——则按照黑格尔的思路被安排成了这样：上议院基本上是容克地主的代表，这些人做事沉稳、不会冒进，适合成为立法机构的领头羊（这样的安排肯定很符合后世的俾斯麦首相的胃口）；下议院里则可以多塞入一些工商业的代表。需要注意的是，工商业者本身（如某个钢铁企业的董事长）是不能直接进入下议院的，而需要委托其政治代表进入下议院。这些代表需要经过特定的反思力训练，学会不从一个行业的特殊利益角度看问题，而是从整个市民社会的整体利益出发来参政议政。

另外，与今日主流的西方政治构架不同，黑格尔是允许在行政机构服务的公务员，部分进入立法机构工作的。这样的安排自然是为了在立法机构与行政机构之间，建立起恰当的人事流动与信息流动管道，防止行政权与立法权的过度对立。不过，由于立法机构的主体成员还是来自市民社会，因此这一点并不妨碍立法机构对行政机构进行适当的制约。

黑格尔的国家哲学被自由主义诟病的第三个面相是，黑格尔并不那么反对战争——相较之下，康德则很认真地将实现永久和平视为人类历史发展的目标。黑格尔之所以不愿意将战争视为纯然负面的要素，并在他的体系中予以排除，是因为他不相信国际协调机制的可靠性，而这一点又是因为，任何国际协调机制都很难得到足够的暴力与经济资源的支撑，以获取其权威（在这个方面，他似乎预见了今日联合国组织的软弱性）。这样一来，在某些国际纠纷无法通过和平协商的方式被化解的情况下，战争便是一种难以避免的解决手段。

除了指出战争的不可避免性之外，黑格尔还进一步引导我们看到战争的某些好处，如战争能够团结民心、塑造民族国家的整体性意识、锻炼公民的德性等。今天的我们当然可以从人类战争史中找出海量的案例来证明黑格尔的这番评论是有道理的，尽管因为战争而使国家倾覆的例子恐怕也不少见。不过，黑格尔对这些反面的例子似乎并不那么担心，因为在他看来，战争的输赢本身就意味着历史精神的某种更深刻的安排。

依据我个人对黑格尔的解读，**他对战争的颂扬其实是为了将一个重要的非理性因素纳入他的理性哲学体系——命运**。很显然，战争的输赢会牵涉到命运，而按照传统的理解模式，命运乃是不可测的神意的展现方式。同时作为基督徒与理性主义者的黑格尔则反其道行之，认为神意是可以在事后为人类的理性所理解的，而战争的输赢就是凡人理解神意的重要窗口。换言之，国与国之间的战争本就是某种更宏大的上帝计划的展现方式之一。

黑格尔的这套说辞云山雾罩，我们可以举个例子来说明。譬如，很多人或许会问一个问题：假若上帝存在的话，他为何会允许奥斯维辛这样的惨剧出现？黑格尔主义者的回答是，二战中发生的这些人伦惨剧本就是上帝的计划的一部分，若非如此，犹太民族就不会在这种巨大的刺激下在战后迅速建立起自己的民族国家，由此改变了该民族以后的历史。但新的问题又来了，二战后，以色列国占据约旦河西岸与戈兰高地的法理根据又是什么？对此，黑格尔主义者的解答是，上帝已经留给针对上述依据的质疑者以充分的历史机会了。具体而言，叙利亚已经在第四次中东战争中，用数倍于以色列

黑格尔论国家　563

装甲部队的坦克，作出了夺回戈兰高地的努力（而这次攻击，又是以友军埃及军队对以色列人的全面偷袭为掩护的）。然而，在戈兰高地，装备了最新型俄制 T-62 式坦克的叙军依然被使用老旧英式"百夫长"坦克的以军从容击退，这一点本身就说明叙利亚的国家意志与组织能力是处于下风的，并且亦说明当时最新款的华约陆军兵器依然不是北约老式兵器的对手（而这一点又反映出整个华约组织的科技组织力相对低下）。这就是世界历史的裁决，当事人在比赛的终场哨声吹响后最好服气。

实际上，具有辩证精神的读者应当能从黑格尔对战争的颂扬中读出一种另类的反战思想，因为黑格尔的战争观具有"愿赌服输"的意味。相较之下，两次世界大战的爆发都与战争发起国对自己在世界历史中相对劣势地位的不承认态度有关。第一次世界大战前，德国不承认英国的海权优势；第二次世界大战前，德国不承认《凡尔赛和约》建立的国际体系。以上均是此类"不服输"心理的展现。不过，很明显的是，这些试图改变既定国际秩序的努力，除了带来尸山血海之外，根本就没有给战争发起国带来任何的实际利益——相反，承认了自己在国际政治架构中的被支配地位的德、意、日三国，却反而在战后以战败国的姿态专谋工商业发展，并迅速获得了可观的经济利益。所以，黑格尔的这一观点显然蕴含了对基于上帝意图的国家之间不平等地位的承认，正如他也认为，在国家内部，各个阶层的政治权利并不彼此平等。从这个角度看，虽然黑格尔的政治哲学远比儒家政治哲学要来得精致、复杂，且更能适应现代工商业蓬勃发展的现实，但是他依然在某种非常抽象的意义上认可"君君、臣臣、父父、子子"的等级秩序，由此，他也愿意在国际范围内承认"春秋五霸"模式的合理性。今日的自由主义者不那么喜欢黑格尔，也就不那么令人感到惊讶了。

* * *

就本回讨论的内容而言，我们已经发现，作为西方哲学大师的黑格尔其实在政治哲学上开出了一条既尊重市场逻辑之运作的独立性，又全面有异于自由主义政治哲学理路的另类发展道路。不过，非常可惜的是，与通过罗尔斯得到传承的康德政治哲学相比，黑格尔的政治智慧基本被后世全面无视了。譬如，今日德国的政治体制就是基于自由主义政治原则而不是基于黑格尔主义的。

相较而言，放眼今日整个资本主义世界，日本的政治制度或许与黑格尔的政治设想最为接近。在日本，媒体对皇室的不恭性报道尚不如英国媒体那么放肆，NHK 等主流媒体的报道的政治中立性也明显要高于美国的CNN（民主党喉舌）或FOX（共和党喉舌），自民党长期执政的政治格局亦使得议会内部的党争不像典型西方国家那么剧烈等。尽管如此，日本的政治制度依然与黑格尔的政治设想有着一个重大差别，即战后的日本皇室的权力的确已经缩水到了可有可无的地步，而黑格尔理想中的王权则还是要强化许多。不过，也恰恰是因为这一点，黑格尔的一项重要政治预言便在今日的日本应验了：假若一个国家缺乏一个具有足够权威的君主，即这样一个能够汇聚全体国民之爱的象征的话，那么国民的爱国热情也会大大衰退。

今日的日本就是这样的情况，年轻人的政治态度极为淡漠，他们往往不参与政治投票；老年人去投票也通常不是基于政治热情，而是因为实在是闲得无聊。从这个角度看，战后的日本已经基本成为纯粹的经济动物集合体，日益失去古希腊的亚里士多德与19世纪的黑格尔都须臾不敢忘的政治属性。

黑格尔论历史

在前文的讨论中,我们已经部分提到了黑格尔的世界历史观,即世界历史舞台本就是上帝精神展开的过程,甚至战争(特别是那些具有历史意义的重大战争)的输赢都可以被视为世界历史的裁决。本回将对黑格尔的历史哲学进行更全面的介绍。

或许有人会问:为何一个对世界历史不感兴趣的普通人也要了解黑格尔的历史哲学?这是因为,**从某种意义上说,我们都是自我人生的历史学家**。有一定年岁的人将不可避免地对过往人生进行描述与总结,以便更好地照亮前行的路。所以,如果能更好地了解历史学家是如何总结一个民族或国家的既有历史的,我们也能对自己的人生有更为清醒的认识。

另外,个体对自己民族历史的一般性认识还会影响到国家的决策,而在某些情况下,这种影响甚至还可能是灾难性的。譬如,在第一次世界大战结束后,有这样一种对历史的错误认识在德国民众间传播：德国之所以输掉战争，仅仅是因为犹太人在背后捅刀子，并不是因为德国军队真打不过英法联军。很显然，这种错误的认知使得很多无知的民众选举纳粹党上台，最后导致了德国在二战中更惨重的失败。

在总结历史时，不少人都很容易掉进两个"坑"：第一个是"事后诸葛亮"，即认为自己早就知道某事会发生（尽管实际上此事是在更晚的时刻才被当事人知晓的）；第二个是推卸责任，即认为我在历史上之所以倒霉，都是别人的错，我本人始终是无辜的。刚才提到的那种将在一战中失败的原因推卸给犹太人的理论，便是第二种错误思维模式的典型体现。而从更抽象的角度看，这两种思维方式其实同病相怜，都体现了历史总结者不可救药的自大心理。落实到个体上，这种自大便会转化为大男子主义、父权主义等形式；而落实到民族之整体上，这便会转化为民粹主义、沙文主义，以及对外进行侵略扩张的心理倾向。

而要治疗这种狂妄自大，黑格尔的历史哲学便是一帖良药。虽然黑格尔本人的脑门上一直贴有一张"普鲁士官方哲学家"的标签，而且普鲁士也毫无疑问是整个德意志世界最富军国主义气息的邦国，但在我看来，黑格尔恰恰是反对那种抽象的民族主义思维的，因为这与他对世界历史精神的整体性的强调无法相容。

具体而言，从黑格尔主义的立场上看，若每个民族都觉得自己是最强大的，并因此不愿服从世界历史的裁决所提供的名次表，那么每个民族都会陷入自身的信息茧房，由此将自身锁在"不服输"的死胡同里。站在辩证法的角度看，"服输"恰恰是真正赢得未来的先决条件，正如奴隶暂时承认自己的奴隶地位是得以保存自己，并最终反客为主的先决条件。

有人或许又会问：如果黑格尔的历史哲学的任务仅仅是叫人客观地看待历史的话，那我们为何干脆不直接去看历史学家写的书呢？难道那些基于严密考证的历史书在客观性上会输给作为哲学家的黑格尔吗？

对此问题，黑格尔早有准备。

三类历史描述方式

在黑格尔看来，虽然历史学家的考证功夫往往胜过哲学家，但如何对历史素材进行剪裁与加工，却是观念的产物。很多当事人都因为特殊的利益导向而故意向读者隐瞒一些重要的信息。比如，在法国作家都德的《最后一课》中，我们似乎看到了这样一则故事：因为法国在普法战争中的失败，作为法国领土的阿尔萨斯被并入了普鲁士的版图，有鉴于此，一位热爱法语的语文老师就要在新当局于此地推行德语教育之前，最后一次展现法语的美好。但都德没有告诉读者的是，阿尔萨斯在 17 世纪以前一直归属于德语系的神圣罗马帝国（甚至还是高贵的哈布斯堡家族的"龙兴之地"），仅仅是在"三十年战争"后才根据《威斯特伐利亚条约》割让给法国的。因此，德语系统的历史学家完全可以这样来描述普鲁士对阿尔萨斯的吞并：阿尔萨斯终于回家了。

不过，我之所以提到都德的描述中的刻意隐瞒，并不是为了指责他在故意误导读者。实际上，今天的法国人完全有资格继承都德的这套说辞，因为在普法战争之后的两次历史裁决——第一次世界大战与第二次世界大战——中，法国又两次拿回了阿尔萨斯。换言之，都德对阿尔萨斯的历史脉络的描述，在当下已经得到了两次世界历史裁决的背书。我引用这则案例的真实目的是想指出，**任何历史描述都是需要裁剪的，有些裁剪是任意与主观的，有些却是具有客观效力的**。这就是所谓纯粹的历史考证背后不可被忽视的历史哲学面相。

顺着以上思路，黑格尔主义视角下的三种历史描述（也就是"裁剪"）方式由此得以展现。

第一类叫**"原初性的历史描述"**，其典型代表是古希腊的历史学家希罗多德和修昔底德所描述的历史。其特点是，历史学家所着力描述的是与之时间相近的历史，因此，此类描述便是一种扩大版的个人传记或者回忆录。显然，这种历史描述缺乏足够的反思。譬如，描述者无法意识到他经历的事件的历史意义的大小，也就不能据此来主动调整对材料的裁剪方式。这一阶段的思维方式大约对应儿童的思维方式。

第二类叫**"反思性的历史描述"**，其典型代表是像李维或是塔西佗这样的古罗马历史学家所描述的历史。在这个阶段的描述中，历史学家开始思考历史的本质了，也就是用本质主义的观点来面对历史，用观念性预设（也就是脑子里已经形成的标签）来遴选史料，符合预设的史料就留下，不符合的就抛掉。一般成年人的思维也大约停留在该阶段。但注意，这个阶段的历史描述缺乏对主导裁剪史料的观念前提的更深入的反思——保不齐描述者秉承的那套观念体系本就错得离谱呢？

对这个问题的进一步反思则会使历史描述者进入第三个阶段，即**"哲学性的历史描述"**，也就是要悬置特定的观念预设，去把握历史对象的整体风貌。换言之，要像齐白石用寥寥几笔抓住虾之神韵那样，去抓住历史的"神"。

下面将引用黑格尔之后的一位历史哲学家的思想资源来对以上说法进行更深入的说明。

观历史之相，抓历史之神

这位历史哲学家就是斯宾格勒（Oswald Arnold

Gottfried Spengler，1880—1936）。他在其名著《西方的没落》中提出了一个很有趣的历史方法论——历史观相学。

也就是说，**每一个文明与时代都有一个自己的精神形象，只要抓住这个形象，后人就能把握该文明或时代的整体精神风貌**。譬如，要了解 18 世纪初俄国精英贵族的精神气质，就不妨去读托尔斯泰的《战争与和平》；要了解拿破仑帝国崩溃不久后那些晋升无门的法国青年的精神风貌，就不妨去读司汤达的《红与黑》；要了解中世纪欧洲人的宗教精神，不妨看看修建于那个时期的哥特式教堂；要了解中国汉朝的那种粗犷雄浑的精神状态，不妨就去徐州的画像砖博物馆看看出土的汉代的画像砖。因为年代的关系，黑格尔当然不可能读过斯宾格勒的书，但是他的历史哲学已经预报了斯宾格勒的观相之法。譬如，在黑格尔笔下，亚历山大大帝就构成了希腊时代的相，英年早逝的他就定格了希腊文明的青年形象。

读到这里，有些人或许会怀疑：所谓的历史观相学，难道不是一种文艺青年眼中的历史观吗？这种历史方法论怎么能帮助我们客观地理解历史的整体性？或者说，黑格尔-斯宾格勒主义者将如何排除下面这种可能性：如果他们所看重的那些文艺化的历史形象，本身就是当时的文艺工作者刻意加工的产物呢？

对此，黑格尔-斯宾格勒主义者的应对是，我们选择的历史之相是经过遴选的，换言之，它们不会受到明显的基于实证证据的挑战。譬如，画像砖与哥特式教堂的存在就是客观的物理证据，几乎没人会无聊到说这些证据是赝品。至于文学作品中的人物，他们本来就是虚构的（因此说这些作品中的主人公的名字是"伪造的"也多少有点无聊），而其能够得到广泛传播这一点也恰恰说明，其描述的人物的精神风貌的确说出了很多人的心声。譬如，《战争与和平》中的主人公皮埃尔就代表了当时很多俄国贵族青年的一般性特征，如基于人道主义的自我反省与残酷现实之间的冲突，对无聊的上流社会的虚假表演的厌烦，以及对法国的复杂感情（既羡慕其文明，又厌恶其侵略）等。因此，从这些典型人物出发进行历史观相，本就是历史哲学家的一条捷径。

不过，更聪明的反驳者或许还会提出这样两个问题：

第一，有些被广泛传播的历史题材的文艺作品——如《三国演义》——早已被证明与真实历史相距甚远，如《三国演义》中的周瑜小肚鸡肠，而《三国志》中的周瑜则以性格豁达温润而闻名，难道这些文艺作品也能够成为观相的着手点吗？

第二，有些曾被广泛传播的文艺作品早已被证明是特定意识形态机器所塑造的洗脑工具，如德国纳粹时期拍摄的反犹电影《犹太人苏斯》,不同于2010年德、奥联合拍摄的同名反纳粹电影,难道这些文艺作品也能够成为观相的着手点吗?

对于第一个问题,黑格尔-斯宾格勒主义者可能给出的回应是,与同样是历史题材的《战争与和平》不同,《三国演义》所描述的历史与作者罗贯中所处的时代相距甚远。因此,我们不能将《三国演义》直接视为对三国时代历史风貌的观相入口,而是要将其视为元末明初的时代风貌的观相入口。由此,我们才能理解演义与史料之间的差异。譬如,尽管没有任何正史材料能说明刘备、关羽、张飞三人结成了异姓兄弟,而《三国演义》却将三人的异姓兄弟关系视为整部小说的主轴性线索——这一点其实恰好说明,元末明初的江湖风气便是如此。当然,这也并不是说整部《三国演义》的描述都与三国无关,因为演义的叙述与正史的叙述依然有大量重合,而这些重合就可以被视为三国的精神风貌的遗存形态。

对于第二个问题,黑格尔主义者首先会指出,随着纳粹德国的战败,世界历史早已裁定了《犹太人苏斯》的历史地位,即一部极权主义机器制造的洗脑作品。而这一历史地位又通过别的文艺作品的"相"得到了确证,如反映集中营之恐怖的著名电影《辛德勒的名单》。另外,《犹太人苏斯》的发行范围与传播时间是远远不如《辛德勒的名单》的，而这一点就足以说明《犹太人苏斯》并不是一个合适的历史观相入口（至于将其视为对纳粹宣传机器之运作状况的观相入口，则另当别论了）。

面对上述应答，执着的反驳者或许还会问：假设纳粹打赢了二战，并由此使得《犹太人苏斯》的发行能在其广袤的控制区大行其道呢？

黑格尔主义者的回答或许会非常简单，即我们不回答这种假设性问题，因为提出这些假设的观念前提，便是提问者不服从世界历史的裁决。

如果反驳者追问：你们说的这一套与"强权就是公理"这样的强盗逻辑有何分别？

黑格尔主义者的应答是，真正的强盗无法创新而只会掠夺，因此也就无法锻造出真正的强权（别忘记了，海马斯火箭炮的每一个精密零件都是自由思想的产物）。**因此，与其说"强权就是公理"，还不如说"自由锻造强权"。** 而世界历史既是强者战胜弱者的历史，同时也是人类向着自由不断前进的历史。这一点也恰恰说明了纳粹政权为何不可能打赢二战，因为其极端种族主义政策对自由的挑战，必然会激发更大范围内人群的集体反抗，并激发更多自由世界中的科技工作者（如计算机科学家图灵）用智慧与之搏斗。在这个问题上，黑格尔又回到了歌颂自由的启蒙主义的基调上来了。

黑格尔论历史　575

以"自由度含量"为基准的历史分期

我们反复说过,黑格尔所说的自由并不是指任凭个体胡作非为,而是指每个人都按照理性的原则,在彼此尊重的情况下和谐相处。但在人类历史中,奴化他人、不尊重他人的情况却比比皆是,因此,在不同的历史分期中,我们就能通过前述的历史观相之法来发现不同时期的自由度含量。拿中国历史来说,通过对殷商时期出土的青铜器的观相,我们发现当时殷商的贵族竟然可以随意处死外族的俘虏,并将其尸体作为食材来烹饪;而在汉代的皇帝陵墓中,我们却发现过去出现的人祭现象已经被随葬的木俑或陶俑取代。因此,我们可以大约看出,汉代要比殷商时期整体上更为尊重人的生命,其自由度的含量也更高。

不过,我们并不能说在时间上晚出现的历史时期的自由度,就一定高于在时间上早出现的历史时期的自由度,因为地球上不同文明间的发育速率极为不同。譬如,约在 11 世纪,威尼斯那种旨在保护市民社会利益的共和国体制已经比较成熟,而同时期的中国宋朝,那种貌似繁荣的城市经济仅仅是行政权力集中后的副产品,并不代表其有市民社会的城市自治能力。因此,二者看似同期,在历史观相学的意义上,却又属于不同的历史时期。

基于自由度含量的高低，黑格尔最终将全球历史分为四个时期：幼年期、青年期、成年期与老年期。

幼年期的代表是东方历史，包含波斯、埃及与中国（在黑格尔的时代，这是指从远古到大清嘉庆、道光年间的中国）历史。这是自由度含量最低的一个历史阶段，也就是说，只有一个人（即帝王）自由，别人（甚至包括贵族）都不自由。例如，崇祯皇帝如果怀疑袁崇焕谋反，就可以随意将其处死，而这个裁决根本不需要民众参与（古代雅典人处死苏格拉底至少是通过公民大会作出的裁决）。在这种情况下，所有人都是皇帝的奴才，不具有独立的人格。

青年期以古希腊为代表，其特点是个体的自由通过原始的民主架构而得到初步的承认。换言之，在该阶段，城邦之事非一人之事，而要诉诸众人之公议与投票。但这种自由毕竟有限，因为古希腊人还没找到个体与集体彼此协调的方法。例如，如果有个类似苏格拉底的杰出个体要进行新的精神探索，这些眼界尚且受困于习俗的众人就会出于恐惧而将其处死。因此，这样的社会恐怕很难容下诸如莫扎特、乔布斯这样的另类奇才。而古希腊人面对类似困难时的典型做法就是去德尔斐神庙求签问神，这也就说明，他们依然是充满偶然性的命运的奴隶，无法意识到自己的理性力量，因此也并不是真正自由的。

成年期以罗马时期为代表。这一阶段通过严密的法律体系，使个体与集体的关系得到了更好的协调，因此古罗马人发展出了比古希腊人更强大的生产力。但这些法律依然缺乏良心的印证，并因此是机械的、外在的，所以服从法律的古罗马人依旧并不具有真正的精神自由。同时，残暴的奴隶制的存在则又使得这一时期本该更高的自由度含量被大大拉低了。

由此，我们就进入了人类历史中自由度含量最高的阶段（老年期），即日耳曼时期——尽管我认为，这个阶段更好的标签是"基督教时期"（因为黑格尔在这个环节里谈的就是基督教意识的觉醒时期）。基督教在西方的出现使得奴隶制的根基得到了全面动摇。具体而言，既然根据基督教的教义，人人都是上帝的子民，那么一部分人去奴役另一部分人的社会现实就是不合理的。特别是马丁·路德的宗教改革运动建立了个体与上帝之间的直接精神桥梁，由此每个人都能意识到他与别人之间的真正平等。此外，由于黑格尔版本的上帝本身就包含了大量启蒙理想，因此，在他的语境中，皈依上帝并不意味着接受大量的宗教迷信，而仅仅意味着理性的全面凯旋。

读者或许会问：黑格尔一方面说人与人要互相承认，另一方面却又在世界的各个文明间划出三六九等，这两个做法是不是有点矛盾？

对此，黑格尔主义者的解答是，同时做这两件事，恰恰就是为了规避矛盾。假设你遇到一个不尊重黑人的种族主义分子，你要不要尊重他的相关言论呢？很显然，为了使自由度的含量最高化，你必须鄙视他的相关言论，否则此类言论的泛滥会最终消灭现有的所有自由。换言之，对自由的宽容不得不采用一种"二阶"的态度，你可以宽容很多事情，但绝不能宽容那些不宽容他人的行为。同样的道理，如果你看到了一个遥远的部落依然像古代殷商贵族一样吃人肉，你就不能说"我们必须尊重食人部落的文化习惯"这样的荒唐之言——吃人就是不对的，因为这本身就意味着对生命的极大蔑视。

不过，上述黑格尔主义者的观点也并不支持这样一种推论：某个自由度含量较高的国家若是看到另一个自由度不足国家，就要去提升之、解放之，云云。黑格尔或许恰恰认为，自由的实现就是带有强烈的地域性，否则他就不会用地域性色彩如此浓郁的标签（"日耳曼"）来给基督教时期命名了。因此，倘若黑格尔能看到21世纪初美国军队在阿富汗建立西方民主的尝试，他恐怕只能报之以轻蔑一笑。

但是，黑格尔主义者又该如何解释美国军队在战后日本的民主制度建设的相对成功呢？

对此，我个人的看法是，假若黑格尔能够仔细研究日本历史的话，他或许会说，日本看似是一个东方国家,但在佩里的舰队强迫幕府开埠之前的日本依然有漫长的地方大名自治传统,因此,其自由度含量并没有看上去那么低。换言之,美国军队之所以在战后改造日本政治的工作开展得相对成功,多少是因为美国恰好遇到了一个"有资质的弟子",而这样的好运是不能被普遍化的。

综合上面的分析,我认为,黑格尔仅仅会支持一种关于"自由价值观的可适用性"的全球主义,而不主张一种关于"自由价值观的可实现性"的全球主义。这二者的差别或许可以类比为,国际足联的规则是每个国家都要遵守的,但这并不等于说谁都能入围世界杯决赛,更不是说国际足联希望谁都能入围世界杯决赛(倘若如此,这反而意味着相关赛制的全面崩溃)。在我看来,假若美国的小布什政府在发动伊拉克战争与阿富汗战争之前,能够真正读懂黑格尔历史哲学的这一微言大义,那么多美军就不会白白死在异乡了。

有人或许还会问:假设黑格尔是对的,即人类历史中的自由度含量的确带有浓郁的地域性,那为何黑格尔主义者还有资格说"人类历史呈现出一个不断实现自由的过程"?他们难道不更应该说是"特定地域内的人类历史呈现出一个不断实现自由的过程"吗?

对此,黑格尔主义者的答案是,对世界历史的描述存在一个舞台中心与舞台边缘的分别。如果特定地域内自由度含量的增加恰好发生在舞台中心的话,那么这些事件就是具有世界历史意义的。这就类似于当苏格兰的弗莱明爵士于1928年发现青霉素时,恐怕世界上大多数人都不知道青霉素是什么,但这并不妨碍科学史家这样来描述这一事件:"1928年,人类发现了青霉素。"如果有人对一个叫弗莱明的苏格兰人就能代表全人类这一点感到不服的话,黑格尔主义者的反驳是,你若不服,你去发现一个青霉素(或药效与之相当乃至更好的药物)给我看看?

对黑格尔的历史哲学的引申

黑格尔的历史哲学观点——人类历史是一个不断实现自由的过程——具有丰富的意蕴,值得进一步引申。下面我便根据英国的新黑格尔主义者柯林伍德(Robin George Collingwood,1889—1943)在其著作《历史的观念》里对黑格尔主义的重述,将相关的意蕴分为以下三点(其中有些表述来自柯林伍德,有些来自笔者):

第一,自然没有历史,只有人类有历史,因为历史在此已被定义为精神的历史。为何历史就一定是精神的历史?没有精神参与的地震、海啸、板块运动、物种演化,为何不能成为历史的一部分?对此,黑格尔主义者的回答是,因为纯粹的物质运动是没有对自由的反思力的——鸟臀目的恐龙不是经过基于自由意志的自我反思才决定进化至此的。因此，纯粹的物质运动与基于反思活动的人格承认无关，从而也与"人的自由"这个历史哲学的核心命题无关。

难道反思活动本身不依赖于物质活动吗？难道黑格尔那个思考历史哲学的大脑，不需要大量营养来维持其健康运作吗？对此，黑格尔主义者的回答是，指出这一点固然具有科学意义，但缺乏历史哲学意义。譬如，当你解释李世民为何能在玄武门之变中下定决心杀死自己的亲哥哥时，你去描述李世民的大脑运作状态，有任何意义吗？很显然，一种更有意义的解释基于对李唐王朝的内部政治格局进行更长时段的追溯，而这种追溯就需要我们具备基本的精神反思力。

第二，精神的历史在本质上是理性的历史，或者说是一种理性可以解释的历史。 难道历史中没有理性无法预估的偶然性吗？难道刘邦在彭城之战中之所以能够逃脱项羽的追击，不纯粹是因为幸运吗？难道帖木儿拟定的对明朝的攻击，不正好是因为他偶然发生的致命性疾病才戛然而止吗？对此，黑格尔的回答是，这些偶然性因素当然存在，但在世界历史的舞台上，它们又都是可以被忽略的，因为这些偶然性因素不会带来全球意义上的精神改变。请问，假若刘邦在彭城之战中被杀，项羽就能发布罗马式的《十二铜表法》吗？假若帖木儿不死，他的大军就能够给所到之处带来近代市民社会所需要的产权制度吗？如果不能的话，为何我们要关心某个朝代的帝王姓氏究竟如何变迁呢？

相反，人类历史上的真正进步其实都可以用理性来解释。譬如，瓦特改良蒸汽机虽然看似是个偶然性事件，但第一次工业革命之所以最终带来了全球范围内的产业升级，完全可以通过这样的理性观察而得到解释：首先，英国当时业已完善的专利保护制度能够使发明人的权益免受侵权的威胁；其次，世界市场对纺织品与下一代交通工具的广泛需要，正在倒逼人类寻找新的动力来源；最后，近代以来的科学革命为技术进步打下了理论基础。也就是说，只要一个国家的市民社会发育良好，类似的发明总会层出不穷，因为其本就是英国当时较大的社会自由度带来的副产品。相反，产权混乱、市场经济不活跃、基础科学研究准备不足的国家要在技术研发上拔得头筹，乃是难上加难。而由此导致的综合国力（经济力与战争力）间的差距，便又构成了世界历史的新一轮裁决。

第三，历史发展在本质上就是不同套路叠加的产物，因此，从某种意义上说，太阳底下没有新鲜事。 难道我们能够妄言，人类历史在未来就不会跳出黑格尔所设想的各种套路吗？对此，黑格尔主义者的回答是，的确不会跳出。人类历史发展的核心命题就是要求实现人与人的彼此承认，而无论怎样的历史变迁，都不会跳出这个基调。拿科幻片《阿凡达》来举例，这部电影说的其实是外星人如何被地球人承认为具有独立人格的灵魂载体的问题。在本质上，这一主题与看似表述纯粹历史题材的电影《与狼共舞》并无二致——后者表述的则是印第安人如何被白人承认为具有独立人格的灵魂载体的问题。

当然，在某些叙事框架中，对人格的承认会被强调群体荣光的民族主义基调淹没，但恐怕即使是这种民族主义基调，依然是对人格平等之诉求的隐微表达。这种表达在本质上依然是斯多葛主义的变种，即通过建造一个虚假的心灵城堡来自我安慰："我本人的确不如首次发现青霉素的你，但你知道我祖宗有多厉害吗？"因此，即使是这种自我欺骗式的表达，依然处在追求个体真正自我觉醒的道路上，从而也就早已处在黑格尔所描绘的精神历史地图之内。

很显然，按照上述黑格尔的历史哲学标准，市面上不少宫斗类历史剧都是缺乏历史意识的，因为无论谁在宫斗中占据上位，其本质都只是主人与奴才各自的名字改变了，而主奴关系本身并不会被扬弃，遑论由此渐渐通向人与人彼此承认的自由状态。同理，对古董的沉迷、对诗词的迷恋如果不与对古人自由精神的发掘联系在一起，而只是满足于一种炫耀的斯多葛式心态的话，人们的注意力便无法停留在下面这个更为紧要的事上：稳定的产权制度的建设，以及理性精神在社会各个层面上的沉淀。从这个角度看，一个人是否具有历史意识，与这个人所从属的民族自身的编年史到底有多长，并无本质联系。也正是基于这种准黑格尔式的观察，我才在自己创作的历史小说《坚——三国前传之孙坚匡汉》的第五卷，借汉灵帝与流落洛阳的罗马混血女朱诺之口，对汉朝内卷式的政治斗争表达出了含蓄的批评，假若当时工商业高度发达且相关从业者才能获得一种体面的政治安排，很多人才的生命力就能从"党争"中解放出来，真正推动社会的商业／科技进步。

对黑格尔的人生哲学的总结

老实说,我对黑格尔哲学的态度也曾经历一个"正—反—合"的过程。本科期间,我曾一度迷恋黑格尔,觉得学会他的那种"辩证法黑话",我就具备了俯瞰众生的精神高度;我在研究生阶段开始系统学习英美分析哲学,那时我则觉得这种"黑话"定是哲学论证活动的大敌;然而,随着阅历的进一步增加,我又渐渐觉得黑格尔哲学蕴含了极为丰富的人生智慧,而且,他之所以使用那种让人困惑的复杂表达方式,也的确有些至少可以被部分体谅的苦衷。

下面就用相对通俗的语言对黑格尔的人生哲学进行提炼。

同中见异:不要惧怕矛盾

首先,黑格尔教导我们不要惧怕生活中的矛盾。这一思想要点非常容易被误解,他并不是让我们毫无理由地去相信"死人就是活人""成功就是失败",而是让**我们去关注那些难以为简单的二值化思维所处理的暧昧案例**。譬如,有些恋爱中的女生会思考这样的问题:他是否真正爱我?在某些情况下,她认为他爱或不爱都会获得片面的证据,而这一点就会使她陷入迷茫。从黑格尔主义的角度看,她之所以会陷入这些烦恼,恰恰是因为她事先认定了某些问题是有答案的——然而,世界上有很多事情并不是非黑即白的。

有人或许会引入某些复杂的算法来界定爱的"心动指数",譬如,根据这种算法,我们就能说某人爱某人的程度已经达到了 48%。但这依旧不是黑格尔的意思,黑格尔会反问:这套算法本身的依据究竟是什么?根据当事人的心跳、脉搏,还是瞳孔是否在放大或缩小?如果按照这个标准,我们可以说《金瓶梅》里的西门庆是非常爱李瓶儿的——他不仅在李瓶儿的葬礼上嚎啕大哭,还叫温秀才在挽联上写"荆妇奄逝"四字("荆妇"是古人对正妻的称呼,尽管李瓶儿生前仅仅是西门庆的妾)。倘若我们能用现代的检测设备对此刻西门庆的生理指标进行检测,我们或许会将一个很高的心动指数分配给他对李瓶儿的感情。然而,这样的解读忽略了一项重要因素,即西门庆的历史。

在此之前,西门庆曾非常残酷地对待李瓶儿,将她纳入西门府后长期冷落她。而且，有大量的证据表明，西门庆是因为贪图李瓶儿的资产才纳她为妾的，这就使得二人结合的原始动机变得看似与爱情无关。当然，我们的确无法排除西门庆之后开始慢慢真正爱上李瓶儿的可能性——但这种可能性又因为兰陵笑笑生的下述描写而变得黯然失色：西门庆在李瓶儿尸骨未寒时就开始与别的女性勾勾搭搭了。那西门庆对李瓶儿的感情到底是不是真爱？

对此，黑格尔主义的回答是，西门庆贪图李瓶儿的资产是真的，西门庆在其葬礼上嚎啕大哭也是真的（这很可能是因为他通过对李瓶儿的长期观察，确定了她对自己的依恋是真的），此外，西门庆在李瓶儿死后不久就狂热追求别的女性也是真的。西门庆本就是一条被众多的欲望与情感之经纬编织起来的色彩绚丽的围巾——你不能指着围巾上的一个红点说"这条围巾是红的"，而完全不顾旁边的绿点。因此，黑格尔的建议是，让大家放弃"爱某人"与"不爱某人"这两种非此即彼的选择，用一个更具包容性的概念（如"爱某人但不排斥爱别人"）来统摄红点与绿点的矛盾。

很多人或许会不服气地说：我们完全可以将不同的时空坐标分配给不同时段的西门庆，然后就能得到以下四个命题：

1. 李瓶儿刚入西门府时，西门庆并不爱她。

2. 李瓶儿入西门府后不久，西门庆开始爱上她。

3. 从李瓶儿病危到逝世的那段时间，西门庆对她的爱已经到了巅峰状态。

4. 在李瓶儿葬礼完毕后不久，西门庆就立即移情别恋了。

很显然，这四个命题之间并没有任何逻辑矛盾。但黑格尔却明确拒绝这一方案，因为这种切分"西门庆"这一主语的做法无法与下述日常语言的习惯相容：李瓶儿、武松与太尉高俅（在《金瓶梅》里，他是西门庆的干爹）心目中的西门庆是同一个人。换言之，西门庆作为一个承载着各种偶然性的实体的确是存在的。反之，假若你要为处于任何一个瞬间的西门庆发明一个特别的专名，武松就没有理由为他的兄长武大郎的横死而找西门庆报仇了——因为那个策划杀死武大郎的西门庆与武松试图报仇时所面对的那个西门庆，毕竟是处在不同的时间片段里的。然而，社会关系的确立需要预设个体的同一性，否则就既不会有主奴关系，也不会有相互承认关系，当然也不会有报仇与惩罚。

因此，除了允许同一个主语去承载彼此相反的属性外，我们无法使得人类的伦理生活中的各种建制——家庭、市民社会与国家——变得有意义。但上述同一性的确立,却又会立即带来个体层面上的矛盾。这也就是黑格尔的辩证法所带来的诡异之处:**为了使人类的社会架构获得在主语位置上的稳定性,我们就得容忍矛盾在谓语层面上的不可消除性**。不过,黑格尔式辩证法的这种特征也在暗示我们,世界上没有"马儿既能跑,又能不吃草"的好事——这一点我们后面还要详谈。

异中见同:在现象中看到实在

从上面的总结来看,黑格尔主义者颇有一种"逆风而行"的做派,即在别人避免矛盾时反而去拥抱矛盾。由此,我们也不难预见到,他们会在别人制造分裂时去弥合这些分裂。而这就是黑格尔哲学与康德哲学的巨大分歧。康德主义哲学家都是一些边界划定者,他们制造的著名界限有"可知—不可知""现象—本体""自然—自由"等(当然,康德本人也试图用目的论的架构来适当弥合自然与自由间的界限,但在黑格尔主义者看来,他做得还很不够)。相较之下,黑格尔则是一个界限弥合者,他恰恰给出了这样一些故意与康德对着干的断言:"那些看似不可知者就是可知的""现象就是本体""自由之光恰恰就在自然之中闪耀"。

黑格尔的这些断言确实能提高我们的生活智慧。请试想,一个没有受过黑格尔主义思维启迪的人会怎样看待别人的表象——如陌生人的一颦一笑与待人接物,或某个演员的表演等。于是,我们经常听到这样的表述:"某个演员在诠释角色时非常开朗活泼,但他在真实生活中其实非常内向。"在这种表述中,我们看到了"演员向观众呈现出的样子"与"演员的真实自我"的二分法,而这种二分法显然是康德性质的。20世纪,这种二分法又在弗洛伊德心理学的启发下演化成了一种更为复杂的三分法,即"本我"(某种被压抑的潜意识的自我)、"自我"(具有自我同一性的心理学的自我),以及"超我"(社会教化塑造之下的那个已经被建制化的自我)。不过,万变不离其宗,弗洛伊德式的三分法依然是康德式的,因为这种三分法还是预设了"向众人呈现的自我"与"真实的自我"的区别。

有人说,进行这种区分不正是为了方便我们的大脑处理外部信息吗?非也!将海里的鲸鱼与鱼缸里的金鱼区分开来或许能方便头脑处理外部信息,而将某个演员的银幕形象与生活形象截然二分则不能。这是因为,如果你将某个演员的生活形象打上"真实"的标签,你就会在好奇心的驱动下探究他的生活隐私,或至少将这些关于隐私的谈论带入舆论场,反而造成了庸俗趣味的流行。同样,弗洛伊德主义者对心理学病患的童年创伤的高度兴趣,其实也预设了一个人幼年时所接收的信息更具有本质意义,并由此将孩童在更晚时期接受的社会教化相对边缘化。这种思维方式体现在政治判断中，则是所谓的阴谋论思维，一个深受此类思维方式浸染的人从不相信他从主流新闻媒体中读到的一切，认为这都是表象，进而认为这背后还有一个一般人都看不到的"政治大棋局"。

而在黑格尔主义者看来，上述康德式的思维方式都大同小异，其实都是在现象之外设定了一个很难为一般人的见识所把握的"自在之物"——无论这个自在之物叫"某明星的真实自我""某人隐秘的童年创伤"，还是叫"不可告人的共济会阴谋"。然而，**这种对彻底的真实的狂热追求其实是虚妄的，因为追求者恰恰将那些本该被仔细探查的路边风车，当成了堂吉诃德眼中的魔鬼。**

事情毋宁说是这样的，现象就是实在，或者说，**脱离了现象作为呈现方式的实在，根本就不存在。**演员在银幕上的表演就是他真实自我的展现方式之一——如果他演绎的乞丐一点都不像乞丐，这就说明真实生活中的他毫无类似的经验积累；如果在剧情需要他说外语时，他还要配音演员的襄助，这就说明真实生活中的他毫无外语功底（或者缺乏在很短时间内学会几句外语对白的职业觉悟）。当然，一个演西门庆的演员在真实生活中很可能是遵纪守法的，而一个演警察的演员也很可能在真实生活中违法乱纪，但这都不影响外人通过观察其演技而对其一般职业素养有大体的判断。同样的道理，在心理学层面上，对心理疾病患者的创伤性刺激，也未必要将其追溯到那个难以探知的童年黑箱。譬如，南北战争结束前，美国南方的黑奴几乎在其整整一生（而不仅仅是童年）都会受到这些创伤性刺激。同样，若要探究从伊拉克战场回国的美国士兵的心理创伤，也不需要回溯到他的童年，只要回溯到人们都大致了解的巴格达巷战的环境中去就行了。

至于阴谋论者对主流新闻的怀疑态度，则更是夸张了新闻报道中不真实成分的比例。实际上，任何政府的内部运作（无论该运作有多么的不透明）一旦变成确实的施政举措，就肯定会在新闻媒体上被播放出来。下述情况几乎不可能发生：新闻媒体说的是政府要做某事，而实际上政府采取的秘密措施却是绝对不能做这件事。这之所以不会发生，是因为这种"说一套，做一套"的做法会彻底打乱各级行政部门的思维，最后使得工作无法推行。

退一万步讲，即使你发现了某个政府在很短时间内发布了自相矛盾的行政命令，这也至多说明相关的决策活动在政府高层内部陷入了自我矛盾的状态，而绝不意味着有什么不可告人的阴谋正在被实施。一句话，按照黑格尔主义者的思维，"面子就是里子，里子总会在面子上体现出来"。因此，我们要学会观人之相，观社会之相，观历史之相，因为真即在相中（请回味一下汉语中"真相"一词的深意）。

切忌主观：辩证思维不是让你占尽便宜的话术工具

在上面的讨论中，我们已经看到了黑格尔式辩证思维的强大威力，它教我们不害怕矛盾，并且不拒绝现象中的真理。然而，由于辩证法思维在国内遭遇的种种误解，我在此还是想提醒读者，不要将黑格尔式辩证法视为逃避责任的遁词，更不要将其视为试图占尽便宜的借口。下面便是一个相关案例（在此，我构想了某工程部门的上级与下级间的对话）：

> **上级**：为何这段隧道还没有被打通？
> **下级**：地下岩层的硬度有点超出预期，用来打通隧道的盾构机磨损严重，设备维修需要额外的时间。
> **上级**：能不能用更快的办法解决盾构机磨损的问题？
> **下级**：一些盾构机的零件的生产需要别的生产部门的配合。不过，硬要赶进度的话，可以考虑买国外的现成产品，就是比较贵。
> **上级**：预算不够了，能不能想出一个更省钱

的办法?

下级: 那就用另外一家公司的零件, 不过得多等两个月。

上级: 能不能既不申请新预算, 又不耽误工期?

下级: 不过……但是……嗯……(冒冷汗)

上级: 你就不能用一点辩证思维吗? 难道我们不能将这矛盾的两方面结合起来吗? 能不能发挥辩证精神, 做到既省钱, 又快、又好?

下级: ……(冒更多冷汗)

明眼人一看便知, 在这段对话中, 上级其实向下级推卸了向更上级申请更多预算的责任。同时, 他还想占尽便宜, 既不追加预算购买新零件, 又不承担工期延误的风险。而这样一来, 事情的压力就完全被传递给了无辜的下级。这里, 辩证法已经被误用为官场话术的一部分, 完全起不到揭示事物之真理的作用。

那么, 对于此对话所涉及的问题, 标准的黑格尔式分析应该是什么呢?

黑格尔主义者的回答其实并不复杂, 世界是公平的, 哪里都没有免费的午餐(或者在你自以为吃到免费午餐时, 已经有人为你默默买过单了)。你要将工作做好, 由此付出的代价便是要不断试错, 而试错就会带来金钱与时间的成本。同样的道理, 在国家与历史的层面，你要享受和平，就得有人为和平买单，如全体国民就要缴纳足够的税金来购买特定的国防装备。假若某个国家为了省下国防经费而试图通过委身于某大国来获得保护，那就不要抱怨这个大国肆意干涉自己的外交政策，因为这就是"保护费"的一部分。

从更宏观的层面来说，如果你要达成一个人人保护科技创新的宽松社会氛围，那么在此之前要做的功课就一样都不能少，如发达的市民社会建设、产权制度的完善、专利保护制度的完善、教育体制的完善、市场需求的旺盛、国家政权对科研规律的尊重等。甚至一些看似与科研无关的事项发生的改变，都会影响某国科研后备力量的积累。譬如，假设在某国因为某种特殊原因，某一代的家庭集体破裂，这就会使得整整一代儿童因缺乏完整的家庭生活而耽误后续的社会教育，最终影响该国后续的科学发展。

换言之，任何一个读过黑格尔的《精神现象学》或《法哲学原理》的读者都会有这样的印象：意识要从懵懂的感性状态进化到彻底的自由状态，要经历西天取经一般困难的辩证过程，因此，在黑格尔的字典里，**与辩证法相关的隐喻应当是"荆棘与血泪"而绝非"弯道超车"**。毋宁说，弯道超车的思路本身就是反辩证法的，因为这种思路恰恰将某些人的主观愿望当成了现实，而不是像黑格尔主义者所要求的，尽力使人的主观愿望具有真正的客观实在性。

如何拥抱自由：从排队做起

国内对黑格尔思想的理解还有一个偏颇之处，即几乎在将辩证法的标签贴得到处都是的同时，忽略了黑格尔哲学的核心命题：**人类历史的终极目的是对自由的实现**。前面反复说过，黑格尔所说的自由绝非任意妄为，而是恰恰包含了对理性规则的普遍尊重。不过，又有一些人基于黑格尔自由观的这一特点，将他解释为一个集体主义者或国家主义者。而在我看来，黑格尔的自由观恰恰是要弥合个体与集体间的对立，换言之，他需要的是个体在集体中的自由，或是一种尊重个体自由的集体。因此，为了个体的自由而片面牺牲集体利益，或为了集体利益而片面牺牲个体的自由，都是黑格尔所反对的。

我们可以拿排队这件生活中的小事来打比方。以下区分了四种可能的排队状况：

1. 完全不排队，谁都试图按照自己的喜好而插队。
2. 队伍终于成形了，但这是在警察的严厉监督下才成形的。

3. 大家通过抽签来决定谁排在前面，由此形成了一个队伍。

4. 大家通过简单的先到先得原则自发形成了一个队伍。

按照黑格尔的观点，这四种状况分别构成了向自由进化的四个阶段，其自由度含量亦是按顺序由低到高的。

第一种排队形式看似尊重了每个人的自由，但却是以不承认他人的自由为代价的，因此就会形成《精神现象学》中"生死决斗"环节所呈现的局面：人们完全依靠自己的身体蛮力来决定自己的座次。而这种座次则又形成了对主奴关系的一种预演。换言之，如果每个人都在不过问他人的自由的前提下关心自身的自由，最后只会导致主奴关系的普遍化。

在第二种排队形式中，在利维坦式的监督机制的注视下，秩序终于得到了呈现，这似乎是对上一阶段的改良。或许在这个阶段中，队伍的移动效率，以及个人的自由度也会提高。然而，一旦这个超级监督者离场，队伍会立即解体并恢复到前一个靠拳头决定座次的状态。而这一点就足以说明，在该阶段，对他人自由的尊重还没有进入排队者的灵魂。因此，排队行为根本不是自由意志的产物，而是像巴甫洛夫的狗那样的条件反射。

在第三种排队形式中，如果排队者集体愿意采用这种方式，这就意味着他们都至少在形式上赞同他人与自己具有相等的权利——而这种抽象的普遍承认，正是康德的伦理学与罗尔斯的分配正义理论所达到的阶段。但即使到了这个阶段，黑格尔意义上的充分的自由还是没有被完全实现，因为处在这个阶段中的排队者完全忽视了历史的因素：为何早到这里排队一个小时的人，要和刚到队伍里的人一起参加抽签呢？谁来弥补他早到的一个小时呢？很显然，假若没有这样的弥补措施，那以后就不会有人按时来排队了（因为反正迟到者也能参加抽签），最后，这就会导致任何队伍都不能按时形成，从而影响所有人的自由。

这种情况就促使我们进入了第四种排队形式所代表的阶段，大家都按照先到先得的原则自觉排队，并不需要任何外在的监督力量。请注意个体自由在该阶段中是如何与集体利益咬合的，其维护集体利益的一面在于，相关规则的简单有效性，其实能迅速帮助队伍成形，由此维护了保障集体利益的公共秩序；其维护个体利益的一面在于，该规则为个体的奋进预留了充足空间——如果你想做一只早起的鸟儿，那就尽快去排队吧！因为你若这样做了，阻止你排到第一个的唯有另一个比你更勤奋的人。由此一来，社会运作的有序性才不会对社会发展的活力产生阻碍。

理性可以解释一切吗？

对黑格尔的人生哲学的介绍就此告一段落。读者或许会觉得，黑格尔已经将人生从襁褓到坟墓的方方面面都设想得非常清楚了。但作为理性主义者的黑格尔可能依然漏算了一些重要的因素，比如，个体对外部世界的负面感性体验或许就不能被理性的认识彻底消解。再拿排队的例子来说，假设某人与自己的妻子吵架了，心情很坏，此刻又因为某些不可抗力的因素而必须去排一个队——更麻烦的是，他正好排在这支长达一公里的队伍的末尾。按照理性主义者的分析，他排在这里就是最好的安排（谁叫他晚到呢），但这种冷酷的分析却无法捕捉到一个基本问题：至少在情绪的层面上，他感受到了世界与他的敌对。

当然，在一个运作有序的社会里，一般都不会出现一公里长的队伍（无论是买香肠还是买肥皂），而此类排队现象一旦大量出现，社会的运作肯定也出了问题。黑格尔主义其实是能为此提供诊断意见的，但问题是，即使作为个体的我得到了这份诊断报告，又能做什么呢？譬如，在一个物资匮乏的计划经济社会中排队买面包的普通人，他即使在理性层面上知道，解决问题的办法是引入市场经济，可又有什么用呢？相反，这种知识反而会引发他对自身无力地位的认识，由此引发更深的抑郁情绪。

好吧,黑格尔主义的盲点终于出现了,即**它无法应对那些个体因为复杂的不可抗力的外部因素而产生的负面情绪**。黑格尔主义的旋律太宏大了,以至于无法关注到乐队中某个合唱队队员脚趾上正在发作的痛风。而这也便是在欧洲的社会秩序于 19 世纪后期渐渐崩解的前提下,黑格尔主义迅速被人遗忘的一个重要原因。

第七单元 非理性主义的生活提案

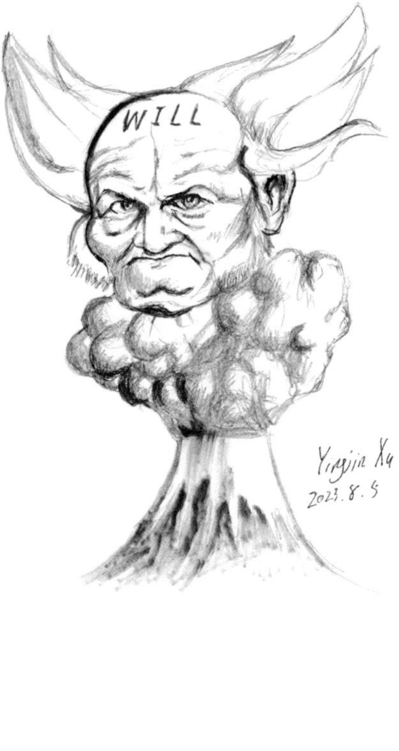
WILL
Yingjin Xu
2023.8.5

非理性主义人生哲学开篇

黑格尔主义是西方理性主义哲学传统的终结。在此之后,一个非理性主义哲学的时代开启了。这也便是本单元要讨论的内容。到底什么是非理性主义?其人生哲学的总体特征又是什么?

非理性主义:为无辜的花草而生

要说清楚何为非理性主义,我们还得先回顾一下其反面——理性主义。在典型的理性主义者黑格尔看来,存在的即是合理的。换言之,无论发生的事情是好是坏,只要发生了,对其为何发生的理性解释总是存在的。因此,一个真正的理性主义者应当能在日常生活中做到处变不惊——因为在理性的阳光中,一切"新鲜事"都可以被预见。

但是,这种高高在上的理性主义态度,却因缺少一种充满同情心的对待世界的精神，而在前进时践踏了那些"无辜的花草"。举个例子，假设你是二战时被德军占领的法国某城镇居民，你每天都在盼望凶残的德国占领军能早点撤走。结果来解放你的盟军固然到了，但盟军在轰炸附近的德军驻地的同时，爆炸也波及了你的房产。在这种情况下，你该如何看待这种解放所附带的伤害？

黑格尔主义者会说：只要你的理性足够充分，你就早该预见到，盟军轰炸驻法德军时，很难避免误伤法国平民（尤其考虑到当时相对落后的轰炸技术）。所以，任何人都需要从世界历史发展的大局看待这件事，而不能太计较这些局部的损失。

但问题是，如果恰好我挚爱的亲人在盟军的误炸中离我而去了呢？如若发生了这种不幸，世界历史的大势又与我何干？对于很多人来说，他的爱人、他的爱犬，甚至他珍爱的一盆君子兰，难道不就是他的世界中最重要的一部分吗？俗话说"一将功成万骨枯"，在世人纪念卫青、霍去病的功绩时，何曾又有人为那些累累白骨哀号过？在这种情况下，对存在的现象进行理性解释，是否真能抚慰那些受伤的灵魂呢？

理性主义者或许会反问：每个朝代都会出现一些不幸的家伙，而仅仅基于这样偶然的不幸，难道要发展出一种系统化的并值得向社会推广的人生哲学吗？

而在非理性主义者看来,"偶然的不幸"这五个字说得实在是太轻巧了。一个人偶然的不幸或许没什么,但若这些偶然性汇聚起来并在同一个时代形成共振,就会产生一种扭转时代精神方向的力量。譬如,杜甫的"三吏""三别"之所以能打动人心,乃是因为作为安史之乱的亲历者的他,通过自己的笔,为整个盛唐的逝去唱响了时代的挽歌。因此,杜甫在此抒发的也不仅仅是一个人的情绪,而是一代人的情绪。同理,**非理性主义思想之所以最后成为一种社会思潮,也是因为在社会中有足够多的人同时感受到了个体在命运大潮中的无力感,以及理性主义解释框架的空洞性。**

有人或许还会反问:对这些情绪的宣泄,难道不正是艺术的强项吗?为何还要哲学家的参与?此外,哲学自身对理性论辩形式的追求与"非理性"这个标签难道不会有冲突吗?从这个角度看,"非理性主义的哲学"难道不是一个类似"方的圆"之类的荒谬概念吗?

何为非理性主义?

当一种哲学的标签是"非理性主义"时,这**并不是说这种哲学没有理性论辩的架构,而是说这种哲学并不以世界或者主体中存在的理性成分为聚焦点,其是以世界或者主体中存在的非理性成分为聚焦点**(在这里，非理性的成分便是那些理性主义的解释无法覆盖的要素）。

很多人或许会认为，对那些理性无法解释的要素的哲学化，会重新使得其再次被错误地"理性化"。其实不然，因为系统化的哲学述说除了有从正面阐述清楚"某物是某物"的功能之外，也能以旁敲侧击的方式告诉读者，用某种方式阐述某物的努力注定是失败的。除了理性论证之外，哲学也能适当通过引入隐喻等文学手段来传达信息。也因为这一点，与理性主义哲学相比，非理性主义哲学的表述方式与文学之界限的确更为模糊。不过，由于非理性主义在与传统哲学斗争时，依然不得不使用传统哲学的大量词汇，这一点又使得非理性主义的文本最终更像是哲学文本，而非文学文本。

另外，这种理性主义与非理性主义的对立，并非近代哲学背景中唯理派与经验派的对立。后者关心的问题是，人类的知识主要来自理性推理还是来自经验归纳？前者关心的问题则是，一个人的安身立命之本是否主要通过理性思辨来确立？而一个在知识论层面上坚持唯理论的人，也完全可以在人生哲学的层面上坚持非理性主义，他会说：知识的主要来源固然是理性，但人的安身立命之本难道就是知识吗？

对"知识"这个关键词的提点其实已经向我们暗示了，哲学对"知识之基础为何"这个话题不那么关心。

那么，还有哪些非知识的事项值得关心呢？我们不妨先来回顾休谟对心智结构的三分法，即知识构造力、情感与意志。在传统的理性主义框架中，得到重视的乃是知识构造力，相对被忽略的便是与情绪和意志有关的话题。而这个缺漏将在非理性主义哲学的时代被补上。

那么，到底什么叫情感与意志？举例来说，假设某个学生要做一个博士毕业论文的研究课题，专门研究黑格尔在耶拿时期的哲学。他的确具备做此项研究的知识储备，但是他最近情绪很"丧"，就是提不起研究的劲头。而且，他也没有下定写出一篇优秀学位论文的决心，也就是说，他缺乏做此事的意志。很显然，在这种状态下，他很难顺利拿到学位。

由此看来，如果将写出一篇优秀论文的过程比作火箭发射的过程，意志就类似火箭的发动机的点火过程，知识就类似火箭自身构造的合理性，而情感则类似火箭发射地的气象条件（特别是风向）。换言之，即使火箭自身的质量没问题，若没人点火，或者风向不利于发射，则火箭依然不可能发射成功。火箭内部的架构是比较容易用理性的语言说清楚的，但要用理性来解释点火的意志与风向则相对困难。而这些相对难以解释的因素，恰恰是非理性主义者所乐意聚焦的。

可为何意志与情感的产生不能通过理性来解释呢？有人无法产生写好论文的强烈意志，难道不正是因为他对相关学术研究的历史意义缺乏认识吗？同时，那种非常"丧"的情绪，难道不能被解释为他对其人生目标的认识还很匮乏吗？换言之，只要他提高对这一问题的认识水平——其本质也是在提高知识水平——他的意志薄弱问题与情绪沮丧问题不也就随之解决了吗？

对此，非理性主义者的回应是，即使我对一项研究的历史意义有所认知，为何这就足以让我产生研究冲动了呢？为何我必须觉得这种历史意义与我相关呢？如果我还是提不起劲头的话，对此唯一的解释便是，"不知怎的，我就是对这件事没兴趣"。正如有人不知为何就对某件事特别有兴趣一样。换言之，在这里，我们无疑已经看到了理性追溯活动的尽头。

在理性追溯活动的尽头真正展现出的，其实是巨大的不确定性。 正因为理性无法解释一些使得人类活动得以展开的根本前提（比如，黑格尔笔下的市民社会为何要追逐利益），所以在这个层面上发生的变化很可能将个人与群体的命运带到理性所无法预估的轨道上。而之所以非理性主义者对这一点的揭示能获得相应的社会反响，则是因为他们对理性解释的无力感的体会，已经得到了充分的社会共情。这种共情之所以产生，与黑格尔逝世之后，欧洲整体精神氛围的嬗变也颇有关联。

非理性主义思潮袭来的时代背景：上帝死了

"上帝死了"是尼采的名言，其真正含义乃是基督教价值观在 19 世纪后半叶的衰微。不过，欲知上帝为何死，就要先知上帝如何生。我们在讨论黑格尔哲学时已经提到，基督教意识形态的作用机制便是给信徒以极大的心理安慰。根据教义，即使你无法在尘世里获得幸福，你的灵魂依然有可能在天堂里获得幸福。此外，作为上帝在人间的代理，教会还通过大量的慈善活动来照顾那些贫困者，通过宗教艺术来抚慰信众，以使其宣教的内容变得可信。同时，从中世纪早期开始，欧洲各国君主的册封也需要来自罗马教皇的背书，这又进一步使得宗教秩序的稳定性与政治秩序的稳定性形成了互为因果的关系。

但在 19 世纪中后期，四个重要历史因素先后出现，它们之间发生的化学反应则大大动摇了基督教的观念统治地位。

第一个历史因素是几百年前就已播下种子的新教运动对个体意识形成的促进作用。依据新教的教义，个体能跳过罗马教皇这个"中间商"，直接与上帝建立精神联系。这样一来，个体就具备了从事更积极的灵性探索的自由。不过，一种颂扬个体成就的新的精神氛围也由此形成。譬如，当尚且在天主教与新教的斗争之间踟蹰的法国作家蒙田开始用散文体（用"我"做主语，并大胆描述私体验）撰写《随笔录》时，他其实已经通过自己的文学活动，向新教精神递交了投名状。而此类在16世纪尚属新潮的写作方式，在19世纪甚至更晚近的时代得以全面流行，也意味着有更多的"我"需要凭借现代印刷术的传播力向"我们"发声。既然"我们"的公共注意力有限，诸多的"我"就必须为争夺这些注意力而彼此竞争，竞争的失败者就不得不面临一种失语的无力感。更糟糕的是，他们已经回不到原本的基督教大家庭这个温暖的港湾中去了（在那个大家庭里，本无"我"与"我们"的分离），因为这些"叛逆的游子"已经离家太远、太久了。

第二个历史因素是资本主义发展带来的个体经济地位的不稳定性。资本主义在本质上就是新教运动的物质化体现，也就是说，正如新教鼓励个体的灵性探索，资本主义也鼓励个体通过自己的努力来获得大量的财富积累。很明显，19世纪是资本主义深入发展的时代，就连当时落后的俄国都通过解放农奴，迈开了发展资本主义的迟缓步伐。但资本主义的冷酷性也在19世纪得到充分的暴露，这些血泪在狄更斯的《雾都孤儿》、雨果的《悲惨世界》与巴尔扎克的《人间喜剧》中都被生动地刻画出来。换言之，无产阶级的普遍贫困化，以及市民阶层对自己随时可能因失业而转入无产阶级的忧虑，导致了一种无家可归的情绪在全社会蔓延。同时，也正是由于资本主义雇佣劳动制度对个人生计的重要意义，以及宗教力量在解决失业问题时所显现出来的无能为力，个体皈依教会的意义也就随之被全面淡化了。

第三个历史因素是新教运动对民族国家形成的促进作用。在新教兴起后，各个民族国家获得了按照自己的主观性理解来翻译、理解教义的权利。显然，这个思想趋势就使得民族国家的力量在此后的几百年逐渐上升，并使得各国的教会演化为了民族国家的装饰品（在作为新教国家的英国，其教会就是英国国家政权的装饰品），而不是悬浮于民族国家之上的超越性组织。由此带来的风险，自然是某种超国家的统一的精神家园的丢失。譬如，当两个民族国家的军队在彼此厮杀时，教会将很难再起到协调冲突的作用。相反，附属于民族国家的特定宗教人员还会成为当事国的战争宣传机器的一部分。

由此，某种在中世纪曾以统一面目出现的基督教世界图景现在已渐渐破裂，个体也由此失去了对自己超越性的宗教身份的认识，从而产生的深层精神困惑则是，**当一个作为基督徒的士兵在战场上杀死另外一个基督徒时，上帝会宽恕他的罪吗？** 如果不能的话，为何随军牧师却说，在这场战争中消灭敌人乃是上帝的旨意呢？当然，这样的困惑并非在历史上第一次出现，当13世纪初的威尼斯教唆十字军去攻击同样信奉上帝的君士坦丁堡时，十字军的将士早就有过类似的困惑了。但借助近代资本主义提供的生产力，基督教世界内部的民族国家之间的杀戮从未像现在这般残酷无情，也因此从未像现在这样拷问人的良心。从这个角度看，谁说《悲惨世界》里酒馆老板德纳第的那种毫无宗教精神的坑蒙拐骗行为，不是他从滑铁卢战役的死人堆中幸存后看破红尘的表现呢？

第四个历史因素则是科学自身的发展。其实，自从伽利略的科学革命发生后，科学与宗教的关系就一直很微妙。一方面，中世纪教会对亚里士多德的希腊式科学知识的依赖，的确遭遇了新科学革命的有力挑战；另一方面，科学界也小心防止自己的探索导致无神论的结果，由此导致与宗教的直接对抗。于是，两种暂且缓解科学—宗教关系的方案出现了：一种是牛顿式的"自然神论"方案，即认为上帝只负责创造自然科学规律，而不管以后发生的事情，这一观点自然就为科学家的自由探索留下了空间；另一种是更激进的、康德式的"知识—信仰"二分法，即认为整个自然科学的研究都与上帝无关，上帝只是道德法则运作的支点而已。

此后的黑格尔用绝对精神改造上帝的方案，则是试图协调上帝与自然科学的关系的最后一次努力。按照黑格尔的方案，绝对精神必然会外化为自然界，并由此成为科学所研究的对象。不过，以绝对精神为底色的自然描述最后还是变成了一碗夹生饭，它虽然努力综合了黑格尔之前西方已经获取的自然科学知识，但是其对自然界自身隐蔽的精神性的强调，却依然使其成了主流实证科学家眼中的荒唐之言。于是，在黑格尔死后，德语世界中的实证科学界对黑格尔主义的反击就此拉开了帷幕。

从人生哲学的角度看，**科学与宗教日益激烈的冲突还进一步加剧了个体的焦虑感**。在科学兴盛之前，个体尚且能在一个简化的世界描述方案中，轻松地找到安身立命之本。他们会被告知，这个灿烂的星空是上帝创造的，而人类在动物界的独特地位也是上帝赋予的，因此，自然界本身就有一种隐蔽的灵性。但科学却告诉人们一个别样的故事：在宇宙演化的过程中，上帝的活动是一个可以被删除的假设；人类的出现也是生物进化的偶然结果，正如恐龙的灭绝也是这样的偶然结果，背后毫无神的计划在起作用。

但这也就等于告诉个体说，假若明天有一颗小行星要撞击地球，那么这既不是上帝的惩罚，也不是上帝的干预能够化解的——这就是一个纯粹的自然事件，尽管它会要了大多数地球人的命。很显然，这种新的描述方案立即将人类个体完全暴露在自然力的威慑之下，而与此同时，没有任何神恩能让人类得到心理上的缓解。这种压力又会与资本主义带来的就业焦虑形成共振，由此加剧个体的无家可归之心态。

考虑到科学自身就是理性思维的集中体现,科学发展对人的无家可归感的加剧效应,对于非理性主义的崛起而言具有重要的引导作用。这是因为,如果就连作为理性思维的结晶的科学都无法解决人生的困惑的话,那么理性主义人生哲学方案的可行性,似乎也会被画上问号了。不过,一些痴迷科学思维的人依然认为一种科学化的人生哲学依然是可能的,这是下一个单元要讨论的话题,这里暂且不谈。

读到这里,有些读者或许会问:"上帝死了"这个历史事件对非理性主义的促发作用,是否对我们这些中国读者也有意义呢?不管怎么说,中国并不是一个以基督教为主要文化背景的国家。对此,我的回答是,中国读者不妨将"上帝"视为一个变项,换言之,**任何能够为当地文化提供终极价值根据的意识形态体系,都能视为当地文化的"上帝"。**

若用这个标准去反思中国的近现代历史,我们会发现中国也几乎在同期经历了一个"上帝死了"的过程。从清末开始,作为终极价值体系的儒家文化的统治地位受到了根本的撼动。陈忠实的长篇小说《白鹿原》便全方位描述了儒家文化在陕北白鹿原的衰败过程。在这个过程中,祖宗的遗训、族长的权威、礼教的束缚都在诸个体追求新生命方向的布朗运动中渐渐瓦解。然而,新的价值体系是否就由此被建立起来了呢？个体在摆脱了封建家长制的压迫后，是否找到了新的精神港湾呢？既然未来的一切都依然处在巨大的不确定性中，此刻的中国人或许像同时代的西方人一样，亦深切感受到了各自文明系统中的传统解释资源对人生指导的无力性。

需要指出的是，19 世纪中后期，这种席卷全球的不确定感，并不是第一次降临在欧亚大陆上。上一次不确定感来临的时刻乃是基督诞生以后的几个世纪，这时，虚无主义的思潮在西方与东方先后流行起来（在西方，相关表现是犬儒主义、斯多葛主义、怀疑主义、伊壁鸠鲁主义等思潮的流行；而在东方的中国，则体现为佛教的东传与初步的中国化、魏晋玄学的流行等）。与之相伴的历史大事件则是西罗马帝国的衰落，以及中国从汉末开始的三百年分裂大乱世。因此，我们有理由将 19 世纪中后期出现的非理性主义思潮，视为古代虚无主义思潮在新历史条件下的卷土重来。不过，与古代虚无主义不同，19 世纪中后期的非理性主义者毕竟经过了康德哲学与黑格尔哲学的思想磨砺，因此，在他们的哲学路向中，我们依然可以看到康德与黑格尔思想的巨大影响。

克尔凯郭尔、叔本华与尼采

本单元要介绍的非理性主义哲学家主要有三位，即丹麦哲学家克尔凯郭尔、德国哲学家叔本华，以及德国哲学家尼采。

克尔凯郭尔是一位深受黑格尔影响的哲学家。他虽然反对黑格尔哲学的理性主义路向，但是他反对的很多策略恰恰就是从黑格尔那里学来的。他与黑格尔最大的分歧在于，他并不像黑格尔那样乐观，认为理性的发展往往能够提供一个合题，以综合正题与反题之间的矛盾。毋宁说，**克尔凯郭尔认为"非此即彼"是人生所必须面对的残酷真相**。不过，作为一个具有神职身份的哲学家，克尔凯郭尔毕竟还没有激进到喊出"上帝死了"的地步，因为他依然相信，对上帝意图的神秘领会能给不堪重负的凡夫俗子以重要的精神安慰。但从另一个角度看，既然克尔凯郭尔的上帝并不像黑格尔的上帝那样处在理性的光谱之内，那么他对上帝的非理性的信仰已经为更激进的非理性主义思想的出现扫清了道路。

于是，我们便看到了叔本华的非理性主义。正如克尔凯郭尔的思想是黑格尔的非理性主义变种，叔本华的思想则是康德的非理性主义变种。他在形式上继承了康德在现象与物自体之间所作的二元区分，却对物自体作出了一种别出心裁的解释——**物自体即宇宙意志**。请注意，我们不能将叔本华的宇宙意志与黑格尔的绝对精神混为一谈，后者具有一种通向自由的目的论指向，因此其运作是理性可以预测的；与之相比，前者则是四处飘荡、毫无目的的。同时，绝对精神可以被人格化为作为超级实体的上帝，而宇宙意志则是偶然性事件的堆积。因此，叔本华的哲学具有一种强烈的反实体主义的气息，而这一点本身就意味着他并不会执着于那些建立在实体的自我同一性之上的社会建构（家庭、市民社会、国家等）。很显然，这最终使其哲学思想的"佛系色彩"非常浓郁——而叔本华本人也从不隐瞒他的思想与东方佛教及印度教传统之间的渊源。

叔本华对意志问题的强调启发了以后的尼采。我们在尼采这里可以看到一种将以前的哲学资源加以重新利用的综合性努力，他将叔本华那种消极的意志主义改造为一种更具积极色彩的意志哲学——这种哲学鼓吹"超人"在"上帝已死"的时代重塑人类价值体系的合法性。而他笔下的超人去重估一切价值的努力，亦吸收了黑格尔哲学的部分因素。

具体而言，黑格尔对主奴关系的讨论在尼采那里被转换为对"主人道德"与"奴隶道德"的讨论；与此同时，他对"奴隶道德"的批评又与黑格尔对康德式形式主义伦理学的批评相呼应。不过，正如克尔凯郭尔对黑格尔哲学的借鉴相当有节制，尼采哲学中隐藏的黑格尔主义成分依然在前者的"永恒轮回"学说中被全面冲淡了。换言之，在尼采看来，**如果一个内心真正坚强的超人能够忍受生命中一次次无差别的重复，始终坚持自己原初的选择，那么他就能成为自己真正的主人。**

相较之下，黑格尔主义者则会从根本上否定特定事件在生命中被毫无差别地重复的可能性，因为在他们看来，孩童与老人对同一句话的理解必然是不同的。此外，对于黑格尔来说，真正的能动主体乃是绝对精神，而不可能是超人。据此，甚至像拿破仑这样的天才，在黑格尔的语脉中依然是作为绝对精神实现其意志的道具而出现的。很显然，这可不是悬置了关于上帝的宏大叙事的尼采所能接受的。

为了神而逃婚的克尔凯郭尔

索伦·克尔凯郭尔（Søren Aabye Kierkegaard，1813—1855）是本书提到的唯一一位丹麦哲学家。他是哥本哈根人，也在柏林学过哲学。不过，与康德、黑格尔等职业哲学家相比，克尔凯郭尔、叔本华和尼采都不是职业的哲学教授。克尔凯郭尔一直没做过大学老师，叔本华短暂地做过大学讲师，而尼采则只做过语言学专业的大学教授，没做过哲学系的教授。好在克尔凯郭尔家境不错，其经济条件完全可以支持他的研究工作。而且，学院外的独立探索也使作为非理性主义者的他能够更为大胆地向主流理性主义思想发出挑战，不用太去照顾同行的脸色。

从"我思故我在"到"我选故我在"

克尔凯郭尔的思想既从黑格尔而来，又以黑格尔为批判目标，因此，二者之间的关系可谓"相爱相杀"。概而言之，两位哲学家都关心与存在（being）相关的哲学问题，但两位对其的解读可不一样：**黑格尔所说的存在（或翻译为"是"）是一个思维范畴，因此是理性主义哲学体系中的一个基础环节；而克尔凯郭尔所说的存在则更多是一种情绪与感受，是逸出理性主义的光谱的**。

但克尔凯郭尔凭什么这样理解存在呢？道理其实也不复杂，假设你在一次酒会上被人冷落了，觉得没有存在感，那么"存在"在此到底首先显现为一个思维范畴，还是一种情绪呢？当然是一种情绪。相比而言，思维中的存在或不存在，更像是对已经存在的一种情绪的事后追认。在克尔凯郭尔看来，存在本身是生活的一部分，而非思想的一部分，因此，纯粹的思维是推不出存在的。譬如，从"我必须要变得快乐一点"这个想法出发，你是无法得到实际存在的愉悦感的；反过来说，你如果的确深陷抑郁之中，你是无法通过理性的反思，轻易消除这种情绪的。

克尔凯郭尔所揭示的这种理性思维的无能，在他对黑格尔式的"正—反—合"架构的批评中得到了更鲜明的体现。在克尔凯郭尔看来，黑格尔的理性乐观情绪使他总是倾向于在发现一个矛盾之后，找到一个更大的综合体系来统摄这个矛盾的双方——但这种综合体系未必总是能被找到。生活的真相是，**在很多情况下，你必须做一些非此即彼的选择，而根本找不到两全其美之道。**譬如，哈姆雷特就无法在保全自己的性命与为父报仇之间找到两全之道，正如在长崎投掷原子弹的美国轰炸机机组无法做到既扔下炸弹，又不伤及恰好在长崎的朝鲜人与中国人。因此，选择带来的战栗与痛苦便会不可避免地伴随作出选择的个体，并给他们以后的生活投下阴影。

请注意，上面的分析并不是说黑格尔式的"正—反—合"辩证过程毫无意义，而是说这样的辩证过程对于个体而言似乎毫无意义。譬如，一个笃信"正—反—合"之合理性的黑格尔主义者或许会说这样的话："中国汉代实行的郡县制与分封制并行的政治制度，乃是对周之分封制与秦之郡县制的综合。"这样的句子若出现在一篇历史学论文中，的确是有意义的。然而，这样的分析对正在大泽乡思考人生选择的陈胜与吴广到底又意味着什么？面临失期当斩风险的他们暂时还想不了那么远，他们更关心的是自己能不能看到明日太阳的升起。他们在当下的选择更多取决于他们的血气之勇，以及某些难以被言说的神秘启示，而非某种带有事后诸葛亮意味的理性筹划。

由此看来，**人之为人的根本特点恰恰不在于人能思考，而在于人能选择。**而且，选择本身也未必基于思考，而是基于情绪、领悟与启示。从这个角度看，笛卡尔的名言"我思故我在"就要被替换为"我选故我在"。然而，选择所依赖的情绪本身也不是一成不变的，这些情绪会经历一个黑格尔式的演化阶段——毫无疑问，在如何构建自己的理论体系方面，克尔凯郭尔又向黑格尔主义妥协了。

审美阶段：追求伊壁鸠鲁式的快乐

第一个阶段是审美阶段，也就是说，每个人都像哲学家伊壁鸠鲁所预言的那样，追求自己的快乐并依据这种追求来作出选择。譬如，如果让处在这个阶段的当事人在"吃葡萄"与"看美国橄榄球比赛"之间作选择，并假设当事人对橄榄球一窍不通的话，他肯定会选择前者，因为后者并不能给他带来明显的快乐。

有人或许会问：这是不是意味着处在这个阶段的人不愿意选择吃苦与拼搏呢？这得取决于你如何定义"吃苦"。试问，做数学题苦不苦呢？对于数学家高斯来说这是享受；相反，你若要让高斯吃苦，就得强迫他一直不能做数学题。

从上面的分析看，克尔凯郭尔视野中的审美与享乐有着比一般人的理解更为宽泛的内容。也就是说，出于纯粹的兴趣而进行的理论研究，也能被视为审美的一部分。甚至还可以说,做理论研究与看电影一样,归根结底都是图个乐罢了。

若从西方哲学的大背景看,克尔凯郭尔的这一观点可以说是石破天惊。我们知道,理性思维能力一向被亚里士多德、柏拉图这样的古希腊哲学家视为人类灵魂中最高贵的部分。而在克尔凯郭尔看来,理性思维能力也只是某种获取快乐的能力罢了,不能代表灵魂里真正高贵的部分——因为理性思维的强大也并不能在人生中的三岔口前帮我们作出那些最为关键的选择。

以电影《模仿游戏》中的一个桥段为例来说明这一点。在电影中,英国科学家图灵痴迷于破解德军的"Enigma"密码,由此也获得了审美意义上的愉悦。但真正的问题是,密码破解了以后,他们又该怎么办?说得更具体一点,如果破译小组得知了德国潜水艇部队即将对某支盟军护航船队下毒手的话,他们究竟该不该立即知会这支护航船队?很显然,如果他们这么做了,虽然护航船队上的船员能够因此幸存,但德军也会因为捕猎失败而得知密码失效,这样,他们就立即会更换密码,并由此使得破译小组的工作必须推倒重来;但如果不这样做,他们就会面临一个严峻的伦理问题:护航船队上的某船员恰好就是破译小组中某成员的兄弟!在这种情况下,作为破译小组组长的图灵究竟该怎么选?

很显然,这种选择是不能在理性思维的帮助下完成的,而这一问题将逼迫选择者离开审美阶段,进入下一个阶段——伦理阶段。

伦理阶段:在苦与更苦之间作选择

审美阶段的关键词是"乐",而伦理阶段的关键词是"苦"。在前一个阶段中,主体虽然也作选择,但主要是在"比较快乐"与"非常快乐"之间作选择(比如,一个科学研究狂在研究数学与研究物理之间作选择),而在后一个阶段中,主体则要学会在"苦"与"更苦"之间作选择。

再拿《模仿游戏》中的桥段来说,不管图灵怎么选,他都会感到痛苦,要么是因为对同僚的兄弟见死不救而良心受到煎熬,要么是因为贻误军情而感到对不起更多的将士。在电影中,他最后选择为了国家的整体利益而放弃对同僚兄弟的支援。换言之,他所能做的,也只是选择了一种痛苦而逃避了另一种,根本就没有兼得鱼与熊掌的圆满结尾,因为这本就不是人生的真相。

上面的案例似乎提供了一种暗示:既然图灵是根据国家的整体利益来作出选择的,那么在伦理阶段,主体选择的根据便是某种外在的伦理规则。也就是说,如果选择主体所在的社会中的大多数成员认为进行某项选择是恰当的,选择主体就会按照这些大多数人的意见去做,而无论心中有多痛苦。很明显，图灵的选择是符合大多数人——至少是他的大领导丘吉尔首相——的期待的。

但这种以"从众"为特点的选择根据，却无法说明电影《血战钢锯岭》中主人公的行为。在电影中，军医道斯出于纯粹的宗教信仰原因而不愿拿起枪支，并因此在部队中一度备受排挤。但在 1945 年的冲绳岛战役中，他坚持在不破坏自己宗教信仰的前提下，积极对负伤官兵进行施救，最后竟然救了 75 人，成为美军中的传奇人物。很显然，道斯的成功带有一定的偶然性，因为军医若在无武装保护的前提下在战场上行动，其风险应当很高。但道斯却选择宁愿承担这种风险，也不愿破坏他对宗教的虔诚。此类行为的根据，显然无法在伦理阶段找到，因为伦理规则本身就意味着对社会习俗（包括军队之军规）的遵从，而当时美军的军规并不支持军医不携带枪支就上战场的行为。由此，我们要进入第三个阶段——宗教阶段——去寻找根据。

宗教阶段：超越伦理，聆听神音

以上的伦理阶段多少有点像黑格尔在《法哲学原理》里所讨论的"伦理社会"。不过，对于如何理解伦理性在各自哲学体系内的地位，黑格尔与克尔凯郭尔的观点有很大差异。具体而言，黑格尔认为，伦理阶段的三个环节——家庭、市民社会与国家——都是上帝的外化方式，因此，按照社会伦理做事，本身就是遵从上帝的一种方式。但这种理论显然难以解释军医道斯的行为，如果国家就是尘世中的上帝的话，作为基督徒的道斯怎么能不听从这个"尘世上帝"的命令而不拿起枪支呢？这个矛盾是黑格尔的哲学无法解决的。

然而，如果我们像克尔凯郭尔那样，认为宗教阶段是一个与伦理阶段完全断裂的阶段的话，上述矛盾便不存在了。克尔凯郭尔本人所提到的一个与《血战钢锯岭》平行的例子，便是圣经里上帝要亚伯拉罕献祭的故事。上帝要求亚伯拉罕杀了自己的儿子献祭以显示虔诚，但这一要求本身明显是反伦理的，父亲怎么可能无缘无故地杀死自己的儿子呢？然而，亚伯拉罕最后还是按照上帝的要求去做了，因为他觉得上帝既然提出了这样的要求，必然有其道理，凡人是不能揣度神意的，只能聆听神音。不过，正如我们都知道的，亚伯拉罕的儿子并没死，因为在亚伯拉罕动手前的一刹那，上帝阻止了他。上帝已经看到他的诚心，而这一点对于上帝来说就够了。这个故事的哲学寓意也很清楚，对神的虔敬不但要超越理论知识，也要超越一般的俗常与伦理，甚至还要具有一种日常语言难以解释的神秘性。

我猜测，苏格拉底若能看到克尔凯郭尔的上述议论，肯定会惊掉下巴，因为在他看到另一个雅典人游叙弗伦拜神时，他更关心的问题是虔敬的定义，而不是如何去体会游叙弗伦此刻的内心感受。而在克尔凯郭尔看来，**追问概念的定义是一种幼稚的理论态度，这与他试图展现的宗教态度完全不同**。毋宁说，在游叙弗伦与苏格拉底之间，克尔凯郭尔可能会更同情前者——彼时游叙弗伦所遭受的内心煎熬虽然可能不及亚伯拉罕，但也肯定到了翻江倒海的地步。到底是去包庇不小心弄死小偷的父亲，还是该大义灭亲去控告他呢？游叙弗伦隐隐觉得解决这一问题的难度已经超过了他的能力，因此向神求签貌似才是上策。但在他求神的路上却拦路杀出个"定义狂人"苏格拉底，这是多么煞风景啊！

至于克尔凯郭尔本人，他在自己的人生中也曾遭遇类似的困惑：到底是遵从伦常，还是聆听神音？

结婚生子就是伦常的一部分，克尔凯郭尔本也是打算结婚生子的，他在 1840 年甚至还与一个叫蕾吉娜的女孩公开订婚了。但仅在 11 个月后，他就决定和她解除婚约了！是他不再爱她了吗？不是。在婚约解除后，克尔凯郭尔与蕾吉娜都很痛苦，而且二人还都长期保持着通信。有意思的是，蕾吉娜之后的正式丈夫竟然也容忍了这一切，甚至开始学习克尔凯郭尔的哲学，以便能与妻子有共同语言。

既然如此，克尔凯郭尔为何还要与她分手？

道理也不复杂，结婚就意味着大量的世俗责任，而承担这些责任是需要时间的。当时的克尔凯郭尔已经决定服侍上帝了，这就意味着他必须在个人时间的安排上有所取舍。如果我们在天主教（而不是克尔凯郭尔所在的新教）的系统中来看这个选择，或许能更理解一些。按照教规，天主教的神父本就不能结婚，但因为这一决定对每个神职人员的影响实在太大了，所以教会一般允许教徒在跨出这关键的一步之前先犹豫一段日子。不过，这一制度安排也并非毫无道理。不能结婚就意味着这些神职人员未来也不会有将财产分给子女的私心，这样，他们才能将身心完全奉献给教会。此外，这种牺牲带来的好处也很明显，也就是从此以后，人能过上一种彻底的灵性生活，而这种生活能带来物质与肉体的欲望所不能带来的幸福感。

或许有人会说：我既不是新教徒，也不是天主教徒，因此我还是不理解这里说的"二选一"为何这么痛苦。老实说，我也不是宗教徒，但我觉得自己至少是有一点宗教情怀的人，所以，偶尔我也会觉得有某种准宗教的情绪告诉我：不能做某事。比如，一次与朋友聊天时，有人谈起一个用特殊设备操控人的神经活动的研究项目，我当时脑子里突然就冒出一句话："这是神所不允许之事。"至于这个神是耶和华还是西王母，我并不知道，甚至也不那么在乎。但我隐隐知道，即使你暂时说不出不这么做的伦理要求，一个更具超越性的声音依然会告诉你：不能这么做。

这就是非宗教徒也要领会克尔凯郭尔在伦理选择与宗教选择之间进行二元区分的意义。既然世俗世界的伦理选择已经在很大程度上被国家意志捆绑了，那么我们就需要一个更高级的选择方式，以便在被国家意识形态渗透的伦理选择机制出错时，还能有一个纠错的机会。譬如，假若一个士兵出于对国家的忠诚而执行军事命令（无论怎样的军事命令，包括屠戮平民），他需不需要听从一种高于国家的声音的召唤，纵然这种声音与军事命令是冲突的？而这个问题也在战后的德国军界引发了辩论，一部分人认为，史陶芬伯格伯爵谋刺希特勒失败是英雄行为；另一部分人认为，他既然已经效忠了军队，就不能刺杀军队的最高首长。

假若克尔凯郭尔活到了二战，他对此又该怎么评价？答案不言而喻，军人所为之效忠的军事伦理的地位并不高于神的声音。据此，当已在战争中失去一只眼睛与一个手臂的史陶芬伯格伯爵，在艰难地装配那个用来炸死希特勒的炸弹时，肯定有种类似神的声音在他耳畔响起：勇敢地去吧，我的孩子，去杀死暴君！去杀死那个已经杀死了几百万犹太人的暴君！

至此，有的读者或许会担心，万一某个人听到的神的声音恰恰是要他屠杀无辜的妇孺呢？欧洲历史上那些恐怖的宗教战争不正是以上帝之名展开的吗？这个担心是有道理的。也正是基于此番考虑，有些西方哲学家主张，有宗教情怀固然是好事，但为何一定要是基督教，而不是更和平的东方宗教（如佛教）呢？如果一种宗教的基本教义就是不能杀人（甚至不能杀动物）的话，那宗教层面上的选择就不会引发人与人之间的残酷争斗了。那么，西方哲学的资源究竟是如何与东方的宗教情怀相融的？且看下回的叔本华是如何玩转这个游戏的。

叔本华：让我来给康德做手术!

叔本华（Arthur Schopenhauer，1788—1860）生于但泽（今波兰格但斯克），但泽长期具有自由市的地位，思想文化交流比较活跃。这样的城市氛围对叔本华的思想发展多少有些积极影响，正如作为普鲁士边境城市的柯尼斯堡，其"兼容并蓄"的文化氛围也滋养了叔本华的精神偶像康德。

科班出身的"民间哲学家"

叔本华是标准的富二代，父亲海因里希·叔本华很有钱，但后来因故投水自杀了。叔本华与他母亲约翰娜关系很差，因为他认为母亲要为父亲的死负责。叔本华小时候在英国和法国都读过书，能够流利使用英语、法语、意大利语、西班牙语，以至于他对自己的母语德语的感情并不那么强烈。他的外语能力甚至也影响了他的哲学文风，当时的主流德语哲学——费希特、谢林、黑格尔的思辨唯心主义——都极为晦涩。受到英语与法语写作思路影响的叔本华对此恨之入骨，因此他本人的德文文风要相对易懂得多。

叔本华不仅在哲学文风上不像典型的德国哲学家，甚至其哲学思想也与典型的德国哲学家不同。典型的德国哲学家都有基督教背景，而叔本华的思想里则有明显的印度教与佛教成分——尽管他的论证方式依然是西方哲学式的。从这个角度看，叔本华的哲学就带有汇通东西思想资源的特征，因此，与其将其说成是德国哲学的一部分，不如将其视为20世纪日本京都学派哲学的先驱（该学派也有利用西方哲学话语重新阐述佛教哲学的雄心）。

不过，当下很多在中文世界流行的叔本华的哲学小册子都带有心灵鸡汤的色彩，这会让一部分读者误认为他是一个"民哲"（即民间哲学家）。其实，他是受过真正的科班训练的。他本在哥廷根大学读医学，后转学哲学，而且拿到的是堂堂柏林大学的博士学位（黑格尔晚年就在柏林大学做校长）。他的博士论文题目叫《论充足理由律的四重根》，也是我人生第一次读完的哲学博士论文。

后来，叔本华又在他博士论文的基础上写成了一本大书，这就是他的代表作《作为意志和表象的世界》。

这本书出版以后竟无人问津，这让叔本华非常失望。更麻烦的是，此时，叔本华的职场生涯也不顺利。因为德国的博士毕业后不能立即拿到正式教师岗位，还得先做一阵子"无薪讲师"，也就是说，这时候大学不给老师发薪水，老师的收入主要来自学生交纳的学费，上座率越高，收入也就越多。叔本华这个人也比较好斗，教务处给他排课时，他故意在黑格尔上课的同一时段在其隔壁开课。但问题是，当时黑格尔已经是威望如日中天的哲学大师了，他还只是一个青年博士，哪个学生会将叔本华当回事呢？所以，他的课上学生稀稀拉拉，他在大学教书的梦想也破灭了。

叔本华气呼呼地离开了柏林，去法兰克福换换心情，在那里继续修订《作为意志和表象的世界》。在不断修订的过程中，这本书还产生了一个副产品，即《附录和补遗》。书商从前一本书中编辑出一些与人生哲学相关的内容，当成心灵鸡汤出售，结果大卖。随后，人们才意识到这些文字都是来自一部叫《作为意志和表象的世界》的哲学巨著（这时，此书已经出到第三版了，也是该书第一个开始大卖的版本）。从此，完整意义上的叔本华哲学的地位才慢慢被世人承认。不过，这时的叔本华已经是一位超过 70 岁的老人了，而《作为意志和表象的世界》第一版出版时，他才 30 岁左右。

1860 年，叔本华因肺炎去世了。他一生没有结婚，脾气暴躁，曾经与一个女邻居产生口角而不小心将其弄伤，在法院判决下不得不每年向她赔付养老金。老太太过世后，叔本华立即开心地在账本上写上一句"老妇死，重负释"，用的还是拉丁文。总之，日常生活中的叔本华对人并不友善，尽管"慈悲为怀"的确是叔本华的伦理学思想带给世人的教导。这一点亦足以说明，不少哲学家的人生与哲学主张之间可是有不小的落差。

好在哲学史不会简单地根据哲学家的私人生活记录来判断其思想价值。下面我们就来考察叔本华的核心哲学思想。先从他与康德思想的关系说起。

用"充足自由律"重组现象世界

叔本华虽然很看不起黑格尔，却很尊重康德。他认为康德哲学的真正传人就是他自己，而夹在康德与他之间的费希特、谢林与黑格尔都是误人子弟的"江湖骗子"。不过，他认为康德哲学自身也有毛病，亦需要修正。

首先，康德在现象与物自体之间划出了楚河汉界，关于前者我们只能有知识，关于后者我们只能有信仰。对此，黑格尔对康德的抱怨是，这条界线是不存在的，且看我用辩证法的把戏将其化解掉！而叔本华对康德的抱怨是，我们姑且可以保留这条界线，但康德关于这条界线两边究竟发生了什么，并没说清楚。

具体而言，关于康德所描述的现象世界，叔本华的意见是，康德给出的时空学说与范畴学说实在太叠床架屋了，缺乏简洁性。**叔本华试图用"充足理由律"这个新概念重整现象世界，以此化繁为简。**关于康德所描述的物自体，叔本华的观点就更有趣了：物自体其实就是宇宙意志，而这一点康德本人根本就没说透。

充足理由律是什么意思？从文献出处上看，这个词本来自莱布尼茨，后也被别的哲学家沿用。虽然一般人在日常生活中不太会用这么玄奥的术语，但与充足理由律相关的思想工具其实人们都在默默使用。譬如，如果有人告诉你："孙悟空给唐僧、猪八戒与沙僧说了一个笑话，大家都笑了，但就猪八戒没笑。"你肯定会马上问："为啥猪八戒不笑？"而当你这么问的时候，你就预设了，一个笑话让两个人笑了却让一个人没笑，这必然是有理由的。换言之，没有充分的理由，这种反常现象就无法被解释。瞧，你已经用上充足理由律了。

甚至当我们面对正常现象时，也要用到充足理由律。譬如，牛顿被苹果砸到了，这本来很正常，牛顿却问：为何苹果不往天上飞呢？在他看来，这件事背后肯定有一个充足的理由。也正是这种想法引导他发现了万有引力定律。

由此看来，这个世界之所以是我们能够理解的世界，便是靠充足理由律支持的。根据此律，**任何一件事**

之所以发生，肯定有充分的理由去说明此事为何发生。 反之，假若苹果无故乱飞，或者上课的时候老师明明没说笑话，台下的同学却乱笑（或毫无缘故地痛哭），那么这个世界就会成为理智无法解释的世界，这样一来，这也就不是人类所能居住的世界，而与地狱无异了。

而康德在说明现象世界的可解释性时，却没用上充足理由律这一概念工具。他喜欢用的概念工具是"范畴"。范畴与充足理由律之间的差异是什么？叔本华为何坚持要用充足理由律来替换范畴呢？

叔本华这么做的核心理由乃是对"相互作用"这个范畴的不满。我们知道，在康德与黑格尔的范畴表里，这个范畴都是作为实体与因果这两个范畴的合题出现的。这三者之间的关系如下：

（甲）实体范畴所代表的现象世界的整理原则，即同一个对象不管其表面现象如何变，都还是它自己。譬如，"你昨天看到的黄河与今天看到的黄河是同一条河"。

（乙）因果范畴所代表的现象世界的整理原则，即凡有因，皆有果，反之亦然。譬如，"因为黄河发大水了，所以某人的田被淹了""某人的田被淹了，或许是因为地下水涌动，或许是因为下了大雨，总之有原因"。

（丙）相互作用范畴所代表的现象世界的整理原则，即事物之间存在着普遍联系。譬如，"黄河的大堤的下降与黄河日益明显的泛滥趋势互为因果""李傕与郭汜的互相仇视互为因果,这加剧了汉末西凉军团内部的分离"。

在康德与黑格尔看来,这三个范畴都必须被纳入其范畴表中,因为自然语言都需要用到这些范畴。但叔本华却只希望保留因果范畴,并用充足理由律这个更大的"套子"去套因果范畴。他为何不愿意保留另外两个范畴?因为在他看来,实体范畴与因果范畴之间有深刻的矛盾,而相互作用范畴又无法消除这种矛盾。这种矛盾具体体现在,实体原则体现了一种基于事物的世界观,而因果原则体现了一种基于事件的世界观。按照前者,世界是由太阳、石头、张三、黄河这样的个别对象构成的,这些对象能够经历各种变化后,维持自身的同一;而按照后者,世界则是由"太阳照着石头""张三坐在石头上""张三在黄河上漂流"等事件构成的,这些事件过去就过去了,不会在时间内维持自我统一。

这两种世界观甚至还各自对应着不同的人生态度。比如,基于事物的世界观会带来"物执"与"我执"。你会对财产和自我存在斤斤计较,因为在你看来,事物与自我的恒久存在是无可置疑的——即使肉体消失了,名声还会长久留存(也正是因为这个道理,古代的儒生非常敏感于后世对其生前行为的评价)。相反,基于事件的世界观则会带来一种放弃"物执"与"我执"的人生态度。既然一切生灭都有原因,又何必对"一鲸落"表示哀叹,或对"万物生"表示欣喜呢?万物本就不可能永恒存在。

显然,我们在日常生活中是交替使用这两种世界观的,甚至在某些时候,我们还会觉得有必要让这两种世界观同时出现。譬如,当我们描述一个系统的运作时,我们既要提到这个系统的内部构件,又要提到其中某部件对他者的影响。那么,对这些构件的命名就要用到基于事物的世界观,而在描述这些构件之间的影响时,我们又不得不牵涉基于事件的世界观。最终,除了发明一个叫"相互作用"的新范畴将前二者综合起来之外,似乎也别无他法。

但叔本华却认为,这种综合是不可能成功的,理由是,实体原则的时间图式乃是"去时间性"的,一个对象始终就是那个对象,无论时间如何改变;而因果原则的时间图式却是"接续"的,前因引导后果,后果接续前因。因为这两种时间图式彼此冲突,所以康德这种通过第三个范畴来将二者综合的方式,肯定是在缘木求鱼。

但问题是,既然实体原则与因果原则有矛盾,那么该留下谁,去掉谁呢?我们看到,叔本华选的是因果范畴,并将其升级为充足理由律,同时删掉了实体范畴。

此外，因为相互作用范畴也带有实体范畴的成分，所以也被他一并删除了。至于他为何要删除实体范畴，道理也不难想见，他本就是一个有佛教情怀的哲学家，因此他自然希望他的哲学体系能够去掉"物执"与"我执"。

不过，新的问题又来了，难道叔本华不承认昨天的叔本华还是今天的叔本华吗？假若他不承认这一点，他又为何要去修订他在多年前写出第一版的《作为意志与表象的世界》呢？这难道不就预设了，他认为当年写此书第一版的自己还是现在的自己吗？

其实，即使没有实体范畴，我们也能说明为何昨日之我还是今日之我。诀窍是将这里的"是"解释为"大约是"，也就是将同一性关系解释为相似性关系。换言之，虽然当年的叔本华和今日的叔本华并不是严格意义上的同一人，但至少也算是彼此相似的。不过，我们的日常语言常有一种"锐化处理机制"，就是将一些半黑半白的模糊地带要么处理成全黑，要么处理成全白。这样一来，彼此相似的两个人也会因此被处理为同一个人。反过来说，**从哲学角度看，同一性关系是不存在的。唯一存在的便是通过充足理由律来解释的因果关系。**

如果每天我都死一次，但明天又能复活

如果你还是对叔本华的上述理论感到费解，请看这样一个思想实验：这个实验直接采自日剧《掟上今日子的备忘录》，主人公掟上小姐是一个另类的女侦探，由于特殊原因，她的记忆只能保存一天，到了明天，今天留下的所有记忆就立即会被清零。因此，她所有的破案工作都必须在一日之内完成。也基于这个缘故，她不可能完成任何一件在一日之内无法完成的任务，如完完整整地谈一次以结婚为目的的恋爱。在这样的情况下，她的人生就不可能是一个连贯的整体，而是由无数根断线构成的一个边界模糊的集合。

为什么不设想我们的人生也是这样呢？有人说，我的记忆又不是只有一天，我明明记得我昨天做了些什么。那现在再引入一个更极端的思想实验：假设你每天都被人谋杀一次，但在被谋杀之前，你的记忆被完整上传到一个克隆人身上，因此，假如昨天你干了什么，你的克隆体也会记得。请问，你现在又如何知道你就是你自己，而不是你的克隆体呢？假若现在的你已不是昨日的你，而是昨日的你的克隆体的话，难道你所具有的自传体记忆不就是由众多断线构成的一个边界模糊的集合吗？

不难想见，如果接受了叔本华的这种去除了"我执"的哲学，我们就能以一种新的眼光来看待自我在世界中的位置。**自我不再是世界的中心（其反方向是笛卡尔所告诉我们的），而是在不断流转的世界之河上漂**

流的一个瓶子罢了。而且，当这个瓶子从波浪中冒出头时，它就会悄悄改变自身的性质，并因此与前一刻出现的那个瓶子建立起质的差异。

如果你接受了这种世界观，你的人生态度就会发生重大的改变。举个例子，假设科幻电影《流浪地球》描述的情形在科学上是成立的，即人类可以通过制造行星发动机来将地球推离太阳系，以避免地球被膨胀的太阳全然吞噬的命运。这时，你也被相关部门征召去建造这个发动机。你本是豪情满怀地去做这件事的，但有一天你读了叔本华的书，突然领悟到，地球也好，自己也罢，其同一性都是一场梦、一种人类为了方便言说而给出的约定。在这样的情况下，保卫地球这个目标还值得追求吗？或许你的热情就会由此熄灭，转而思考如何过好今日的生活，至于明天的事情，就交给明天的"我"去做吧！

会不会觉得这种哲学很悲观？的确，悲观主义就是叔本华哲学的底色。不过，一种主张消解任何宏大目标的哲学，未必就只能有消极的历史意义。例如，二战各法西斯国家的军队中，最"丧"的恐怕就是意大利军队——一看苗头不对就投降。但不为横暴的墨索里尼政权卖命，难道不是一种高妙的生存智慧吗？同样的道理，**如果你突然意识到了你所从事的职业的无意义，这难道不正构成了使你转向更深一层人生体验的契机吗？**

有人会说，叔本华的这种态度是不是有点像皮浪主义——甘愿做激流上的浮萍，而不愿意探究世界之究竟呢？在对"某种贯穿历史的伟大事业是否合理"的怀疑上，叔本华主义与皮浪主义的确惺惺相惜。不过，关于对世界本质的讨论，皮浪主义主张全面将其悬置，而叔本华还是有一大堆话要说。概而言之，叔本华认为，康德所说的物自体其实就是宇宙意志，这也便牵涉到他对康德哲学体系的第二重改造。

叔本华：从唯意志主义到悲观主义

在康德看来，人类的知识是无法涉及物自体的，概而言之，你能看到苹果、闻到苹果、尝到苹果，但在这些感受背后，还有一个你无法认知的神秘的物自体。

既然我们无法认知物自体，康德为何还要设定其存在？理由是，你总得说明到底是什么引发了你的感受吧！虽然你无法感知物自体，但既然你知道感官肯定不是自己激发出自己的，你就得预设在感官范围之外有一个物自体引发了感官现象。不如再思考一下量子力学所提供的科学新素材：根据"测不准原理"，粒子的动量与位置是不能被同时观测到的，换言之，人类的观察活动本身就会使得一部分物理现象不得不将自己隐藏起来。这其实似乎也验证了康德的观点，总有一些终极的物理实在处在人类感官的把握能力之外。因此，物自体的确是存在的。

就保留"物自体"这个概念而言，叔本华的意见与康德一致。不过，他还作出了一项重要补充：物自体是作为宇宙意志而存在的！

叔本华对物自体概念的双重改造

为何叔本华既要保留这个概念，又要改造这个概念？在叔本华看来，这个概念还有两个问题。

问题一：当康德说"物自体刺激我们的感官，使我们的感官产生感觉"时，他已经在使用因果范畴了。但他又说因果范畴只能用于现象界，而不能用于物自体。这不是自相矛盾吗？

问题二：除了为感官提供刺激的终极因之外，康德的物自体概念还有另一重含义，即人类的道德规范的终极来源。但这一重含义又是如何与上述第一重含义相联系的？这听上去很牵强。

面对这两个问题，黑格尔的做法就是将物自体说成上帝，因为上帝本身就能同时扮演"物质实在的终极来源"与"人类的道德规范的终极来源"的双重角色。黑格尔也不担心跨越地将因果范畴使用在现象界与物自体这两处会导致麻烦，因为他本来就试图用辩证法来模糊掉现象与物自体的界限。

叔本华可不能采用黑格尔的解决方案，因为他首先讨厌基于辩证法的思辨游戏；其次，受佛教和印度教思想影响的他也不会引入基督教的上帝概念,因为上帝本身作为超级实体的地位就是一种执着的产物。他修正物自体概念的具体做法是如下四条:

第一,物自体不是上帝,也不是什么人格神,更不是任何超级实体,而是一股没有目的、四处涌动的宇宙意志。

第二,现象与物自体之间的康德式界限依然存在,因为关于宇宙意志,我们是无法得知的,尽管我们可以体会。

第三,物自体与感官的关系不是因果关系,而是一种"内—外"映照的关系。

第四,如果说物自体能够承载伦理规范的话,那么这也是因为一种基于宇宙意志假设的人生哲学,本就带有一种悲观主义的伦理学意蕴。

先来解释为何物自体就是宇宙意志,要解释这一点,还得先来看看身体与意志的关系。

身体与意志的关系是什么?

说到意志,很多人首先会将其视为一种精神力量,但叔本华却首先将其视为一种肉体力量。怎么来理解这一点呢?请回想你在炎炎夏日下渴望喝水的那种感觉吧!这种强烈的想喝水的意志究竟是一种精神倾向,还是一种肉体倾向？此外，你会不会在某个时刻对某个异性充满欲望？这种意志难道不首先体现为一种肉体倾向吗？甚至对于更抽象的事项的欲望来说，身体的运作也扮演了重要的角色——假设一个政治家突然生了重病，那么其衰微的身体状况也会让他的政治雄心大打折扣。

身体运作与意志的关系究竟是什么？有人或许会说：身体为意志所驱动，因此身体运作乃是意志活动的结果，后者是前者的原因。但请想想拿起水杯这个动作吧，难道是你先想拿起水杯，然后你的手再执行这个动作吗？并不是，你的身体动作与你的喝水意志同时发生，换言之，你的意志就直接体现为你的动作。对面部表情的控制也是这样，并不是你想哭了，你才哭（除非某个拙劣的演员在表演哭戏时才会这样做），而是哭这件事自然而然就发生了，只要想到伤心的事情，想哭的念头顺着泪水就一起流下来了。

从上面的分析来看，**我们的身体运作就是意志活动的一种外部显现，二者并不是因果关系（并不是"意志导致了身体运作"），而是"内—外"相互映照的关系。** 请记住这一结论，因为它能够方便叔本华以一种比康德更灵活的方式来处理现象与物自体的关系。也就是说，正因为作为物自体之一部分的意志活动，并不是经由因果关系而对作为现象世界之一部分的身体活动产生影响的，所以旁人就不能指责叔本华僭越地将因果范畴施加到物自体上。

　　细心的读者应当发现，上面这句话已经将意志活动与物自体等量齐观了，但这怎么可能呢？关于物自体，我们本该是没有任何知识的，但对于我们自己的意志活动，难道不能有确定的知识吗？难道我们不知道现在自己正在渴望或讨厌什么吗？

　　对上述问题的回复如下：在叔本华看来，意志可是有不同层次的，我们自己所感受到的那层是经验意志，而在经验意志背后还有某种更神秘的宇宙意志——后者才是真正的物自体。经验意志本身是宇宙意志在现象层面的代理商，而通过这一代理商，我们就能进一步体会到整个宇宙也是一大团意志。这就好比说，我们是不能直接看到微观粒子的内部结构的，但是通过大型粒子对撞机这一代理商，我们就能窥见微观世界的奥秘。

　　但为何说通过经验意志，我们就能体会到宇宙意志的存在呢？面对这一问题，叔本华开始了耐心的说服工作。他首先请大家看看周围人的身体运作，然后问：你觉得他们的身体运作是其经验意志的反映吗？想必大多数人都会点头，因为既然我们自己的身体运作乃是我们的经验意志的反映，那么就没有理由说别人不是这样。

　　那再看看小狗与小猫，它们的身体行为是不是其经验意志的反映呢？想必大多数人也会点头。然后，再请看看花盆里的君子兰，它的茁壮生长，是不是其生存意志的展现呢？说到这一步，估计不少人会犹豫：植物有意志吗？

叔本华的回答倒是很干脆：植物当然有意志，而且一种四处弥漫的宇宙意志甚至还贯穿于无机界之中，如氢原子与氧原子在水分子中的结合，就体现了二者彼此结合的意志。一言以蔽之，**从身体的经验意志出发，我们就能推出整个宇宙都是一大团意志！**

在此，叔本华是不是有点滥用关于意志之隐喻的嫌疑呢？譬如，我们或许能在某种拟人的意义上说"仙人掌有在沙漠的严酷环境中求生的意志"，但这仅仅是一种比方啊！下面我们继续带着更多的理论同情心来理解叔本华的意思。

宇宙意志的两个特征

首先要指出的是，叔本华的宇宙意志论并不是历史上亚里士多德式的目的论的借尸还魂。亚氏的目的论预设世界的运作有一个超级目的，正所谓"世上有老鼠是为了给猫吃，世上有猫是为了吃老鼠，世上同时有鼠与猫则是为了验证造物主的伟大"。然而，根据叔本华的观点，世界的运作本没有任何目的。毋宁说，**宇宙意志的四处流转是毫无目的和规律的**。这是意志的第一个特征。

不过，光这第一个特征就足够我们玩味了。很多人认为，个体所具有的经验意志带有一种明显的目的式意味。我有喝水的意志，就说明我的身体运作是以满足这一目的为指针的。但仔细一想，这又似乎不对。我又为何会感到口渴？我的感受是不是某种更强大的环境力量的体现呢？如果是这样的话，那我的目的指向性就会在一个更大的尺度上被消解，从而成为某些偶然性的宇宙意志涌动的副产品。

这里或许会产生一个困惑：一种高扬意志的学说，怎么又成了一种消弭意志的学说了？这完全可能！因为在叔本华那里，被高扬的是宇宙意志，被消弭的是经验意志，而这两波貌似相反方向的操作其实相得益彰。但这又是为何？难道为了燃起全宇宙的大火，就要将每一棵树苗上的大火扑灭吗？这说得通吗？

说得通！意志可不是大火，它未必需要具体的小树苗作为引燃物——它在任何物质中都能显现。这就牵涉宇宙意志的第二个特征：**连绵不断，彼此无法分割**。可以区分彼此的动植物这类有机体，反而对四处流转的宇宙意志构成了拘束，即使得宇宙意志必须暂时委屈自身，为满足其个别性的目的（特别是生物学目的）而服务。不过，这种拘束就是所谓"个体化原则"被施加到物自体之上后产生的现象。换言之，从物自体的视角来看，你的身体与我的身体的区别本就不存在。因此，只要从宇宙意志的角度出发，并由此去除不同身体的差异，我们对自身经验意志的执着也就随之被去除了。因此，一种唯意志主义的哲学，最后竟然推导出了一种放弃个体意志的结论。

读者或许会问：就算叔本华上述关于双重意志的说辞能自圆其说，但我们为何一定要接受它？叔本华说服人们接受其理论的策略也有两个层面：第一，个体的经验意志的存在是毋庸置疑的；第二，只要我们仔细关心一下生活与科学发展的细节就会发现，个体意志的独立性只是一种肤浅的现象，宇宙的各个要素的确是以一种神秘的方式彼此联系的。相关的证据有（但不限于）三：

第一，在社会生活中，你的经验意志很容易被别人感染，因此，个体的独立性有时仅仅是一种说辞。想一下在狂热的社会气氛中，一个人能在多大程度上豁免于他人的影响？

第二，个体的经验意志很容易受到光照、饮食、内分泌情况等物理事件的影响。

第三，叔本华身后发展出的现代物理学所展现的那些物质的基本存在方式——能量、波、场等——也都具有叔本华赋予宇宙意志的那些特征，如其运作缺乏明确的目的，甚至无法被精密的仪器观测。相较之下，我们熟悉的牛顿力学所描述的，那个由肉眼可见的事物构成的宏观慢速世界，反倒不是物理科学所展现的真实世界的本相，而更接近于叔本华所说的现象世界。

以上就是叔本华的意志形而上学的大旨。从这种理论出发,我们能够得到什么人生哲学启发呢?

悲观主义的结局,乃是人生的宿命

首先可以肯定的是,从叔本华的意志论中,我们只能推出一种悲观主义的人生观。或者说,在叔本华看来,一种深刻的痛苦注定会陪伴人类。他对此类痛苦的产生所作的意志论的解释具体是,一方面,肉身这具臭皮囊只不过是无限的宇宙意志在现象世界借以喷发自身能量的一个火山口;另一方面,人类却又不理解自己的经验意志背后是无限的宇宙意志,因此难免产生妄念,认为自己可以在有限的生命中实现无限的欲望。这样一来,一个人生目标得到满足了,无限的宇宙意志又在个体上喷发出新的经验意志,由此使每一个个体最终陷入了"奋斗—满足—空虚—产生新目标—再满足—再空虚"的无限循环。这样的循环还不够导致人生的痛苦吗?

那有解脱之道吗?有。如果你接受了叔本华的哲学,知道了**你有限的生命只不过是一个无限的宇宙意志借以散发冗余能量的出口,你还会如此认真地看待你的雄心壮志吗?**你反而会用一种更平淡的心情来看待生活中遭遇的各种挑战,由此受到的伤害与痛苦也会变少。

举个例子,在刘慈欣的小说《三体》中,美丽聪慧的物理学家杨冬竟然在大好年华自杀了,理由是她所主导的高能物理实验出现了科学无法解释的怪异现象,让她认为"物理学不存在了"。根据小说的设定,寻找物理学的规律乃是她的安身立命之本,这个根本崩溃了,她的人生也便失去了意义。

但假若她能接受叔本华哲学的话,她可能就不会自杀。道理很简单,宇宙哪里有规律?宇宙意志四处流转,人类物理学家找到的所谓"规律"只是现象界的知识,而不涉及物自体。如果哪天我们发现,即使在现象界,曾被验证过的规律也不成立了,那又如何?大不了就是物自体给人类开的一个玩笑罢了。对于这种玩笑,叔本华主义者的应对方式便是一笑了之。此外,杨冬应当还是一个很有学术企图心的学者,但从叔本华的立场上看,就算达到了这一目的,拿到了诺贝尔奖,你还会产生新的念想,到头来还是会痛苦。将物理学研究的事业看得淡一点,人生的担子不也会轻很多吗?

由此看来,基于上述人生观,我们也能将另外三种人生观从叔本华的哲学框架里排除掉。

第一种就是浮士德式的人生观:用自己的灵魂与魔鬼交换以获得更多的知识。但问题是,即使像杨冬这样的科学家获得了更多的知识,其所发现的问题也会更多,正如圆的面积越大,其周长也越长。因此,求知欲会使人不断求知,同时也会让人陷入对无知更大的恐惧，并由此陷入痛苦之中。

第二种就是基于金钱的人生观：人活着就是为了多赚钱。但问题是，你赚得越多，就越会建立更大的赚钱目标，这样反而会越觉得自己穷，由此也会增加痛苦。

第三种是克尔凯郭尔式的人生观：将自己视为上帝的奴仆，希望谛听上帝的声音。但从叔本华的立场上看，目的论框架内的上帝是不存在的，而宇宙意志本身又不会发出命令来指导个体的行为，因此，空等上帝之音的人生完全是在抓瞎。

但有人或许会说：我就是一个"力比多"旺盛的人，就算了解了叔本华的哲学，我依然壮志不已，对知识、金钱，以及了解人–神沟通渠道的欲望始终难以抑制。因此，我的痛苦是不可避免的，这又该如何是好？

对此，叔本华的意见是，通过艺术来转移你的注意力！

叔本华：艺术减痛大法

在叔本华看来，世界具有两面性，即作为现象的一面与作为宇宙意志的一面。如果只观察现象的一面，我们就能发现个体化原则的作用。也就是说，我们能通过该原则，发现这个苹果与那个苹果的区别，或这个国家与那个国家的区别。但在世界的另一面，我们却只能发现一片混沌的意志，而无法分辨彼此。

不过，人类的存在方式却非常特殊。人类一只脚跨在现象界（这一点毋庸置疑），另一只脚则通过经验意志这一中介而跨在意志界，这种尴尬的身份最终就使人类的痛苦具有了形而上学的深度。换言之，无限的宇宙意志通过肉身喷发出来，让我们不得不在这一意志的驱动下去追求无限；但身体自身又服从于现象界的个体化原则，并因此不得不具有有限性。那么，该如何解除或至少减轻这种痛苦？

很多人都会想到"消除或者减轻欲望"这一办法，

并因此走向禁欲主义。叔本华并不反对禁欲主义（详后），但是他很清楚，肉身作为宇宙意志喷发口的地位很难改变，因此对于大多数意志不坚定的人来说，减轻欲望多少是有难度的。对于这些人，叔本华的建议是，让我们在现象界也放弃个体化原则，换言之，就像"孔融让梨"的故事里小孔融所做的那样，从他哥哥吃梨子的幸福中感受到自己的幸福。

而要做到这一点，似乎需要当事人有极高的道德修养。对于不那么高尚的人来说，也有一个办法让其暂时放弃个体化原则，就是去进行艺术鉴赏活动。

淡化个体化原则，在艺术的海洋中傻乐

淡化个体化原则就是淡化"你的"与"我的"的区别，这样一来，看到你赚钱了，我也会开心。但这一点究竟是如何可能的？在艺术中这就是可能的。

我以前看过一部美国电影叫《战略大作战》，故事虽然有点荒诞，远谈不上高级，不过它已经足以用来淡化个体化原则了。剧情原本展现的是二战时美军打德军的老套路，但说着说着，就往探宝片的方向去了。原来，德军坦克兵与美军坦克兵一起发现了一座大金库，但是美国谢尔曼坦克的火炮威力不足，炸不开金库门，得靠德国虎式坦克才能将库门轰开。美军找德军帮忙，最后库门真就这样被轰开了，美军和德军平分了金子，皆大欢喜。这部电影的大团圆结局让我也很开心，不过奇怪的是，我本人也没分到一两金子啊，我在一边傻乐什么？更何况这个故事明显是虚构的，即使在现实世界中，也没人分到一两金子啊！

可按照叔本华的理论，这种快乐的来源就不难被解释了。原来，**在观众进行艺术鉴赏活动时，个体性原则已经被悬置，观众能暂时忘却个人的利益得失而感受到宇宙意志的涌动，并由此得到一种真正的满足。**我们之所以在日常生活中无法获得真正的满足，就是因为在个体化原则依然起效的前提下，个体化原则的有限性与宇宙意志的无限性的矛盾无法被化解。既然在进行艺术鉴赏活动时，个体化原则已经停止起效了，那么使我们痛苦的根源（也就是矛盾）也就被暂时消除了。之所以说"暂时"，是因为我们不可能始终处在欣赏艺术的状态中——出了电影院，照样还是要面对那些恼人的柴米油盐。

但新的问题是，为什么在欣赏艺术时，我们能够摆脱个体化原则？从表面上看，个体化原则明明也应当被施加到艺术作品之上。比如，小说与电影里面也有人物与故事，要把故事编得合理，编剧也需要服从个体化原则与充足理由律，否则我们就无法辨认出谁是故事的主人公，以及主人公的行为逻辑。这样的话，凭什么说艺术作品能帮助脱离个体化原则?

对于上述疑问,叔本华主义者的回答有以下三点:

第一,在艺术作品里,我们看到的虚构人物其实是某种理念的象征,而理念本身便是超越个体的某种共相。比如,《悲惨世界》的主人公冉·阿让就代表着某种基督教的理念,他忍辱负重、以德报怨。作为其对立面的沙威警长也代表着某种理想式的公务员或警察,即以执行上级的命令为天职。雨果对这些角色个性的刻画都是为这些理念服务的。所以,任何能够看懂这部小说(或基于此改编的电影、舞台剧)的鉴赏者都能理解,在这里,冉·阿让与沙威这些个体并不是我们真正聚焦的对象,我们真正在意的是他们所代表的一般性理念。

第二,对艺术的沉迷使我们暂时忘却了真实世界的个体化原则统治下的种种纷争。比如,当你沉湎于艺术作品里展现的爱情时,你会暂时忘却在现实中遭受的背叛,甚至反而会让你重新树立对爱情的信心。

第三,在某些特定的艺术形式里(特别是音乐),甚至一丁点个体化原则的痕迹也没有了。譬如,瓦格纳的《女武神》未必真是关于女武神的,而柴可夫斯基的《1812年序曲》也未必就一定是关于1812年的俄法战争的——这些标题只是一个由头罢了,旋律真正代表的是某种更抽象的、超越经验个体的东西。

读到这里，读者或许还会问：叔本华又不是柏拉图主义者，他为何能在自己的理论中用"理念"这个概念呢？

实际上，叔本华所说的理念并非柏拉图式的理念，前者指的是宇宙意志的某种流转形式（这种模式很难被谓词化），后者则是某种不变的共相（这些共相直接对应语言中的谓词）。同时，在叔本华这里，理念的存在需要个体的感性体会来确认，如欣赏艺术作品就是一种典型的感性体会形式，而在柏拉图那里，理念的存在却是通过思辨来确认的，因此柏拉图看不起诗人，他更尊重以思辨为能事的哲学家。至于这两种哲学中的不同"理念"之间唯一的联系，便是其都超越了感性世界，因此其存在也都不服从于充足理由律。

可新的问题又来了，作为哲学家的叔本华为何如此看重艺术，反而不那么看重思辨的作用呢？下面就以黑格尔为参照来解释叔本华的这一论点。

哲学是梯子，请你踏着它往上走，而不要背着它

在黑格尔看来，我们把握物自体（绝对精神）的方式有三种，从低到高排列是感性的把握方式是艺术、表征的把握方式是宗教、概念的把握方式是哲学。总之，黑格尔抬高概念，贬低感性。

叔本华可不这么看。在他看来，直观与知觉虽然不是所有知识的唯一来源，却是最为出类拔萃的知识来源（很显然，这里所说的知觉包含艺术鉴赏）。他甚至认为，所谓概念也是依赖知觉的。换言之，一个人要真正了解社会与人生，还是要多看、多听，以及多欣赏艺术作品，而不要迷信书本。

叔本华还特别重视艺术鉴赏活动具有的两面性：一方面，鉴赏活动与理念相关；另一方面，鉴赏活动又能够提高观众对细节（如话剧台词中的某个双关语、音乐旋律中的某个休止符等）的观察力。从表面上看，细节本身总是特殊的，而理念又是抽象的，一个人要同时抓住这两头似乎不太可能。但在叔本华所说的艺术鉴赏活动中，二者兼得却恰恰是可能的。这是因为，他所说的抽象并不是指对细节的忽略，而是指无法被概念把捉。从这个角度看，一段旋律所代表的复杂情绪就是既抽象又充满细节的。而一个仅仅阅读哲学著作的人只能看到空洞的概念的堆积，他又从何处把握生命韵律的细节呢？

但上述观点并不是说我们不需要读书（叔本华本人也博览群书），而是说我们要以正确的方式来看待书本知识。在叔本华看来，对于那些想获得洞见的人来说，在这种情况下，读书人也不要再对这些身后的阶梯念念不忘了，所谓"得鱼忘筌"是也。不过，叔本华也注意到，也的确有一些人读书学习的目的并不是求知，而是将大量的知识填塞到记忆库里，成为一个"人肉硬盘"。对于这些人来说，他们不是把梯子上的每一节阶梯当作攀爬的工具来用，而是将这些阶梯锯下来，背负在身上——这样，他们读书越多，身上的负担反而就越重。结果，书籍非但无法帮助他们靠近真理，反而成为其掣肘。

叔本华的这个比喻很直观地展现了他与黑格尔哲学的差异。黑格尔哲学本质上就是一种"回忆学"，你得将整部西方哲学史烂熟于心，然后再将其融汇到黑格尔哲学体系的大熔炉中去（因此，读黑格尔著作的读者会觉得，黑格尔时常在默默考察读者的哲学史功底）；与之相比，叔本华哲学则是一种"遗忘学"，如果你读完他的书后精神境界上了一个档次，就算事后忘记叔本华是谁都无所谓，因为就连"叔本华"这个个体也只不过是个体化原则的产物。因此，从宇宙意志的角度看，执着于"叔本华"这个名字，本就是妄念。

读到这里，黑格尔哲学的支持者会反驳道，黑格尔固然认为哲学要比艺术高明，但是他本人的艺术哲学思想也很丰富。在这点上，叔本华又提出了什么不同于黑格尔的新论点呢？

为了回答这个问题，我们就来看看二人对不同艺术形式的看法——特别是音乐与诗的关系。

音乐与诗，谁的地位更高？

叔本华最看重的艺术形式是音乐，其地位要高于绘画、雕塑、建筑、诗歌、小说、戏剧等。而在黑格尔看来，地位最高的艺术形式乃是诗歌（尽管他认为音乐的地位仅次于诗）。叔本华与黑格尔的这个分歧看似是一个枝节问题，却足以展现他们的哲学思想的根本差异。

简单来说，诗歌与音乐的根本区别在于，前者诉诸语言，而后者往往独立于语言（尽管有时音乐也与语言相配合，如旋律与歌词的关系）。黑格尔看重概念，自然也就看重与概念更接近的诗歌；而叔本华看重不可说的宇宙意志，自然也就更看重同样不可说的音乐。

下面就给出一个倾向于叔本华的论证，以证明音乐比诗歌更接近物自体，并因此更接近世界的本相。

无论我们所说的物自体是康德版本的、黑格尔版本的（绝对精神）还是叔本华版本的（宇宙意志），它们都有一个特点，即很难被基于牛顿的时空观定位。但如果有种艺术能更好地体现这个特征，这种艺术就能被认为是一种更接近物自体的艺术形式。

按照这个标准，诗歌显然比不上音乐。诗歌中的空间概念必然会直接提到空间方位词，如"床前明月光，疑是地上霜"一句中的"前"与"上"，都已经是康德所说的直观活动形式运作的产物了。

音乐就不同了,拿我个人非常喜欢的俄罗斯作曲家亚历山大·鲍罗丁(他同时还是一位化学家)的《第二交响曲》为例,你听到这个旋律后,感受到了什么?恐怕先是某种沉重,接着仿佛能看到在俄罗斯广袤的草原上,有一群农奴地……但问题是,一定要将其视觉化为俄罗斯广袤的草原上这一场景吗?如果不告诉你关于作曲家的所有背景知识,你把它所描述的对象理解为一颗遥远的类地行星上的苍茫风景,恐怕也没什么问题吧!由此看来,音乐对空间的指涉是非常间接的——它先指涉一种情绪,然后再通过这种情绪来展现出一种模糊的空间感。

不过,音乐与情绪这种密切的关联在黑格尔那里反而会被视为音乐的缺点,因为情绪所带有的偶然性特征恰恰会被作为理性主义哲学家的他所轻视。但在叔本华看来,宇宙意志的流转本就是充满偶然性的,因此情绪的偶然性正好在这个面相上与宇宙意志形成了共鸣。此外,通过这种共鸣,各种宇宙意志上情绪的理念(如悲伤的理念、欢愉的理念)也就得到了展露。

请注意,既然这些情绪的理念并不会为充足理由律所支配,那么在音乐中,悲伤就是悲伤自身,欢愉就是欢愉自身,而不是由某些外部事件(如"名落孙山""金榜题名")所引发的。因此,情绪就能以纯粹的、无利害的面貌示人，并因此摆脱其在日常生活中时常带来的痛感。譬如，日常生活中的悲伤往往会带来对引发悲伤的事件的回忆，而这种回忆又会增加痛感的强度。说得更简单一点，之所以我们看悲剧时能得到精神享受（而看现实生活中真正的悲剧则否），是因为现实生活中的悲伤是为特定的因果关系所左右的，所以你自己知道这些悲伤对你意味着什么。而悲剧里的悲伤则与因果关系无关，所以作为观众的你才能在毫无顾忌的心理条件下发泄自己的情绪，由此反而得到一种另类的解脱。

不过，也有一些人看戏的时候充满同情心，出了戏园子就立即变得冷漠无情。对于这些人，叔本华又会说什么呢？

汉武帝的"杀母保子"与佛家的"四圣谛"

为何一个人出了电影院或者歌剧厅就立刻从艺术世界重新回到了伦理世界？本回就来谈谈叔本华的伦理学说。

前面说过，叔本华的哲学来源于康德，不过他对康德的伦理学的形式主义特征却非常不满。根据康德的说法，一个人的行为是道德的，仅仅是因为该行为在形式上满足某些抽象的道德原则的要求，而与一个人的道德情感和道德意志无关。比如，一个人即使内心毫无波澜地在行孝——即使纯粹是为了在形式上满足社会的期望——按照康德的标准，他依然是一个孝子。

但叔本华却无法接受这种判断。在他看来，**没有意志，道德律令就会成为无源之水**。比如，一个士兵如果仅仅是基于纯粹形式意义上的职业要求而去作战的话，他就会面临一个大问题——对死亡的恐惧。这种恐惧的情绪会轻易颠覆一切形式上的规则的效力——除非有另外一种与之对抗的情绪将其配平，如对敌人的恨或对本民族的爱。而将这些情绪集中在一起的精神力量，就是意志。去爱的意志，或者去恨的意志，甚至连怕受到惩罚的意志——其本质也是一种生存意志——也对维护伦理道德颇有用处。比如，小偷之所以不敢偷东西，往往不是因为他读过康德的书，而仅仅是因为他害怕入狱，并由此失去对自己身体的自由掌控。

从这个角度看，叔本华并不避讳谈论惩罚机制在伦理维系过程中的作用。而此类惩罚机制往往由国家机器展开，因此叔本华也不是一个无政府主义者。甚而言之，他还主张赋予国家的警察机构以一种强大的特权，即预防性逮捕——这惊人地预报了2002年上映的美国电影《少数派报告》中的内容（这部电影说的是在2054年的华盛顿特区，美国司法部内部设置了一个专职的精英团体，专门用以预测犯罪分子的犯罪行动，并在其实施犯罪行为前对其进行逮捕）。

天才就是看到宇宙意志运作趋势之人

虽然预防性逮捕的想法看似令人毛骨悚然，因为这等于允许国家公权力机关几乎以"某人预备犯罪"为由逮捕任何人，由此导致全社会的恐慌，但它在某个向度上的确呼应了叔本华淡化个体化原则的哲学取向。换言之，正因为叔本华认为宇宙意志的流转会在现象界淡化个体间的差异，一些"预测天才"就有了特权来根据对宇宙意志的流转方式的预测，去打击那些预备犯罪的对象。

这个想法看似古怪，但也有一定的合理性。比如，汉武帝刘彻晚年有一个宠妃叫钩弋夫人，曾给他带来很多欢乐，但汉武帝却将毫无过错的她处死了。为什么？因为汉武帝已经立了钩弋夫人所生的儿子刘弗陵为太子，而且汉武帝根据自己的历史经验已经预测到了，他驾崩后难免会出现"子弱母壮"的局面，到时皇权可能会落入外戚之手。为了防止这种局面出现，他只能对毫无过错的钩弋夫人进行"预防性处理"。

类似的案例在20世纪的西方历史中也有。1940年7月3日的清晨，得到首相丘吉尔命令的英国海军上将萨默维尔率领"H舰队"抵达法属北非的米尔斯克比尔港外，要求法国舰队向英军投降。傲气的法国舰队自然不肯，英军失去耐心，最后竟向作为盟友的法军开火了。这就是丘吉尔的"预防性打击"思路，法军虽然当时并未投靠德国，但之后却极有可能这样做。与其等德国得到法国军舰的支持得以壮大，还不如先动手废了盟友的武功。

汉武帝与丘吉尔的这种预防性打击的思路究竟对不对？在当时的历史处境中，这是不是他们的最佳选择呢？这就是见仁见智的问题了。不过，汉武帝死后汉朝政局的好转，以及英国在二战中最终的胜利，似乎在一定程度上为他们的决策进行了事后辩护。然而，这种辩护依然并非决定性的，因为预防性打击或许能通过牺牲少数人的利益而在未来拯救更多人的生命，但这种做法也非常容易成为坏人蓄意迫害无辜者的工具。因此，把握好打击的范围与烈度并不容易。

而要将这个分寸把握好，就需要一个天才，他能够真正地与宇宙意志产生交流，而不是根据臆断来决定他人生死。在电影《少数派报告》里，这种人就被称为"先知"。

从哲学角度看，**"天才"这个词在叔本华那里，指的就是能够透过现象界看到物自体（宇宙意志）的运作趋势的人**。在艺术领域，莫扎特自然是天才，而在政治领域，丘吉尔或许也是这样的天才。崇拜天才的叔本华自然也会崇拜作为政治天才的君主，所以他也不太喜欢民主制。

他甚至还反对男女平等，认为女性服从男性也是符合自然之道的。他在1851年还写了一篇论文叫《论妇女》，其中竟然这么说："女性之所以适合做护士，适合做孩子的老师，仅仅是基于如下事实：妇女自身就是带有孩子气的，是无聊的，是短视的。"

叔本华的"厌女症"或许与他的哲学思想无关，而与他的个人经历有关。他本人的爱情生活一塌糊涂，很多对女性的了解都基于想象。总之，现实生活中的叔本华有时候竭力夸赞女性，有时候尽力贬低女性，观点是不太稳定的。但从他的哲学立场来看，他并没有将天才与特定的性别建立紧密的联系，所以也很难说叔本华哲学的基本立场是反女性的。

另外，从叔本华的伦理学立场上看，既然女性是人，她们的处境也应当成为男性同情的对象。因此，如果一个女性朋友生病了，男性也应当感到怜惜。（至于现实生活中的叔本华是否会同情被自己推下楼梯的女裁缝，则是另外一回事了。这关涉叔本华的私德，而不是他哲学自身的品质。）于是，我们就过渡到了叔本华伦理学的另一个关键词——同情。

同情是一种具有形而上学意义的伟大情绪

叔本华重视同情心这一点，显然更亲近于我们的道德常识，而那个主张对罪犯进行预防性打击的叔本华则显得不近人情。不过，这两个叔本华实际上还是同一个叔本华，因为预防性打击的想法本就是建立在叔本华的天才观之上的，而此天才观本身又与其同情论相互联系。这种联系是，一位天才之所以是天才，是因为他能感受到隐秘的气场里各种各样的意志的涌动；恶的意志他能感受到，他人的痛苦他自然也能感受到。当天才感受到恶的意志时，他就要进行预防性打击；但如果天才感受到他人的痛苦了，他就会同情他人，并尽其所能帮助他人。

从这个角度看，在叔本华的理论体系里，同情不仅仅是一种心理学的情绪，毋宁说，它是从作为物自体的宇宙意志射向个体心灵的一道光。通过同情心，个体的经验意志就有机会融入宇宙意志，所以同情是一种具有形而上学意义的伟大情绪。

这种同情和我们与同情对象的亲疏远近未必有关，如在某些情况下，我们同情一匹马的程度，也许要高于我们同情某个自己不熟悉的老乡的程度。想想尼采与意大利都灵的那匹马之间的缘分吧，尼采因为同情一匹不愿走路而被车夫抽打的马，扑在马身上嚎啕大哭。然后，他就疯了。不过，看重同情的叔本华反对滥情，因为在他看来，宇宙意志的流转方式和其影响个体的方式神秘莫测，所以你不知道你会突然对什么表示同情。如果没事就说自己同情所有人，这是伪善。一句话，能不能产生同情心，得看缘分。

另外，根据叔本华的观点，同情的深浅可以分为以下三个层次：

第一个是现象界的层次，此刻虽然你有一点对他人的同情心，但是你还是能感受到"你就是你，他就是他"，因此你对他人的帮助也非常有限。这是普通良民的层次，也许你我都能达到。

在第二个层次中，你能够进入他人的心灵、感受他人的感受，并在这种感受的激励下，努力帮助他人解除痛苦。这也是善良者的层次，有一小部分人能达到。

而到了第三个层次，你不但愿意帮助他人，还愿意在这个过程中牺牲自己，就像耶稣与释迦牟尼那样。这是圣人或天才的层次，只有极少数人能达到。这也是一个个体化原则被彻底放弃的层次。

贯通东西方宗教的叔本华伦理学

叔本华的伦理学的根基是他的宗教哲学。他对世界各种宗教都抱有好感——但与推崇基督教的黑格尔不同，他对东方的印度教与佛教情有独钟。由于中国读者相对更熟悉佛教，下面就来比较一下佛教的观点与叔本华的观点，从而更深入地理解叔本华的伦理学观念。

佛教有"四圣谛"，即苦谛、集谛、灭谛与道谛。**苦谛**本质上是一种现象描述，即对人生体验总的现象的概括：生活中当然也有快乐，但从总体上看，生老病死都是众生所必须经历的，没有任何东西是真正持久的、长驻的、永恒的。所以，苦大于乐。**集谛**就是对上述现象的初步反思：为什么人生有种种痛苦呢？这是因为有"三毒"，即贪、嗔、痴。**灭谛**就是解决这一问题的办法：你已经认清了产生痛苦的原因是贪、嗔、痴，你就要将其消灭。但要如何落实呢？这就引出了道谛。**道谛**就是要去修八正道，"诸恶莫作，众善奉行"，由此我们就会随顺去向涅槃之道，细化又有三十七道品，即进入涅槃世界的三十七种修行方法。

现在，我们就用叔本华的哲学语言来重构这些佛教中的概念。

何为苦谛？就是指受到个体化原则限制的个体，陷入一个又一个的欲望，但同时又觉得这些欲望属于自己，不属于宇宙，所以才要不断地扩大"小我"所占有和控制的地盘，由此获得安全感。然而，他们却又在暂时的满足后得陇望蜀，产生更大的欲望，并陷入更深的痛苦。

何为集谛？就是对苦的根源的认识，即个体的欲望以一个很不恰当的比例占据了宇宙意志，换言之，我本来只是宇宙意志中的一朵小浪花，却以为自己是一片大洋。

何为灭谛？就是要看透个体化原则的虚妄，由此理解宇宙意志作为物自体的形而上学地位。

何为道谛？就是如下三种被叔本华特别看重的得以实现灭谛的方式：第一，通过审美来忘却俗常；第二，基于同情心而去做慈善；第三，禁欲，将限制个体的欲望变成一种习惯。前两种方式我们已经讨论过，下面看看第三种方式——禁欲。

禁欲主义：色即是空，空即是色

说到禁欲主义，首先要指出的是，这种立场与叔本华的唯意志主义是合拍的。前面说过，叔本华版本的唯意志主义并不是要抬高自己的意志，以让个体肆意妄为。叔本华说的意志其实是宇宙意志，至于你我个体化的经验意志，其实都是宇宙意志的大海中的一簇浪花罢了——浪花若想代表大海，那就是僭越。因此，每朵浪花都要认清自己作为浪花的地位，要自我约束。当然，进行自我约束并不是鼓励自杀——浪花与草芥都有生存的权利。但只要认清了自己在宇宙中的位置，浪花与草芥便都需要克制自己对环境的无穷探索，由此做到自我约束。

从这个角度看，叔本华恐怕不会太喜欢这些年在我国大火的一部动画电影《哪吒之魔童降世》以及其续集《哪吒之魔童闹海》，因为这两部电影所要表达的思想便是"逆天改命"。在叔本华看来，如果"天"就是宇宙意志的话，我们要做的就是体会宇宙意志并顺势而为，甚至在某些情况下要学会逆来顺受。人最终是斗不过天的，正如浪花是斗不过大海的。而要参透这一点，就需要我们先参透个体化原则的虚妄。哪吒也好，托塔天王李靖也罢，这些个体的真实性不重要，重要的是大家都要服从一种更加神秘的宇宙意志的安排。

由此，我们也就能从叔本华哲学的角度重新理解大乘佛教经典《般若波罗蜜多心经》中的名句"色即是空，空即是色"的含义了。这里的"色"不指"女色"，而指现象界在个体化原则的作用下所产生的此现象与彼现象的分别。不过，造成这种分别的深层原因还是宇宙意志的流转（因为对现象的区分是基于身体欲望的，而身体欲望毕竟又源自宇宙意志的流转），而我们只要参透了这一点，并明白了个体化原则是无法被施加给宇宙意志的，我们也就能理解了，宇宙意志本没有这些"色"的层次上的分别，因此，它便是"空"。"空"造就了"有"，也造就了"色"，因此，反过来说，"色即是空"。

叔本华的这种唯意志主义显然是消极版本的。根据黑格尔的"正－反－合"的辩证法架构，一旦有个消极版本的唯意志主义，就一定会有一个积极版本的唯意志主义随之出现。这种积极版本的唯意志主义，便由尼采哲学来提供示例。

尼采其人与悲剧的诞生

弗里德里希·威廉·尼采（Friedrich Wilhelm Nietzsche, 1844—1900）的思想与他的人生经历密切相关。先来简单介绍一下他的一生。

从少年教授到疯子

尼采于 1844 年 10 月 15 日生于靠近莱比锡的小镇洛肯，他的父亲卡尔·路德维希·尼采是路德会的牧师——尽管尼采以后成了一个敌基督者。尼采的家庭中女性成员非常多，父亲早逝与弟弟早夭后，家里就只剩他的母亲，以及日后成为其遗稿编辑人的小妹伊丽莎白。在读中学时，尼采接受了很好的希腊文和拉丁文的训练。中学毕业后，尼采进入了伯恩大学，后来又到莱比锡大学学习（在那里他迷上了叔本华哲学），后来他竟然年仅 24 岁就获得了瑞士巴塞尔大学的古典语言学副教授的职位。

1872 年，尼采的第一部重要的哲学著作《悲剧的诞生》正式出版。此书中，叔本华哲学的思想痕迹是比较清晰的。不过，尼采于 1878 年出版的《人性的，太人性的》一书就已充分显示出他的思想与叔本华哲学的分歧。写作这本书的期间，他的身体也越来越差，这使得他在 1879 年离开了巴塞尔大学，并因疗养而辗转欧洲各地。1889 年，尼采在意大利都灵的阿尔伯托的广场上，因目睹一匹被马夫鞭打的马的痛苦状而发疯。此后，他只好到德国耶拿进行进一步的治疗，后又辗转到了魏玛。1900 年，他死于肺炎。

在他死后，他的一些文字以《权力意志》为名得到了出版，其小妹伊丽莎白在编辑此书时加入了一些反犹主义与种族主义的"私货"，这一度让后人产生了误解，认为尼采是纳粹运动的精神先驱。但实际上，尼采本人非常反对日耳曼文化中心主义。不过，他对"超人"的讴歌也的确容易被后世的法西斯分子利用。总之，尼采与之后法西斯运动的关系是一个复杂的话题，很难用一两句话说清。

尼采思想的两个源头

要把握尼采的思想，自然首先要知道其源头。第一个源头便是叔本华哲学。根据叔本华的观点，现象是涌动的宇宙意志客体化后的结果，而看似精密的科学表述方式无法刻画宇宙的真相，仅仅只能触及其表象。因此，就像现象服从于意志，知识本身也服从于意志。这种将知识视为意志之工具的观点很受尼采的青睐。不过，他试图克服叔本华哲学中的悲观色彩，并将其悲观唯意志主义哲学改造为了一种积极有为的版本，这一点后文还会谈到。

尼采哲学的另一个不太被谈起的来源，便是德国哲学家朗格（Friedrich Albert Lange，1828—1875）的思想。朗格试图用实证生理学的方法来验证康德哲学的准确性。具体而言，他通过对感官如何歪曲外部实在的实证证据，试图用科学佐证康德的下述观点：人类无法用科学认识物自体。这种观点深刻地影响了尼采的科学观。也就是说，与一些人对尼采的成见不同，尼采并不反科学，他只是希望将科学运用到正确的地方。在他看来，科学不是用来认识客观真理的，只是一种用来表征世界的方式。因此，我们学习牛顿力学也不是为了理解世界是如何运作的，而是为了理解牛顿是如何理解世界的运作的。

这种来自康德哲学与叔本华哲学的二元论思想，也深刻影响了尼采对《悲剧的诞生》的创作。这本讨论希腊悲剧之诞生机制的著作的核心要素，便是日神精神（阿波罗精神）与酒神精神（狄奥尼索斯精神）的对立。

所谓日神精神，大约是清醒的状态；而酒神精神，大约是喝醉的状态。我们知道，西方哲学史的主流倾向于讨论人在清醒状态下的推理活动，苏格拉底、柏拉图、亚里士多德、黑格尔、康德，概莫如此，而尼采偏偏要将这个趋势扭转过来。不过，他依然充分肯定了作为清醒状态之代表的日神精神的积极意义。

日神精神 VS 酒神精神："立"与"破"的关系

尼采所说的日神精神，并不直接等同于柏拉图或亚里士多德所说的努斯（理性），尽管二者有交集。柏拉图与亚里士多德关心的，是我们如何通过理性与逻辑来构造知识；而在尼采有关日神精神的叙事中，**他关心的是我们如何通过理性与逻辑来为意志服务**。具体而言，这说的就是古希腊的悲剧作家如何利用理性与逻辑来进行艺术创作，由此展现生命意志。

"逻辑为艺术服务"又是什么意思？这是不是指在悬疑剧里，编剧必须在逻辑上将剧情设计得完美无缺呢？一定程度上是这个意思（有严重推理漏洞的悬疑剧显然是烂剧），但也不仅如此。逻辑推理没有漏洞的探案剧也未必是悬疑剧，因为"悬疑"是一个与人类好奇心有关的概念，而不是一个纯粹逻辑学的概念。从这个角度看，为艺术而服务的逻辑显然还有更多内容。

举例来说，罗贯中笔下的诸葛亮与周瑜互斗的剧情是不是很精彩？其中有些段落是不是还有点悬疑？如果答案是肯定的话，这就说明罗贯中掌握了艺术铺陈的内在逻辑，也就是说，他知道如何抓住读者的心。但从客观推理的角度看，这样的剧情设计其实还是有问题（尽管不算那种明显漏洞）。诸葛亮的哥哥诸葛瑾当时也在东吴当差，因此算是周瑜的同僚。周瑜若没事就挤兑诸葛亮，难道他不顾及作为同事的诸葛瑾的感受了吗（孙权也很宠诸葛瑾）？显然，罗贯中基本回避了这个问题，否则若完全按照正史写小说，他就只能将诸葛亮与周瑜的关系写成一团和气，而这样一来，他也找不到戏剧冲突点了。这一案例也足以证明，科学研究或者史学研究的逻辑与文艺创作的逻辑是不同的。而尼采在这里关心的，显然是文艺创作的逻辑。

那么，悲剧中的日神精神是不是就是通过故意制造冲突来吸引观众？不止于此。制造冲突只是手段，目的是塑造人物，即将人物的性格与世界观凸显出来。从某种意义上说，悲剧对人物的塑造就是一种前数码时代的"元宇宙建模"。诸葛亮的形象、俄狄浦斯王的形象、李尔王的形象也便通过这种建模被树立起来，并由此获得观众的喜爱。我们可以说，日神精神是一种"立"的逻辑。

有"立"就有"破"。因为悲剧的本质便是先做出美好的事物，然后再将其摔碎给你看（从这个角度看，无限表现苦难的作品,以及网络上的各种爽文都不算悲剧,因为都没有展现"立"与"破"的微妙关系)。而"破"就牵涉酒神精神——人喝醉的时候不是往往喜欢摔东西吗?

需要指出的是,尼采笔下的日神精神与酒神精神的二元对立明显受到了叔本华哲学的影响。从形而上学的角度看,日神精神其实已经承载了叔本华所说的个体化原则,你要将人物塑造出来并将人物关系呈现出来,就不得不先对人物与相关事件进行个体化原则的处理。所以,文艺作品的叙述方式,在这个意义上往往会与实证科学的描述有部分重叠。比如,罗贯中描述的赤壁之战固然与历史学家描述的有不少差异,但二者说的毕竟是同一个历史事件。

与之相比,酒神精神体现的却是那种难以名状的涌动的宇宙意志——它缺乏目的、四处流转,其所到之处,个体化原则所划定的楚河汉界无一不被消除。《哈姆雷特》的主人公就是这两种精神对抗的产物,当王子清醒时,他的行为规范被君臣之礼约束;当他进入梦境后,已死的父亲却打破了个体化原则与他完成了意志联结,由此改变了他在白天的行为规范。所谓"生存还是毁灭,这是一个问题",不正是日神与酒神用宝剑决斗时,剑锋发出的碰撞之音吗?而哈姆雷特的自我毁灭,不也成就了某种更抽象的正义的落地吗?这样的悲剧,不正承载了"立"与"破"的辩证关系吗?

平淡安稳 VS 惊涛骇浪:你如何选择?

所谓人生如戏,尼采的理论表面上说的是戏剧,其实也是人生。当然,大多数人不会像哈姆雷特那样面临"生存还是毁灭"的重大选择,但种种两难的选择依然充斥着我们的生活。到底什么样的选择难题会困扰我们普通人?

首先要弄明白这个道理,在日神精神与酒神精神之间的"立-破"辩证关系的作用下,在现象界这一更大尺度上的"立",也蕴含了更大的"破"的可能。这就好比一个资产过亿的企业家的小日子可以过得很滋润,但若他的资产过了千亿,因为财力太大,反而会招引"破"的力量。即使他本人再小心翼翼也没用,树大招风啊!于是,这就给了所有创业者两个选择,你是等财富积累到了一定阶段后就立即进入养老状态呢,还是不断壮大你的企业并追求无限的财富,正如夸父逐日那样?第一个选择显然会让你的人生更安全,而第二个选择会让你的人生更刺激。安全与刺激,你怎么选?

在看透这一"立-破"的辩证轮回后,依然能够维持强大的权力意志(而不是像叔本华那样走向悲观主义)的人,便是尼采笔下的超人。

尼采：上帝已死，超人当立

与尼采的早期作品《悲剧的诞生》相比，其成熟时期的思想要复杂得多。在有限的篇幅里，我想抓住以下五个关键词来讨论：

1. 上帝死了
2. 权力意志
3. 主人道德与奴隶道德
4. 超人
5. 永恒轮回

这五个关键词彼此关联，很难脱离其中一个说清楚另一个。我们还是得从"上帝死了"这一观点开始说起。

上帝死了：意义赋予者的消亡

"上帝死了"是尼采在《查拉图斯特拉如是说》里给出的命题。此书写于19世纪80年代，当时尼采已经因为健康问题辞去了在巴塞尔大学的教职，跑到了休养胜地恩加丁欣赏美丽的风景、呼吸新鲜的空气。在这种环境中，尼采感到心旷神怡、元气恢复，于是就写成这本《查拉图斯特拉如是说》（不过，部分章节是他在法国期间写出来的）。

"查拉图斯特拉"这个拗口的名字，指的是书中出现的一个敌基督者，而此人也算是尼采的化身。他在此书一开始就到处喊"上帝死了，上帝死了"！这是什么意思？这与一个清朝的太监在紫禁城里到处喊"皇上驾崩了"又有什么不同？

区别可太大了。皇帝毕竟与我们一样生活在此岸，但上帝却是处在彼岸的。具体来说，上帝是处在彼岸的超级存在者，其任务便是对身处此岸的我们，进行人生意义的终极指派。举个例子，假设有个坏蛋因为做了很多坏事而被法官判处死刑，临刑前他忐忑不安地问神父："上帝会宽恕我吗？"神父说："上帝爱所有的人，包括你，我的孩子。你虽然杀了25个人，偷了47头牛，烧毁了8座教堂，但上帝依然会宽恕你。"于是，他便安心伏法了。这个例子说明，个体对生死的有限性的畏惧和不安，可以通过对无限的彼岸的寄托而得到克服。而正是这种对彼岸的上帝的信仰，长时间维持了西方社会的和谐。

但这套逻辑要行得通，就必须预设大多数人的脑子都装了一套上帝程序，即一套假设上帝的确存在的思想观念体系。可是，如果大多数人已经卸载了这套程序呢？

实际上，康德已经意识到，关于上帝的终极操作程序是有问题的，因为在他看来，关于上帝的本体论证明本身就站不住脚。但康德却并不认为我们需要立即卸载上帝程序，因为他暂时找不到可替代的操作程序，所以他的建议是，让我们不妨假装这个系统没有问题吧！

黑格尔则给出了另一个方案：上帝程序的确无须卸载，但需要升级，而且要加入一大堆"插件"，如辩证法、绝对精神等。不过，该升级方案是不是自洽的姑且不说，黑格尔的程序写得很繁琐却是事实。一般群众的脑子是跟不上黑格尔的——脑子里的"芯片"太落后了啊！

于是，叔本华横空出世，大骂黑格尔误人弟子。叔本华给出的方案是"不在一棵树上吊死"，换言之，如果上帝程序不太好用，我们就设计一个更有包容性的程序，在里面写入大量来自印度教与佛教的"代码"。不过，在使用界面上，叔本华的新程序依然像基督教那样体现出一种利他主义的道德观，以此维护世道人心。

面对上述种种努力，尼采的做法更极端，我不升级程序，也不设计新程序，我干脆就不写程序了。他认为，你们写的所有程序都预设彼岸世界的存在（甚至叔本华也没有放弃物自体的概念),而我干脆就不承认这一点。我恰恰要证明,没有这个设定,人类也能活得很好。

尼采是怎么做到这一点的?他做的第一步就是宣布"上帝死了"。这一宣布也就意味着关于彼岸世界如何运作的终极操作系统已经到期了,没人再续费对其进行维护。**而这也就进一步意味着,赋予个体的人生终极意义的那个超级存在者不存在了。**于是,当有人再问起下面这些问题时,我们再也不能诉诸某个超级程序来帮助回答了:

1. 人生在世为何活着?(尼采会说,不管是为了什么,肯定不是为了上帝的荣耀)

2. 为何富人压迫我时,我得忍?(尼采会说,不管是因为什么,反正不是因为耶稣这样的教导——别人打你左脸,你就把右脸让过去)

3. 我肚子饿了,为什么不能偷别人的东西吃?(尼采会说,不管是因为什么,反正不是因为"摩西十诫"中的"第八诫"告诫我们不可偷盗)

……

可难道人类就不需要任何价值观来协调人与人之间的关系吗?尼采会说:不要担心,上帝已死,超人当立。

超人：存在于此岸的经验对象

超人显然是上帝退场后的价值真空的替代者。但超人不是一个程序——程序本身就有"按部就班"的含义，这一点也就呼应了基督教中那些相对固定的教义与戒律。而**超人本身就有"打破各种常规"的意思**。当然，超人也会建立新常规，但不会为其所累，一旦觉得新常规不合心意，他就能立即推倒重来。具体来说，超人至少有如下三个面相：

第一，超人并不在彼岸，而是在此岸的经验对象，正如莫扎特也是一个经验对象。

第二，超人虽然与天才类似，但要超越一般的天才。正如凡·高、塞尚能对"如何画画"这一点立下新原则，超人也有能力对所有人的基本伦理规范进行立法。

第三，超人的运作是基于其权力意志的。

权力意志：先肯定我要的，而不是先回避我不能做的

什么是权力意志？尼采对意志的强调显然受到了叔本华的影响，不过在这一点上，尼采要比叔本华积极得多。后者导致了一种消极的人生态度：正因我知道经验意志被满足后还会导致更大的空虚，所以我就要在俗世

中做到一定程度上的禁欲。而禁欲主义本身就是一种回避式的人生哲学，它先肯定了人生的边界，然后再反向测算出个体自由活动的范围。实际上，这种"先否定后肯定"的特征，也出现在斯多葛主义与康德主义的人生哲学中，并由此成为西方哲学的一大传统。

但尼采不吃这一套，他认为这些既有的传统价值体系都是"奴隶道德"，而他的超人所要伸张的乃是"主人道德"。什么是奴隶道德？奴隶道德就是以怨恨为出发点，恨那些比自己美丽的、聪明的、富有的人。持此道德者要求抽象的平等，否定个体有更大的成长空间。而尼采心中的主人道德的实践者，是类似乔布斯那样的人——他根据自己的审美趣味来开创一系列电子产品，并为了推行自己的审美理念而不惜向别的股东"开战"。需要注意的是，乔布斯说并不善于与人协商，更不喜欢妥协。而尼采的超人也不喜欢妥协，因为这种妥协意味着向奴隶道德投降。

读者或许会问：难道超人真的需要与传统道德观彻底了断吗？也不是。尼采的意思是，超人对奴隶道德的否定建立在一个复杂的精神成长过程之上，而在这个过程中，对传统的学习恰恰构成了其中一个环节。

这也就牵涉他的"精神三变说"，即精神首先会变成骆驼，然后变成狮子，最后变成婴儿。第一阶段，精神就像**骆驼**一样背负历史传统前行；第二阶段，精神如同勇猛的**狮子**一样开始撕咬传统；第三阶段，精神则要像**婴儿**一样，以归零的心态开始新的创造。注意，在这个变化过程中，要一下子跳到婴儿的阶段可不行。这就像爱因斯坦提出相对论的过程，他不可能跳过学习牛顿力学的阶段就直接发明相对论，因为一个科学家不知道牛顿力学的好处，就不会真正体会到其局限。同样，婴儿即使最终知道了自己不能继续背负历史传统前行，也肯定要预先知道这样做的坏处，而要做到这一点，他就得先做骆驼。

那么，为何在通往第三阶段的过程中，一定会牵涉权力意志呢？除了基于肯定活动的价值感受之外，"权力"还有别的特征吗？

有！任何权力结构的出现都会牵涉权力的施加者与被施加者的关系，因此，这本身就意味着一种不平等关系的出现。换言之，尼采式超人架构下的人际不平等关系是一种常态，因此，假设你被作为超人的乔布斯管着，你就得忍受他的咆哮，因为他之所以咆哮，或许是由于他发现你没有按照他的审美趣味进行他所期望的那种创造。

不过，这是不是意味着尼采式的超人就是任性者的代名词？也并非如此。让我们再回到乔布斯的案例上，他的确有不小的权欲，但他不是那种真正意义上的暴君（俄国的伊凡雷帝与中国的隋炀帝才是）。这二者的区别是，超人的价值体系是能自圆其说的，而暴君的行为则是"想一出是一出"。后者恰恰证明其脑中根本没有任何固定的规范，他只是一个孩子罢了（请注意没有做过骆驼的"孩子"与做过骆驼与狮子的"婴儿"的区别）。

不过，超人不存在于彼岸，他再厉害也会死。那么，超人本身的有限性又将如何被克服？这就引出了"永恒轮回"的概念。

永恒轮回：同一生命体的重复

永恒轮回的意思是，已死的个体会在时间中无限循环。这是不是佛教中"转世投胎"的另一种说法？也不是。二者的区别有以下三点：

第一，佛教中的转世投胎会改变投胎者的生命形态，你此生是人，下辈子可能就变成了澳大利亚的树袋熊；而尼采所说的永恒轮回则是同一生命形态的重复。

第二，佛教的目标是脱离生死轮回并走向涅槃；尼采则认为我们根本不可能脱离永恒轮回并他甚至主张用积极的眼光来看待永恒轮回。

第三，佛教对一切人间价值一直持疏离的态度；而尼采式的超人则试图在人间建立起一个新的价值体系。

这样说似乎还是太抽象，下面我就从在第95届奥斯卡颁奖礼上拿奖拿到手软的电影《瞬息全宇宙》中取材来说明尼采的上述观点（其英文原标题是"Everything Everywhere All at Once"，直译为"万物与万所的同时在场"）。

在这部电影里，生活在美国的亚裔洗衣店女老板伊芙琳陷入了一系列人生的麻烦：女儿与自己的代沟、丈夫要离她而去，刚从中国香港飞到美国的公公则难以接受孙女的恋人与孙女是同一个性别的——更糟糕的是，税务官也在找她麻烦，并且随时可能剥夺她对这家洗衣店的所有权。

那么，如果一切重来，她会不会过得更好一点呢？在电影中，通过某些特殊装备，她实现了在多重宇宙中的来回穿梭。在另外的宇宙中，她是一个成功的影星，或是一位京剧大师，或者过得比现实更糟糕；而在某个奇异的宇宙中，她甚至还与那个在现实中一直为难自己的女税务官产生了很深的感情。但问题是，伊芙琳逃到了另一个宇宙中，人生就过得更好了吗？未必。在各个宇宙中，被魔鬼附体的女儿都会出现并将其所在的宇宙变得一团糟，因此，伊芙琳也根本无法通过宇宙间的切换来回避这一问题。换言之，无论她身处哪个宇宙，她都要解决代沟的问题，所以她必须让自己先变得强大起来，成为一位"超级女侠"。

站在尼采哲学的角度看，伊芙琳所处的每一个宇宙也便是经历永恒轮回的过程中所遭遇的每一次人生。假设你知道你每一次人生都会遭遇这样或那样的麻烦,甚至所谓的灿烂人生也会让你承受不可承受之重,你还愿意继续跳入这个轮回吗?

说得简单一点,如果你知道下辈子你还是会在考大学、考研与考公务员的道路上一路"内卷"(或是"狂飙"),你还会不会勇敢地去选择过下辈子或下下辈子呢?对于此问,尼采主义者的答案是,**只要你像超人一样勇敢,你就能做到这一点,因为无所畏惧才是生活的强者所应有的本来面目**。那些杀不死你的东西将使得你变得更强大,因此,请你像伊芙琳那样拿起你的精神武器,一步不退!

对非理性主义人生观的小结

非理性主义的人生观强调的是意志的力量。当然，意志问题被哲学家发现这件事，完全可以上溯到更早的时候，如奥古斯丁时代，既然如此，这些非理性主义视角下的意志观有哪些特别之处呢？

在回答这个问题之前，我们得先想明白一个大问题：在何种情况下，我们需要琢磨与意志相关的问题？答案是，决断时刻。换言之，人生的决断需要意志的参与。人生之路如同坐火车，选哪条线路、坐快车还是慢车、在哪里换车，都颇费思量。有时，一个错误的决断就会导致后续一连串的麻烦。当然，传统哲学家也不是不重视决断的问题，但他们更愿意强调，好的决断乃是理性思考的产物，意志起到的作用仅仅是辅助性的。与之相比，在非理性主义哲学家那里，意志在决断中起到的作用则被全面升格了。下面就先来谈谈，意志在传统理性主义的决断模型中，起到的辅助作用到底是什么。

意志在理性主义框架中扮演的双重角色

意志在理性主义的框架中扮演了两个角色。

第一个是消极的角色,即意志需要被理性压制。比如,在电影《廊桥遗梦》里,有夫之妇弗朗切斯科虽已爱上了偶然闯入其生活的摄影记者罗伯特,并产生了与他私奔的念头,但她对丈夫的社会责任感最终还是否定了这一意志。第二,意志也同时扮演一个积极的角色,即成为知识生产的催化酶。比如,康德就号召我们要"敢于去求知",而"敢于"就是一种针对意志的要求。即使如此,意志在理性主义哲学框架中的地位依然是低于知识的。

上述对意志的处理方式会遇到一些困难。概而言之,在理性的主导地位没有被质疑的前提下,有时我们的确不知道该如何作出合理的选择,尤其当以下三种情况发生时:

第一,知识的缺失。也就是说,在作选择时,我没有多少有用的知识来帮助下决心。比如,20世纪70年代末中国恢复高考时,一个考生怎么知道这次高考的难度如何?他又如何知道他的潜在对手到底复习得怎样呢?他能做的只能是下一个决心,这下拼死也要在考场上拿出我的最高水平,看看最后结果如何。

第二,几种不同的价值规范产生了冲突。譬如,当关羽在华容道面对败退的曹军时，两套价值规范就在他心中产生了冲突，到底是按照朋友间的情义原则，放走当年对他有恩的曹操呢？还是按照军令的要求，将其一举擒拿呢？很显然，这种克尔凯郭尔式非此即彼的决断，是不能通过知识积累完成的。

第三，使选择得以可能的终极规范体系自身也退场了。换言之，上帝本身也死了。这就使得任何理性主义的决断都失去了最终的根据，此刻知识再多，又有何用？

正因为理性主义的决断理论没有办法解决上述几种情况带来的问题，意志的重要性才由此被凸显出来。

意志参与决断的三条路径

在理性退场的情况下，意志本身又是如何作决断的？有三种答案。

第一种答案是克尔凯郭尔给出的。不过，与以后的尼采相比，他的态度还是比较保守，因为他还不敢让上帝真正缺席。相反，他希望上帝能够在凡人作艰难的选择时提供一些神秘的启示。然而，这也会带来一个麻烦，即一些"邪教教主"利用这种人类个体对超越性声音的渴望而操控心智，由此达成其不可告人的目的。

第二种答案是叔本华提供的。在他看来，宇宙自身就是一团混沌的意志，而个体的经验意志只是宇宙意志在身体上呈现的某种有限的喷涌形式。经验意志要与宇宙意志齐一，并不能通过模仿宇宙意志之无限性的方式来完成，毋宁说，这种做法恰恰只会让个体陷入得陇望蜀的痛苦境地。真正的解脱方法，是认识到人生的有限性与狂热的人生追求的虚妄，并在此基础上走向禁欲主义。很显然，按照这种人生哲学蓝图，在需要作出人生决断时，叔本华会鼓励我们选择那个野心不那么大，也不需要投入更多生命能量的选项。

第三种答案则是由尼采带来的。尼采在确定上帝已经离场的前提下，彰显了权力意志的重要性，并由此推出"超人"这个概念，从而建立了一套以主人道德为底色的新价值体系。与叔本华相比，尼采的学说可谓一剂猛药，用得好，可以荡涤旧弊；用得不好，则会放出潘多拉魔盒中的各方妖魔鬼怪。所以，尼采学说对世道人心的影响是较为复杂的。下面我就顺着这个思路，简要谈谈尼采与叔本华对我国思想界的影响。

尼采与叔本华对中国思想界的影响

早在民国时期，尼采与叔本华就为中国学者所熟悉。根据我个人的观察，对传统文化有深厚感情的思想家，如王国维、宗白华、梁漱溟、冯友兰等，在叔本华和尼采之间会倾向于赞同叔本华,而对传统文化采取批判态度的思想家,如鲁迅,则会选择尼采。之所以会产生这种情况,原因不难想见,佛教早已被整合进中国思想传统之中,因此,叔本华的"佛系特征"并不会引发中国传统思想家的逆反情绪;而尼采就不一样了——他的哲学更适合那些在五四运动后追求个性解放的新一代中国思想家的脾胃。

下面就以冯友兰的哲学为例来说明叔本华对中国学人的影响,以及以鲁迅为例来说明尼采对中国学人的影响。抗战时,冯友兰先生完成了著名的"贞元六书",由此建立了"新理学"的思想体系。不过,在更早时,冯先生思想中佛教与道家的成分,其实要高于儒家的成分。彼时的冯先生受到罗素的"中立一元论"的影响,认为整个世界是由"事件"(event)构成的。

其实,这个想法就有浓厚的叔本华气息,因为贬低实体原则而高抬充足理由律的叔本华,亦喜欢凸显事件的本体论地位。这种凸显,显然能让相应的哲学体系更顺畅地刻画时间中的变化,而不是去展现那些在变化中不变的超时间的实体。而在这样一种本体论的描述框架中,冯先生又对善恶的问题作出了一种很有趣的描述:欲望本身是中立的,谈不上善恶。我们在日常的道德判断中说"隋炀帝的欲望是恶的",也并不是因其欲望本身就是恶的,而是因为其欲望的伸张阻碍了他人的欲望的实现。这种说法似乎就应和了叔本华的观点：**贪欲之所以成为问题，并不是因为意志对外物的索求本身有错，而是因为这种索求必然会与人类肉身的有限性构成巨大的张力，由此使人生陷入巨大的痛苦。**

不过，关于如何解决因贪欲而起的问题，冯先生的想法又与叔本华不同。叔本华的办法是通过禁欲来压制个体的欲望，而冯先生则试图通过一种积极的社会建构来调节人与人之间的关系。或许在他看来，叔本华的路径实在过于艰难，愿意跟从者恐怕过于稀少。

下面再来看尼采对鲁迅的影响。鲁迅最早是在日本留学期间了解了尼采的思想——在彼时的日语思想界，第一个引入尼采思想的是京都学派的成员之一和辻哲郎。其实，在1907年发表的文章《文化偏至论》里，鲁迅就已经展现了他对尼采思想的熟悉程度，其中他也提到了《查拉图斯特拉如是说》这部著作。

在鲁迅的文学创作中，尼采的思想也有或隐或显的体现。比如，祥林嫂就是尼采所批判的奴隶道德的一种体现，压制自己的欲望，满足别人的欲望，然后将自己的人生过得一团糟。阿Q则向我们展现了奴隶道德的另一种样态，竞争不过强者，就通过贬低强者来自我满足。比如，自己分明是被强者打了，还说"被儿子打了"。很明显，鲁迅是用批判的眼光来刻画这些文学人物的，因此，这种批判就在客观上否定了那种肯定奴隶道德的传统价值体系。从这个角度看，这种批判类似宣告"上帝死了"，只不过在中国的语境中，"上帝"指的是儒家的宗法制度和相关的意识形态。

影响鲁迅的不仅有尼采，还有西方的启蒙主义，而这两种思想彼此也有矛盾。启蒙主义预设每个人的心智潜能水平都是一样的，只是有些人的心智力量还需要被后天开发；而尼采则高度颂扬超人，反对心智上的平等主义。在西方，这两种思潮在不同的历史时间先后出现，而在中国，它们却几乎在同一时间涌入思想界的大脑。因此，彼时中国思想者产生"消化不良"的问题，也便没什么奇怪的了。发现这一矛盾的鲁迅在晚年也日益偏离尼采主义，并转向了马克思主义。

几乎与启蒙主义和尼采主义同时进入中国的，还有另一种思想——"赛先生"（科学），这将是下一单元论证的内容。不过，我们讨论的重点并不在于"赛先生"是如何在中国传播的，而在于它是如何与西方人自己的人生哲学产生互动的。

第八单元 实证主义的人生提案

快乐

Yingjia Xu
2023.8.5

"理科脑"的人生观

上一单元介绍的人生哲学思想的人文色彩很浓,在本单元我们转向一种基于"理科脑"的人生观,即一种基于科学的人生观。

"文科脑"与"理科脑"的对立及相互调侃在生活中极为常见,而这种情况在西方社会也会出现。比如,在黑格尔死后,很多德语世界的科学家便开始组织力量,围剿黑格尔主义思想的"遗毒",因为在他们看来,黑格尔在世时,德语世界的科学成就之所以比不上英、法两国,就是因为他的自然哲学搞乱了说德语的知识分子的脑子,让他们没法好好研究实证科学。而在黑格尔死后,德语世界的实证科学研究成果,果然就开始为世人所关注,甚至今天我们所熟悉的现代心理学研究,也最早开始于德语世界。至于在哲学领域,至少在德语世界,取代黑格尔主义思想之影响的新学术流派,则是新康德主义。

新康德主义：用现代科学捍卫康德哲学

新康德主义的基本特点，便是利用现代科学的最新材料去捍卫、重构与发展康德哲学。曾经影响尼采的朗格，就试图用经验的科学证据去证明康德的先验哲学是对的。这一做法并不是在缘木求鱼，比如，按照常识，万物都有颜色，但颜色真的是一种物理实在吗？科学恰恰告诉我们，色感是我们的神经系统与物理世界中的各种光的波长相互作用后的产物。因此，颜色乃是一种基于神经系统之运作的主观现象，而不是一种纯粹的物理实在。那么，难道特定的光波就是一种物理实在吗？也未必，因为脱离了测量光波的手段，它们也未必存在。这难道不正印证了康德的哲学观点吗——那种超越于感官限度（与一切科学的测量方法）的物自体是不可知的？

朗格是这样，李凯尔特（Heinrich John Rickert, 1863—1936）也是如此（他是另外一位新康德主义者）。李凯尔特区分了两门科学，即精神科学与自然科学。这一说法继承了康德对物自体与现象的区分，而这种试图将成熟的大学学科建制与康德哲学调和在一起的哲学思潮，也很符合当时普鲁士官方的胃口。相关理由有四：第一，一种对科学比较友好的哲学能够促进普鲁士的科技进步；第二，这能让人文学者的"面子"得以维持；

第三，这能显示德国文化优越性（康德说破天了也是德国哲学家）；第四，这有利于进一步消除黑格尔哲学的影响，因为当时黑格尔思想的某些变种（青年黑格尔派，特别是马克思主义）已经引发了普鲁士官方的警惕。

不过，在拥抱科学思维这方面，法国人与英国人走得比德语世界的人更远。在这里，我们切不可因为法兰西民族的浪漫性格而低估了其与科学的亲缘性。实际上，工业革命在法国的成功已经大大增强了各地的"理科脑"的发言权。下面要提到的实证主义思维的祖师爷，就是法国哲学家奥古斯特·孔德（Isidore Marie Auguste François Xavier Comte，1798—1857）。

第一代实证主义：对科学知识确定性的乐观

孔德认为，**"实证"这个词主要传达了事物的六项性质，即真实的、有用的、确定的、正确的、有机的与相对的**。这显然体现了这样一种看待世界的方式：别和我扯那些虚头巴脑的东西，我需要那些可以用科学手段确定的事实，并在这些事实的基础上确立我的人生规划。

注意，孔德的实证主义思想包含了一种对人类未来美好生活的设想，因此，这并不仅仅是一种处在知识论与科学层面上的学说。为了阐明实证主义与人类社会发展的关系，孔德特别提到了社会主流意识形态与社会发展阶段之间的三种匹配关系。

第一种（也是最原始的）匹配关系出现在所谓的**神学阶段**。在该阶段，人类对自然界的伟力胆战心惊，却没有办法解释这些自然现象，只能依赖于信仰和膜拜这一方式。因此，在该阶段，社会上最有权力的人就是大祭司之类掌握神学意识解释权的角色。这种为神学意识形态所统治的社会发展阶段，所处的水平显然是比较低的。

第二种（也是更为进步的）匹配关系出现在所谓**形而上学阶段**。在该阶段，大祭司的地位为哲学家（形而上学家）所取代，社会在柏拉图式的哲学王的统治下运转。这也就是一般人所说的"贤人政治"阶段。中国历史上被贤君统治的时代，大约也算得上是这一阶段，整个社会的运作为儒家哲学的思想体系所制约，即使君主也不例外。只要不出大的乱子，也能国泰民安。

然而，即使在所谓"康乾盛世"，彼时中国人的营养条件与平均寿命也远不如今日的中国人。这当然不是因为康熙、乾隆是昏君，而是因为形而上学的意识形态往往会驱使人们空谈道德义理，无法通过发展工商业来真正促进社会生产力的发展。这就使得下一个阶段的出现变得非常必要。此即**实证主义阶段**。在这一阶段，科学成了主流意识形态，社会的控制权也落入了各行各业的技术专家手里。所谓"技术专家治国论"便是如此。

很明显，在社会发展进入工商业阶段后，其社会关系远比农耕社会来得复杂，若没有精妙的社会科学与自然科学知识来辅佐执政，这样复杂的社会管理任务难以完成。

由此也不难看出，孔德并不太喜欢大众民主制度，因为即使在科技发达的现代社会，能够真正拥有科学的头脑的也是少数人。科学实证需要耐心，而大众往往被情绪左右。可即使在现代民主制度下，孔德的"技术专家治国论"也能以"打折"的方式被兑现，如民选的领导人也能通过一个由专家构成的参谋团来进行决策。

孔德的实证主义思想显然包含了一种对科学知识之确定性的乐观主义情绪。但未必所有的实证主义者都这么看，如下面要提到的马赫。

第二代实证主义：不能抛开视角谈事务

上面说的孔德属于第一代实证主义。第二代实证主义的代表则是奥地利-捷克的实验物理学家兼哲学家马赫（Ernst Mach，1838—1916）（当时的奥地利属于奥匈帝国，虽然奥地利也属于广义上的德语世界，但与德国人相比，奥地利人的精神气质更接近实证主义）。马赫的主要哲学思想是，你所看到的经验世界乃是你站在你的观察角度上看到的经验世界，因此，**脱离了观察视**

角去讨论绝对的客观事物,便是完全逃逸出实证主义者光谱的行为。 他的这一思想深刻影响了提出"狭义相对论"与"广义相对论"的爱因斯坦。从马赫开始,实证主义运动的重心便转移到了奥地利。这也就引出了实证主义的第三代——维也纳学派。

维也纳学派:逻辑实证主义

维也纳学派,一个以维也纳为核心的实证主义团体,其哲学表达方式与逻辑技术的新发展密切相关,因此,其学说也往往被称为"逻辑实证主义"。其核心论点有四:

第一,现象主义,即脱离了感官与各种技术测量手段,根本谈不上有什么客观真理,这显然是继承自马赫的观点。第二,演绎主义,即哲学体系也好,科学体系也罢,都需要用现代数理逻辑提供的技术新工具来重新梳理其各自的关系,由此使得一个衍生性命题可以从那些基础性命题中完美地演绎出来。第三,归纳主义,即在得出普遍性的结论之前,要多搜集个案进行研究,"韩信点兵、多多益善",然后在大量个案的基础上进行归纳,由此得到的结论才相对靠谱。第四,科学价值中立说,即科学不管善恶,只管证实与证伪,换言之,其就道德问题无法提供客观性的理论。

实证主义的人生观：要比想得来得丰富

从表面上看，几乎所有的实证主义者都尊重科学，并试图在科学的指导下过好人生，但在这一思想指导下的人生态度却各有不同。

一方面是英国的功利主义思想（孔德的实证主义与之密切相关），其核心观点是主张社会的功利与幸福是可以被计算的。所谓"快乐无罪，但要识数"便是如此。需要注意的是，这种思想构成了今日在西方盛行的"白左"思想的某个重要历史源头。因为这种人生观相对进取（此论的支持者毕竟得按照其计算结果来使人的快乐最大化），所以持此论者也属于实证主义者的行动派。

另一方面，更多的实证主义者的人生态度要相对消极。维也纳学派就认为科学无法为道德事务提供指导，这也使他们自己的道德立场往往与大众的道德观念更贴近。这种观点也与历史上休谟对经验与习俗的看重有关，即习惯便是人生的伟大指导，或用中国的俗语来说就是"不听老人言，吃亏在眼前"。此论在后期维特根斯坦的"遵从规则"思想中，又得到了一种更具语言哲学色彩的表达。

下面让我们还是具体先从孔德说起。

孔德：找一个科学精英做你的人生规划师

现代社会学的祖师爷

1814 年至 1816 年，青年孔德在法国综合工科学校求学，将理工科的学术基础打得很扎实。从 1817 年开始，他就成为著名空想社会主义者圣西门（Claude Henri de Rouvroy, Comte de Saint-Simon，1760—1825）的秘书。孔德的思想之所以带有社会主义的色彩，也与这一段经历有关。

1830 年，孔德出版了其重磅哲学著作《实证哲学教程》第一卷，而这部巨著最后共有六卷之多。在这部著作里，他建立了现代意义上的社会学。可惜，在孔德生活的时代，社会学还不是西方大学体制里的一个稳固的"生态位"，他自己也只能在法国的综合理工学院担任一个临时教师谋生，而到了 1851 年，他连这个岗位都丢了。此后，他只能时不时靠朋友接济生活。1857

年9月，孔德在巴黎逝世。

孔德的思想背景：轰隆隆的厂房建起来了！

孔德生活在拿破仑战争之后的法国，这大约也是小说《红与黑》中野心勃勃的于连生活的时代。那时，基于天主教的秩序观念已经被革命与战争弄得七零八落，这就为新的社会组织观念的确立提供了思想真空。而这种新的社会秩序，便是基于工业革命的新社会等级制度。

这种基于工业生产组织方式的新社会等级制度，与以前的封建等级制度的具体差异有四点：

第一，**一个人在新等级制度中的地位是可变的**。一个工人可以从一个工种换到另一个工种，也可能变成工头，并在极幸运的情况下变成老板；而在传统的封建体系里，农奴要变成贵族老爷，只有在梦里。

第二，**新社会等级制度的分工全面细化**。这是因为现代的工业品非常复杂，不分工就无法在短时间内让大量的蒸汽机、枪支、火车头进入市场。很显然，产品的复杂化就会倒逼生产组织架构的升级，从而使得管理者不得不成为具有现代管理经验的专家。而基于自然经济思维的贵族老爷，除非经历一次浴火重生式的思想升级，否则根本无法适应这个高度细分的现代生产制度。

第三，**现代的工业组织的内部语言是去神秘化的**。否则，一个充满双关或反讽色彩的生产命令如何在不同的生产部门之间传递且不失真？这样的生产方式也使得玄妙晦涩、充满形而上学色彩的语言不得不被清楚明白的科学语言替代。

第四，在新社会等级制度中，**证据取代了神秘的体验，成为新的组织架构内部的说服工具**。比如，一个经理若要说服董事会接受他的技术改革方案，他就得诉诸理性的推理与扎实的实验证据，而不能诉诸神秘的主观直觉——因为直觉不具有公开性与不可辩驳性，所以天然地会与现代工业生产方式的内部流程产生不可调和的矛盾。

社会进化的三个阶段

正是受到了现代工业文明的组织方式的启发，孔德提出了社会进化的三阶段说。

第一个阶段就是神学阶段。在该阶段，人倾向于将不少难以解释的自然界现象归结为神的意志的体现，因此，人的思想也受到神学意识形态的禁锢。这一阶段本身也可以被分为三个小阶段：

1. **拜物教阶段**：人认为各种各样无生命的东西（一块石头、一片木片）或是某种自然现象（火山爆发）都是有精神的，因此，人也会崇拜这些无生命的事物。

2. 多神教阶段：人对不同事物的精神性进行进一步的人格化处理，并将其描述为神，如石头背后有石神、森林后面可能有树精等。**3. 一神教阶段**：多神教体系中的不同的神格在这一阶段被统一为一个神格。

站在科学哲学的角度看，从拜物教到一神教的变化过程，背后有一个总的趋势，即"解释项"（我们用来解释其他现象的假设）与"被解释项"（有待被解释的现象）之间的差异变得越来越大。换言之，在一神教阶段出现的那个统一的神格，其与被解释的自然现象之间的差距，要远远大于在前两个阶段出现的神学意识形态与被解释的自然现象之间的差距。

从社会学的角度看，这一转变的意义是，**在神学意识形态中，解释项与被解释项之间"一"与"多"的差异越显豁，相关社会的社会组织度就越高**。为何这么说？因为多样的神显然意味着一种政治联盟，如古罗马人征服了一个新的民族，就将这一民族的神灵请入万神殿加以供奉，由此建立政治联盟；相比之下，一神教中神格的抽象性与排他性，则意味着一种更大的尺度上的社会组织的可能。基督教的跨地域传播，以及由此带来的复杂社会结构，便印证了这一点。在这种基于更抽象的神格的社会组织体系中，解释项自身会被简化，社会成员就能通过相对简单的社会符号来完成人与人的连接，由此大大降低了新社会组织的构成成本。

不过，基于一神教的社会组织形式也会因为宗教自身的神秘性而有解体的风险。其中一个比较麻烦的问题，便是基督教神学中的"神正论"。为何全知、全能、全善的上帝，依然会允许人间出现恶呢？这个问题显然不容易回答，而职业神学家对这个问题的复杂解释又很难为一般人所理解。所以，一旦发生了天灾人祸，就不断会有信徒发出"上帝何在"的感叹，由此对组织离心离德。这也就意味着，一种新的意识形态必须取代一神教。这新来的取代者，也就是形而上学的意识形态，即神学阶段后的第二个阶段。

形而上学的意识形态中的理性成分不言自明，你要说这样的生活形式是好的，就必须给出论证。只要人们基于理性来运作，就能达成一致，从而进行顺利的社会协作。然而，真实的情况却是，理性论证本身也会带来新的争辩，而争辩反而会让社会一致性遭到破坏。这又该如何是好？

因此，孔德认为，我们必须进入一个更高的社会发展阶段——实证主义阶段。在这个阶段，说理可不能仅凭空口白牙，而要基于证据。比如，你要论证某种社会救济措施能够真正帮到穷人，就请给出相关的经济学实证数据与调研报告，而不能想当然。有趣的是，作为社会学创始人的孔德在谈到在该阶段应该发挥作用的各门学科时，刻意抬高了社会学的地位，并同时踩了物理学和数学几脚。这不仅仅是因为纯粹的数学与物理学很难被直接运用于社会管理,更是因为,在孔德看来,研究对象更为复杂的科学要比研究对象更为简单的科学来得更高端。因此,社会学显然是比物理学更高端的学问,因为社会学的研究对象——人——显然更复杂。社会的运作可以通过数学来加以描述,并且也预设了物理系统的存在,但数学与物理学本身的研究对象的存在却没有预设社会系统的存在。

但问题是,孔德的这种抬高实证科学地位的社会哲学观点,真的能为现代人疗伤吗?

灵魂拷问:你真的需要那么多专家吗?

按照孔德的想法,你的人生如果出现了问题,你就得找具有相关科学资质的专家来解决。睡眠不好?不要紧,有睡眠专家。因为财务问题睡眠不好?不要紧,有理财专家。因为婚姻问题睡眠不好?不要紧,有婚姻专家。婚姻与财务都没问题,还是睡不好?不要紧,看看你是不是得抑郁症了,还有抑郁症方面的专家来给你帮忙……很显然,这样的一张专家清单,我们还能继续开下去。

但问题是,即使有了这些专家的襄助,我们的人生就能幸福吗?如果我睡不着觉是因为我的现实欲望太多，哪一类实证科学专家能帮助减少一些欲望呢？难道读一点斯多葛主义或者叔本华主义的哲学读物，不会在这个问题上发挥更明显的作用吗？而这一点不恰恰说明，实证科学在精神疗伤方面的作用，是无法取代哲学的作用的吗？

有意思的是，在这个问题上，孔德本人的态度也是摇摆的。作为实证主义的倡导者，他竟然也主张建立一种叫"人道教"的新宗教来填补人的心灵真空，而这显然是对一种极端的实证主义立场的软化。

人道教：不认上帝的"天主教"

一言以蔽之，孔德建立的人道教的本质特征，就是保留在法国盛行的天主教的社会组织架构，并由此设立一些诸如"命名圣事""毕业圣事""择业圣事""婚姻圣事""荣休圣事""终傅圣事""死后留名圣事"之类的类似天主教的仪轨，却将对上帝的信仰全部革除。但问题是，革除对上帝的信仰后，光留着这个组织制度干什么呢？比如，你保留了一个餐厅所有员工的组织架构，却革除了"给食客做出美味的菜肴"这一组织目的，这种保留又有什么意义？

看来人道教还是得有信仰，只是这信仰没上帝什么事了。孔德式人道教的信仰内容有三：第一，宣扬利他主义，反对自我中心主义；第二，要尊重秩序；第三，要重视进步与协作，将蛋糕做大，让人人都有肉吃，不能吃独食（这是孔德主义的社会主义面相的体现）。

但问题是，这些道德观念若没有上帝概念的加持，信众又是如何将其神圣化，并由此使其成为相关宗教法事的观念根据呢？我并不觉得在这个问题上孔德能够自圆其说。相比之下，下面要讨论的其在英国的思想近亲——功利主义——则完全摆脱了宗教的影响，并因此在"世俗化"的方向上走得更远。

功利主义：快乐无罪，但要识数

与欧洲大陆的思想家相比，英国人的思维方式比较接地气，不太喜欢构造复杂的形而上学体系，即使谈起宏观的社会改革，也要将其转化为可以被量化处理的执行方案。这种思维方式在功利主义思潮中得到了明确体现。比如，功利主义的核心人物边沁便主张"快乐是可以被计算的"，因此，**任何旨在增加人生幸福的生活提案与社会改造方案都需要考虑如何计算快乐。**

利益的本质就是求乐避苦

杰里米·边沁（Jeremy Bentham，1748—1832）是英国的哲学家、法学家和社会改革家，同时也是动物权利保护最早的支持人之一。他自幼聪慧，3岁就开始学习拉丁文，10岁就可以用希腊文写长信；12岁时，他的文化水平已经达到了大学本科的程度。但是，早熟的他进了大学之后，却很难与周围的同学打成一片，而且少时多病的他也不太喜欢运动，这就使他又少了一个社交的机会。不善社交的边沁在学术研究方面却异常用力，几乎每天都工作 8 至 10 个小时。很难设想，这样一个学霸最喜欢研究的话题却是人的快乐。

边沁当然不是历史上第一个讨论快乐的哲学家。古代的伊壁鸠鲁主义者也喜欢讨论快乐；与快乐相关的另一个人生哲学关键词——幸福——更是被亚里士多德经常挂在嘴边。那么，边沁讨论快乐的特点又在何处呢？

他的特点就是将快乐与"利益"联系在一起。"利益"的英文是"interest"，同时也指"兴趣"，所以仅仅从金钱的角度理解利益多少有一点偏颇。毋宁说，边沁的利益指的是"利益获得感"，它更像是一个心理学概念。

作为心理学概念的利益获得感与一般意义上的利益的差别又是什么呢？比如，你给一个穷人发 1 万元，再给一个富翁发 1 万元，这笔钱带给两个人的利益获得感是不同的。对于穷人来说，这可是好几个月的生活费；而对于富人来说，这就是一顿饭钱罢了。因此，社会救济方案的主持者，就一定要根据不同的钱数对不同的人产生的心理安慰效果来设计方案，由此使得有限的金钱能够带给最多的民众以最大的心理满足感。

利益获得感与快乐的关系又是什么？一言以蔽之，利益的本质就是求乐避苦。**你得到的快乐越多，回避之后的痛苦越少，你的利益获得感也就越大**。一个富人为何不能通过拿 1 万元得到太多的利益获得感呢？显然是因为这点钱带给他的快乐非常有限，尽管同样的钱能给一个穷人带来更多的快乐。因此，对利益获得感的计算，自然就会导向对快乐的计算。

计算快乐的七个参数

我们该如何界定快乐的量？这就引出了边沁提出的计算快乐的七个参数。

第一个参数是**强度**，比如，对于一般人而言，喝乌鸡汤得到的快乐强度，要高于喝盐开水得到的快乐强度。

第二个参数是**持续度**，比如，对于古典音乐迷而言，听一个小时的演奏会得到的快乐持续度，要超过听一刻钟的演奏会得到的快乐持续度。

第三个参数是快乐的**确定度**，比如，如果你确定明天工资肯定会到账，你就会相对快乐，而如果你对这一点不确定，你的快乐就会少很多。肯定会进账的钱具有很强的确定感，这个快乐就会多于脑海中那些很难中奖的彩票所带来的快乐。

第四个参数是快乐源与你的**接近度**，比如，如果你能确定工资明天就会到账，这就要比你确定工资会在 20 天后到账带来更多的快乐。

第五个参数是**生产度**，指的是一个带来快乐的行为再生产出与之同类的情感的机会。比如，我吃了一个热狗后，吃热狗带来的快乐可以在回味中再持续一段时间。

第六个参数是**纯度**，指的是一个带来快乐的行为产生出与之类型相反的情感的机会。这里所说的纯度，其实就是自成一类的意思。举个例子，假设你只能吃下 8 个热狗，而当你吃第 8 个热狗时，这个行为就是具有纯度的行为，因为当你再吃第 9 个热狗时，你就不快乐了——你会吐。

第七个参数是**广度**，也就是"独乐乐不如众乐乐"。比如，你在电影院里和大家一起看喜剧片的快乐，往往要超过躲在被窝里拿手机看同一部喜剧片的快乐。

按照上面的七项快乐计算法，如果你在吃帝王蟹时想更快乐一点，你可以做的事情有：尽量挑一只新鲜的吃以增加口感；吃的时间不要太短；在决定吃之前，先确定你的确能吃到，并尽量减少你吃不到的可能性；保证你尽快能够吃到（而不是明年吃到）；吃的时候避免喝得酩酊大醉，以防影响你第二天的快乐，同时，吃的时候也不要无所节制，以防产生肠胃不适或痛风。对了，最后别忘了，和家人或朋友一起吃，别吃独食。

但人与人之间的快乐如此千差万别,难道都能按照上面的方式统一处理吗?

快乐真的可以被计算吗?

对边沁的快乐理论的一个典型的批评是,这种理论似乎只适用于吃帝王蟹这种不太涉及文化差异的案例,却不太适合用于处理下列种类的案例:欣赏贝多芬的快乐(很多人会觉得流行音乐更好听)、学哲学的快乐(很多人觉得进行抽象思考是一种酷刑)、听京剧的快乐(显然不适用于大多数西方人)。

按照边沁的快乐理论,阳春白雪的艺术欣赏始终会因为在第七个参数——广度——上得分太低,从而很难在社会资源的分配方案中得到青睐。这就会导致一个问题:当某个市政府决定要在黄金地带建造一个公共设施时,主张建立广场舞场地的声音将大概率压倒建立歌剧院(或图书馆)的声音。

上述批评显然会使整个功利主义理论的大厦岌岌可危。而另一位重要的英国功利主义者密尔(John Stuart Mill,1806—1873)则给出了一些补救方案。他提出了一个与"快乐"相比更具文化内涵的概念——"圆满感"(contentment),以便保护文化精英在欣赏高雅艺术时获得的高级快乐的相应社会地位。

按照这一理论，社会资源也应当留出足够的量，以维持一个社会产生圆满感的能力。比如，即使一个国家的财政遇到了一些麻烦，在可能的情况下，还是要支持传统艺术或高雅艺术，不要让大提琴家流落街头。而今日各国的社会资源分配政策一般都会兼顾边沁与密尔的考量。换言之，要照顾到一般群众的生活与文化需求，但也不能由此荒废了对精英文化的扶持工作。不过，在生产力高度发展的前提下，这种兼顾显然是可能的。而在财政逼仄的情况下，二者之间的斗争便会加剧。

在这二人的观点之间，我无法作出选择，因为我认为，整个功利主义的叙事方案都有一个大的弊端，即忽略了民族国家的地位。这个弊端要比大众文化与精英文化之间的是非来得重要得多。

"离开祖国你什么都不是"

无论是边沁的叙事还是密尔的叙事，都预设了对一个社会的总体福利的讨论——这至少说明功利主义者都不是利己主义者。但问题是，社会是什么？这个社会与那个社会的边界在哪里呢？

答案是，不同的社会的边界，就是民族国家的边界。英国的福利政策与法国无关，法国的福利政策也与意大利的不同。一个没有自己的同一性概念的国家会立即陷入各种内乱，从而无法构成一个统一的社会。陷入宗教内战的 16 世纪的法国，便是一个很好的例子。那时，分别持有天主教信仰与新教信仰的法国人视彼此为魔鬼，而不是一个统一的社会中的其他成员。这也就是说，**统一国家的形成是相关的社会福利政策有机会得以被讨论的前提**。很可惜，这样的一个重要前提在功利主义的模型中基本被忽略了。

从这个角度看，黑格尔哲学的高明之处便充分体现了出来。黑格尔对市民社会福利的讨论是基于其对国家问题的讨论的。他非常清楚，没有国家的宏观政治架构的保护，市民社会的利益就会像风中的棉絮，立即会被吹得无影无踪。而要保证这样的国家机器能为市民社会所用（而不是反过来压迫市民社会），就需要一套严密的设计，以保证市民社会顺利运作的基本观念——特别是法权观念——在国家立法的层面上被肯定。

不过，这样的体制安排却立即会从另一个方面对功利主义的资源分配方案提出拷问：假设一个社会已经出现了贫富差距悬殊的问题，在法权体系的财产保护制度的作用下，国家机器又有何权力实施边沁或密尔式的财富再分配方案？一旦这样的方案被强行通过，社会又会不会重新走向分裂，正如我们在战后拉美国家的历史中看到的（右派军人政府与民粹派政府轮流上台，使得整个社会也分裂为理念完全不同的两极）？在这种情况下，我们又有何根据说这是"一个社会"而不是"两个社会"呢？

我们经常提到一句话："离开祖国你什么也不是。"这话的字面意思自有其道理。但祖国的观念的形成并不是自然而然的。国家的界限会被别的国家侵犯（如纳粹德国入侵苏台德地区），新的国家认同会从别的国家中诞生（如一战后奥地利与捷克从奥匈帝国的残骸中新生），而新国家疆界的确立往往又会带来恐怖的战争（不妨回忆一下1939—1940年发生在芬兰南境的冬季战争）。**能够平心静气地谈论社会福利分配方案这件事情，本身就意味着用暴力或者准暴力来排斥他者。**对于这个问题，黑格尔有充分的意识，而功利主义者则没有。这是我为何既不站队边沁也不站队密尔，却站队黑格尔的道理。

不过，下回要介绍的第三代实证主义者却非常不喜欢黑格尔。

新实证主义：道德命题没意义！

实证主义有三代，第一代的代表人物是孔德，第二代是马赫，第三代则是维也纳学派，其主要成员有石里克（Moritz Schlick，1882—1936）、卡尔纳普（Rudolf Carnap，1891—1970）、纽拉特（Otto Neurath，1882—1945）、哈恩（Hans Hahn，1879—1934）、魏斯曼（Friedrich Waismann，1896—1959）、哥德尔（Kurt Friedrich Gödel，1906—1978）等。他们多是当时欧洲大陆优秀的物理学家、数学家和逻辑学家，然后转身从事哲学研究。维特根斯坦（Ludwig Wittgenstein，1989—1951）虽然不是维也纳学派的正式成员，但因为其《逻辑哲学论》对该学派产生了巨大影响，所以也可以被视为维也纳学派的圈外友好人士。

这一派哲学家思想的科学味道比较浓郁，因此在一般谈论人生哲学的书籍中经常被忽视。不过，纯科学家出身的人是怎么看待人生的，也自有其独特的价值。让我们先从维也纳学派的意义观说起。

命题的意义必须兑现为证实它的手段

维也纳学派的核心观点便是关于意义的证实理论。此论总体上来说处在认识论与语言哲学的范围内,但也有一些人生哲学的意蕴值得挖掘。

什么叫关于意义的证实理论?概而言之,根据此论,一个命题的意义就是证明其为真或者为假的方法。比如,一个男生对女生说:"我真的很爱很爱你。"女生一般这时就会反问:"你怎么证明这一点呢?"或者,此刻她也会扪心自问:在哪种条件下,我能知道这个命题是真的或者假的呢?假若我找不到这样的条件,眼前这个男人空口白牙说什么"我爱你",有意义吗?答案是"没有"。从这个角度看,新实证主义的意义观的底层逻辑就是,**别扯那些虚的,我们关注的是命题如何被兑现为特定的经验现象。**比如,"爱"如果无法被兑换为一种切实的付出,那就是一个空洞的符号罢了。

由此看来,一个人如果在恋爱中经常遇到对方的考验的话,TA 就得小心了,对方其实在测试"你爱 TA"这个命题的真值条件,也就是在何种条件下你的确爱TA,何种条件下你只是假装在爱 TA。"我与你妈同时掉水里了,你先救谁?""你能不能为了我将手机里有关前任的信息全部删除？"此类问题，都是这种测试的内容。但问题是，这个理论本身有问题吗？假设我们在此关心的不是一个人是不是爱对方，而是某个更抽象的命题的真假呢？比如，爱情本身是不是可贵的？

对于这个问题，维也纳学派的意见是，这个命题是缺乏意义的，因为我们不知道这个命题何时为真，何时为假。即使你观察到世界上大多数人都非常重视爱情，你也无法推出爱情本身是值得重视的。这就好比，你若观察到世界上大多数人都不尊重产权，但这一点也并不意味着产权本身不重要。由此，维也纳学派便提出了其对表述道德原则的命题的特殊看法。

道德理论没意义，道德感受却是确实的

在维也纳学派看来，**各种道德理论因为缺乏经验上的可证实性或者可证伪性，全部都是没意义的**。比如，功利主义的道德方案就是我们得让社会中最大多数的人的快乐或者利益最大化。但问题是，你怎么论证这一主张本身是成立的？即使边沁能够设计一套理论来对快乐进行计算，但我为何要在乎快乐的多少？追求更多的快乐这件事本身的意义，又如何通过经验来加以确认呢？而且，这样说来，康德的道德说教也是没意义的。我们完全可以对康德发问：为何我们一定要将每个人不仅仅视为手段，还要视为目的呢？有什么实验或者经验数据能够证实或者证伪这一想法？答案是没有。

由此，我们也就很容易理解维也纳学派讨厌黑格尔的理由了，因为黑格尔玄乎的辩证法式表达，是很难被兑现为那些清楚明白的证实或者证伪条件的。

看到这里，大家或许会问：维也纳学派是不是都是道德虚无主义者？严格地说，他们都是道德**理论**虚无主义者，而不是道德**情感**虚无主义者。从经验主义的立场出发，他们无法否认人有同情感、愧疚感等与道德密切相关的情感——但这种情感与"我爱吃奶昔或热狗"之类的私人感受一样，都无法进入公域而成为一种社会规范。这也就是说，一种狭隘的经验主义立场会使得一种具有规范性意义的人生哲学失去必要的理论支撑。

对于不可说的东西，我们必须保持沉默

在这个问题上，维特根斯坦（前期）的看法与维也纳学派不同——尽管后者的确视前者为精神偶像。

维特根斯坦的《逻辑哲学论》是以箴言的形式写出来的，其核心架构由七大箴言构成，其中第七条与人生哲学的关系相对较大。这一条的内容是，"对于不可说的东西，我们必须保持沉默"。别小看这句话，这恰恰体现了维特根斯坦与维也纳学派之间的重大区别。

维也纳学派的观点是，关于伦理问题，我们既然无法提供任何与之相关的证实或证伪条件，那么它们是没意义的。而维特根斯坦的观点是，就算我们给不出关于伦理命题的验证条件，但这一点恰恰证明，伦理学领域正处在一个非常高的层次之上——它是如此之高，以至于任何对它的言说都会造成对它的亵渎。因此，**我们切不可因为一个命题无法在经验领域内得到兑现而轻忽其价值**。用维特根斯坦的话来说，伦理命题的价值是"自我显示"出来的。

维特根斯坦的这种观点代表了保守派的实证主义的道德观。也就是说，就算建立了一套以科学语言为中枢的新世界观，他们还是试图通过某种方式来保证传统伦理法则的至尊地位。与之相比，维也纳学派的伦理观则代表了激进派的实证主义的道德观。换言之，极端的经验主义立场让他们对经验范围之外的事物价值采取了一种相对冷漠的态度。这两种观点会导致以下两种不同样态的科学家的生活方式：

维特根斯坦式：口不言道德，喜欢谈数据、谈实验，就像别的科学家一样，但行为做派非常古板，类似老夫子。也就是说，按照此类人生观，道德这事得靠你做人做事体现，说出来就没意思了。

维也纳学派：口不言道德，喜欢谈数据、谈实验，就像别的科学家一样，但行为方式则多姿多彩，只要当事人自己心里感觉好就行。

  请注意,我们在这里讨论的维特根斯坦思想乃是属于其前期阶段,而不是后期阶段。在谈维特根斯坦的后期哲学的人生哲学意蕴之前,我们将历史之钟往前拨一拨,先谈谈英国哲学家休谟的观点。休谟生活的年代虽然要比维特根斯坦早(甚至比边沁还要早),但其人生哲学思想与维特根斯坦后期的观点更有亲缘性。所以,欲谈后期维特根斯坦,不妨先谈谈休谟。

休谟：不听老人言，吃亏在眼前

本书第一次提到休谟，是为了将其作为康德思想的比照对象，而在此再谈休谟，是为了引出维特根斯坦后期思想中的人生观。与维特根斯坦一样，休谟的思想也属于广义的保守主义阵营。而且，就保守的程度而言，休谟其实是要超过维特根斯坦的。

休谟哲学有两个经常被人谈起的面相：第一个是针对因果关系的怀疑主义，也就是怀疑世界上到底是不是真有因果关系这回事，这一点在前面讨论康德与休谟的关系时已有详细分析；第二个就是道德保守主义，也就是尊重习俗与习惯。这两个面相的关系是什么？概而言之，一个不相信世界上有因果关系（甚至是"地日关系"与"太阳升起"之间的因果关系）的人，凭什么还觉得明天的太阳会照常升起呢？答案只有一个，根据他自己的心理习惯。换言之，理性不足以为我们寻找到因果法则之处，习惯就会出头来填补相应的真空。由于

"习惯"这个词与"传统"这个词之间的天然联系,休谟的这一总的立场也便立即引申出了如下这些观点:

反对激进革命:想要幸福就要少折腾

休谟关于传统的观点,充分体现在他对英国近代内战史的描述方式之中(休谟也是一位大历史学家,他写的六卷本的《英国史》非常有名)。按理说,按照"成王败寇"的惯常操作,斯图亚特王朝既然是英国内战的输家,休谟就应该"在死人身上再踏上三脚",再顺便歌颂一下胜利者克伦威尔。但休谟偏偏对斯图亚特王朝持同情态度,认为这个朝廷没一般人说得那么坏,而内战导致的巨大伤亡也本是可以被避免的。他的这一态度就与另一位哲学家霍布斯构成了鲜明反差,后者可是将《利维坦》当作献给克伦威尔政权的见面礼来写的,正如马基雅维利将他的《君主论》献给暂时占据佛罗伦萨的美第奇家族。

当然,英国内战毕竟是英国人自己的事情,中国读者未必关心斯图亚特王朝是否真的残暴。然而,休谟的上述历史观显然具有普遍的意义。从原则上看,他不喜欢革命,而倾向于改良,因为革命本身产生的新架构未必比原来的更好。

这种态度如果渗透到一个人的人生选择上,就会得出这样的建议：如果并非极为必要，请不要对你的生活作出革命性的改变，如换个新职业、离婚、离家出走、出国移民。**因为你无法确定新变化给你带来的好处，是否能够抵消旧的生活环境所带给你的那些痛苦——而且这未必有你想得那么痛苦。**与其作出大尺度的改变，留下来慢慢改造环境才显得更为稳妥。

不同生活习惯的冲突是制度冲突的预演

这一观点也与休谟对英国内战史的诠释方式有关。很多人谈起政治斗争，立刻想到的都是帝王将相之间的矛盾，可在休谟看来，这些政治冲突本质上乃是文化冲突的体现。而在英国内战的语境中，这指的便是天主教教徒和新教教徒不同的生活习惯的冲突。换言之，之所以一派人觉得忍无可忍，就是因为他们实在受不了对方的生活方式继续侵入自己的生活场域了，因此，他们最终只能诉诸暴力手段来解决问题。

天主教教徒与新教教徒之间的斗争显然离我们太远，下面我们就来设想一个与之类似的问题：假设你是一个在大城市上班的白领，每天要早早赶地铁去公司，而楼上的住户却天天晚上开派对，让你无法入眠——此类生活习惯的冲突就会引发很多邻里之间的矛盾。这些日常矛盾之所以在一般情况下没有演化成政治矛盾，乃是因为矛盾双方都是以无组织的方式面对彼此。但新教与天主教各自的生活方式已通过其宗教戒律团结了相当部分的教众,这就使得政治斗争会在一个惊人的尺度上爆发出来。

休谟的这一思想也提示我们,如果你发现某个地方的两种生活习惯之间的斗争已经在规模上愈演愈烈,你就得思考一下自己的处境了——是非之地恐怕是不能久留的。需要注意的是,这一条人生建议貌似与上一条彼此矛盾,因为上一条分明主张大家不要随便对自己的生活进行革命性的改变。但仔细一想,二者其实并不矛盾,因为在所有的变革中,最革命性的改变莫过于让自己的生命都丢失了。因此,若一个地方的"水位"高度的确已经危及了你的生命,"离开"这个选项未必是保守主义者所反对的。这也便是同样被识别为文化保守主义者的孔子亦主张"乱邦不入、危邦不居"的道理。

按照习俗办事才叫自由

作为保守主义者的休谟也是热爱自由的,但他所说的自由恰恰就是按照习俗办事!这难道不是在混淆词语的含义吗?

休谟可不这么想。一般人所说的自由的对立面乃是被决定,而休谟心目中自由的反义词乃是武断。但武断怎么就导致了不自由?我能武断,不就意味着我很自由吗?

对此,休谟的回应是,你是自由了,但别人不自由了。比如,按照习俗,一个地主只能收取佃户二成的田租,但今天这位地主就"武断"了一下,说佃户都要交四成的田租。这样一来,佃户的经济安排就完全被你打乱,人家的自由又如何被保证?所以,大家都按照规矩玩,不要没事给别人"惊喜",这才叫自由。

休谟的这一观点其实包含着某种深刻的洞见,对习俗的普遍尊重就意味着可以被预见的未来,而对未来的可预见性就保证了大家按照自己的计划去实现更好人生的自由。按照这条人生建议,如果一家公司的规章制度朝令夕改、毫无章法的话,休谟是不主张你去应聘的,因为公司领导的武断会随时断送你的自由。

尊重传统,但反对历史虚荣

休谟对文化传统的尊重,并不意味着他是一个历史虚荣感很强的人。相反,作为历史学家,他反对为了增强一个民族的荣誉感,故意将自己的古代历史吹嘘得无比光荣的做法。休谟的意见是,写古代历史就要秉持实事求是的态度,看到什么史料就说什么话,不要为了面子而将祖宗夸得天花乱坠。从这个角度看，休谟虽然尊崇传统，但不是复古派。他甚至在某些场合还体现出"疑古派"的思想作风。比如，他在撰写英国古代历史时，就认为诸如"亚瑟王"与"阿尔弗雷德大帝"这样的古代英雄可能是不存在的。

但一个尊崇传统的人，为何也有可能成为一个疑古派？

道理很简单，休谟尊重的传统就在大家的日常生活之中，而不是在历史考据里。比如，中国人为何要吃粽子？这就是中国的传统。但吃粽子是不是为了纪念屈原？对此，休谟的意见是，让历史学家去考证吧，他们考证他们的，我们吃我们的粽子。我们之所以吃粽子，并不建立在他们的考证结果之上，而是建立在我们对生活的共同感受之上，因此，即使他们的考证结果与传统历史教科书的写法不同，也不会影响我们的生活如何继续。反过来说，一个历史学家的工作也不要受到民众意见的影响，你如果觉得支持某种传统见解的证据有问题，将其写成论文发表出来就好了。这是学者的生活方式，与民众的生活方式不是一回事。

但不管怎么说，休谟明确反对以下这种做法：将对传统的热爱建立在一种被刻意制造出来的宏大叙事之上。这一做法不仅会干涉历史学家的学术自由，而且会使全民族沾染上虚荣的风气，并因为对故纸堆的关注而忽略了自己手头的文化建设。

休谟的这种态度深刻地影响了后期维特根斯坦的运思方式,即尊重一般百姓是如何运用日常语言的,却对基于古希腊语与拉丁语的西方古代文献相对疏离。一句话,**传统就在你周围的日常事物之中,而不在人为构建的意识形态里。**

后期维特根斯坦：道德不在天上，而在泥里

上一回我们已经讨论了遵从习俗。在后期维特根斯坦那里，"遵从习俗"这一来自休谟的人生哲学的核心命题则被进一步升级为"遵从规则"。

什么是遵从规则？

后期维特根斯坦的哲学名著《哲学研究》里的一个核心观点就是遵从规则。不过，我们切不可从字面上将其简单地理解为"讲规矩、守法律"。公司的规章制度或国家的法律往往以成文的形式呈现，而维特根斯坦恰恰重视的是**常识中那些不言自明的道理**。比如，假设某地的交通法规规定汽车必须靠右驾驶，而小张也正按照这条规矩老老实实地开车——不料，他却突然发现前方右边的路面上有一个大坑，如果他继续往前开，就会连人带车掉坑里去。他必须左拐绕开这坑，然后再回到右

边的路上。很显然,小张现在所做的事情并不是交通法允许的——但几乎任何一个有常识的司机在这种情况下都会这么做。不难看出,"司机有权在特定情况下避险"这一点便是指导上述做法的隐蔽思想前提,而且,这一前提本身必须以含糊的方式被提出,而无法对避险的具体场景与具体方法予以一劳永逸的规定。

那些无须明说的日常规范

应当看到,我们在日常生活中的行为是受到大量这样的没有被明说出来的规范的限制的(以下就是一个不完全的列表),而任何一种道德体系或法律体系若试图将这些缄默的规范予以明说,就会导致相关的文本变得冗长无比,从而无法记忆。

1. 不要在别人发言时大声拨弄壁炉中的炭火;
2. 别人发言时,如果发言人主动提出要给房间加温,你可以拨弄壁炉中的炭火;
3. 不要用异物堵住别人的鼻孔;
4. 在别人流鼻血时,请用湿纸巾堵住别人的鼻孔;
……

请读者发挥想象力,自行加长这张列表。

很明显,这些规则的具体内容似乎彼此矛盾,要确定在哪个场景中去调用其中的哪一条,需要亚里士多德式的实践智慧。而且，也正因为这些规则对语言应用场景非常敏感，所以一旦以一种超越于任何语境的方式将这些规则罗列出来，就会显得罗列者非常愚蠢。

此外，不仅那些与具体语境结合的基本行为规范原则会多到无法罗列，甚至那些看似超越语境而成立的规范性表达，也需要具体的语境充实其意义，否则它们就是纯然悬空的。下面我们就按照后期维特根斯坦哲学的精神，重温启蒙时代的法国思想家卢梭的《爱弥儿》中的一段让人崩溃的师生对谈（卢梭写这段话的目的，就是证明通过悬空的定义是无法让孩子明白道德规范的意思的）：

老师：孩子，你可不应该做那事哦！
孩子：为什么不该呢？
老师：因为那样做是不好的。
孩子：不好？有什么不好啊？
老师：因为别人不许你那样做。
孩子：大人不许我做的事情，我就是做了，你奈我何？
老师：你若不听话，大人是会处罚你的哦！
孩子：那我可以做得偷偷摸摸的，不让人家知道，那别人怎么处罚我呀？
老师：若要人不知，除非己莫为！

孩子：那我就藏得更好一点。

老师：别人还是要追问你的。

孩子：那我就撒谎。

老师：不应该撒谎。

孩子：为什么不能撒谎？

老师：因为撒谎是很不好的。

孩子：为何不好？

老师：因为别人不许你撒谎。

孩子：如果我就是撒谎了，你奈我何？

……

站在当代语言哲学的角度重温这段对话，我们会发现一个问题：老师其实很难在不导致循环定义的情况下，对一些基本的价值词——如"好的""善的""不好的"——进行界定。鉴于康德式的道德律令的表达往往都建立在这些基本价值词之上，这就意味着，老师几乎无法和小孩子说清楚这些基本道德律令的意思。换言之，对孩子的道德教育不能从灌输道德命题开始。用维特根斯坦的话来说，这种教育必须以"回到生活形式"的方式进行。

那具体该如何运用上述教育理念呢？

卢梭在《爱弥儿》中给出的一项教育方法，其实颇合维特根斯坦主义者的口味。比如，如果你要让小孩知道什么叫"私有财产",不妨这么做：先让孩子在邻居家的田里偷偷种西红柿,等到西红柿长大了,孩子想去收割的时候,邻居却将其拿走了。邻居为何有权这么做？因为这是他的地。孩子此刻肯定会不开心,这时老师就会教育他,以后要把西红柿种在自家的院子,这样你的东西自然你就有权利收获,因为这是你的私人财产。很显然,这样的教育思路就将私有财产的观念如何在日常生活中落地的路径打通了。这一点也就印证了后期维特根斯坦的核心语言哲学观点之一,即**语词的意义在于其用法**。

维特根斯坦是如何深化休谟的思想的？

维特根斯坦的道德观与休谟哲学的相似处非常明显。二者都讨厌抽象的定义,都主张要从生活的源头找到道德的根源,而且二者都体现出对习俗的尊重。那么,维特根斯坦又是从哪个角度上深化休谟的思想的？这里有一个关键问题：维特根斯坦有用以克服道德相对主义的思想资源,而休谟则没有。

先从休谟说起。遵从习俗这一做法的最大问题是,不是所有的习俗都是好的。中国古代妇女缠足的陋习显然就不好,殷商贵族杀活人祭祀的做法则是非常糟糕——但这都是习俗啊！而按照休谟的观点,遵从习俗,有错吗?那妇女缠足,又错在何处?

维特根斯坦的遵从规则的思想则允许遵从者按照自己的理解对习俗进行新的解释,因此,这种思想就包含了更多创新与改良的契机。同时,这一思想也允许我们对不同社会的道德习俗进行横向比较,由此为改善道德提供更多的机会。有意思的是,维特根斯坦对该问题的讨论体现在一本他所写的相对边缘的小书《论颜色》中。在这本书里,他提到了一个关于色盲的思想实验。

假设一个部落里的所有人都是色盲,他们有关颜色的词汇里只有灰色、黑色、中灰色、白色等,而没有诸如红色、绿色之类的彩色词汇。在这种情况下,他们当然就没办法理解我们如下生活规范的含义:在交通道路上开车时,看到绿灯就行,看到红灯就停。那么,这是不是意味着我们的颜色规范并不比他们更好,他们的也不比我们的更好?

维特根斯坦其实是反对这种皮浪主义气息浓郁的相对主义观点的。他的观点很清楚,成为色盲是一种遗憾,基于色盲的感受的颜色规范就是要比视力正常的人的颜色规范来得差。

为何怎么说?一种基于生活形式理论的解释是,薄弱的色感所能支撑的生活形式,在丰富性的程度上远远不如正常的色感所能支撑的生活形式。比如,色盲部落无法欣赏油画,无法观看彩色电影,无法发展其基于复杂色感的印染业与服装业，并且会因为色感的丧失而无法建立起一套基于颜色的隐喻系统——他们的诗歌与小说因此恐怕也不会太发达。所以，从总体上看，他们的生活要比我们无聊得多，由此获得的快乐也会少很多。从这个角度看，我们的色感比他们的色感具有优势，这是不容置疑的。

按照上述思路，我们马上可以回应不少道德进步论者对保守主义者的批评。即使是像后期维特根斯坦这样的保守主义者也会反对妇女缠足，更反对人殉，因为这样的生活形式对人的摧残，会导致我们的生活变得更冷酷无情。因此，一个沉迷于为妇女缠足的民族与一个尊重妇女的民族之间的差距，就类似于色盲民族与色感正常民族之间的差距。换言之，有缠足习惯的民族应当为自己保有该习惯感到耻辱，正如色盲民族会因为自己色感的缺陷而感到自卑。

说到这里，读者或许还会问：作为保守主义者的维特根斯坦的上述道德观，与典型自由主义者的道德观的差异又体现在何处呢？这主要体现在以下两点：

第一，维特根斯坦反对抽象地讨论"更好的生活形式"，而要让那个"更好的生活形式"的支持者先让大家有机会在那个新生活形式中切实地感受到好处。说白了，你必须先将好的生活形式的"感性样本"贡献出来，我才能决定是否陪你玩——空口白牙画大饼可不行。很显然，这个做法就等于大大加强了新生活形式的支持者的推广成本。相较之下，对于基于自由主义的道德进步主义者来说，他们往往基于抽象的理念就能给出旨在反对旧有生活形式的行动，因此，在维特根斯坦主义者看来，他们的行动往往也会更加鲁莽而冲动。

第二，维特根斯坦或许不那么赞成康德式的抽象人道主义，因为这种学说并没有特别强调文化精英在社会资源分配方面所获得的特权，而是主张将每一个人都平等地当成目的来看待。相反，维特根斯坦非常重视文化精英的特权，他本人就曾将价值今天好几亿欧元的遗产捐赠给了一些艺术家，而不是给一般的落魄穷人。

同样，他也不太可能支持边沁式的功利主义，即以增加全社会的快乐为首要的社会进步目标。相反，他会更为关心传统的社会规范是否能够在更大程度上得到保留。比如，在现代中国文化的语境中，一个维特根斯坦主义者或许就愿意花费更多的资源去维持诸如昆曲、京剧之类传统高雅艺术形式的生存，尽管能够欣赏此类艺术的人口数量在统计学上并不占优势。而这一主张又会在一定程度上对进步主义的社会改良方案构成掣肘，因为所谓的社会进步，往往会以牺牲传统事物为代价。比如，建设一条从村庄穿行而过的高铁线路，很可就会破坏当地的祠堂，并由此破坏以该祠堂为中心的传统文化风土。

从上面的分析来看，维特根斯坦主义者仅仅会在不得不改的情况下，愿意对现有的生活形式作出实质性的变化。从今日日本社会与中国社会对电子支付系统的不同态度就能看出，日本社会的表现显然更像是维特根斯坦主义者。日本人的平均工资虽然明显高于中国，却在电子支付技术的普及方面态度非常保守，基于现金交易的传统支付方式依然居于主流地位。他们的相关行事逻辑是，现金支付又不是无法继续下去，为何一定要采用电子支付呢？如果唯一的好处就是提高了效率的话，那么获得这一好处是否足以抵消因取消现金支付而不得不接受的那些坏处呢？如消费者隐私的丧失，以及一系列基于现金支付活动的日式礼仪的逝去（日本商家在找钱的时候，往往会在一个小碟子上放上零钱，让客户觉得很受尊重）。当然，日本人这么想，并不是说他们都读过维特根斯坦，而是说后期维特根斯坦的人生哲学其实是代表了世界上相当一部分人的行事逻辑的。

小结：放弃社会批判就是罪？

维特根斯坦很喜欢说一句话："我喜欢小零钱，不喜欢大面额的钞票。"这句话的意思是说，**哲学讨论要避免用大词，而要多从日常场景入手，并一一思考这些大词是如何在具体语境中得以体现的**。这种讨厌务虚的运思风格其实构成了基于"理科脑"的人生哲学诸流派的共通点。这就进一步导致了所谓的伦理学虚无主义的立场，在他们看来，基于伦理命题之罗列的传统伦理学研究方式已经过时了，伦理问题本身必须被兑现为更接近经验的一些小问题，才能得到合适的处理——正如西方人吃牛排之前，必须将牛排切得小一点才能入口。

具体而言，实证主义的第一代掌舵人孔德就认为，社会进步的节奏不能由哲学家掌握，而要由作为实证科学家的社会学家掌握，因为只有后者才知道如何以社会工程学的方式来一点一滴地进行社会改良。边沁则干脆提出了一套针对快乐的计算方法，以使其功利主义观点有一个具体的落地途径。而在维也纳学派看来，任何伦理命题的意义，都会因为缺乏相关的证实或者证伪方法而无法在经验主义的王国中得到兑现。后期维特根斯坦虽然拒绝了经验主义的那种狭隘的意义证实观，却依然认为与伦理规范相关的生活形式，具有针对伦理说教本身而言的不容置疑的优先地位。一句话，脱离了经验或者广义上的生活提供的营养，伦理学之树是会枯萎的。

需要注意的是，上述人生哲学并不支持"工业党"的主张——尽管此类主张在我国颇有市场。

实证主义者可不是工业党

工业党指的是这样一种观点：民族国家要富强，必须要有强大的工业（特别是重工业），而要发展工业，理工科的知识显然比人文的知识更有用。由此，从工业党的主张中可以引申出很多附带性的观点，如理科生对文科生的歧视。

实际上，工业党绝不是本单元所介绍的实证主义者的同盟军。以孔德与边沁为例，他们并不反对传统的人文价值，而是讨厌传统文人们空谈人文价值而不行动，因此，他们更希望通过切实的经验手段来让社会中的大多数人获得更大的利益。在这个过程中，他们更关心的问题是如何合理分配社会财富，而不是如何通过工业来增加社会总财富，因为一种没有合理分配方案加以辅助的富国强兵计划，最后或许只能让极少一部分人受益。实证主义团体之所以与早期空想社会主义者有着默契的关系，也是基于类似的缘由。

顺便说一句，希特勒可是如假包换的"工业党人"——他上台后，德国立即就"富国强兵"了，兵工厂的车床可是一天都没闲着。但重用军火工程师的希特勒可不喜欢满脑子科学方法的维也纳学派——纳粹鲸吞奥地利后，该学派的成员几乎都"润"去了英语世界。这不仅仅是因为该学派中的不少成员都具有犹太血统，更是因为该学派的政治主张是接近社会民主主义的。至于纳粹主义与社会民主主义之间的差异，则可以被简单地刻画为：

希特勒：要大炮，不要黄油！而且，我们要用科学的方法生产更多的大炮！

社会民主主义者：要黄油，不要大炮！而且，我们要用科学的方法更合理地分配黄油！

而中国语境中的工业党与西方的实证主义者也生活在不同的文化背景中。具体而言，维也纳的实证主义团体虽然厌恶人文学者的空谈，但维也纳本身的高水准的文化环境，依然对他们的心智产生了潜移默化的影响。

作为维也纳人的维特根斯坦本人的艺术品位就很高，而且也非常乐于赞助艺术界人士。在我所知的范围内，即使是最极端的西方实证主义者，也都对艺术有着起码的尊敬——因此，当他们批判文人的时候，他们针对的并不是小说家、诗人，而是传统形而上学家。

可中国语境中的工业党对艺术的意义几乎毫无体会。这在刘慈欣的科幻小说《三体》中得到了充分体现。在小说中，他设想有一个外星文明竟然会在完全放弃闲暇与艺术创造的前提下，发展出远超地球人水准的黑科技。这种幻想其实完全忽略了科学本身是如何在地球上发源的——没有闲暇与好奇心的加持，谁会去没事琢磨欧式几何、万有引力与费马大定理呢？

不过，尽管西方的实证主义者并不像人们所理解的那样反人文价值，但他们还是成为了更激进的社会批判者眼中的大敌。

马尔库塞对实证主义的批判

在纳粹德国时期，被纳粹党赶到英语世界的哲学家可不止维也纳学派，法兰克福学派也不能幸免。法兰克福学派是一个融合了马克思主义因素，试图对资本主义社会进行批判的思想流派，其中的代表人物之一乃是马尔库塞（Herbert Marcuse，1898—1979）。按理说，既然法兰克福学派与维也纳学派"同是天涯沦落人",二者应当惺惺相惜才对,但马尔库塞偏偏写了一本《单向度的人》来对实证主义大加鞭挞。

马尔库塞为何讨厌实证主义?因为在他看来,**实证主义的思维方式与资本主义的现有架构形成了一种共谋**。说得具体一点,实证主义让我们规避"大面额钞票"而只关注"小零钱"的做法,会让我们仅仅关注一些不太重要的细节问题,从而忘记一个宏大的历史图景。换言之,这种哲学会将你的人生格局变小,让你变成只有单向度的"纸片人"。

在我看来,马尔库塞的观点有其相对合理之处。作为当年实证主义思潮的徒子徒孙,今日的英美分析哲学的确有日益琐碎化、技术化的弊病,对很多宏观问题失去了思维力。但马尔库塞之论的偏激之处也很明显,他似乎忘记了以下四个要点:

第一,传统哲学家喜欢乱用大词的积习的确阻碍了哲学的进步,并在很大程度上使哲学成为一门不太诚实的学科。(一些人乱用一些自己都不确定其含义的大词,却能获得相应的学术声誉,这对于辛勤耕耘的自然科学家来说,是不是有点不公平呢?)实证主义者敢跳出来说"皇帝没穿衣服",本身就能荡涤哲学界既有的文风浮夸之病,即使在某个时刻有矫枉过正之嫌,其积极面也不容全面抹杀。

第二，实证主义者讨厌使用大词的做法，虽然在一定程度上阻碍了我们对社会整体的批判性思考，但也在一定程度上对希特勒、戈培尔这样的军国主义者利用大词（如"让德国再次伟大"）进行洗脑的企图构成了某种软抵抗。很显然，一个全民接受实证主义思维的民族是不可能选希特勒这样的人上台的，因为从实证主义的角度看，他唾沫乱飞的演讲中的大多数内容都是无法被兑现的"大面额钞票"。

第三，实证主义的思维方式包含了对逻辑学的尊重，而对逻辑学的普遍尊重会有利于全社会形成民主讨论的优良习惯。这一点恰恰是对社会的进步有利的。

第四，马尔库塞的社会整体论思想本身可能有所偏颇。实际上，一个社会的很多亚单元与其整体之间的关系可能就是相对离散的——你要理解欧式几何，学几何学就是，未必需要理解欧几里得所在的希腊社会的整体状况。同样的道理，实证主义哲学流派与资本主义社会的关系或许也是若即若离的。将实证主义视为资本主义帮凶的观点，可能与将欧几里得视为古希腊奴隶制帮凶的观点一样牵强。或许，我们也可以用马尔库塞的话术来批评马尔库塞本人：你将实证主义视为资本主义帮凶的言辞，是不是也起到了转移注意力的作用？你到底是在掩护谁呢？

需要指出的是，实证主义的那种"轻忽大面额钞票

小结：放弃社会批判就是罪？

而重视小零钱"的学术作风,也影响了一些处在人文主义阵营之中的学术流派——特别是现象学,这也是我们下一单元要讨论的内容。

第九单元

德式现象学—存在主义的生活提案

Yingjia Xu
2023. 8. 5

德式现象学—存在主义开篇：现象里面有乾坤!

现象学与存在主义乃是当下在坊间颇有人气的哲学概念，也是本书的最后两个单元的主角。之所以将这两个标签放在一起谈，是因为存在主义本是衍生于现象学的。按这个逻辑，我在此应该先介绍何为现象学，再介绍其衍生出的存在主义。不过，我偏偏要反过来介绍二者，因为存在主义更像是一种人生哲学立场，而现象学则是一种为这一立场服务的哲学方法。按照"先立其大"的原则，先从存在主义开始解释，似乎更为合理。

存在主义是一种关于存在感的学问

这里所说的存在主义中的关键词显然是"存在"，但这并不是关于"电子是否存在"之类的科学问题，而是涉及你自己的存在感的一种立场。那么，什么叫存在感呢？下面就是生活中的一些案例。

> 具有存在感的案例：明星走秀时占据核心位置；学者的论文在知名期刊的重要位置发表；某个大明星上街购物，整条街的路人都朝着她看……
>
> 缺乏存在感的案例：某演员的名字在电影片尾的最后一秒出现；学者的论文从来没机会发表；某个平庸且无人理睬的人上街……

很显然，存在感与个体对其与世界的关系的感受相关，而与该个体是否在客观意义上存在无甚直接关系。**存在主义，就是一种着眼于存在感的哲学立场。**

不难想见，存在感之所以会成为哲学家的聚焦点，便是因为很多人觉得自己的存在感出了问题。换言之，很多人都觉得自己与世界的关系陷入了一种僵局。"我的世界不要我了！"——这样的心声会在下面这些事情发生时，在我们的耳畔响起：高考落榜、求职被拒、求爱被拒，或者干脆被无数人无视……在这种压力下，我们难免不问出这样的问题：我是谁？我为何活在这个世界上？

请注意，存在主义并不是第一个遇到此类价值虚无问题的哲学流派。而面对此类问题，别的哲学流派又是如何对我们的人生提出建议的？

伊壁鸠鲁主义者：没有存在感？没事，细细咀嚼一下豌豆之类的小零食，在"小确幸"中找到幸福……

皮浪主义者：根本就没有存在感这回事，还是满足于在人生的河流上随波逐流吧……

斯多葛主义者：如果你对世界本身的秩序有所了解，并由此明白了自己在苍茫宇宙中的位置，你的焦虑感就能得到治愈——对了，顺便告诉你，古罗马皇帝奥勒留也经常觉得自己没存在感——知道这一点后，你是不是好受些了？

叔本华主义者：你的焦虑，产生自涌动在你肉身内的无限的宇宙意志与你的肉身的有限性的矛盾。不要紧，听一点贝多芬你就能减压。若不奏效，试试瑜伽吧！

尼采主义者：那些杀不死你的东西会让你更强大！用你的权力意志压倒那些试图剥夺你存在感的人吧！

实际上，存在主义思潮本身就已经融合了历史上的这些既有思想流派的某些特征。不过，与上述思想流派试图淡化个体与环境之间的张力这一努力方向不同，现代存在主义试图进一步凸显这种张力。而使这种凸显得以可能的理论工具，就来自现象学。

德式现象学—存在主义开篇：现象里面有乾坤！

现象学：现象才是本质！

什么叫现象学？从表面上看，现象学像是对古典皮浪主义的一种重述，也就是先将现象与世界本身区分开来，然后再在对世界本身存而不论的前提下，仅仅聚焦于现象，也就是个体的意识能够直接把握的东西，如咖啡的香味、鸟儿的鸣叫、老板的怒吼等。

不过，更仔细的考察会让我们理解现代现象学与古典皮浪主义的本质性差别：当皮浪主义将世界悬置起来时，他们也悬置了一切对本质的追问；而当现代现象学家聚焦于现象之时，他们却预设这就是本质的绽放之所。因此，皮浪主义者是以反本质主义者的面目出现的，而现象学的开山祖、德国哲学家胡塞尔（Edmund Gustav Albrecht Husserl，1859—1938）却是一个如假包换的本质主义者。

但现象本身如何展现本质？让我们不妨设想何为红色。红色的本质在哪里？显然就在种种的不同的关于红的感性样本里。你通过对各种红色布料的感知，自然就知道了什么叫"一般的红"。请注意，这种对红的共相的获取，并不是通过理性运作而得以可能的（尽管柏拉图主义者会这么看），而是通过"想象力的自由变更"。也就是说，你自己的想象力就能通过有限的颜色版本，让你一下子领悟到什么叫一般的红，而在此期间，你的理性并没有发挥积极的作用。

由此看来，现象能够给予我们的信息，要比皮浪主义者预估的更严整和更具结构性。这也就启发了现象学家从现象入手，对世界进行研究。

有人或许会问：研究世界为何不从客观主义研究方法入手呢？从对世界的主观感受入手的意义又体现在何处？下面我就以装修房屋为例说明这一点。对于装修这件事，我们一般要注意两个面相的事情。

客观的面相：这种油漆的环保指数是否得到了国家环保部门的认可？这种木材是不是真原木，还是廉价的合成木材？这种地毯会不会成为螨虫的家园？等等。

主观的面相：这样的漆面看上去是不是舒服？这种油漆闻上去是不是有异味？这种木材摸上去是不是结实？这张地毯看上去是不是很脏？等等。

很显然，一个装修师要让客户满意，归根结底是让他的现象世界充满和谐。换言之，**一切处在客观世界中的运作，若不能在现象世界达成一个好的结果，那一切就都白费了。**从某种意义上说，现象世界就扮演了物理世界的"目的因"的角色，因此，一种基于现象的哲学思维方式也就能以自己的方式揭露世界的奥秘。

这种新的视角转换能够带来很多关于人生的新领悟。就拿花钱吃美食为例，你真的需要吃一只6000元人民币以上的皇帝蟹（学名"巨大拟滨蟹"）来证明你爱吃螃蟹吗？一只 300 元以内的珍宝蟹带给你的美食快感，真的只有前者的二十分之一吗？如果你的思维是基于二者的客观售价的，你恐怕就真的会认为吃皇帝蟹带给你的快乐是吃珍宝蟹的二十倍——但若你真吃过二者之后，你或许会基于你切实的现象感觉，对这个问题作出别样的判断。一句话，现象学的视角能够让你以一种更忠实于你的味蕾的方式，摆脱消费主义带给你的虚荣感。

上面这个道理，似乎伊壁鸠鲁主义者也说得出来，但现象学与伊壁鸠鲁主义不同的地方就在于，前者非常清楚，那个被呈现给现象学主体的现象世界与物理世界自身的二元对立，以及这种对立带来的痛苦。古代的伊壁鸠鲁主义者试图说服我们采用"鸵鸟策略"，并由此无视客观世界对现象世界提出的挑战；相较之下，现代现象学家则要将"鸵鸟"的脑袋从沙子里揪出来，并说服它勇敢地面对这一挑战。从这个角度看，现象学家多少继承了一点尼采的勇气，而少了一点伊壁鸠鲁主义者与皮浪主义者的佛系色彩。

从胡塞尔到海德格尔的德国现象学

现象学与存在主义又分为德国阶段与法国阶段，前者的学院气息较浓，后者与文学的结合则更紧密。本单元将聚焦德国阶段。胡塞尔说过这样一句名言:"现象学运动,无非就是我与海德格尔。"秉承这一思路,我在本单元也将主要介绍胡塞尔与海德格尔的思想。

首先要谈的是胡塞尔的意向性理论——这也是现象学的基本出发点。此部分讨论的学院色彩是全单元最浓郁的,却是我们理解现象学的必经之路。然后,我将全力转向海德格尔的思想,聚焦其人生哲学的如下几个关键词:"技术""向死而生""时间"与"畏"。

下面就让我们先进入胡塞尔哲学的世界。

胡塞尔的意向性理论：教你辨鬼与防诈

胡塞尔生于1859年捷克摩拉维亚地区的一个小镇，当时此地还属于奥匈帝国。胡塞尔的求学生涯是在德国与奥匈帝国两个德语国家来回穿梭的。他本科就读于德国莱比锡大学，后来又在柏林的弗里德里希·威廉大学继续深造。到了1881年，他又进入了奥地利的维也纳大学，并在1883年获得了数学博士学位。在他的求学生涯中，一个很重要的学术引路人乃是心理学家弗朗兹·布伦塔诺（Franz Clemens Honoratus Hermann Brentano，1838—1917）——这也就解释了日后的胡塞尔为何对意向性的问题那么有兴趣。

有趣的是，胡塞尔虽然对与心灵相关的问题很有兴趣，但是他却反复说自己反对用心理学的观点来看待哲学。这种观点就是反心理学主义，其核心命题就是反对将逻辑规律还原为心理学规律。这一思想在他于1900年出版的《逻辑研究》中得到了充分的表达。到了 1913 年，他的重磅著作《观念 I》（也被翻译为《纯粹现象学通论》）正式出版了，这本书也意味着胡塞尔的意向性理论的成熟化。

不过，也就在第二年，第一次世界大战便爆发了，而在 1916 年，胡塞尔的一个儿子也作为德军的一名普通士兵在凡尔登战役中阵亡。这显然是对胡塞尔的重大精神打击。但这不是他人生悲剧的结束。由于胡塞尔本人的犹太血统，1933 年以后，他被当时的弗莱堡大学的校长——也就是他的弟子海德格尔——禁止参加各种学术活动，连进图书馆看资料的权利都被剥夺了。当局也并没有因为胡塞尔的儿子曾经为国捐躯这件事而对胡塞尔有任何照顾。

胡塞尔死于 1938 年 4 月 27 日，死因是胸膜炎。为了避免被说成是"与劣等民族亲近的人"，作为纳粹党员的海德格尔没有参加他的葬礼。此外，胡塞尔的女助手、女哲学家史坦茵（St. Teresa Benedicta of the Cross，1891—1942）则因为自己的犹太血统，在 1942 年惨死于奥斯维辛集中营。胡塞尔死后，他留下的学术手稿有四万多页，后保存在比利时的鲁汶大学，这是世界哲学的重要瑰宝。二战结束后，这些手稿得到了妥善的处理，其中很多内容都已公开出版。

胡塞尔是一位从数学改行从事哲学的哲学家。一般而言，这样的学术背景很容易造就一个实证主义者。但胡塞尔的学术道路却并非是如此展开的。下面就来谈谈胡塞尔哲学的真正旨趣。

实证主义的人生态度中存有相对主义的漏洞

胡塞尔面对的世界充满了各种荒谬。威廉二世的德意志第二帝国也好，希特勒的德意志第三帝国也罢，虽然其组织形式充满了数学意义上的精密性，所做之事却荒唐至极。基于军事赌博心理，强大的国家政权将千万的年轻人送入杀戮场上进行无谓的牺牲，全然不顾整个战争计划自身出发点的非理性。至少在第一次大战结束之后，很多欧洲知识分子都开始思考这样一个问题：欧洲文明哪里出了问题呢？

对于这个问题，胡塞尔的答案是，欧洲文化已经陷入了相对主义的泥潭。更糟糕的是，实证主义或功利主义并不是解决这个问题的良药，甚至还会为相对主义思想的扩散大开方便之门。

他为何这么看？以边沁的学说为例，他张口闭口说要计算快乐——这想法貌似很客观，殊不知这种客观主义就是一种被改头换面的相对主义。其玄奥之处在于，他给出的算法都是他在书斋里想出来的，只要换一个人重新设计，结果很可能就不同了。而一般的外行可不知其乾坤，看到这么多看不懂的参数就头晕了，还真认为快乐是可以被客观计算的。同样的道理,现在网络上流行的各种心理学参数——什么缘分匹配指数、心理健康指数——其实都是被伪装成客观科学的主观偏见。对于这种伪客观,胡塞尔是非常讨厌的,因为这种做法会毁掉"科学"这词的名声,甚至会让某种相对主义的立场在这种伪客观主义的加持下变得更有诱惑力。

为了与相对主义作战,胡塞尔就要找到使得人类文明得以确立的阿基米德支点。他的思路是回到笛卡尔去,并以意向性问题为着眼点。

在意识里找到确定点,悬置对客观世界的判断

什么叫意向性?这其实指的是任何指向外部对象的心理活动。比如,我若想吃冰淇淋,冰淇淋就是在我体外的对象——但这不妨碍我的意向活动指向它。同样的道理,我的意向性的箭头也能指向吴承恩与海王星,甚至指向压根儿不存在的对象,如孙悟空。

现象学要求我们悬置对意向对象所涉及的外部对象的自然主义判断。也就是说,秦始皇、海王星与孙悟空是否客观上存在,是可以先存而不论的,我们关心的,是将这些客观判断悬置起来后,呈现出来的主观意识世界。

看到这里,估计读者都糊涂了,胡塞尔不是讨厌相

对主义吗？他不是批评实证主义是一种伪客观主义吗？他怎么自己又为一种主观主义立场站台了？

正如刚才所指出的，胡塞尔恢复的乃是笛卡尔的思路。在作为新笛卡尔主义者的胡塞尔看来，**所谓的主观世界要比客观世界更具有确定性，而所谓的客观世界才是充满各种变动与不确定性的！**

为何这么说？吴承恩真实存在吗？或许按照常识，他是存在的——但如果哪一天有历史学家又考证出《西游记》不是吴承恩写的，那么我们在意向活动中的那个作为《西游记》之作者的吴承恩便是不存在的。换言之，客观世界中的证实活动，往往伴随着证伪活动的可执行性，因此，任何能够被证实的东西，原则上也可以被证伪。

相反，主观的意识世界却具有了某种真正意义上的"不可错性"。也就是说，如果你自己觉得吴承恩写了《西游记》，你的这个想法为你所持有这一点，就是确定的，而这一点与吴承恩是否写了《西游记》无关。同样的道理，你如果觉得相对廉价的珍宝蟹要比昂贵的帝王蟹甚至皇帝蟹好吃，那么这种确定性就是扎扎实实被你获得的东西，因为你的感觉具有某种与这些食材的客观售价无关的不可错性。

那么，这种在主观范围内的不可错性，是如何为胡塞尔意义上的客观主义提供基础的呢？

通过主观而构建的客观，才是真客观

胡塞尔的思想虽然与笛卡尔有关，但也并非没有自己的发展。毋宁说，其思想与其先驱笛卡尔的最大区别，乃是胡塞尔对下述问题非常上心：如何从我们的主观意识世界构造出一个客观世界？关于此问，笛卡尔的思路显得非常简单粗暴，他先是通过经院哲学的把戏，完成了对上帝的本体论论证，然后他就将对外部世界的证明完全建立在上帝自身的伟力之上，自己则两手一摊，啥都不做。相较之下，胡塞尔为了说清楚主观意识世界是如何构造出客观世界的，付出了巨大的心力，而且也没用"请出上帝"这种类似作弊的论证方法。

由于胡塞尔哲学的高度技术性，在此我只能对胡塞尔的思路作出一番相对简易的解释。这里的关键是要意识到，胡塞尔哲学与康德哲学——而不仅仅是笛卡尔哲学——之间的关联。

我们知道，康德的认识论的一个基本想法就是"人同此心、心同此理"，也就是说，康德哲学关于"人类的主观知识形式如何加工出客观知识"的理论，是适用于任何一个人的。胡塞尔也继承了康德哲学的这一做法，只是其所使用的现象学工具逸出了康德哲学的视野。换言之，在胡塞尔看来，无论是哪一个经验主体（甚至包括外星人），其意识经验的基本架构都是一样的，而对客观知识的获取，也必须以预设这一基本意识架构为前提。通过这一"由主到客"的路径被构造出来的知识，也才能在最大程度上弱化因文化与民族差异而造成的歧见。举个例子，康熙皇帝或许不懂欧式几何，但是，只要为他工作的西方传教士能够以正确的感性教学方式来激活康熙皇帝的一般意识结构中的某些要素，他也能学会欧式几何。

在胡塞尔所关心的意识的一般结构中，最为关键的乃是"Noesis-Noema"这个对子。这个对子很难翻译，一般被翻译为"意向活动—意向活动的相关项"，但我觉得实在是过于啰嗦，下面干脆直接用外语表示。

Noesis 指的是意向活动的类型，如相信、知觉、想象、期望等。Noema 则关系到了意向活动所涉及的事件或者对象，如"考上大学"这件事、"张三的手表"这个物件、"孙悟空"这个虚构对象等。概而言之，所有的意识活动都有 Noesis 和 Noema 这两个要素。

但如此抽象的理论，是如何帮助我们在日常生活中与相对主义思想作战的？

当胡塞尔主义者遇到了女鬼与战争狂

现在先让我们旁观这样一场在张三与李四之间展开的虚拟对话：

张三："李四兄,我遇到女鬼了!"

李四："扯淡,哪里有鬼?"

张三："真遇到了!就在张家巷那里。今晚可能还会出现,你有空的话我们一起去看好不好?"

李四："去就去,谁怕谁?"

(于是两个人就一起来到了张家巷,并看到了前面有个女生好像正在朦胧的月光的映照下走路。)

李四："那就是你说的鬼?何以见得她不是人?"

张三："如果你发现她从各个角度看,都以背影之姿示人,这就证明她是鬼。"

李四："你亲自去从各个角度验证过这一点吗?"

张三："没有。不过我昨晚做了个噩梦,我发现那个梦里面的女鬼就是那样。"

李四："你太不理性了,梦里出现的景象也能作为证据?你得亲自去看看她的正面是什么样子。"

这段话背后的现象学玄机是什么?从现象学的观点来看,这就说明 Noesis 有不同的把握 Noema 的方式,而不同的方式在知识构建中扮演的角色是不一样的。比如,"知觉到"这种 Noesis 所涉及的 Noema,就应当比

"梦到"这种 Noesis 所涉及的 Noema，更有资格成为知识构建的稳固材料，因为知觉具有梦境所不具有的一种现象学明证性。而张三的问题是，他明明知道他所看到的女鬼是在梦中出现的，却认为与之相关的 Noema 依然有资格成为知识构建的稳固材料，由此被李四嘲笑，也是活该了。

读者或许会问：现实生活中，谁会像张三那么蠢？还真有——其中有些还是手握大权的人。就拿夺走胡塞尔的儿子的生命的第一次世界大战来说，当时的德国统治集团哪里来的信心，认为自己能够同时打败西线的英法联军与东线的俄军呢？德国总参谋部的谋划是，俄国的国内交通条件差，总动员效率低下，所以德军就能利用国内的高效铁路系统打个时间差，先集中兵力击溃西线的英法联军，然后再回师打败俄军。但问题来了，你们这些德国参谋怎么知道，德军一定就能抢在俄国动员完成之前击溃英法联军？就算俄国国内的交通不行是事实，但英法联军难道就是容易被捏爆的软柿子吗？

实际上，支持当时德国参谋"迷之自信"的唯一的根据，乃是历史上普鲁士军队曾在普法战争中迅速击败法军这一点。但这一根据本身却非常薄弱。第一，法国人已经吸取了教训；第二，这次英国人也来帮法国人了。从这个角度看，迅速击败英法联军仅仅是德国总参谋部的希望，而与"希望"这种 Noesis 所关联的 Noema，显然是与梦中的 Noema 一样虚无缥缈，并因此无法成为知识的一部分，遑论以此为根据指导行动。换言之，不顾诸种 Noesis 的分类，胡乱使用各种 Noema 构建出自己的行动规划，乃是导致诸多人类悲剧的一个重要源头。

然而，很不幸的是，正如黑格尔所言，人类从历史中学到的最大教训，就是什么教训都没学会。胡塞尔在他的时代所看到的时代病症在我们的时代愈演愈烈。说得更具体一点，破坏我们在不同种类的 Noesis 之间的界限感，乃是 21 世纪的信息技术非常擅长做的一件事情。

现代信息技术的恐怖之处

现代信息技术由电报、报纸、电视与网络构成，而众所周知，在当下，网络的作用正在全面边缘化前面提到的这些传统信息传输平台。尽管这些技术之间的差别不小，但从现象学的角度看，它们都有一个共通点：**都使得不同形式的 Noesis 之间的界限变得模糊。**

就拿假新闻的传播来说，网络上每个自媒体博主对某事的报道，究竟是使你知觉到了外部世界的一部分呢，还是为了让他本人某种一厢情愿的"意淫"得到了传播呢？假设他还能使用人工智能制作假新闻图片来"佐证"其报道的"新闻"的话，一般的受众又如何能在有限的时间中，辨别出信息源自身的不可靠性？很显然，**当一个人或者一个团体获得了全面的信息控制权，他或他们就能通过修正 Noema 的 Noesis 设定来改变社会成员的思想形态。**

下面这场发生在纳粹德国时期的虚拟对话，就足以说明这种洗脑机制有多么可怕。

汉斯："喂，沃夫冈，你知道吗？有人昨天在柏林的选帝侯大街看到女鬼了！那女鬼没头，但竟然还打了辆出租车！"

沃夫冈："扯啥淡，你看到了吗？"

汉斯："我虽没亲眼看到，但是报纸上是这么说的。"

沃夫冈："扯淡，你还不是没有亲眼看到吗？"

汉斯："广播里也是这么说的。"

沃夫冈："扯淡，广播里说了就能证明你看到了？"

汉斯："你疯了，广播、报纸说的事你竟然都不信？那你也不相信我们德国之所以没打赢世界大战是因为犹太人在背后捣鬼了喽！"

沃夫冈："扯淡，你看到犹太人在背后捣鬼了吗？当时我和你都在法国前线与法国人打仗，你可真看到犹太裔的士兵在捣蛋了？我记得那天死在我身边的两个机枪兵可都是犹太人！"

汉斯："我虽然没有看到犹太人捣蛋，但是报纸上是这么说的。"

沃夫冈："扯淡，你这还不是没有亲眼看到吗？"

汉斯："广播里也这么说。"

沃夫冈："扯淡，广播里面说了就证明你看到了？"

汉斯："你真是疯了，广播报纸你都不信？对了，你可能就是犹太人的同情者，我要向盖世太保举报你！"

上面的虚拟的对话说明了什么？很显然，在由大量社会成员构成的复杂社会网络之中，要让每一个成员凭借自己的知觉能力获取关于外部世界的情报，是非常困难的。也就是说，**现代社会的复杂程度本身就自动缩小了知觉这一 Noesis 的有效作用范围，并使得信息代理人的作用不得不上升**。然而，现代社会的高度复杂性又导致了受众对这些信息代理人的资质的监管变得异常困难，这就使得这些代理人有机会通过混淆"愿景"与"知觉"之间的界限，系统性地制造种种洞穴假象。显然，这是一个可能会将个体的理性判断力全面遮蔽的社会构架。

读到这里，读者或许还会问：如果一个人很不幸地生活在充满媒体谎言的环境中，他又如何能从这些谎言中找到真相？现象学又能从中起到什么积极作用？

胡塞尔主义者的回答是，现象学能够帮助你以较小的精力成本来鉴别媒体传播的谣言。

为何这么说？假设你生活在充满谎言的纳粹德国，而且也没系统学过现象学，那么从表面上看，恐怕你只能通过如下方式来判断电台里的战况报告哪些是谣言了：你得设法接收到盟军方面的新闻广播，然后听听战争的另一方是如何报道战争的。

但这个做法显然有不少缺点。第一，在纳粹德国的环境下，这样做有政治风险；第二，这样做也比较不经济（那时，短波收音机并不是能轻易得到的物资）；第三，盟军的宣传机构也可能会撒谎。相比之下，现象学能够提供一个绕开这些麻烦、相对简易的鉴别方法，就是相信世界呈现给你的原始现象是什么。

原始现象，指的就是那个没有被媒体加工过的，而且能够被你真实感受到的世界。比如，不管媒体是如何报道德军在斯大林格勒的英勇的，你不妨用你自己的眼睛看看。为何铁匠汉斯家的三个儿子在部队休假时，只有一个儿子活着回来了？为何市场上的日用品越来越短缺？为何征兵的年龄越放越宽？为何出现在德国上空的盟军或苏军的飞机越来越多？注意，"（正在）战败"并不是一个抽象的概念，而是类似海鲜腐败的过程———一旦战败的过程在遥远的前线开始了，身在后方的你也能够闻到那种海鲜腐臭的味道。

其实，任何人的现象学界面，本身都会以非常隐微的方式浓缩很多时代的信息，而现象学维度中的直观训练，则能使任何一个现象学主体对这些信息产生更加敏锐的感知力。一旦你获得了这种"见一叶而知秋"的能力，你就能以最少的资源消耗，获得某种虽然模糊却依然与真相相距不远的大局观。你始终要记住，现象学要你更相信你自己的眼睛所看到的，以及自己的鼻子所闻到的，而不要那么相信自己的耳朵所听到的。

相较之下，戈培尔式的信息垄断机制所做的事情，就是让他的眼睛代替德国人的眼睛，用他的嘴取代德国人的嘴，这样一来，德国人的耳朵就只能听到戈培尔希望他们听到的声音。从这个角度看，德国在 20 世纪上半叶所遭遇的民族悲剧（即成为前后两次世界大战的策源地），本质上就具有一个需要从现象学角度才能得到诊断的病因，即国家机器对广大德国民众的个体的原始现象呈现界面的系统性遮蔽。

尽管故意破坏德国民众自身现象学界面的纳粹政权曾将胡塞尔害得很惨，但胡塞尔最重要的弟子海德格尔却成了一名真正的纳粹党员——这实在是造化弄人！下面我们就来介绍海德格尔的思想。

海德格尔：我受够了这个该死的技术世界

马丁·海德格尔（Martin Heidegger，1889—1976）生于德国巴登-符腾堡地区的一个天主教神职人员家庭。基于这样的家庭背景，海德格尔本来也应当成为一名神职人员，但他更喜欢的是哲学，因为哲学能够带给他更多思想自由的机会，并因此更符合他的胃口（神学与哲学的本质性区别是，神学预设信仰并由此展开思考，而哲学则可以对信仰本身展开思考）。也正是基于这一缘故，在弗莱堡大学学习神学的海德格尔，一直对同校哲学系的"大佬"胡塞尔极为敬仰。胡塞尔经过一段时间的考察，最终决定让刚获得博士学位的海德格尔在其麾下做青年教师。

海德格尔刚做青年教师时，德国刚刚经历一战的战败，战后建立的魏玛共和国政府软弱无力，国内物价飞涨、民不聊生。海德格尔自己的原生家庭并不富有，而其曾经富有的老丈人则因投资失败（他将钱全部都投入战争公债，而德国却战败了），也无法给予新婚的海德格尔任何资助。当时的海德格尔已经困窘到需要母亲向其邮寄大量土豆才能填饱肚子的程度。1923年，海德格尔又转到马堡大学任教，此后经济情况略为稳定，并开始撰写其成名作《存在与时间》。此书在1927年出版后，立即成为备受学术界关注的重磅级著作，海德格尔本人的职业生涯之路也开始走得越发稳健。1928年，胡塞尔从弗莱堡大学退休，海德格尔顺势辞去了他在马堡大学的教职，回到母校填补胡塞尔留下的哲学讲座教授的空位。

不过，从1931年开始，海德格尔与当时尚且在野的德国纳粹党的关系变得越来越密切。1933年，他正式加入了纳粹党，并且成了弗莱堡大学的校长。在就职演说中，他露骨地表示，对纳粹党的忠诚要比追求真理来得更为重要。不过，纳粹党上层对海德格尔的态度却一直不冷不热，而且也没有证据表明，他在战时接受了德国宣传机器指派的特定宣传任务。二战结束以后，弗莱堡大学暂时被法国占领军控制。法国当局因为他的纳粹背景，暂时禁止他任教。好在，随着时间的推移，对他的言论禁锢亦慢慢变少，他在学术界的声誉也得到了部分恢复。海德格尔逝世于1976年，大约从20世纪90年代开始，海德格尔的思想开始在中国广为传播，中国的哲学圈一度几乎已经到了不谈"海学"就无法讨论西方哲学的地步。

海德格尔与纳粹的暧昧关系一直备受后世争议。不过，其哲学中的相当一部分内容应当是非政治性的，否则，在世界反法西斯战争胜利的大背景下，海德格尔哲学也不可能在战后得到如此广泛的传播。本回的讨论也将主要涉及其思想中与政治无关的部分。

拯救被遗忘的存在

海德格尔最喜欢说的话就是"欧洲的传统文化与哲学遗忘了存在"，这话听上去高深莫测，具体含义暧昧不清。下面就尝试着解释这句话的含义。

前面提到，"存在"在德文里的写法是"Sein"，对应英文中的"Being"。这词兼有"是"的意思，而"是"这个词是西式主—谓逻辑支配下的语句得以构成的枢纽性力量。

在西方的语言逻辑中，Being 就起到了将各种感性表象结合在一起的最基础的作用。黑格尔的《逻辑学》之所以将 Sein 或 Being 视为他的范畴表体系的第一环，也是这个道理。但海德格尔讨论 Sein 或 Being 的思路与黑格尔不一样，前者关心的是一个更根本的问题：将各种零散的表象结合在一起的，难道是 Sein 或 Being 所代表的那种逻辑或者范畴的力量吗？难道从逻辑或者范畴的角度去思考 Sein 或 Being，乃是我们切入这个问题的唯一进路吗？

很可惜，海德格尔不懂汉语。若他懂的话，他完全可以从这个角度来重构他的思路：为何中国人在汉语中，即使不去激活 Sein 或 Being（或是其汉语对应物）的逻辑机制，也能在言谈或者书写中完成对不同的感性的表象的聚合呢？请读读元代的马致远所写的《天净沙·秋思》：

枯藤老树昏鸦,小桥流水人家,古道西风瘦马。夕阳西下，断肠人在天涯。

很明显，这诗歌的前三句没有出现任何明显的主—谓判断，都是在叠放名词，如"枯藤""老树""昏鸦"等。但我们并不觉得这首诗表达出来的整体意象是凌乱的。毋宁说，有一种隐蔽的机制将这些貌似杂乱的表象默默统合到了一起。

海德格尔主义者的哲学发问便是，若不提语言的逻辑作用，我们是如何感受到《天净沙·秋思》所展现出的画面的统一性的？或者，我们也可以用现象学的语言来重述海德格尔主义者的问题：在悬置了 Sein 或 Being 的逻辑机制后，作为纯粹现象被呈现给我们的 Sein 或 Being 究竟是怎么一回事？很显然，在海德格尔主义者看来，对于作为纯粹现象被呈现给我们的 Sein 或 Being，西方传统哲学长期采取的是一种漠视的态度，而这也是作为胡塞尔的传人的海德格尔希望发力的地方。

然而，海德格尔毕竟是西方人而不是中国人，因此，他若想向西方读者阐述清楚这个问题，又该怎么办？换言之，对于这个问题，是不是有一种不预设特定语言知识的一般性提出方式呢？

当然有！就拿对绘画的欣赏来说——此类活动就不预设欣赏者必须先懂德语或者汉语。海德格尔本人就在其论文《艺术作品的起源》分析过凡·高的《农鞋》，而这一分析就是直面画面本身的。这幅画其实画的就是一双沾满泥土的鞋子，看似平淡无奇。但通过鞋子，观众会由此联想到鞋子的主人，以及主人曾经经历的事情，由此还能联想到农田、艰辛与大地母亲的各种馈赠。现象学"见一叶而知秋"这一功夫的威力也由此得到充分展现。用现象学的语言来说，**这种欣赏活动本身就向我们展现出了一个"生活世界"——一个各种事物的意义彼此交织的统一的现象学界面。**

好了，海德格尔的问题现在可以得到一种新的表述：在悬置了 Sein 或 Being 的逻辑机制的前提下，观众是如何领会《农鞋》所展现出来的生活世界自身的意义统一性的？这难道不是一个被传统哲学遗忘的关于 Sein 或 Being 的更基本的问题吗？

凡·高的《农鞋》

看到以上对这个问题的反复表述，读者或许会希望立即得到海德格尔对该问题的答案。但哲学与一般学科的不同之处就在于，很多哲学家之所以伟大，主要就是因为其提出了深刻的问题，而不是解决了这些问题。比如，对 Sein 或 Being 的更基础层面的意义的追问，或许就不存在一种清楚明白的解答方式，因为任何看似清楚明白的解答方式都要用到逻辑，而海德格尔主义者所追问的，本就是处在**前**逻辑层面上的事情。在这个层面上，我们需要做的乃是感知与体会，而不是基于逻辑的表述。也正是基于这种考虑，海德格尔才将人类的个体说成是"此在"（Dasein），也就是"对存在的意义于此

海德格尔：我受够了这个该死的技术世界　783

处加以理解的领会者"的意思。在这个问题上,海德格尔继承的无疑是胡塞尔的衣钵,因为师徒二人都赞成这个现象学的口号:"回到现象实情去!"

看到这里,有人或许会问:既然我们是中国人,跟着海德格尔去嘟囔什么"西方传统哲学遗忘了存在",对改善我们的现实生活又有什么帮助呢?

有关联!西方传统哲学的思维方式,其实已经随着源自西方的工商业活动的展开,渗入了全世界的日常生活。请试想一个在大城市上班的白领被公司的业务逻辑所束缚的日常吧:挤地铁;匆匆冲入办公室打卡;打开电脑处理紧急的邮件;开例会;因为PPT没做好被上司吼;想吃一口热饭时发现办公室的微波炉坏了,而申请修理微波炉又要经历漫长的审批程序……

从这些点点滴滴来看,我们这些现代人的生命节奏,其实已经被一张基于语言命令的网格牢牢控制住了。除了少数自由职业者外,**大多数现代人的生命节奏都不是根据其对世界的体会来调整的,而是根据其在社会网格中所接受到的语言命令来调整的**。从海德格尔的立场上看,这就是作为主—谓逻辑之枢纽的 Sein 对作为人与世界之间原初关系的 Sein 的全面遮蔽。而现象学家对这一遮蔽机制的揭露,则有助于我们思考换一种生活方式的可能。当然,哲学家不会对这个问题给出现成的答案——不过,能够提出问题本身,也算得上是一个重大的进步。

"回到现象实情去"是海德格尔与胡塞尔都认可的现象学座右铭。然而,海德格尔的思路又在哪些地方超出了其老师的光谱呢?

拿起榔头,进入上手状态

我们知道,胡塞尔的现象学的核心部分,乃是对意向性的分析,而在这个过程中,身体所扮演的角色则是被"悬置"的。更多秉持笛卡尔传统的胡塞尔认为,身体也是物理世界的一部分,并因此不能直接呈现在最原始的现象学界面之中。海德格尔则认为,胡塞尔这种处理方式的笛卡尔色彩太浓,并因此恰恰不符合现象实情。毋宁说,我们的身体的现象学呈现方式与世界的某些面相,都能在生活世界中向我们透露其自身的秘密,正如我们在观赏《农鞋》时所感受到的。

具体而言,作为观画者的我们当然知道,鞋是给人脚穿的,而人脚是人类身体的一部分,之所以要穿鞋,是因为这会方便人们用脚在土地上行走。如果将人体的构造,以及鞋子的作用全部悬置掉,我们也就无法真正欣赏《农鞋》。当然,与胡塞尔一样,海德格尔也同意悬置那些无法在现象学界面中出现的科学信息,如猿的足是如何进化为人的脚的,或者这鞋子的主要化学构成是什么等。但他心目中的现象学界面所囊括的范围，显然要比胡塞尔来得更广。

这种界面的拓展就自然导致了一个有趣的变化：**海德格尔非常重视人类的双手的基础性的现象学地位**。他在《存在与时间》里提到的著名哲学术语"上手状态"亦与此相关。

何为上手状态？一言以蔽之，当你使用榔头敲钉子，并觉得工具非常称手的时候，工具就与你的身体产生了一种水乳交融的关系，这就是上手状态。但如果你的榔头的把手松动了，让你有力无处使，你就会对这个工具进行理论上的静观，并由此进入了"手前状态"。我们人类与外部工具的关系，基本上就在这两种状态之间切换。

看到这里，读者或许会发问：海德格尔说的这个思想，好像并不深奥啊？我们现在用手机看视频，难道不是一会儿卡顿一会儿流畅吗？流畅的时候自然就是上手状态，卡顿的时候就是手前状态——这有什么好大惊小怪的？

注意，用手机看视频并不是海德格尔主义者喜欢举的例子。对于海德格尔来说，手机是过于复杂的设备，此类设备的运作全面遮蔽了我们与世界的原初的现象学关系。他喜欢的关于工具的例子乃是农鞋、榔头与雪橇——总之，任何让你一下子就看明白身体、工具、环境之间的结合方式的器具。从这个意义上说，海德格尔是一个如假包换的技术保守主义者,他需要我们的手真实地与物质材料相互接触,享受实实在在的上手状态,用手按住键盘之类的活动则不算。

现代技术的本质乃是座架

上面的讨论,也就引出了海德格尔对现代技术的批评。

对于手机之类的现代器物,海德格尔最喜欢用的一个词乃是"座架"(Gestell)。这词的意思有点令人费解,下面就来解释一下。

在海德格尔的语脉中,座架有点像"天地灵气之集置器"的意思。如蒸汽机用的煤、汽油机用的石油,都是我们的大地母亲积累千万年天地精华所造就的,但人类的工业化进程却可以在很短的时间内,将这些精华消耗殆尽。再说水坝(这是海德格尔非常喜欢的一个例子),水坝拦住了水,改变了水势并为人类所用——而这种做法其实也将天地精华强制压入特定的轨道,并由此完成了对资源的集中利用。

今天在各种媒体上被反复吹捧的大型语言训练模型ChatGPT亦是这样,该模型从海量的人类语言使用案例中吸取"精气",并"剥削"了大量的人类语言标注师的劳动,然后向人类用户展现了这样的一个虚假的画面：这个软件好像能够像活人那样与你对话，尽管它能够说的似乎都是各种正确的废话。总之，**破坏人与环境的直接交流关系，乃是现代技术的一项一般性特征**。

对于现代技术的上述特征，海德格尔忧心忡忡，但他往往是用近乎诗的语言来阐述相关的反对理由。比如，他老爱说什么技术破坏了人类在世界上的"诗意的栖居"。这种话术或许多少会让偏向"理科脑"的读者感到不适应。下面我就从更偏向于"理科脑"的角度，为海德格尔的立场作出四点辩护。

第一，基于座架的技术是不可持续的，而这一点又基于基本能源（如各种矿藏）的不可持续性。因此，海德格尔的上述理论能与环保主义的立场无缝衔接。

第二，技术的便利性又会导致大量无用之事的发生。比如，你爱将照片发到朋友圈里，并不是因为你的确有事向大家报告，而是发朋友圈这件事太容易了。同理，你坐飞机旅行并不一定是因为你太想旅行了，而是因为坐飞机旅行这事本身变得太容易了。这自然会导致资源的更多消耗。

第三，一种基于人类人文资源的座架会扰乱人类在其生活世界中的感官系统的运作，正如城市的人工光照系统会对鸟类与昆虫的自然导航机制构成困扰。举个例子，人类基于语言的彼此信任机制，就会因为大量垃圾邮件及聊天机器人的出现而变得非常脆弱。同时，手机对个人隐私的"集置"作用，又使得人类个体的地位岌岌可危，因为任何一个黑客对个体的隐私和资产造成的破坏，都会给个体带来"社死"级别的打击。

第四，对技术的依赖会使人类丧失在某些极端情况下使用原始的自然力及与地球母亲打交道的能力。如日本科幻片《生存家族》所展现的，因为一场莫名其妙的全世界停电灾难，那些平时视现代科技产品为日常之物的东京白领，只能以最狼狈的姿态逃到乡下避难。如果他们平时能多看一些《跟着贝尔去冒险》这类节目该多好啊！

当然，不得不承认，海德格尔针对现代技术的保守主义立场的确有点极端，因为连我也无法想象自己能在不使用电脑的前提下，写一本讨论海德格尔的著作。然而，一种打了折扣的海德格尔的技术观依然能帮助我们正视自己与世界的关系，并深入思考技术工具在这一关系中扮演的角色。退一万步说，友善地对待我们的地球母亲，小心地呵护自己的数据隐私，这一点总是没错的。

海德格尔对技术的批判还有一个隐蔽的前提：他非常担心沉迷于技术工具的个体忘记自己为何活着。这也就是写出《存在与时间》的海德格尔亦被视为广义上的存在主义者的道理，他很在乎个体的存在感。下回就来讨论这个问题。

向死而生：这是为了让你知晓为何而活！

"向死而生"这个来自《存在与时间》的哲学术语，因为其自带的诗意而在中国颇为流行。但不少人对这一概念的理解可能是完全违背海德格尔的初衷的。比如，在很多人看来，"向死而生"意味着一个个体为了实现伟大的理想，可以不计较个人的生死。而海德格尔的本意却是，为了保有你自己的存在感，你恰恰得勇敢质疑别人灌输给你的"理想"，并在有限的生命中为自己奋斗。

下面我们就来详细谈谈到底什么叫向死而生。不过，它本是在一种特殊的现象学情绪中展开的，所以要说清楚什么是向死而生，我们就得先说清楚什么是现象学情绪。

在我们的现象学界面中，情绪无所不在

世界呈现给我们的现象本就是充满情绪的。不妨想想我们是如何在现象学界面中，与那些数码工具打交道的——虽然海德格尔不喜欢这些复杂的工具，但考虑到此类工具与当代人生活的密切关系，我依然不得不提到它们。譬如，在使用电脑时，电脑有时会莫名其妙死机，引发我们的愤怒。这时候，有些人可能会怒敲机箱，好像电脑本身是一个知道疼痛的活人。在这种情况下，一种负面的情绪就充斥在我与我的电脑之间。不过，我们使用机器的现象学界面未必只能充盈负面的情绪。比如，在电影《无依之地》里，女主人公的房车就是一种带给她关于自然的更多感受的另类技术工具，换言之，房车是一种使她解脱了现代社会的生存逻辑的束缚，回到自然母亲怀抱中的工具。因此，这种工具便是一种相对积极的情绪的生产者。

其实，在海德格尔之前，胡塞尔也谈过情绪。不过，因为胡塞尔本人有一点理科背景，他对情绪的看法还是以认知为基础的。比如，假设玄奘在沙漠里跋涉时，因为看到清泉而产生欣喜的情绪，那么在胡塞尔看来，这种情绪的涌现本就是建立在玄奘的下述认知之上的：清泉能够用来解渴。假设此刻我们再递给他一瓶可口可乐，他却未必会欣喜，因为玄奘可能不知道这种黑乎乎的液体是用来干吗的——他甚至无法排除这是某种毒药的可能性。

不过，正如我们在讨论胡塞尔时指出的，胡塞尔并不是一个文化相对主义者。在上面的例子中，他虽然知道我们今人的认知与玄奘时代的人的认知有所不同，但胡塞尔更愿意强调不同时代的人所具有的共通认知结构，以及基于这种结构的共通情感结构。比如，正因为唐朝人与现代人都怕冷，也都知道冬天缺乏暖源会被冻死，所以即使是玄奘听到了《卖火柴的小女孩》这则故事，也会像我们一样感到辛酸。当然，这同时也恰恰是因为死亡——无论是在冬天被冻死还是别的什么死法——在任何一个时代的人的认知中，都是一件可怕的事情，因此，阅读他人死亡的故事就会激发我们的同情感。

不过，对死亡事件的目睹却可能激发不同方向的情绪。日俄战争中的日本联合舰队参谋秋山真之（1868—1918）在与俄海军谈判时，近距离目睹俄舰甲板上血水横流的惨烈场面，由此突然产生了强烈的罪恶感。从此，他开始研究佛学，并试图淡出军界（他的退伍申请虽然没被批准，但他从此在日军中始终以"躺平""摆烂"的姿态示人）。而在电影《绣春刀Ⅱ：修罗战场》中，从萨尔浒之战大败中幸存的明军低级军官沈炼与陆文昭，面对着战友们的尸山血海，则定下了与秋山相反的心愿：此后，自己的人生必须只为自己好好活着，这样才不辜负自己从死人堆里捡回的小命。于是，他们非但没有像秋山那样天天嚷嚷着要出家，反而加入了明帝国权势最大的衙门——锦衣卫，并开始享受随意玩弄他人命运的狂飙式余生。

以上对死亡的目睹引发的不同情绪间的分歧，乃是胡塞尔哲学所忽略的，却为海德格尔哲学所重视。

不要成为"常人"

海德格尔的现象学研究，除了将他的分析重心从意向性问题转向"木工用榔头敲钉子"之类的人与世界的原初劳作关系之外，还特别关注了两个层次之间的差异，即本真的存在层次与非本真的存在层次。下面就来讨论二者的区别。

为了方便理解，我就以美国科幻电影《人工智能》中的剧情为例。在电影中，一对夫妻因为丧子而收养了一个叫"大卫"的人形机器人，以作为原先爱子的替代品。这台机器人按照完美的设计蓝图来运作，它能够理解人类的语言，产生与人类意向几乎一样的意向，而且分享与人类一样的生活世界的图景。因此，胡塞尔的意向性理论也几乎完全适用于这台机器人。

然而，这台机器人会因为自己卓越的性能而沾沾自喜吗？换言之，我们的小大卫感到幸福吗？答案是否定的。小大卫始终为下述矛盾而感到烦恼：

一方面，它觉得自己不是家电之类的一般机器，它有自由意志、有梦想，特别希望有朝一日得到妈妈真正的爱，而不是那种将自己视为亲儿子的替代品的浅浅的爱；另一方面，周围人却始终将其视为一台可以被随时复制、销售，甚至销毁的机器。这种矛盾始终缠绕着小大卫的情绪场，让其觉得自己既在又不在人类的世界中。

这种矛盾终于在电影的某个阶段爆发出来了。小大卫在一个人类举办的"机器人解体秀"中，目睹了大量机器人同类被残暴的人类以各种匪夷所思的方式销毁，正如沈炼与陆文昭目睹大量战友在萨尔浒之战中，被敌军残忍地斩首。对死亡事件的目睹，点亮了小大卫的整个意识场，并让其意识到自己的生命的本己性。它开始意识到它不是一般的机器人，因此，它不愿意随随便便就被人类解体，就像沈炼与陆文昭不想在一场自己不理解的战争中随随便便送命。从此，它走上了用以寻找其"人生"意义的新道路。

《人工智能》说的虽然是机器人的事情，但显然具有向人类事务拓展的潜质。在海德格尔看来，我们很多人平时都处在浑浑噩噩的状态，按照别人的剧本，演别人赋予自己的角色——正如一台披着人皮的机器人，按照别人的指令进行看似复杂却早就注定如此的操作。这种状态，便是所谓的"常人"状态。这也就是海德格尔所说的"非本真存在"的状态。相较之下，小大卫在机器人解体秀上的领悟，则帮助其完成了向"本真状态"

的跃迁——他由别的机器人的死亡而知道了自己的死亡的不可避免性与不可取代性——由此,它决定摆脱常规,活出自己。

对死亡的目睹为何有如此大的功效?且看下面的分析。

死亡不是自然事件,而是所有可能性的终结

为了凸显死亡的存在论意义,海德格尔帮助读者厘清了作为自然事件的死亡与自己的死亡之间的差异。先来谈作为自然事件的死亡。我们经常从新闻里听到讣告,知道很多名人都过世了。于是,我们便开始讨论死者生前的事迹,类似司马迁在《史记》里开始了对一篇新的列传的撰写。在说到这些事件的时候,我们即使略感难过,也往往并不觉得这是触及自己的灵魂的重大人生事件——在某些情况下,我们甚至可以将他人的死亡当成一个冷冰冰的科学问题来研究——比如,对下述问题的追问:白起真在长平之战后杀死了40万甚或60万赵军降卒吗?

而在某些情况下,对死亡的目睹会导致我们的世界观突然改变。这往往是因为我们目睹的是亲人或挚友的死亡,或者是自己在某个危险事件中侥幸逃生。在这种情况下,因为死亡就在近旁发生,它也就直接进入了我

们的现象学界面，并使得该界面充满了一圈圈的涟漪。于是，我们开始真切地思考这个问题：如果我明日死了该怎么办？今天我应该做些什么？我还需要忍受上司的冷眼吗？我还要在乎后日的那个重要的公司会议吗？我一直想对那个人说那句话，为何今天不说呢？但问题是，就算我在今天完成了"许愿清单"中的所有项目，若到了后天呢，又该怎么办？

假若我明天会死，那么我今天对后天的思考会让我陷入巨大的"畏"。注意，畏不是怕，后者是针对特殊类型的事件或物体的，如怕年终考核、怕人力资源部主任、怕离婚或结婚、怕生小孩或生不出小孩等。相较之下，前者的对象不是任何一个单独的事件或对象，而是整个现象学界面自身的终结。在后天，我就无法再参与任何一个事件或遭遇任何一个对象了，甚至我会失去怕任何事物的资格。因此，**后天的死亡就意味着一个吞噬一切的意义黑洞，一个消除一切人生可能性的超级粉碎机**。在海德格尔看来，对大限的意识会倒逼我们盘点自己手头的时间资源，并积极开拓现有的人生可能性——而这种新的精神境界，将帮助我们真正进入本真状态。

由此，我们便能更深地理解"向死而生"一语的含义了。这当然不是说我们得按照别人给我们的"理想"模仿他们心中的构想，而是说我们得思考一下这样的选择是否是我自己想要的人生。

对此，读者可能会问：假设有一个变态杀人犯，其最大的乐趣就是折磨与残杀无辜的人，而且他即使知道自己后天会死，也希望能在今天与明天多犯下几桩命案。更麻烦的是，他这样做的确是基于他的自由选择。在这种情况下，难道一个海德格尔主义者也要赞成如此可怕的人生选择吗？

很可惜，虽然海德格尔本人显然不可能赞成杀人的行为，但是他的哲学理论的确没有办法提供足够的资源来处理这个问题。作出该判断的理由如下：

不难想见，如果我们在向死而生的语境内强行禁止当事人去选择某些极端反伦理的选项的话，我们就首先需要引入一个伦理学的框架。但问题是，伦理学框架本身往往是社会习俗的产物，并因此只能处在海德格尔所说的常人的层面上。一个旨在摆脱常人的当事人，又如何可能按照常人的教导去做一个循规蹈矩的人呢？这就是海德格尔哲学的一个内在问题：因为他太想摆脱常人的常规了，所以也就无法为种种光怪陆离的反人类行为建起一道防火墙。

我个人认为，海德格尔与纳粹思想的亲近，与其哲学的上述内在问题其实是有一种至少是间接的关联的（我们下回再来细谈这个问题）。在讨论这一关联之前，我们再来谈一个与向死而生密切相关的话题——时间。

向死而生的叙事所蕴含的时间模型

人生必须在时间内度过,而时间本身又是一个非常复杂的哲学难题。考虑到本书并非面向专业人士的哲学书籍,因此,我在此仅在人生哲学的框架内对海德格尔的时间观进行一番简单的提点。

海德格尔向死而生的叙事所蕴含的时间指向,明显是朝向未来的,因为每个人的死亡都只能发生在未来。就此,海德格尔给出了一种与流俗的时间指向完全不同的时间流逝方向。一般人会认为,时间之河的流向无非就是从"过去"到"现在"再到"未来",而在海德格尔看来,**生存论意义上的时间指向是从"未来"到"过去"再到"现在"的。为何这么说?**

一个人活在世界上,首先要明白自己究竟要成为怎样的人,并由此对未来的自己进行筹划,因此生存论意义上的时间是从未来开始的。在此基础上,他才会盘点自己在历史上所积累的那些资源,以便判断梦想是否有希望被实现,因此未来才会与过去发生联系。而这种盘点的结果就是当下的行动,这些行动要么是为了补齐短板以便更好地实现梦想,要么就是为了立即在当下将理想付诸实践,因此,未来与过去才最后会在现在牵手。

一句话,不是历史决定你的未来,而是你对未来的构想决定了你如何利用你的历史资源。举个例子,你如果将自己的未来设想得金光一片,你就会将你在历史上所遭遇的磨难设想为上天对你的考验;相反,你如果认为自己天生就是一个失败者,你就会将你历史上的那些失败视为对这一种消极的人生愿景的注解。

这种人生观甚至可以引向民族意识形态的构建。**一个民族如何看待其历史,取决于该民族如何看待其未来。**相信自己必将在未来世界历史中扮演重要角色的民族,会设法将自己民族历史上的每一次辉煌都加以夸大,并系统边缘化那些丢脸的历史记忆。而满足于在现有的世界秩序框架内过生活的民族,则会用相对客观的态度来看待自己的历史。因此,从海德格尔哲学的立场上看,后一类民族之所以比前者看问题更客观,就是因为此类民族对未来没有疯狂的想象,而不是因为此类民族本就习惯于客观性的评价方式。

若用这个时间模型去分析纳粹德国的意识形态的构建,我们也不难得出这样的结论:希特勒之所以非常牵强地将他所建立的"第三帝国"视为中世纪的德意志神圣罗马帝国与基于普鲁士王国的德意志第二帝国的继承者,乃是缘于他对德国在未来世界中所扮演的角色的巨大期许,而这种期许又倒逼他去随意地裁剪历史。其对未来的期许与对过去的裁剪之间的化学反应,最终导致了他在当下的疯狂行动。

当然,一个被纳粹德国侵略的民族国家,如波兰,也能按照类似的时间模型来解释其当下的选择（正因为波兰人对自己的未来也有期许，所以他们就不愿意做亡国奴）。从这个角度看，无论对于喜欢侵略的民族还是不甘心被侵略的民族而言，海德格尔的时间模型的确都具有很强的适应性。不过，也恰恰因为如此，这样的理论便无法在国际法的场域内有效地区分出侵略者与被侵略者，因为二者所使用的时间模型可能是一样的。

由此，海德格尔哲学的一个大问题也就露出了水面：这种哲学缺乏足够丰富的思想资源用以说明正义者与非正义者的区别。而这个问题本身，多少也就造就了海德格尔与纳粹政权的一段"孽缘"。

海德格尔为何踏上了法西斯主义的贼船？

　　海德格尔曾效忠过纳粹党这件事，是海德格尔思想研究中的一个谜。照理说，海德格尔哲学的很多要素貌似与纳粹的意识形态不相容。纳粹党本是一个洗脑团体，要求个体放弃自己的思维自主性而服从希特勒的安排；而海德格尔则要人们向死而生，过自己真正想过的生活。这二者的关系就好似油与水。但奇怪的是，海德格尔本人对这些差异视而不见。在纳粹上台之前，他便积极加入了纳粹党并支持其反犹政策。甚至他在战后也不愿意就其在纳粹时期的错误言行进行认真的道歉，并由此引发学术界的一片嘘声。这到底是怎么一回事？

　　海德格尔显然不是因为趋炎附势而加入纳粹党的——否则我们就很难解释，他为何在纳粹上台之前就选择了加入，以及他为何在纳粹倒台之后又不认真道个歉。我个人对此疑问的总的解释是，纳粹对现代文明的口头上的批判态度，与海德格尔对现代技术的批判态度产生了共鸣，并由此将其引诱上了贼船。另外，我们需要注意的一个背景知识是，在海德格尔哲学依然在纳粹德国得到普遍传播的同时，康德主义与新康德主义思想的影响却在德语世界全面退潮了。与试图颠覆现代性的海德格尔主义相比，康德主义显然明确拥抱现代技术社会的各种主流价值，包括对普遍人道主义大旗的高举、对科学的尊重，以及对民主制度的基本信任。因此，海德格尔思想的上升必须与"康德主义的暂时退潮"被放置到同一个时空背景中加以考察。

在对这个问题的讨论上，沃尔夫拉姆·艾伦伯格（Wolfram Eilenberger）的《魔术师时代——哲学家的黄金时代：1919—1929》（林灵娜译，上海文艺出版社，2019）就是一本很值得推荐的书。这本书选取了"1919—1929"这一大师辈出的"黄金十年"作为时间切片，讨论了海德格尔、新康德主义者卡西尔（Ernst Cassirer，1874—1945）、西方马克思主义者本雅明（Walter Bendix Schönflies Benjamin，1892—1940）与维特根斯坦这四位德语世界的哲学大师在求职、生活、婚恋诸方面的种种传记材料，让不少读者大有豁然开朗之感："怪不得这位思想家关于某问题的看法是这样的！"譬如，我本人读后就搞明白了一个问题：为何在所谓的哲学黄金十年，康德主义的影响竟然就这样不声不响地退潮了？

康德主义为何暂时退潮？

其实，黑格尔逝世后，德语哲学界最主流的流派就是新康德主义。我们知道，新康德主义的总体特征就是做"裱糊匠"，即试图在一个二元论的思想体系内兼顾实证科学与人文科学的发展，以便维护德意志第二帝国隐蔽的意识形态需要。一方面要鼓励实证研究以求富国强兵，另一方面也要通过人文研究来建立德意志民族的文化自信。

此外，康德哲学继承自卢梭的抽象人道主义也在新康德主义中得到了保留。比如，新康德主义最后的大师卡西尔便主张通过符号学的研究进行"再启蒙"，以使人格的独立性能够得到普遍的承认。耐人寻味的是，作为德国哲学在亚洲最忠诚的追随者，日本哲学界在明治维新中也曾经经历过一个"康德化"的过程。譬如，最早在日本引入西方哲学的西周（1829—1897）当年在荷兰莱顿大学学习的就是康德哲学；福泽谕吉（1835—1901）提出的"独立自尊"的口号显然接续的是康德的启蒙主义思想；甚至德语中的"启蒙"（Aufklärung）一词的汉字译法，也是由日本伦理学家大西祝（1864—1900）完成的。大西祝本人的哲学则在融贯西方启蒙思想的同时，又加强了社会批判的内容，并因此与幸德秋水（1871—1911）在日语世界对社会主义思想的传播构成了呼应。

另外，从纯学术传播的角度看，日本京都学派的大多数成员在留德之前，其实都已经熟读康德与新康德主义的文献（而且是读德语原文），以至于他们真跑到新康德主义大师李凯尔特那里上课时，竟然因没能获取新的哲学知识而大失所望。至于明治以后的日本重视康德主义的原因，亦与德意志第二帝国重视康德主义的原因大同小异。康德伦理学重视个体自由与尊严的主张，不但能与处在上升期的德、日资产阶级的意识形态诉求产生共鸣，甚至也能为左翼的社会主义者提供义理框架，可谓"左右逢源"。

但奇怪的是，到了20世纪20年代，康德哲学的影响却在世界范围内开始退潮了。在德语世界，现象学与新实证主义开始从不同方向蚕食新康德主义的领地，而在日本，以西田几多郎（1870—1945）为首的京都学派的崛起，则开始覆盖井上哲次郎（1856—1944）、大西祝等上一辈日本哲学家的影响。与之相伴的社会思潮，是德、日两国内部的民族主义与军国主义思想的崛起，以及基于个体平等意识的资产阶级自由主义思想的式微。我们不禁要问：在此期间，究竟是什么复杂的社会历史动因导致康德主义被德、日两国的哲学家集体抛弃呢？

要回答这个问题，首先就得从心理学与大众传播学的角度来看待康德哲学的特征。需要指出的是，虽然今天很多哲学工作者认为哲学是一门高雅的学问，但在希腊化时期与罗马时期，诸如伊壁鸠鲁学派、斯多葛学派这样的哲学流派必须通过"知识付费"（即收徒取费）的方式才能生存，因此，一个哲学流派在传播学层面上的胜出，在很大程度上不是靠其学理之精妙，而是依赖该学说对受众的"心理疗伤效用"。从这个角度看，康德哲学的心理疗伤效用就显示在如下三个方面：

第一，康德知识论对知识获取的普遍先验条件的探索，能够对在科技上暂时落后的国家的民众提供如下心理安慰：东亚人、非洲人与白人的心智条件是完全一致的，因此，只要使用正确的科学方法，任何人种都能获取巨大的科技进步，最终与白人一较高下。

第二，康德伦理学对抽象的道德律则的探索，能对在经济与政治上受到压迫的人群提供如下心理安慰：既然伦理的第一要义是将人当成目的（而不仅是手段）来看，那么每个人就都具有"翻身做主人"的可能。

第三，康德政治哲学对永久和平的诉求会带给大众对未来的稳定的期望，因为在正常的历史条件下，没有一个正常人会喜欢战争。

不过，仔细一想，上述三种心理安慰都会在特定历史条件下彼此抵触而由此失效，并使得康德主义本身反而在与其他哲学流派的竞争中失败。譬如，如果暂时落后的民族的确发挥了其智力潜能，并在科技上追上了先进的欧洲国家的话，那么康德式的平等主义思想反而会促使其要求更大的政治权利，从而为新的战争预埋了导火索。因此，上述第一点就与第三点产生了冲突。同时，在第二点中，对人与人之间平等权利的追求若在现实中长期得不到兑现，也会导致康德主义的整个伦理学体系的吸引力下降，最终导致受众开始寻觅新的精神慰藉。

艾伦伯格在《魔术师时代》一书中对海德格尔生平的讨论，显然为康德主义在德语世界的失效过程提供了生动的注解。从表面上看，海德格尔的家庭背景属于典型的中产阶级（他父亲是教堂司事，他的岳丈是颇有家底的普鲁士旧军官），他本该对康德哲学的核心思想表示忠诚才对。但第一次世界大战后魏玛共和国糟糕的经济状态，使得年轻的海德格尔立即陷入了与当时的退伍军人和失业工人一样的心态——迷茫与仇恨。战败使其岳丈购买的战争公债成为废纸，而在弗莱堡大学做青年教师的海德格尔要靠老家的母亲的救济才能勉强维持一家的温饱，甚至他到海德堡去找雅斯贝尔斯进行学术切磋，也要对方付路费。同时，内心高傲的他也不得不接受此刻在德国游学的日本哲学家九鬼周造（1888—1941）的经济援助（尽管是以学费的名义），并在一边拿钱的同时，一边忍住不想"日本是一战战胜国"这一事实。

这种屈辱感渐渐使得海德格尔开始全面怀疑,那种带有裱糊匠特征的新康德主义哲学是否能够真正说明现实。这种思考最终使其成为一名思想斗士,他非常希望能通过自己的学术努力去颠覆当时德国的主流哲学,并由此证明,一个新的德国必须用一种新的哲学来武装其头脑。

这种心态最后导致了 1929 年的"达沃斯会议"中,海德格尔与卡西尔的对决(这一事件在艾伦伯格笔下得到了生动的描述)。西装笔挺的卡西尔依然在纷乱的社会氛围中试图证明康德主义的有效性,并将康德伦理学的教条贯彻到了自己生活的所有细节中:对所有人彬彬有礼,对教学工作一丝不苟,对家庭忠诚,在政治上也对魏玛宪法体系忠心耿耿。在达沃斯会议中,他亦对海德格尔的咄咄逼人多呈现忍让之姿,生怕观者认为他在利用"学阀"的名头打压学界新人。相较之下,人生第一次入住高级大酒店的海德格尔,则故意当众破坏当时学术界默认的各种社交礼仪,如在开会的时候故意不坐在主席台上,而与大学生坐在一起;在宴会的时候故意不穿正装,而穿滑雪服;在会后故意不与卡西尔一起参观尼采故居,而与大学生一起滑雪等。很明显,他试图通过这些"行为艺术"来表达这样一层意思:他是贫困的大学生的精神引路人,而不是衣冠楚楚的犹太哲学家的同类。

反犹主义的思想根基

海德格尔是一个被犹太人哲学家包围的哲学家,且不论卡西尔是犹太人,海德格尔的思想前驱者胡塞尔也是犹太人,而他自己的弟子(兼情人)汉娜·阿伦特(Hannah Arendt, 1906—1975)亦是犹太人,与他关系稍远的学生(或同事)洛维特(Karl Löwith, 1897—1973)与史坦茵还是犹太人。而"犹太人"又是一个在经济混乱的魏玛共和国很容易被当作出气筒的标签。在大量德意志人缺医少药的时代,善于经营的犹太人的确还过着相对好得多的生活(如卡西尔在汉堡就有一幢很体面的宅子),并因此成为各种阴谋论的牺牲品:"德国之所以战败,就是因为犹太人在背后捅刀子。"

因此,海德格尔对哲学前辈的斗争,就不能仅仅以作为犹太人的卡西尔为目标,还要以作为犹太人的胡塞尔为目标。虽然海德格尔与卡西尔一样也尊崇康德,他却试图通过将康德解释为一个"存在论思考者"来破坏新康德主义的启蒙方案;他虽然与胡塞尔一样也尊崇现象学方法,他却试图通过向常人开炮来破坏胡塞尔将现象学建立为一门严格科学的努力。总而言之,一切有利于维护中产阶级的主流意识形态的哲学观念(如启蒙精神与科学精神),都是他试图在哲学层面加以颠覆的东西。从这个角度看,他在 20 世纪 30 年代初接受纳粹当局的任命，成为弗莱堡大学校长一事，就肯定不能用趋炎附势这一理由来解释——因为在他看来，这或许就是顺势而为。

除了上述这些与特定历史背景相关的因素之外，海德格尔的反犹主义还有更深的思想因素。

我们知道，海德格尔哲学的基本特征是"亲大地而远科技"——否则他就不会如此迷恋于对榔头与农鞋这些最简单的工具的现象学描述，也不会如此讨厌水坝与机器。而从中世纪以来，犹太人所扮演的角色恰恰是"背井离乡做行商，巧舌如簧鼓钱囊"。由于犹太人不属于直接的生产部门，而是专精于通商与借贷，因此该民族就成为了前工业时代的"天地精气集置器"。也就是说，他们能够通过自己掌握的关于财经的信息优势，轻松地从别的民族那里赚得大笔财富。因此，在海德格尔看来，犹太人集团就成为了那种牧野高歌式的田园浪漫生活的破坏者。**日耳曼民族与犹太民族的斗争，在海德格尔看起来，其实是两种生活方式的斗争。**

上述海德格尔对犹太人的负面情绪甚至也波及了美国与苏联。他在20世纪50年代完成的《形而上学导论》中就同时批评了这两个大国，尽管这两个大国的意识形态彼此非常不同。海德格尔之所以这么看，乃是因为美、苏对技术力量的崇拜如出一辙，尽管前者是通过资本集中的方式来完成技术推广，后者则是通过国家权力集中的方式来完成技术推广。换言之，这两个国家的存在方式与犹太人的生存方式在本质上是相通的，**即破坏人与自然那种温情的关系，并用人为的方式集中资源，使自然成为了人的欲望所意图支配的对象。**

读到这里，读者或许会奇怪：讨厌现代技术的思想家多了去了，如印度的圣雄甘地就鼓励印度人不要买英国洋布，而要穿土布做的衣服，但他可是个彻彻底底的反战分子啊！为何一个讨厌现代技术的人，要去参加连做梦都想发动新世界大战的纳粹党呢？纳粹党难道不正是德国军火工业巨头的好朋友吗？纳粹的"总体战"战略，不正是一种践踏人与自然之温情关系的暴政吗？海德格尔为何如此轻重不分呢？

对于这个问题，我个人的揣测式解释有以下三条。

第一，希特勒在发迹之前做的群众演讲很喜欢将"土地"两个字挂在嘴边，而他与军火头子的勾搭往往是在暗中进行的。这就很容易迷惑一部分不明就里的群众——包括部分不明就里的哲学教授。

第二，希特勒上台后，德国的经济危机的确在国家资本主义的调节政策下得到了克服，德国民众的生活状况也有所改善。一般人很难预见这只是全面世界大战开始之前的短暂的"岁月静好"——包括同样缺乏此类洞见的哲学教授。

第三，虽然在战争爆发之前，希特勒政权对魏玛共和国残存的自由的打压已早有图穷匕见的意味，但是对康德主义蕴含的普世价值本就有疑惑的海德格尔可能并不以此为意。

在上述解释中，第三条最富哲学深意。我们知道，海德格尔的现象学方法，具有对非本真生活样态的悬置意图，而这种意图则包含了他本人对常人价值观的敌意。这种敌意又构成了他对整个中产阶级的价值形态的怀疑，由此影响了他对魏玛共和国的宪政基础的态度。换言之，**因为讨厌常规，所以海德格尔也连带恨上了一般人所认可的公序良俗，甚至是升斗小民对太平生活的最卑微的希望**。而尼采哲学也在这个过程中扮演了推波助澜的角色（顺便说一句，海德格尔亦是尼采研究专家），尼采对以基督教道德为底色的奴隶道德的摒弃，其实与海德格尔对常人状态的摒弃构成了思想共鸣，而尼采对超人的呼唤，又似乎预报了海德格尔对希特勒的效忠。不过，海德格尔却没有继承尼采对日耳曼中心主义的摒弃，以及尼采对反犹主义的鄙夷。

海德格尔的这一思想教训对我们一般人的启示是什么？我个人的观点是，在本书中，读者会看到林林总总的人生哲学提案，其中有一些可能是反常识的，而"反常识"也往往是哲学家特立独行的标志。这本是好事，说明你在进行独立的思考。但需要注意的是，**这种特立独行必须被严格限制在思想的领域**。换言之，在现实中，各种书斋里的想法都需要以"打折"的方式被执行，以便达到亚里士多德主义者所说的中道。而海德格尔在这个问题上显然偏离了亚里士多德的教导。假若他仅仅以环保主义者的姿态，使其反技术至上主义的论调得到落地，那么这就是一种大致符合中道的表达方式（当然，走火入魔的环保主义依然不可取）。但海德格尔将自己的反技术至上主义落实为反犹主义、反美主义与反苏主义的做法，则是一种偏激的甚至是有害的论调。

不过，如果我们将海德格尔哲学的政治表达本身也悬置起来，我们就必须承认，海德格尔哲学的核心主张并不是一种纳粹主义的主张——它会在某些条件下被改造为纳粹意识形态的同路人，但也会在某些条件下被改造为反法西斯主义者手中的思想利器。而后一种可能性，将在下一个单元出现的那些法国存在主义者身上得到体现。

小结：胡塞尔与海德格尔差异谈

本单元的关键词既有"现象学"，又有"存在主义"。这两个术语既有联系，又有差别。我们先从现象学这个概念开始复习。

宏大叙事？被现象学解构了！

现象学是一种解构宏大叙事的哲学。用电影语言来说，宏大叙事的哲学就体现了上帝视角。比如，苏联拍摄的《解放》系列电影就是一种基于上帝视角的电影，即导演允许摄像机随时在不同场景中转换。在这个镜头中，斯大林还在与朱可夫谈军国大事，而下一个镜头就是两个普通的苏军战士坐在坦克上唠嗑。为何导演有这样的特权随意切换场景呢？因为他已经预设了上帝视角。对于全知、全能、全善的上帝来说，场景转换算是一个问题吗？

同样是战争片,反映第一次世界大战的电影《1917》则采用了现象学的视角。此片从两个(最后只剩下一个)军事邮差的视角出发来看待战争,所有的镜头都未逾越主人公的视角。很显然,这种电影的拍法更容易让观众入戏,使其觉得自己就是那个身负重任在战火中穿梭的军事邮差。

读者应当还记得,本书所介绍的很多传统的人生哲学都有一种宏大叙事的形而上学结构。比如,斯多葛主义者预设了一个复杂的宇宙论模型,黑格尔主义者预设了绝对精神的存在,而叔本华主义者则预设了宇宙意志的无目的的流转。相较之下,现象学则对任何一种形而上学叙事实行了一种广义上的悬置,只对自己所看到的东西进行忠实的现象学描述。

那么,这种哲学态度的转换的真实意义是什么?

首先是切真性。**当你根据你自己的真实所见来描述现象时,你就不太会被各种缺乏明证性的意见左右。**这一点也能帮助你在网络化时代保持清醒。其次是对个体性的重视。从个体视角出发看到的东西,是与基于宏大视角而得到的图景非常不同的。**时代的一粒灰,从现象学的角度看就是一座山——现象学就是将灰尘视为山脉的哲学,而不是将人视为蝼蚁的哲学。**

这种特点,自然也就将现象学引向了存在主义。

现象学如何导向存在主义？

既然现象学是重视个体视角的，它自然就会与同样基于个体视角的存在主义产生共鸣。但需要注意的是，并不是所有基于个体视角的哲学都是存在主义。比如，口口声声说"我思故我在"的笛卡尔，看似也喜欢从个体视角来看待问题，但他关注的毕竟是个体的理性思维能力，不包含现象学家所重视的情绪问题。毋宁说，**现象学镜头中的人生不仅仅是一种事实性的描述，而且带有明显的情绪特征**。比如，当你在中国古代的文人画里看到残阳、卷云、孤雁与古道的时候，你看到的仅仅是一些客观的景物吗？不，你看到的可能是游子的乡愁。这就是现象学家所要让你看到的东西。

但这样的画面是不是就一定是存在主义的画面呢？

未必。现象学的视角是带有情绪的，但未必就是那种导致巨大的个体不适感的情绪（特别是揭露个体与环境之间张力的情绪）——而只有后者这种情绪才会导致存在主义的立场。

于是，我们便看到了胡塞尔的现象学与海德格尔的现象学之间的重大差别，前者仅仅是在现象学的领域之内，而后者（至少其在《存在与时间》中所表露出来的思想）却同时是一种存在主义。

在胡塞尔看来，情绪乃是认知的随动现象。你对世界有怎样的认知和期望,它就会激发出怎样的情绪。比如,如果你觉得自己这次考试肯定不及格(这显然是一种认知),结果你竟然还得了"良",你显然就会高兴。但如果你预估自己能得满分的话,"良"这个成绩恐怕会让你郁闷好几天。

与之相比,海德格尔则认为,情绪有一种比认知活动更深的根基。我们知道,海德格尔对情绪的讨论集中于"畏"这个概念,而这个概念又附属于他对向死而生的讨论。从表面上看,这种讨论似乎也贯彻了胡塞尔教给他的哲学方法——现象学悬置。但看得更深一点,他实际上暗自违背了胡塞尔哲学的一个重要信条:现象学应当展现人类意识或者人类活动的先验结构,而不能塞入各种基于特定文化或政治立场的私货。

凭什么说海德格尔在其哲学表述里加入了私货?下面就是来自胡塞尔主义者的可能的质疑:即使我们赞同海德格尔对畏的定义(即畏非怕,前者无明确对象,后者则有),那么为何畏这种情绪就必然会导向对常人姿态的敌对情绪呢?如果这种必然性是海德格尔一厢情愿的理论引导的产物,他是不是就已经在自己的现象学叙事中夹带了私货呢?

为了使上述质疑更有分量,我们不妨设想畏的三种可能的文化样态(而海德格尔的那种与反常人态度挂钩的畏,只是其中一种)。

畏分为三，彼此分殊

畏的第一种形态其实非常朴素，也就是原始人对黑暗的畏。有人会说，畏黑暗不算畏而算怕，因为"黑暗"就是一种对象。但我觉得这恰恰是一种在不采用现象学视角的情况下才会出现的误解。诚然，一个人可以将"黑暗"用作"害怕"的宾语，正如将"眼镜蛇"用作"害怕"的宾语一样，但黑暗毕竟不是眼镜蛇——后者是一个确定的对象，而前者则代表了无知，即种种你无法把握的可能性。所以，即使按照海德格尔对畏的定义，说我们会"畏惧黑暗"，也是没有问题的。

但显然，这种畏并不一定会导致畏惧者与常人的疏远。相反，在这种情况下，畏惧者所真正渴求的，恐怕就是他人温暖的臂膀吧！因为只有他人的存在，以及基于这种存在的他人的鼓励与支持，才能帮助我们战胜黑暗。

畏的第二种形态，乃是对庞大的空间体积的畏。比如，我小时候看科教片时了解了银河系的广大，这才突然意识到了自己的渺小，并因此产生了畏。这种畏也不是怕，因为我不知道自己真正畏惧的对象是什么。毋宁说，是关于个体与宇宙之间巨大对比的意识，才让我觉察到了自己所能做的所有事情的最大边界的渺小，并由此产生了对人生意义的怀疑。

但显然，这种畏也并不一定会导致畏惧者与常人的疏远。相反，在这种情况下，畏惧者或许会感到自我力量的薄弱，并由此采取与常人一起随波逐流的人生态度吧！

另外，上述这种畏还有一种时间维度上的变体，即使得畏惧者意识到自己在时间长河中的渺小。如果你意识到在你出生之前的宇宙历史已经如此漫长，那么你为何还要纠结于你会死去这件事？你本是渺小的，渺小的你死了也就死了。很显然，这种态度将会把我们彻底引向古典虚无主义（伊壁鸠鲁主义或斯多葛主义），而不是具有超人色彩的海德格尔式的向死而生叙事。

第三种关于畏的形态就是海德格尔本人的叙事方案，在此就不赘述了。现在问题来了，为何海德格尔的叙事才是现象学所允许的、唯一的对畏的叙事呢？至少对黑暗的畏惧是完全基于原始人的个体视角的，甚至对巨大的时空体积的畏惧也未必逃逸出了现象学的视角之外——因为只要"个体感到渺小"这一感受是真实的，这就是一种切实的现象学情绪。所以，答案就只有一个，海德格尔对技术时代与城市生活的个人反感，使他凸显了他关于畏的哲学叙事的重要性，并由此为之涂上了一层普遍性的迷彩。

可既然海德格尔可以在胡塞尔的框架里塞入私货，别的哲学家为何就不能？从胡塞尔的基本叙事框架出发，开辟出别样的存在主义路向的可能性，将由法国思想界的诸位贤达来展现。我们下一单元就来讨论这个问题。

第十单元

法式现象学—存在主义的生活提案

Yingjin Xu
2023.8.5

法式现象学—存在主义开篇：存在感首先就是自由感！

法国现象学的崛起要比德国现象学晚。比如，胡塞尔的主要著作《观念I》是在第一次世界大战之前出版的，海德格尔的《存在与时间》是20世纪20年代末的产物，而法国现象学的代表作品——萨特的《存在与虚无》——则是在第二次世界大战期间撰写的。很明显，法国现象学是德国现象学的"学生"，不过，因此轻看法国现象学的价值，恐怕也是不妥当的。

本单元的枢纽人物是让−保罗·萨特（Jean-Paul Sartre，1905—1980），一位横跨哲学与文学的天才。围绕这位枢纽人物的还有这几位思想家：阿尔贝·加缪（Albert Camus，1913—1960）、西蒙娜·德·波伏瓦（Simone de Beauvoir，1908—1986）和梅洛−庞蒂（Maurice Merleau-Ponty，1908—1961）。本回的任务便是说清楚法式现象学—存在主义与德式现象学—存在主义的差别究竟是什么。在此之前，我们先来简单复习一下海德格尔哲学。

海德格尔式存在主义的潜台词

存在主义的核心命题便是如何处理自我与世界的紧张关系，并由此给出相应的解决方案。在海德格尔的体系中，作为现象学主体的"此在"与世界的紧张关系具体体现为"此在"对生存的真切体悟与常人的闲谈之间的张力。对此，他给出的方案是向死而生，也就是通过对死亡的不可替代性的现象学体悟，摆脱常人状态的羁绊。

需要注意的是，海德格尔在试图摆脱常人之意见的时候，却用双手紧紧抓住了"大地"上的泥土。也就是说，"此在"必须亲身前往茫茫森林的林间空地，小心聆听风的声音、品尝泉的味道，而不能流连于都市的繁华，在迪斯科舞厅的喧嚣中迷失本真的自我。从这个角度看，海德格尔哲学包含了一种对现代科技生活（以及广义上的现代性）的冷漠态度。

不过，也正因为这种冷漠态度，海德格尔哲学同时包含了一种危险，即很容易被各种反现代性的声音裹挟，并在某些特定的历史条件下作出错误的政治选择。海德格尔与纳粹主义的令人遗憾的接近，便是这方面的典型案例。而且，海德格尔哲学中残存的尼采哲学成分，也使其无法对强人政治的诱惑产生足够的免疫力。

我个人认为，海德格尔式存在主义包含了某些他个人化的潜台词，或者说，他的确在哲学构建里塞入了私货，这便是他对德国文化在世界文化中的地位的某种隐形焦虑（对于一战之战败国国民来说，这种焦虑显得更不容忽视）。为了克服这种焦虑，海德格尔处处试图证明德国文化的优越性，因此他就不得不将英美文化与法国文化中的一些重要因素（如经验主义、功利主义、平等主义等）加以排斥，以维护文化自尊。从这个角度看，他所鼓吹的与常人所进行的存在主义战争，就具有了文化战争的意识形态含义。而在魏玛共和国的具体语境中，这可能就是他对入侵德国的美国资本与文化的敌视态度（尽管从经济史的角度看，恰恰是美国资本对魏玛共和国的扶持，才使得其能够勉强运行）。

与之相比，法国的存在主义的展开，虽然在哲学技术上受到德式现象学的诸多启发，但其所具有的历史背景却截然不同。因此，其具体的展开路向也体现了自己的特征。

法式存在主义的潜台词

萨特于 1905 年 6 月生于巴黎一个富裕的中产家庭。与习惯于森林的原始气息的海德格尔相比，萨特是如假包换的都市之子。如果说海德格尔的哲学灵感来自野草疯长的土地的话,萨特的哲学灵感则来自人头攒动的花神咖啡馆(位于巴黎第六区圣日耳曼大道和圣伯努瓦街转角,是一家因名人荟萃而出名的咖啡馆)。

由于父亲早逝,萨特较少受到家长约束,家庭观念也相对淡薄,行为方式我行我素。同时,作为法国人,萨特在文化上亦秉承着继承自卢梭、狄尔泰的启蒙主义思想,崇尚自由、反对压迫。很显然,他生长于一片与海德格尔迥异的文化风土之中。因此,一旦他学会了德国的现象学工具,他便立即利用这种工具为个体的自由进行辩护,而不是利用这种工具去铺陈自己的乡土情怀——他本也没有这种情怀。

很多人或许觉得海德格尔哲学自带土地与历史的气息,因此其要比凸显个体自由的萨特哲学显得更为深刻。但需要注意的是,即使站在海德格尔哲学的立场上看,所谓的"历史"也可能只是一个遁词——这很可能只是"此在"为了满足其对未来的愿景而被炮制出来的往昔。因此,这样的"历史"本身反而会使得当事人陷入一厢情愿的陷阱,并由此将"历史情怀"变成束缚哲学家自由思考的负担。与之相比,一种更彻底地悬置历史的哲学,似乎既能摆脱这种负担,也能以一种免犯大错的姿态去评判俗世中的是非。

关于这里的"免犯大错"四个字,我还需要作出一番解释。海德格尔很喜欢一句话:"持伟大之思者,必犯伟大之谬误。"不过，此话是不是对其本人的亲纳粹和反犹行为的一种辩护，也未可知。在我看来，一种哲学若是与一种特定的意识形态发生密切的联系，就会在原则上承担这样一种风险：哲学家会被其所心仪的政治力量绑架，并在特定的历史机缘下，卷入一些他们自己也无法控制的历史漩涡。相较之下，一种像萨特那样拒绝各种紧密的政治合作（并以此维护个体的自由）的哲学，反而会因为"不粘锅"的特点，避免了有犯下政治大错的机会。

不过，这并不是说萨特对现实政治采取的是一种冷漠态度。相反，萨特对参与政治活动的态度非常积极，只是参与方式与海德格尔完全相反。海德格尔曾经号召他的学生将自己的身心完全交付给纳粹主义运动，**而萨特则始终提醒他的读者，在任何时候都不要放弃选择的自由**。基于这种自由选择，他在二战中反对德国对法国的侵略，在阿尔及利亚战争中反对法国对阿尔及利亚人的迫害，在越战中反对美军对越南的侵略。不过，这也就使得萨特的政治活动看似很难具有团结协作的特征，因为团结本身就意味着对自由一定程度上的放弃。而为了彰显这种放荡不羁的个性，萨特甚至连诺贝尔文学奖的颁奖典礼也不去参加，白白浪费了评委会给他的这个殊荣，因为在他看来，领受这个奖就意味着向体制的规训低头。

在我看来，萨特对自由的强调虽然有些过了头，但是对于20世纪或21世纪的现实来说，却有一定的积极意义。这是因为，今天的我们生活在一个大公司或国家机器所掌握的技术工具空前强大的时代，个体所受到的监视程度也是历史上罕有的。同时，因为个体获取社会信息的中介被高度复杂化，个体得以作出健全的政治判断的信息环境也因此同样变得高度复杂。在这种情况下，萨特这种对各种宏大叙事的警惕，未必没有价值。

不过，非常有意思的是，萨特的思想虽然有明显的自由主义特点，却并不能被归类为今日所说的"白左"思想。"白左"思想包含着对一切暴力选项的排斥，但强调自由选择的不可剥夺性的萨特，并不排斥在某些极端情况下用暴力解决问题。比如，他就不反对一个二战中的抵抗战士用暴力去驱赶德国占领军。甚至在战后，他也不反对用死刑来惩罚那些在战时与纳粹合作的"法奸"。

然而，这种对暴力选项的开放性态度，也对萨特哲学叙事的融贯性构成了一种潜在威胁，因为典型的暴力组织——军队——的构成方式就是要求其成员放弃相当一部分自由的。对于这种不融贯性，一种基于萨特哲学的辩护或许是，一种彻底的自由，将允许选择者自由地选中下述选项：在其生命中的某个时刻，为了某种目的，将自己的一部分自由让渡出去。或者说，剥夺这种选项，反而会造成某种不自由。从这个角度看，将萨特哲学的自由论解读为一种反对任何战争（无论是侵略战争还是反侵略战争）的抽象反战主义，乃是一种误读。

本单元结构

本单元的核心要素当然是对萨特哲学的讨论。以此为基础，我们将转入对波伏瓦哲学的介绍。作为萨特的情人，波伏瓦的哲学深受萨特的影响，但她也新加入了萨特哲学未强调的一个要素，即对性别问题的重视。因此，在她的笔下，女性主义与存在主义完成了结合。从萨特式存在主义向女性主义转换的关键点在于，萨特对各种迫害自由的行为的敏感性，很容易在一个女性哲学家那里被具体化为对女性自身地位的担忧，并经由这种担忧，发展出一种力争女性自由的哲学。说得更具体一点，萨特有一个核心哲学命题——"存在先于本质"，即个体的偶然的存在样态总是要先于旁人对他用语言进行的盖棺定论。波伏瓦依据此思路，也反对主流男权社会对"女人"这个概念的盖棺定论，并由此为女性的自由选择开拓更多的空间。

加缪的哲学则是对萨特式存在主义的另一种发展，

尽管性格敏感的他因为与萨特个人的恩怨，拒绝别人用"存在主义者"这个标签来概括其思想。不过，加缪的这种做派恰恰证明了他就是一位存在主义者，因为所有典型的存在主义者都不喜欢被人贴标签。加缪哲学的核心概念乃是"荒谬"——这并不是指我们的社会运作存在着某种反常识与反逻辑的现象，而是说，个体与世界的关联天然地就具有荒谬性。与萨特哲学相比，加缪的思想特征体现在，他更悲观、更反暴力。不过，从哲学角度上看，这也恰恰意味着他的思想更具有萨特哲学所排斥的本质主义特征，因为在萨特看来，对暴力选项无例外地排斥，本身就是一种对自由选择的戕害。

最后，我们要介绍梅洛-庞蒂的哲学。从哲学脉络上看，梅洛-庞蒂哲学与萨特哲学并不算太亲近。毋宁说，他试图修复被加缪高度紧张化的人与世界的关系，其具体路径则是以肉身为中介，强调环境与个体的互动。顺便说一句，梅洛-庞蒂也是本单元出现的唯一一位不从事文学创作的哲学家。

好了，现在就让我们进入法式现象学—存在主义的世界吧！

萨特的"酒精现象学"：
喝断片了，自我就"润"了！

　　让-保罗·萨特是法国现象学运动的头号哲学家。但我经常听到这样一种说法：就整个现象学运动而言，海德格尔算一流现象学家，而萨特只能算二流的。对这个结论，我本人并不是很服气。萨特除了有重磅哲学著作之外，还有不可忽视的文学成就，是如假包换的"斜杠青年（或大叔）"，而海德格尔的研究单纯在哲学领域而已。

　　请注意，按照黑格尔的观点，文学与哲学乃是对理念的不同的显现方式，但哲学家所惯用的概念表达方式与文学家所惯用的感性表达方式又带有各自鲜明的特征。因此，若一个哲学家能够放弃惯用的概念化的表达，改用感性的表达来传递哲学思想，这本就是极为难得的。此外，萨特的哲学其实克服了海德格尔哲学的一个弊端，即现象学无法为我们通常所认可的那些价值观——特别是反对侵略和压迫——提供有效的辩护。更直白地说，萨特的哲学与其本人在现实生活中展现出的鲜明的反法西斯政治立场之间，有一种彼此印证的关系。

另外，在一些不了解萨特的人看来，萨特哲学似乎带有一种浓重的颓废气息，因此，好像读萨特的人也会变得颓废。恰恰相反，我读萨特时，分明感到了一种对任何剥夺个体自由的强大力量勇于说"不"的勇气。这或许又多少让人联想起了尼采。不过，若套用佛教术语，萨特哲学与尼采哲学的关系，多少有点类似大乘佛教与小乘佛教的关系。在尼采看来，只有超人才有重估价值的能力，只具有奴隶道德的庸众则否（正如小乘佛教关心的是如何渡己，而非渡人）；而在萨特看来，人人都可成为超人，因为人人都可以通过与自欺现象的战斗去追求自由。也正因如此，每个自由的个体之间的相互制约，反过来又可以重构其那种视每个人为目的的康德式价值观，由此实现自由的普遍化（正如大乘佛教关心的是如何普度众生）。联想到海德格尔哲学自身继承于尼采思想的诸多特征，我们也可以认为，海德格尔哲学的精神是接近小乘佛教而非大乘佛教的。由此，我们也便能从另一个角度理解萨特哲学与海德格尔哲学之间的差异。

不过，要理解萨特的哲学，我们还需要理解他是如何超越胡塞尔哲学的。需要注意的是，他修正胡塞尔现象学的方式，与海德格尔的方式南辕北辙。海德格尔对胡塞尔的抱怨是,胡塞尔的意识现象学过于主观;而萨特的抱怨是,胡塞尔的意识现象学因过于强调主体而不够主观。但"主体"与"主观"难道不是一回事吗?

自我是被构建出来的

主观与主体并不是一回事,主观指的是因你自己在某时某刻的特殊站位而产生的关于某事物的特殊面相。比如,假设你只能看到一座建筑的正面而无法看到其背面,这便是因为你现在没站到其背面的位置。换言之,你的站位若变了,你的主观面相也变了。

那什么叫主体?就是这一切面相的获得者,也就是"我"。很显然,站位的变化未必会导致我的变化,因为我会分明记得,刚才站在建筑物正面的那个我,与现在站在建筑物背面的这个我,是同一个我。也就是说,**作为主体的我具有主观所不具备的、相对于时间流变而言的稳定性。**

但我们知道,现象学关心的核心问题是,如何对在我的现象中向我涌现的这一切进行忠实的描述。但这种描述将包括"我"吗?对于这个问题,胡塞尔的立场是,自我是现象中可以呈现出来的某个要素。换言之,不仅我看到的一切是可以被体验到的,这些现象之间的统一性——这种统一性其实就代表了"我"的机能——

也是可以被体验到的。若非如此,你所体验到的一切就会是些零零散散的材料,而没有某种内在的有机统一性。

与之针锋相对的萨特则认为,现象里就没有"我",自我是被构建出来的。

上述萨特的理论似乎很奇怪,我如何能做到在看某个景物时,并未意识到看景物的乃是"我"呢?我个人对此的回答是,萨特的现象学是一种"酒精现象学",或者说,萨特描述的是醉酒者眼中的现象。不妨想一下,自己在喝醉酒时是不是有可能不知道自己是谁?是不是会连自己的鼻子在哪儿都不知道?或者在非常劳累的时候,是不是很难梳理出一些烧脑电影里的线索?换言之,当我们的自我意识涣散时,我们的现象就被"放飞"了——而萨特看重的,恰恰是这种被放飞的现象。这也就是说,在萨特看来,那个使现象不被放飞的约束者——自我——恰恰是超越的,换言之,自我是要在彻底的现象学还原中被悬置的事项。这一观点在他的著作《自我的超越性》中得到了系统的论证。

读者可能要问:为何要以醉酒者眼中的现象为起点?为何不以人在清醒状态时的现象为起点?难道是为了呼应意识流作家的先锋文艺风格吗?

萨特这样做自然有其更深的哲学道理,而不仅仅因为这样做显得很酷。请试想多重人格障碍的例子,一些人会觉得自己的灵魂里住了好几个人格（在某些极为夸张的情况下，一个人可以同时具有 24 种人格），而这些人格彼此并不知晓对方的存在（比如，当一个作为小偷的人格偷东西时，住在同一个身体里的作为警察的人格不知道这一点）。现在就假设一个患多重人格障碍的患者、一个正常人，以及一个醉酒者，同时在观看一座城门，其各自对自己所获取的现象的描述如下：

> **患者**：（在某个时刻）作为警察的我看到了一座城门；（在另外一个时刻）作为小偷的我看到了一座城门。
> **正常人**：我就看到了一座城门。
> **酒醉者**：……一座城门……

请问，他们所看到的现象的共通项是什么？显然就是那些没有任何人格成分的、纯粹的现象（一座城门），尽管就这些现象是否属于"哪个我"这一点而言，在这些现象世界之间是有差别的。

既然如此，为何我们一定要从正常人在清醒状态下所获得的现象，作为现象学分析的起点呢？假若硬要这么做，那这种分析结果如何能反过来说明多重人格障碍者和醉酒者的现象学世界呢？如果无法说明的话，我们又如何获得现象学分析所本应该有的普遍性呢？

所以，要获得现象学分析的普遍性，我们就得不断下沉，直到达到一个没有自我的层面，然后再反过来说明自我本身是如何被构建的。而这种做法也能更灵活地说明，为何同样的现象学材料会在某些情况下构建出单一的人格，却会在另外的一些情况下构建出多重的人格。相比之下，一种过早预设了单一人格的现象学叙事方式就难以达到类似的效果了。

那么，自我到底是如何被构建出来的呢？关于此问，萨特的回答并不完全依赖于现象学的资源。他引入了黑格尔哲学的思路，即**认为自我是在社会交往中被构建出来的**。换言之，"你是谁"这个问题的答案并不完全取决于你怎么看你自己，而是取决于别人怎么看你。依据此思路，我们甚至可以给出这样一个推论：假设一个人本没有罹患多重人格障碍，他却在不同的场合被他人坚持认为是多重人格障碍患者，那么长此以往，他会不会因此就真的患上多重人格障碍，也未可知。

关于这种自我与他人的复杂互动，我们会在下一回详说。现在还有一个话题需要预先处理。

当存在感被虚无感狠狠打脸时

前面说到，存在主义者关心的一个核心问题就是自我与世界的紧张关系。换言之，存在主义者特别关心这样的体验："不知怎的，我的世界不要我了！"就连自我都要加以悬置的萨特，显然更能体会到意识——而不是自我——与世界的这种紧张关系。为了说清楚这一点，我们需要考察萨特的代表作《存在与虚无》。先从这本书题目的意思说起。

在萨特的语境中，存在指的是被体验到的现象。至于虚无，并不是说什么都没有，而是说你的意图落空时，那种心里空荡荡的感觉。比如，假设你要去茶室与张三谈事，他说好下午3点来。3点到了，他没来，3点半到了，他还是没来——这时候你大概会下一个判断：张三今天不会来了。请注意，从逻辑上看，这个判断与"钢铁侠今天不会来了"具有类似的架构，但是其背后的现象学意义却完全不同。你今天期盼的乃是张三，而不是钢铁侠，因此，只有张三的不在场会带给你虚无感，钢铁侠的不在场则不会。

在萨特看来，我们所面对的真实的现象学世界，便是存在感被虚无感不断"打脸"的世界。我渴望的爱情没来，我期待的工作没来，我心心念念的大学录取通知书没来——而不断闯入生活的却是我不想与之打交道的对象，如渣男（女）、烂工作、烂学校……换言之，你想一眼看透生活，而生活却时不时像章鱼一样喷出墨汁遮住了你的视线。

由此，萨特就引入了一对来自黑格尔却被他赋予新的含义的术语,即"自在"与"自为"。**所谓自在,就是意识彻底地被给予状态**。在这种状态中,你清楚地看到了你的确看到的东西。在这个过程中,你甚至看不到自我的持续性(请回顾前面的讨论)。**所谓自为,就是超越现象的语言对所见之物的解释**。换言之,自为就是来自社会的一张张标签,让你对所见之一切都有一个解释——尽管这种解释有可能会破坏那种原初的现象体验。

要进一步理解这两个概念复杂纠缠的关系,不妨品味下面这段展开在一位选择困难症患者(张三)与一位侍者之间的对话:

侍者:先生,您要吃啥?

张三:嗯,我想一下,我要吃牛排,但是貌似羊排也不错,二者各有千秋。对了,这一家店的乌冬面也不错……

(此刻,张三得到了一种无法在各种美味之间进行抉择的暧昧的体验——这就是"自在"的管辖地。)

侍者:先生,麻烦您是不是快一点?旁边那桌也要点单呢!

张三:(咬牙决断)——牛排!

注意到了吗？在上面的对话中，决断本身是一种虚无，因为张三在决断中破坏了其体验的丰富性。换言之，"自为"不得不遮蔽自在的丰富性。

有人或许会说，人总得要决断。说得更彻底一点，既然广义上的意向性活动都带有决断的特点（你总得将你看到的东西视为某物），我们为何还要对决断所带有的这种特征感到大惊小怪呢？

道理很简单，哲学家总是能从一般人不惊异的地方看到惊异点。萨特哲学的价值也就在这里，对于胡塞尔视为日常的意向性投射活动，萨特却将其看成一种具有不可去除的悲剧性成分的破坏活动。换言之，**当你将所见之某物视为某物时，弄不好你已经用一种来自概念的暴政破坏了其内在的丰富性！**而且，也正是因为萨特意识到他自己也无法脱离意向性活动而生存，所以他的这种发现所带有的悲剧气息便充满了整个存在论场域，让人窒息！

但萨特哲学的魅力也就在此。与始终回避伦理学建构的海德格尔不同，萨特恰恰在最基本的意识分析的层面，就试图让伦理学讨论的维度提早出现。正是因为他发现了人类意识活动自带的悲剧气息，他才号召每个人都与这种似乎不可摆脱的悲剧性命运作战——因为唯有这种战斗，才能彰显人的自由。

萨特的自由观究竟是什么?

在一般人看来,自由主要是指行动自由,如我能选择吃牛排,我也能选择吃羊排等。萨特则不太关心此类自由,因为此类自由的实现取决于大量外部要素,如有没有钱、有没有牛排等。他关心的是那种无限的自由——意识的自由。换言之,我没有牛排,但我可以想象我在吃牛排,这就是我的那种不可被剥夺的自由。当然,这种自由本身会被生活"打脸"——你有想做艺术家的自由,但是生活未必给你这个选项。但想想总没错吧?若你连想都不敢想,还奢谈什么行动?而且,很难说这种想象不会在某个机缘成熟的情况下带来行动的自由的可能性。电影《肖申克的救赎》中,被错判终身监禁的前银行家安迪虽然处在警卫的层层看守之下,但是依然不放弃意识的自由,最终竟然还真琢磨出了一条逃出监狱的可行之策,并付诸实践。而且,退一万步说,即使他没有想出逃脱之策,他至少还拥有这种自由——在内心深处坚决不认罪,因为他的确不是杀人犯。

还没忘记本书有关古典虚无主义的讨论的读者或许会问:萨特的这种自由观是不是斯多葛主义的观点的复活?不得不否认,二者确有相似之处。斯多葛主义者认为,我们应当区分出"超出自己的行动半径的事项"与"处在该半径内的事项",可为之事就去做,不可为之事就算了。而在各种可为之事中，想象的自由恐怕是最廉价的了。比如，即使鲁迅笔下的阿Q不姓赵，这也不妨碍他在想象世界里将自己当成赵家人。这种斯多葛主义观点似乎就预报了后世的萨特的观点。

不过，更细致的考察将向我们揭露萨特的自由观与斯多葛主义的自由观之间的差别。具体而言，斯多葛主义者的自由的想象是为了自我疗伤。比如，你若在现实生活中被人打了，你就不妨在想象世界中以为自己是被自己的孙子打了。相较之下，萨特虽然主张意识的自由要高于行动的自由，但是他却反对自我欺骗。换言之，意识的自由必须真诚。

自由绝对不能以自欺为代价

在英美分析哲学的脉络中，自欺现象一般被定义为下述情况："一个人看上去持有了一个错误的信念，尽管其的确有证据证明事情不是这样——但是他依然在某些动机的驱动下持有这一信念，并且他的某些行为也暗示他本人是多少知道真相本身是什么的。"[*] 举个例子：当1945年希特勒被苏联红军困在柏林总理府的地下室

---

[*] Ian Deweese-Boyd: "Self-Deception", Stanford Encyclopedia of Philosophy (Summer 2021 Edition), Edward N. Zalta (ed.), URL = 〈https://plato.stanford.edu/archives/sum2021/entries/self-deception/〉.

时，他竟然还持有"援军能将我从柏林救出"这一信念——尽管他并非不知道苏联红军已将总理府围得如铁桶一般。因此，他的信念持有方式就在一定程度上具有了非理性的特征（因为该信念并不建立在扎实的证据之上）。而从心理学角度看，他持有这一信念也仅仅是为了让心里能好受一点。

该定义也适用于萨特的自欺论，不过萨特所关心的自欺现象具有一定的特殊性，他所聚焦的那种错误信念是指如下类型的信念：**我就只能扮演特定的社会角色，因此我并不具备去做别的事情的可能。**譬如，一个咖啡店的店员就会基于这种信念而将自己锁死在当下的职业分工体系中，从而忽略了开创别样人生的可能——尽管他并非没有隐隐意识到这种可能性的存在。很显然，在萨特那里，自欺论并不是英美分析哲学所关心的心灵哲学话题，而是一个人生哲学话题。两大哲学流派研究自欺问题的聚焦点的不同，又衍生出了以下两项更具体的差异：

差异之一：从欧陆哲学的理路上看，萨特的自欺论显然是受到了海德格尔的沉沦论的启发，即二者都特别强调个体意识与群体意识之间的张力。譬如，在海德格尔那里，"此在"对自身本真意识的发掘，必须以拒绝常人的闲谈为前提。换言之，"此在"必须跳出社会成见，从自己真正相信的事情出发来寻找真实的自我。同样，在萨特那里，个体对被强加于自身的特定社会规范的拒斥，本身就是一种自我与他人之间的斗争。此外，萨特还开发出一种系统的修辞——"他人即地狱"——来渲染这种斗争的残酷性（详后）。相比而言，对个体与群体之间张力的强调，却不是英美自欺论研究的重点。

差异之二：英美分析哲学关心的自欺现象所遮蔽的，是某个可被证实的真信念，如1945年春苏联红军的确已经包围了柏林总理府。而萨特版本的自欺现象所遮蔽的，其实是一个不可被证实的信仰（faith），即人是有不可被剥夺的自由的。这个信念本身所具有的信仰地位，早就被包含在康德的二律背反理论的下述意蕴中了：人类之自由既不可被证实，也不可被证伪，因此，只能被信仰。*

很显然，萨特的自欺论是其自由论的副产品。在他看来，要恢复人类个体的自由，就一定要与自欺现象进行一场刀刃向内的艰苦斗争。

需要注意的是，萨特的上述哲学主张虽看似有浓郁的主观唯心论色彩，但未必缺乏在客观物理世界中的可

---

* 自欺的法语表达是"mauvaise foi"，但是在介绍萨特的英文文献里，此词一般被译为"bad faith"（坏信仰）。其实，"bad faith"才是对"mauvaise foi"的直译。这一直译方案也向我们暗示了萨特哲学与康德哲学的微妙联系。

落地性。相关理由如下：

首先，萨特对主观自由的高扬，并不意味着其否定了外部客观现实的存在。毋宁说，强调自由仅仅是一种伦理学姿态，而是否承认外部世界的客观性，则是一个知识论的或形而上学的问题。没有任何证据表明，萨特哲学带有否定外部世界客观性的意蕴。相反，他对"自在存在—自为存在"之二元架构的强调，恰恰说明他从不怀疑外部世界（即"自在存在"）的客观性。

同时，萨特对主观自由的高扬也并不意味着其主张绕开残酷现实而进行毫无意义的狂想（如一个囚犯在监狱里幻想有外星人会来救他），因为这种狂想本身就是一种自欺。毋宁说，萨特所说的自由，是在尊重一切现实的前提下，对可能的行为模式的选择权的意识（如即使是一个被敌人逮捕的地下党，也能自由地选择在被严刑拷打后背叛组织，或什么也不说）。因此，没有任何理由说明萨特的自欺论与自由论是无法在现实世界中落地的。

其次，虽然对自由具有坚定信仰的个体在人群中可谓寥若晨星，但往往就是这些人物在人类的社会进步（特别是科技发展）进程中扮演了不可或缺的角色——这一点本身就是一个客观事实，而不是萨特主观编造的产物。譬如，曾经也在希腊多神教背景中长大的苏格拉底最终放弃了自欺，真诚地将希腊人基于神话传说的信念体系替换为一种基于理性的信念体系,并因此成了一个当时的"异类";曾经也是亚里士多德信徒的伽利略最终放弃了自欺,真诚地撤销了他对亚里士多德宇宙模型的支持,并因此成了一个当时的"异类";曾接受过系统神学教育的达尔文最终放弃自欺,真诚地推翻了来自圣经的物种不变论,并因此成了一个当时的"异类"……从这个角度看,萨特的自欺论本身就可以被视为对人类思想文化的进步史的某种概括。

最后,虽然历史上能够摆脱自欺状态的文化英雄总是少数派,但萨特也并不放弃任何一个机会以求扩大世界上的"自由探索者联盟"。因为在他看来,**更具人道主义的人类生存方式,肯定就是一种能在更大限度上容忍此类自由探索的生活方式**。他具体的努力方向便是诉诸戏剧与小说对存在主义理念的宣传,并借由文学作品的社会传播力来劝说更多的受众成为他的同道。

在这里,我们切不可将文艺作品视为某种纯粹的精神产品。实际上,文艺作品本身就是一种"物质—精神"双面相的存在物,它通过使用公共语言符号可被复制的排列方式,通过印刷术、电台、电视台、电影院、互联网等手段,将特定的理念传播开来,并由此改变了千万受众的思想观念。而与同样诉诸语言的哲学作品相比,文艺作品所使用的符号的表层含义,是一般受众都可以理解的,因此,其传播学效应一般来说也远超哲学作品(譬如,在我国,大多数的萨特思想的接受者都是通过文学而不是哲学了解其存在主义理念的)。

他人即地狱？但他人也是另一种自由意识！

"他人即地狱"是萨特的招牌哲学口号。这个口号其实出自他创作于 1945 年的著名戏剧作品《禁闭》。该剧本亦与他在《存在与虚无》中表述的哲学观点构成了某种呼应。

主奴辩证法投影下的《禁闭》

《禁闭》主要描述了三个死后被投入地狱的罪人。第一个是巴黎贵妇艾丝黛尔，她竭力掩饰自己色情狂的身份与杀婴罪责，诡称自己是个为了年老的丈夫而断送了青春的贞洁女子。第二个则是报社编辑加尔森，他竭力要让别人相信自己是英雄，但实际上他是个在二战中因临阵脱逃而被处死的胆小鬼，同时他还是个沉溺酒色、折磨妻子的虐待狂。第三个则是邮政局女职员伊内丝，她充满敌意地牢记他人的存在，并尽可能地遮掩自己作为同性恋的往昔。在地狱中，三人形成了既相互追逐，又相互排斥的三角关系：加尔森希望得到伊内丝，却拒绝了艾丝黛尔的追求；伊内丝希望得到艾丝黛尔，却拒绝了加尔森的追求；艾丝黛尔希望得到加尔森，却拒绝了伊内丝的追求。三个人的诉求彼此矛盾又彼此关联。最终，加尔森悟得地狱之中并无刑具的道理："何必用烤架呢，他人就是地狱！"

从表面上看，适合分析这段剧情的哲学工具乃是黑格尔的主奴辩证法。《禁闭》似乎向我们展开了一张关于控制与反控制的三角人际关系图。依据一种对主奴辩证法的宽泛化的解释，在人与人的交往过程中，总得有人扮演相对主动的控制者的角色，正如有人必须扮演相对被动的被控制者的角色。不过，在黑格尔看来，人与人之间的这种主奴关系会在某些情况下发生颠倒，因此，主动与被动的角色并不是绝对的。

至于萨特，他则在结合自己的意向性理论的情况下，从这种黑格尔式的人际关系模型中悟出了"他人就是地狱"的道理。他人何以成为你的地狱？首先，我们不妨先将此话加以变形。这话反过来的意思就是，你就是他人的地狱，因为对于他人来说，你就是他人。那么，我又何以成为他人的地狱？

道理非常简单，**我会通过自己的意向活动去遮蔽别人的现象体验的丰富性。**请回想上回提到的那个在点餐时纠结的顾客——假设你就是那个侍者,你心里可能会想:他是不是一个选择困难症患者呢?

请注意,"选择困难症患者"就是你给他贴的一个标签。他可能平时点餐都挺麻利的,今天只是因为要相亲,为了考虑对方的感受,所以点餐才比平时慢一点。换言之,你所贴的这张标签的意义一般性遮盖了对象的内心世界的丰富性。因此,站在他的立场上看,你的这种想法本身就是一种概念对非概念的暴政。

这种暴政被萨特概括为"本质先于存在",也就是说,先用一个套子圈住对方的心理活动,然后再以工具人的态度去对待他者。正如我们在很多烂俗的谍战片中所看到的,编剧只是满足于用一个政治标签先去定义一个特工,却完全不顾及当事人选择去做特工的个人动机与内心挣扎。而萨特本人所中意的分析模型则是"存在先于本质",换言之,你得始终记得,被你评判的对象的真实存在样态,总要比你自己对他的评判来得更为复杂。

支持"本质先于存在"的读者或许会抗议说:人与人之间总得互相用意向性活动去投射彼此,否则他人对于自己来说,也就会成为绝对不可理解的对象。这样一来,社会生活也会成为不可能。而根据萨特的看法,理解本身就是一种误解,因为"子非鱼,安知鱼之乐"。在这种情况下,我们究竟该如何兼得"鱼"(维持必要的社会生活)与"熊掌"(正确地理解彼此)呢?

对此,萨特的答案是,先从我做起,即先拒绝自己为社会的声音所规训,然后推己及人,不要乱用自己的标签去理解他人的内心世界。这当然不是说我们无法使用语言所蕴含的本质性概念,而是说,**只要你真正做到尊重任何人的自由,语言本身也会从消灭自由的概念性工具,转变为自由追求者借以丈量蓝天的双翅。**

无法忍受他人带来的地狱感?

在萨特看来,我们从小所听到的很多声音可能都是基于他人视角的规训,其目的是将我们硬塞入一个巨大的社会齿轮,让我们失去对自身命运的掌控力。一旦这种规训起到了效果,你就会误认为你的选择就真是出自你的自由意志,而忘记了整个规训体制所带来的影响。这种遗忘,便是上回所提到的自欺现象的另一种展现方式,即你明明还有自我选择的自由,却硬是要将这种可能性埋葬。在《禁闭》里,邮政局女职员伊内丝全面遮掩自己作为同性恋的往昔,便是这种自欺的体现。即使在地狱中的迷你三人社会里,她也担心世俗的力量对自己的这段往昔的评价所带来的舆论压力,并且按照世俗的要求去修改对自己往昔的表述——尽管她也完全有不作此类表述的自由。而揭露此类自由的可能性,恰恰就是萨特的任务。

读到这里,读者或许有三个质疑:第一,人作为一种典型的社会性动物,怎么可能不看重他人的意见?第二,作为语言的动物,人不能不说话,但一说话,世俗的见解不就涌了进来吗?若我们要摆脱常识见解而特立独行,是不是连话都不要说了?第三,世俗的教导里有不少与伦理相关的内容,对这些内容的拒斥是否会造成伦理规范的失序呢?

下面我就站在萨特哲学的立场来回答这三个问题。

首先,萨特并不是要让人始终拒绝接受他人的意见,而是要在接受别人的意见之前先反问自己,这意见是真的让我感到心悦诚服吗?比如,一个中学数学老师在黑板上推导几何证明题,因为突然分心想起家里的一些琐事,结果推导错了一步,而某个学生则立即举手指出了这一错误。对此,老师要不要接受?在萨特看来,老师错了就是错了,相反,为了面子而不接受学生的批评,反倒是自欺的表现。

我们应当看到,在高度重视面子的东方社会,很多人明明被某种意见说服了,却碍于面子还是要嘴硬。这一现象的普遍存在恰恰说明,**萨特式的反自欺斗争其实能使我们更为虚怀若谷地接受他人的帮助,而不是鼓励我们进一步与他人为敌**。用王阳明的话来说,"破山中贼易,破心中贼难"。也就是说,反自欺的斗争首先是对常驻在自我之中的那些鬼魅的斗争，而不是针对字面意义上的他人的斗争。从这个角度看，我们接受（或不接受）他人的意见这件事，也必须分情况讨论：我们既可能在自欺的情况下接受（或不接受）他人的意见，也会在非自欺的情况下接受（或不接受）他人的意见。依据上述区分，我们不难推知，萨特本人宁可去喜欢一个真诚地对他说"我不喜欢你的哲学"的学生，也不会去喜欢一个为了考试得A而对他说"我一直很崇拜您"的学生。

同理，我们使用语言，也要区分非自欺与自欺这两种状态。萨特自己也是文学家，他当然鼓励作家用自己的笔写出自己的真实感受。他所反对的，是用自己的笔去写出世俗的意见，成为这些一般意见的传声筒。在这里，我也想顺便澄清一个误解。很多人认为，正因为语言是公共工具，所以语言只能成为某种大众见解的载体，但这种观点即使从数学角度看也是错的。毋宁说，丰富的词汇与灵活的语法规则之间复杂的排列组合形式，其实是能够产生在数量上叹为观止的可能的话语的，而常识所涵盖的那部分话语，只是其中一个很小的子集罢了。因此，对于作家来说，若能跳出常规，以求更为灵活地用语言传递心声，由此产生的作品的价值便是不容低估的。

虽然萨特本人并不是很喜欢那些来自社会规训机

制的道德说教，但他也并不鼓励人们为了彰显所谓的个性而故意与社会主流对着干，因为这也是一种变相的自欺。比如，有些青年朋友到了海外读书，发现周围外国同学都穿得稀奇古怪，而为了合群，他们也穿成了这样，这在萨特看来，依然是一种对自己的本真性诉求的埋葬。若将这种反自欺的态度推广到慈善捐款之类的事情上，萨特主义者的见解便是，如果你真对被救助的对象有很强的同情心，捐多少都无妨。不过，仅仅因为所谓的外在道德压力而不得不捐款，那就完全是另外一回事了。一句话，如果真不想捐款，就别装善人。

萨特虽然反对将康德伦理学的基本信条——人不仅是手段，更是目的——作为教条灌输于人，但是他自己的"他人即地狱"的断言，恰恰能够帮助我们迂回地得出一种接近康德伦理学的结论。

尴尬本身会带来对他人的尊重

抽象地说，萨特与康德都主张要尊重他人，但彼此的路径不同。康德的路径是靠推理，假若他也看过《禁闭》，他恐怕会说：你看，你在给别人贴标签时，别人把你当地狱；而当别人在给你贴标签时，别人就把你当地狱——要摆脱这种情况，只有靠彼此尊重，不随便给对方贴标签，这非常类似博弈论所描述的那种情况。为了防止出现对博弈各方都不利的"囚徒困境",博弈各方彼此就要多交流、多了解对方的心声,这样才不会没事把对方往坏处想。

而萨特并未完全采用康德的这种思路,因为他与胡塞尔及海德格尔一样,都是现象学家,现象学工作的基本信条就是要多感受,少推理。换言之,萨特需要让你真切地感受到随意给别人贴标签是不对的,而不是在什么博弈论的层面上将这一点推理明白。

那么,我们究竟怎样才能感受到这一点呢?

很简单,你先尝试在地铁上盯着一个陌生人看。此刻的你是不是觉得很开心,可以用自己的目光随意打量他者、物化他者,就像一台X光机扫描人的肺部一样?突然,这个人意识到自己正在被注视,然后抬头看着你,眼神里充满了愤怒,这时候你又感受到什么?是不是一种羞愧或尴尬?

是的,恰恰是这种被"反戈一击"时产生的羞愧与尴尬,会让注视者感受到他者的尊严。在此,尊严可不是一个抽象的概念,而是具体地展现在被注视者突然投来的充满不满的目光之中。而且,在萨特看来,冒犯者对被冒犯者的直观,本身就意味着建立一种新的自我与他人关系的契机。

有的读者或许会说:要想感到这种羞愧,首先就要有机会让对方意识到自己正在被冒犯,而且你也必须有机会看到对方投来的目光。如果被冒犯者不知道自己正在被冒犯，他也就没机会用目光进行反击。要得到这些机会，双方就要占据共同的空间。

是的，要建立自我与他人之间更为健康的人际关系，就需要二者占有共同的空间。然而，这并不是一种经常能被满足的社会条件。很多大权在握者之所以无法与底层人民产生共情，便是因为二者并不身处同一空间。**在位者看不到底层人民投来的愤怒的目光，遑论因此而感到羞愧**。从这个角度看，萨特的伦理学便是一种鼓励人与人加强切实的感性交流的哲学，因为只有这种交流才能带来目光彼此注视的机会。

由此，我们就能从萨特哲学中引申出一种针对一切侵略战争的批判态度。具体而言，几乎一切支持侵略战争的意识形态宣教都具有类似的特征，即故意物化和贬低被侵略方的人民，并尽量减少侵略方的人民与被侵略方的人民的接触机会。因此，此类的好战意识形态本身就是一种超大规模的"自欺生产机"。从骨子里讨厌自欺的萨特之所以始终反对战争，也正是基于上述思路。

但是，为何同样作为现象学家与存在主义者的海德格尔成为了纳粹党的一员，而萨特却是反纳粹的？仅仅是因为萨特是法国人，而法国恰好被德国侵略吗？

当然有更深的理由。萨特不仅仅是因为德军入侵了自己的祖国而反对纳粹，更是因为德国占领军的存在时时刻刻都在侵犯一般法国民众的自由。因此，萨特的反纳粹态度可能关乎家国情怀，但更关乎他对个体自由的尊重。相比之下，海德格尔哲学却缺乏萨特哲学所关注的一个重要因素，即不同的人相互对视所产生的复杂情绪。海德格尔热爱土地、热爱德语、热爱传统，却不那么爱人——以至于他最喜欢的凡·高的《农鞋》中也没出现哪怕一个人。换言之，我们能够清晰地看到欧洲传统人道主义因素在萨特哲学中的倒影，而海德格尔却一直试图用泥土盖住这些倒影。

不过，在萨特的情人波伏瓦看来，萨特在"爱人"这件事上做得还很不够——因为他还不够尊重女人。

波伏瓦的存在主义："女性"是被定义出来的！

与萨特一样，西蒙娜·德·波伏瓦也是一位典型的"斜杠青年"。除了哲学研究之外，她在文学创作与社会活动的领域也非常活跃。她也是典型的"巴黎城里人"，她的父亲做过律师，母亲是一位富有的银行家的女儿。不过，在第一次世界大战后不久，波伏瓦的外祖父家的银行业破产了，导致一家的生活也受到了连累。因此，波伏瓦的父母不得不离开了曾经漂亮的公寓，带着小波伏瓦住进了一栋阴暗狭小又没有电梯的新公寓中。

所谓"贫贱夫妻百事哀"，家里缺钱了，波伏瓦父母的关系也变得越来越差，不过波伏瓦并未由于这些家庭变故而成为所谓的"问题少女"。相反，她还通过努力学习，成了妥妥的"学霸"。由于父亲希望女儿在理工科方面有所成就，以便弥补自己没有儿子的遗憾（法国人也认为学理工科乃是男孩的特权），波伏瓦便受到了很好的理工科训练。不过，天生更具文艺禀赋的波伏瓦还是在索邦大学遇到了她的真命天子——萨特。二人互相欣赏，立即结成神仙眷侣，尽管他们出于反抗婚姻体制的考虑，到死都没登记结婚。

波伏瓦最有名的哲学作品是 1949 年出版的《第二性》。此书因为内容前卫大胆，出版后就立即被梵蒂冈列为禁书，但随着时间的沉淀，书中的不少观点已经被广为接受。对于战后世界范围内的女权主义运动来说，波伏瓦的贡献绝对是不容忽视的。

《第二性》：是时候抬高女性的地位了！

要想从哲学角度理解《第二性》的女性主义观点，我们还需要先简略复习一下萨特的哲学。萨特的名言——"他人即地狱"——试图告诉我们，他人往往会对自我的内在心理活动的复杂性与暧昧性进行粗暴的简单化处理，由此将一个个鲜活的生命纳入到一个个僵死的概念中，使其沦为概念性暴力的牺牲品。波伏瓦基本上是接受萨特这套关于人际关系的叙事方案的，不过她特别指出，**与男性相比，女性更容易成为上述概念性暴力的牺牲品。**

为何这么说呢？请试想，假设波伏瓦与萨特结婚了，她就自然成为了"萨特太太"。按照当时"男主外、女主内"的一般模式，"萨特先生"就是太阳，而"萨特太太"就是地球，地球必须围绕着太阳转，似乎这是天地之间最自然的法则。不过，即使在概念层面上，"萨特太太"也是一个贬低女性的说法，因为这等于取消了女性拥有自己姓氏的权利，为何不反过来叫婚后的萨特为"波伏瓦丈夫"呢？从这个角度看，虽然任何一个他者都会成为自我的地狱，但假若这里所说的自我是一位女性，其在所谓的概念地狱中恐怕还要再下沉好几层。

女性的相对劣势地位的集中体现就是话语权的丧失。男性若被他者客体化了，尚且可以反过来客体化对方以维持心理平衡，但在男权社会中，女性却很难使用类似的策略。比如，假设老张与老李（两人都是男性）因政见分歧而吵架，不管他们其中任何一方觉得自己受到了多大的侮辱，都可以通过"以其人之道，还治其人之身"的方式将面子掰回来。女性则不然，假设老张的太太这时想插话表达自己的观点，老张与老李反而会搁置争议，一起对她吼道："国家大事，妇道人家插什么嘴！"

同样，在波伏瓦生活的时代，在很多重大事务中，女性是缺乏话语权的。更有甚者，在更早些时候（如在英剧《唐顿庄园》所展现的 20 世纪初的英国），男权社会还会通过"束胸衣"这种古怪的设计来遏制女性的思想，他们认为，穿上束胸衣的女性会因为呼吸困难而导致思维不畅,这样自然会在社交场合少言寡语。此种将女性边缘化的现象甚至还出现在相对鼓励自由思想的哲学界——整部西方哲学史也几乎是男性哲学家的历史,女性哲学家的确寥若晨星。

对此,波伏瓦觉得已经忍无可忍,她要重塑女性的地位。

女性地位的重塑

要重塑女性地位的想法虽然很好,却会使波伏瓦不得不付出一个哲学上的代价,即她必须在一定程度上弱化她继承自萨特的存在主义立场,同时引入一些萨特拒斥的本质主义因素。

这是因为,波伏瓦的反抗态度并非像一些人所认为的那样激进。她反对男权主义者对女性的弱者地位的塑造不假,但是,她毕竟认为世界上存在着女人(尽管不是男权主义者建立起来的),而不像今日北美的某些更激进的平权主义者所认为的——就连"女人"这个概念本身也是被臆造出来的。因此,在反抗男权主义下的女性叙事的同时,她也要建立起一套新的女性叙事。无论这种叙事究竟是什么,都将不可避免地引入一些本质主义因素。这两种叙事的差别,被她称为关于女性的"神话"与"事实"的区别——前者是男权主义者提出的,后者是她自己所肯定的。

说到关于女性的神话，无非是女性必须成为男性的附属品，成为好妻子、好母亲，而这是波伏瓦所反对的。不过，在事实层面上，波伏瓦不否认女性与男性在生理与心理上的一些基本区别，只是反对有人利用这些区别得出"女性必须成为男性的附属品"这个结论。相反，基于女性独特的生物学禀赋，女性的心理体验应当比男性更为丰富与细腻，而且，女性的共情能力也明显高于男性。这恰恰说明，在一些排斥女性的人类活动领域——特别是政治领域——女性本该扮演巾帼不让须眉的角色。

请注意，虽然在今天的国际政治舞台上，不少国家的高官也完全可以是女性，但这并不是波伏瓦所认可的那种社会进步。因为在这些国家，女性政治家依然以"男权社会的点缀品"的身份而存在着。她们被男性同僚与下属包围，在她们脑子里转的政策选项都是由男性提供的，而且，她们的私生活也必须尽量符合"贤妻良母"的刻板印象，以便维持起码的得票率。与之相反，波伏瓦所认可的女性主义进步是由如下两个关键性因素所定义的：其一，**女性必须从事有意义的社会劳动（而不是通常被交付给女性的家政劳动）以彰显自己的价值**；其二，**女性必须从成为生育机器的命运中被解放出来。**

这里，我想特别提到波伏瓦所说的第二点，因为这更能体现波伏瓦版本的关于女性的事实与通常人们所说的关于女性的事实的重大区别。由此，我们也能更深地理解，为何波伏瓦所看到的事实无法支撑起关于女性的男权主义神话。

通常我们认可的关于女性的生物学事实包括（但不限于）如下现象：初潮、月经、怀孕、分娩、哺乳、绝经等。而且，一般的男权主义者也从这些事实中得出了如下结论：既然只有女性在生理基础上能够成为延续人类的工具，那么女性被束缚在家庭里相夫教子就是符合天道之事。

波伏瓦并没有否认上述关于女性的生物学事实，但是受过现象学训练的她，却试图从现象学角度来重新看待这些事实，换言之，她希望从女性自己的身体感受出发来理解什么是初潮、月经、怀孕、分娩、哺乳、绝经等。其中一个非常关键的问题就是，如何感受怀孕状态。波伏瓦认为这种状态很糟糕，处于这种状态的女性不仅会变得丑陋，而且还会产生一种自我贬低的工具感："瞧，我现在就是一台生育机器。"她也用类似的态度来对堕胎进行现象学分析（也正是这类言论，让梵蒂冈的教廷认定《第二性》是一本邪书）。说得具体一点，她并不认为堕胎会给女性带来严重的心理伤害（至少与怀孕相比），而且，她认为未诞生的生命是不具有灵魂的，因此扼杀这样的生命也不算谋杀。相比之下，处在保守主义阵营的维特根斯坦的女弟子安斯康姆（Gertrude Elizabeth Margaret Anscombe，1919—2001）却坚决反对堕胎——她甚至认为实施避孕措施在哲学伦理上也是缺乏根据的（她本人也生了7个孩子）。

从上面的讨论来看，波伏瓦版本的有关女性的本质主义，其实就是一种对女性感受的现象学概括，并且，通过凸显这些感受中令人不快的面相，波伏瓦自然得出了这样的结论：我们必须防止男权主义的社会建制进一步强化女性的痛苦。而波伏瓦所最反对的相关社会建制，莫过于家庭。

我们在讨论黑格尔的单元里已经看到了，家庭是所谓伦理生活的基础，没了家庭，市民社会与国家也会随之解体。而黑格尔心目中的家庭依然是以男性为中心的，换言之，女主人只有在处理家政与教育子女方面才具有较大的发言权。波伏瓦显然试图通过将家庭解体来破坏黑格尔版本的伦理生活的基础。她反对黑格尔的社会模型的理由也是基于现象学考量的。从身体感受的角度看，家庭的确让女性感到痛苦，让女性不得不变成生育机器，并由此失去支配时间的自由。通常被交付给女性的家务劳动更是强化了女性的奴隶感，让女性难以摆脱。从这个角度看，**波伏瓦赋予其女性叙事的本质主义因素，其实是在一个很基础的层面上对其他的本质主义**

叙事提出了挑战,颇有以本质反本质之意味。

正因为波伏瓦有限的本质主义思想在根底上是反对本质主义的整体叙事方案的,所以她的学说才与萨特的自由论形成了共鸣。不过,她的学说的本质主义残余又与萨特的学说构成了某些冲突。

波伏瓦学说与萨特学说之间的微妙张力

按照萨特"存在先于本质"的观点,个体的现象体验的丰富性,很难为事后添加的本质主义标签所涵盖,并因此具有某种认识论与本体论上的优先性。在波伏瓦的女性主义叙事中,萨特的上述观点就会被具体化为"女性的存在先于女性的本质"——当然,这里所说的本质,就是指男权主义者附加给女性的标签。在这样一个话题下,波伏瓦详细考察了西方历史上女性地位的嬗变过程,并特别强调这样一点:即使在现代社会,家庭生活依然施加给女性以大量的束缚,使其难以真正地做自己。与萨特的思路相似,**波伏瓦也希望女性朋友们彻底摆脱自欺状态,即不要被男权主义者所定义的女性概念洗脑,从而放弃对更多的人生可能性的探索。**

不过,从哲学角度看,波伏瓦的女性主义叙事所蕴含的本质主义残余,其实与萨特的学说有所冲突。萨特的存在主义叙事不那么强调男女之别,而这其实能带来某种便利——他能更灵活地处置性别身份与其他社会身份相互捆绑的复杂情况。举个例子，我在湖南省博物馆参观辛追夫人墓葬的出土文物时，就有这样的感叹：在汉代，身为女性不一定是悲剧，身为奴婢才是悲剧。辛追不过是一个地方封国的相的夫人，却能在生前享受到如此的荣华富贵，其所占据的生存资源真不知是同时代的男性普通农民的多少倍。也就是说，阶级压迫带来的异化与不公平现象，或许在烈度上是严重超过性别歧视所带来的异化与不公平现象的。当然，这不是说性别歧视的问题是一个伪问题，而是说，一种主要凸显性别问题的叙事策略，恐怕会对人类社会中的其他不公平现象构成边缘效应。正因为萨特的叙事方案也不那么凸显性别问题，该方案才能更为自由地覆盖各种涉及不公平现象的社会语境。

此外，萨特那种更淡化性别问题的"自我—他人"关系模型，还能应对目前出现在诸如上海这样的中国一线城市的一种新现象——男性也被物化了。这种现象在婚恋市场上的典型表现是，某些女方家长更关心男方的工资、待遇与房产，而对其内心生活相对缺乏兴趣。这就可能使得这些大城市的父母也更希望自己的孩子是女孩，以防孩子未来在婚恋市场上承受更大的经济负担。那么，面对这种情况，是不是也要发展出一种"新男性主义"来对抗这种物化男性的趋势呢？在我看来，这种必要性并不紧迫，因为在中国的广大其他地区，物化女性的现象依旧是主流。因此，与其纠结于性别问题，"反对物化一切人（无论男女）"才应成为一个更具普遍性的主张。

再谈家庭、生娃与人类的未来

波伏瓦的女性主义叙事中最受争议的部分，就是对家庭建制的反抗。我认为这部分内容有合理之处，也有不合理之处。

合理之处在于，即使在男女同工同酬的理念深入人心的今天，在家庭生活中，女性依然要承担大量的家务，导致其可以自由支配的时间变少。这显然是一种不公平现象。但是，若从反对这种不公出发而去反对家庭建制本身，则显得有些过头，因为我们完全可以设想别样的家庭结构的存在。比如，将家务劳动平摊给每个家庭成员；或男方以额外经济补偿的方式来弥补妻子因家务劳动带来的牺牲（如日剧《逃跑可耻但有用》所展现的）；或雇用家政服务人员来减少妻子的工作量；或使用家务机器人来减少妻子的工作量等。

不过，无论在这些可能的家庭结构中，妻子的家政负担在多大程度上被减轻了，有一个基本的生物学事实却无法被改变，即妻子作为母亲所承担的生理与心理负担是无法被实质性减轻的，而这恰恰是波伏瓦所试图反抗的。这就牵涉两种哲学视角之间的斗争：传统哲学的上帝视角很容易使相关哲学家站在人类的整体立场上看问题。这种视角当然会让女性担负起其作为母亲的责任，否则人类作为整体就不会有未来。而波伏瓦的视角则是一种搁置了上帝之眼的现象学视角，从这个视角出发，民族国家与人类的整体利益是不存在的。

不过，假若一个人是叔本华主义者，他反而会对波伏瓦的现象学模型提出这样的质疑：为何我分明能够感受到自己与还未出生的下一代之间的丰富的正向情感联系呢？这样看来，现象体验本身就是一个"筐"，不同的哲学家都能将自己的思想往里装。读者阅读此流派哲学家的作品时也要留一个心眼，不要让作者的现象学体验牵着你鼻子走，而要时刻追问你自己的真实感受是什么。

加缪：面对荒谬，大胆反抗

法国存在主义运动三杰——萨特、波伏瓦、加缪——我们已经说了两个，现在再来谈谈加缪。

老实说，我在撰写这一回内容时，也曾为如何厘清萨特与加缪的关系而头疼。这两个人的思想的确非常接近，而且与萨特类似，加缪也是文学高手，甚至也拿了诺贝尔文学奖——只是萨特没去领奖而加缪去了而已。然而，加缪与萨特的私人关系却是先亲密后疏远，两个人闹掰之后，加缪就到处说自己不是存在主义者了。这到底是怎么回事呢？难道仅仅是因为法国人天性敏感，喜欢因为一些鸡毛蒜皮的事情而玩"割席"戏码吗？恐怕这不是全部也不是根本原因。所以，我在写本回内容前就定下了一个小目标，即讲清楚萨特思想与加缪思想的同与异到底在哪里。

浅谈萨特与加缪的区别：从"荒谬"说起

萨特与加缪闹掰的原因之一是，二战后，萨特是支持政府使用极刑来处罚那些曾与纳粹合作的"法奸"的，加缪则认为这种观点过于残忍。也就是说，至少从表面上来看，加缪思想中的人道主义成分要高于萨特——尽管后者在字面上也承认，存在主义是一种人道主义。说得更深一点，萨特之所以不愿意彻底放弃暴力惩罚这一选项，乃是因为他认为这种限制会破坏他心心念念的绝对自由，而绝对自由本身就意味着暴力选项不能在自由选择的过程中被彻底排除。不过，这种本来旨在维护萨特之自由论的主张却在客观上起到了维护当时国家公权力的效果，因此萨特的这种表态，很容易被粗心的解读者视为萨特与国家权力彼此合作的象征。相较之下，在加缪的哲学词汇表中，自由并不是他的头号概念——这个头号概念的位置应当让给"荒谬"。

什么叫荒谬？一言以蔽之，就是自我与世界的关联出了大问题，即二者之间出现了种种不协调、不匹配的现象。举个例子，一个得到上级表彰的警察若被突然发现实际上是黑社会的线人，这就显得非常荒谬，因为警察之应然状态与这位"警察"的实然状态产生了巨大的冲突。不过，上面这种荒谬毕竟是浅层次的。存在主义者所说的荒谬则更是指这种情况：我在我的世界中找不到我的家——无论在公司、地铁站还是迪斯科舞厅，我都觉得这个世界对我不友好，或者说，我无法融入这个世界。**这里所说的荒谬不仅仅是指这个世界充满矛盾，更是指这个世界对于我而言没有意义**。这也正是加缪试图向我们揭示的那层荒谬的含义。

可是，难道这种荒谬感没有在萨特哲学里得到显示吗？"他人即地狱"不正揭示了我的周遭是如何通过各种刻板印象来抹杀那个本真的我的吗？这样的世界难道不够荒谬吗？

的确，萨特思想与加缪思想有彼此重合的地方，否则二人也不可能曾为好友。但是，萨特即使指出了世界的荒谬性，其根本目的还是以此为杠杆来将他的核心概念——自由——抬出水面。这也便是萨特哲学里隐藏的尼采因素，他试图将挑战自由的各种鬼魅视为使自我变得更为自由、更为强大的催化剂，而不是将这些鬼魅本身视为他哲学构建的核心问题。相较之下，加缪思想的悲观主义色彩更为浓郁，**他认为主体与世界的斗争注定会失败，因此，对自由的空洞许诺本身就是另外一个神话**。

不过，加缪思想中有意思的地方也在于此。上述悲观主义气氛并没有使他走向类似皮浪主义或者犬儒主义这样的古典虚无主义流派，而是催生了另外一种英雄主义，即一种明知不可为而为之的"西西弗式的英雄"

(详后)。

如果要在中国历史上找一个人来为这种悲剧英雄作注解的话,我能想到的例子就是方孝孺(1357—1402)。在朱棣篡夺建文帝的江山而成为新皇帝后,同情建文帝的方孝孺明明知道反抗没用,还是在大庭广众之下痛骂朱棣,后被朱棣下令以凌迟之酷刑杀害于南京聚宝门(今中华门)外,其全族也跟着罹难。

试图保留自我选择之各种可能性的萨特,未必会赞同方孝孺的选择,在他看来,谨慎地探索外部的政治环境,以便找到一条更现实的匡扶正义之路,亦可成为选项之一。为了保留这种选项,萨特甚至主张在某些特定情况下"同流合污",甚至将双手适当地"弄脏"——在这方面能够为其思想提供注解的东方人物,恐怕是西域佛学大师鸠摩罗什,他为了能在乱世中顺利地传播佛教,做出了些引发争议的事情,如接受皇家赏赐的美女。

从这个角度看,萨特思想既比加缪思想更激进,又更温和。其更激进的一面体现在哲学思想上,因为萨特更在乎他对自由原则的贯彻是否彻底,而其更温和的一面则体现在为人处世上,因为萨特给予了主体暂时与周遭世界休战的自由。不难想见,在萨特以更为灵活的姿态处理个体与世界的关系时,主体对世界产生的荒谬感也会被削弱。而萨特无法像加缪一样以荒谬作为其哲学的头号概念,道理也正在于此。

现在，新问题又来了，为何加缪就想不通萨特哲学的这一层道理呢？他怎么就和荒谬感较上劲了呢？我认为，这与其生平颇有关联。

作为异乡人的加缪

前面说到，萨特与波伏瓦都是法国的"上等人"——巴黎市民。加缪的家庭背景则连外省人都算不上，他属于法国人所说的"黑脚"，也就是法国曾经的殖民地阿尔及利亚地区的法国殖民者。而且，甚至加缪的大学学业也不是在巴黎完成的。他从 1933 年起以半工半读的方式在阿尔及尔大学攻读哲学，1936 年毕业，论文题为《新柏拉图主义和基督教思想》，但因肺病而未能参加大学任教资格考试。

第二次世界大战期间，加缪参加了反对德国法西斯的地下抵抗运动。加缪从 1932 年起发表作品，1942 年因发表《局外人》而成名。他的小说《鼠疫》(1947) 得到一致好评，但是其《反抗者》(1951) 一书却由于反对革命暴力的思想而导致了他与萨特决裂。加缪于 1957 年 10 月 17 日获诺贝尔文学奖，成为法国当时第九位也是最年轻的获奖者。1960 年 1 月 4 日，46 岁的加缪因车祸死亡。

从上面的这份简单的履历中我们不难看出，加缪所面对的世界远比萨特所面对的世界更不友好。萨特的生长与写作背景就是巴黎，因此，他可以在他的城市里如鱼得水地呼吸与行动；而作为"黑脚"的加缪在法国本土却很容易被视为异乡人。他能到处插一脚，但无论在何处，他的存在感都不强。加缪之所以选择文学——而不是像萨特那样横跨哲学与文学两个领域——作为其思想的主要抒发手段，也是因为缺乏同等水准的哲学训练的他，无法与萨特这样的天之骄子进行全面的竞争。

加缪的这些个人经历可能参与塑造了其思想的某些特征。比如，至少在公开的政治领域，他对人道主义与和平主义价值观的坚持程度要超过萨特。这是因为，他缺乏作为"正宗巴黎高等师范学院高材生"的萨特的那种心理优势来让他敢于充分、自由地调用更多的思想资源，并随时改变自己的政治表态策略。与萨特相比，他的思想表述更需要一个安全的支点来维持自尊。"对一切暴力选项的毫无例外的排斥"便是这样的一个支点，因为这种立场至少在表面上使加缪思想获得了萨特思想所不具备的道德高度。不过，此种选择也让加缪付出了相应的代价，他对自我选择的自我限制使他丧失了更多客观探索世界的机会，这也使他无法得到其他思想因素来与其对世界的荒谬感产生对冲。

另外要注意的是，加缪对非暴力主义的支持，主要体现在他的政治表态上。在文学创作中，他未必能够坚持他的非暴力主义。这一点则部分地由文学创作自身的特点决定。有时候，故事本身的进展会依照其自身逻辑来塑造人物的立场与价值观。这样一来，一些与加缪本人的政治立场不同的故事情节在其笔端涌现，也就无法避免。

对于一般读者而言，理解加缪的思想，主要是透过"西西弗式的英雄"这一文学形象，下面我们就来详谈之。

西西弗式的英雄：我反抗，我存在！

《西西弗神话》是加缪于1942年完成的哲学随笔。西西弗传说是这样的：希腊诸神之一西西弗因惹怒宙斯而遭责罚，他在下地狱前逃离到人间，并尽情地体验美好的事物。最终他被捕获，被众神处以永远的惩罚，西西弗必须把一块石头推上山，而等到石头抵达山顶时，又将再次滚回山下。因此，西西弗不得不再次开始将石头推上山，由此周而往复、无休无止。

从某种意义上说，西西弗的传说其实是对现代人日常生活的隐喻，我们每早挣扎着起床、挤地铁、打卡、听老板咆哮、做PPT、加班、回家、躺平、追剧、睡着，然后再挣扎着起床……正如那不断将石头推上去，又不得不看着石头滚下来的西西弗。甚至我们整个人类的生存方式也不断经历着这样的西西弗式循环，一代人出生、上学、毕业、结婚、做房奴与孩奴、老了、挂墙上——这时候下一代也开始做孩奴了……面对这种周而复始的情况，一个基本的哲学问题也就冒出来了：这样的循环的意义到底是什么？面对这样的循环，我们究竟又该怎么做？

面对这一问题，加缪给出了几个尝试性的解答，以及他对这些解答进一步的评论。

解答一：如果觉得这样活着没意思，就自杀。

但加缪立即否认了这种解答，并认为这是懦夫的选择，是对生活的逃避——逃避不但可耻，而且也没用，更算不上是抵抗。

解答二：诉诸宗教，即让超验的神赋予生活以意义，而无论这生活看上去有多无聊。

不过，既然尼采都说"上帝死了"，处在后尼采时代的加缪也无法接受这个选项。在他看来，宗教信仰意味着对理性的追问的终结，而这也就同时意味着精神生活的终结。所以，诉诸宗教就意味着一种哲学自杀。

解答三：接受荒谬性，直面并不断反抗之，不计成败。我反抗，所以我存在！

这里所说的反抗,指的是任何扰乱荒谬世界之运作的方式。比如,一个被强制入伍的士兵,完全可以在一场自己不认可的战争中这样进行反抗:故意将好的战车修坏、射击的时候故意打不准、将腐败的食品发给战友以使整个连队暂时失去战斗力等。总之,你不能什么也不做。**你得让你面对的这个荒谬世界因为你的存在而变得不再那么运行自如——而这台机器在运作时发出的每一声喘息,都在证明你还活着。**

加缪关于西西弗神话的上述解读固然有其感人之处,但从哲学角度细究,却有一个大问题有待解决:对反抗的合理性的证明,还需要预先设定一套价值观。但加缪如何保证对这套价值观的追问不会重新请出被他驱逐的神学体系呢?毕竟连在康德那里,伦理的普遍性都需要一个莫须有的上帝来对其担保。相较而言,以自由为头号哲学概念的萨特,恐怕更容易在绕开上帝的前提下,至少部分复活启蒙主义的价值观。而这又是因为,在萨特笔下,诸个体对彼此自由的最大担保,就足以合理化对各种旨在削弱自由的社会建制的反抗。

此外,不得不指出,在加缪的一些重要的文学作品中,主人公对荒谬现实的反抗方式具有一种伦理上的随意性,而这一点又与他本人在政治场合所秉持的人道主义与非暴力主义立场产生了矛盾。详见下文对《卡利古拉》与《局外人》的介绍。

加缪笔下的暴君与冷漠者

《卡利古拉》是加缪于1938年创作的话剧剧本，于1944年出版，1945年在巴黎埃贝尔托剧院首演。该作品是加缪在看了历史学家苏埃托尼乌斯的《十二恺撒传》之后有感而发创作的。剧中的主角卡利古拉（罗马帝国第三任皇帝）其实就是西方版本的"隋炀帝"，在史书中以残忍、恐怖统治与各种荒唐行径而著称。

让人惊讶的是，这位暴君竟然成了加缪着力刻画的主人公。在他的笔下，卡利古拉通过他的妹妹兼情妇的死，认识到世界的荒诞，然后展开了一系列的疯狂行动，夺走别人的财产、杀死别人的父亲、侮辱别人的妻子等，以图反抗世界的荒谬。他这样做的哲学意义，就是利用他的政治权力，把别人视为珍宝的东西一件件毁灭，由此夺走这些人寄托于外物的意义，以便让众人顿悟，这些意义都是虚假而短暂的，从未能真正长久。千万别以为这样做还有一种别样的浪漫感，毕竟卡利古拉做的这些事情实在是太反伦理了。加缪将他描述成一个通过荒谬来反抗荒谬的"英雄"，这多少与加缪本人的人道主义立场相互冲突。

另一个值得一提的文学人物则是加缪的中篇小说《局外人》的主人公莫尔索。《局外人》以一种客观记录式的"零度风格"，冷峻地描述了莫尔索在世界中所经历的种种荒谬之事，以及自身的荒诞体验。从参加母亲的葬礼到偶然地成了杀人犯，再到糊里糊涂地被判处死刑，莫尔索对外界施加给他的一切始终都无动于衷，好像这场官司与他自己无关似的。不难看出，莫尔索是卡利古拉的对立面。卡利古拉反抗荒谬的方式是任性妄为，而莫尔索反抗荒谬的方式则是彻底不行动。后者似乎又与《西西弗神话》所展现的那种积极有为的反抗方式构成了矛盾。不管怎么说，我们都很难将这位冷漠的莫尔索视为通常意义上的人道主义价值观的承载者。

当然，这不是说加缪没有写过能正面展现人道主义价值观的反抗英雄。比如，小说《鼠疫》里的医生里厄，便为了拯救更多人命而与荒诞现实不停地斗争。不过，上述不同文学形象的并存就足以说明，加缪所认可的针对荒谬的反抗行为具有很大的弹性，而这就使我们难以从对这些文学的解读中，概括出一个统一的伦理学立场。

为何会造成这种情况呢？从浅层原因来看，文学写作本身就具有某种非伦理性——这是柏拉图早就意识到的。这也就是为什么有时我们会觉得，在某些作品中，一些反面人物要比正面人物被刻画得更为出彩。作为文学家的加缪在进行文艺创作时，也很难不受到此类文学创作规律的左右。

另外，更深一层的原因是，既然加缪既否定了神学体系对伦理选项的约束机制,又没有像萨特那样提出一套基于自由的新叙事,以作为替代上帝缺席后的伦理约束工具,那么当各种反抗荒谬的路径偶然越出俗常伦理所规定的最大范围时,他自然也就缺乏别的手段来阻止这一情况的发生。我个人之所以认为加缪的思想不如萨特周全,也是基于上述考量。

不过,就思想的全面性与体系性而言,下面要介绍的梅洛-庞蒂是不输萨特的,尽管他已经不算严格意义上的存在主义者了。

梅洛-庞蒂：爱你的肉，而不是灵

萨特、波伏瓦、加缪都是广义上的存在主义者。存在主义就其一般意蕴而言，都喜欢强调个体与环境的对立关系。而梅洛-庞蒂并不是这种意义上的存在主义者，尽管他肯定是从属于广义的现象学运动的。他更喜欢在积极的意义上谈论个体与世界的关系，直白地说，他更喜欢讨论关联个体与世界的中介——肉体。

梅洛-庞蒂并不是巴黎人，也不像加缪一样来自法国的海外地区，他是法国的滨海夏朗德省人。他在法国最高等的文科大学巴黎高等师范学院读书时，与萨特是同学。之后，他做过一段时间的中学老师。二战爆发后，他也和萨特一样短暂当过兵。法国战败后，他亦不放弃抵抗意识，继续进行反纳粹的地下活动，直到盟军解放了法国。战后，他与老同学萨特一起创办了《现代》杂志。不过，他与萨特的私人关系也是分分合合、一言难尽。

战后，他先后在里昂大学与索邦大学任教，1948年升任教授，1952年成了法兰西学院院士。1961年，他死于心脏病。总体来说，除了在二战期间的地下活动充满风险与刺激之外，梅洛-庞蒂过的算是比较典型的学者生活。他虽然在哲学之外也有很好的心理学素养，但并不是文学领域的高手。在我国，他的名气不如萨特、波伏瓦与加缪，恐怕也是出于这个原因。不过，其肉身哲学的丰富意蕴却能让一般人都深受教益。

梅洛-庞蒂哲学的起点是胡塞尔与海德格尔，下面就谈谈他是如何从前人那里获得思想启发的。

意识与肉体的关系是什么？

前一单元曾提到，胡塞尔因为犹太人身份而遭遇纳粹当局的迫害后，其生前留下的大量哲学手稿在有识之士的帮助下，辗转运到了比利时鲁汶大学得以保存。战后，梅洛-庞蒂有幸读到了这些手稿，发现胡塞尔在生前已经密集思考了"在意识中如何构建肉体"这一问题，而肉体问题也就成了梅洛-庞蒂哲学的发力点。

为何肉身会成为一个有趣的哲学问题？意识与肉体的关系非常暧昧。一方面，意识似乎可以将肉体视为自己的客体，如我可以思考我的肉体、我可以观察我的手相等。而且，一个人看自己的掌纹的过程，的确也很类似其观察自己的钱包的过程。另一方面,肉体则反过来规定了意识,我的身体的位置决定了我看到了什么,而我的腹痛则会影响我在其他方面的知觉,特别是我思考抽象问题的能力。那么,在意识与肉体之间,谁是主导的一方?好像怎么说都可以,但怎么说又都有问题。

让我们想一下牙疼吧!在牙疼发作的时候,你能够区分对牙疼的意识与发生疼痛的牙龈之间的界限吗?老实说,根据我本人在做牙髓炎手术之前的疼痛体验,我是连哪颗牙齿疼都分不清的——牙疼袭来时,此牙与彼牙的界限,以及我的疼痛与发生疼痛的牙的界限,似乎都被"疼没了"。

有些读者或许会说:我的牙齿一直都很健康啊,所以我很难领会牙疼的感受。好吧,对这些朋友我要说:首先恭喜你们护牙有方,但请再搓搓你的手,先用你的左手去搓搓你的右手,然后再反过来做。在这个反复揉搓的过程中,哪只手是在摸,哪只手是在被摸?哪只手是主体?哪只手是客体?傻傻分不清了吧!

从哲学史的角度看,肉体的这种介于主客之间的暧昧性,早就被叔本华意识到了。在叔本华看来,肉体就是意志的直接客体化。而有了胡塞尔哲学功底的梅洛—庞蒂则进一步指出,肉体的活动模式就是胡塞尔所说的意向活动的本质。换言之,**当你将某种意义投射到某些感觉材料上去的时候,你所做的事情实际上是在将一种**

身体活动模式投射到这些感觉材料上去。譬如，婴幼儿最原始的意向活动就是将万事万物分成两类，即可被吮吸的，以及不可被吮吸的。很明显，这样的意向活动就暗示了两种身体活动模式。从这个角度看，肉身哲学视野中的意义就不是那种缺乏烟火气的柏拉图式的理念，而是对身体运作方式的某种含蓄的概括。换言之，梅洛-庞蒂试图对整个胡塞尔的意向性理念进行一番"血肉化"改造。

梅洛-庞蒂的思想与海德格尔也有联系，而关联二者的中介就是前面提到的"手"。我们知道，海德格尔说的此在在世界中的存在其实已经预设了肉体——特别是手——的存在，否则他就无法认真地讨论所谓的上手状态。乃至波伏瓦的女性主义叙事体系也是基于女性身体的敏感性的。换言之，梅洛-庞蒂的肉身哲学的很多要素已经在其他现象学思想健将的哲学表述中有了根苗。而将这些零散的哲学要素加以全面整合的，就是梅洛-庞蒂。

以"荤菜素做"的态度来面对格式塔心理学

关于梅洛-庞蒂的肉身哲学，我们有一个重要的问题需要澄清：现象学家所说的肉体与生理学家研究的身体有什么关系？

大致而言，生理学所研究的身体主要是作为纯粹的客体存在的。比如，一个肝脏的切片在显微镜的镜头面前就是一个纯粹的客体。而梅洛－庞蒂所说的肉体，则是你能够真实感受到的那个本已的身体。若勉强套用医学术语来说，这种现象学意义上的肉体，就是病患在主诉中所涉及的主观感受。

不过，需要注意的是，我们也不能说梅洛－庞蒂的现象学研究与实证科学无关。在其主要哲学作品《知觉现象学》中，梅洛－庞蒂还是非常重视格式塔心理学的研究成果的。不过，秉承着"荤菜素做"的精神，他对格式塔心理学的内容进行了富有现象学意味的重新利用。

所谓格式塔心理学，也就是完形心理学，由马克斯·韦特海默（Max Wertheimer，1880—1943）、沃尔夫冈·柯勒（Wolfgang Köhler，1887—1967）和库尔特·考夫卡（Kurt Koffka，1886—1941）三位德国心理学家创立。"格式塔"是德文"Gestalt"的音译，意即"动态的整体"（dynamic wholes）。其基本主张就是，人脑在感知外部物体的时候，是按照"整体大于部分"的原则来对输入的信息进行加工的，所以，根据一些带有趋势性的信息，人脑会自动对剩余的局部信息进行"脑补"。

如还不是很理解这一原理是什么意思，请看以下表格。

格式塔诸原则简表

格式塔原则诸名称	原则内容	例证及相关说明
图像—背景原则	在知觉主体的视野中,若一个物体(图像)看起来是具有凸显性的,那么视野中的其他物体就会消退到背景中。	此图既可被视为两个黑色的人脸侧影在对视,又可被视为一个白瓶在黑色背景中凸显自身。如何知觉,取决于何物被凸显。
邻近性原则	归类时,人倾向于把相近的东西视为一组。	在此图中,我们倾向于将中间的4个点看成两个一组。
相似性原则	人倾向于把彼此相似的事物归为一类。	在左图中,我们倾向于将其视为四列空心圆和实心圆,而非4行空心圆和实心圆。
连续性原则	人倾向于知觉到连贯的或者连续流动的东西,而非断裂的或不连续的形式。	此图很容易被视为一条连贯曲线和连贯直线的相交图。若将其视为一个"V"和一个倒"V"的上下叠加,则显得不太自然。
闭合性原则	人倾向于把非完整或闭合的图形看成是完整的或者闭合的。	此图很容易被视为三角形。尽管实际上这个"三角形"的每条边都是断裂的。
对称性原则	人倾向于把事物都知觉为沿中心展开左右对称的形态。	在此图中,我们明显知觉到了4组括号,而不是8个彼此无关联的单括号。

梅洛-庞蒂并不否认格式塔心理学的研究成果，但关于这些发现的哲学意义，他却有话要说。他提出的问题是，视觉格式塔，也就是表中最右一栏里的那些图形展现给人的第一整体印象，其本质到底是什么？它们到底是怎么来的？

传统的经验主义者认为，视觉格式塔是能被还原为基本的感觉原子的组合方式的。因此，格式塔是一种经验概括的结果。而理性主义者则认为，格式塔是理性加工的产物，换言之，是理性加给感觉材料的"钢印"。梅洛-庞蒂认为，这两种理论都是错的。在他看来，**格式塔不可被还原为别的东西，它就是世界呈现给我们的基本样态**。换言之，格式塔的存在是身体与世界之间一种共谋的产物。具体而言，视觉格式塔既反映了我们的眼球运动的特征，又反映了世界在物自体层面上的本来面目。反过来说，假若有一种生物的视觉器官的生理学特征与人类的非常不同，我们就不能保证他们的视觉格式塔与我们的是一样的。然而，基于我们自己的经验，我们也很难设想他们的格式塔是怎样的。

从这个角度看，实在论的假设——我们可以脱离我们感觉的局限去了解纯粹的客观世界——便是无效的。我们的世界的起点就是格式塔，因此，我们切不可因为格式塔向我们呈现的世界似乎包含了某些视觉谬误而将其拒斥——比如，在闭合性原则中，将断裂的图像看成闭合的三角形的习惯，就是一种视觉谬误。没错，这就是我们所面对世界的起点，尽管这一起点看似经不起更精密的测量仪器的拷问。然而，这些精密仪器并非我们所感知到的世界的一部分。

梅洛-庞蒂的上述哲学表述，对一般人的生活又有什么延伸意义呢？

所有的习惯本质上都是一种身体习惯

我们知道，休谟哲学的关键词乃是习惯，而按照习惯与习俗办事便是休谟人生哲学的要义。但在梅洛-庞蒂的肉身哲学的框架内，此类习惯就必须被理解为身体习惯。举个例子，我在海外生活和进行学术交流时，始终喝不惯咖啡，还是必须得喝茶，胃才觉得舒服——这就是身体习惯。而这种习惯就是某种更加广义的格式塔，我的肠胃便是通过饮茶习惯这一格式塔与外部事物打交道的。换言之，不管我吃了多么奇怪的食物，饭后饮一杯红茶就能像"打通任督二脉"那样，赋予进入我胃部的所有东西以整体的意义。如果去掉这种中介，我便会觉得西方人眼中的美食乃是外在于我的物自体，是一些不可被理解的物质碎片。

另外一个能够说明身体习惯之格式塔特征的案例，就是幻肢现象。譬如，有的士兵明明在战争里失去了左手,但还会在医院里大喊"我的左手疼"。可他怎么会感到已经不存在的左手疼?一种科学的解释是,感到疼痛的其实是这位士兵的大脑——是其大脑的核心信息处理机制发出了疼痛指示。但由此未被解决的哲学问题是,为何在左手已经不存在的前提下,大脑还会保留关于左手的信息?

对于这个问题,肉身哲学的解释依然会遵循"整体大于部分"的格式塔原则,即人类身体的整体本身就是一个超级格式塔,因此,我们的身体(包含大脑)会在身体之部分缺失的情况下,依然维持整体架构的完好。所以,一个士兵才会在失去左手后,依然感到左手疼。

从时间的维度看,休谟所说的习惯也好,梅洛-庞蒂所说的身体习惯也罢,二者都具有"从过去延伸到未来"的特征。我之所以在国外想念在国内喝的茶,失去左手的士兵之所以还觉得他的左手疼,便是因为我过去一直喝茶,那位士兵过去一直在用左手。身体习惯本身就是一种超级的时间黏合剂,将我的过去与现在黏合在一起。

这一哲学原理还能帮助我们理解一些历史人物在重要历史关头的选择。拿三国时期的"高平陵之变"来说,正始十年(249年),"装怂"甚久的司马懿趁大将军曹爽陪大魏皇帝曹芳离开洛阳至高平陵扫墓,起兵政变并控制京都。困在城外的曹爽此刻面临着生死抉择。

他的谋士劝说他不要即刻对其妥协，先离开洛阳，来日再战。但曹爽不听，相反，他接受了司马懿提出的政治条件，即向司马懿交出他手里的权力，然后司马懿则会保障他在洛阳城内的既有生活待遇。结果呢？曹爽一被骗入洛阳就被幽禁，全家随之被害。

后人读到这段故事时，都会嘲笑曹爽的愚蠢。不过，站在梅洛-庞蒂哲学的立场上看，曹爽的选择却是可以被理解的。离开洛阳去许昌抵抗司马氏的做法，虽然符合政治与军事的逻辑，却会背叛曹爽的身体习惯——他的身体模式已经与洛阳的豪宅融为一体了，因此他无法设想那种离开豪宅而在野外驰骋沙场的生活。

这样看来，梅洛-庞蒂的肉身哲学会不会导致一个人沉迷于舒适区而失去进取心？

未必，一个有志向的人如果能反向使用梅洛-庞蒂哲学的思想元素的话，反倒能够在需要吃苦的时候勇于吃苦。换言之，即使一个人拥有了非常好的物质生活条件，他也要抱着居安思危的心态来维持朴素的生活习惯，甚至定期在野外打猎宿营，维持基本的生存能力，而不能习惯于将自己的仆从视为自己真实的四肢的替代品。曹爽如果早点有这样的觉悟，恐怕其下场也不会那么惨。

有人会说，我们都是一般的老百姓，不会遇到曹爽那样的生死存亡问题，所以上面的案例好像与我无关。

然而，大人物固然有大人物的麻烦，小人物的麻烦恐怕也不少。世事无常，突然到来的自然灾难或人为灾难会以一种不可预测的方式，袭扰处在任何一个社会阶层的人，因此，"时刻准备着"应当成为任何一个现代人常有的精神状态。此刻，有人恐怕又要问："要时刻准备去干吗呢？"梅洛－庞蒂主义者的回答是，**时刻准备着用你最基本的身体机能去应对那些可能的挑战，因为你平常所依赖的那些技术中介与社会中介，未必会始终正常发挥作用。**

可如果这些无法预料的灾难没有发生呢？难道梅洛－庞蒂哲学就没有更直接的应用价值吗？当然有。人是语言的动物，你要在社会中生活，就要说话。而从梅洛－庞蒂哲学的立场上看，语言能力也是一种身体习惯。

语言是身体习惯的附属品

为了说清楚梅洛－庞蒂哲学的语言观，我们不妨将其与黑格尔哲学作比较。在黑格尔看来，语言的本质就是成为运用那些抽象思维范畴的场所，因此，除了成为抽象的思想的载体之外，语言就什么也不是了。站在肉身哲学立场的梅洛－庞蒂可不这么看，在他看来，语言是身体习惯的附属品，因此，离开了身体的活动模式，语言就什么也不是了。

为何语言是身体习惯的附属品呢？很简单，听、说、读、写，哪件事可以离开身体？另外，很多与说话有关的辅助性的身体动作——手势、音高、音调、情绪，也都是一种身体习惯。若不明白这一点，就想想意大利人说话的时候为何有那么多手势语言吧！若将意大利人的手指都绑起来，他们可是会得失语症的。我在学习日语时也有这样的体会，日本人不在句子末尾加个语气词"呐"似乎就说不了话，而很多中国人学习日语时，却因为说汉语造成的身体习惯而忘记加"呐"，由此说出的日语听上去就要比母语言说者显得更生硬。

除了语言音韵方面的特征与身体习惯有关外，其在意义方面的特征也与身体习惯有关。这一点在梅洛-庞蒂之后的认知语言学的发展中，得到了更系统的揭示（认知语言学是一个深受梅洛-庞蒂的思想影响的语言学流派）。

认知语言学的核心概念是"认知图式"（cognitive schema）。在认知语言学的语境中，图式是具有一定的可视性。譬如，英语"ENTER"（进入）这个概念就可以被分析为数个意象图式的组合，包括"物体"（object）、"源点—路径—目标"（source-path-goal）与"容器—容纳物"（container-content）。三者结合的情况如下：

物体　　　　源点—路径—目标　　　　容器—容纳物

ENTER

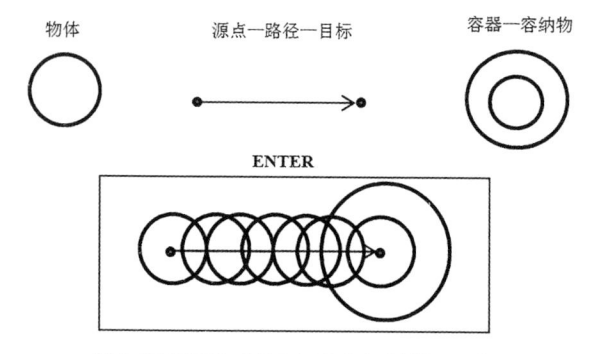

关于"ENTER"的认知图式形成过程的图示*

这样的可视化图式自然包含了明确的身体指涉。说得更清楚一点,这样的概念图示预设了概念的使用者具有这样的身体经验:自主移动身体,从一个源点出发,沿着一定的路径,进入一个容器,并由此使得自己成为一个容纳物。换言之,一个从来没有移动过自己的身体,甚至从来没有观察到其他物体之移动的语言处理系统,恐怕是无法真正把握"ENTER"的图式,并由此真正把握"进入"这个概念的含义的。

上述讨论又能对人生哲学产生怎样的启发呢?

---

* 此图的原始版本见于:Ronald Langacker. *Cognitive Grammar: A Basic Introduction*, Oxford: Oxford University Press, 2008, p.33。

切莫因科技进步而高估人类肉体的承受力

首先可以肯定的是，伦理学所研究的社会规范，本身往往就带有身体图式的印记。不妨想想周遭种种社会规范所具有的语言表达吧！"军事禁地，禁止入内"（这个表达预设了关于"进入"的身体图式）；"行车时不能挤占公交车道"（这个表达预设了"挤占"的身体图式）；"不许占据别人的财物"（这个表达预设了"占据"是一个将远离身体的非辖域转化为其近侧辖域的动态过程）；"不许杀人"（这个表达预设了所涉及的人类身体的确具有终止其他人类身体之生物学机能的能力）。不难想见，如果上述这些关于身体图式的预设全部被抽空的话，我们就很可能会凭空造出一些让人不知所云的社会规范，如"永远不能挤占银河系之外的空间""永远都不能通过吐口水的方式来淹死长颈鹿"等。

由此看来，我们的道德规范就是建立在身体活动的基本图式之上的。而这一点，似乎是诸如康德那样的传统伦理学家没有意识到的。了解到了这一点，我们日常生活中需要注意什么？

第一，不要对自己与别人提出身体执行力之外的要求，而要用自己的肉身尝试一下，你的建议能不能被人类的身体执行。己所不欲，勿施于人。今天的世界虽然是高度技术化的世界，但肉身的有限性依然没有被消除——即使你家的跑车很先进,你也依然不能在开车时同时接六个电话。所以,千万不要因为科技的进步而高估人类肉身的承受力。

第二,**人道主义必须落实为"在肉身层面上善待人"才算真正地接地气**。比如,一个老板要对员工好,就要思考一下这些细节:公司的厕所是不是造少了,造成员工排队太久,如厕困难?公司的用餐场所是不是可以再多一个微波炉,方便员工热饭?周末的团建活动,是不是要避开一些体力消耗较多的项目,保证员工周一还有足够的精力上班?离开这些细节空谈"对员工好",有意义吗?至少站在肉身哲学的立场上看,真没意义。

第三,**在职业选择上,不要光看薪水多少,还要看看这个工作是否符合你的身体习惯**。比如,如果你想换的新工作尽管工资会略高,但会带给你更高的通勤成本,那么你的睡眠时间就会减少。如果你要做的事情又需要一定的脑力,那么睡眠时间的减少就会导致你的整个身体的舒适感下降,由此使得你获得的那部分额外工资所带来的幸福感被抵消。从这个角度看,钱的确不是择业的唯一考量要素。

*　*　*

总体上看，基于梅洛—庞蒂的肉身哲学的人生哲学，其观点相对中庸，不像前三位思想家的观点那么惊世骇俗。因此，将梅洛—庞蒂归为存在主义者可能稍有些勉强。不过，这也正是我们要学习各种不同的人生哲学的理由，每位哲学家都会有不同的人生提案，你得根据需要来选择你自己的"菜"，最好不要一道"菜"吃到底。

小结：文学与哲学的互动所造就的别样洞天

本单元讨论了四位法国思想家的观点，即萨特、波伏瓦、加缪，以及梅洛-庞蒂。虽然其中的梅洛-庞蒂不算严格意义上的存在主义者，但这四人的思想无疑都带有现象学的气息。法式现象学与德式现象学既有相似之处，也各有自己的特点。

相似之处在于，二者都放弃基于上帝视角的宏大叙事，站在个体作为存在者的立场上看待人生与世界。差别在于，除了梅洛-庞蒂之外，另外三位法国思想家都可以算是文学家（并且他们都擅长戏剧与小说，而不是诗歌）；与之相比，诸如胡塞尔、海德格尔这样的德式现象学家都不是文学家。胡塞尔的哲学文笔其实也很糟糕，读其原著的感觉有时真是"一言难尽"。海德格尔可以写出不错的哲学散文，对诗歌也有很强的领悟，但不太谈小说与戏剧。海德格尔的偶像尼采虽然在文学界的影响也很大，但是他写的东西也只能被归类为散文或诗歌，而不是标准的戏剧或小说。

不过，这个区别在哲学上非常重要吗？我觉得还是不容忽视的。

爱小说与戏剧的哲学家 VS 爱散文与诗歌的哲学家

我个人认为，诗歌与散文的阅读或写作体验带给哲学家的潜移默化的影响，是不同于小说与戏剧所带来的影响的。诗歌与散文的本质都是独白，是一种直抒胸臆的文体，是将"我"的钢印打到世界上的文体。相较之下，小说也好，戏剧也罢（那些不典型的小说与戏剧暂且不论），其中人物之间的冲突才是读者所聚焦的中心——为此，小说家与戏剧家其实不太合适将自己的观点直接写出来。毋宁说，他们要试图以自然的方式给出故事中的人物形象——特别是通过这些人物的言行来展现其各自的价值观。而在展现这些人物冲突时，细节刻画就显得非常重要。换言之，一个写戏剧与小说的人，会比一个写诗歌与散文的人更需要善于观察他人的言行，以及琢磨对话场景中的微妙因素，由此也会对一些难以预料的偶然因素抱以更大的宽容。

从这个角度看，作为小说与戏剧界及哲学界"双料英雄"的萨特如此关心自我与他人的关系，也就不那么令人惊讶了。相较之下，喜欢诗歌的海德格尔却能在一种非常抽象的层面上将他人归纳成常人加以处理，并因此失去了对自我与他人之关系的各种复杂样态的观察，遑论像波伏瓦那样对性别关系进行进一步的思想深耕。因此，与很多过于崇拜德国哲学的学界同仁的观点不同，我认为法式现象学-存在主义是对德式现象学-存在主义的一种实质性发展。就萨特而言，他的思想不仅超越了海德格尔，也超越了黑格尔，尽管在讨论个体与他人的微妙关系时，黑格尔的观察力也是不差的（至少比海德格尔强）。

萨特伸出"脏手"，在黑格尔牌的饺子里加入偶然性的馅料

在我看来，萨特的哲学工作的精彩之处在于，他在悬置黑格尔关于绝对精神的整套宏大叙事的前提下，重新在存在主义的框架内发挥了黑格尔的主奴辩证法。具体而言，与黑格尔一样，萨特清楚地看到了他人对自我的塑造作用，并承认这种塑造作用带有部分的必然性。但与黑格尔不同的是，**他还特别强调个体抵抗这种"被他人标签化"的必然性趋势的必要性，由此彰显自由的价值**。换言之，在黑格尔看来，本质性的外部力量对意识自由的胜利既不可避免，又必须对其期待；但萨特则认为，就连这种胜利本身也都是带有偶然性的。也就是说，个体自由也有可能打败本质。从这个角度看，在讨论自我与他人的关系时,萨特的确是在黑格尔式的"饺子"里加入了大量作为偶然性因素的"馅料"。而萨特的一部戏剧——于1948年第一次公演的《脏手》——颇能说明这一点。

戏剧的主线是这样的:在东欧某架空左派政党中,两位领导人路易与贺德雷在政治上有分歧;路易比较激进,贺德雷则相对务实。路易无法抗衡贺德雷的威望,也无法通过争取多数党内人士取胜,于是就派杀手雨果(男主人公)暗杀贺德雷。由此,雨果就貌似成了一幅宏大政治拼图中的小角色,换言之,一个"工具人"罢了。

但作为法式存在主义之领头者的萨特又怎么会按照"本质先于存在"的俗套逻辑,去写一部无聊的谍战剧呢?如果上帝视角不被颠覆,他又怎么可能在学习黑格尔哲学时,避免自己变成黑格尔主义者呢?雨果个人的故事线,就既体现了黑格尔哲学对萨特的影响,也体现了萨特哲学自己的特点。

黑格尔的主奴辩证法对雨果故事线的影响是,雨果本是路易的工具,因此本该去干脆利落地杀死贺德雷。然而,他却被贺德雷策反,使得故事转向了与原来路易的宏观设计不同的方向。这就重复了黑格尔在《精神现象学》中提到的"奴隶反客为主"的桥段。

萨特本人的思想对雨果故事线的影响则是,雨果之所以被贺德雷策反,也是基于他的自由意志。他本人的政治立场原是与路易更接近的，即眼睛里揉不得沙子，不愿意在政治理想之光的照耀下，进行一点哪怕最起码的政治变通。而贺德雷却劝说他接受了这样的理念：在政治上要有所成就，就不要怕将自己的手弄脏，以便在某些灰色地带摸索出一条中道。很显然，这表达的就是一种亚里士多德式的政治观，同时还带有少许的马基雅维利主义意味。

有人或许会说，这样的剧情似乎还没有充分体现存在主义的意味，或者说，并未真正溢出亚里士多德与黑格尔哲学的思路。人本质上就是理性的动物，而作为理性动物的雨果，最终凭借理性的权衡，接受了贺德雷的政治方略，这也没什么可以大惊小怪的。

但萨特的故事还没说完。就在已经被策反的雨果走入贺德雷的办公室时，却目睹他与自己的妻子亲密的场景。雨果误认为贺德雷对自己的宽容，不过是因为妻子向他献身了，他便由此失去了理智，用枪杀死了贺德雷。但实际上，他的妻子之所以想去与贺德雷套近乎，恰恰是因为她想澄清两个男人之间的误会（她并不知道雨果已经被贺德雷策反了）。

这的确是一个非常有趣的反转。最终，杀手还是杀死了他的谋杀目标，但不是基于政治理由，而是因为男女之事。更糟糕的是，他看到的"奸情"其实也是其主观臆造的产物。换言之，对于他的妻子与贺德雷来说，雨果这个"他人"就是一座地狱！同时，黑格尔主义者心心念念的理性也在这次剧情的反转中遭到了嘲弄，因为萨特的笔让我们充分看到了，局部场域中的一些偶然因素会如何突然破坏全局性的谋划。

用"脏手"重建人道主义

故事依然没结束，没有仅仅止步于对加缪式的荒谬之肯定。萨特接下来又试图以他的方式向德国古典哲学的核心思想——人道主义——致敬。换言之，他不想通过引入上帝的办法来担保人道主义，而是通过自由个体的彼此承认来重构人道主义。下面就是与这一哲学思想有关的剧情设计。

几年后，当雨果假释出狱时，他郁闷地发现，他自己都搞不清楚他当年是出于嫉妒还是因为政治原因而杀死贺德雷的。这时候，当年代表路易向他下达杀人指令的奥尔加告诉他：贺德雷虽然已经死了，但是他所代表的务实的政策路线已经得到了上面的肯定。不过，对于他的死，现在还需要一个说法。奥尔加因此代表上面将相关处理意见告诉雨果，希望得到他的理解与配合，意见如下：

1. 给已经死亡的贺德雷平反，恢复其政治名誉。
2. 将他的死解释为一场情杀。

3. 告诉公众：情杀贺德雷的那个杀手，已经被处死。

4. 至于雨果本人，则会得到一个新名字继续做杀手，因为他的利用价值还没有被上面否定。

如果雨果不同意这四条，执意要将贺德雷死亡的真相说出去的话，他自己也活不了，因为负责"销毁"雨果的杀手就站在门外。

暗恋雨果的奥尔加显然希望雨果接受如上处理意见，这就让人联想起柏拉图的《克利同篇》里克利同劝说苏格拉底逃狱求生的桥段。然而，与苏格拉底一样，雨果也没有被奥尔加说服，他最后选择开门与杀手对射，二人同归于尽。就此，全剧终结。

《脏手》的这一结尾的哲学意味是什么？雨果的死与苏格拉底的死又有什么不同？很显然，二者之死背后的哲学动机不同。苏格拉底之死基于理性，是理性让他认为，用逃跑的方法来对抗司法的不公，本身就意味着非理性。而萨特笔下的雨果则是一个存在主义者，他之所以去死，是因为他想逃出"他人即地狱"的宿命。说得更具体一点，他假若还想活下去，就得按照奥尔加给他的那个剧本活，背负一大堆其不愿意背负的概念标签——但这本身就意味着是一场精神自杀。与其如此，还不如进行一番生死搏斗，与上面派来的杀手一起面对命运的裁决。

从《脏手》反观波伏瓦、加缪与梅洛-庞蒂

《脏手》不但为我们提供了重新理解萨特哲学的机会,也为我们理解其他几位法国存在主义者的思想提供了契机。

比如,如何将《脏手》的故事与波伏瓦的观点结合在一起看?这就需要我们重新审视这部作品里的女性形象。《脏手》主要刻画了两位女性形象,即雨果的妻子杰西卡与雨果的接头人奥尔加。杰西卡心地善良、对人热情,不受任何概念与原则的约束,按照自己认为正确的生活方式去生活。她与相对冷酷的奥尔加构成了强烈的对比。但她与雨果的结合并非基于爱情,雨果并不尊重她的存在,将她视为装饰品。最后,她被雨果拖进了政治漩涡并不得不作出选择,而她的选择又不根据任何原则和纪律,只是根据自己的良心。她爱人类、反对杀人,用全身心去保护贺德雷,因为后者不仅更懂女人,也更懂何为人。从某种意义上说,充满爱心的杰西卡的存在,是对基于原则的男性政治的反讽,或者说,她的存在便意味着"第二性"对"第一性"的微弱反抗。这其实也算是萨特思想与波伏瓦思想之间一种小小的共鸣。

这部作品同时也对加缪的哲学精神进行了提点,整部《脏手》都充满了荒谬:杀手被谋杀目标策反,而谋

杀目标明明知道杀手要杀自己，依然对策反杀手充满期待，并且在杀手快要成为谋杀目标的崇拜者时，却还是糊里糊涂杀了他，由此完成了任务。从这个角度看，人所要斗争的对象并不是他人，而是渗透在宇宙的各个角落中的荒谬。

除了波伏瓦与加缪的思想外，甚至梅洛—庞蒂的肉身哲学在《脏手》里也得到了部分展现。在萨特的笔下，政治的真实样态并不是抽象理念之间的逻辑活动，而是将自己的双手置入肮脏的现实里加以搅动的具身化活动。甚至贺德雷的人道主义思想也具有强烈的具身性维度。用贺德雷自己的（其实是萨特自己的）话来说：

> 而我，我爱的是处于现状的人，连他们的卑鄙龌龊和一切恶习在内。我爱他们的声音、他们劳动的手和他们的肌肤——世界上最赤裸裸的肌肤，还有他们那忧虑重重的眼睛，以及他们每一个人面对死亡和痛苦所进行的绝望的斗争……

这也就是说，在萨特看来，**人首先不是概念，而是你所能看到并摸到的那些具体的、感性的人**，连带其肌肤、眼睛与体温。尊重肉身，乃是新人道主义所应当具有的感性根基。

总而言之，法国存在主义哲学与存在主义戏剧及小说的关系,就好比是咖啡与咖啡伴侣的关系。这同时也让法国的存在主义思想比其德国版本显得更为感性与鲜活。存在主义之所以能够获得如此广泛的世界性影响,法国存在主义的这种横跨哲学与文学的特征可谓功不可没。

全书总结：人生提案大点兵

总算到了全书的尾声，感谢读者一路上的陪伴。我知道这本书涉及的哲学家的确较多，很多内容恐怕也是非哲学专业的读者第一次接触到的。不过，好在全书的核心毕竟是有关人生的问题，相信书里的这些人生哲学多多少少也与诸位自己的生活有所交集。

另外，虽然本书介绍的人生哲学大多源自西方哲学，但我相信中国的读者也能从中获益。你若看了《罗密欧与朱丽叶》而垂泪，西方朋友若听了《梁祝》而入迷，此类心与心的跨文化交流无疑就能点破一个任何意识形态的分歧都无法抹杀的事实，即我们是拥有相似的生物学与心理学结构的同类。因为无论一个人是西方人还是东方人，无论他是帝王将相还是贩夫走卒，只要是人，他就会面临相似的问题。所有人都不可能不经成长而成熟，所有人都不能脱离生老病死的困扰，所有人渴望爱与被爱，所有人都有自己的欲望要满足，所有人都有自己无法突破的那层"人生天花板"。其中,最喜欢反思的那群人——也就是一般人眼中的那些叫"哲学家"的怪物——则会在面对这些人人都需要面对的人生问题之余,再从哲学角度来思考个体与社会、个体与历史、个体与自然乃至个体与天道的关系,由此也就形成了种种人生哲学。这些人生哲学家与我们的关系,正如职业的理财专家与需要理财的客户的关系——他们能够给予我们一般人所不理解的关于财经问题或者人生问题的大局观。

考虑到哲学原著大多比较晦涩,我根据多年研究与教授西方哲学的体会,努力将西方哲学史中的相关材料加以通俗化,并在此基础上概括出了十种人生哲学。这也是一套关于如何解决人生问题的工具箱——处在不同人生阶段或具有不同性格的用户,都可以根据自己的具体情况,从中找到得心应手的工具。现在,我们就将本书所涉及的这些工具的性能再点校一下。

十种人生策略,必有一款适合你

本书首先提到的是苏格拉底与柏拉图这对师徒的人生哲学——理想主义,其基本思想是设定世上有一种永恒的理念,并将这些美好的理念作为人生各种行为的校准。这显然是一种最高调的人生哲学。不少初入社会的年轻人都是这样，眼睛里揉不得沙子，要时刻准备着为理想而献身。

是不是觉得这套人生策略太"硬核"，还不够灵活？不要紧，还有第二套人生哲学策略——亚里士多德主义，也就是现实主义。根据此论，理想必须在现实中得到兑现。这大约属于略为成熟的中年人的观点，换言之，即使遇到一些小挫折也不要怕，要知道用巧劲，迂回地达到目的——甚至即使目标无法完全实现，打折实现也算是人生之小胜，值得庆祝。

但若我们的人生一直不如意，就算小胜也无法获得呢？那就请看第三套人生哲学策略——古典虚无主义。其又包含了下述哲学流派：犬儒主义、皮浪主义、斯多葛主义、诺斯替主义等。上述诸流派的具体观点虽然彼此有异，但基本上都主张"适当躺平有理，拒绝内卷无罪"。不过，哲学家的躺平可与一般人的躺平不一样，哲学家需要理由与论证来支持躺平这一选项。

具体而言，犬儒主义论证的核心内容就是对柏拉图主义的反讽。在犬儒主义者看来，我如何知道在我的感受之外的理念世界是真实存在的？如果我的感受是唯一可以被确证的东西，我为何去在乎柏拉图式的宏大叙事呢？顺着这个思路，皮浪主义提出了对柏拉图式的理想主义的更系统的挑战。只要理想主义者说出一个关于理想的哲学叙事，皮浪主义者就来戳破这个叙事。按照皮浪主义者的观点,我们必须对一切关于事物的本质性断定进行悬置。至于诺斯替主义,其观点则更令人诧异,他们干脆认为,就连我们的感官感知到的世界都是盗版的。基于这种设定,他们提出了一种支持彻底佛系的人生哲学:一个人在一个盗版的世界里有必要那么努力吗?请别忘了,就连斯多葛主义——这也是以上流派中虚无主义色彩最淡的一支——也认为,宇宙最终会在一片大火里被毁掉。既然如此,你为何要如此卖命追求功名利禄呢?

不过,佛系的人生态度主要也只会在不利于个人发展的历史环境中弥漫,所谓"潜龙勿用"是也。即使如此,不少人还是熬过了人生的低潮期,等到了"飞龙在天"的那一刻。这是否就是理想主义重新崛起的机会呢?

也未必。在经过虚无主义思想的洗礼后,超越性的理想——要实现那种不偏不倚的正义——已经为世俗的目标所取代了。这些世俗的目标可以指个人的成功,也可以指民族国家层面上的富强。至于在这个过程中,实现目标的手段是否符合正义,则似乎不太要紧。这也就引出了第四套人生哲学策略——马基雅维利主义,这是一种糅杂了机会主义因素与爱国主义因素的人生策略。马基雅维利个人的阶层定位可类比于中国先秦时代的苏秦、张仪这样的策士。虽然很难说他们是彻底的自私自利之徒(因为他们对实现所在国家的目标这一点同样抱有热情），但是他们却在一些基本价值问题上持有一种玩世不恭的态度。比如，君主能不能撒谎？马基雅维利的建议是，只要撒谎对君主有利，那就去撒谎——但同时要装作非常仁爱笃厚的样子，让自己设下的骗局能够蒙住尽量多的人。很显然，我们在马基雅维利主义者身上看到了古典虚无主义的影子，尽管在不择手段地达到目的这一点上，他们并不虚无。

不过，马基雅维利主义的思想在西方主流人生哲学家看来，多少显得有点不上台面——能够放在台面上的，还是那些冠冕堂皇的仁义道德之辞。但从另一个角度看，继续高喊柏拉图式的理想主义宣言则又显得过于幼稚。于是，在现实与理想之间，西方哲学完成了第二次亚里士多德式的折中，这就是康德主义的人生哲学。

康德主义的核心思想是"假装有理想"。为何要假装？这里有皮浪主义的影子。对于一些宏大的形而上学问题，如时空是否有限、人类是否有自由意志、万事万物是否有终极原因、世界本身是不是无限可分的等，康德认为我们永远找不到答案，因为这些问题超越了人类知性能力可处理的范围。不过，与皮浪主义不同，康德并没有因为自己所持有的不可知论态度而走向价值虚无主义，他鼓励我们要假装有理想。

请注意，假装有理想并不是通过欺骗来说服别人（这是马基雅维利主义者所擅长的），而是通过某种自我麻醉来说服自己。这就好比一个隐隐觉得战况不利的将军也可以通过自我麻醉来坚信自己的军队还有机会赢。然而,这种自欺欺人的态度又怎么可能成为一种人生哲学呢?请别忘了,恰恰是自欺欺人的本领,使我们的祖先能在残酷的采集—狩猎时代幸存下来。譬如,我们的祖先若不是自欺欺人地发明了原始宗教,又如何能在一次次的疾病、山洪与地震的打击后进行心理重建呢?而在康德看来,假若我们不假装坚信世界上存在着一个集真、善、美于一身的上帝,我们又该如何在这个混浊的世界上追求真、善、美呢?

但真的假不了,假的真不了。因此,假装有理想,还是等于没有真理想。康德哲学的这一问题被黑格尔发现并加以发挥。

黑格尔主义的人生哲学在本质上是一种被高度精致化的亚里士多德主义,其特点是在承认人类经验的高度复杂性的前提下,用同样复杂的理性语言对其加以解释,由此增加我们对人生的可预测性的信心,从而减少不安全感。一句话,**多弯的竹子,黑格尔都能用理性将其掰直**。需要注意的是,在黑格尔看来,理性的大写形式就是绝对精神——也就是上帝的哲学代名词——因此,那些被掰直的竹子,归根结底也是被上帝掰直的!在这种情况下,像康德那样只是假装相信有上帝,又怎么能产生足够的力量去掰直一根弯竹呢?

黑格尔之所以要引入绝对精神，除了为了区别于康德，还有一个目的，就是让必然性有机会战胜偶然性，以此安抚人不安的心。他的具体策略是让"密涅瓦的猫头鹰在黄昏起飞"，也就是让偶然性的喧嚣得到充分沉淀之后，理性之神再出手进行总结——这样一来，理性就总能"躺赢"，上帝也总能"躺赢"。而且，即使你不信上帝，活用黑格尔的这套人生哲学也会获得慰藉。只要你观察事物的时间足够长，你就总能将本来认为是偶然发生的事情——无论是好事还是坏事——都看成必然发生的，由此你的焦虑就会得到缓解乃至消失。

这样看来，黑格尔的人生哲学似乎更像给老年人准备的，因为往往只有老年人才能有足够的睿智、经验与耐心，从容地将人生路途中的每一次迷路都视为迟早要交的学费。但毕竟我们不都是老年人，而且，有些人即使老了也还是没有想明白：为何我的人生路途中只有缴学费的回忆，却没有毕业典礼上扔学位帽的快乐？于是，一个声音就从黑格尔的听众之中爆发出来：别扯了，那个养猫头鹰的哲学家就是个让我们望梅止渴的骗子罢了！

这样的抗议便来自这样一套人生哲学策略——非理性主义。顾名思义，非理性主义者不相信理性主义者关于"歪竹子可以被掰直"的所有许诺。在他们看来，竹子之所以是歪的，或者说，世界中之所以会出现你想不通的事情，乃是因为理性本就是无能的。理性不能告诉你如何在非此即彼的选择中安顿灵魂（克尔凯郭尔如是说），理性也不能凭空扯出一个作为价值之根基的上帝来为人生抉择提供根本指导。叔本华由此大胆推测，理性在本质上就是意志的工具，而所谓的康德式的物自体，就是一团没有目的、四处流转的宇宙意志。人类作为这种无限的宇宙意志在现象界的有限的喷涌之口，注定会陷入宇宙意志之无限性与肉身之有限性的悲剧性冲突之中。从这个角度出发，叔本华成了西方哲学史上一个字面意义上的"佛系哲学家"，他极为系统地将印度佛教的资源引入了西方，为众生脱离苦海提供了一系列解脱之路。

同样试图推倒上帝之神龛的尼采，则将非理性主义与唯意志主义的哲学引向了另一个方向。在他看来，虽然上帝无法提供价值的根本依据，但是他心目中的超人却可以成为新的价值提供者——这样的超人将抛弃历史的负载，从其自身的生命意志中肯定万事万物的美好，并通过这种肯定，完成了主人道德对奴隶道德的系统性更替。如果说黑格尔哲学的素描形象是一位老人的话，尼采哲学的形象则是一个婴儿——这类哲人能够始终像婴儿一样，用好奇与不带偏见的眼光看待世上的一切。而且，也只有这种具有婴儿式思维的成年人，才能成为新价值体系的奠基人。

上述人生哲学都代表了"文科脑"的人生态度。现在轮到"理科脑"来发言了,首先就是实证主义的人生哲学。

实证主义者不太喜欢那些虚头巴脑的哲学修辞,他们喜欢看得见、摸得着且可被验证的材料。不过,需要注意的是,实证主义者内部也有激进派与保守派的分野。激进派的思想是,既然科学能够对改良社会与改善人生有所指导,那么整个社会的运作都要按照科学家所给出的方案去行动,孔德与边沁便是此论的代表。保守派则认为,人生与社会的内部结构非常复杂,科学的态度应当引导我们凡事小心谨慎,不要动辄推出激进的社会改良方案。休谟与后期维特根斯坦就是此论的持有者。不过,无论是哪种版本的实证主义者,都对个体的幸福抱有相当大的兴趣,而对脱离了个体幸福的抽象政治实体的工业实力缺乏关注。

不过,实证主义者(特别是功利主义者)所关心的个体幸福,是缺乏真正的感性色彩的。他们更倾向于用"数理化"的态度来计算个体的幸福指数,就好比医生去测算一个人的血糖指数。因此,这不是一种真正的从个体出发的现象学—存在主义视角。为了弥补这个空隙,我们由此就进入了德式与法式的现象学—存在主义的人生哲学。

德式现象学—存在主义的人生哲学以海德格尔哲学

为典型，其特点是重视个体与自然的联系，并尤其注意如何让我们摆脱常人的庸见，以及科技—资本的暴政。我个人认为，这是一种庄子哲学与尼采哲学的西式糅合。与前者的相似之处是，二者都怀有对现代工业文明的敌意；与后者的相似之处是，二者都具有重估世俗价值的勇气。不过，对海德格尔哲学的误用，却会使一些人因反对世俗见解过了头而病急乱投医——海德格尔自己与纳粹之间那段令人遗憾的关系便是一个实例。

相较之下，以萨特为代表的法式现象学—存在主义的特点是，入手处剑走偏锋，结论处回归康德。换言之，萨特的意识现象学对个体意识自由的强调，貌似有点过火，他的名言"他人即地狱"也看似极为激进，但是，他却慢慢从中引申出一种自由主体之间彼此承认的伦理框架，由此反而使得近代以来西方主流的启蒙主义价值观在他那里得到了一种现象学的证明。萨特在西方社会所受到的争议远要比海德格尔受到的更少，也多少与此有关。

另外，法式现象学的几位大家——萨特、加缪、波伏瓦在文学方面也都是高手，这也是他们的哲学思想有较大的社会影响的一个重要原因。哲学与文学的微妙关联，他们"玩"得非常自如。我个人认为，萨特之所以要比海德格尔更重视"个体与他人的关系如何在社会交往中得以重建"这个问题，也是拜小说与戏剧自身写作之要求所赐。小说与戏剧的写作需要作家对不同的人物进行精细的心理建模，由此便会要求作家去尊重不同人的心理架构——仅仅从事哲学工作的海德格尔却缺乏这方面的锻炼，并因此低估了有关"他人"的问题的哲学分量。

谈到文学与哲学的关系，在全书的最后，我想提及一部小说，以及这部小说对我在哲学意义上的人生启发。

好兵帅克，教你用最帅的姿态来笑对人生的磨难

《好兵帅克》是捷克作家雅罗斯拉夫·哈谢克（Jaroslav Hašek，1883--1923）的一部未完成的长篇小说，同名电影在我国颇有影响。主人公帅克是一个捷克青年，靠贩犬为生。第一次世界大战爆发后，他参加了奥匈帝国军队（当时捷克还是奥匈帝国一部分），在军队中担任勤务兵，并由此观察奥匈帝国的众生相。帅克看似愚蠢又带有痞气，实际上却极为机智。在我看来，他乃是各种人生哲学态度的一个文学载体。

首先，我们能够从帅克身上看到黑格尔式主奴辩证法的影子。作为勤务兵的帅克反抗长官的最佳方式，就是通过努力为其办事，最后让其出丑。用他自己的话来说就是"我每次都是好心办坏事"。比如，长官让他

弄条狗耍耍，他就从另一位军衔更大的长官那儿偷来一条狗，结果反而让自己的长官倒了霉。从黑格尔哲学的角度看，作为下级的帅克之所以能耍弄上级，便是因为作为奴隶的他，通过包揽主人生活中的各种杂务，了解了主人各方面的秘密，所以这种信息上的优势反而使其成为了某种意义上的主人。此外，他通过装傻来戏弄上级的做法，又使我们看到了马基雅维利主义的色彩。

帅克的故事亦有存在主义的意蕴。他面对的世界正如加缪所面对的世界，存在着一种系统性的荒谬，神父带头赌博、军官尸位素餐，匈牙利人与捷克人被奥地利人编入部队去做德军的手下，并与自己素昧平生的俄国人打仗，原因竟然是一个头脑发热的塞尔维亚人刺杀了奥地利皇帝本来就不喜欢的一个皇储和皇太子妃——这都哪儿跟哪儿啊！然而，与加缪的《局外人》里保持沉默的莫尔索不同，帅克与这种荒谬对抗的方式恰恰是言说。

请注意，尽管闲谈在海德格尔哲学里被视为常人的标记，但是帅克与常人状态进行斗争的策略，恰恰是比常人更唠叨。他不停地说笑话，最终成为战友们离不开的"人肉脱口秀点播机"。那么，为何帅克——或者说，帅克的创造者哈谢克——与海德格尔的运思方式正好相反呢？通过与他人言谈（而不是通过疏远常人）来揭示真相的机理又是什么呢？

对此，我个人的看法是，帅克若能说得足够多，他就能推演得足够多，这样一来，他就越可能发现他的长官的那些意识形态灌输是多么自相矛盾，由此，帅克也就有更多机会思考如下问题：如何在这个荒谬的世界中确立自身的本真性存在？在这里，我们又看到了苏格拉底的影子。与帅克一样，苏格拉底也是一个外貌不佳的话痨，而且，至少在喜剧家阿里斯托芬的笔下，苏格拉底也是一个笑料。然而，对于逻辑的力量，帅克与苏格拉底都极为认真对待。

最后，帅克可能还是一个（或至少半个）康德式的进步主义者，因为他认为荒谬的现实总会朝着好的方向改变。当战友问帅克这次大战会持续多久时，帅克回答道："十五年。因为历史上已经有过一次德意志三十年战争了，如今我们比过去聪明一半了，所以这次大战所能导致的灾难的烈度也要同比例调低。故此，三十年除以二，得十五。"

从这个角度看，帅克貌似憨傻的笑容不仅带着对现实的嘲讽，还带着对未来的希望，即便是对这次灾难的烈度只有上一次灾难的一半的希望。我也希望读者在读完此书后，能够用同样的笑容来面对人生中的一切如意与不如意——而且，一定要笑得帅一点。

Yingjie Xu
2023.8.5

全书后记

本书写作的缘起，主要是受"看理想"平台的邀请，在线上制作了一个叫《哲学家的十种生活提案》的大型音频节目。我做这一节目的初衷，是想借着"人生哲学"的壳子，将从苏格拉底到梅洛-庞蒂的整部西方哲学史都用尽量通俗（但绝不肤浅）的方式讲述一遍。应当说，此类读物在全国乃至全球的图书市场上并非罕见，但我在做这档节目时，还是尽量突出其自身一些亮点。

这档节目——以及改编自该节目文稿的本书——具有译自西方同类作品的中文读物所不具备的如下特点：第一，很少有外国的人生哲学读物涉及了马基雅维利主义，而且对晦涩的康德与黑格尔哲学都选择"绕着走"。本书不仅涉及了这些内容，而且我自信对康德与黑格尔哲学的讨论还算是相对深入的（不过，与国内相对丰富的介绍康德与黑格尔哲学的学术读物相比，本书的论述方式应该对大众读者更友好一点）。之所以这么做，乃是因为我坚信,有人如果因为畏惧黑格尔表述的晦涩而错过了其人生哲学之真谛,这才是他最大的人生损失。第二,很多西方哲学的人生哲学与西方的语言文化均颇有关联,因此,我在分析这些思想资源时,既注意到了中西文化视角之不同,也注意到了如何在中国语境中活用这些西方思想资源。譬如,我在解释这些人生哲学资源时,举的案例往往也具有中国文化特色,从《三国演义》到《金瓶梅》再到《祥林嫂》,不一而足。第三(也是最重要的一点),本书不是一本"心灵鸡汤"书,而是一本关于如何用批判性思维烹制各种"心灵鸡汤"的大厨参考书。换言之,我不负责向面对各种困难的读者提供现成的心灵安慰,而是向读者提供一套思维路径,以便让读者找到最适合自己的心灵安慰方法。因此,本书包含的理性推理成分也要高于一般的人生哲学图书。

另外,本书乃是已经出版的拙著《用得上的哲学——破解日常难题的99种思考方法》(上海三联书店,2021)的姐妹篇。《用得上的哲学》其实是英美分析哲学的通俗版,而本书基本上算是欧陆哲学的通俗版。两本书合在一起,应该足以覆盖西方哲学的大多数内容。对于没有机会系统学习西方哲学的读者来说,这两本书便可以为大家提供一份比较全面的导读。

顺便说一句,在笔者准备本书文稿时,也穿插完成了一部长篇历史小说《坚:三国前传之孙坚匡汉》(广西师范大学出版社，2023）。其实，这部小说依然是借着汉末三国故事的套子，重新梳理了一下人生哲学的问题。汉末的世界与今天的世界一样"内卷"，一样"拼爹"，一样既有躺平者又有奋斗者，一样既有挑战又有机遇——至于作为汉末"基层公务员"的小说主人公孙坚（孙权之父），也与今天不少中国人一样，在人生选择的各个当口充满犹豫与彷徨。文艺是哲学理念的感性显现，哲学又是文艺的精神提炼，因此，我也希望那些爱文艺的读者能够通过这部小说，重新理解本书所介绍的众多人生哲学，并在此基础上反思自己的人生。

此外，考虑到篇幅，本书对人生哲学的介绍没有全面涉及当代日本哲学的内容。有兴趣的读者可以去阅读我的另一部著作《哲学与战争——京都学派六哲人思想素描》（广西师范大学出版社，2024）。

最后，在撰写本书文稿时，为了将音频节目中的口语转换为书面语，我对原来的录音文稿进行了大幅度修改，花费了不少心力。考虑到篇幅，一些音频里的内容没有在本书中呈现，希望更全面了解相关内容的读者，也欢迎去"看理想"平台上收听相应的音频节目。

谢谢大家！

徐英瑾
2025 年 3 月 15 日

图书在版编目（CIP）数据

当一切命中注定，我们还要勇敢吗？：从苏格拉底到萨特的85条人生哲学建议 / 徐英瑾著. —— 上海：上海三联书店，2025.5

ISBN 978-7-5426-8409-7

Ⅰ.①当… Ⅱ.①徐… Ⅲ.①人生哲学 Ⅳ.①B821.2

中国国家版本馆CIP数据核字(2024)第053205号

当一切命中注定，我们还要勇敢吗？
从苏格拉底到萨特的85条人生哲学建议

著　　者 / 徐英瑾

责任编辑 / 宋寅悦
装帧设计 / 彭振威设计事务所
内文制作 / 陈基胜
监　　制 / 姚　军
责任校对 / 王凌霄

出版发行 / 上海三联书店
　　　　　（200041）中国上海市静安区威海路755号30楼
邮　　箱 / sdxsanlian@sina.com
联系电话 / 编辑部：021-22895517
　　　　　发行部：021-22895559
印　　刷 / 上海盛通时代印刷有限公司

版　　次 / 2025年5月第1版
印　　次 / 2025年5月第1次印刷
开　　本 / 787mm×1092mm　1/32
字　　数 / 450千字
印　　张 / 30
书　　号 / ISBN 978-7-5426-8409-7/B·883
定　　价 / 108.00元

如发现印装质量问题，影响阅读，请与印刷厂联系：021-37910000